무기

무기 ^{2판}

돌 도 끼 에 서 기 관 총 까 지 무 기 대 백 과 사 전

DK『무기』편집 위원회 · 영국 왕립 무기 박물관 **공동** 제작

리처드 홈스 감수

정병선 · 이민아 옮김

사이언스
SCIENCE BOOKS **북스**

영국 왕립 무기 박물관(ROYAL ARMOURIES MUSEUM)
500년 이상의 역사를 자랑하는 세계에서 가장 오래된 박물관이자
세계 최고 수준의 컬렉션을 자랑하는 박물관 중 하나로 영국 왕실이
수집해 온 무기와 갑옷, 군사 관련 유물 들을 전시, 연구하고 있다.
영국의 리드, 런던 시내의 런던탑, 포트모스의 넬슨 항에 전시관이 있다.

필진
로저 포드(Roger Ford)
군사 전문가로 군대의 역사와 무기의 기술 체계에 관한
베스트셀러를 여럿 썼다.

R. G. 그랜트(R. G. Grant)
스무 권 이상의 책을 출판한 역사 저술가로, 미국 혁명,
양차 세계 대전 등을 주제로 한 책을 썼다.

애드리언 길버트(Adrian Gilbert)
무기와 군대 역사에 관해 폭넓은 저술 활동을 해 왔다.

필립 파커(Philip Parker)
외교관 출신으로 역사 저술가이다. 고대 및 중세의 정치 체제와
군사 제도에 관심이 많다.

감수
리처드 홈스(Richard Holmes)
무기와 갑옷을 오랫동안 연구해 온 전문가로 크랜필드 대학교 행정·기술·
국방 대학의 군사 및 안보학 교수, 영국 왕립 무기 박물관의 이사를 역임했고,
BBC 등 다양한 방송 프로그램에서 전쟁의 역사를 심층 소개했다.

옮긴이
정병선
번역가, 저술가. 수학, 사회 물리학, 진화 생물학, 언어학,
신경 문화 번역학, 인지와 정보 처리를 공부한다. 『타고난 반항아』,
『수소 폭탄 만들기』 등을 번역했고, 『주석과 함께 읽는 이상한 나라의
앨리스: 앨리스의 놀라운 세상 모험』을 썼다.

이민아
이화 여자 대학교에서 중문학을 공부했고, 영문 책과 중문 책을 번역한다.
옮긴 책으로 『무기』, 『비행기』, 『돈의 원리』, 『온더무브』, 『깨어남』,
『색맹의 섬』, 『어제가 없는 남자, HM의 기억』 등이 있다.

무기 2판

1판 1쇄 펴냄 2009년 10월 30일
2판 1쇄 펴냄 2018년 12월 15일
2판 2쇄 펴냄 2021년 4월 30일

지은이 DK『무기』편집 위원회·영국 왕립 무기 박물관
옮긴이 정병선·이민아
펴낸이 박상준
펴낸곳 (주)사이언스북스

출판등록 1997. 3. 24.(제16-1444호)
(06027) 서울시 강남구 도산대로1길 62
대표전화 515-2000, 팩시밀리 515-2007
편집부 517-4263, 팩시밀리 514-2329
www.sciencebooks.co.kr

WEAPON:
A Visual History of Arms and Armour

차 례

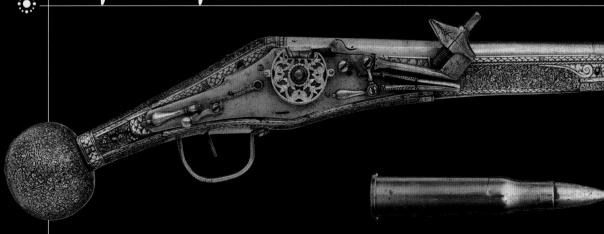

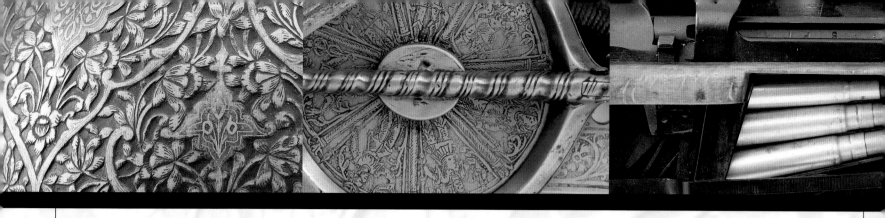

머리말

2005년 왕립 무기 박물관의 이사로 참여하면서 내 인생은 완전히 일주하여 제자리로 돌아왔다. 케임브리지 학부생 시절에 여기서 아르바이트를 하면서 여름을 보냈던 것이다. 당시에는 이 박물관이 런던 탑에 자리하고 있었다. 내 인생이 다른 경로로 흘러갔더라면 군사 역사학자보다는 박물관 큐레이터가 되지 않았겠나 싶기도 하다. 하지만 어떤 면에서 보면 두 길이 그렇게 다른 것 같지도 않다. 군대 역사라는 게 전장과 따로 떨어져 존재하는 것이 아니기 때문이다. 무기를 소지하지 않은 전투원은 상상하기 힘들다.

전쟁은 문명보다 그 역사가 더 길다. 전쟁은 인류라는 종 자체보다 역사가 더 오래되기도 했다. 우리의 호미니드 조상들이 남겨 놓은 단서들을 통해 우리는 그 사실을 깨달을 수 있다. 무기는 군인들이 사용하는 도구이다. 독자들은 이 책을 통해 무기가 얼마나 중요한지 알게 될 것이다. 야생 동물을 사냥하던 원시적 도구는 인류의 역사 전체를 놓고 보면, 그야말로 순식간에 진화했다. 이 비약적인 진화를 통해 만들어진 무기의 기본 특징들은 수천 년간 유지되었다. 맨 처음 상대방을 직접 공격하는 타격 무기가 등장했다. 곤봉에서 시작해, 도끼를 거쳐, 칼·단검·찌르기 창에 이르는 일련의 발전을 상기해 보라. 먼 거리에서 던지거나 쏘는 발사체 무기도 있었다. 날카로운 막대기, 곧 투창에서 활과 석궁 등이 그것이다. 15세기에는 화약 무기가 등장했지만, 타격 무기와 발사체 무기를 일거에 대체하지는 못했다. 머스킷 총병들은 17세기에도 창병들의 호위를 받았고, 나폴레옹 휘하의 기병들도 근접 전투에서 칼을 휘둘렀다. 21세기가 된 지금도 고대 무기의 후신이라 할 총검이 여전히 보병 전투원의 기본 장비로 사용되고 있다.

이 책은 광범위한 지역을 포괄적 연대기의 형식으로 훑고 있는데, 독자들은 완전히 다른 문화권과 시대의 무기라도 상당한 유사성을 보인다는 사실에 깜짝 놀랄 것이다. 화기의 출현이 그 즉시로 결정적 영향력을 발휘하지는 못했다. 실제로 역사학자들은 17세기 전반기에 이루어진 변화가 '군사적 혁명'이라 칭할 수 있을 만큼 발본적이었는지를 두고 여전히 옥신각신하고 있다. 그러나 화기가 가져온 영향이 심대했다는 것 역시 두말할 나위가 없는 진실이다. 공성 무기에도 끄떡없었던 요새는 포격 앞

에서 한 줌의 재로 변했다. 이런 점에서 보면 1453년 콘스탄티노플 함락은 이정표가 되는 사건이었다. 1525년 파비아 전투도 마찬가지였다. 머스킷으로 무장한 보병대가 무장 기병대를 격퇴했던 것이다. 화기는 대규모 군대의 탄생에도 필수적인 조건으로 작용했다. 대규모 생산이 가능했던 것이다. 화기의 개량과 발전은 빠른 속도로 이루어졌다. 총구로 장전하는 부싯돌 발화식 머스킷—사거리가 짧았고, 부정확했으며, 믿을 만한 무기가 못 되었다.—이 현대의 돌격 소총으로 변모하는 데 150년이 안 걸렸다.

그러나 무기는 군인들의 도구 이상이라고 할 수 있다. 여러분은 페이지를 넘기면서 사냥과 자위와 법 집행을 위해 고안된 무기들의 독창성과 창조성에 깜짝 놀라게 될 것이다. 어떤 무기는 신성한 의미를 가졌다. 일본의 사무라이들이 착용한 한 쌍의 검이나 18세기 유럽의 신사들이 소지한 결투용 검처럼 지위를 상징하거나 부를 과시해 주는 무기도 있었다. 무기를 소지할 수 있는 권리와 사회적 지위 사이의 관계는 오랜 역사를 갖고 있다. 무기 소지의 권리는 미국 수정 헌법 제2조에도 (논란이 분분하지만) 천명되어 있다. 고대 그리스의 도시 국가 같은 일부 사회에서는 시민의 권리와 무기 소지가 직접적인 관련을 맺고 있었다.

갑옷을 외면하고 무기만 생각해 본다는 것은 있을 수 없는 일이다. 이 책은 갑옷이 착용자들을 어떻게 안전하게 보호해 주었으며 나아가 그 이상의 임무를 수행했는지 설명하고 있다. 갑옷은 많은 경우 착용자의 부와 지위를 과시했을 뿐만 아니라 공포를 불러 일으켰다. 청동기 시대 전사의 뿔 모양 투구와 사무라이의 얼굴 가리개(面甲)에는 공통점이 많다. 지난 세기에 우리는 갑옷을 다시 생각하게 되었다. 우리는 합성 강화 수지로 만든 헬멧과 방탄복으로 무장한 현대의 군인들에게서 고대 전사들의 모습을 떠올린다.

이 책을 만드는 프로젝트에 참여할 수 있어서 정말 즐거웠다. 왕립 무기 박물관의 큐레이터들은 세계 최고 수준의 무기 컬렉션을 기꺼이 제공해 주었다. 그들에게 감사의 뜻을 전한다.

리처드 홈스

활과 화살, 창

일본의 화살

석궁의 화살

화살대 · 화살촉

개머리판 · 개머리 · 방아쇠 (보이지 않음) · 홈 · 나사

15세기의 석궁

활대 · 등자 · 활시위 · 활고자

색슨 족의 창

엽형(잎 모양) 창촉 · 부식된 금속 창촉 · 나무 자루

인도 북부의 복합궁

줌통 · 활대의 양쪽 끝에 활시위를 걸기 위한 활고자 · 활시위

화살을 재는 부위 · 활짱 · 나무로 만든 활

아시리아에서 사용한 활과 화살

오늬 · 비행깃 · 화살대 · 화살대 기부 · 화살촉

활이나 창 같은 발사체 무기를 사용하면 먼 곳에서도 힘을 행사할 수 있다. 이 점이 사냥 활동에서 유용하다는 것은 자명했고, 인류는 아주 오래전부터 활과 창을 사용했다. 가장 단순한 것은 던지기 창이다. 끝을 뾰족하게 다듬은 막대기를 생각하면 되겠다. 창의 가장 큰 문제점은, 일단 던지면 회수하기가 힘든 데다 적이 되던질 수 있다는 것이었다. 로마의 필룸(pilum)은 부딪치면 철제 자루가 부러지도록 함으로써 이 문제를 해결했다. 공격받은 자가 사용할 수 없도록 한 것이다.

활은 나무 막대나 동물의 뿔로 만든다. 양쪽 끝에 끈을 달면 활이 만들어진다. 이런 모양의 활은 만들고 쓰기가 쉬워 고대 세계 전역에서 광범위하게 사용되었다. 복합궁은 여러 조각의 나무를 붙여서 만들며, 주요부는 뼈와 힘줄로 강화한다. 그렇게 제작한 복합궁은 탄력이 좋고, 사거리도 더 길다. 몽골 족과 같은 유목민은 복합궁을 손에 넣은 후 보병 부대를 압도할 수 있었다. 먼 거리에서 상대편을 공격할 수 있었던 것이다. 영국인들은 13세기부터 장궁을 폭넓게 사용했다. 장궁은 주목으로 만든 길이가 2미터에 이르는 단순한 활이었다. 이 활은 사거리와 발사 속도를 효과적으로 결합했고, 1298년 폴커크 전투, 1346년 크레시 전투, 1415년 아쟁쿠르 전투 등에서 승리를 거두는 데 결정적인 역할을 했다.

석궁은 일종의 기계식 활로, 나무와 금속으로 만든 화살을 쏜다. 석궁에는 개머리판이 달려 있어 손으로 활시위를 당기지 않고서도 화살을 장전할 수 있다. 중국의 한(漢) 왕조(기원전 206~기원후 220년)에서 처음 사용된 석궁은 중세 유럽에서 십자군 전쟁기부터 광범위하게 사용되었다. 시간이 흐르면서 석궁은 더욱 강력한 무기로 거듭났다. 그러나 동시에 재장전 속도가 더 느려졌다. 결국 석궁은 16세기 말에 전장에서 거의 사라진다.

일본의 화살
일본의 사무라이들은 다양한 화살촉을 사용했다. 구리마타라고 하는 이 두 갈래 화살촉은 복합적인 부상을 야기할 수 있었다.

도끼와 곤봉

각진 표면이 포물선 비행을 가능케 해준다.

황토색과 흰색의 점토로 도색을 했다.

오스트레일리아의 부메랑

평평하게다듬은 나무 손잡이

기하학적 모티프가 새겨진 머리 부분

폴리네시아의 클리버

철제담배통

도끼머리

북아메리카의 담뱃대 겸 전부.

도끼머리를 고정해 주는 결합부

나무 자루

이집트의 도끼

조각된 나무 자루

육중한 청동제 도끼머리

암석과 날카로운 돌은 가장 원시적인 무기였을 것이다. 이것들을 막대기와 결합하면 그 즉시로 엄청난 결과를 얻을 수 있었다. 곤봉과 도끼는 타격 및 살상 범위가 늘어났고, 지레 작용을 통해 위력이 배가되었다. 곤봉은 갑옷으로 무장한 상대방의 뼈를 뽀갤 수 있었고, 도끼는 한 번의 타격으로도 대량 출혈을 수반한 치명적 상처를 입힐 수 있었다. 곤봉의 무기로서의 역사는 아주 오래됐다. 그러나 곤봉은 제작되는 순간부터 그 위력을 입증했다. 줄루 족의 납케리(knobkerrie) 곤봉, 아메리카 쪽 북극 지방의 고래뼈 곤봉, 뉴질랜드에서 제작된 화려한 목재 곤봉은 그 형태가 다양했지만 효과적인 무기로서 손색이 없었다. 태평양 지역에서는 이런 곤봉이 유럽에 식민지화되기 이전에 가장 보편적으로 사용된 무기였다. 머리 부

분이 자루에 단순 결합되거나 구멍을 만들어 끼우는 식으로 제작된 복합 곤봉에는 흔히 대못이나 플랜지가 달렸고, 이에 조응해서 살상력이 증가했다. 오스트레일리아에서는 던지는 곤봉이라 할 수 있는 부메랑이 만들어졌다. 부메랑 중에는 특수한 형태로 제작되어 표적을 못 맞췄을 경우 투척자에게 되돌아오는 것도 있다.

손도끼는 약 150만 년 전에 처음 사용되었다. 청동제 머리가 탑재된 도끼가 근동 지방에 출현한 것은 기원전 3000년으로, 이집트에서 스칸디나비아에 이르는 광범위한 지역에서 폭넓게 사용되었다. 철이 발명되고 도입되면서 더 얇고 날카로운 날과 머리를 단조(달군 금속을 두

들기거나 눌러서 필요한 형체를 만드는 일 — 옮긴이)하는 공정이 보편화되었다. 로마 인들은 도끼를 많이 쓰지 않았지만 그들이 상대해야 했던 야만족 중 일부는 도끼를 즐겨 사용했다. 프랑크 족이 사용한 던지는 도끼, 곧 프란시스카(francisca)가 그런 예다. 바이킹 족은 두 손으로 쥐어야 하는 대형 전투 도끼를 주무기로 채택했고, 그 가운데 일부는 미늘창 같은 변형된 형태로 중세까지 계속 사용되었다. 그러나 사냥 전통이 강한 사회에서는 도끼가 여전히 폭넓게 사용되었다.

상류 계급이 사용한 곤봉
머리 부분에 19개의 장식이 새겨진 이 아름다운 목재 곤봉은 귀족의 것으로, 전투용이라기보다는 특권의 상징이었을 것이다.

도검류

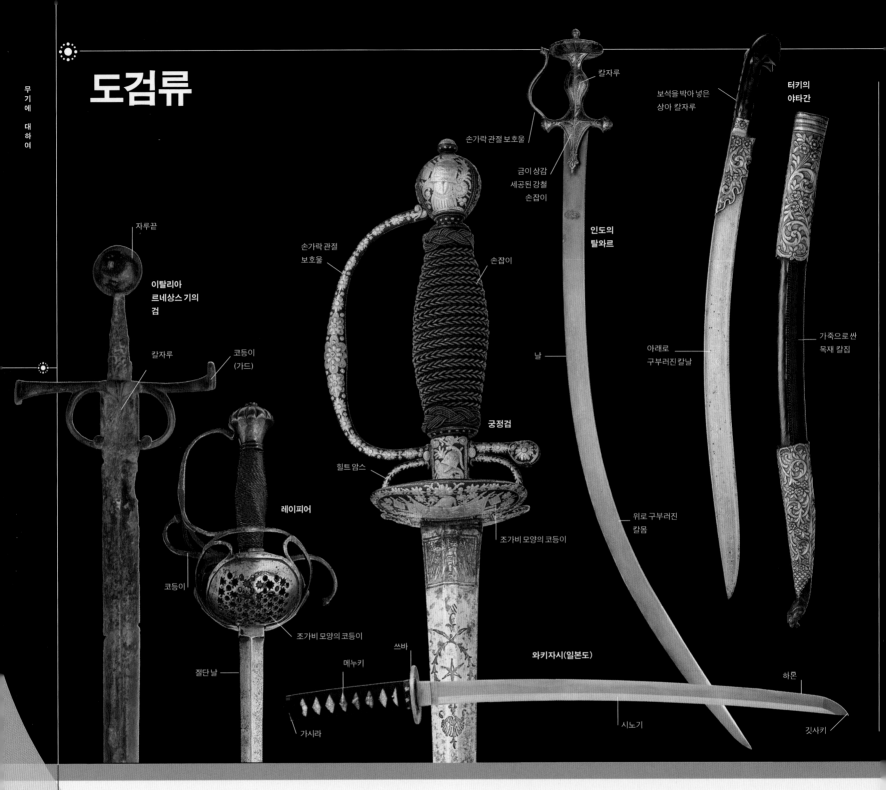

자루끝

칼자루

이탈리아
르네상스 기의
검

코등이
(가드)

손가락 관절
보호울

레이피어

코등이

조가비 모양의 코등이

절단날

칼자루

손가락 관절 보호울

금이 상감
세공된 강철
손잡이

인도의
탈와르

손잡이

궁정검

힐트 암스

조가비 모양의 코등이

쓰바

메누키

가시라

날

와키자시(일본도)

시노기

보석을 박아 넣은
상아 칼자루

터키의
야타간

가죽으로 싼
목재 칼집

아래로
구부러진 칼날

위로 구부러진
칼몸

하몬

깃사키

컵 모양의 가드가 달린 레이피어
이 레이피어에는 컵 모양의 가드(보호구)가
달려 있다. 17세기에는 이런 보호구가
일반화되었다.

칼은 가장 광범위하게 사용된 무기 가운데 하나다. 손잡이인 칼자루와 칼자루보다 더 긴 칼날이 무기로서의 칼의 기본적인 특징이지만, 칼의 진정한 본질은 칼날 모양의 다양성이다. 칼은 이런 본질적 특성을 바탕으로 베거나 찌를 수 있다. 최초의 칼날은 부싯돌이나 흑요석으로 만들었다. 그러나 기원전 3000년경 청동을 제련할 수 있게 되자 진정한 의미의 칼이 등장하게 된다. 강도와 내구성이 증대된 칼날을 갖춘 칼 말이다. 미노아와 미케네의 단검들(기원전 1400년경)은 이렇다 할 손잡이가 없었다. 그러나 손잡이와 자루 사이의 이음매

가 소지자의 손을 보호하는 장치로 사용되었다. 기원전 900년경에 철의 제련법이 발명되었고, 곧이어 쇠붙이를 여러 개 녹여 붙여서 더 튼튼하고 유연한 검으로 만들어내는 단접(鍛接) 기술이 개발되었다. 이로써 칼은 더욱더 치명적인 살상 무기로 변모했다.

그러나 그리스의 장갑 보병들은 칼을 여전히 부차적인 무기로 사용했다. 로마의 군단병들이 짧은 길이의 글라디우스 히스파니엔시스(gladius hispaniensis)를 사용하고 나서야 비로소 검술이 본격적인 의미에서 보병 전술의 일부를 차지하게 된다. 글라디우스 히스파니엔시스는

근접 전투에서 위쪽으로 찌르는 무기로 개발되었다. 중세 유럽에서는 검을 휴대하는 것이 군사 엘리트임을 알려주는 표지였다. 처음에는 넓은 날을 가진 검이 주류였다. 이는 사슬 갑옷을 때려 분쇄하고 사람 몸을 베기 위한 것이었다. 14세기 판금 갑옷이 등장하자 칼도 이에 발맞춰 날이 점점 더 좁아졌다. 금속판의 취약한 이음부를 찌르기 위한 변화였다. 칼은 16세기와 17세기에 레이피어(rapier)로까지 발전했다. 칼자루는 최고로 정교하게 제작되었고, 많은 경우 컵이나 바구니 모양의 금속 코등이를 달아 소지자의 손을 보호했다.

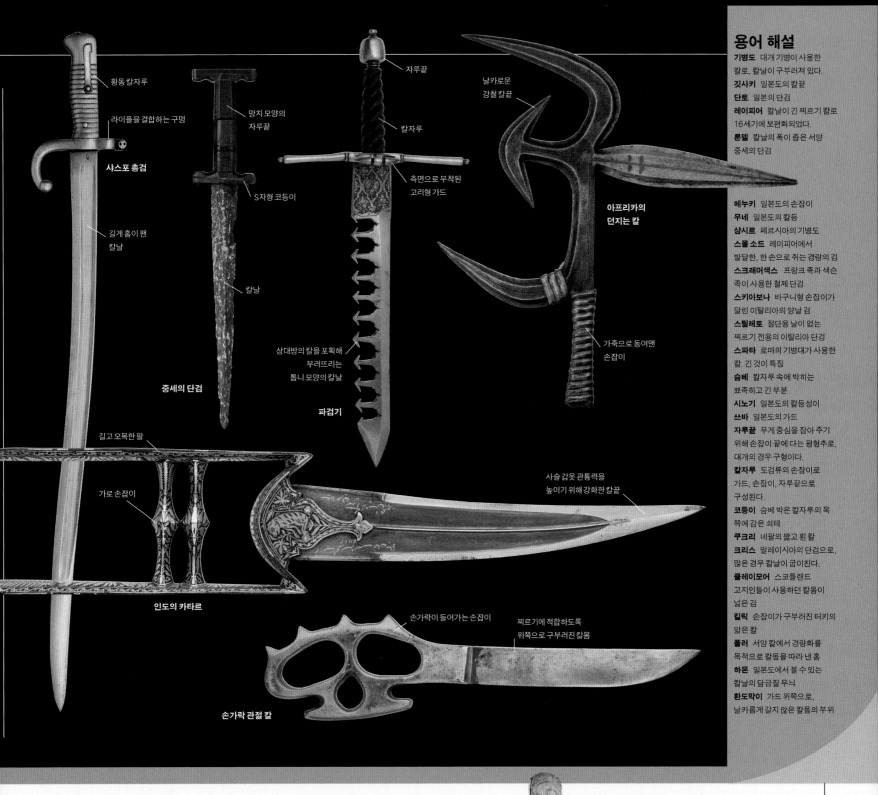

황동칼자루

라이플을 결합하는 구멍

샤스포 총검

길게 홈이 팬 칼날

망치 모양의 자루끝

S자형 코등이

중세의 단검

자루끝

칼자루

측면으로 부착된 고리형 가드

상대방의 칼을 포획해 부러뜨리는 톱니 모양의 칼날

파검기

날카로운 강철 칼끝

아프리카의 던지는 칼

가죽으로 동여맨 손잡이

길고 오목한 팔

가로 손잡이

인도의 카타르

사슬 갑옷 관통력을 높이기 위해 강화한 칼끝

손가락이 들어가는 손잡이

찌르기에 적합하도록 위쪽으로 구부러진 칼몸

손가락 관절 칼

용어 해설

기병도 대개 기병이 사용한 칼로. 칼날이 구부러져 있다.
깃사키 일본도의 칼끝
단토 일본의 단검
레이피어 칼날이 긴 찌르기 칼로 16세기에 보편화되었다.
론델 칼날의 폭이 좁은 서양 중세의 단검

메누키 일본도의 손잡이
무네 일본도의 칼등
샴시르 페르시아의 기병도
스몰 소드 레이피어에서 발달한, 한 손으로 쥐는 경량의 검
스크래머색스 프랑크 족과 색슨 족이 사용한 철제 단검
스키아보나 바구니형 손잡이가 달린 이탈리아의 양날 검
스틸레토 절단용 날이 없는 찌르기 전용의 이탈리아 단검
스파타 로마의 기병대가 사용한 칼. 긴 것이 특징
슴베 칼자루 속에 박히는 뾰족하고 긴 부분
시노기 일본도의 칼등성이
쓰바 일본도의 가드
자루끝 무게 중심을 잡아 주기 위해 손잡이 끝에 다는 평형추로, 대개의 경우 구형이다.
칼자루 도검류의 손잡이로 가드, 손잡이, 자루끝으로 구성된다.
코등이 슴베 박은 칼자루의 목 쪽에 감은 쇠테
쿠크리 네팔의 짧고 휜 칼
크리스 말레이시아의 단검으로, 많은 경우 칼날이 굽이친다.
클레이모어 스코틀랜드 고지인들이 사용하던 칼몸이 넓은 검
킬릭 손잡이가 구부러진 터키의 얇은 칼
풀러 서양 칼에서 경량화를 목적으로 칼몸을 따라 낸 홈
하몬 일본도에서 볼 수 있는 칼날의 담금질 무늬
환도막이 가드 위쪽으로, 날카롭게 갈지 않은 칼몸의 부위

유럽 이외의 지역을 살펴보면, 칼은 14세기 일본에서 그 발달상의 극치를 보여 준다. 사무라이들이 휴대한 장검인 가타나(刀)는 지위를 알려주는 상징이자, 튼튼한 강철 칼날을 지닌 극히 치명적인 무기였다. 이슬람 세계 역시 오랜 칼 제작의 역사를 자랑한다. 다마스쿠스가 도검 제작과 거래의 중심지로서 오랫동안 명성을 떨쳤다. 기병을 중시했던 오스만 제국은 멋진 칼을 다수 만들었다. 만곡도인 킬리지(kilij)와 기병도인 야타간(yataghan)이 오스만 제국의 작품들이다. 무굴 제국에서는 원반형의 자루끝이 특징적인 탈와르(talwar)가 제작되었다.

그러나 휴대용 화기가 출현하면서 칼은 다른 많은 근접전용 무기와 마찬가지로 거의 쓸모가 없어졌다. 서양 군대에서는 검이 기병들의 전투 무기로 꽤 오랫동안 살아

남았다. 기병들은 전속력으로 달리는 말에서 구부러진 기병도로 하방 타격을 가해 심각한 부상을 야기할 수 있었다. 그러나 20세기가 되면서 칼은 장교들의 예복에만 사용되는 의식용 무기가 되고 만다.

단검 역시 비교적 이른 시기부터 사용된 무기로, 베는 용도의 칼을 전투에서 활용하려고 개량한 것이다. 단검은 칼날의 길이가 15~50센티미터로 짧았고 1차적으로는 쑤셔 넣고 찌르는 근접전용 무기였다.

한편으로 아프리카에서는 던지는 칼이 발달했고, 어떤 각도에서 표적을 맞추더라도 꽂힐 수 있도록 칼 끝이 여러 개 달렸다. 인도의 카타르(katar) 같은 단검은, 칼날을 강화하고 손에 쥐는 부위를 다르게 설계해 사슬 갑옷 관통력을 높였다. 17세기에는 펜싱 기

술이 더욱 정교해졌고, 큰칼을 들지 않은 다른 손으로 휘두를 수 있는 단검이 출현했다. 이는 근접 전투에서 상대방의 공격을 막아 내고 일격을 가하기 위한 조치였다. 가끔씩 톱니 모양 날 단검이 사용되었는데, 이는 상대방의 무기를 포획하기 위한 것이었다. 17세기부터 단검은 총검으로 대체된다. 총검은 화기에 부착된 단검으로, 백병전용 무기였다. 특수 부대원처럼 적과 근접 조우할 가능성이 많은 전사들은 단검의 쓰임새를 잘 알고 있다.

마체테
구부러진 칼날이 특징적인 남아메리카의 마체테(machete)는 밀림의 덤불을 개척하는 데만 아니라 적을 베어 넘어뜨리는 데도 사용할 수 있었다. 야자나무로 만든 이 경량의 마체테는 에콰도르에서 제작된 것이다.

막대형 무기

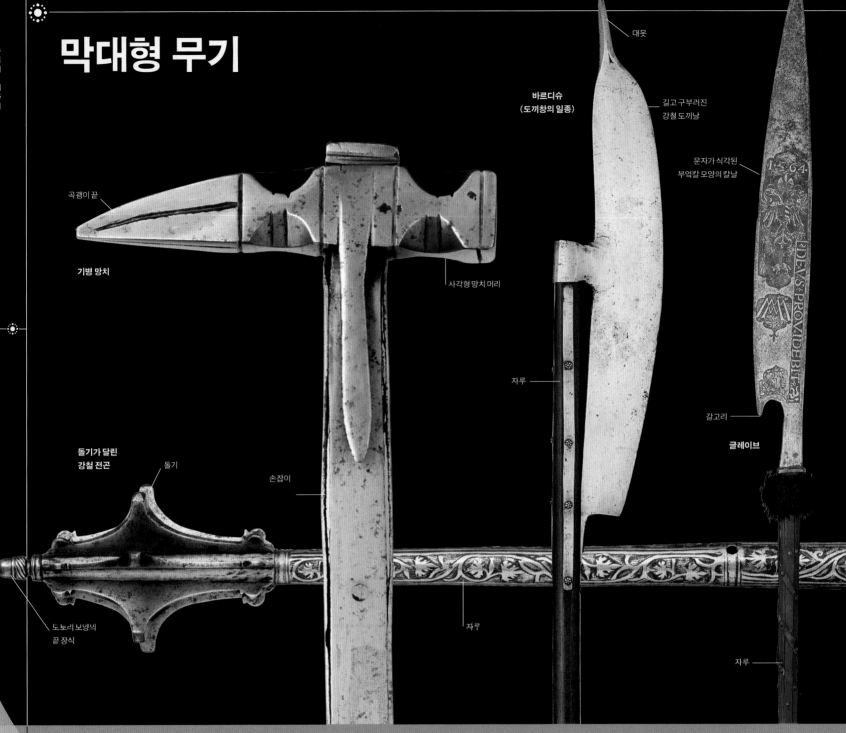

곡괭이 끝

기병 망치

사각형 망치 머리

바르디슈
(도끼창의 일종)

대못

길고 구부러진 강철 도끼날

문자가 식각된 부엌칼 모양의 칼날

1564

DEVS*PROVIDEBIT

자루

돌기가 달린 강철 전곤

돌기

손잡이

도토리 모양의 끝 장식

자루

갈고리

글레이브

자루

긴 자루—대개가 나무였다.—에 칼날이나 곤봉을 붙이면 막대형 무기를 만들 수 있다. 보병들은 이 무기를 가지고 기병을 공격하거나, 적어도 그들을 가까이 못 오게 저지했다. 중세 후반과 르네상스 시대 유럽에서 엄청나게 다양한 형태의 막대형 무기가 출현했다. 스위스, 네덜란드, 이탈리아의 보병 민병대가 말 탄 기사들과 대적해야만 했던 사회 변동의 시기였기 때문이다.

그러나 막대형 무기의 기원은 이보다 훨씬 더 오래되었다. 기원전 6세기에 활약한 그리스의 장갑 보병에게 가장 중요한 무기는 창이었다. 그들은 팔랑크스(phalanx)라는 방진 대형을 이루고 창으로 적을 공격했다. 그 대형은 마치 견고한 방어 요새 같았다. 알렉산드로스의 마케도니아 인들은 기원전 4세기에 길이가 6미터에 이르는 장창 사리사(sarissa)를 사용했다. 그러나 자루가 긴 막대형 무기는 이후로 13세기까지 잘 사용되지 않게 되었다.

분쇄 무기 근접 전투에서 주로 사용된 막대형 무기로 전곤을 빼놓을 수 없다. 일부 국가에서는 전곤이 권력의 상징이기도 했다. 나르메르 팔레트(Palette of Narmer, 기원전 3000년경에 제작된 석판)를 보면 그 이집트의 왕이 전곤을 휘두르고 있다. 중세 말 유럽에서는 전곤이 시민권 및 왕권과 결합되었다. 전곤의 군사적 용도는 분쇄 무기였다. 전곤을 휘두르면 상대방이 갑옷을 입고 있더라도 뼈까지 부러뜨릴 수 있었다. 타격력을 집중시키고, 치명상을 입히기 위해 전곤에는 흔히 강철 돌기를 붙였다.

14세기부터 지속적으로 등장한 막대형 무기의 다수는 농사 도구를 변형한 것에서 그 기원을 찾을 수 있다. 이를테면, 칼몸의 안쪽으로 날카로운 날이 있는 빌(bill)은 큰 낫이 변형된 것이고, 군용 쇠스랑인 삼지창은 농민들이 사용하던 건초용 포크를 개조한 것이다.

마상 시합용 창

마상 시합용 창은 나무로 만들었고, 이렇게 자루가 점점 가늘어진다. 갑옷이나 방패와 부딪치면 산산조각 나야 했기 때문이다. 창끝이나 파편이 목이나 투구를 관통하면 치명상을 야기할 수도 있었다.

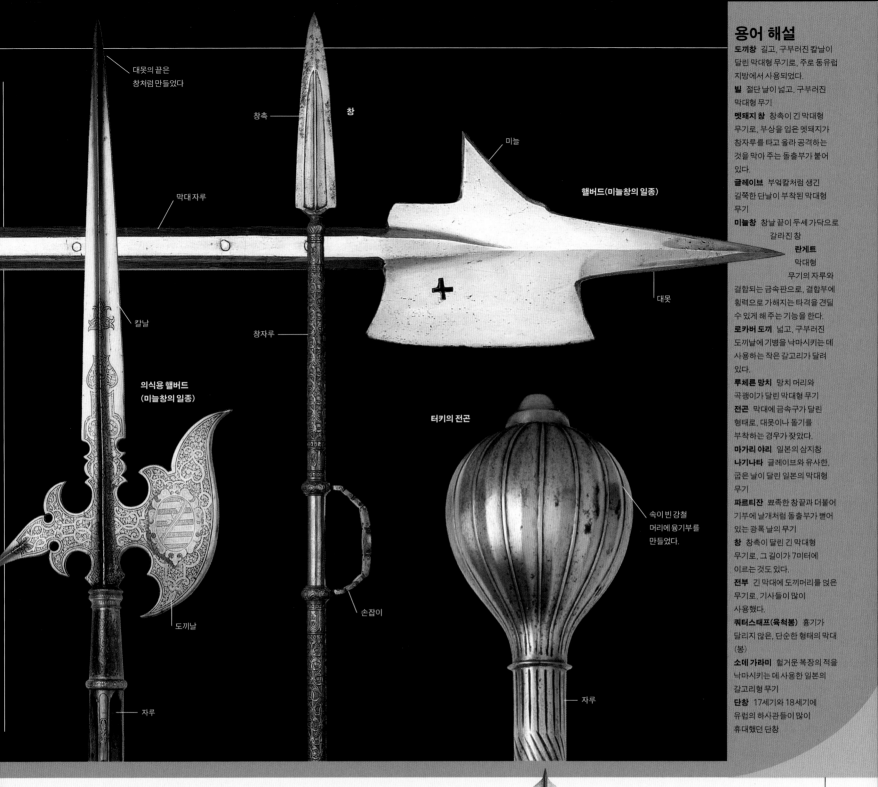

대못의 끝은 창처럼 만들었다

창촉

창

미늘

핼버드(미늘창의 일종)

막대 자루

칼날

창자루

의식용 핼버드
(미늘창의 일종)

대못

도끼날

터키의 전곤

속이 빈 강철
머리에 융기부를
만들었다.

손잡이

자루

자루

용어 해설

도끼창 길고, 구부러진 칼날이 달린 막대형 무기로, 주로 동유럽 지방에서 사용되었다.

빌 절단 날이 넓고, 구부러진 막대형 무기

멧돼지 창 창촉이 긴 막대형 무기로, 부상을 입은 멧돼지가 창자루를 타고 올라 공격하는 것을 막아 주는 돌출부가 붙어 있다.

글레이브 부엌칼처럼 생긴 길쭉한 단날이 부착된 막대형 무기

미늘창 창날 끝이 두세 가닥으로 갈라진 창

란게트 막대형 무기의 자루와 결합되는 금속판으로, 결합부에 횡력으로 가해지는 타격을 견딜 수 있게 해 주는 기능을 한다.

로카버 도끼 넓고, 구부러진 도끼날에 기병을 낙마시키는 데 사용하는 작은 갈고리가 달려 있다.

루체른 망치 망치 머리와 곡괭이가 달린 막대형 무기

전곤 막대에 금속구가 달린 형태로, 대못이나 돌기를 부착하는 경우가 잦았다.

마가리 야리 일본의 삼지창

나기나타 글레이브와 유사한, 굽은 날이 달린 일본의 막대형 무기

파르티잔 뾰족한 창끝과 더불어 기부에 날개처럼 돌출부가 뻗어 있는 광폭 날의 무기

창 창촉이 달린 긴 막대형 무기로, 그 길이가 7미터에 이르는 것도 있다.

전부 긴 막대에 도끼머리를 얹은 무기로, 기사들이 많이 사용했다.

쿼터스태프(육척봉) 흉기가 달리지 않은, 단순한 형태의 막대 (봉)

소데 가라미 헐거운 복장의 적을 낙마시키는 데 사용한 일본의 갈고리형 무기

단창 17세기와 18세기에 유럽의 하사관들이 많이 휴대했던 단창

이 시기에 오랫동안 무시되었던 창(pike)이 가장 널리 사용되는 막대형 무기로 부상했다. 스위스 보병들이 그랬던 것처럼 밀집 대형의 주무기로 사용되거나 혼성 부대의 방어용 무기로 사용되었다. 창병들의 보호를 받는 머스킷 총병들이 그 뒤에서 총을 쏜 것이다. 이렇게 창은 쓸모 있는 다목적 무기로 거듭나게 된다. 1302년 쿠르트레 전투에서 창의 효율성이 입증되었다. 장창과 나무 곤봉인 회덴닥스(goedendags)로 무장한 플랑드르 국민군이 프랑스 기사들의 돌격을 분쇄한 것이다.

후대의 막대형 무기들 창에 도끼머리를 붙이고, 다시 도끼머리 뒤쪽에 대못을 달면 핼버드(halberd)가 되었다. 창보다 짧은 이 무기는 찌르기, 기마병 낙마시키기, 가격하기 등 다양한 용도로 활용되었다. 동유럽에서 가장 흔한 막대형 무기는 바르디슈(bardiche)였다. 바르디슈는 절단용 날이 길었지만 핼버드처럼 뾰족한 끝이 없었다.

기병들이 즐겨 사용한 막대형 무기로 전투 망치가 있다. 자루끝 한쪽에는 망치, 다른 쪽에는 곡괭이가 달려 있는 형태였다. 망치로 적을 기절시킨 다음 곡괭이로 갑옷을 꿰뚫으면 끝나는 무기였다.

그러나 화기가 점점 더 중요해졌고, 막대형 무기로 무장하는 보병도 줄어들었다. 결국 막대형 무기는 하사관들의 직책 식별 표지로 전락해 갔고, 단창의 형태로 18세기와 19세기까지 겨우 명맥을 유지했다.

그러나 이때에도 막대형 무기는 기병대에서 창의 형태로 광범위하게 사용되었다. 중세 기사들의 마상 창시합용 무기에서 비롯한 기병창은 나폴레옹 시대에 창기병 부대의 무기로 다시 도입되었다. 일부 국가의 기병대는 제1차 세계 대전 때까지도 기병창을 정식으로 사용했다. 그러나 그 전쟁을 거치면서 막대형 무기도, 기병대도 전부 과거의 유물로 전락하고 만다.

독일의 파르티잔
살아남은 거의 마지막 단계의 막대형 무기는 파르티잔(partisan)이었다. 17세기 말에 독일에서 제작된 이런 장식적인 파르티잔은 하사관들의 직책과 임무를 식별해 주는 표지로 사용되었다.

화기

개머리에 설치된
격발 장치 판

약실 덮개

화승 제어기

용두

개머리

방아쇠

약실

영국의 화승총

길게 늘인 방아쇠울은
손잡이 역할을 한다

화약과 탄환

화약과 탄환은 총열에 따로따로 삽입되었다. 총열에는 약실과 연결되는 구멍을 뚫었고, 약실에는 소량의 화약이 담겼다. 화승(아래 그림)이나 부싯돌 불꽃으로 약실의 점화약을 발화시키면 주장약이 점화된다.

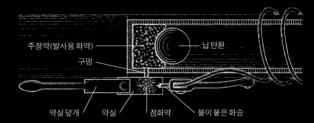

주장약(발사용 화약)

납탄환

구멍

약실 덮개   약실   점화약   불이 붙은 화승

황동 용두

약실

옻칠한
개머리

일본의 화승총

황동제 주스프링

단추형 방아쇠

방아쇠울

화승총

최초의 화승총은 약실(화승총의 경우에는 이것을 귀약통이라고 한다.)에 빨갛게 타고 있는 숯을 손으로 갖다 대서 발사했다. 그러나 이내 간단한 기계 장치가 추가된다. 약실 위로 불이 붙은 화승을 가져다 대 주는 막대인 용두가 그것이었다. 나중에 약실 덮개와 스프링이 탑재된 방아쇠가 보태졌다.

약실 덮개는 손을
사용해 뒤로 당겼다.

연기 나는 심지

화승

방아쇠

약실   점화약   용두

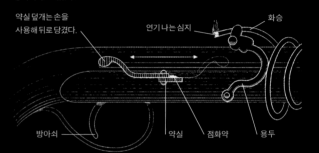

연기 나는 심지에 입김을 불어 불꽃을 살린 다음 약실 덮개를 개방하면 총은 발사 준비를 마치게 된다.

황철광으로 된
부싯돌

공이

톱니바퀴   굴대

총열

가늠쇠

개머리

독일의 바퀴식 방아쇠 총

공이 회전축

방아쇠

방아쇠울
손잡이

화승이 점화약을
발화시킨다.

점화약에 점화된
불꽃이 구멍을 통해
들어가 주장약을
점화한다.

용두가
작동한다.

방아쇠를 당기면
용두가 작동한다.

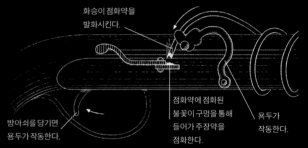

방아쇠를 당기면 화승이 용두의 작동에 따라 약실에 처박힌다. 점화약이 점화되면서 불꽃이 일고, 이는 다시 총열 측면의 구멍을 통해 주장약을 발화시킨다.

화약이 어디서 발명되었는지는 확실치 않다. 중국, 인도, 아라비아, 유럽이 모두 독자적인 전거와 기원을 갖고 있다. 다만 13세기경에 화약이 발명된 것은 분명하다. 물론 더 일렀을 수도 있다. 그러나 총기의 발명 시기는 정확하게 알고 있다. 총기는 1326년 이전에 발명되었다. 당대 문헌이 그 사실을 적시하고 있다. 알려진 유럽 최초의 총기는 1341년에 파괴된 이탈리아의 몬테 바리노 성 유적에서 발굴되었다. 이 총은 한쪽 끝이 막혀 있고, 옆에 구멍이 뚫려 있는 단순한 관 모양 구조를 가지고 있다. 옆의 구멍을 통해 빨갛게 달아오른 철사나 숯을 밀어넣어 관 안에 넣어 둔 화약을 발화시키는 장치였다. 총미에는 막대기가 달려 있다. 아마도 사격을 하려면 두 사람이 필요했을 것이다. (동양에서는 이를 총통(銃筒)이라고 했다.-옮긴이)

화승총은 이 단순한 관 모양 총을 개량한 것이다. 화승총에는 용두(龍頭, sepentine)을 달았다. 생김새가 뱀과 유사한 용두는 화승(도화선)을 붙들고 제어하는 기능을 담당했다. 화약 심지는 초석으로 처리해 불꽃이 꺼지지 않도록 했다. 용두는 축을 중심으로 회전했고, 빨갛게 달아오른 화승의 끝이 기폭제인 점화약을 점화시켰다. 점화약은 총열 외부의 약실인 귀약통에 담겼지만 점화구를 통해 장약 및 탄환과 연결되어 있었다. 한 사람이 쏠 수 있다는 게 화승총의 장점이었다. 방아쇠와 스프링은 나중에 추가되었다. 이로써 방아쇠를 당기면 연결 장치가 움직여서 용두를 가동시킬 수 있게 되었고, 스프링은 손가락으로 방아쇠

를 당길 때까지 화승과 약실을 떼어 놓는 역할을 맡았다. 스프링이 다른 방식으로 작동하는 화승총도 제작되기는 했다. 시어가 풀려나가면서 화승을 앞으로 밀어내는 방식이었다. 그러나 그 충격으로 화승의 불꽃이 꺼져 버리는 일이 잦았다.

아무튼 다양한 개선과 진

바퀴식 방아쇠 권총

바퀴식 방아쇠 격발 장치는 화약을 기계적 방식으로 점화하려던 최초의 시도였다. 태엽처럼 바퀴를 감은 다음, 방아쇠를 당기면, 바퀴는 스프링에 의해 풀리며 회전했다. 그때 생긴 마찰로 황철광이 불꽃을 일으키면 점화약이 점화됐다.

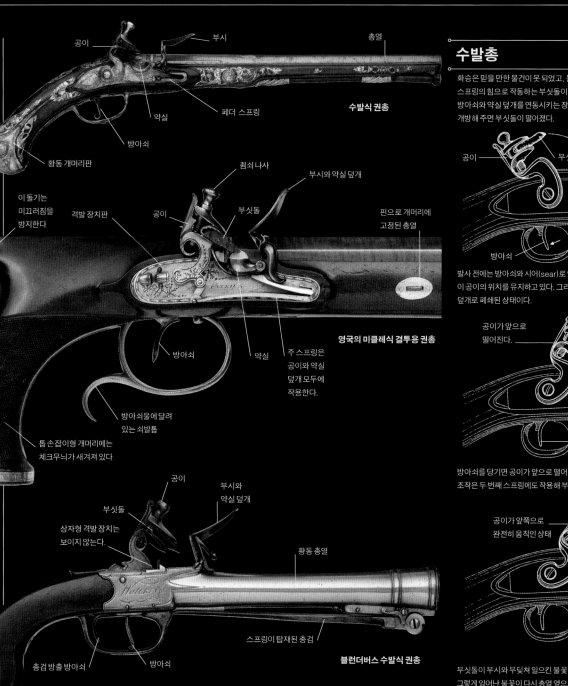

공이 | 부시 | 총열

수발식 권총

약실 | 페더 스프링

방아쇠

황동 개머리판

이 돌기는 미끄러짐을 방지한다

격발 장치판

침쇠 나사

공이

부싯돌

부시와 약실 덮개

핀으로 개머리에 고정된 총열

방아쇠

약실

주스프링은 공이와 약실 덮개 모두에 작용한다.

방아쇠울에 달려 있는 쇠발톱

톱 손잡이형 개머리에는 체크무늬가 새겨져 있다

영국의 미클레식 결투용 권총

부싯돌

상자형 격발 장치는 보이지 않는다.

공이

부시와 약실 덮개

황동 총열

스프링이 탑재된 총검

총검 방출 방아쇠

방아쇠

블런더버스 수발식 권총

수발총

작동 원리

화승은 믿을 만한 물건이 못 되었고, 불꽃을 일으키는 부싯돌이 화승을 대체했다. 스프링의 힘으로 작동하는 부싯돌이 강철로 된 부시를 쳐서 불꽃을 일으켰다. 방아쇠와 약실 덮개를 연동시키는 장치가 추가되었고, 용수철이 약실 덮개를 개방해 주면 부싯돌이 떨어졌다.

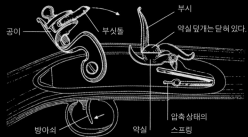

공이 | 부싯돌 | 부시 | 약실 덮개는 닫혀 있다.

방아쇠 | 약실 | 압축 상태의 스프링

발사 전에는 방아쇠와 시어(sear)로 연결된 주스프링(여기서는 보이지 않는다.) 이 공이의 위치를 유지하고 있다. 그리고 두 번째 스프링에 의해 약실은 약실 덮개로 폐쇄된 상태이다.

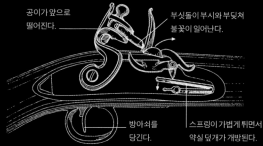

공이가 앞으로 떨어진다. | 부싯돌이 부시와 부딪쳐 불꽃이 일어난다.

방아쇠를 당긴다. | 스프링이 가볍게 튀면서 약실 덮개가 개방된다.

방아쇠를 당기면 공이가 앞으로 떨어지면서 부시의 모서리를 치게 된다. 이런 조작은 두 번째 스프링에도 작용해 부시가 움직이면서 약실이 개방된다.

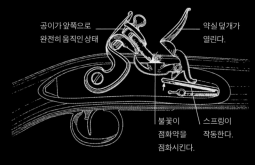

공이가 앞쪽으로 완전히 움직인 상태. | 약실 덮개가 열린다.

방아쇠를 당긴다. | 불꽃이 점화약을 점화시킨다. | 스프링이 작동한다.

부싯돌이 부시와 부딪쳐 일으킨 불꽃이 약실로 떨어지면서 점화약이 점화된다. 그렇게 일어난 불꽃이 다시 총열 옆으로 난 구멍을 통해 주장약을 발화시킨다.

용어 해설

개머리판 어깨와 방아쇠 사이의 개머리

구경 납 1파운드로 만들 수 있는 특정 크기 총알의 개수. 또는 총열의 지름

노리쇠 총미를 폐쇄 봉인하는 화기의 부분. 탄약통을 장전하고 배출하며, 공이치기가 들어 있을 수도 있다.

벤트 공이의 만곡부로, 그 안에 공이치기가 들어 있다.

불펍 기계적 작동 부위가 어깨쪽 개머리에 설치된 소총. 이를 바탕으로 통상적 길이의 총열을 줄일 수 있게 됐다.

블로백 총미가 스프링이나 관성력에 의해 격발되는 것이 아니라 잠기는, 자동 및 반자동 화기의 작동 방식

상자형 격발 장치 격발 장치가 총미 뒤쪽의 중앙 상자에 담겨 있는 수발총

자동 화기 방아쇠를 당기고 있으면 연속으로 장전되고 발사되는 화기

총미 총열의 폐쇄형 후미

총탄 화기가 불을 뿜으며 토해 내는 발사체. 구형, 원통-원뿔형, 원통-아치형, 심지어 끝이 우묵 파인 것까지 다양한 형태가 존재한다.

카빈 총열이 짧은 라이플(선조총) 이나 머스킷의 통칭

탄띠 급송 방식 자동 화기의 후미에 탄약을 공급하는 한 가지 방식

탄약통 발사 화약, 점화약, 발사체가 담기는 용기

보에도 화승총은 여전히 불편한 무기였다. 1500년경에 발명된 바퀴식 방아쇠 총은 훨씬 더 믿을 만했다. 바퀴식 방아쇠 총은 코일 용수철과 바퀴를 이용해 약실에 불꽃을 일으켰다. 물론 작동 방식은 여전히 번잡했지만 이로써 한 손으로 총을 쏘는 게 가능해졌다.

수발총 화기 발달의 다음 단계는 불꽃을 일으키는 더 간단한 방법을 찾는 것이었다. 스프링이 탑재된 부싯돌을 적당한 모양의 깔쭉깔쭉한 강철 부시와 접촉시켜 불꽃을 일으키는 기술이 채택되었다. 이 기술을 채택한 최초의 격발 장치가 영국에서는 스내펀스(snaphance), 또는 스냅하운스(snaphaunce)라고

알려지는데, 이는 '공이'를 뜻하는 네덜란드 어 schnapp hahn이 와전된 것이다. 이는 '쪼는 닭'이라는 뜻이다.

유럽 북부에서 고안된 스내펀스 총과 아주 유사한 격발 장치가 이탈리아에서도 사용되고 있었다. 이 총에는 단점이 많았는데, 그중에서도 꼴사나운 방아쇠 연동 장치가 압권이었다. 그러나 이런 문제점들은 16세기 중반 스페인에서 극복되었다. 부시를 늘여서 약실 덮개를 만들고, 결정적 순간에 노출된 주스프링을 이용해 그 덮개를 들어 올리는 간단한 조치로 사태를 해결할 수 있었던 것이다. 이렇게 미클레 격발 장치가 탄생했다.

약 60년 후 프랑스의 총기 제작자 마랭 르 부르주아는 미클레 격발 장치의 일체형 부시와 약실 덮개를 겸한 프리즌(frizzen)을 스내펀스 격발 장치의 내장형 스프링과 결합하는 혁신을 단행했고, 이로써 진정한 의미에서 최초의 수발총이 탄생했다. 이후의 개량 조치는 사소한 것들로, 롤러 베어링이 추가된 것이라든지 제어 장치를 강화한 것 등을 들 수 있다.

해들리의 수발식 엽총, 1770년

수발총은 1750년경에 완성되었다. 스프링에 작용하는 롤러 베어링과 제어 장치를 갖춤으로써 작동 부품들을 완벽하게 정렬시킬 수 있게 된 것이다. 이 산탄총은 전성기를 구가하던 수발총의 전형적인 보기이다.

화기

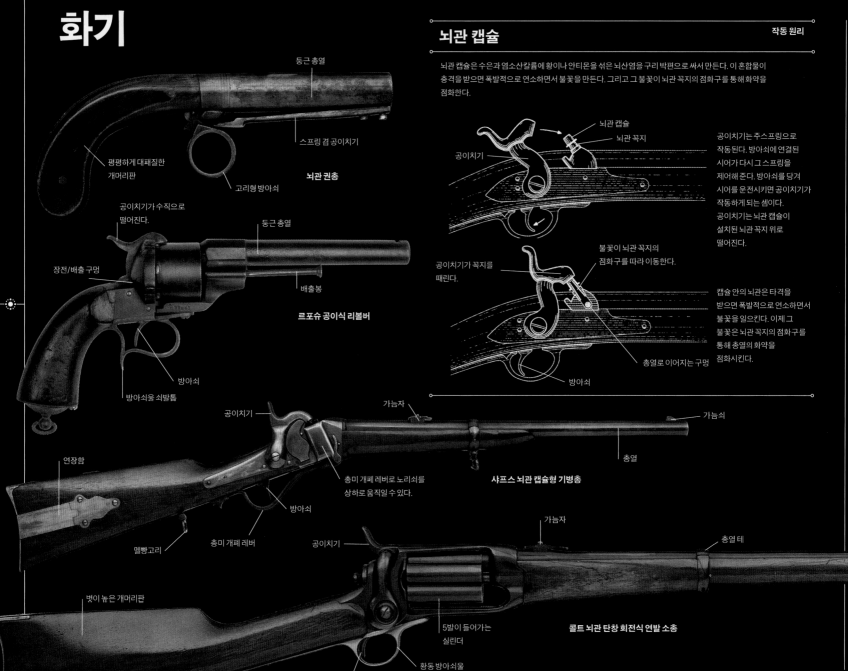

둥근 총열

스프링 겸 공이치기

뇌관 권총

평평하게 대패질한 개머리판

고리형 방아쇠

공이치기가 수직으로 떨어진다.

장전/배출 구멍

둥근 총열

배출봉

르포슈 공이식 리볼버

방아쇠

방아쇠울 쇠발톱

연장함

공이치기

총미 개폐 레버로 노리쇠를 상하로 움직일 수 있다.

방아쇠

총미 개폐 레버

멜빵고리

가늠자

가늠쇠

총열

샤프스 뇌관 캡슐형 기병총

볏이 높은 개머리판

가늠자

공이치기

총열 테

5발이 들어가는 실린더

황동 방아쇠울

방아쇠

콜트 뇌관 탄창 회전식 연발 소총

뇌관 캡슐

뇌관 캡슐은 수은과 염소산칼륨에 황이나 안티몬을 섞은 뇌산염을 구리 박편으로 싸서 만든다. 이 혼합물이 충격을 받으면 폭발적으로 연소하면서 불꽃을 만든다. 그리고 그 불꽃이 뇌관 꼭지의 점화구를 통해 화약을 점화한다.

뇌관 캡슐

뇌관 꼭지

공이치기

공이치기는 주스프링으로 작동된다. 방아쇠에 연결된 시어가 다시 그 스프링을 제어해 준다. 방아쇠를 당겨 시어를 운전시키면 공이치기가 작동하게 되는 셈이다. 공이치기는 뇌관 캡슐이 설치된 뇌관 꼭지 위로 떨어진다.

공이치기가 꼭지를 때린다.

불꽃이 뇌관 꼭지의 점화구를 따라 이동한다.

캡슐 안의 뇌관은 타격을 받으면 폭발적으로 연소하면서 불꽃을 일으킨다. 이제 그 불꽃은 뇌관 꼭지의 점화구를 통해 총열의 화약을 점화시킨다.

총열로 이어지는 구멍

방아쇠

뇌관 캡슐형 수발총이 개량을 거듭해 최고로 효율적인 화기로 거듭났다고 할지라도 거기에는 여전히 단점들이 존재했다. 가장 커다란 문제점은 부싯돌을 적당히 다듬어 제 위치에 놓고, 점화구의 잔류물을 깨끗이 제거해야 할 필요성이었다. 공이 추락과 화기 발사 사이의 시간 지연도 문제였다. 충격을 받으면 폭발하는 뇌산염의 존재는 100년 전부터 알려져 있었지만 부싯돌을 실질적으로 대체하기에 이 혼합물은 여전히 다루기 힘든 물질이었다. 이윽고 1800년에 에드워드 하워드가 비교적 다루기 쉬운 뇌산수은(뇌홍, 수은의 뇌산염)을 합성해 냈다. (조류 사냥에 열심이었던) 알렉산더 포사이스 목사가 그 화합물을 염소산포타슘(염소산칼륨)과 혼합해, 화약을 폭발시키는 새로운 점화약으로 사용하기 시작했다. 다시 20년 후, 뇌산

염 뇌관을 총미에 전달해 주는 믿을 만한 기계적 메커니즘이 개발되었다. 뇌관 캡슐이 바로 그것이다. 영국 태생의 화가 조슈아 쇼가 1822년 미국에서 이 과업을 완수함으로써 다른 모든 점화 방식은 쓸모없는 것이 되고 만다.

리볼버 새로운 시스템을 채택한 최초의 화기들은 기존의 무기들(단발의 총구 장전식 권총과 소총)을 개조한 것이었다. 그러나 이내 복수 총열 권총이 도입되었다. 후추통 리볼버라고 불린 이런 권총에는 회전축을 중심으로 여러 개의 총열이 탑재되었고, 각각의 총열에는 화약과 뇌관 캡슐이 완비되었으며, 새로운 총열을 공이치기 경로에 배치함으로써 여러 발을 발사할 수 있었다. 다시 1836년 약관의 미국인 새뮤얼 콜트가 실린더 리볼버를 특허 신청했고, 이 시스템을 적용한 권총과 소총을 생산하기 시

작했다. 콜트의 총기는 2~3초 만에 6발을 발사할 수 있었다. 그러나 화약과 발사체를 담고 있어 총구 장전이 필요 없는 방수 탄약통이 발명되면서 장전 과정이 간편해 졌음에도 불구하고 여전히 재장전 속도가 느렸다. 콜트

후추통 리볼버, 1849년
굴대 위로 여러 개의 총열이 부착된 후추통 리볼버는 다연발 소형 권총으로서 꽤 성공적인 작품이었다. 그러나 비용이 많이 든다는 단점이 있었다. 이 권총은 이내 실린더형 리볼버로 대체되었다.

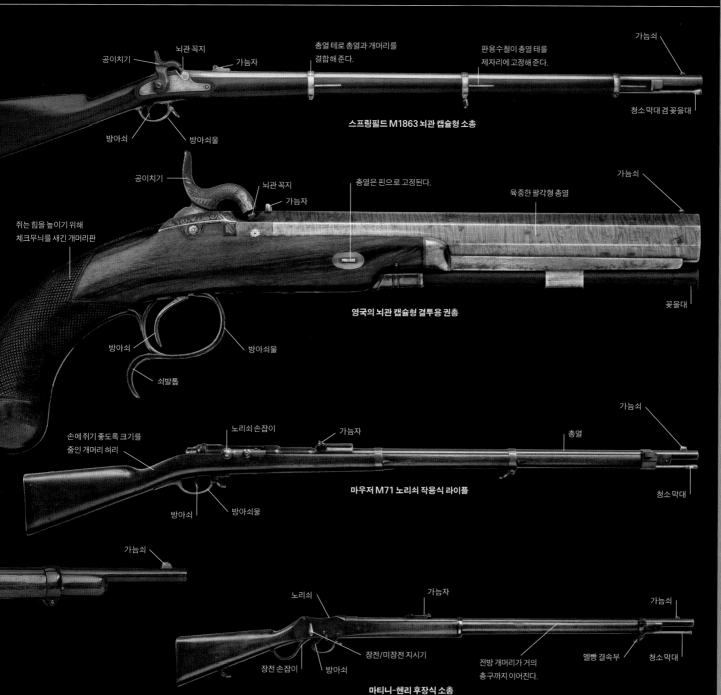

스프링필드 M1863 뇌관 캡슐형 소총

뇌관 꼭지 / 공이치기 / 가늠자 / 총열 테로 총열과 개머리를 결합해 준다. / 판용수철이 총열 테를 제자리에 고정해 준다. / 가늠쇠 / 청소 막대 겸 꽂을대 / 방아쇠 / 방아쇠울

영국의 뇌관 캡슐형 결투용 권총

공이치기 / 뇌관 꼭지 / 가늠자 / 총열은 핀으로 고정된다. / 육중한 팔각형 총열 / 가늠쇠 / 쥐는 힘을 높이기 위해 체크무늬를 새긴 개머리판 / 꽂을대 / 방아쇠 / 방아쇠울 / 쇠발톱

마우저 M71 노리쇠 작용식 라이플

손에 쥐기 좋도록 크기를 줄인 개머리 허리 / 노리쇠 손잡이 / 가늠자 / 총열 / 가늠쇠 / 청소 막대 / 방아쇠 / 방아쇠울

마티니-헨리 후장식 소총

가늠쇠 / 노리쇠 / 가늠자 / 가늠쇠 / 장전/미장전 지시기 / 멜빵 결속부 / 청소 막대 / 장전 손잡이 / 방아쇠 / 전방 개머리가 거의 총구까지 이어진다.

는 1857년까지 독점적 지위를 누렸다. 그러나 1850년대에 대서양 양안의 총기 제작자들은 총미 장전 방식과 가스 누출 방지 구조를 만드는 골치 아픈 문제를 새롭게 고민하고 있었다.

황동 탄약통은 이미 1840년경에 파리의 총기 제작자 루이 플로베르에 의해 최초로 개발되었다. (실내 표적 연습용의) 작은 탄약통에는 발사 화약으로 뇌산염이 들어갔다. 플로베르는 자신의 탄약통을 1851년 런던에서 개최된 만국 박람회에 소개했고, 그리하여 전 세계의 총기 제작자가 전부 그 놀라운 발명품을 알게 되었다. 그중 한 명인 대니얼 웨슨이 이 발명품을 한 단계 더 발전시켰다. 그는 황동 용기에 담긴 뇌산염 뇌관을 화약 및 탄환과 결합했다. 이로써 일체형 황동 탄약통이 탄생하게 된 것이다.

이 새로운 유형의 탄약통은 즉시로 두 가지 문제를 해결해 주었다. 새 탄약통은 탄약의 모든 요소를 한 꾸러미로 통합했고, 황동 포장 자체가 총미를 봉인해 주었기 때문에 완벽한 밀폐가 보장되었다. 테두리 점화 탄약통은 불완전했고, 가장 작은 구경을 제외한 모든 총기에서 곧 사라졌다. 그러나 기폭약이 기저부 중앙에 있는 탄약통은 1866년에야 등장한다. 전 세계의 군대가 곧바로 중앙 뇌관형 탄약통을 채택했다. 최초의 뇌관형 화기가 수발총을 개량한 것이었듯이 최초의 군용 후장총도 전장총을 개조한 것이었다. 그러나 이것들은 임시변통의 조

치였고, 불과 몇 년 후에는 제대로 설계한 최초의 후장총이 지급되었다. 마티니-헨리 소총과 마우저 M71 소총이 그런 예들이다.

개틀링 기관총, 1875

리처드 개틀링은 1862년에 수동 회전반 다연발 기관총을 최초로 양산하기 시작했다. 탄약통은 위쪽에 설치된 깔때기식 장치에서 12시 방향으로 개방된 총미로 인입되었다. 총미는 6시 방향으로 내려가면서 폐쇄되었고, 발사 후에는 다시 올라가면서 개방되었다.

화기

가늠쇠 / 총열 / 총열 테 / 가늠자 / 노출된 공이치기 / 안장에라이플을 거는 고리

관형탄창

윈체스터 1866년형 언더레버 소총

방아쇠 / 방아쇠울을 늘여서 장전 레버로 사용한다.

가늠자 역할도 할 수 있도록 금을 그어놓은 공이치기 / 경첩형 장전/배출구 / 홈이 파인 6발 약실의 실린더 / 스프링이 설치된 배출 막대 / 총열 / 칼날형 가늠쇠

콜트 단발식 군용 리볼버

방아쇠

경질 고무 손잡이

결속끈 고리

공이치기 / 총열 경첩 / 상하 2개의 총열 / 가늠쇠

레밍턴의 이연발 데린저식 권총

대갈못 형 방아쇠

칼날형 가늠쇠 / 6발 약실의 실린더 / 실린더 잠금 홈 / 공이치기 / 실린더 걸쇠

배출 막대

실린더 개폐기 사북 / 방아쇠

스미스 앤드 웨슨의 군용 및 경찰용 리볼버

결속끈 고리

가늠자 / 노리쇠 / 전방 개머리는 거의 총구에까지 이른다. / 보호울에 싸인 가늠쇠

노리쇠 손잡이

방아쇠 / 탄창 걸쇠 / 탈착식 탄창 / 총구

리엔필드 No4 노리쇠 작동식 소총

멜빵 고리

연발총 다른 한편에서는 윈체스터에서 일하던 웨슨과 호레이스 스미스가 황동 탄약통을 채택한 리볼버를 설계하는 일에 몰두했다. 그러나 그들은 '천공형' 실린더에 대한 특허가 이미 나 있는 상태라는 것을 알게 된다. 다행스럽게도 그들은 생산하는 총기마다 15센트의 사용료를 주는 조건으로 그 특허를 구매할 수 있었다. 1857년 그들은 콜트의 특허를 자유롭게 이용할 수 있게 됐고, 최초의 효율적인 탄약통 리볼버를 공개한다. 이번에는 콜트가 특허 보호 문제로 좌절한다. 콜트 사가 공전의 히트를 기록하게 되는 총기를 출시한 것은 그가 죽고 나서도 11년 지난 1873년에 이르러서였다. '평화 유지 도구(Peacemaker)'라는 별명으로 유명한 단발색 군용 리볼버가 바로 그 주인공이다. 다른 곳에서도 다른 사람들이

황동 탄약통의 자체 완비적 특성을 이용해 다른 유형의 연발식 화기를 개발하려고 분투했다. 그중에서도 두 사람이 초기부터 지속적으로 큰 성공을 거두었다. 크리스토퍼 스펜서와 벤저민 타일러 헨리가 1860년 관형 탄창을 채택한 연발 소총을 생산했다. (스펜서의 총은 탄창이 개머리판에, 헨리의 총은 탄창이 총열 아래에 설치되어 있었다.) 그러나 두 총 모두 불완전했다. 저출력 탄약만을 겨우 다룰 수 있었던 것이다. 이래서는 군의 필요를 충족시킬 수가 없었다. 미국 육군이 단발식 후장총을 고수했던 이유이다. 그러나

유럽에서는 마우저 형제가 M/71을 들고 나와 성공을 거두었고, 대체로 그 덕분에 회전 노리쇠를 채택한 소총을 설계하는 방향으로 관심과 노력이 집중되었다. 스펜서와 헨리의 총에는 다른 약점도 있었다. 그들의 관형 탄창이 문제였던 것이다. 탄환의 첨두가 앞쪽 탄약통의 뇌관과

스프링필드 M1903

미국 육군은 1892년 이전까지 단발식 후장총을 사용했고, 이후로는 노르웨이 크라크라는 노리쇠 작동식 탄창 소총을 채택한다. 1903년에는 크라크가 스프링필드 조병창에서 생산된 개량형 마우저 소총으로 대체되었다.

장전기　가늠자

장전/배출구　총열　가늠쇠

마우저 C/96 자동 권총

방아쇠　탄창

둥근 개머리판

슬라이드는 반동을 전달해　개방 홈　가늠자　노출된
작용 행정을 가능케 해 준다.　공이치기

안전 장치

콜트 M1911 자동 권총

방아쇠　손잡이
안전 장치

가늠쇠　총열　6발 들이 실린더　공이치기

스미스 앤드 웨슨 모델27 리볼버

방아쇠
방아쇠울

노리쇠 작동식

노리쇠 작동 방식은 (아마도 그 단순함 때문에) 소총의 총미를 개방해 주는 가장 확실하고 효율적인 메커니즘일 것이다. 정원 문을 닫아거는 장치보다 더 복잡하지 않다고 말할 수 있다. 잠금 돌기는 노리쇠의 상부나 기부에 있을 수 있고, 양쪽 모두에 위치할 수도 있다.

노리쇠 전진　노리쇠가 탄약통을 총열
안으로 차고 들어간다.

노리쇠 손잡이를 올리면 노리쇠가 회전하면서 잠금 돌기를 풀어준다. 그렇게 해서 노리쇠를 후방으로 완전히 당길 수 있게 되는 것이다. 그 노리쇠가 다시 전진하면서 탄창의 탄약통을 물어 약실에 장전한다.

탄창 안 스프링이 탄약을 밀어 올린다.

노리쇠가 완전히 잠겨 있다.　시어가 공이치기를 잡아당긴 상태로 유지한다.　격침(공이치기)

노리쇠 손잡이가 다시 폐쇄 위치로 돌아간다. 잠금 돌기가 고정되고, 총미가 밀폐되는 것이다. 격침(공이치기)은 방아쇠와 연결된 시어에 의해 스프링이 압축된 채 이격되어 있다.

탄약통이 약실에 장전되어 있다.

노리쇠 방아쇠가 시어를　격침이 탄약통을
전진 시동한다.　때린다.　탄환

방아쇠를 당기면 시어가 작동하고, 이어서 격침이 전진한다. 스프링의 복원력으로 격침이 탄약통의 뇌관을 때리면 점화가 이루어진다.

노리쇠 후진　소모 탄피

노리쇠를 후진시키면 노리쇠 머리에 달린 갈고리쇠가 테두리와 작용해 소모 탄피를 뽑아낸다. 그러면 멈추개가 추출기에서 탄피를 떼어내 배출한다.

용어 해설

개방 장치 장전할 탄약통이 없을 때 노리쇠를 후진시켜 놓을 수 있는 걸쇠 또는 자동 장전식 권총에서 분해가 필요할 때 슬라이드를 뒤로 당겨 유지해 주는 걸쇠

개방형 노리쇠 방아쇠를 당길 때까지 노리쇠가 후진 상태에서 개방 유지되는 구조로, 약실을 냉각시킬 수 있다. 폐쇄형 노리쇠도 보라.

경기관총 흔히 2각대가 탑재되고, 소총 구경의 탄약이 장전되지만 연속 사격이 불가능한 기관총

경첩형 권총 총열을 꺾어서 약실을 노출시킬 수 있는 권총

기관 권총 기관 단총을 보라.

기관총 가스나 반동을 이용해 작용 행정이 이루어지면서 연사가 이루어지는 무기

노리쇠 잠금식 화기 사격 중에 노리쇠가 실제로 총열에 잠기는 화기

뇌관 발사 과정을 촉발하는 데 사용되는 미세 화약. 탄피에 집어넣은 뇌관 캡슐

랜드 총열 내부의 나선 홈 사이의 표면

중(中)기관총 소총 구경의 탄약이 장전되고, 연사가 가능한 기관총

중(重)기관총 소총 구경보다 더 큰 총탄이 장전되는 기관총으로, 대개 12.7밀리미터이다.

총구 총열의 열린 전면 끝

총구 브레이크 보정기를 보라.

탄창 탄약통의 용기로, 대개 스프링의 복원력을 이용해 탄약통을 작용 행정에 투입한다.

파라벨룸 루거가 자신의 자동 장전식 권총에 쓸 목적으로 개발한 9밀리미터×19 탄약통

할로 포인트 첨두에 공동이나 홈을 만든 탄환으로, 표적에 맞으면 퍼지거나 조각난다.

붙어서 적재되었기 때문에 특정한 조건에서 격침으로 작용해 참화가 일어날 수 있었다. 유럽의 총기 제작자들이 노리쇠 작동식 소총에서 관형 탄창을 일부 쓰기도 했지만 이내 평판이 나빠지면서 폐기되었고, 상자형 탄창이 그 자리를 대신하게 된다.

자동 장전식 화기 개발에 몰두한 마우저는 19세기 후반 군용 소총 시장을 장악하는 데 성공한다. 그는 대구경 엽총 분야에서도 세계 시장을 장악하기에 이른다. 다른 대다수의 설계자들은 마우저를 베끼기에 급급했다. 영국만 이런 흐름에 저항했다. 스코틀랜드 태생의 미국인 제임스 패리스 리가 설계한 노리쇠 작동식 소총은 마우저와 뚜렷하게 구분되었다. 엔필드의 왕립 병기 공장에서 이 총이 대량으로 생산되었다. 군사주의가 비등했

던 프로이센에서도 많은 기업들이 무기 생산 분야로 뛰어들었다. 그중 하나가 루트비히 뢰베 사이다. 이 회사는 원래 재봉틀을 만들었는데, 면허를 얻어 맥심의 기관총을 생산하게 된다. 이 과정에서 마우저 사를 합병하고, 도이체 바펜 운트 무니티티온슈파브릭(Deutsche Waffen und Muntitionsfabrik, DWM)으로 개명하면서 번창해 나갔다. 최초의 상용 자동 장전식 권총인 보르하르트 C/93을 생산한 것도 DWM이었다. 마우저 C/96도 대부분 이 회사에서 생산되었다. 게오르크 루거가 자신의 걸작 P'08을 제작한 것도 DWM에서 근무할 때였다.

19세기 후반에 총기 제작 분야에서 주목할 만한 회사가 하나 더 출현했다. 유타 주 오그던 출신의 모르몬 교

도인 존 모제스 브라우닝이 바로 그 주인공이다. 그는 윈체스터에서 최초의 펌프식 자동 장전 산탄총을 개발했고, 이어서 벨기에 리에주 인근의 에르스탈에 본부를 둔 파브리크 나스욜날(FN)과 제휴해, 세계 최고의 무기로 부상하게 되는 자동 장전식 권총과 기관총을 생산했다.

베르크만 M18/1
제1세대 속사 권총은 부피가 커서 다루기가 힘들었다. 그 결과 기관 단총이 만들어지기에 이른다. 최초 기관 단총 가운데 하나가 1918년 제작된 베르크만 M18/1이다.

화기

반동식 기관총
MG08/15

가늠자
급탄로
가늠쇠
냉수통
총구 보정기
소총형 개머리판
권총 손잡이
방아쇠
일체형 이각대

가늠자
드럼 탄창
총열 덮개는 방열기로도 기능한다.
냉각핀
루이스 가스 작동식 기관총
방아쇠
손잡이

총구 보정기
광학 조준기
상자형 탄창
개머리판 안에 총기 작동부가 들어가 있다.
FN P90 가스 작동식 기관 단총
방아쇠

반동식

아이작 뉴턴이 발견한 운동의 제3법칙이 알려주는 바, 모든 작용에는 정반대 방향으로 작용하는 동등량의 반작용이 존재한다. 화기에서 발생한 작용은 탄환을, 총열을 따라 표적을 향해 이동하도록 추진한다. 이와 함께 반동이라고 하는 반작용이 일어나 화기가 사수의 어깨와 손 쪽으로 밀린다. 하이럼 맥심은 이 반작용을 활용하면 화기를 연속적으로 작동시킬 수 있겠다고 생각한 최초의 인물이었다. 그는 이 원리를 바탕으로 자신의 기관총을 개발했다.

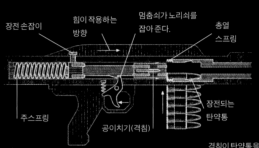

장전 손잡이
힘이 작용하는 방향
멈춤쇠가 노리쇠를 잡아 준다.
총열 스프링
주스프링
공이치기(격침)
장전되는 탄약통

주스프링을 압축시키면서 장전 손잡이를 뒤로 당긴다. 노리쇠가 발사 준비 상태로 복귀하면서 탄창의 총탄이 한 발 물려 장전된다. 이때 노리쇠를 멈춤쇠(시어)가 잡아 준다.

격침이 탄약통을 때린다.
방아쇠를 당기면 스프링이 풀린다.
노리쇠가 전진하면서 탄약통을 장전한다.

장전 과정에서 공이치기는 방아쇠와 연결된 멈춤쇠에 의해 이격된다. 방아쇠를 당기면 멈춤쇠가 작동하고, 공이치기가 전진해 뇌관을 때린다. 점화되는 것이다.

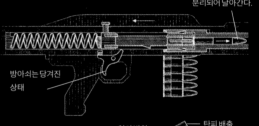

방아쇠는 당겨진 상태
탄환이 탄약통과 분리되어 날아간다.

발사체가 총구를 떠나는 과정에서 반동력이 노리쇠에 작용해 잠금 돌기를 제자리에 고정해 주는 메커니즘을 압도한다.

힘의 방향
탄피 배출
스프링이 노리쇠를 전진시킬 것이다.
반작용으로 노리쇠가 후퇴한다.
장전 대기 중인 다음 탄약통

잠금 메커니즘이 압도되면서 노리쇠는 자유롭게 후방으로 이동하고, 그 과정에서 소모 탄피가 추출 및 배출되고, 새로운 총탄이 장전된다.

기관총의 역사는 미국인인 하이럼 스티븐스 맥심이 1883년 런던에서 자신의 첫 번째 기관총을 제작하면서 시작되었다. 이 총은 화기의 반동을 이용해 소모 탄피를 추출하고, 새로운 탄약통을 장전할 수 있었다. 그리고 공이치기를 뒤로 잡아당기기만 해도 발사 준비가 끝나는 멋진 화기였다. 방아쇠를 당기고 있으면 탄약이 소진될 때까지(또는 화기가 기능 고장을 일으킬 때까지) 발사 행정이 반복되었다. 그의 발명품이 가지는 진정한 의미가 충분히 인식되는 데에는 여러 해가 걸렸다. 그러나 머지않아 맥심의 기관총은 그 진가를 인정받으면서 전쟁의 성격을 완전히 뒤바꿔 놓았다.

맥심의 특허권은 제1차 세계 대전이 발발할 즈음에 이미 소멸했고, 일찍부터 경쟁 모델들이 생산되었다. 그러나 주요 교전국 6개국 중 세 나라 — 영국, 독일, 러시아(이 외에도 오스만 제국이 독일에 의해 무장되었다.) — 가 맥심의 기관총에 의존했으므로 제1차 세계 대전을 지배한 것은 맥심 기관총이었다고 말하는 게 공정할 것이다. 제2차 세계 대전 중에도 영국과, 이제 소련으로 변신한 러시아는 여전히 맥심(영국은 비커스를 사용했다.)에 의존했다. 프랑스 육군은 자체 생산한 기관총을 전투 배치했다. 가스 작동식의 공랭식 호치키스가 1893년부터 생산되었다. 이 기관총은 맥심보다 훨씬 더 단순한 구조였으나 과열이 문제였다. 수랭식 총기는 냉각제가 공급되는 한 이 문제로 골치를 썩이는 일은 없었다.

제1차 세계 대전의 전장에서 사용된 자동 화기는 맥심 및 호치키스, 오스트리아-

헝가리 제국의 스코다 및 슈바르츠로제, 미국의 브라우닝 같은 중기관총들만이 아니다. 루이스와, MG08/15라고 불린 맥심 경기관총처럼 더 가볍고, 운반성도 용이해진 화기들도 존재했다. (상기한 두 총기에는 같은 총탄이 들어갔고, 보병이 돌격할 때 휴대할 수도 있었다.) 제1차 세계 대전이 끝나 갈 무렵에는 소총 구경의 기관총 외에도 훨씬 더 작은

데저트 이글, 1983년
이스라엘의 데저트 이글은 가장 무겁고, 가장 강력한 매그넘 총탄을 취급할 수 있는 최초의 자동 장전식 권총이다. 이것은 가스 작동식의 총미 잠금 설계로 가능해졌다.

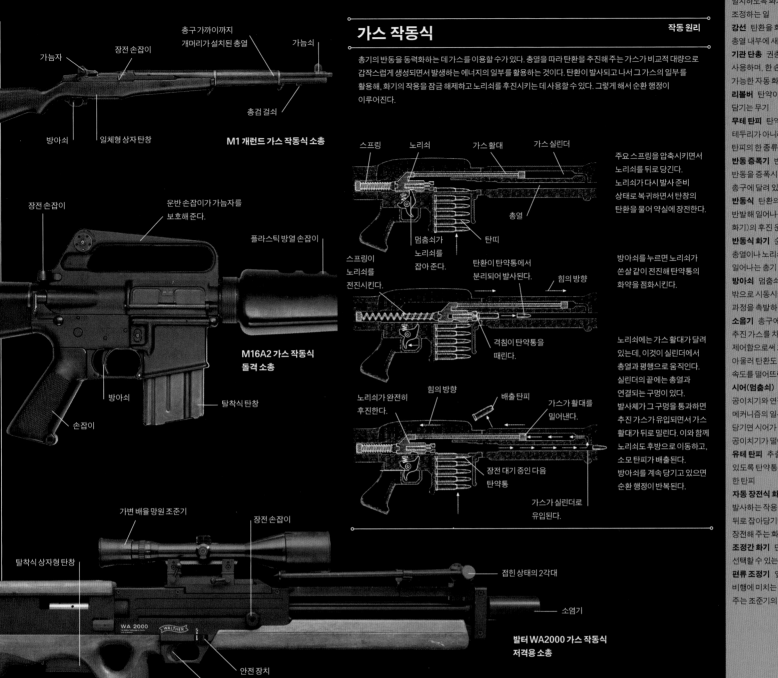

가스 작동식

작동 원리

총기의 반동을 동력화하는 데 가스를 이용할 수가 있다. 총열을 따라 탄환을 추진해 주는 가스가 비교적 대량으로 갑작스럽게 생성되면서 발생하는 에너지의 일부를 활용하는 것이다. 탄환이 발사되고 나서 그 가스의 일부를 활용해, 화기의 작용을 잠금 해제하고 노리쇠를 후진시키는 데 사용할 수 있다. 그렇게 해서 순환 행정이 이루어진다.

가늠자 · **장전 손잡이** · **총구 가까이까지 개머리가 설치된 총열** · **가늠쇠**

방아쇠 · **일체형 상자 탄창** · **총검 걸쇠**

M1 개런드 가스 작동식 소총

장전 손잡이 · **운반 손잡이가 가늠자를 보호해 준다.** · **플라스틱 방열 손잡이**

방아쇠 · **손잡이** · **탈착식 탄창**

M16A2 가스 작동식 돌격 소총

스프링 · **노리쇠** · **가스활대** · **가스 실린더** · **총열** · **탄띠**

주요 스프링을 압축시키면서 노리쇠를 뒤로 당긴다. 노리쇠가 다시 발사 준비 상태로 복귀하면서 탄창의 탄환을 물어 약실에 장전한다.

스프링이 노리쇠를 전진시킨다. · **멈춤쇠가 노리쇠를 잡아 준다.**

탄환이 탄약통에서 분리되어 발사된다. · **힘의 방향** · **격침이 탄약통을 때린다.**

방아쇠를 누르면 노리쇠가 쏜살같이 전진해 탄약통의 화약을 점화시킨다.

노리쇠가 완전히 후진한다. · **힘의 방향** · **배출 탄피** · **가스가 활대를 밀어낸다.** · **가스가 실린더로 유입된다.** · **장전 대기 중인 다음 탄약통**

노리쇠에는 가스 활대가 달려 있는데, 이것이 실린더에서 총열과 평행으로 움직인다. 실린더의 끝에는 총열과 연결되는 구멍이 있다. 발사체가 그 구멍을 통과하면 추진 가스가 유입되면서 가스 활대가 뒤로 밀린다. 이와 함께 노리쇠도 후방으로 이동하고, 소모 탄피가 배출된다. 방아쇠를 계속 당기고 있으면 순환 행정이 반복된다.

가변 배율 망원 조준기 · **장전 손잡이**

탈착식 상자형 탄창 · **접힌 상태의 2각대** · **소염기**

발터 WA2000 가스 작동식 저격용 소총

안전 장치 · **방아쇠**

크기의 자동 화기가 등장했다. 이 총기들은 보병 개인의 수중에 자동 화기의 화력을 부여하겠다는 의도 속에서 제작되었고, 권총 탄약이 장전되었다. 베르크만 MP18/I은 수행한 역할은 아주 미미했지만 선구자적 성격의 총기이기도 했다. 유럽에서 다시 전쟁이 발발했을 즈음에는 기관 단총이 도처에서 사용되었다. 그러나 기관 단총이 가진 근접 전투 이외의 역할까지 완벽하게 이해되었다고 말할 수는 없을 것이다. 지금까지도 많은 사람들이 기관 단총 최고의 특징으로 사격 시 발생하는 충격을 꼽는다. 특히나 제한된 공간에서의 위력은 엄청난데, 짧은 순간 방아쇠를 당기고 있으면 분당 1200발까지 발사할 수 있는 이런 화기를 통제한다는 것이 사실상 불가능하기 때문이다. 현대에 들어와서 이 분야 최고의 무기는 아

마도 헤클러 앤드 코흐 사의 MP5일 것이다. 속사 설정을 없앤 MP5를 사용할 수 있다는 사실은 의미심장하다. 경찰관들과 다수의 군인이 이런 화기를 휴대하는 것은 그 화력 때문이 아니라, 더 길어진 총열이 가져다주는 권총보다 정확한 명중률 때문이다. 또한 탄창 수용력도 더 크기 때문이다.

기관 단총이 보병의 돌격 소총을 대체하는 화기로 받아들여진 적은 단 한번도 없었다. 돌격 소총이 엄청나게 개량되었기 때문이다. 이제 기관 단총은 자위를 넘어서는 그 어떤 군사적 실효성도 갖고 있지 않다. 돌격 소총은 견착부 개머리 안에 작동 메커니즘을 집어넣은 '불펍(bull-pub)' 설계를 채택함으로써 무

게와 길이가 대폭 줄어들었고, 훨씬 더 가벼운 탄약을 장전할 수 있게 됐다. 이런 변화는 돌격 소총을 휴대하는 병사들이 해결해야 하는 과제의 특성을 이해하고 그 편의를 도모한 조치였다. 이 결과 돌격 소총은 다른 어떤 휴대용 화기보다 더 중요해졌다.

PIAT, 1942년

제2차 세계 대전 당시 사용된 영국 육군 보병의 대전차 무기인 PIAT는 20세기 전체를 통틀어 아마 가장 괴상한 무기였을 것이다. 그러나 박격포를 개량한 이 대전차 로켓 발사기는 단순한 구조에도 불구하고 최대 90미터 떨어져 있는 중전차까지 무력화할 수 있었고, 엄폐호 파괴 무기로도 활용되었다.

화포

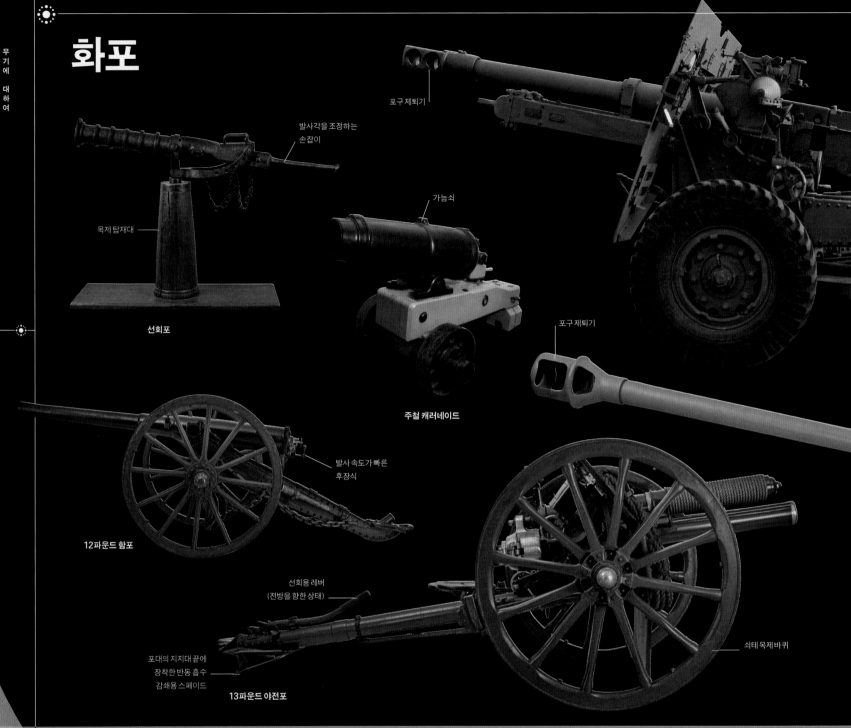

발사각을 조정하는 손잡이

목제 탑재대

선회포

포구 제퇴기

가늠쇠

주철 캐러네이드

포구 제퇴기

발사 속도가 빠른 후장식

12파운드 함포

선회용 레버
(전방을 향한 상태)

포대의 지지대 끝에 장착한 반동 흡수 감쇄용 스페이드

13파운드 야전포

쇠테 목제바퀴

화포의 기원은 14세기로 거슬러 올라가는데, 관을 통해 화약의 힘으로 발사물을 쏘는 유통식(有筒式, tube-launched) 화기의 도입으로 거슬러 올라간다. 정확성은 떨어졌지만 적의 심리를 위축시키는 효과가 있었다. 1500년경 성벽을 자유자재로 파괴할 수 있는 유효 거리 최대 600미터의 대구경 대포가 개발되면서 공성전의 양상에 변화가 일어났다.

초창기 화포 일부는 포신의 뒤쪽으로 화약과 발사물을 장전하는 후장식을 채용했다. 하지만 포미(砲尾)의 연소 가스를 완전 밀폐하는 문제로 인해 이 방식은 쇠퇴하고 안전성이 더 높은 방식으로 화약과 포탄을 총신 앞쪽으로 장전하는 전장식으로 대체되었다. 19세기 중반까지는 전장식 설계가 널리 사용되었다.

화포는 크게 두 범주로 분류하는데, 고정된 위치에서 적의 요새를 향해 발포하는 엄청난 중량의 공성포와 포가(砲架)에 탑재하여 전투 시 부대에 배치되는 기동성 좋은 경량급 야전포가 있다. 16세기 말부터 해전에서 총포의 역할이 점점 중요해지면서 전함이 이동식 포좌(砲座)로 변신했으며, 이에 해군은 가장 강력한 현측(舷側) 대포의 포격을 통해 적의 함선을 무력화시키거나 침몰시키기 위한 대형으로, 전함들이 열을 지어 항해하는 전술을 운용했다.

최초의 포탄은 돌이었지만, 점차 철로 만든 포탄으로 대체되었다. 중간에 장애물이 없는 200미터 미만의 전투 사거리에서는 포도탄이나 산탄이 대단히 효과적이었다. 산탄은 대포에서 발사되었을 때 수십 개의 작은 탄알이 퍼져 터지는데, 현대의 공기총에 사용하는 연지탄(납알)과 같은 원리로 작동한다. 구포(臼砲, 구경에 비해 포신 짧고 사각이 높은 활강포)에 사용하는 공 모양 포탄은 화약으로 채워져 있고 목표물에 맞았을 때 폭발하는 시한 도화선이 달려 있다. 구포는 정확도가 아주 높

터키의 청동 사석포
오스만 제국의 대규모 포격에 사용된 돌 포탄이다. 오스만 군대는 이 포탄의 도움을 받아 1453년 비잔티움 제국의 수도 콘스탄티노플리스를 함락하는 데 성공했다.

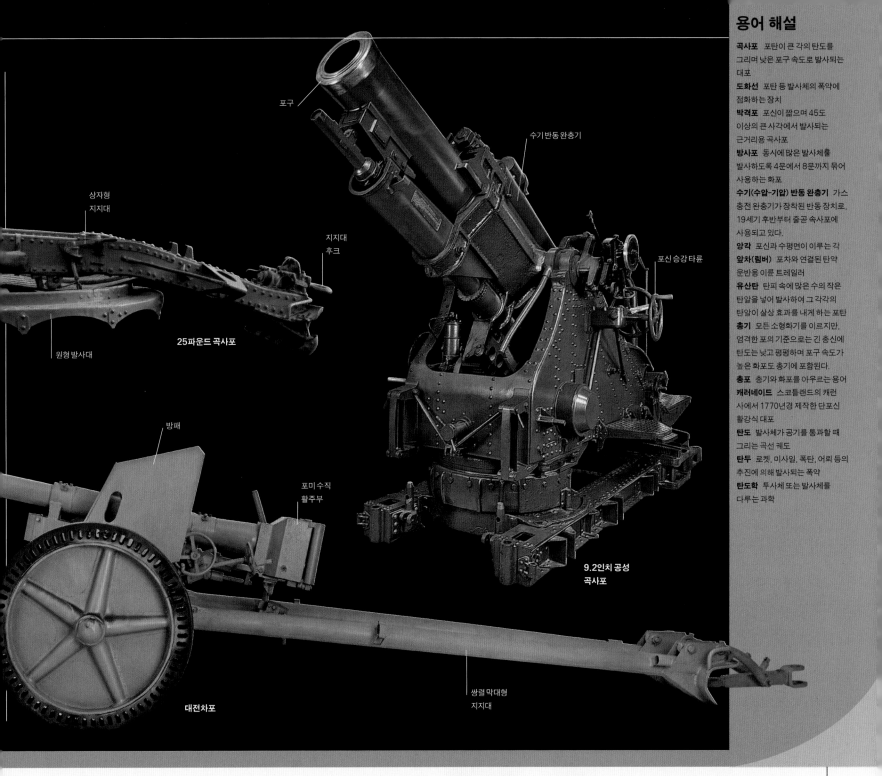

포구

상자형
지지대

수기반동 완충기

지지대
후크

포신 승강타륜

원형 발사대

25파운드 곡사포

방패

포미 수직
활주부

9.2인치 공성
곡사포

대전차포

쌍렬 막대형
지지대

지는 않았지만 가옥이나 함선 같은 인화성 높은 목표물에 불을 붙이는 방식의 타격에 효율적인 무기였다.

산업 혁명 더디게 발전하던 총포는 19세기 후반에 이어진 일련의 기술 혁신으로 대폭 변모했다. 강철이 주철을 대체하면서 강도와 내구성이 강화되었으며, 기계 제작 기술의 발전으로 연소 기체 밀폐가 가능해져 후장식 설계가 보편화되었으며 총신 안에 나사 모양의 홈을 새길 수 있게 되어 정확도도 개선되었다. TNT와 코르다이트 같은 추진제가 새로 개발되어 흑색 화약을 대체하면서 야전포의 사거리가 4000미터 이상으로 확장되었다. 이러한 총포 기술 혁명의 최종 요소는 수기압 반동 완충기의 도입으로 포탄을 발사할 때마다 포신을 정위치로 다시 이동해야 하는 문제가 사라졌다. 이 덕분에 발사 속도

가 대폭 상승했는데 유명한 프랑스 75 야포(1897년형 75밀리미터 야전포)는 1분당 20발의 포탄을 발사할 수 있었다.

이러한 개선의 결과로 총포가 제1차 세계 대전(1914~1918년)의 주요 무기가 되었으며, 전술적 균형도 조작성에서 화력으로 넘어왔다. 제2차 세계 대전(1939~1945년) 최고의 진보는 무전 기술에서 이루어졌다. 이 기술 덕분에 선제권을 얻을 수 있어 유연한 상황 대처와 정밀 탄

착점 조준·대량 포격이 가능해졌다. 20세기 후반 총포 기술의 역사를 요약하면, 점진적 개선을 통해 전통적 총포에 유도 폭탄이 추가되었으며 정교한 다연장 로켓포가 도입되었다는 점을 들 수 있다.

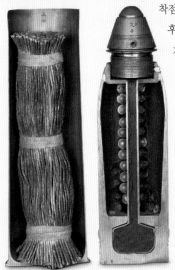

18파운드 유산탄 절단면
화약통(왼쪽) 속에 보이는 것이 노끈처럼 생긴 추진제 코르다이트다. 이 포탄(오른쪽)의 상단에 도화선이 설치되어 있고 그 아래 공 모양의 작은 유산 탄환들이 배치되어 있으며 바닥 부분은 작약이다.

갑옷과 투구

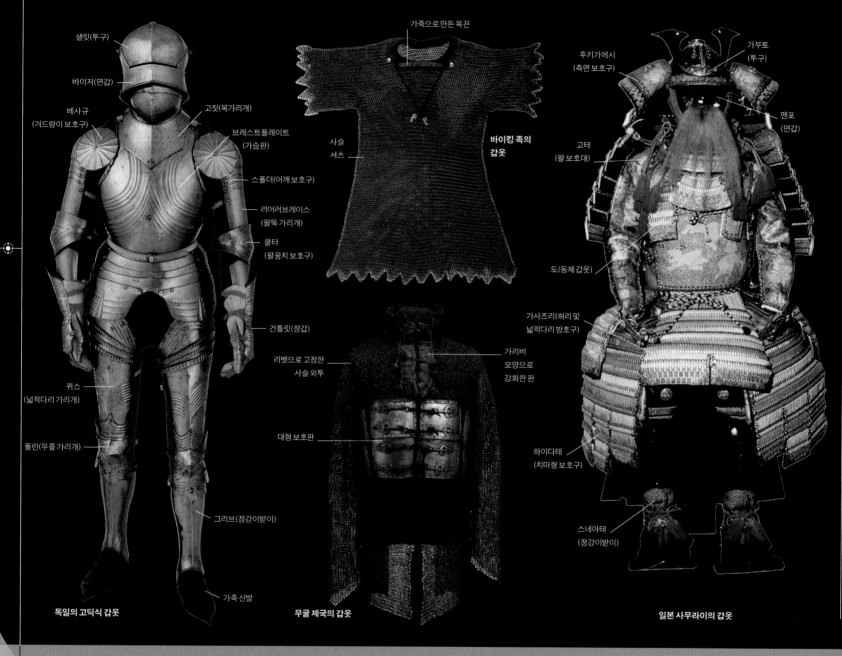

샐릿(투구)

바이저(면갑)

베사규
(겨드랑이 보호구)

고짓(목가리개)

브레스트플레이트
(가슴판)

스폴더(어깨보호구)

리어러브레이스
(팔뚝 가리개)

쿨터
(팔꿈치 보호구)

건틀릿(장갑)

퀴스
(넓적다리 가리개)

폴린(무릎 가리개)

그리브(정강이받이)

가죽 신발

독일의 고딕식 갑옷

가죽으로 만든 목끈

사슬
셔츠

**바이킹 족의
갑옷**

리벳으로 고정한
사슬 외투

가리비
모양으로
강화한 판

대형 보호판

무굴 제국의 갑옷

후키가에시
(측면 보호구)

가부토
(투구)

멘포
(면갑)

고테
(팔보호대)

도(동체 갑옷)

가사즈리(허리 및
넓적다리 방호구)

하이다테
(치마형 보호구)

스네아테
(정강이받이)

일본 사무라이의 갑옷

갑옷 중 가장 오래된 것은 동물의 껍질로 만들었을 것이다. 가죽과 무명이 그 뒤를 이었을 것이다. 금속 제련 기술이 발달하면서 청동과 철제 갑옷이 등장했다. 그리스의 장갑 보병들은 기원전 7세기부터 청동 투구, 가죽이나 청동으로 만든 종 모양의 흉갑, 청동제 정강이받이를 착용했다.

로마 인들은 제국 초기에 로리카 세그멘타타(lorica segmentata)라는 철판 연결 갑옷을 개발했다. 이 갑옷은 어깨 부분을 특별히 강화했고, 그 제작 방식으로 인해 더 자유로운 기동이 가능했다. 이후로 로마 보병의 무장은 더 가벼워졌다. 물론 기병대였던 카타프락

트(cataphract)는 무거운 사슬 갑옷을 착용했다. 서유럽에서는 사슬이 15세기까지 지배적인 갑옷의 형태였다. 투르크 족과 몽골 족 등 초원 지대의 유목민들은 비늘 및 박판 갑옷을 착용했다. 후자는 레임(lame)이라고 하는 개별 조각판을 (바느질로 잇는 게 아니라) 끈으로 꿰어 엮어 만들었다. 이렇게 제작되는 보호용 판들의 배열 방식은 아주 정교해졌고, 일본의 사무라이 갑옷인 요로이(鎧)에서 그 절정을 확인할 수 있다. 그

계급장
고짓(gorget, 목가리개)은 전장에서 마지막까지 사용된 갑옷 부위였다. 18세기에는 목가리개의 변형물이 장교의 신분을 알려주는 기장 역할을 했다.

들은 강화 가죽판에 옻칠을 했는데, 철판에 버금가는 강도에 더 유연하면서도 가벼웠다.

기술의 진보 15세기경에는 장궁, 석궁, 화기 등의 무기가 발달하면서 전투원의 위험이 증대했다. 검의 공격을 받아내는 데 효과적이었던 사슬 갑옷이 더욱더 취약해졌다. 취약 부위를 보호하기 위해 소형 철판이나 강철 원반이 갑옷에 추가되었다. 그리고 그것들이 한층 진화해 완벽한 한 벌의 강화 강철 갑옷으로 거듭났다.

16세기부터는 보병 병장의 무게와 비용을 줄이려는 차원에서 갑옷이 서서히 제거되어 갔다. 그러나 기병의 경우 등판과 가슴판을 합친 동체 갑옷이 19세기까지 살아남았고, 이후로도 의식용 복장으로 존속되고 있다. 20세기에 케블라 같은 경량 소재가 개발되자, 고래의 갑옷은 방

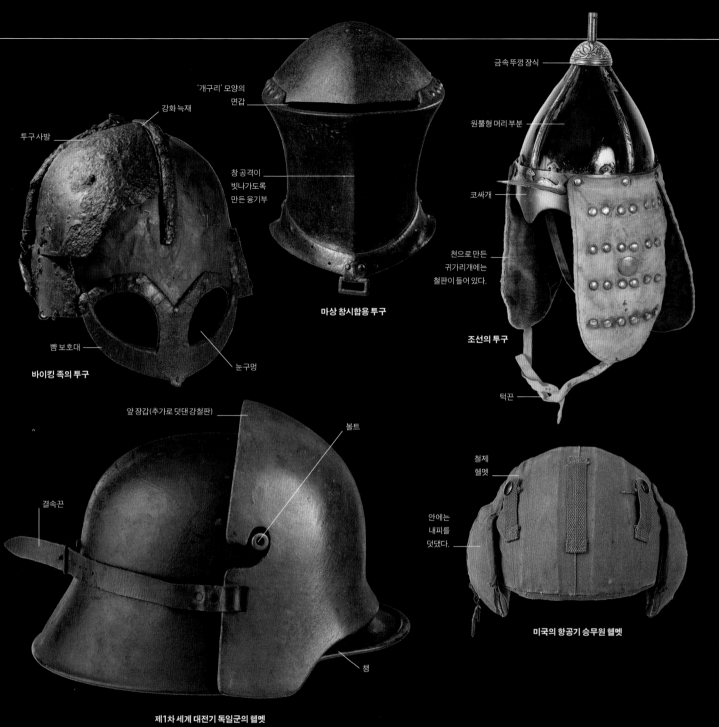

강화 늑재

투구사발

'개구리' 모양의
면갑

금속 뚜껑 장식

원뿔형 머리 부분

창 공격이
빗나가도록
만든 융기부

코싸개

천으로 만든
귀가리개에는
철판이 들어 있다.

마상 창시합용 투구

조선의 투구

뺨 보호대

눈구멍

바이킹 족의 투구

앞 장갑(추가로 덧댄 강철판)

볼트

결속끈

철제
헬멧

안에는
내피를
덧댔다.

챙

미국의 항공기 승무원 헬멧

제1차 세계 대전기 독일군의 헬멧

용어 해설

가부토 일본의 투구

건틀릿 작은 판들을 가죽에
붙여서 만든 장갑

고깃 목가리개로, 흔히 걸쇠나
핀으로 고정했다.

고테 사무라이 갑옷의 팔 보호대

그레이트 헬름 머리와 목을 전부
감싼 대형 투구

그리브 정강이받이

도 일본의 동체 갑옷

리어러브레이스 관형의 상박
보호구

마갑(馬甲) 말에 입힌 갑옷

멘포 일본 갑옷의 장식 면갑

반덴헬름 게르만족의 투구로,
중앙의 융기 테로 결합 고정했다.

배서닛 원뿔형 또는 구형의
투구로, 많은 경우 면갑이 없었다.

뱀브레이스 관형의 하박 보호구

베사규 겨드랑이를 보호하기
위해 어깨에 부착한 소형 원반

비버 찻종 모양의 턱가리개
(턱받이)

사바톤 체절판이 앞닫이
콧등에서 끝나는 쇠구두로, 가죽
신발 위에 착용했다.

샐릿 플레어형 자락과 면갑이
있는 투구

샤포 드 페르 반구형의 단순한
금속제 투구

(쇠)사슬드림 목을 보호해 주는
사슬 자락

슈팡겐헬름 조각들을 이어 붙인
게르만 족의 투구

아멧 사발 모양의 투구로 볼판은
경첩에 달려 있고, 턱 부위에서
만난다.

아밍 캡 투구 속에 착용하는 누빈
모자

코린토스투구 고대 그리스의
장갑 보병들이 착용한 투구

쿨루스투구 공화정 말기 및 제정
초기의 로마 투구로, 대야처럼
생겼다.

퀴스 넓적다리 가리개

톱 사슬드림이 달린 인도 무굴
제국의 투구

폴린 무릎 가리개로, 흔히 체절을
형성했으며 돌출되어 있었다.

하이다테 사타구니를 보호해
주는 치마형 보호구

호버크 사슬 셔츠

탄 조끼의 형태로 전장에 다시 그 모습을 드러냈다.

　투구를 단일 철판으로 만드는 기술은 로마 제국이 몰
락하면서 함께 사라져 버렸다. 바이킹 족이 많이 사용한
밴드헬름처럼 조각판을 이어붙인 투구가 그 빈자리를 차
지했다. 밴드라고 하는 금속 테를 이용해 두개골 부위를
보호하는 투구 부품을 결합했던 것이다.

　중세 유럽 초기의 투구들은 얼굴 전체를 보호해 주는
형태가 아니었다. 그러나 동체 갑옷이 무거워지면서 머리
보호구도 강화되었고, 마침내 12세기경에 '그레이트 헬
름'이 탄생하게 된다. 그레이트 헬름은 얼굴 전체와 목까
지 보호해 주었다. 그러나 너무 무겁고 실용적이지 못하
다는 사실이 곧 드러났다. 해서 중세 말에는 배서닛과 같
은 더 가벼운 투구가 등장한다.

　투르크 족과 몽골 족의 투구는 끝을 뾰족하게 만드는
경우가 많았다. 초원 유목민의 펠트제 모자를 금속으로
만든 것이라고 할 수 있다. 사무라이들은 옻칠을 한 가죽
투구를 착용했다. 이 투구에는 추가적 보호책으로 면갑
이 달려 있었다. 화기 사용이 증가하면서 투구는 종말을
맞이했다. 총탄과 유산탄을 막아 낼 수 있는 진보된 기술
이 등장해야만 했다. 이제 현대의 보병들은 철모 같은 헬
멧을 착용하고 전장에 나선다. 제1차 세계 대전기의 냄
비 모양 헬멧에서 강화 케블라 소재로 만든 방탄 헬멧이
그런 예다.

사무라이의 투구

일본 사무라이 투구는 화려하다. 이 '즈나리바치(頭形鉢)'는 머리 모양을
본 떠 만든 투구이다. 빨간색으로 옻칠을 했고, 앞판은 금색으로
마감했다.

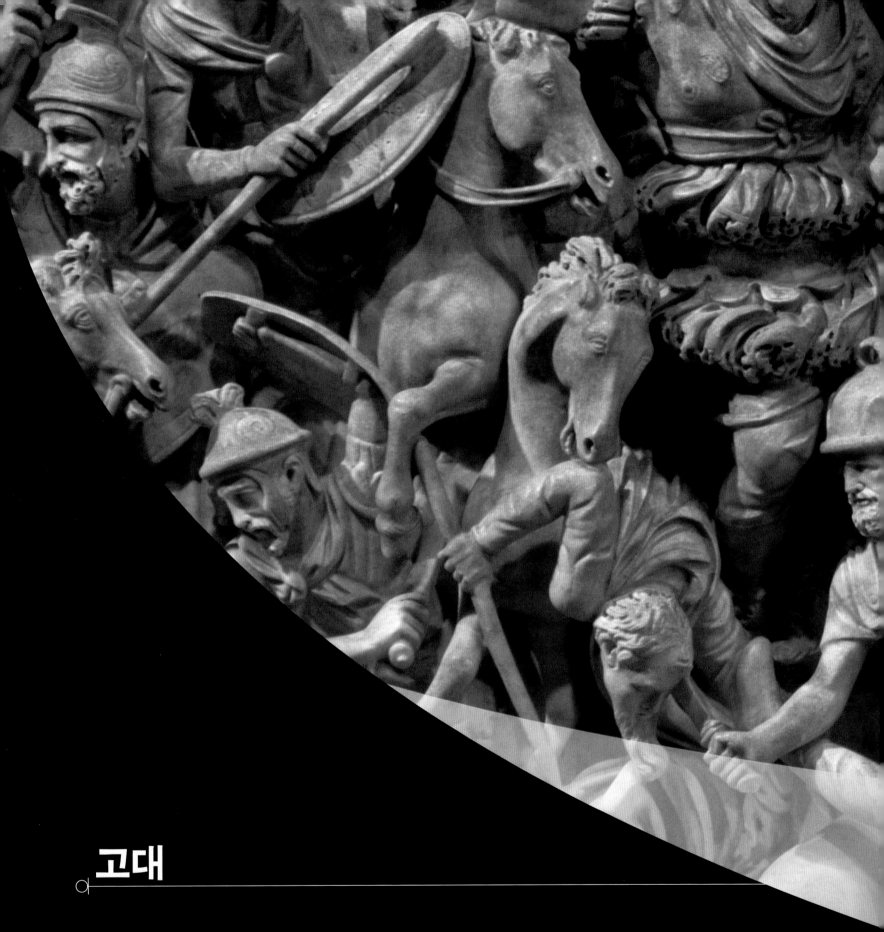

고대

활, 창, 곤봉, 도끼 같은 최초의 무기들은 사냥 활동에서 유래했다. 그것들이 살상 도구로 갈고 다듬어진 것은 전쟁을 통해서였다. 전쟁은 폭력이라는 수단을 사용한 자원 경쟁이었다. 고대 세계의 무기들은, 재료가 돌에서 구리, 청동, 그리고 철로 진화했을 뿐, 기본 설계는 크게 바뀌지 않았다. 그러나 그 효율성 및 사용자들의 조직은 확대·강화되었다.

최초의 전사들
알제리의 이 바위 그림은 가장 오래된 전쟁 이미지 가운데 하나다. 사냥용 활로 무장한 전사들이 서로 싸우고 있다.

선사 시대에는 군대 따위는 없었다. 임시로 구성된 전사 집단이 석재 무기로 무장하고 이웃 부족을 습격했을 뿐이다. 그러나 신석기 시대에 접어들면서 농업 정주가 시작되었고, 촌락이 형성되었다. 기원전 4000년부터는 도시가 출현했고, 지배 계급과 사제 계급이 조직되었다. 이런 변화에 발맞추어 정교하고 효율적인 전쟁 수행 무기와 수단 들도 만들어졌다.

농업 활동으로 고정된 장소에 더 많은 자원이 쌓이게 됐다. 식량, 인원, 광석을 지켜야 했고, 최초의 성벽 도시 예리코가 출현했다. 오늘날의 터키에 있는 카탈휘이크 같은 마을들은 요새였다. 이집트와 인도의 비옥한 강 유역, 특히 메소포타미아에서 기원전 3000년경에 문명이 탄생했고, 거의 동시에 최초의 군대가 만들어졌다.

수메르 인은 여러 도시 국가에 흩어져 살았다. 그들은 쉴 새 없이 전쟁을 벌였고, 그 목적은 '두 강 사이의 땅'이라는 전리품을 차지하는 것이었다. 이 도시 국가들 가운데서 가장 번영했던 한 곳에서 출토된 '우르의 왕기(王旗)'는 루갈(lugal, 왕)이 이끌었던 조직된 군사력을 최초로 묘사하고 있다. 거기에는 투창과 전부(戰斧)를 갖춘 (그러나 방패는 없는) 경보병과, 투구를 쓰고 더 긴 창을 사용하는 중장 보병이 그려져 있다. 수메르 인들이 타던 전차는 나귀처럼 생긴 동물 네 마리가 끌었는데, 바퀴는 튼튼했지만 방해만 되는 물건이었다. 어느 모로 봐도 전쟁에 적합한 탈것이라고 할 수가 없었다. 수메르의 비문을 보면 수메르 인들이 기원전 2450년경에 투구를 쓴 창병들을 조밀한 대형으로 편성해 싸웠음을 알 수 있다. 그렇게 탄생한 방진(方陣)이 이후로 2000년 넘게 보병 전투의 근간을 이루었다.

수메르의 도시들은 결국 아카드의 사르곤에게 정복당한다(기원전 2300년경). 그는 세계 최초의 제국을 건설했고, 최초로 여러 무기를 사용하는 혼성 부대를 동원해 전투를 수행했으며, 가볍게 무장한 경장 보병을 중장 보병 및 궁수와 함께 편성했다. 이 지역에서 끊임없이 전쟁이 벌어졌지만 기술 변화는 느리게 이루어졌다. 기존의 무기를 개량하는 게 고작이었다. 주형 기술이 개량되면서 메소포타미아의 전부가 양날을 달게 된 것이 대표적인 사례이다. 개량된 전투용 도끼는 베고 자르는 무시무시한 살상력을 과시했고, 그에 대한 대응으로 금속 투구가 광범위하게 사용되었다.

기술 혁신
기원전 2000년에 일련의 문화적 진보와 기술 발달이 이루어졌다. 그에 따라 전쟁의 양상이 달라졌다. 국가들은 더 강한 무력을 행사하며 더 많은 자원을 획득했고, 더 강한 적이 나타날 때까지 그 과정을 반복했다. 말이 여러 지역에서 가축화된 것도 이런 발전상 가운데 하나다. 동시에 나무를 구부리는 기술이 보다 완벽해졌다. 전차 바퀴에 바퀴살을 도입할 수 있게 되었다. 효과적인 복합궁도 개발되어 개량된 전차에서 속사가 가능해졌다. 이집트 신왕국은 이를 발판 삼아 근동에서 일련의 파괴적인 전쟁을 수행했다. 전차의 주된 임무는 돌격을 통해 적군 보병대를 찢어서 패주시키는 것이었다. 카데시 전투(기원전 1275년경)에서처럼 전차들이 직접 맞부딪치는 일은 거의 없었다. 최초로 상세하게 기록된 이 전투에서 파라오

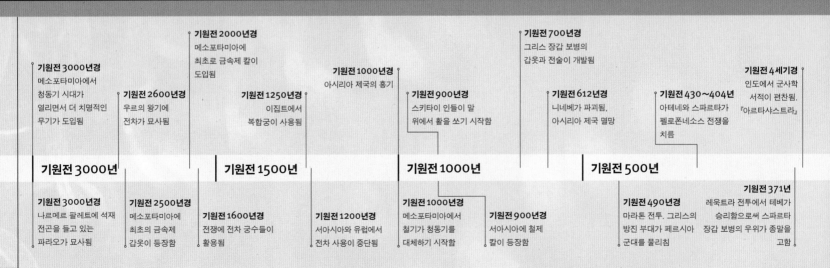

기원전 3000년경
메소포타미아에서 청동기 시대가 열리면서 더 치명적인 무기가 도입됨

기원전 2600년경
우르의 왕기에 전차가 묘사됨

기원전 2000년경
메소포타미아에 최초로 금속제 칼이 도입됨

기원전 1250년경
이집트에서 복합궁이 사용됨

기원전 1000년경
아시리아 제국의 흥기

기원전 900년경
스키타이 인들이 말 위에서 활을 쏘기 시작함

기원전 700년경
그리스 장갑 보병의 갑옷과 전술이 개발됨

기원전 612년경
니네베가 파괴됨, 아시리아 제국 멸망

기원전 430~404년
아테네와 스파르타가 펠로폰네소스 전쟁을 치름

기원전 4세기경
인도에서 군사학 서적이 편찬됨. 『아르타샤스트라』

기원전 3000년

기원전 1500년

기원전 1000년

기원전 500년

기원전 3000년경
나르메르 팔레트에 석재 전곤을 들고 있는 파라오가 묘사됨

기원전 2500년경
메소포타미아에 최초의 금속제 갑옷이 등장함

기원전 1600년경
전쟁에 전차 궁수들이 활용됨

기원전 1200년경
서아시아와 유럽에서 전차 사용이 중단됨

기원전 1000년경
메소포타미아에서 철기가 청동기를 대체하기 시작함

기원전 900년경
서아시아에 철제 칼이 등장함

기원전 490년경
마라톤 전투. 그리스의 방진 부대가 페르시아 군대를 물리침

기원전 371년
레욱트라 전투에서 테베가 승리함으로써 스파르타 장갑 보병의 우위가 종말을 고함

람세스 2세의 군대는 이집트의 최대 맞수로 부상한 히타이트와 결전을 벌였다.

기원전 1200년경에 쇠를 가열해 두드리면서 물에 넣어 식히는 방법이 개발되었다. 더 튼튼하고 오래 가는 날을 만들 수 있게 됐고, 전쟁에 치명성이라는 새로운 요소가 보태졌다. 더 깊이 찌를 수 있고 베기도 가능한 칼이 자연스럽게 단검과 도끼를 대체하면서 널리 퍼졌다. 그때까지는 단검과 도끼가 날이 있는 무기의 가장 보편적인 형태였다.

최초의 상비군

이런 발전상을 제대로 활용한 최초의 민족이 아시리아 인이었다. 그들은 사상 최초로 상비군 제도를 채택했다. 어떤 문헌에 따르면 그 규모가 무려 10만 명에 이르렀다고 한다. 그들은 군사적 용맹성과 명성을 바탕으로 저항하는 세력을 무자비하게 말살했고, 메소포타미아 대부분의 지역을 아우르는 대제국을 건설했다. 아시리아 인들은 명확한 명령 체계를 갖추었다. 기병 정예 부대는 쇠꼬챙이를 단 창과 투석구로 무장했고, 궁수 부대의 일제 사격은 적을 압도했다. 그 결과 장갑을 더 많이 사용하게 됐다. 무릎까지 덮는 갑옷이 그 예다. 그들은 다양한 포위 공격 전술도 개발했다. 실제로 그들은 라키시 함락전(기원전 701년)에서 공성 기계를 활용했는데, 로마 제국 시대까지는 이를 능가할 방법이 없었다. 아시리아는 티글라트필레세르 3세(기원전 745~27년) 같은 왕들 치하에서 기동성 높은 전차 부대를 활용해 끊임없이 전쟁을 벌였다. 그러나 다민족으로 구성된 제국은 결국 파멸로 치닫게 된다. 제국의 자원이 지나치게 확대되었고, 반란이 꼬리에 꼬리를 물었다. 아시리아 제국은 기원전 612년경에 붕괴하고 만다.

페르시아 인들도 기원전 6세기 중엽에 다양한 민족을 포괄하는 제국을 건설했다. 그 규모가 인도 국경에서 에게 해에 이를 정도로 넓었다. '불사신'이라는 이름으로 불린 최정예 부대가 페르시아 군대의 중추였다. 그들은 단창과 활로 무장하고 방패로 구축한 벽 뒤에서 싸웠다. 페르시아의 판도가 확대되면서 메디아의 경기병, 산악 지역의 경보병, 심지어 아랍의 낙타 부대까지 새롭게 편성되었다. 페르시아 군대의 편제는 조화로워 보였지만 전술이 경직되었던 그리스의 장갑 보병에게 격퇴되고 만다. 이것은 역사의 얄궂은 장난이라 할 것이다.

그리스는 기병이 활약하기에 좋은 무대가 아니었다. 소규모 보병 전투가 적합한 산악 지형 일색이었던 것이다. 호메로스가 서사시로 노래한 암흑 시대의 영웅 전쟁에서 그리스의 도시 국가들이 탄생했다(기원전 800년). 도시 국가들은 스스로의 안위를 함라이트(hoplite)라고 하는 장갑 보병에 의존했다.

아시리아의 공성전
궁수들이 아시리아 군대에서 중요한 역할을 담당했다. 정교하게 편성된 아시리아 군대는 항상 총력전을 벌였다. 그들은 먼 거리까지 전차 부대를 파견했고, 저항하는 도시는 공성 기계를 동원해 공략했다.

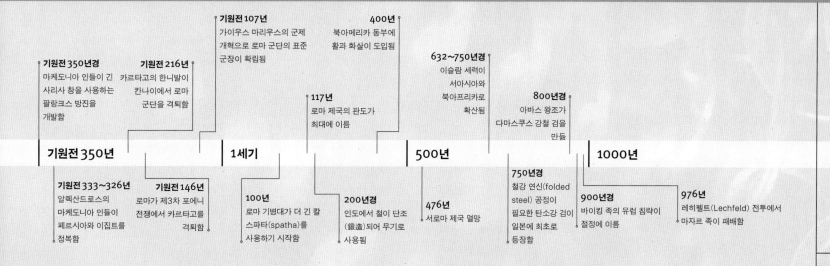

기원전 350년경
마케도니아 인들이 긴 사리사 창을 사용하는 팔랑크스 방진을 개발함

기원전 216년
카르타고의 한니발이 칸나이에서 로마 군단을 격퇴함

기원전 107년
가이우스 마리우스의 군제 개혁으로 로마 군단의 표준 군장이 확립됨

400년
북아메리카 동부에 활과 화살이 도입됨

117년
로마 제국의 판도가 최대에 이름

632~750년경
이슬람 세력이 서아시아와 북아프리카로 확산됨

800년경
아바스 왕조가 다마스쿠스 강철 검을 만듦

기원전 350년 | **1세기** | **500년** | **1000년**

기원전 333~326년
알렉산드로스의 마케도니아 인들이 페르시아와 이집트를 정복함

기원전 146년
로마가 제3차 포에니 전쟁에서 카르타고를 격퇴함

100년
로마 기병대가 더 긴 칼 스파타(spatha)를 사용하기 시작함

200년경
인도에서 철이 단조(鍛造)되어 무기로 사용됨

476년
서로마 제국 멸망

750년경
철강 연신(folded steel) 공정이 필요한 탄소강 검이 일본에 최초로 등장함

900년경
바이킹 족의 유럽 침략이 절정에 이름

976년
레히펠트(Lechfeld) 전투에서 마자르 족이 패배함

장갑 보병들은 중앙에 손잡이가 달린 대형 방패를 휴대했는데, 이것은 몸의 왼쪽만을 방어해 주었다. 오른쪽을 보호해 주었던 것은 옆의 동료였다. 8열 내지 12열의 방진으로 편성된 장갑 보병들은 눈과 입만 남겨 놓은 채 머리 전체를 가린 청동 투구를 착용하고 장창을 휘둘렀다. 적들이 그들의 방패와 창의 벽을 파괴하기는 아주 어려웠다. 이런 방진에 대한 묘사가 처음 등장하는 것은 기원전 670년경이다. 기원전 490년 페르시아 침략기에는 병사들의 내부 응집력과 집단의 사기에 의존하는 이런 전투 방식이 스파르타 인들에 의해 더욱 완벽한 형태를 띠게 된다. 스파르타에는 기초 군사 훈련을 마치고, 작전 행동을 수행할 수 있는 상비군이 존재했던 것이다. 마라톤(기원전 490년)과 플라타이아(기원전 479년)에서 페르시아 군대는 그리스 장갑 보병의 돌격 전술에 와해되고 만다. 페르시아의 기병은 장갑 보병의 돌격에 효과적으로 대응할 수 없었고, 규율과 결집력이 무너져 버렸다.

알렉산드로스의 군대

기원전 4세기경에 페르시아 군과 싸웠던 그리스 군대는 완전히 다른 존재였다. 알렉산드로스의 마케도니아 군대가 장갑 보병의 근본적 취약성을 해결한 것이다. 그리스의 장갑 보병은 기병 공격력이 전무했다. 알렉산드로스의 기병 정예 부대인 콤파니온(Companion)은 적군 기병대를 꿰뚫고, 보병의 방패벽을 분쇄하는 데 효과적인 쐐기꼴 대형을 훈련받았다. 여기에 보병 전대가 보태졌다. 그들은 도보로 이동하고, 방진을 형성하며, 6미터 길이의 장창인 사리사로 무장했다. 선두 대오 사리사의 창끝은 방진 앞으로 4미터가량 돌출했고, 두 번째 대오의 사리사는 2미터 돌출하는 식으로 해서, 일종의 철옹성을 구축했다. 가장 결연한 공격자를 제외한 그 모든 것을 단념시킬 수 있었던 것이다. 이 방진 전술은 기타 발사 무기들도 막을 수 있었다. 사리사는 매우 무거웠기 때문에 방진의 구성원들은 가벼운 가죽 흉갑과 정강이받이만을

착용했고, 보조 무기로 단검만을 휴대했다. 실제 전투에서는 콤파니온이 적진에 구멍을 뚫으면, 보병대의 사리사 방진이 그 약점을 파고 들었다. 알렉산드로스는 비스듬한 경사 대형, 양동 작전, 포위 공격 등 전술적 재능을 유감없이 발휘했고, 그것은 전장의 압도적 승리로 귀결되었다. 마케도니아의 보병-기병 혼성 부대가 이런 전술적 유연성과 창의성을 담보해 주었다. 그는 이를 바탕으로 이수스(기원전 333년)와 가우가멜라(기원전 331년)에서 압도적 수적 우세를 자랑하던 페르시아 군을 격파했고, 마침내 제국 전체를 장악할 수 있었다. 알렉산드로스의 후계자들은 정치적으로 분열했고, 군사력을 바탕으로 거둔 성과와 영토를 잃고 말았다. 기원전 1세기경에 이르면 아시아와 아프리카에 산재해 있던 그 후계 국가들이 상당히 취약해진다. 또한 그리스 본토에서 인구가 감소하면서 전통의 장갑 보병 군대를 유지하는 일도 점점 더 어려워진다.

로마의 등장

로마라고 하는 새로운 세력이 지중해라는 무대에 등장했다. 로마는 로마 군단이라는 비할 바 없는 효율성의 군사력을 바탕으로 역사의 주인공으로 등장했다. 로마는 적들을 차례로 격파했다. 이것은 대규모 부대를 상시 출전시킬 수 있었던 로마의 능력에 힘입은 바 크다. (기원전 190년경에 무려 13개의 군단을 유지할 정도였다.) 카르타고의 장군 한니발이 기원전 216년 칸나이에서 대패를 안겨 주었음에도 로마는 살아남았다. 그러나 로마의 적들에게는 그런 물리력이 없었다. 로마 군단의 조직 체계는 시대를 거치면서 발전했고, 기원후 1세기 초에는 완전한 체계를 갖추었다고 할 수 있다. 군단 병력의 전문성과 로마 제국의 뛰어난 병참 지원이 특히 중요했다. 군단원들은 25년 동안 복무했고, 제국의 병참 지원은 군단의 장비, 훈련, 대부대 이동을 가능케 해 주었다. 로마가 유럽, 북아프리카, 서아시아의 광대한 지역을 병합하고, 4세기 이상 지배할

로마의 군대

로마 제국이 400년 이상 존속할 수 있었던 것은 군대의 체계와 조직을 전략적 요구와 필요에 맞춰 바꿀 수 있었기 때문이다. 기원전 2세기 말 마리우스가 개혁을 단행해, 로마 군단이 기본 꼴을 갖추게 되었다. 국가가 표준 장비를 보급했고, 100명 내외의 보병대를 기본 전술 단위로 채택했으며, 군단은 4000~5000명의 병력으로 편제되었다. 군단병들은 글라디우스라고 하는 검, 필룸이라고 하는 무거운 투창, 스쿠툼이라는 타원형 방패, 그리고 1세기부터는 로리카 세그멘타타라고 하는 갑옷을 장비했다. 더 다양

한 장비로 무장한 외인 부대와, 기마 궁수 및 투석구 사용 부대 같은 전문 집단이 지원했다. 제국 말기에는 군단 규모가 무려 1000명 수준으로 축소되었다. 반면 기병과 게르만 족에서 충원된 부대들이 더 많은 역할을 담당했다.

이집트의 창

아마포에 싸인 채 발견된 이 창끝은 고왕국 시대부터, 신왕국 시대의 군사적 변화로 인해 전차 궁수가 전면에 나서게 될 때까지 파라오의 군대가 소지한 전형적인 무기이다.

수 있었던 힘이 거기서 나왔다.

로마 군단은 정면 대결을 펼치는 격전장에서 뻐어난 능력을 과시했고, 가능하다면 언제나 그렇게 대결하려고 했다. 그러나 적들은 기동력이 좋았고, 방어해야 할 도시나 고정된 거점이 없었다. 로마 인들은 점점 더 전쟁에 지쳐 갔다. 로마가 광대한 변경을 수비하는 과정에서 공격받는 거점을 전부 다 엄호할 수는 없었다. 로마 군단은 오랫동안 기마 궁수들에게 취약점을 보였다. 파르티아가 기원전 53년 카리에서 크라수스의 군단을 궤멸시킨 것이 그 예다. 로마가 전리품을 확보하는 게 점점 더 어려워지면서 3세기부터 발전해 온 게르만 용병 투입 전술도 힘겨워졌다. 갈리에누스 황제 시대(260~268년)부터 시작되는 후기 로마는 코미타텐세스(comitatenses)라는 기동 야전군에 더욱더 의존하게 된다. 중무장 기마대인 그들은 기다란 스파타를 휘둘렀다. 사슬 갑옷을 착용하고, 가끔씩 창을 휴대하기도 한 이 무장 군인들은 중세 초기의 기사들과 비슷했다. 한편 국경 수비대인 리미타네이(limitanei)는 자원이 부족해지면서 사기가 저하되었고, 이민족의 연이은 공격을 버텨낼 수 없었다. 고트 족, 반달 족, 훈족, 기타 야만족들이 지속적으로 침략했다.

로마 이후

서로마 제국이 마침내 476년 무너졌다. 게르만 족의 후속 국가들이 로마의 법률 및 행정 체계를 다수 물려받았다. 이 가운데 가장 강력했던 것이 프랑크 왕국이다. 프랑크 왕국은 라인 강을 넘어 이탈리아, 심지어 8세기 말 샤를마뉴 대제 치하에서는 에스파냐 북부까지 장악했다. 그들은 가죽 재킷에 사슬 갑옷을 입고 싸웠으며, 장검과 도끼로 무장했다. 프랑크 군대는 우수한 무기와 조직 체계를 바탕으로 피정복 민족인 색슨 족과 카린티아 족 용병까지 동원했다. 그들을 이길 수 있는 자는 유럽에 없었다. 그러나 정치적 분열과 함께 왕조 간 다툼이 발생했고, 9세기에 왕국은 분열하고 만다.

프랑크 제국이 분열하던 바로 그즈음 유럽과 동로마 제국인 비잔틴 제국이 새로운 군사적 도전에 직면하게 된다. 먼저 북쪽에서 바이킹 족이 들이닥쳤다. 소규모 선단의 침략자들이 무장이 빈약한 해안 지역을 약탈하던 단계를 거쳐 이윽고 대부대가 강이나 말을 타고 내륙으로 진입해 앵글로색슨의 웨식스, 파리, 키예프 러시아, 콘스탄티노플 등을 파괴하기에 이르렀다. 그들이 사용한 무기는 길이 70~80센티미터의 양날 검, 투척이 가능한 경창과 찌를 수 있는 더 무거운 창, 손잡이가 길고 날이 넓은 전부(戰斧)들이었다. 그렇게 바이킹 족은 250년 넘게 유럽 인들의 공포를 자아냈다.

또 다른 군사적 위협은 아랍 지역에서 비롯했다. 그들의 위협은 훨씬 더 오래 지속되었다. 이슬람교라는 신흥 종교의 기치 아래 단결한 아랍의 군대는 630년대부터 활동을 개시해 이내 아라비아 반도를 통일했고, 시선을 밖으로 돌려 노쇠한 제국들인 비잔틴과 페르시아를 정복했다. 이슬람 세력이 초기에 거둔 승리는 군사 기술상의 우위로 담보된 게 아니었다. 물론 아랍의 군대가 병참에 낙타를 활용했고, 사막 지역에서 거둔 다수의 승리에서 이런 시도가 큰 도움이 되었다는 것은 분명한 사실이지만 가장 큰 원동력은 종교적 열정에 기반한 응집력이라고 봐야 한다. 새로운 종교가 9세기경 중앙아시아 스텝 지역의 투르크 족 기마 궁수들에게로 퍼져나갔고, 새로운 정복의 역사가 펼쳐졌다.

병마용
기원전 220년경 중국을 통일한 시황제의 무덤에서 발견된 병마용을 통해 당대 중국 군대가 갖춘 병장의 다양성과 정교함을 확인할 수 있다.

최초의 무기

인간의 도구 제작 능력이야말로 환경을 지배하기 위한 수단을 확보할 수 있게 해 주는 가장 중요한 요소이다. 단단한 돌로 만든 간단한 손칼들과 도끼들이 최초로 등장한 도구들이다. 이것들은 동물을 살해해 해체하는 데 사용되었을 것이다. 물론 다른 인간을 상대로 사용되었을 가능성도 다분하다. 사냥 도구와 군사 무기 사이의 차이점은 수천 년 동안 명확하지 않았다. 손잡이와 자루가 발명되고 발사 무기 — 창과 무엇보다도 활과 화살 — 가 개발되면서 사냥과 전투 방식에 혁명이 일어났다.

구석기 시대 칼

자르기 능력은 초기 인류에게 매우 중요했다. 기원전 4만 년 전으로까지 거슬러 올라가는 이런 칼들은 구석기 시대의 사냥꾼들이 살해된 동물들을 해체하는 데 사용했을 것이다. 이런 칼들은 힘줄을 잘라내고, 동물의 살집과 가죽을 분리할 수 있었다.

연대	기원전 4만 년경
출처	알 수 없음
길이	10센티미터

손으로 쥐는 부분

톱니

뾰족한 끝

거친 날

손도끼

구석기 시대의 핵심 도구인 손도끼는 날과 뾰족한 끝을 갖도록 모양을 만들었다. 손도끼는 기본적으로 기사 도구였지만 동물과 사람 모두에게 끔찍한 상처를 입힐 수도 있었다. 손도끼는 그 절단 능력 때문에 귀중한 도구라는 평가를 받았다.

연대	기원전 20만~7만 년경
출처	알 수 없음
길이	15센티미터

날카로운 날

넓찍하고 날카로운 끝

부싯돌 단검 머리

손도끼가 더욱 발전해 부싯돌로 이런 단검을 만들 수 있었다. 부싯돌은 백악층 고지에서 손쉽게 구할 수 있는 단단한 돌로 이걸 재료 삼아 날카로운 칼을 만들 수 있었다. 부싯돌을 돌망치로 반복해서 가격하면 날카로운 절단면을 갖는 부싯돌 조각을 얻을 수 있다.

연대	기원전 2000년경
출처	알 수 없음
길이	15센티미터

톱니 모양의 부싯돌 칼

단순한 부싯돌 단검이 더욱 발전한 형태가 여기서 볼 수 있는 톱니 모양의 칼이다. 칼의 이빨이 톱질을 가능케 해 준다. 구석기 사냥꾼은 이를 바탕으로 뼈와 연골, 그리고 빙하기에는 얼어붙은 고기처럼 더 단단한 대상을 자를 수 있었다.

연대	기원전 150만~1만 년
출처	알 수 없음
길이	20센티미터

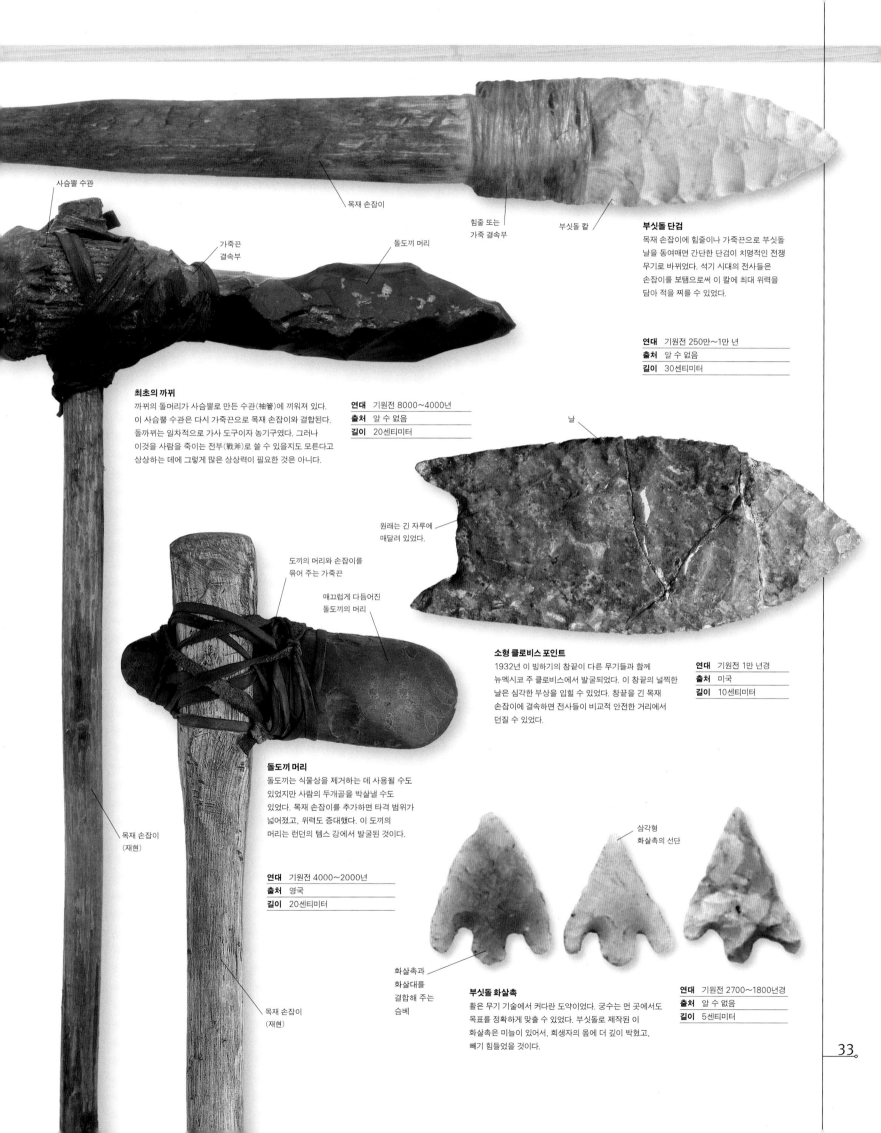

사슴뿔 수관

목재 손잡이

가죽끈
결속부

돌도끼 머리

힘줄 또는
가죽 결속부

부싯돌 칼

부싯돌 단검

목재 손잡이에 힘줄이나 가죽끈으로 부싯돌
날을 동여매면 간단한 단검이 치명적인 전쟁
무기로 바뀌었다. 석기 시대의 전사들은
손잡이를 보탬으로써 이 칼에 최대 위력을
담아 적을 찌를 수 있었다.

연대	기원전 250만~1만 년
출처	알 수 없음
길이	30센티미터

최초의 까뀌

까뀌의 돌머리가 사슴뿔로 만든 수관(袖管)에 끼워져 있다.
이 사슴뿔 수관은 다시 가죽끈으로 목재 손잡이와 결합된다.
돌까뀌는 일차적으로 가사 도구이자 농기구였다. 그러나
이것을 사람을 죽이는 전부(戰斧)로 쓸 수 있을지도 모른다고
상상하는 데에 그렇게 많은 상상력이 필요한 것은 아니다.

연대	기원전 8000~4000년
출처	알 수 없음
길이	20센티미터

날

원래는 긴 자루에
매달려 있었다.

도끼의 머리와 손잡이를
묶어 주는 가죽끈

매끄럽게 다듬어진
돌도끼의 머리

소형 클로비스 포인트

1932년 이 빙하기의 창끝이 다른 무기들과 함께
뉴멕시코 주 클로비스에서 발굴되었다. 이 창끝의 널찍한
날은 심각한 부상을 입힐 수 있었다. 창끝을 긴 목재
손잡이에 결속하면 전사들이 비교적 안전한 거리에서
던질 수 있었다.

연대	기원전 1만 년경
출처	미국
길이	10센티미터

돌도끼 머리

돌도끼는 식물상을 제거하는 데 사용될 수도
있었지만 사람의 두개골을 박살낼 수도
있었다. 목재 손잡이를 추가하면 타격 범위가
넓어졌고, 위력도 증대했다. 이 도끼의
머리는 런던의 템스 강에서 발굴된 것이다.

연대	기원전 4000~2000년
출처	영국
길이	20센티미터

목재 손잡이
(재현)

목재 손잡이
(재현)

삼각형
화살촉의 선단

화살촉과
화살대를
결합해 주는
슴베

부싯돌 화살촉

활은 무기 기술에서 커다란 도약이었다. 궁수는 먼 곳에서도
목표를 정확하게 맞출 수 있었다. 부싯돌로 제작된 이
화살촉은 미늘이 있어서, 희생자의 몸에 더 깊이 박혔고,
빼기 힘들었을 것이다.

연대	기원전 2700~1800년경
출처	알 수 없음
길이	5센티미터

고대

메소포타미아의 무기와 갑옷

조직적인 전쟁은 기원전 3000년경 메소포타미아 남부의 수메르 도시 국가들에서 그 기원을 찾아볼 수 있다. 갑옷은 가죽, 구리, 청동으로 만들었고, 주요 무기는 활과 창이었다. 전투의 기동성은 전차가 제공해 주었다. 처음에는 나귀가 끄는 네 바퀴의 탈 것이었지만 점차 개량되어 말이 끄는 경량의 두 바퀴 탈 것에 궁수와 창병이 탑승했다. 도시의 요새화가 진행되면서 공성 기술도 발달했다. 성문과 성벽을 파괴하는 용도의 대형 파성추와 공성용 탑 등이 활용되었던 것이다.

의식용 단검

기원전 2500년경으로 추정되는 수메르의 여왕 푸아비의 매장지에서 발굴된 이 의식용 단검은 높은 기술 수준을 보여 준다. 사후 세계 여행에 나서는 군주가 휴대하기에 부족함이 없어 보인다. 칼날과 집은 금으로 만들었고, 손잡이는 청금석으로 제작한 다음 금 장식으로 마무리했다.

연대	기원전 2500년경
출처	수메르
길이	20~30센티미터

청금석 손잡이

복잡한 기하학적 문양

금제 칼집

양날 검

머리카락 모양 장식

왕관 띠

결속끈을 집어넣는 구멍

얼굴 옆면을 가려 주는 뺨 보호대

메스칼람에서 출토된 투구

금과 은의 합금으로 만들어진 이 의식용 투구는 수메르의 도시 우르에서 발견되었고, 연대는 기원전 3000년경으로 거슬러 올라간다. 가발형 투구라고 불리는 이 장식물은 당대 수메르 왕들이 했던 머리 모양이 어떤 것인지 보여 준다.

연대	기원전 2500년경
출처	수메르
길이	22센티미터

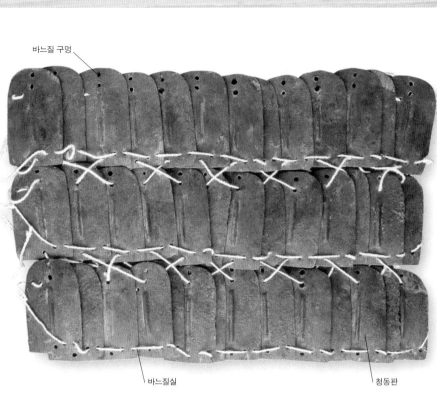

바느질 구멍

바느질실

청동판

아시리아의 비늘 갑옷
청동으로 제작된 이 초기의 판금 갑옷—작은 조각들을
이어붙였다.—은 아시리아 전사들이 착용했다. 이런 갑옷이 중세
말엽까지 중동에서 널리 사용되었다.

연대	기원전 1800~620년
출처	아시리아
길이	개별 판: 5센티미터

아시리아의 전쟁
이 부조는 기원전 650년경 틸투바 전투에서 활약 중인 아시리아의
전사들을 묘사하고 있다. 일부 군인은 갑옷과 대형 방패로 효과적인
무장을 하고 있다. 아시리아의 주요 무기였던 창과 활이 분명한
형태로 조각되어 있다.

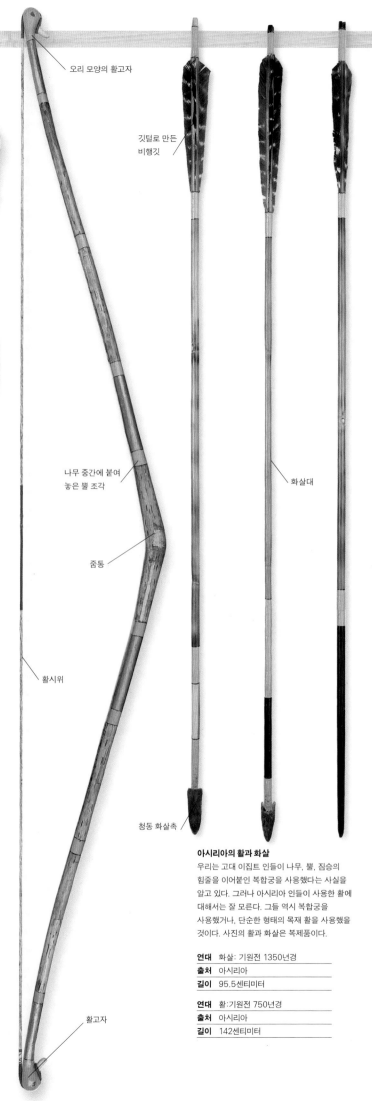

오리 모양의 활고자

깃털로 만든
비행깃

화살대

나무 중간에 붙여
놓은 뿔 조각

줌통

활시위

청동 화살촉

아시리아의 활과 화살
우리는 고대 이집트 인들이 나무, 뿔, 짐승의
힘줄을 이어붙인 복합궁을 사용했다는 사실을
알고 있다. 그러나 아시리아 인들이 사용한 활에
대해서는 잘 모른다. 그들 역시 복합궁을
사용했거나, 단순한 형태의 목재 활을 사용했을
것이다. 사진의 활과 화살은 복제품이다.

연대	화살: 기원전 1350년경
출처	아시리아
길이	95.5센티미터

연대	활:기원전 750년경
출처	아시리아
길이	142센티미터

활고자

고대 이집트의 무기와 갑옷

이집트 군대가 대체로 도보 이동을 통해 전투를 벌였던 기원전 3000년부터 1500년경까지 그들은 대형 목재 방패와 활, 창, 도끼로 무장했다. 기원전 2000년대에 이집트의 여러 지역을 지배한 힉소스 족과의 오랜 전투 과정에서 무기 기술이 발달하게 된다. 투구, 갑옷, 칼이 더욱 보편화되었고, 전차에 탑승한 궁수들은 상당한 기동성을 발휘했다.

악어 가죽 투구

악어 가죽 갑옷

고대 이집트 인들은 악어를 숭배했고, 그 가죽을 착용한 사람들이 이 무시무시한 동물의 힘과 속성을 갖게 된다고 믿었다. 악어 숭배는 고전기 내내 계속되었다. 이집트에 수비대로 파견된 로마 병사들도 악어 갑옷 입기를 즐겼던 것이다.

연대	3세기
출처	이집트
길이	동체 갑옷: 88.5센티미터

결속 구멍

청동제 도끼

이집트 인들은 도끼를 아주 좋아했고, 다양한 모양의 도끼를 만들었다. 이 가리비 모양의 도끼날에는 작은 구멍들이 있는데, 자루와 결합시킬 수 있었다. 이 특징적 형태 덕분에 큰 동작으로 마구 베는 행위가 가능하다. 무장이 빈약하거나 전혀 안 된 적들에게 큰 타격과 위해를 가할 수 있었다.

연대	기원전 2200~1640년
출처	이집트
길이	17.1센티미터

가리비 모양 도끼날

미라화된 동체 갑옷

청동제 창끝

이 창검은 이집트 보병이 휴대했던 전형적인 창날이다. 사실 그들의 주요 무기가 창이었다. 청동으로 만든 이 창끝은 고운 아마포로 싸여 있었다. 이 그림에서도 아마포 자국을 선명한 형태로 확인할 수 있다. 이 무기는 투창용이 아니라 찌르기용이었을 것이다.

연대	기원전 2000년경
출처	이집트
길이	25센티미터

창자루를 집어넣는 구멍

습베

즉석에서 희생자를
살해하려는 의도의
삼각형 화살촉

금박을 입힌 나무로
만든 방패

케페시
(낫 모양의 칼)

부싯돌 화살촉
이집트 인들은 최초의 활 사용자들이었다. 실제로도 활이
가장 효과적인 무기였다. 기원전 2800년의 전승 기념비에
최초의 복합궁이 묘사되어 있다. 초기의 화살촉은 부싯돌로
만들었고, 이어서 청동이 부싯돌을 대체했다.

연대	기원전 5500~3100년
출처	이집트
길이	6.1센티미터

현저하게
돌출된 미늘

넓은
화살촉 면

청동제 무기촉
가는 창이나 화살에 장착하는 이 청동제 무기촉은 그
돌출된 미늘로 유명하다. 청동제 화살촉은 제작 비용이 많이
들었지만 이집트 인들은 광범위하게 사용했다. 그들은 나일
강에서 자라는 긴 갈대로 만든 화살대에 이 화살촉을
장착해 사용했다.

연대	기원전 1500~1070년
출처	이집트
길이	7센티미터

매 형상의 태양신 호루스가
투탕카멘을 보호해 준다

사자왕의 방패
투탕카멘의 무덤 부장물에서 발견된
8개의 의식용 방패 가운데 하나다.
왕이 사자의 자세로 발 아래 적들을
짓밟고 있다. 이것은 투탕카멘의 무용
(武勇)을 보여 주는 여러 묘사 가운데
하나다. 이집트 보병들은 전체적인
형태는 이것과 비슷하지만 장식은
단순한 목재 방패를 휴대했을 것이다.

연대	기원전 1333~1323년
출처	이집트
길이	85센티미터

정교한 나무 세공 조각

이집트 산 아마포가
붙어 있다.

사자를 죽이는 모습이 묘사된 의식용 방패
기원전 1336년경~1327년에 재위한 투탕카멘의 무덤이
발견되면서 당대의 무기와 도구를 포함해 이집트 인들의
생활상에 관해 많은 것을 알 수 있게 되었다. 이 의식용
방패는 왕이 케페시(khepesh)라고 하는 특이한 모양의
칼을 가지고 사자를 죽이는 모습을 묘사하고 있다.

연도	기원전 1333~1323년
출처	이집트
길이	85센티미터

잎사귀 모양의 창끝

고대 이집트의 무기와 갑옷

중동 지역 디자인의 영향을
받은 세부 장식

폭이 넓은 양날 검

도금된 손잡이

나무 자루

단검

이집트 인들은 신왕조(기원전 1539년경
~1075년) 이전까지 칼을 높이 평가하지
않았다. 그러나 중동의 호전적 민족들과
군사적으로 충돌하면서 갑옷을 관통할 수 있는
날이 있는 무기를 개발하게 되었다. 이 널찍한
날의 단검 손잡이는 도금이 되었는 바, 이집트
왕가 소유의 물건임이 거의 틀림없다.

연대	기원전 1539~1075년
출처	이집트
길이	32.3센티미터

금으로 장식된
손잡이

철제 양날 검

파라오의 단도

투탕카멘 소유로 손잡이가 금박인 이 단도에는 그 시대에 대단히
회귀했던 철이 사용되었다. 당시 이집트에는 철광이 없었고, 중동
지역에서 수입해야만 했다. 그런데 중동 지역은 적들이 장악하고
있는 경우가 많았다. 결과적으로 이집트에서 철제 무기를 만드는
것은 아주 어려운 일이었다.

연대	기원전 1370년경~1352년
출처	이집트
길이	41.1센티미터

나무 자루

버섯 모양의 칼자루 끝

장검

커다란 버섯 모양의 자루 끝을 특징으로 하는 이 칼에는 구리
칼날이 사용되었고, 손잡이는 금박으로 덮여 있다. 구리는
이집트에서 손쉽게 구할 수 있었지만 청동과 철은 부족했다.
따라서 칼날을 날카롭게 만들 수 없었다.

연대	기원전 1539~1075년
출처	이집트
길이	40.6센티미터

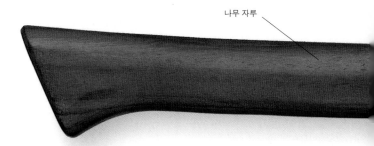

금박을 입힌 손잡이

구리로 만든 양날 검

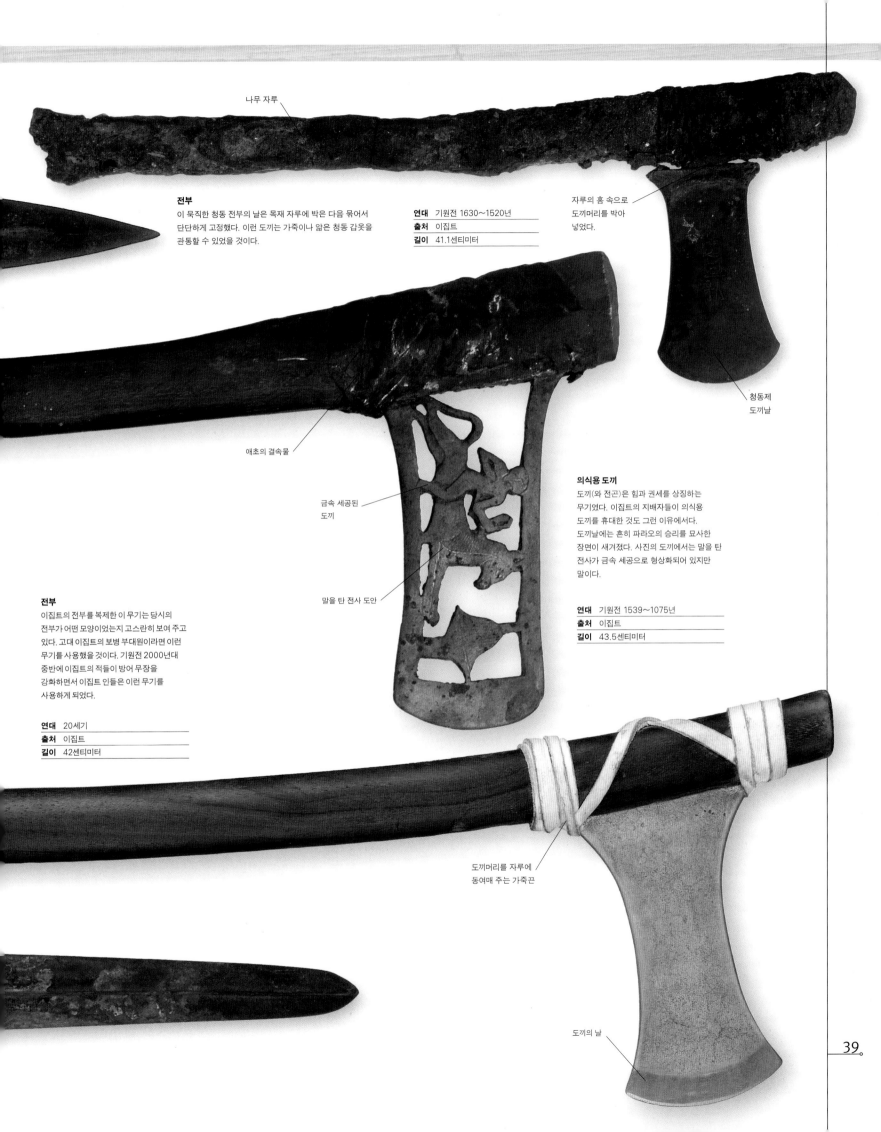

전부

이 묵직한 청동 전부의 날은 목재 자루에 박은 다음 묶어서 단단하게 고정했다. 이런 도끼는 가죽이나 얇은 청동 갑옷을 관통할 수 있었을 것이다.

나무 자루

자루의 홈 속으로 도끼머리를 박아 넣었다.

청동제 도끼날

연대	기원전 1630~1520년
출처	이집트
길이	41.1센티미터

애초의 결속물

금속 세공된 도끼

말을 탄 전사 도안

의식용 도끼

도끼(와 전곤)은 힘과 권세를 상징하는 무기였다. 이집트의 지배자들이 의식용 도끼를 휴대한 것도 그런 이유에서다. 도끼날에는 흔히 파라오의 승리를 묘사한 장면이 새겨졌다. 사진의 도끼에서는 말을 탄 전사가 금속 세공으로 형상화되어 있지만 말이다.

연대	기원전 1539~1075년
출처	이집트
길이	43.5센티미터

전부

이집트의 전부를 복제한 이 무기는 당시의 전부가 어떤 모양이었는지 고스란히 보여 주고 있다. 고대 이집트의 보병 부대원이라면 이런 무기를 사용했을 것이다. 기원전 2000년대 중반에 이집트의 적들이 방어 무장을 강화하면서 이집트 인들은 이런 무기를 사용하게 되었다.

연대	20세기
출처	이집트
길이	42센티미터

도끼머리를 자루에 동여매 주는 가죽끈

도끼의 날

투탕카멘

이집트 왕 투탕카멘(기원전
1332~1322년)이 퇴각하는 적들을 향해
전차에서 화살을 쏘고 있다. 활과 화살이 이 시대에
가장 보편적인 무기였음을 묘실 그림, 관, 유물을 통해 확인할 수
있다. 이 무기들은 도끼 및 단검과 함께 사용되었을 것이다.

고대 그리스의 무기와 갑옷

고대 그리스에서는 장갑 보병이 전쟁의 주역이었다. 장갑 보병은 창과 칼로 무장하고, 커다란 둥근 방패, 청동 투구, 청동과 가죽 소재의 동체 갑옷, 정강이받이로 보호 무장한 중무장 보병이었다. 장갑 보병들은 밀집 대형으로 전투를 벌였다. 방진을 구성해 방패 벽을 쌓아 보호를 극대화하면서 동시에 창을 사용한 것이다. 장갑 보병의 방진은 활과 투석구로 무장한 경보병의 지원을 받았다.

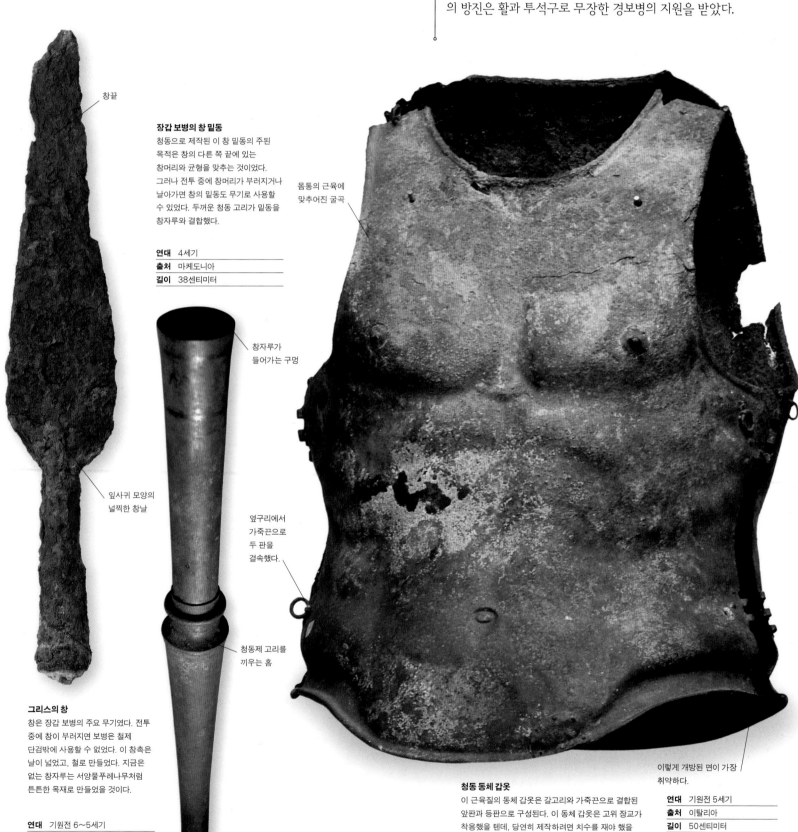

창끝

장갑 보병의 창 밑동
청동으로 제작된 이 창 밑동의 주된 목적은 창의 다른 쪽 끝에 있는 창머리와 균형을 맞추는 것이었다. 그러나 전투 중에 창머리가 부러지거나 날아가면 창의 밑동도 무기로 사용할 수 있었다. 두꺼운 청동 고리가 밑동을 창자루와 결합했다.

연대	4세기
출처	마케도니아
길이	38센티미터

몸통의 근육에 맞추어진 굴곡

창자루가 들어가는 구멍

잎사귀 모양의 널찍한 창날

옆구리에서 가죽끈으로 두 판을 결속했다.

청동제 고리를 끼우는 홈

그리스의 창
창은 장갑 보병의 주요 무기였다. 전투 중에 창이 부러지면 보병은 철제 단검밖에 사용할 수 없었다. 이 창촉은 날이 넓었고, 철로 만들었다. 지금은 없는 창자루는 서양물푸레나무처럼 튼튼한 목재로 만들었을 것이다.

연대	기원전 6~5세기
출처	그리스
길이	31센티미터

이렇게 개방된 면이 가장 취약하다.

청동 동체 갑옷
이 근육질의 동체 갑옷은 갈고리와 가죽끈으로 결합된 앞판과 등판으로 구성된다. 이 동체 갑옷은 고위 장교가 착용했을 텐데, 당연히 제작하려면 치수를 재야 했을 것이다. 보통의 장갑 보병은 청동이나 뻣뻣한 가죽으로 만든 더 단순한 동체 갑옷을 입었다.

연대	기원전 5세기
출처	이탈리아
길이	50센티미터

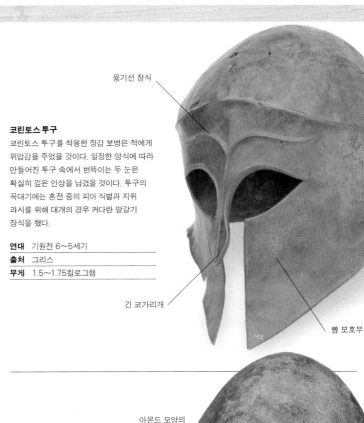

코린토스 투구

코린토스 투구를 착용한 장갑 보병은 적에게 위압감을 주었을 것이다. 일정한 양식에 따라 만들어진 투구 속에서 번뜩이는 두 눈은 확실히 깊은 인상을 남겼을 것이다. 투구의 꼭대기에는 혼전 중의 피아 식별과 지위 과시를 위해 대개의 경우 커다란 말갈기 장식을 했다.

연대	기원전 6~5세기
출처	그리스
무게	1.5~1.75킬로그램

융기선 장식

긴 코가리개

뺨 보호부

코린토스 투구

아마도 가장 유명한 그리스 투구 가운데 하나일 이 코린토스 헬멧은 두개골 모양을 본뜬 것으로, 어깨와 목까지 내려간다. 그렇게 코가리개 양옆에 있는 두 눈과 얼굴 일부만 노출되는 것이다.

시야 노출부 사이의 코가리개

청동 조각 하나로 만든 투구

연대	기원전 650년경
출처	그리스
무게	1.54킬로그램

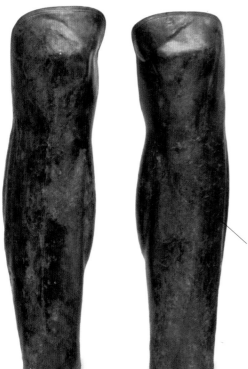

청동제 정강이받이

장갑 보병의 커다란 방패가 복부 아래쪽과 허벅지를 보호해 주었다. 그러나 무릎과 정강이를 보호하려면 청동으로 만든 정강이받이를 착용해야 했다. 여기서 볼 수 있는 정강이받이는 아주 가볍고 유연하기 때문에 별도의 가죽끈 없이도 병사의 종아리에서 쉽게 분리되지 않는다.

연대	기원전 6세기
출처	그리스
길이	48센티미터

다리 근육에 맞도록 성형되어 있다

코린토스 투구

코린토스 투구는 육중한 타격을 제외한 모든 공격을 효과적으로 막아 주었다. 그러나 무겁다는 게 부인할 수 없는 사실이었다. 아울러 교전 중에 시야가 제한되었고, 음성 신호와 명령도 제대로 전달되지 못했다. 결국 5세기 말이 되면 가벼운 투구들이 널리 보급된다.

연대	기원전 6~5세기
출처	그리스
무게	1.5~1.75킬로그램

아몬드 모양의 눈 부위

길게 아래까지 처진 뺨 보호부

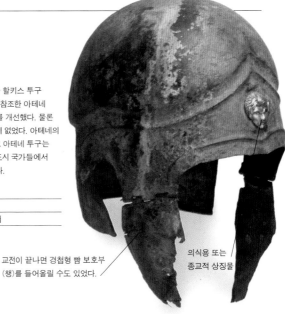

아테네 투구

코린토스 투구에서 발전한 할키스 투구(Chalcidian helmet)를 참조한 아테네 투구는 시야와 가청 범위를 개선했다. 물론 방호력은 더 떨어질 수밖에 없었다. 아테네의 이름을 땄음에도 불구하고 아테네 투구는 이탈리아 남부의 그리스 도시 국가들에서 가장 커다란 인기를 누렸다.

연대	기원전 5세기
출처	그리스
무게	1.5~1.75킬로그램

교전이 끝나면 경첩형 뺨 보호부(챙)를 들어올릴 수도 있었다.

의식용 또는 종교적 상징물

그리스 장갑 보병

기원전 7세기부터 기원전 4세기까지 고대 그리스의 도시 국가들은 시민 군대를 두었다. 그 주역은 장갑 보병이라고 알려진 중무장 보병이었다. 밀집 대형으로 근접전을 수행한 그들은 마라톤과 플라타이아에서 페르시아 침략자들보다 한 수 위임을 증명했고, 펠로폰네소스 내전에서는 서로를 살육했다. 도시 국가들이 쇠퇴하자 그리스의 보병들은 알렉산드로스의 정복 전쟁에 참여했고, 중동 지방의 실력자들을 위해 싸우는 용병이 되기도 했다.

망치로 두드려서 모양을 낸 코린토스의 청동제 투구

시민군

도시 국가 시대의 장갑 보병은 아마추어로, 일종의 파트타임 군인이었다. 군 복무는 아테네, 스파르타, 테베의 시민으로서 그들이 누리던 지위에서 비롯하는 의무이자 특권이었다. 장갑 보병은 국가가 요구할 때 갑옷, 방패, 칼과 창으로 무장을 하고 군역에 나설 의무를 졌다.

부유한 시민들만이 갑옷을 비롯해 완전한 장비 일습을 갖출 수 있었고, 결국 장갑 보병은 필연적으로 사회의 엘리트일 수밖에 없었다. 그들은 일명 방진(팔랑크스)이라는 조밀한 대형을 구축하고 싸웠다. 물론 경무장 상태의 하층 계급 보병들이 발사체 무기로 무장하고 대열의 측면에서 전투를 도왔다. 최상의 훈련과 최고의 규율로 무장한 군대는 스파르타의 군대였다. 스파르타 시민들은 7세 때부터 군대에 복무했다. 젊은이들은 남성 간의 유대를 강화하기 위해 아내들과 이별한 채 병영에서 생활했다. 그러나 우리가 일반적으로 시민군에 대해 갖고 있는 인상과는 달리 장갑 보병들은 엄격한 훈련을 받지 않았다. 그들은 경쟁심을 자극하는 게임을 통해 육체를 단련했다. 군사 훈련이나 엄격한 규율보다 그런 방법이 전쟁과 전투에 더 효과적으로 대비하는 방법이라고 생각했던 것이다.

전투원으로서 그들이 성공할 수 있었던 것은 자신의 도시를 위해 싸운다는 자유민으로서의 높은 사기와, 동료 시민들의 눈앞에서 명성을 얻기 위한 노력의 결과였다고 보는 게 적절하다. 그들은 이런 기풍 속에서 최고의 백병전 전사로 거듭났다.

장갑 보병의 갑옷
완전 무장한 장갑 보병은 투구, 동체 갑옷, 정강이받이를 착용했다. 이 모든 것은 청동으로 만들었다. 번쩍번쩍 윤이 날 때까지 갑옷을 닦은 것은 인상적인 방식으로 자신의 지위를 과시하려는 의도에서였다. 물론 실제의 보호 기능도 빼놓을 수는 없다.

뺨 보호부(챙)가 달린 청동제 투구

동체 갑옷의 요철 윤곽은 전사의 근육을 이상화해 표현하고 있다.

동체 갑옷의 두 판은 측면에서 가죽끈으로 결합된다.

청동제 정강이받이는 방패 아래로 노출된 다리를 보호해 준다.

장갑 보병과 전차
고대 그리스 미술에서 전차가 빈번하게 등장하는 이유는 그것들이 호메로스의 『일리아드』에 언급되듯이 트로이 전쟁 이야기에서 크게 부각되었기 때문이다. 도시 국가 시대에 그리스 인들은 더 이상 전차를 사용하지 않았다. 물론 그들의 적인 페르시아 인들은 전차를 활용했지만.

전투 중인 장갑 보병
장갑 보병들이 전투에 임하는 모습이다. 그들은 왼쪽 아래팔 위로 커다란 둥근 방패를 끼우고, 어깨 위로는 찌르기 창을 휘두르고 있다. 방패 밑으로 노출된 다리 아랫부분을 보호해야 할 필요성은 자명한 것으로, 정강이받이가 사용되었다. 투구의 말갈기 장식은 시각적 효과를 감안한 것이다. 장갑 보병이 갑옷 이외에 다른 복장을 전혀 걸치지 않은 것을 확인할 수 있는데, 이것은 미술 표현상의 관행일 뿐이다.

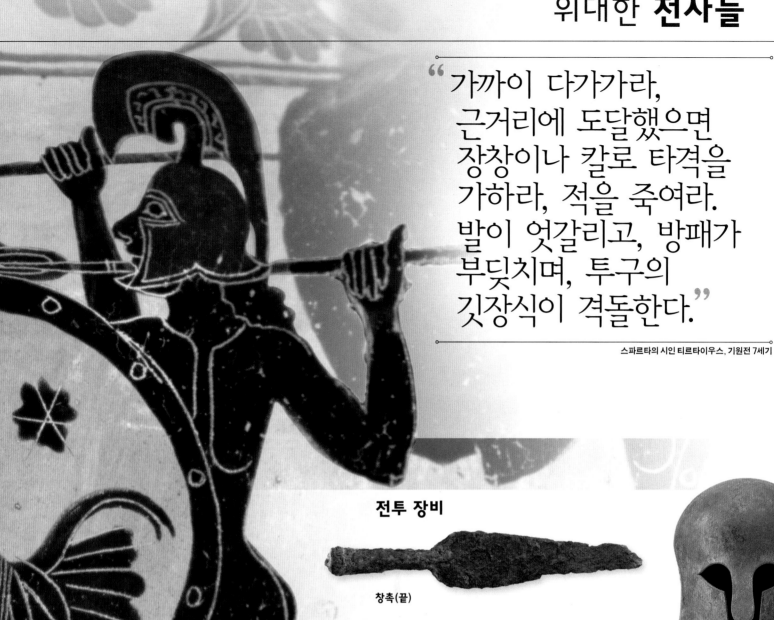

> "가까이 다가가라, 근거리에 도달했으면 장창이나 칼로 타격을 가하라, 적을 죽여라. 발이 엇갈리고, 방패가 부딪치며, 투구의 깃장식이 격돌한다."

스파르타의 시인 티르타이우스, 기원전 7세기

전투 장비

창촉(끝)

창 밑동

코린토스 헬멧

방진 대형

그리스의 장갑 보병들은 방진에서 서로 어깨를 맞대고 싸웠다. 그들은 방패의 벽을 만들어 적과 대적했던 것이다. 각 병사의 안전이 옆에 있는 동료에 달려 있었기 때문에 집단의 유대가 매우 중요한 전술이라고 할 수 있었다. 마주 보고 진격하는 두 방진이 격돌하면 먼저 방패끼리 부딪쳤다. 장갑 보병들은 창으로 상대편을 찔렀고, 방패로는 밀어붙였다. 이러한 충돌은 어느 한 진용이 와해돼 패주할 때까지 계속되었다.

그리스 장갑 보병의 방진

고대 로마의 무기와 갑옷

로마 군대는 고대 세계에서 가장 뛰어난 전투 집단이었다. 로마 군대는 규율이 잘 잡혀 있었고, 훈련 상태가 좋았으며, 지휘 체계도 훌륭했다. 로마의 군단병들은 임무에 적합한 우수한 장비를 보급받았다. 궁수와 투창병 들이 적군의 혼란을 야기하면, 중무장한 보병대가 투입되어 전투를 마무리했다. 커다란 직사각형 방패를 든 보병들이 밀집 대형을 이루어 휴대한 단검으로 적을 궤멸시켰다.

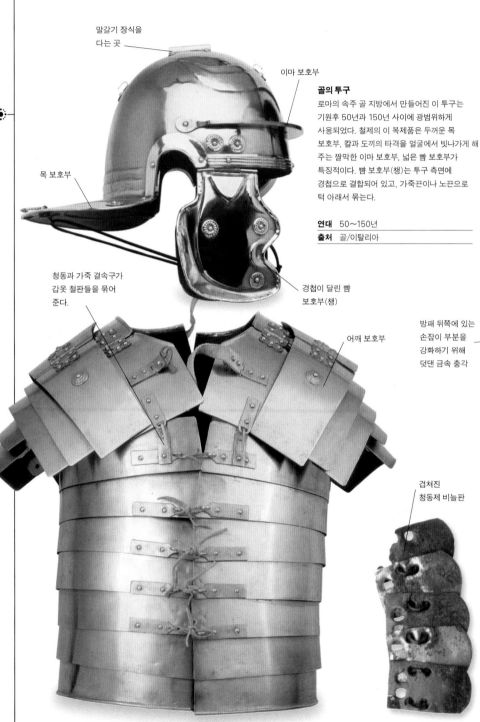

말갈기 장식을 다는 곳

이마 보호부

목 보호부

청동과 가죽 결속구가 갑옷 철판들을 묶어 준다.

어깨 보호부

경첩이 달린 뺨 보호부(챙)

골의 투구
로마의 속주 골 지방에서 만들어진 이 투구는 기원후 50년과 150년 사이에 광범위하게 사용되었다. 철제의 이 복제품은 두꺼운 목 보호부, 칼과 도끼의 타격을 얼굴에서 빗나가게 해주는 짤막한 이마 보호부, 넓은 뺨 보호부가 특징적이다. 뺨 보호부(챙)는 투구 측면에 경첩으로 결합되어 있고, 가죽끈이나 노끈으로 턱 아래서 묶는다.

연대 50~150년
출처 골/이탈리아

로리카 세그멘타타(결합형 판금 갑옷)
철판 조각으로 제작한 이 복제품 로리카 세그멘타타(lorica segmentata)는 동체 갑옷과 어깨 보호구가 합쳐진 갑옷으로 기원후 1세기 초부터 3세기까지 착용되었다. 로마 군단은 이 갑옷 덕택에 상당한 정도의 방호 능력과 기동성을 확보할 수 있었다.

연대 1~3세기
출처 로마 제국

방패 뒤쪽에 있는 손잡이 부분을 강화하기 위해 덧댄 금속 충각

겹쳐진 청동제 비늘판

스쿠툼
이것은 장방형 보병 방패, 곧 스쿠툼(scutum)의 복제품이다. 목재를 겹쳐 만든 이 방패를 다시 가죽과 아마포로 덮었다. 맨 위 아마포에다가 군단의 휘장을 그릴 수 있었다. 사방팔방의 타격에 효과적으로 대응하기 위해서 방패는 약간 휘어진 모양으로 제작했다.

연대 복제품
길이 112센티미터

로리카 스콰마타
동체 갑옷의 또 다른 형태가 스콰마타(squamata)였다. 이것은 청동이나 철제 비늘판을 겹치기 형태로 짐승의 가죽이나 튼튼한 천과 결합해서 만들었다.

글라디우스와 칼집

로마의 핵심 무기는 창보다는 단검인 글라디우스(gladius)였다. 군단병들은 적을 찌르는 용도로 이 칼을 사용했다. 금과 은으로 장식된 이 웅장한 의식용 글라디우스는 티베리우스 황제가 총애하던 장수에게 하사한 것으로 보인다.

연대	15년경
출처	로마
길이	57.5센티미터

란케아

필룸

길다란 쇠붙이 창촉

칼집의 나무 조각이 칼날에 붙어 있다.

녹이 슬고 부식된 강철 날

물푸레나무로 만든 긴 자루

티베리우스가 계부 아우구스투스 황제에게 승전보를 전하는 광경을 묘사한 금장식

티베리우스 황제의 초상

신전 안의 독수리 문양

란케아와 필룸

로마의 창은 크게 세 종류였다. 무거운 찌르기 창인 하스타(hasta), 가벼운 찌르기 창인 란케아(lancea), 무거운 투창인 필룸(pilum) 이 그것이다. 이 필룸(복제품)의 쇠붙이 창촉이 긴 것은 방패와 갑옷을 관통하기 위해서였다. 필룸은 충격을 받으면 구부러지거나 부러지도록 만들었는데, 이는 적들이 회수해 다시 사용하는 것을 막기 위한 조치였다.

말갈기 장식

단순한 둥근 모양

몬테포르티노 투구

이 복제 투구의 모양은 기원전 200년으로 거슬러 올라간다. 켈트 족이 사용한 투구를 본따 만든 것이다. 유사한 쿨루스 투구처럼 이것도 청동으로 제작되었고, 1세기 중반까지 대량으로 생산되어 로마의 군단병들에게 지급되었다.

연대	기원전 2세기~기원후 1세기
출처	이탈리아

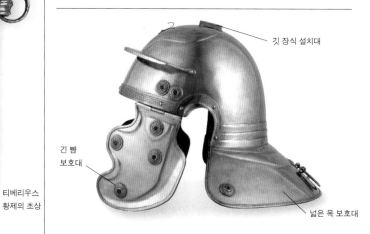

깃 장식 설치대

긴 뺨 보호대

넓은 목 보호대

골의 투구

이 골 양식의 복제품 투구는 로마 군대에서 아주 유용하게 사용되었다. 머리와 어깨를 효과적으로 보호해 주면서도 군단병들의 시야와 음성 지휘 명령 수발에서도 탁월함을 보였던 것이다.

연대	50~150년
출처	이탈리아

양각된 검투 장면

눈 보호용 쇠살대

짧은 가리개

보호용 면갑

검투사의 투구

도전하는 검투사는 로마 군단의 골 양식 투구를 착용했다. 그러나 여기에는 얼굴 전면 가리개, 곧 면갑이 보태졌다. 물론 둥근 눈구멍 2개가 마련되었고, 거기에는 다시 쇠살대가 설치되어 있었다.

연대	기원전 1세기~기원후 3세기
출처	로마

로마 군단병

로마 군단은 1세기경 영국에서 북아프리카, 에스파냐에서 중동에 이르는 대제국을 통치 관리했다. 로마 군단 병사들의 대부분은 무장 보병이었다. 군단병들은 제국 각처의 요새, 성채, 주둔지에 머물면서 경찰, 행정관, 공병, 토목 기사 역할을 수행했고, 정기적 순찰 활동에서 전면전에 이르기까지 다양한 임무들을 소화했다.

로마군 보병의 방패 스쿠툼

직업 군인

로마의 군단병들은 직업 군인으로 20년을 복무했고, 베테랑으로서 5년을 추가 근무하면서 더 가벼운 임무를 수행했다. 군단병들은 로마 시민 가운데서 충원되었고, 대부분은 하층 계급의 자원자들이었다. 그들은 80명 규모의 센투리(century)로 조직되었고, 이 센투리를 센투리온(centurion)이 지휘했다. 여섯 센투리가 한 보병대(cohort)를, 열 보병대가 한 군단(legion)을 구성했다. 이런 조직 체계 속에서 각 수준과 단계별로 집단의 충성심을 담보할 수 있었다. 군단병들은 매일 엄격한 체력 단련과 전술 훈련을 받았다. 그들은 5시간 동안 32.2킬로미터를 행군했고, 피정복자들과 적들에게 무자비한 잔인함을 과시했다. 군단병들은 적과의 근접 조우를 기다렸다가 막판에 필룸이라는 창을 던졌고, 이어서 글라디우스라는 단검으로 공격했다. 군기 위반에 대한 처벌은 가혹했다. 보초 임무 중에 잠든 병사는 동료들에게 곤봉으로 죽을 때까지 얻어맞았다. 군단병들은 퇴역에 즈음해 소정의 토지와 현금을 일시불로 받았다. 그들의 봉사와 노력에 대한 감사의 표시였다.

트라야누스 기둥

로마의 트라야누스 기둥에 묘사된 다키아 전쟁(기원후 101~106년)의 한 장면이다. 로마의 병사들이 성채에서 다키아 인들의 공격을 막아 내고 있다. 기병 장교 휘하에서 일단의 군단원들이 원군으로 당도하는 광경도 보인다. 트라야누스 황제의 전승 기념탑인 이 기둥을 통해 로마 군대의 다양한 모습을 시각적으로 확인할 수 있다.

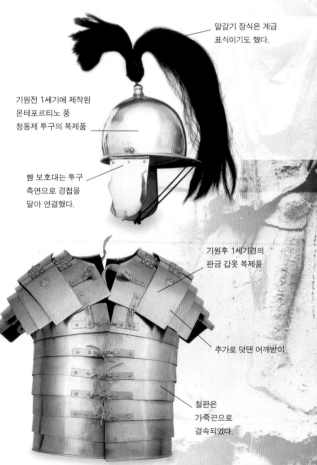

군단병의 복장

로마 제국의 최성기에 군단병들은 간결한 형태의 청동제 투구와 분절형 갑옷(로리카 세그멘타타)를 착용했다. 그들은 튜닉이라고 하는 가운 같은 겉옷을 벨트로 고정한 다음 갑옷을 걸쳤으며, 금속 징을 박은 튼튼한 샌들을 신었다. 로마 국가는 군단병 전원을 갑옷과 투구로 무장시킬 수 있었는 바, 이런 능력은 변방의 '야만인' 적들과는 확연히 대비되는 특징이었다.

말갈기 장식은 계급 표식이기도 했다.

기원전 1세기에 제작된 몬테포르티노 풍 청동제 투구의 복제품

뺨 보호대는 투구 측면으로 경첩을 달아 연결했다.

기원후 1세기경의 판금 갑옷 복제품

추가로 덧댄 어깨받이

철판은 가죽끈으로 결속되었다.

하드리아누스 성벽

로마의 군단병들은 공병이기도 했다. 건설 작업이 전투만큼이나 중요한 임무였기 때문이다. 잉글랜드 북부 118킬로미터를 동서로 가로지르는 하드리아누스 성벽은 2세기 초에 로마 군단병들이 건조한 것이다. 이 벽은 로마 제국의 북쪽 경계를 획정하는 것으로, 설치된 요새들에는 무려 250년 동안 로마 군단이 상주했다.

하드리아누스 성벽의 빈돌란다 요새 유적

로마의 보조 군대

두 명의 외인 부대원이 절단한 적의 머리를 황제에게 바치고 있다. 군단병들은 전부 로마의 시민이었지만 외인 부대는 시민 자격이 없었다. 그들은 타원형 방패와 사슬 갑옷으로 구별할 수 있었다. 외인 부대는 지위가 낮았고, 교전 시 많은 경우 최선두에 서야 했다.

> " **로마는 그들의 군인들에게 몸뿐만 아니라 마음의 강건함도 가르친다.** "

당대의 유대인 역사가 요세푸스, 『유대 전쟁사』

전투 장비

글라디우스

칼몸

필룸과 란케아

글라디우스 칼집

청동기 및 철기 시대의 무기와 갑옷

켈트 족은 위대한 전사들이었다. 그들은 기원전 390년에 로마 공화국의 군대를 분쇄했고, 로마를 약탈했다. 그들은 일종의 무사들이었다. 그들 대부분은 투구와 방패를 제외하면 이렇다 할 갑옷도 걸치지 않았고, 도보로 이동하면서 전투를 했다. 귀족들은 말을 타기도 했고, 특히 영국에서는 전차를 몰았다. 켈트 족은 그들의 장식에 대한 재능과 금속 가공 기술로 명성이 높다.

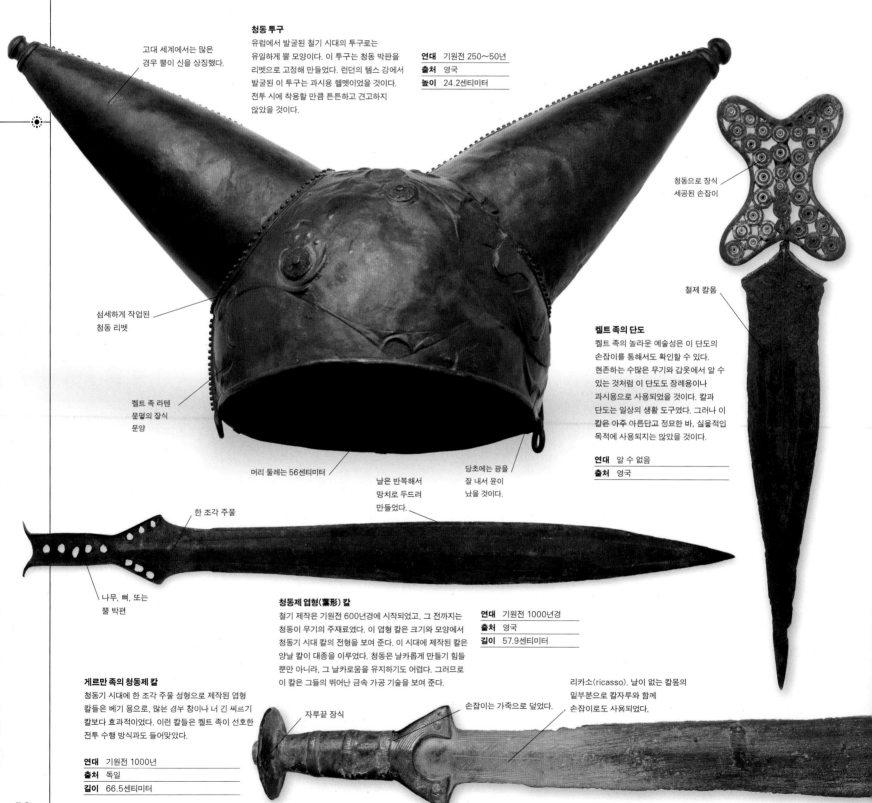

고대 세계에서는 많은 경우 뿔이 신을 상징했다.

청동 투구

유럽에서 발굴된 철기 시대의 투구로는 유일하게 뿔 모양이다. 이 투구는 청동 박판을 리벳으로 고정해 만들었다. 런던의 템스 강에서 발굴된 이 투구는 과시용 헬멧이었을 것이다. 전투 시에 착용할 만큼 튼튼하고 견고하지 않았을 것이다.

연대	기원전 250~50년
출처	영국
높이	24.2센티미터

청동으로 장식 세공된 손잡이

섬세하게 작업된 청동 리벳

철제 칼몸

켈트 족 라텐 문멸의 장식 문양

켈트 족의 단도

켈트 족의 놀라운 예술성은 이 단도의 손잡이를 통해서도 확인할 수 있다. 현존하는 수많은 무기와 갑옷에서 알 수 있는 것처럼 이 단도도 장례용이나 과시용으로 사용되었을 것이다. 칼과 단도는 일상의 생활 도구였다. 그러나 이 칼은 아주 아름답고 정묘한 바, 실용적인 목적에 사용되지는 않았을 것이다.

연대	알 수 없음
출처	영국

머리 둘레는 56센티미터

날은 반복해서 망치로 두드려 만들었다.

당초에는 광을 잘 내서 윤이 났을 것이다.

한 조각 주물

나무, 뼈, 또는 뿔 박편

청동제 엽형(葉形) 칼

철기 제작은 기원전 600년경에 시작되었고, 그 전까지는 청동이 무기의 주재료였다. 이 엽형 칼은 크기와 모양에서 청동기 시대 칼의 전형을 보여 준다. 이 시대에 제작된 칼은 양날 칼이 대종을 이루었다. 청동은 날카롭게 만들기 힘들 뿐만 아니라, 그 날카로움을 유지하기도 어렵다. 그러므로 이 칼은 그들의 뛰어난 금속 가공 기술을 보여 준다.

연대	기원전 1000년경
출처	영국
길이	57.9센티미터

게르만 족의 청동제 칼

청동기 시대에 한 조각 주물 성형으로 제작된 엽형 칼들은 베기 용으로, 많은 경우 창이나 너 긴 씨르기 칼보다 효과적이었다. 이런 칼들은 켈트 족이 선호한 전투 수행 방식과도 들어맞았다.

연대	기원전 1000년
출처	독일
길이	66.5센티미터

리카소(ricasso). 날이 없는 칼몸의 밑부분으로 칼자루와 함께 손잡이로도 사용되었다.

손잡이는 가죽으로 덮었다.

자루끝 장식

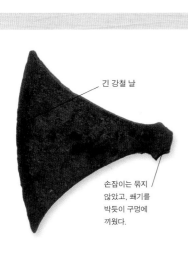

긴 강철 날

손잡이는 묶지 않았고, 쐐기를 박듯이 구멍에 끼웠다.

날이 넓은 전부
이 도끼머리는 단일 철괴를 두드려서 만든 것이다. 긴 목재 손잡이를 구멍에 끼워 넣으면 백병전에서 위력적인 무기로 사용할 수 있었다.

연대 알 수 없음

출처 북부 유럽

청동 소재는 날의 날카로움을 오래 유지하지 못한다.

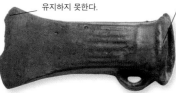

오목한 구멍

청동제 도끼머리
나무 손잡이를 끼울 수 있게 구멍을 만든 청동제 전부들을 보면 비교적 이른 시기에 활약하던 켈트 족을 연상하게 된다. 그것들은 일상의 도구로 사용되었지만, 백병전에서도 유용했다. 이런 전부들은 철기로 제작되었을 때 더 위력적이었다.

연대 기원전 750~650년

출처 알 수 없음

엽형 창날

청동제 창촉
창과 투창은 켈트 족의 전술에서 중요한 역할을 담당했다. 보병 대원들은 적에게 돌진할 때 약 30미터 거리에서 투창을 던졌다. 전열을 와해시키고 일대일 전투를 벌이기 위함이었다. 창은 보병과 기병이 찌르기 무기로 활용했다.

연대 기원전 900~800년

출처 알 수 없음

길이 50센티미터

보호 장식

청동 띠가 부착된 목재 칼집

교차 끈이 설치되는 구멍

철기 시대의 단검과 칼집
이 장식이 가미된 철제 단검과 청동제 칼집은 부족장이 소지했을 것이다. 이 시기에 철제 칼은 신분과 지위를 상징했다. 철제 칼은 일상 생활에서 사용되었을 뿐만 아니라 칼과 창이 총동원된 극단적 전투 상황에서도 사용되었다.

연대 기원전 550~450년

출처 영국

배터시에서 출토된 방패
1857년 런던 템스 강의 배터시 다리 부근에서 발굴된 이 방패는 목재판에 청동 장식물이 더해진 형태이다. 과시용 방패였다는 게 거의 분명하다. 너무나 섬세하게 세공되어서 전투에 사용할 수는 없었을 것이다. 켈트 족의 방패는 처음엔 원형이었지만 철기 시대를 경과하면서 더 길쭉해져 몸 전체를 보호해 주는 방패로 거듭났다.

연대 기원전 350~50년

출처 영국

길이 77.7센티미터

전체 모양

라텐 문명의 장식 문양

충각은 반대편 손잡이 부분을 보호해 준다.

방패에는 27개의 붉은색 유리가 징처럼 박혀 있다.

앵글로색슨 족 및 프랑크 족의 무기와 갑옷

앵글로색슨 족과 프랑크 족의 전사들은 보병이 주축을 이루었다. 그들은 방패와 색스(seax)라는 단검을 휴대했고, 많은 경우 투구를 썼으며, 창과 도끼는 물론 스카마색스(scamasax), 스크라마색스(scramasax), 긴 색스 등으로 다양하게 불린 한쪽 날이 달린 칼을 가지고 싸웠다. 귀족과 직업 군인들의 수행자들은 더 복잡하고 정교한 갑옷과 무기를 갖추었다. 사슬 갑옷, 목 보호부와 면갑이 달린 고리쇠 투구, 앙곤(angon, 필룸과 비슷한 투창), 칼 등이 그런 장비였다.

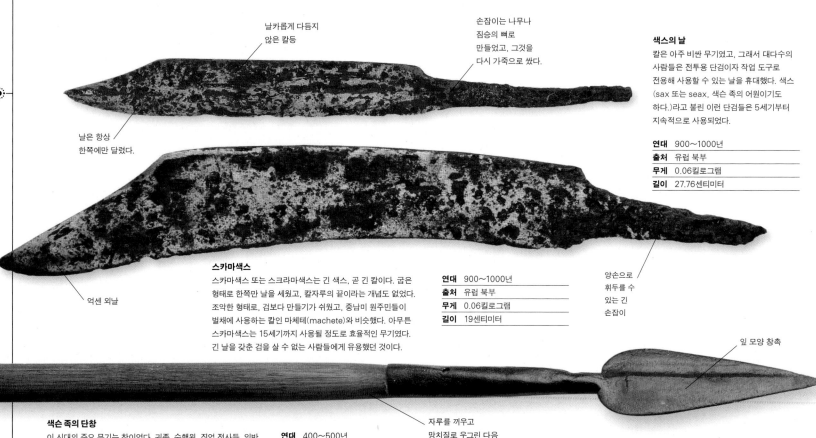

날카롭게 다듬지 않은 칼등

손잡이는 나무나 짐승의 뼈로 만들었고, 그것을 다시 가죽으로 썼다.

날은 항상 한쪽에만 달렸다.

색스의 날

칼은 아주 비싼 무기였고, 그래서 대다수의 사람들은 전투용 단검이자 작업 도구로 전용해 사용할 수 있는 날을 휴대했다. 색스(sax 또는 seax, 색슨 족의 어원이기도 하다.)라고 불린 이런 단검들은 5세기부터 지속적으로 사용되었다.

연대	900~1000년
출처	유럽 북부
무게	0.06킬로그램
길이	27.76센티미터

스카마색스

스카마색스 또는 스크라마색스는 긴 색스, 곧 긴 칼이다. 굽은 형태로 한쪽만 날을 세웠고, 칼자루의 끝이라는 개념도 없었다. 조악한 형태로, 검보다 만들기가 쉬웠고, 중남미 원주민들이 벌채에 사용하는 칼인 마체테(machete)와 비슷했다. 아무튼 스카마색스는 15세기까지 사용될 정도로 효율적인 무기였다. 긴 날을 갖춘 검을 살 수 없는 사람들에게 유용했던 것이다.

연대	900~1000년
출처	유럽 북부
무게	0.06킬로그램
길이	19센티미터

억센 외날

양손으로 휘두를 수 있는 긴 손잡이

잎 모양 창촉

색슨 족의 단창

이 시대의 주요 무기는 창이었다. 귀족, 수행원, 직업 전사들, 일반 병사들이 모두 창을 휴대했다. 두 종류가 있었다. 백병전용 창과 근접전용 투창이 그것이었다. 투창은 더 가벼웠다. 프랑크 족은 로마의 필룸과 아주 흡사한 앙곤이라는 투창을 사용했다.

연대	400~500년
출처	유럽 북부
길이	21.5센티미터

자루를 끼우고 망치질로 우그린 다음 대갈못을 박았다.

장창은 기병들이, 또는 보병들이 기병에 맞서 사용했다.

손잡이는 나무나 동물의 뼈로 만들었고, 다시 가죽으로 썼다.

점점 가늘어지는 양날 칼몸

나무로 만든
굽은 자루

자루와 각을
이루는
쇠붙이 머리

프란시스카

이 던지는 도끼는 게르만 족 전사들이
애용했다. 그들은 말년의 로마 제국을
괴롭혔다. 던지는 도끼는 투창과 비슷한
방식으로 활용되었다. 전열에 틈을 만들기
위해 돌격하기 전에 던졌다.

연대	400~500년
출처	유럽
무게	0.43킬로그램
길이	16.5센티미터

금속판들이 강화용 테로
결합되었다.

북부 유럽의 도끼머리

도끼가 무기로 널리 사용된 이유는, 생활
수단으로 전용할 수 있었을 뿐만 아니라
만들기가 쉬웠기 때문이다. 방법은 아주
간단했다. 철판을 굴대 주위로 해서 반으로
접으면 장붓구멍을 만들 수 있다. 반으로
접은 두 쇳조각 사이로 더 단단한 철제
날붙이를 끼워 넣고 가열해서 용접한다.
마지막으로 적당한 길이의 나무 자루를
구멍에 끼우면 완성할 수 있었다.

연대	900~1000년
출처	유럽 북부
무게	0.50킬로그램
길이	22센티미터

날 부분을
납작하게 늘인
것은 '미늘'
도끼라고 부른다

색슨 족의 장창

991년의 몰든 전투를 노래한 앵글로색슨 족의 시에 창을 사용하는
광경이 묘사되어 있다. 이올 비르트노트(Eorl Byrhtnoth)가 투창을
2개 던져서 두 사람을 죽이고, 자신도 바이킹 족이 던진 창에 부상을
당한다는 내용이다. 그때야 비로소 그가 칼을 꺼내든다. 찌르기 창은
더 길었다. 이 그림에서 보는 것처럼 더 커다란 창촉이 벌어진 구멍과
대갈못으로 자루에 고정되었다.

연대	400~500년
출처	유럽 북부
길이	48센티미터

긴 창촉

프랑크 족의 고리쇠 투구

사슬 갑옷처럼 투구도 전장의
시체에서 탈취되었기 때문에
매장지에서 발견되는 일은 드물다.
그러나 이런 고리쇠 투구가 상당수
전해진다. 이런 양식은 중동에서
기원했고, 3세기경에 서유럽으로
전해졌다.

연대	500~600년
출처	유럽 서부

뺨 가리개

칼끝은 색스나
스카마색스보다
덜 날카로웠다.

색슨 족의 칼

칼은 제조 단가가 비쌌고, 만드는 데 시간도 많이
잡아먹었다. 해서 색슨 족 사회에서는 고위 계급과
직업 전사들만이 칼을 사용했다. 칼은 숭배의
대상이었다.

연대	500~600년
출처	유럽 북부

고대

바이킹 족의 무기와 갑옷

북쪽 사람들 또는 바이킹이라고 알려진 해양 민족인 스칸디나비아 인들은 유럽의 역사에서 특별한 지위를 차지한다. 영국 제도에서 키예프 공국의 바랑인 친위대에 이르기까지 그들은 전형적인 중세 암흑 시대의 전사로 각인되었다. 그들은 바이킹의 배를 타고 나타나 유럽의 해안을 노략질했고, 노바스코샤 같은 원격지까지 진출해 정착했다. 그들은 무장 상태가 우수했다. 칼과 도끼는 물론이고, 창, 투창, 활까지 소지했던 것이다. 그들은 둥근 방패를 휴대했고, 대다수가 투구를 썼다. 다수는 사슬 갑옷도 입었다.

사슬 셔츠
브리나(brinya) 또는 흐링셀(hringserle)이라고 부르던 사슬 셔츠는, 처음엔 부자와 권력자 들만 입었지만 11세기와 12세기를 경과하면서 보편화되었다.

연대	900~1000년
출처	모름

고리들은 리벳으로 고정한 다음, 열을 가해 용접했다.

초기의 사슬 셔츠는 허벅지 길이까지 내려왔지만 나중에는 종아리 중간까지 덮었다.

장식된 철제 도끼머리
아름답게 장식된 이 도끼머리는 유틀란트의 맘멘(Mammen)에서 발견되었다. 이런 유형의 장식을 시도한 문화를 맘멘 문명이라고 한다.

연대	970년경
출처	덴마크
길이	16.5센티미터

구멍 위로도 장식이 되어 있다.

구멍 주위의 돌출부

가장자리는 가죽과 쇠붙이로 마감했다.

은사 장식

밝게 채색했다. 기독교가 전파된 곳에서는 십자가가 그려진 방패를 사용하기도 했다.

전체 모양

채색된 목재 방패
방패는 바이킹 족 무장의 중요한 요소였다. 나무로 만든 이 방패는 가죽으로 덮였다. 이 사진의 방패는 복제품이다.

연대	900~1000년
출처	북부 유럽
무게	알 수 없음
직경	70~100센티미터

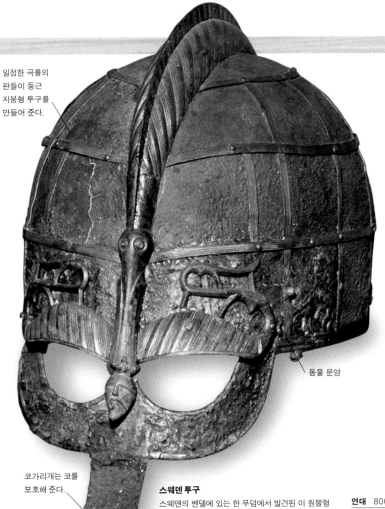

일정한 곡률의
판들이 둥근
지붕형 투구를
만들어 준다.

동물 문양

코가리개는 코를
보호해 준다.

스웨덴 투구
스웨덴의 벤델에 있는 한 무덤에서 발견된 이 원뿔형
투구는 호화로운 예르문드부(Gjermundbu)
발굴품과 유사하다. 대다수의 바이킹 전사들이
투구를 소지했지만, 이렇게 장식적인 투구는 몇 안
되었을 것이다.

연대	800~900년
출처	스웨덴

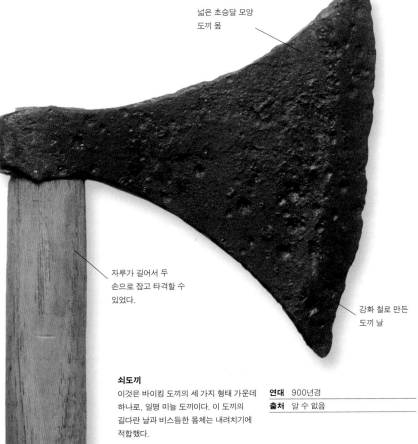

넓은 초승달 모양
도끼 몸

자루가 길어서 두
손으로 잡고 타격할 수
있었다.

강화 철로 만든
도끼 날

쇠도끼
이것은 바이킹 도끼의 세 가지 형태 가운데
하나로, 일명 미늘 도끼이다. 이 도끼의
길다란 날과 비스듬한 몸체는 내려치기에
적합했다.

연대	900년경
출처	알 수 없음

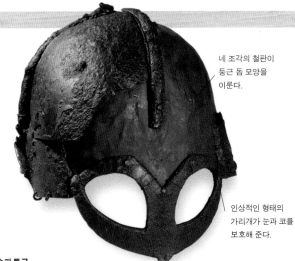

네 조각의 철판이
둥근 돔 모양을
이룬다.

인상적인 형태의
가리개가 눈과 코를
보호해 준다.

금속판 투구
이것은 예르문드부의 한 무덤에서 발견된 파편들을
모아 재조립한 투구이다. 둥근 돔 부분은 4장의
철판으로 이루어져 있는데, 정수리에서 십자가 형태로
교차하는 두 개의 막대에 의해 이마 부분의 테와
결합되어 있다.

연대	875년경
출처	노르웨이

용골로
강화된 돔
부분

장식된 코받이

웬체슬라스 투구
프라하 대성당의 보물 창고에서 발견된 투구로 유명한
웬체슬라스 양식 투구는 철판 한 장을 두들겨 만든
투구에 이마 테와 코받이가 더해진 게 특징적이다.
이마 테와 코받이는 은으로 아주 세련되게
장식되었다.

연대	900년경
출처	체코슬로바키아

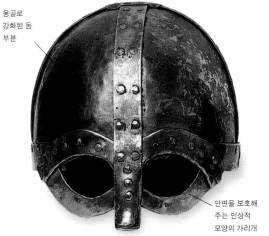

용골로
강화된 돔
부분

안면을 보호해
주는 인상적
모양의 가리개

에르문드부 양식 투구
또 다른 에르문드부 양식 투구인 이 헬멧은, 인상적인
모양새의 안면 보호부가 이마 테와 리벳으로
결합되었고, 2개의 강화 테는 모자 부분을 구성하는
4개의 판을 고정해 준다.

연대	900년경
출처	노르웨이

고대

바이킹 족의 무기와 갑옷

전체 모양

커다란 배 모양의 판으로 만들어진 코등이

용접한 양날 칼몸

8~9세기의 바이킹 검

이 철제 칼은 전형적인 바이킹 족의 무기이다. 길이는 약 90센티미터이고, 똑바로 곧은 모양이다. 두 조각으로 구성된 칼자루와 코등이가 있는데, 둘 다 놋쇠 상감으로 장식되어 있다. 칼날의 한 면에는 8자 매듭 표시가 상감되어 있다.

연대	900~1000년
출처	모름
길이	90센티미터

곧은 형태의 코등이

전형적인 양날의 철제 칼몸

큼직하게 장식된 자루끝

양날 검

바이킹 족의 칼에는 여러 변형이 있었는데, 자루끝과 코등이, 손잡이의 모양을 다양하게 바꾸었다. 대부분의 칼이 끝이 둥근 양날 검이었던 이유는, 크게 베는 타격으로 방패나 방어 동작을 무력화시키는 데 사용되었기 때문이다. 이 과정에서 칼날이 크게 손상될 수도 있었다.

연대	800~1100년
출처	덴마크
길이	90센티미터

은과 황동을 기하학적 문양으로 장식한 손잡이

둥근 자루끝

칼몸에 물결무늬가 있다.

장식이 가미된 양날 검

다수의 바이킹 검은 이것처럼 강도를 높이기 위해 물결무늬 단조 방식(pattern-welded)으로 제작되었다. 이 고대의 공정 속에서 탄소가 벌겋게 달아오른 쇠붙이 속으로 들어갔고, 다수의 쇠막대를 만들 수 있었다. 탄소를 덜 함유한 막대들을 묶어서 단조하면 물결무늬의 바이킹 검이 탄생한다.

연대	700~800년
출처	덴마크
길이	90센티미터

후기 바이킹 검

이 넓고 곧은 양날 검에는 현재로서는 판독할 수 없는 상감 세공된 명각의 흔적이 남아 있다. 소용돌이 모양의 자루끝도 인상적이다. 손잡이 부분은 멸실되고 없다. 이 검은 더 이른 시기의 칼들보다 가늘다.

연대	900~1150년
출처	스칸디나비아
길이	90센티미터

바이킹 검

이 후기 바이킹 검은 고고학 발굴 현장에서 볼 수 있는 많은 출토품처럼 상당히 부식되어 있다. 목재 칼집과 손잡이가 완전히 썩어서 없어진 상태로 발견되기 일쑤이다. 당연히 명각된 룬 문자도 해독 불가다.

연대	900~1000년
출처	알 수 없음
길이	80~100센티미터

손잡이

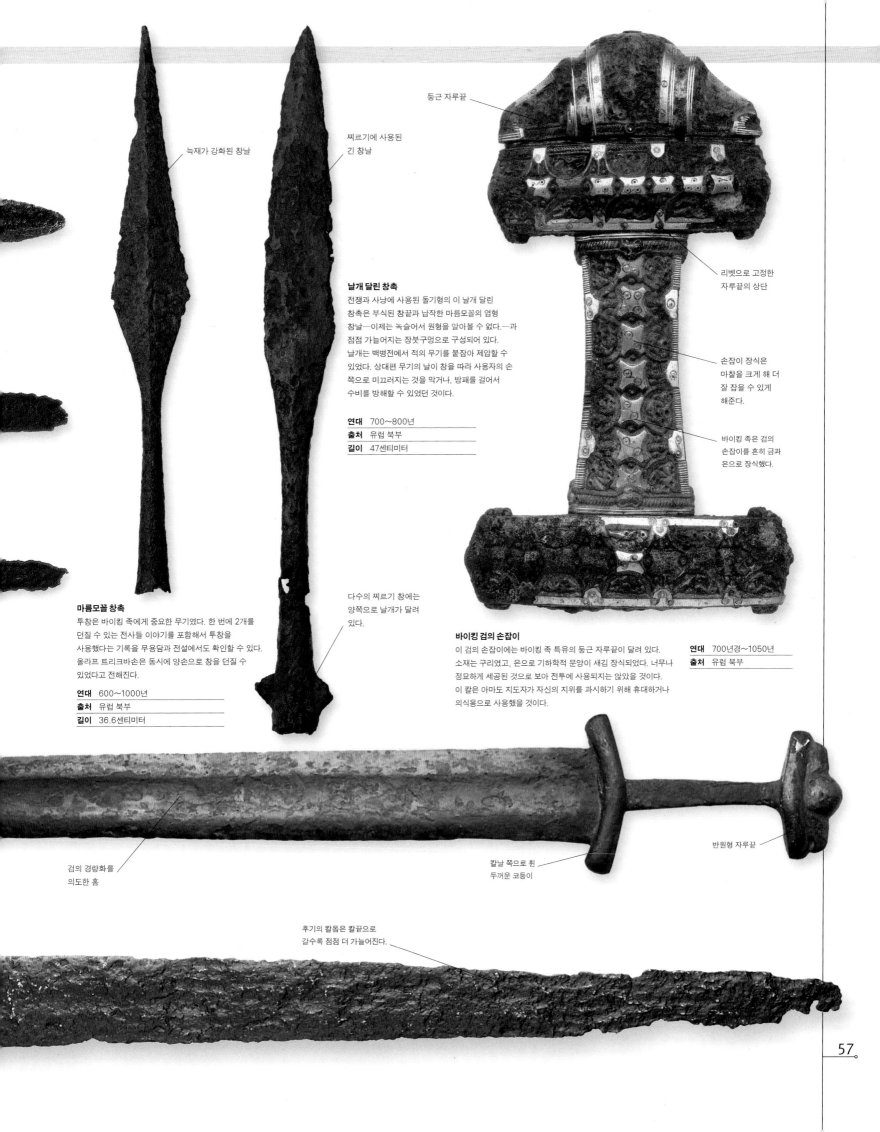

둥근 자루끝

늑재가 강화된 창날

찌르기에 사용된
긴 창날

리벳으로 고정한
자루끝의 상단

날개 달린 창촉

전쟁과 사냥에 사용된 돌기형의 이 날개 달린
창촉은 부식된 창끝과 납작한 마름모꼴의 엽형
창날—이제는 녹슬어서 원형을 알아볼 수 없다.—과
점점 가늘어지는 장붓구멍으로 구성되어 있다.
날개는 백병전에서 적의 무기를 붙잡아 제압할 수
있었다. 상대편 무기의 날이 창을 따라 사용자의 손
쪽으로 미끄러지는 것을 막거나, 방패를 걸어서
수비를 방해할 수 있었던 것이다.

연대	700~800년
출처	유럽 북부
길이	47센티미터

손잡이 장식은
마찰을 크게 해 더
잘 잡을 수 있게
해준다.

바이킹 족은 검의
손잡이를 흔히 금과
은으로 장식했다.

마름모꼴 창촉

투창은 바이킹 족에게 중요한 무기였다. 한 번에 2개를
던질 수 있는 전사들 이야기를 포함해서 투창을
사용했다는 기록을 무용담과 전설에서도 확인할 수 있다.
올라프 트리크바손은 동시에 양손으로 창을 던질 수
있었다고 전해진다.

연대	600~1000년
출처	유럽 북부
길이	36.6센티미터

다수의 찌르기 창에는
양쪽으로 날개가 달려
있다.

바이킹 검의 손잡이

이 검의 손잡이에는 바이킹 족 특유의 둥근 자루끝이 달려 있다.
소재는 구리였고, 은으로 기하학적 문양이 새김 장식되었다. 너무나
정묘하게 세공된 것으로 보아 전투에 사용되지는 않았을 것이다.
이 칼은 아마도 지도자가 자신의 지위를 과시하기 위해 휴대하거나
의식용으로 사용했을 것이다.

연대	700년경~1050년
출처	유럽 북부

검의 경량화를
의도한 홈

칼날 쪽으로 휜
두꺼운 코등이

반원형 자루끝

후기의 칼몸은 칼끝으로
갈수록 점점 더 가늘어진다.

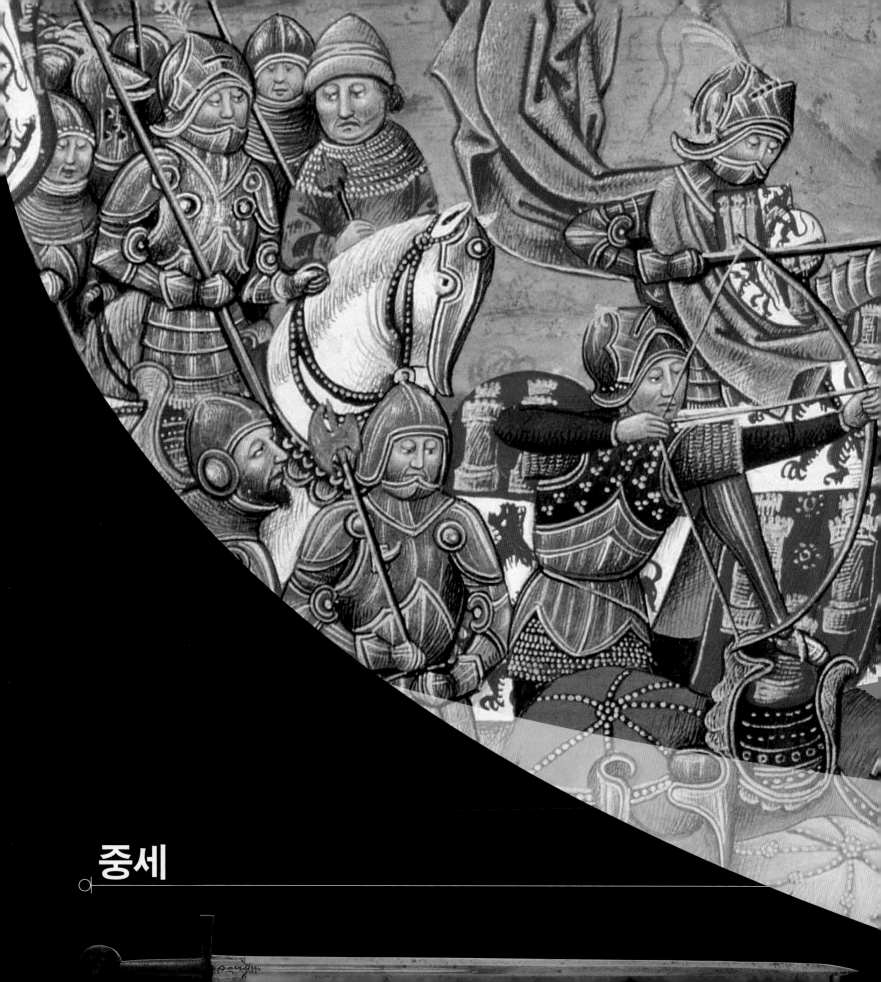

중세

중세의 전형적인 특징이라고 널리 이야기되는 다수의 무기와 전술과 사회 조직화 형태는 사실 고대 말에 이미 태동하고 있었다. 그러나 중기병, 토지를 하사받고 군역에 종사하기, 종교 전쟁, 기마 유목민의 침입에 맞선 도시 문명들의 항쟁은 그 자체가 새로운 현상이었다. 중세 말이 되면 국가의 중앙 집권적 행정력이 크게 강화되고, 화약 무기가 출현하게 된다. 이것들이야말로 다가올 변화를 미리 알려주는 유력한 징후들이었다.

독일 오토 1세의 중기병이 레히펠트 전투에서 마자르족 경기병을 격퇴한 955년부터 유럽은 비교적 안정된 평화의 시대를 구가한다. 그러나 이때는 정치적 분열의 시대이기도 했다. 프랑스와 독일이 대표적인 사례이다. 9세기의 중앙 집권적 왕국들은 수많은 소국들로 분열하게 된다. 이 국가들은 자신의 의지를 강제하는 측면에서 지역의 군벌보다 더 나을 게 별로 없었다. 대규모 무장력을 조직할 수 있는 왕가들의 능력이 쇠퇴하면서 봉건주의가 정착하게 되었다.

기마 부대의 출현

중세 군대의 핵은 중기병이었다. 물론 그들 모두가 기사는 아니었다. 8세기에 유럽에 등자가 도입되면서 기마병의 전투 능력이 대폭 강화되었다. 등자 덕분에 훨씬 더 안정된 자세를 바탕으로 창과 칼을 쓸 수 있었다. 말이라는 무기의 활용 가능성에 새로운 지평이 열린 셈이다. 11세기와 12세기 전투원들의 전형적인 복장은 영국 왕 헨리 2세의 1181년 무기 조령에 요약되어 있다. 조령에 따르면, "모든 기사가 사슬 갑옷, 투구, 방패, 창을 소지해도 좋다."라고 허락하고 있다.

이런 군대는 유지하는 데 비용이 많이 들었을 뿐만 아니라 유연성도 없었다. 또, 의무적 군역 기간이 아주 짧았기 때문에 전투를 장기간 수행할 수 없었다. 이 때문에 결국 기마 급습 작전이 전쟁의 표준 양태로 자리를 잡게 된다. 대체 병력을 구하기 힘든 중기병들 가운데서 사상자가 발생하는 것을 피해야 할 필요성도 여기에 한몫했다. 총력을 다 하는 정면 승부는 드물었다. 물론 대규모 전투가 벌어지기도 했다. 노르망디의 공작 윌리엄이

노르만 족의 공격
노르망디의 윌리엄의 사슬 갑옷 부대가 브르타뉴의 도시 디낭을 공격하고 있다. 디낭은 토루와 안마당으로 이루어진 요새였다. 토루를 쌓고, 목책으로 벽을 두른 다음 해자를 구축하는 방식의 성채는 노르만 족이 영국으로 수입해 가게 된다.

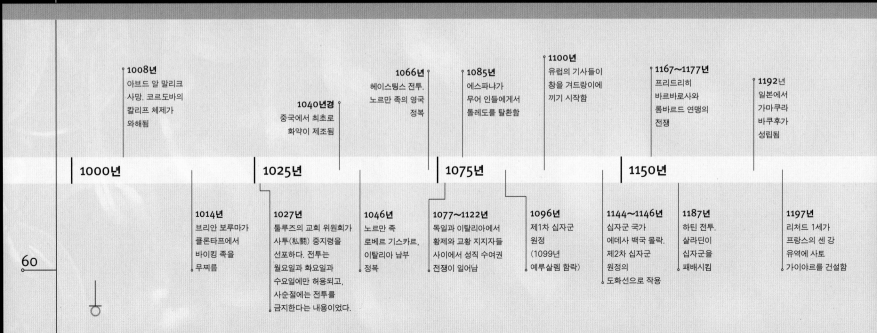

1008년
아브드 알 말리크 사망. 코르도바의 칼리프 체제가 와해됨

1040년경
중국에서 최초로 화약이 제조됨

1066년
헤이스팅스 전투. 노르만 족의 영국 정복

1085년
에스파냐가 무어 인들에게서 톨레도를 탈환함

1100년
유럽의 기사들이 창을 겨드랑이에 끼기 시작함

1167~1177년
프리드리히 바르바로사와 롬바르드 연맹의 전쟁

1192년
일본에서 가마쿠라 바쿠후가 성립됨

1000년

1025년

1075년

1150년

1014년
브리안 보루마가 클론타프에서 바이킹 족을 무찌름

1027년
툴루즈의 교회 위원회가 사투(私鬪) 중지령을 선포하다. 전투는 월요일과 화요일과 수요일에만 허용되고, 사순절에는 전투를 금지한다는 내용이었다.

1046년
노르만 족 로베르 기스카르, 이탈리아 남부 정복

1077~1122년
독일과 이탈리아에서 황제와 교황 지지자들 사이에서 성직 수여권 전쟁이 일어남

1096년
제1차 십자군 원정 (1099년 예루살렘 함락)

1144~1146년
십자군 국가 에데사 백국 몰락. 제2차 십자군 원정의 도화선으로 작용

1187년
하틴 전투. 살라딘이 십자군을 패배시킴

1197년
리처드 1세가 프랑스의 센 강 유역에 샤토 가이야르를 건설함

1066년 헤이스팅스에서 영국 왕 해럴드 2세를 패배시킨 전투가 대표적이다. 중세의 대규모 전투는 역사의 향방을 바꾸기도 했다. 「바이외 태피스트리」를 보면 윌리엄의 군대가 사슬 갑옷과 고깔형 투구를 착용한 것으로 묘사되어 있다. 사실 노르만 족 군대의 상당수가 궁수들이었다. 그들은 단궁과 기계식 석궁으로 무장했다. 헤이스팅스에서 화살의 일제 사격과 기병들의 게릴라식 치고 빠지기 공격은 해럴드의 후스칼(huscarls, 가내 병사라는 뜻)이 쌓은 방패 벽을 압도했다. 용맹한 후스칼들은 도끼날이 2개 달린 도끼를 휘둘렀지만 노르만 족의 전술에 맞설 수 있는 기동력이 없었다.

성곽 건축

노르만 족의 지배가 영국 전역으로 확대, 안착되면서 성곽 건축이 진행되었다. 이런 요새화 과정이 신속하게 확산된 것은 왕족들보다는 토호 세력에 의해서였다. 요새화된 성곽이 서유럽의 정치적 풍경을 규정하는 지배적 특징으로 자리를 잡았다. 영국에서 요새화의 첫 단계는 토루와 안마당의 구축이었다. 토루를 쌓고, 그 위에 목재로 망루를 세웠다. 13세기경에는 더 정교한 석축이 등장했고, 동심원 방책과 망루(경계탑)가 추가되었다. 웨일스의 하를렉과 프랑스의 사토 가이아르 같은 성들은 비교적 적은 수의 인원만으로도 방어가 가능했고, 물자만 충분하다면 장기간의 집중 포위 공격도 너끈히 버텨 낼 수 있었다. 전쟁은 기습, 외교 술수, 그리고 많은 경우 방어자들을 쓰러뜨릴 굶주림과 질병을 이용하면서 거점 요새들을 줄여 나가는 데 집중되었다. 1138년 스코틀랜드의 왕 다빈드는 수비병들의 퇴로를 열어 주는 방식으로 와크 성을 함락시켰다. 그는 그들에게 말까지 주었는데, 그들이 이미 잡아먹어서 타고 떠날 말이 없었기 때문이다.

십자군

한층 세련된 축성법은 십자군 전쟁기를 거치면서 중동에서 수입되었다. 지중해 동부 지방의 무슬림 군대는 대부분 경무장 기병 궁수들이었다. 그들의 놀라운 기동력은 중무장한 십자군 기사들을 지치게 만들었다. 서유럽 군대의 갑옷은 이때쯤 더 무거워져 있었다. 사슬 갑옷은 무릎까지 내려왔고, 길쭉한 연 모양의 방패는 말 탄 기사를 최대한 보호했다. 창을 겨드랑이에 끼고 일제히 돌격하는 십자군 기사들은 1191년 아르수프에서 파괴적인 위력을 자랑했다. 그러나 이런 중무장 병력은, 살라딘이 1187년 하틴에서 더위와 갈증으로 기독교 군대를 지치게 했을 때처럼 보급과 피난처가 마땅치 않을 경우 급속하게 무력화될 수도 있었다.

비용이 많이 들고 유연성이 없는 기마병에 대한 지나친 의존을 해결할 수 있는 한 가지 방법은 보병의 역할을 증대시키는 것이었다. 실제로 기사들이 걸어 다니면서 싸우는 일이 많았다. 제1차 십자군 전쟁 때인 1097년 도릴라이움에서는 십자군 병사의 절반이 말에서 내려 보

몽골 전사들
초원 지대에서 칭기즈칸의 몽골 기병을 저지할 수 있는 세력은 거의 없었다. 타타르 족 같은 다른 기마 전사들도 그들 앞에서 쓰러졌다.

병 전투를 벌였다. 많은 국가들이 점점 더 순수 보병에 의존하게 되었다. 보병은 처음에 지원 부대 역할을 담당했지만 이후 점진적으로 군대의 주력으로 자리를 잡아 갔다. 도시들의 경제력이 커지고, 그들의 군대 유지 능력이 신장되던 13세기부터 이런 특징적 변화가 단행되었다. 브뤼헤 시는 1340년 주민 3만 5000명 가운데서 7000명을 뽑아 군사로 만들 수 있었다. 폴암(polearm) 같은 무기로 무장한 중세 말의 보병은 연대 책임과 밀집 대형에 의존했다. 이는 알렉산드로스가 지휘한 마케도니아 군의 방진 대형의 정신과 아주 유사했다고 할 수 있다. 기사 중심의 군대보다 장구와 훈련도 덜 필요했다. 결정적 순간은 1302년 쿠르트레 전투였다.

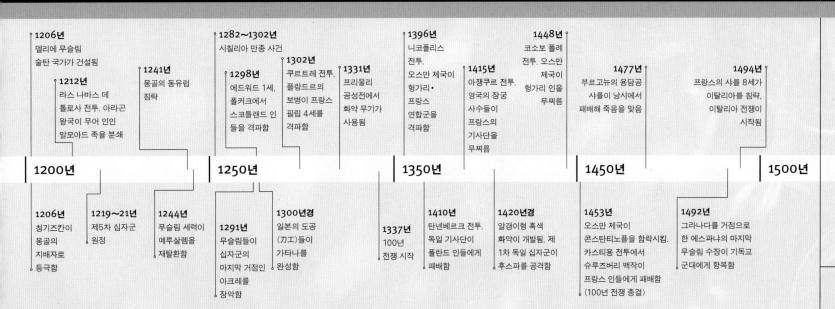

1206년
델리에 무슬림 술탄 국가가 건설됨

1212년
라스 나바스 데 톨로사 전투. 아라곤 왕국이 무어 인인 알모아드 족을 분쇄

1241년
몽골의 동유럽 침략

1282~1302년
시칠리아 만종 사건

1298년
에드워드 1세, 폴커크에서 스코틀랜드 인들을 격파함

1302년
쿠르트레 전투. 플랑드르의 보병이 프랑스 필립 4세를 격파함

1331년
프리울리 공성전에서 화약 무기가 사용됨

1396년
니코폴리스 전투. 오스만 제국이 헝가리・프랑스 연합군을 격파함

1415년
아쟁쿠르 전투. 영국의 장궁 사수들이 프랑스의 기사단을 무찌름

1448년
코소보 폴레 전투. 오스만 제국이 헝가리 인을 무찌름

1477년
부르고뉴의 용담공 샤를이 낭시에서 패배해 죽음을 맞음

1494년
프랑스의 샤를 8세가 이탈리아를 침략, 이탈리아 전쟁이 시작됨

1200년　　　　**1250년**　　　　**1350년**　　　　**1450년**　　　　**1500년**

1206년
칭기즈칸이 몽골의 지배자로 등극함

1219~21년
제5차 십자군 원정

1244년
무슬림 세력이 예루살렘을 재탈환함

1291년
무슬림들이 십자군의 마지막 거점인 아크레를 장악함

1300년경
일본의 도공(刀工)들이 가타나를 완성함

1337년
100년 전쟁 시작

1410년
탄넨베르크 전투. 독일 기사단이 폴란드 인들에게 패배함

1420년경
알갱이형 흑색 화약이 개발됨. 제1차 독일 십자군이 후스파를 공격함

1453년
오스만 제국이 콘스탄티노플을 함락시킴. 카스티용 전투에서 슈루즈버리 백작이 프랑스 인들에게 패배함(100년 전쟁 종결)

1492년
그라나다를 거점으로 한 에스파냐의 마지막 무슬림 수장이 기독교 군대에게 항복함

봉건제

'봉건제'는 중세 유럽의 토지 보유와 군역 의무의 복잡한 체계를 설명하기 위해 현대인이 고안한 용어이다. 전형적인 봉건제에서는 모든 가신에게 군주가 있었고, 그들은 군주에게 군역의 형태로 노역을 제공하고 대가로 봉토를 하사받았다. 왕국을 방어해 줄 군사 엘리트에게 토지를 하사할 수 있었던 곳에서 봉건제는 이상적으로 작동했다. 그러나 도시의 세력이 커지고, 군주들이 봉건적 주종 관계 밖에서 군역을 매수할 수 있게 되면서 문제점이 드러나기 시작했다.

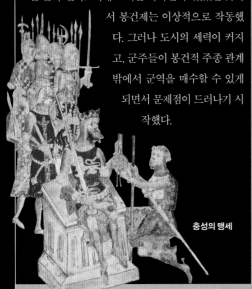

충성의 맹세

플랑드르의 시민군은 보병 장창과 창으로 무장하고 프랑스의 기사 부대를 무찔렀다. 프랑스 군대는 도랑과 수로의 진흙구렁에 갇혀 우왕좌왕했다.

석궁과 장궁

보병은 보병 장창 같은 정적인 방어 무기와 곤봉 같은 근접전용 몽둥이에만 의지하지 않았다. 발사 무기 기술의 효율성이 제고되면서 석궁과 특히 장궁이 전장에서 두각을 나타냈다. 유럽에서 석궁의 발전은 이미 상당한 수준에 이르러 있었다. 라테란 공의회가 1139년 석궁이 야기하는 참혹한 부상을 거론하며 기독교도들끼리 사용하지 말 것을 요구했다. 물론 실효성은 없었지만. 석궁으로 발사하는 화살의 관통력과 석궁 사용법을 익히는 데 별다른 노력과 지식이 필요 없었기 때문에 석궁이라는 무기가 널리 퍼질 수 있었다. 그러나 영국인들은 장궁을 선호했다. 장궁을 만들고 쏘려면 엄청난 노력과 체력이 요구되었다. 그러나 장궁의 발사 속도는 대략 석궁의 네 배였다. 장궁 사수가 처음으로 자신들의 위력을 과시한 것은 1297년 스코틀랜드 인과 맞서 싸운 폴커크 전투에서였다. 장궁 사수는 100년 전쟁 내내 핵심적 역할을 담당했다. 1356년 푸아티에와 1415년 아쟁쿠르에서 프랑스 군을 격퇴한 것이 유명한 예들이다. 그러나 두 전투 모두

에서 프랑스 군은 중기병 돌격전이라는 무모한 전술을 고집하다가 패배한 측면도 많았다. 지세에 따라 진격이 지연되었고 협로에 봉착했을 때 받는 화살 세례에 대단히 취약할 수밖에 없었던 것이다.

이런 취약성에 대응하는 한 가지 방식은 기사들이 착용하는 갑옷의 보호 능력을 더 한층 강화하는 것이었다. 14세기에는 개방형 투구가 밀폐형 투구인 일명 그레이트 헬름으로 대체되었고, 15세기에는 전신 판금 갑옷이 서서히 도입되었다. 전신 판금 갑옷은 점점 더 정교해졌고, 아름답게 세공 장식되었다. 금속에 홈을 내고, 판금 조각들을 착용자의 체격에 따라 맞췄기 때문에 보이는 것처럼 무겁지 않았음에도 불구하고 이런 갑옷 일습은 사치품이나 다름없었고, 귀족들만 갖출 수 있었다. 그런 갑옷들이 지휘관들을 보호해 주고, 돋보이게도 해 주었겠지만 동시에 그것은 기사들로 구성된 군대가 쇠퇴하고 있음을 알려 주는 징표이기도 했다.

몽골 족

13세기 중반 또 다른 경기병대가 나타나 기마 궁수의 위력을 과시했다. 몽골 족은 중앙아시아에서 부상해서 먼저 북중국을 장악했고(1234년), 이어서 페르시아와 지중해 동부 지방의 무슬림 국가들을 점령했으며, 1240년대

쿠르트레의 돌격전
쿠르트레 전투(1302년)의 한 장면. 플랑드르의 보병대가 대오를 유지한 채 프랑스 기병대의 돌격에 맞서고 있다. 패배한 프랑스 기사들이 전장에 남긴 박차를 대량으로 노획할 수 있었기 때문에 쿠르트레 전투는 일명 '황금 박차 전투'라고 불린다.

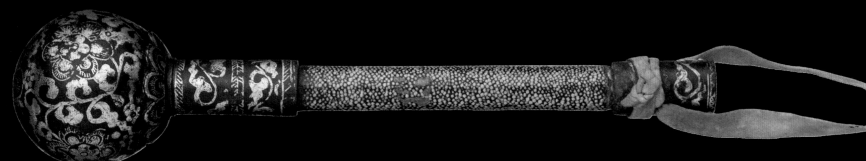

중국의 전곤
이 전곤은 몽골 인들이 중국을 통치할 때(1279~1368년)

에는 러시아와 동유럽을 휩쓸었다. 경기병 활잡이들은 불리한 여건 속에서도 장거리를 신속하게 이동할 수 있었고, 이런 집단에 의존한 몽골 족은 원하는 조건에서 자기 방식대로 적들을 요리할 수 있었다. 그들은 '충격과 공포 전술'을 즐겨 사용했는데, 다수의 도시가 시민들이 도륙당하는 위험을 감수하느니 차라리 항복하는 쪽을 선택했다. 1241년 4월 그들은 불과 며칠 만에 폴란드 인과 헝가리 인으로 구성된 유럽 군대를 간단히 격퇴해 버렸다. 그러나 다행히도 몽골 족 왕위 계승 문제 때문에 서유럽은 완전한 파괴를 모면할 수 있었다.

초기의 화기

몽골 족은 송나라와 전쟁을 하면서 처음으로 새로운 유형의 무기를 접했다. 화약 무기가 바로 그것이었다. 최초의 화약 제조법은 『무경총요(武經總要)』(1040년경)에 나온다. 중국인들은 1132년 여진족을 상대로 일종의 화염 방사기인 '화창'을 사용했다. 몽골 족도 1274년과 1281년 실패로 끝난 일본 원정에서 원시적인 형태나마 화약 무기를 사용했다. 그러나 본격적인 의미에서 최초로 화약을 사용한 나라는 명나라였다. 그들의 개발과 폭넓은 사용

으로 화약은 유럽에 '중국 소금'이라는 명칭으로 알려지게 된다. 실제로 명나라는 1400년대 초에 병사들에게 총통 사용법을 가르치는 군사 학교를 운영했고, 기마 총병인 용기병을 운용했다.

영국이 1346년 크레시에서 대포를 사용하기는 했지만 화기가 실제로 중요한 역할을 담당하기 시작한 것은 중세 말에 이르러서였다. 이 점은 공성전에서 현격하게 드러났다. 육중한 대포를 옮기는 것은 힘든 일이었지만, 대포는 그 이상의 효과를 냈다. 오스만 전사들은 1453년 콘스탄티노플을 공략할 때 대포의 이점을 최대한 이용했다. 결국 튼튼한 요새가 더 이상 믿을 만한 보호책이 될 수 없다는 사실이 명백해졌다. 그러나 쇠구슬(포탄)과 흑색 화약(1420년경)이 도입되고 나서야 비로소 야포는 가능성을 인정받게 된다. 대포가 소형화되면서도 더 큰 위력을 발휘할 수 있었던 것이다. 프랑스가 1453년 카스티용에서 거둔 승리는 야포를 사용해서 거둔 최초의 승리일 것이다. 장 뷔로의 대포가 영국군을 난타했고, 그들은 패주했다.

1400년대 초에 최초의 총이 나타났다. 부르고뉴의 대담공 장은 1421년경 4000정의 총을 보유한 부대를 거느

렸다고 한다. 그러나 화승총이 도입되고 나서야 비로소 총은 전장에서 제 역할을 찾아 가기 시작한다. 1450년경부터 사용된 화승총은 전투 중에 재장전하는 게 가능했던 것이다. 그렇다고는 해도 15세기 후반은 크게 보아서 이행기였다. 1494년 이탈리아를 침공한 프랑스 군의 절반이 여전히 중기병이었다. 반면 1477년 낭시에서 부르고뉴 인들을 격파한 스위스 용병들은 창병과 총병의 혼성 부대였다. 부르고뉴의 군대는 스위스의 방진을 뚫을 수 없었고, 총병들의 일제 사격에 그대로 노출되었다.

16세기 초쯤에는 토지를 하사받고 군역을 제공한다는 관념이 서유럽에서 자취를 감춘다. 그밖의 지역에서 명나라와 오스만 투르크가 강성 대국으로 거듭났고, 대규모 부대로 이뤄진 군사력에 바탕을 둔 중앙 집권 체제가 상당 기간 유지되었다. 세계는 바야흐로 군사 혁명의 단계에 접어든다.

르네상스 시대의 전투
피렌체와 시에나에서 온 중무장 기사들의 밀집 대오가 1432년 산 로마노에서 창을 휘두르며 전투를 벌이고 있다. 이런 전투 방식은 이내 쓸모가 없어져서 중단된다.

유럽의 칼

중세 유럽에서는 칼이 가장 중요한 무기였다. 칼은 위엄 있는 전쟁 무기였을 뿐만 아니라 지위와 특권의 상징이기도 했다. 많은 경우 자손 대대로 물려주었다. 칼로 어깨를 쳐 주면 기사가 되었다. 중세 초기의 칼은 육중한 절단 무기로, 사슬 갑옷을 파괴하는 데 사용되었다. 성능이 우수한 판금 갑옷이 개발되면서 끝이 날카로운 찌르기용 칼도 도입되었다. 이 칼들의 칼날은 점점 더 길어졌다.

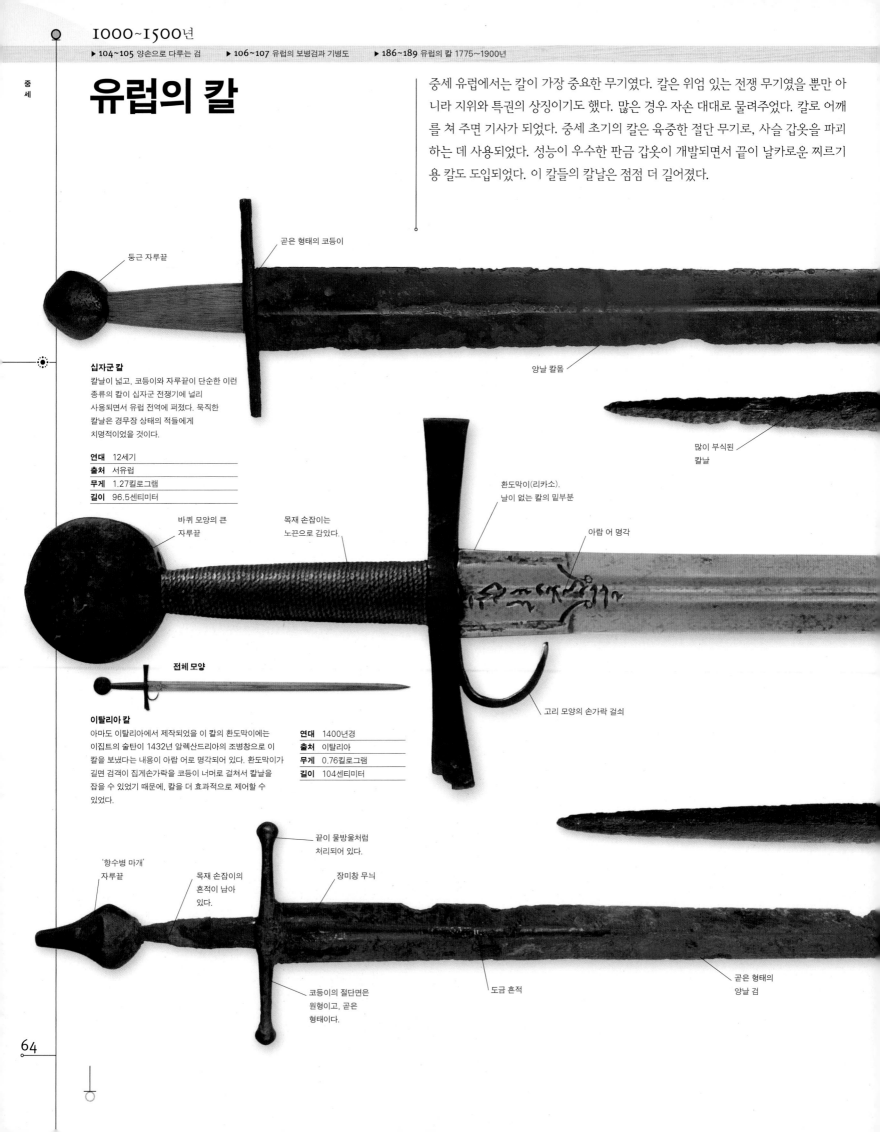

둥근 자루끝

곧은 형태의 코등이

양날 칼몸

십자군 칼

칼날이 넓고, 코등이와 자루끝이 단순한 이런 종류의 칼이 십자군 전쟁기에 널리 사용되면서 유럽 전역에 퍼졌다. 묵직한 칼날은 경무장 상태의 적들에게 치명적이었을 것이다.

연대	12세기
출처	서유럽
무게	1.27킬로그램
길이	96.5센티미터

많이 부식된 칼날

바퀴 모양의 큰 자루끝

목재 손잡이는 노끈으로 감았다.

환도막이(리카소). 날이 없는 칼의 밑부분

아랍 어 명각

전체 모양

고리 모양의 손가락 걸쇠

이탈리아 칼

아마도 이탈리아에서 제작되었을 이 칼의 환도막이에는 이집트의 술탄이 1432년 알렉산드리아의 조병창으로 이 칼을 보냈다는 내용이 아랍 어로 명각되어 있다. 환도막이가 길면 검객이 집게손가락을 코등이 너머로 걸쳐서 칼날을 잡을 수 있었기 때문에, 칼을 더 효과적으로 제어할 수 있었다.

연대	1400년경
출처	이탈리아
무게	0.76킬로그램
길이	104센티미터

'향수병 마개' 자루끝

목재 손잡이의 흔적이 남아 있다.

끝이 물방울처럼 처리되어 있다.

장미창 무늬

곧은 형태의 양날 검

도금 흔적

코등이의 절단면은 원형이고, 곧은 형태이다.

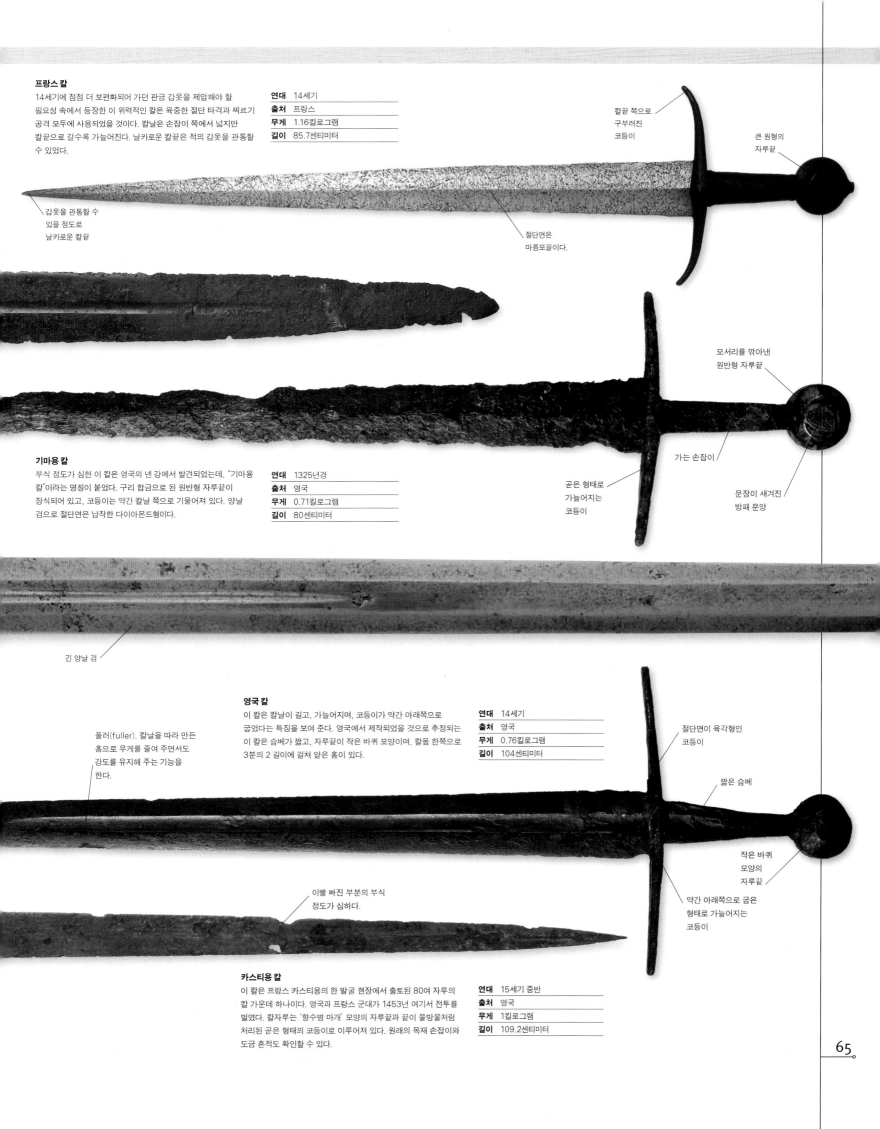

프랑스 칼

14세기에 점점 더 보편화되어 가던 판금 갑옷을 제압해야 할
필요성 속에서 등장한 이 위력적인 칼은 육중한 절단 타격과 찌르기
공격 모두에 사용되었을 것이다. 칼날은 손잡이 쪽에서 넓지만
칼끝으로 갈수록 가늘어진다. 날카로운 칼끝은 적의 갑옷을 관통할
수 있었다.

연대	14세기
출처	프랑스
무게	1.16킬로그램
길이	85.7센티미터

칼끝 쪽으로
구부러진
코등이

큰 원형의
자루끝

갑옷을 관통할 수
있을 정도로
날카로운 칼끝

절단면은
마름모꼴이다.

모서리를 깎아낸
원반형 자루끝

기마용 칼

부식 정도가 심한 이 칼은 영국의 넨 강에서 발견되었는데, "기마용
칼"이라는 명칭이 붙었다. 구리 합금으로 된 원반형 자루끝이
장식되어 있고, 코등이는 약간 칼날 쪽으로 기울어져 있다. 양날
검으로 절단면은 납작한 다이아몬드형이다.

연대	1325년경
출처	영국
무게	0.71킬로그램
길이	80센티미터

가는 손잡이

곧은 형태로
가늘어지는
코등이

문장이 새겨진
방패 문양

긴 양날 검

영국 칼

이 칼은 칼날이 길고, 가늘어지며, 코등이가 약간 아래쪽으로
굽었다는 특징을 보여 준다. 영국에서 제작되었을 것으로 추정되는
이 칼은 슴베가 짧고, 자루끝이 작은 바퀴 모양이며, 칼몸 한쪽으로
3분의 2 길이에 걸쳐 얕은 홈이 있다.

연대	14세기
출처	영국
무게	0.76킬로그램
길이	104센티미터

풀러(fuller). 칼날을 따라 만든
홈으로 무게를 줄여 주면서도
강도를 유지해 주는 기능을
한다.

절단면이 육각형인
코등이

짧은 슴베

작은 바퀴
모양의
자루끝

이빨 빠진 부분의 부식
정도가 심하다.

약간 아래쪽으로 굽은
형태로 가늘어지는
코등이

카스티용 칼

이 칼은 프랑스 카스티용의 한 발굴 현장에서 출토된 80여 자루의
칼 가운데 하나이다. 영국과 프랑스 군대가 1453년 여기서 전투를
벌였다. 칼자루는 '향수병 마개' 모양의 자루끝과 끝이 물방울처럼
처리된 곧은 형태의 코등이로 이루어져 있다. 원래의 목재 손잡이와
도금 흔적도 확인할 수 있다.

연대	15세기 중반
출처	영국
무게	1킬로그램
길이	109.2센티미터

유럽의 칼

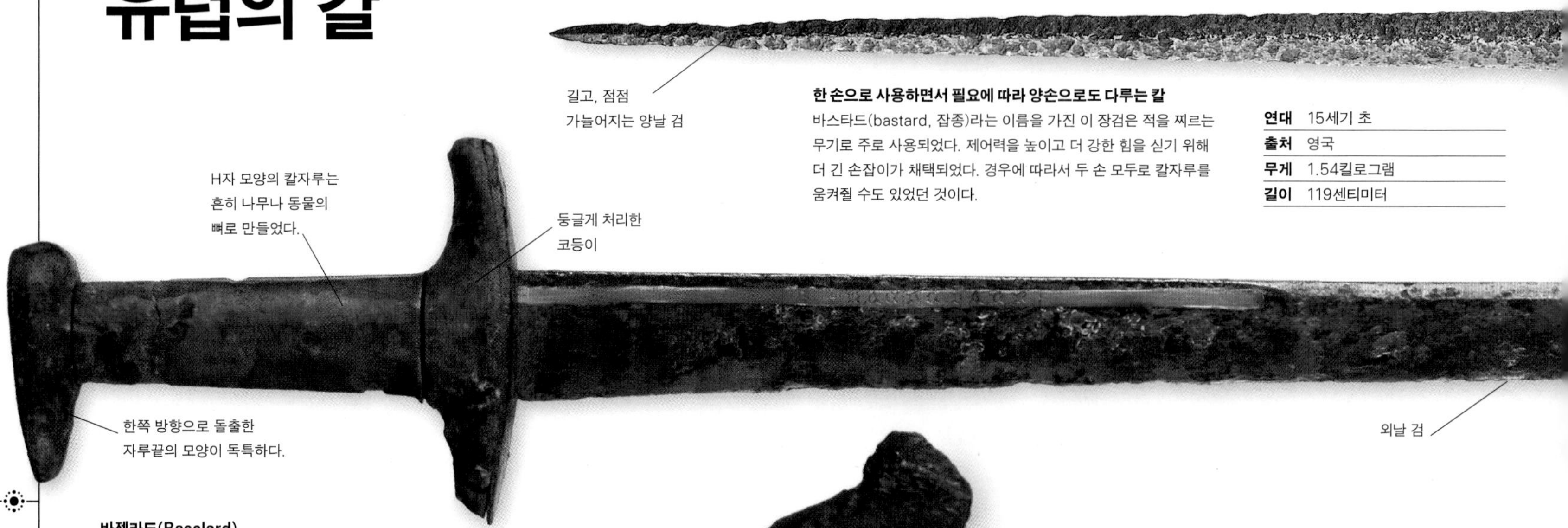

길고, 점점
가늘어지는 양날 검

한 손으로 사용하면서 필요에 따라 양손으로도 다루는 칼
바스타드(bastard, 잡종)라는 이름을 가진 이 장검은 적을 찌르는
무기로 주로 사용되었다. 제어력을 높이고 더 강한 힘을 싣기 위해
더 긴 손잡이가 채택되었다. 경우에 따라서 두 손 모두로 칼자루를
움켜쥘 수도 있었던 것이다.

연대	15세기 초
출처	영국
무게	1.54킬로그램
길이	119센티미터

H자 모양의 칼자루는
흔히 나무나 동물의
뼈로 만들었다.

둥글게 처리한
코등이

한쪽 방향으로 돌출한
자루끝의 모양이 독특하다.

외날 검

바젤라드(Baselard)
이 단순한 형태의 외날 단검은 경무장 상태의
적에게 효과적이었을 것이다. 보통 병사들의
무기인 이런 종류의 칼은 14세기와 15세기
북서유럽에서 널리 사용되었다.

연대	1480~1520년
출처	영국
무게	0.57킬로그램
길이	69센티미터

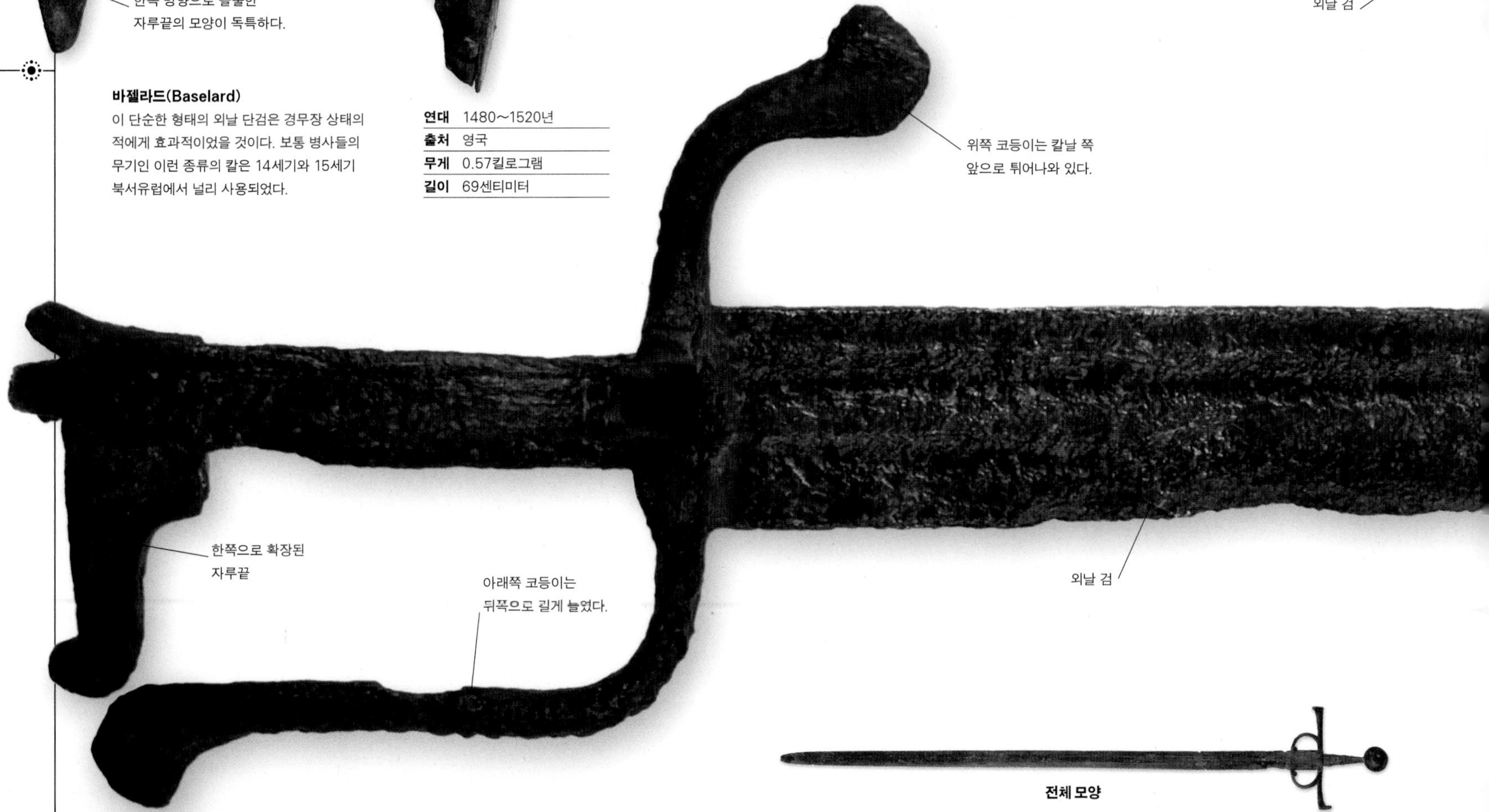

위쪽 코등이는 칼날 쪽
앞으로 튀어나와 있다.

한쪽으로 확장된
자루끝

아래쪽 코등이는
뒤쪽으로 길게 늘였다.

외날 검

전체 모양

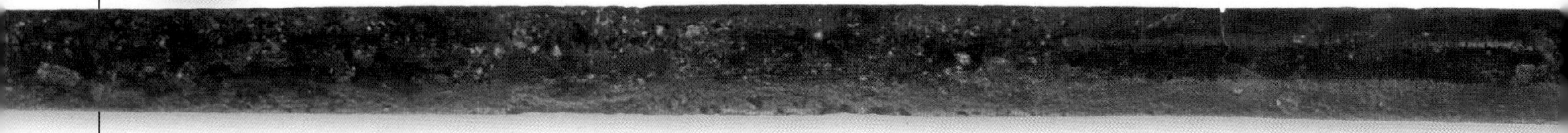

청동을 도금한 칼
이 화려한 칼은 칼자루와 자루끝을 청동으로 도금했다. 손잡이는
검은 뼈로 만들었고, 물고기 꼬리 모양의 자루끝 조각으로
이어진다. 양날 검은 상태가 아주 양호하고, 점점 가늘어져 매우
날카로운 칼끝을 형성한다.

연대	15세기
출처	이탈리아
무게	1.34킬로그램
길이	88.3센티미터

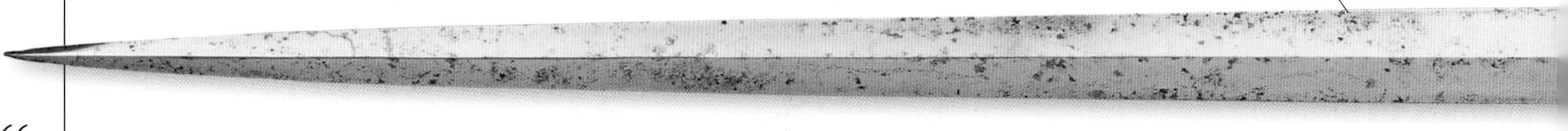

양날 검

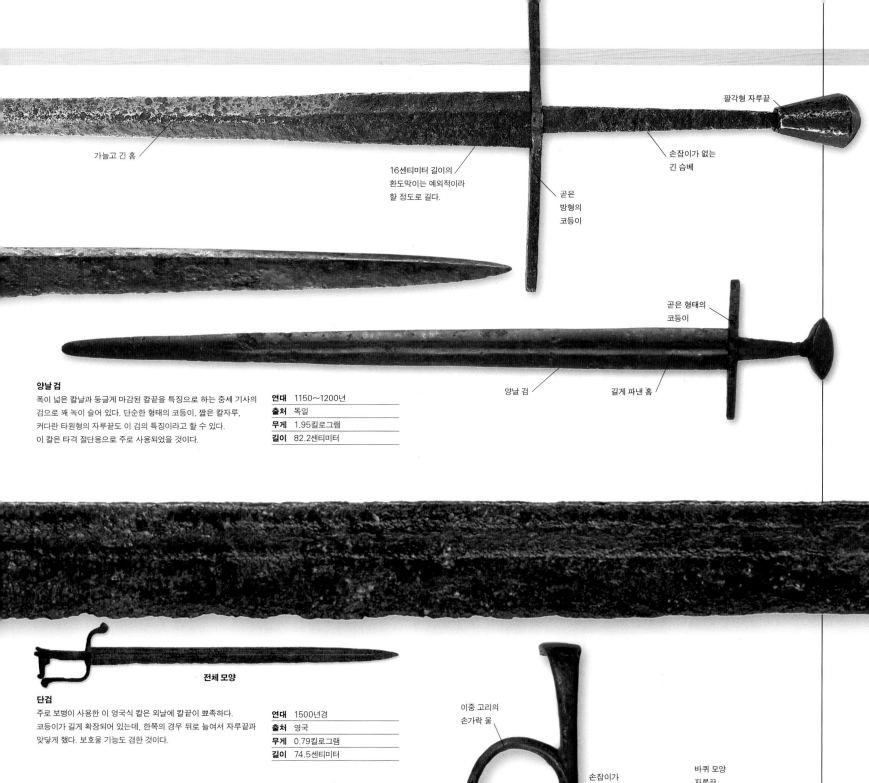

팔각형 자루끝

손잡이가 없는
긴 슴베

가늘고 긴 홈

16센티미터 길이의
환도막이는 예외적이라
할 정도로 길다.

곧은
방형의
코등이

곧은 형태의
코등이

양날 검

길게 파낸 홈

양날 검
폭이 넓은 칼날과 둥글게 마감된 칼끝을 특징으로 하는 중세 기사의
검으로 꽤 녹이 슬어 있다. 단순한 형태의 코등이, 짧은 칼자루,
커다란 타원형의 자루끝도 이 검의 특징이라고 할 수 있다.
이 칼은 타격 절단용으로 주로 사용되었을 것이다.

연대	1150~1200년
출처	독일
무게	1.95킬로그램
길이	82.2센티미터

전체 모양

단검
주로 보병이 사용한 이 영국식 칼은 외날에 칼끝이 뾰족하다.
코등이가 길게 확장되어 있는데, 한쪽의 경우 뒤로 늘여서 자루끝과
맞닿게 했다. 보호울 기능도 겸한 것이다.

연대	1500년경
출처	영국
무게	0.79킬로그램
길이	74.5센티미터

이중 고리의
손가락 울

바퀴 모양
자루끝

손잡이가
없는 슴베

단면이 육각형인
양날 칼몸

청동으로
도금한
코등이

검은 뼈를
조각한 손잡이

물고기 꼬리지느러미
모양의 자루끝

이행기의 검
이 칼은 고전적 형태의 중세 검에서 16세기의
가늘고 긴 결투용 양날검인 레이피어로 변화해
가던 이행기의 검이다. 슴베가 짧은 것으로 보아
검객의 손가락이 환도막이를 쥐었을 것임을 알 수
있다. 2개의 손가락 울이 달려 있다.

연대	1500년경
출처	이탈리아
무게	0.94킬로그램
길이	103센티미터

67

일본과 중국의 칼

일본의 사무라이들이 사용한 칼은 그동안 제작된 것들 가운데서 가장 훌륭한 절단 무기였다. 일본의 도공(刀工)들은 뛰어난 장인들로, 제련, 용해, 접기, 단조 공정을 활용해 엄청나게 단단하면서도 부러지지 않는 굽은 칼날을 만들어 냈다. 강철 소재의 날카로운 칼날을 물에 넣어 식히면 최고의 강도를 얻을 수 있었다. 칼등은 상대방의 타격을 막는 데 사용되었다. 사무라이는 방패를 휴대하지 않았다. 일본도는 중국의 칼이 가지지 못한 신비로운 아우라를 가지고 있다.

메누키(目貫, 손잡이 부위의 장식품)

검정 옻을 칠한 등나무 줄기

가오리 가죽으로 칼자루를 쌌다.

아이쿠치(匕首)

아이쿠치는 일본의 여러 단검 가운데 하나이다. 코등이(쓰바)가 전혀 없다는 것이 아이쿠치의 특징이다. 준퇴역 상태의 나이 든 사무라이가 주로 휴대했다. 사진에서 보는 아이쿠치와 칼집은 중세의 무기를 19세기에 복제한 것이다.

연대	19세기
출처	일본
무게	0.28킬로그램
길이	55센티미터

허리에 묶기 위해 칼집에 결속해 놓은 끈

갈색 비단으로 손잡이를 칭칭 동여맸다.

하바키(칼몸과 칼집을 고정시켜 주는 역할을 하는 부품)

가타나(刀)

사무라이의 장검 가타나에는 최고의 칼날이 탑재되었고, 이 칼은 단 한 번의 타격으로 완벽한 절단 능력을 과시했다. 이 가타나에는 도공 구니토시의 서명이 들어가 있다.

연대	1501년
출처	일본
무게	0.66킬로그램
길이	93.6센티미터

무네(棟, 날카롭지 않은 칼등)

쓰바(鍔, 코등이)

네덜란드에서 수입된 도금 가죽으로 만든 사게오(끈)

가시라(頭, 칼머리)

목재 칼자루를 가오리 가죽이나 상어 가죽으로 감싼 다음 노끈을 칭칭 동여맸다.

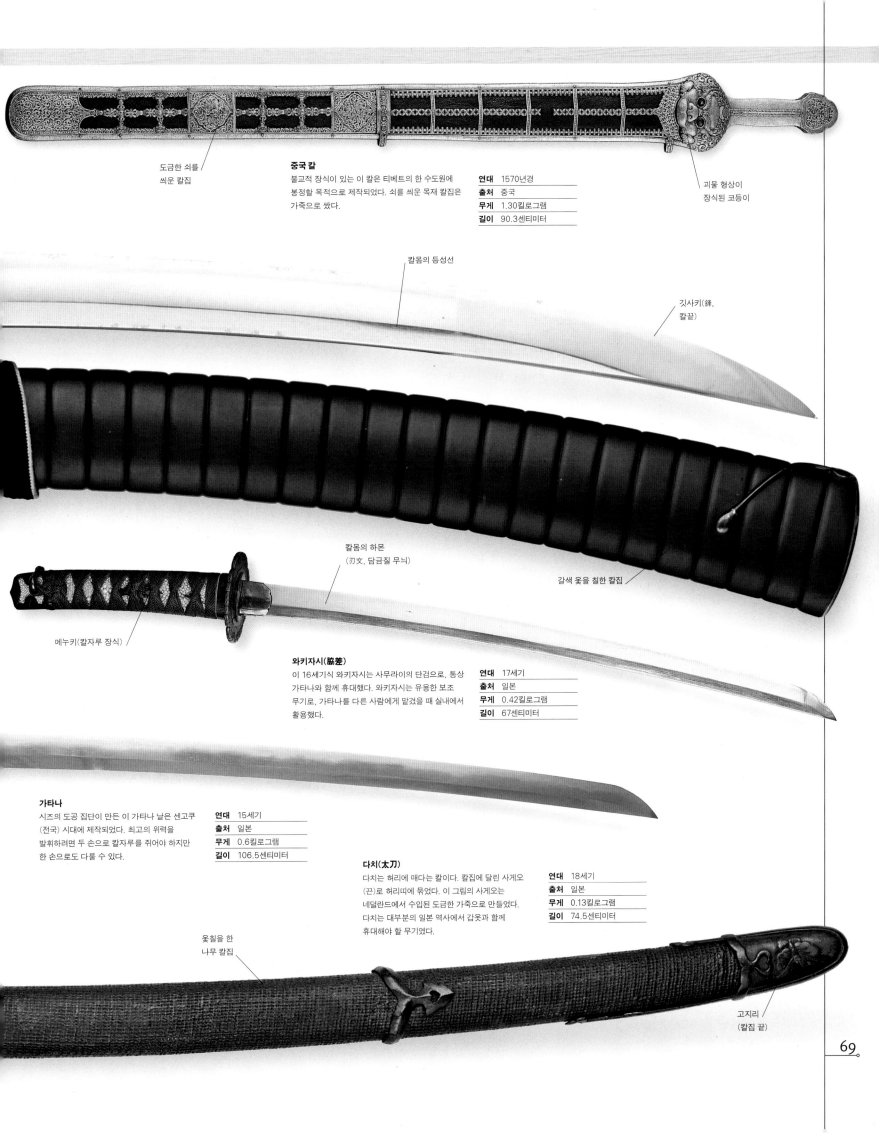

도금한 쇠를
씌운 칼집

중국 칼
불교적 장식이 있는 이 칼은 티베트의 한 수도원에
봉정할 목적으로 제작되었다. 쇠를 씌운 목재 칼집은
가죽으로 쌌다.

연대	1570년경
출처	중국
무게	1.30킬로그램
길이	90.3센티미터

괴물 형상이
장식된 코등이

칼몸의 등성선

깃사키(鋒,
칼끝)

칼몸의 하몬
(刃文, 담금질 무늬)

갈색 옻을 칠한 칼집

메누키(칼자루 장식)

와키자시(脇差)
이 16세기식 와키자시는 사무라이의 단검으로, 통상
가타나와 함께 휴대했다. 와키자시는 유용한 보조
무기로, 가타나를 다른 사람에게 맡겼을 때 실내에서
활용했다.

연대	17세기
출처	일본
무게	0.42킬로그램
길이	67센티미터

가타나
시즈의 도공 집단이 만든 이 가타나 날은 센고쿠
(전국) 시대에 제작되었다. 최고의 위력을
발휘하려면 두 손으로 칼자루를 쥐어야 하지만
한 손으로도 다룰 수 있다.

연대	15세기
출처	일본
무게	0.6킬로그램
길이	106.5센티미터

다치(太刀)
다치는 허리에 매다는 칼이다. 칼집에 달린 사게오
(끈)로 허리띠에 묶었다. 이 그림의 사게오는
네덜란드에서 수입된 도금한 가죽으로 만들었다.
다치는 대부분의 일본 역사에서 갑옷과 함께
휴대해야 할 무기였다.

연대	18세기
출처	일본
무게	0.13킬로그램
길이	74.5센티미터

옻칠을 한
나무 칼집

고지리
(칼집 끝)

유럽의 단검

중세에는 다양한 종류와 형태의 단검들이 주로 적을 찌르는 용도로 사용되었다. 자기 방어와 암살, 근접 전투에서 장검은 너무 거추장스러웠다. 전통적으로 단검은 비천한 자들의 무기로 간주되었다. 그러나 14세기에 군인들과 기사들이 단검을 휴대하기 시작했다. 이 무기는 통상 오른쪽 둔부에 착용했다.

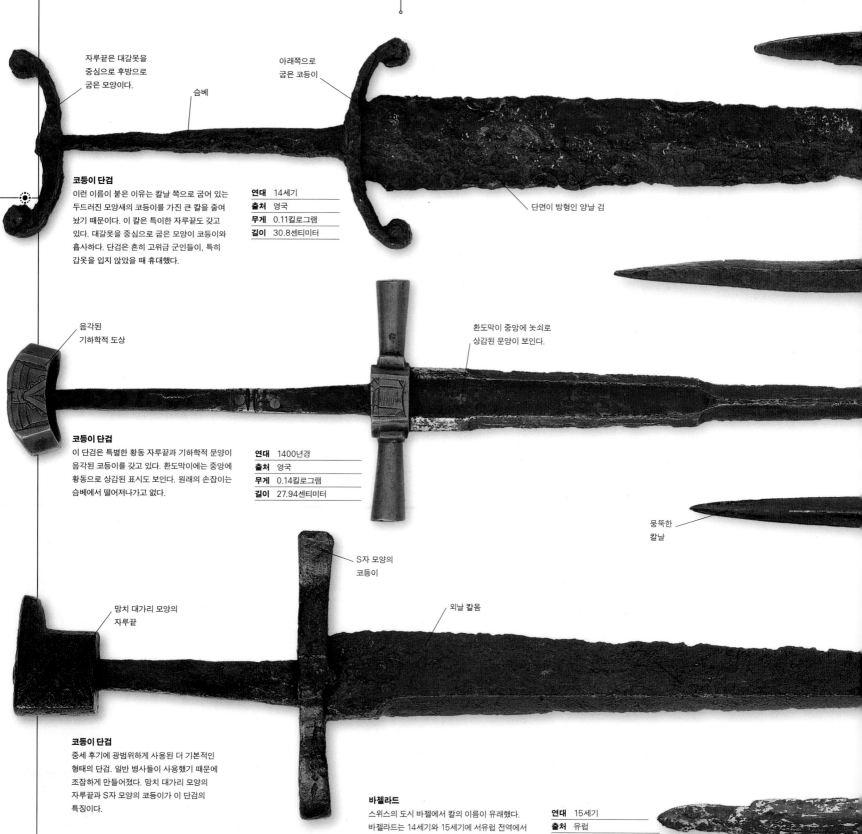

자루끝은 대갈못을 중심으로 후방으로 굽은 모양이다.

슴베

아래쪽으로 굽은 코등이

코등이 단검

이런 이름이 붙은 이유는 칼날 쪽으로 굽어 있는 두드러진 모양새의 코등이를 가진 큰 칼을 줄여 놨기 때문이다. 이 칼은 특이한 자루끝도 갖고 있다. 대갈못을 중심으로 굽은 모양이 코등이와 흡사하다. 단검은 흔히 고위급 군인들이, 특히 갑옷을 입지 않았을 때 휴대했다.

연대	14세기
출처	영국
무게	0.11킬로그램
길이	30.8센티미터

단면이 방형인 양날 검

음각된 기하학적 도상

환도막이 중앙에 놋쇠로 상감된 문양이 보인다.

코등이 단검

이 단검은 특별한 황동 자루끝과 기하학적 문양이 음각된 코등이를 갖고 있다. 환도막이에는 중앙에 황동으로 상감된 표시도 보인다. 원래의 손잡이는 슴베에서 떨어져나가고 없다.

연대	1400년경
출처	영국
무게	0.14킬로그램
길이	27.94센티미터

뭉뚝한 칼날

S자 모양의 코등이

망치 대가리 모양의 자루끝

외날 칼몸

코등이 단검

중세 후기에 광범위하게 사용된 더 기본적인 형태의 단검. 일반 병사들이 사용했기 때문에 조잡하게 만들어졌다. 망치 대가리 모양의 자루끝과 S자 모양의 코등이가 이 단검의 특징이다.

연대	15세기
출처	영국
무게	0.29킬로그램
길이	40센티미터

바젤라드

스위스의 도시 바젤에서 칼의 이름이 유래했다. 바젤라드는 14세기와 15세기에 서유럽 전역에서 널리 사용되었다. 뼈를 소재로 새로 만든 H자 모양 칼자루가 원래의 광폭 칼날과 결합되어 있다.

연대	15세기
출처	유럽
무게	0.14킬로그램
길이	30.5센티미터

코등이 단검

이 영국 단검은 황동 코등이, 왕관 모양의 황동 자루끝, 핀을 박은
특이한 모양의 칼자루가 인상적이다. 이 묵직한 외날 검은 절단면이
삼각형으로, 찌르기와 베기 모두에 사용할 수 있었을 것이다.

연대	16세기
출처	영국
무게	0.26킬로그램
길이	34.5센티미터

상하 대칭의 황동
코등이

결이 고운 나무와 가리비
조각으로 만든 손잡이

왕관 모양의
황동 자루끝

삼각형 절단면을 가진 외날 칼몸

황동 핀

나무 손잡이와
연결된 둥근 코등이

원뿔형 금속제
뚜껑에 맞춘
둥글납작한 자루끝

마름모꼴 칼몸

론델 단검

론델 단검은 원반형 코등이와 둥글넓적한 자루끝이
특징적이다. 귀족과 신사 계급이 폭넓게 사용했다. 이
그림에서는 슴베가 손잡이를 관통해 자루끝과 결합되어
있다.

연대	15세기
출처	영국
무게	0.23킬로그램
길이	35센티미터

칼자루는 많은 경우 나무,
뿔, 상아로 만들었다

불알 단검

점잖게 '콩팥 단검'이라고도 부르는 이 무기는 코등이의 특징적 모양
때문에 그런 이름이 붙었다. 둥근 돌출부가 2개 보인다. 불알 단검은
유럽 전역에서 사용되었고, 모든 계급의 군인들이 필수 장비로
갖추었다. 그중에서도 이 무기가 가장 인기 있었던 지역은 영국과
저지대 국가들이었다.

연대	1500년경
출처	영국
무게	0.17킬로그램
길이	34.9센티미터

자루끝 쪽으로 두꺼워지는
원형 손잡이

둥근 코등이가
특징적이다.

뼈조각 2개로
만든 코등이

고색창연하게
녹이 슨 양날 검

황동판

하틴 전투
살라딘과 그의 군대는 1187년
팔레스타인 북부 티베리아스 호수 근처 하틴
(Hatin)에서 기독교도 십자군을 격퇴했다. 그들은
석궁, 화살, 칼, 막대형 무기는 물론 사막의 열기까지 무기로
이용했다. 이 전투 결과 십자군이 세운 예루살렘 왕국이 몰락했다.

유럽의 막대형 무기

중세에 두 손으로 쥐어야 했던 길쭉한 막대형 무기는 주로 보병이 갑옷을 착용한 무적의 기사를 상대로 자신을 방어할 때 사용했다. 1302년 쿠르트레 전투에서 플랑드르의 농민과 도시민으로 구성된 하층 계급 군대는 미늘창의 전신이라 할 도끼 비슷한 기다란 무기를 사용해 프랑스의 무장 기병 세력을 패배시켰다. 기병대도 막대형 무기를 가지고 있었다. 물론 이것들을 전투 망치나 전곤처럼 한 손으로 휘두르기는 어려웠다. 농민과 도시민은 이 막대형 무기들을 말 탄 기사를 상대로 휘둘렀고, 갑옷으로 완전 무장한 병사들에게도 심각한 부상을 입힐 수 있었다.

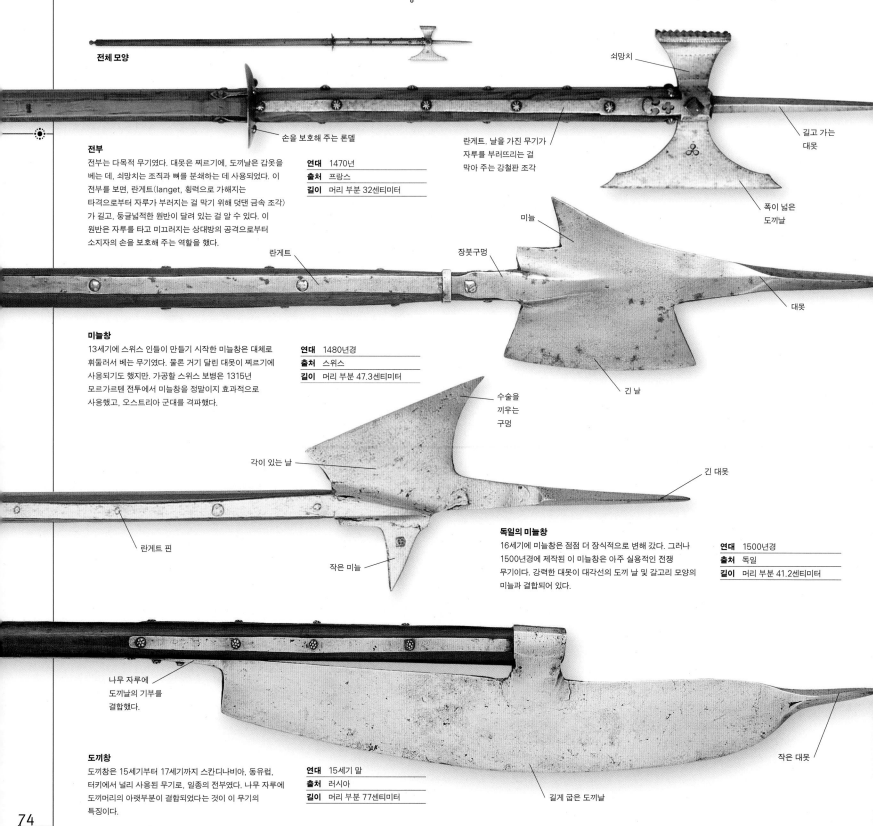

전체 모양

쇠망치

손을 보호해 주는 론델

길고 가는 대못

전부

전부는 다목적 무기였다. 대못은 찌르기에, 도끼날은 갑옷을 베는 데, 쇠망치는 조직과 뼈를 분쇄하는 데 사용되었다. 이 전부를 보면, 란게트(langet, 횡력으로 가해지는 타격으로부터 자루가 부러지는 걸 막기 위해 덧댄 금속 조각)가 길고, 둥글넓적한 원반이 달려 있는 걸 알 수 있다. 이 원반은 자루를 타고 미끄러지는 상대방의 공격으로부터 소지자의 손을 보호해 주는 역할을 했다.

란게트. 날을 가진 무기가 자루를 부러뜨리는 걸 막아 주는 강철판 조각

연대	1470년
출처	프랑스
길이	머리 부분 32센티미터

폭이 넓은 도끼날

미늘

장붓구멍

란게트

대못

미늘창

13세기에 스위스 인들이 만들기 시작한 미늘창은 대체로 휘둘러서 베는 무기였다. 물론 거기 달린 대못이 찌르기에 사용되기도 했지만. 가공할 스위스 보병은 1315년 모르가르텐 전투에서 미늘창을 정말이지 효과적으로 사용했고, 오스트리아 군대를 격파했다.

연대	1480년경
출처	스위스
길이	머리 부분 47.3센티미터

수술을 끼우는 구멍

긴 날

각이 있는 날

긴 대못

독일의 미늘창

16세기에 미늘창은 점점 더 장식적으로 변해 갔다. 그러나 1500년경에 제작된 이 미늘창은 아주 실용적인 전쟁 무기이다. 강력한 대못이 대각선의 도끼 날 및 갈고리 모양의 미늘과 결합되어 있다.

란게트 핀

작은 미늘

연대	1500년경
출처	독일
길이	머리 부분 41.2센티미터

나무 자루에 도끼날의 기부를 결합했다.

작은 대못

도끼창

도끼창은 15세기부터 17세기까지 스칸디나비아, 동유럽, 터키에서 널리 사용된 무기로, 일종의 전부였다. 나무 자루에 도끼머리의 아랫부분이 결합되었다는 것이 이 무기의 특징이다.

연대	15세기 말
출처	러시아
길이	머리 부분 77센티미터

길게 굽은 도끼날

전투 망치

한 손으로 사용하는 전투 망치는 으레
앞쪽으로는 뭉툭한 망치 머리나 노루발,
뒤쪽으로는 날카로운 곡괭이로 구성되었다.
전투 망치는 13세기부터 사용되었지만 100년
전쟁 기간(1337~1453년)에 큰 인기를
누렸다.

연대 15세기 말
출처 이탈리아
길이 69.5센티미터

엽형 대못

기하학적
문양이
장식된 날

자루를 끼울
수 있는 구멍

갑옷을
찢어버리는
곡괭이

장식 도금

장식된 도끼머리

바이킹 족이 선호한 무기인 도끼를 중세의 전사들도 계속해서
사용했다. 도끼는 투척 무기로도 많이 쓰였는데, 치명적인
정확도를 과시했다. 「바이외 태피스트리」에는 도끼를 사용하는
보병들이 나온다. 그들은 한 손, 또는 두 손으로 도끼를 쥐고
있다.

연대 중세
출처 독일

청동 전곤

전곤은 순전히 금속으로만 만들었거나, 적어도
금속제 머리가 달린 곤봉 같은 무기였다.
그림에서 볼 수 있는 이 단순한 형태의
전곤은 수직으로 융기된 청동제 구형 머리와
두꺼운 목재 손잡이로 이루어져 있다. 전투
망치와 전곤은 기병들이 주로 사용했다.

연대 14세기
출처 유럽
길이 머리 부분 8센티미터

적을
공격하는
망치 머리

나무 자루와
란게트

구부러진
짧은 대못

전곤의 머리

구리 합금으로 주조된 이 전곤의
머리를 사람들은 처음에 청동기 시대의
유물로 오해했다. 그러나 이제는
대체로 12~13세기에 제작된 것으로
본다. 자루를 끼울 수 있는 구멍이
설치된 이 전곤의 머리에는 짧은
대못이 여러 개 달려 있다.

연대 12~13세기
출처 유럽
길이 머리 부분 8센티미터

세로로 융기가
있는 청동제 머리

점점
뾰족해지는
창끝

창촉

이 창은 중세의 기사를 규정하는 결정적 무기의 일부다. 말의
운동량을 최대한 끌어내 파괴력을 창끝에 모을 수 있는 모양을
하고 있다. 전형적인 창은 길이가 430센티미터였는데,
창자루는 물푸레나무로 만들었다.

연대 중세
출처 유럽
길이 19.4센티미터

자루가 긴 도끼

11세기에는 영국의 색슨 족과
스칸디나비아 전사들 정도만
도끼를 사용했다. 그러나 다음 두
세기 동안 도끼가 유럽 전역에서
보편화되었다. 이 긴 손잡이의
도끼는 양손으로 쥐고 사용했을
것이다.

연대 13세기
출처 유럽

자루와 도끼머리를
결합해 주는 원형의
구멍

원형으로
굽은 날

돌출 대못

나무 자루

짧은 도끼

한 손으로 사용하는 이 도끼는 심하게
부식되기는 했지만 크게 굽은 날을 여전히
또렷하게 확인할 수 있다. 여기서는
도끼머리의 구멍에 자루를 끼워넣는 방식
대신 슴베 비슷한 돌출물을 손잡이에
박았다. 머리 뒤쪽으로 달린 긴 대못은 또
다른 특징이다.

연대 14세기
출처 유럽

자루와 도끼머리를 결합해
주는 슴베

도금된 소용돌이
장식의 끝동

중세

아시아의 막대형 무기

중세의 아시아 군대도 다양한 종류의 막대형 무기를 사용했다. 전곤과 긴 손잡이의 전부, 날이나 뾰족한 끝이 달린 무기들이 그런 것들이었다. 일반적으로 이야기해서 막대형 무기는 농사 도구나 단순한 곤봉에서 발달했다고 할 수 있다. 아무튼 이것들은 근접 전투에서 아주 유용했다. 화약 혁명으로 차차 쓸모가 없어졌지만 이런 무기의 다수가 여전히 사용되었다. 일부 아시아 군대는 18세기, 심지어 19세기까지도 별다른 개량 없이 이런 무기들을 정식으로 사용했다.

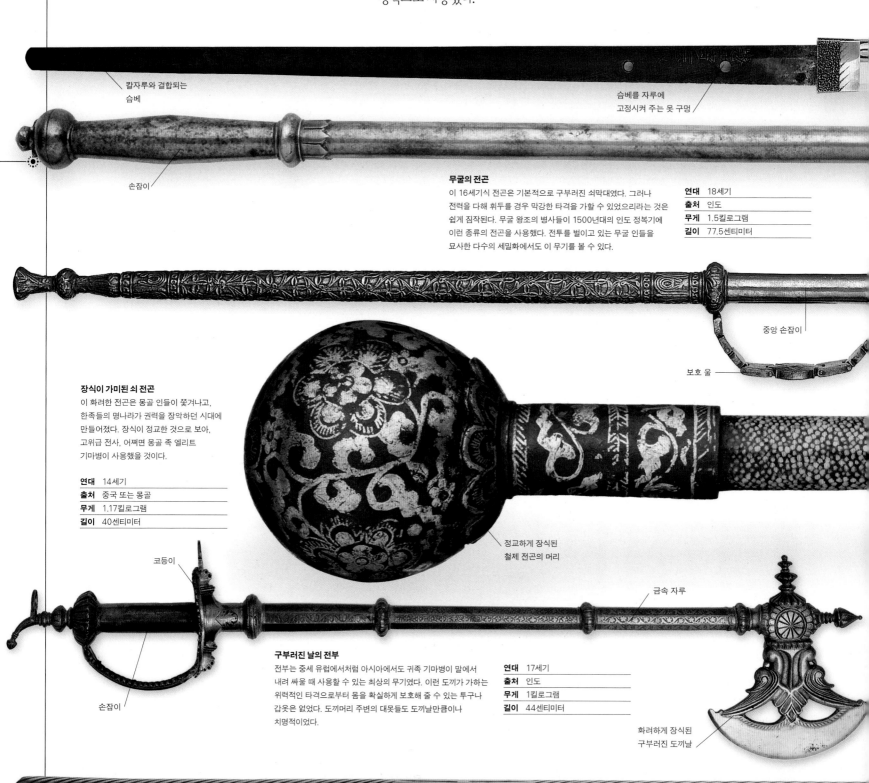

칼자루와 결합되는 슴베

슴베를 자루에 고정시켜 주는 못 구멍

손잡이

무굴의 전곤

이 16세기식 전곤은 기본적으로 구부러진 쇠막대였다. 그러나 전력을 다해 휘두를 경우 막강한 타격을 가할 수 있었으리라는 것은 쉽게 짐작된다. 무굴 왕조의 병사들이 1500년대의 인도 정복기에 이런 종류의 전곤을 사용했다. 전투를 벌이고 있는 무굴 인들을 묘사한 다수의 세밀화에서도 이 무기를 볼 수 있다.

연대	18세기
출처	인도
무게	1.5킬로그램
길이	77.5센티미터

중앙 손잡이

보호 울

장식이 가미된 쇠 전곤

이 화려한 전곤은 몽골 인들이 쫓겨나고, 한족들의 명나라가 권력을 장악하던 시대에 만들어졌다. 장식이 정교한 것으로 보아, 고위급 전사, 어쩌면 몽골 족 엘리트 기마병이 사용했을 것이다.

연대	14세기
출처	중국 또는 몽골
무게	1.17킬로그램
길이	40센티미터

정교하게 장식된 철제 전곤의 머리

코등이

금속 자루

구부러진 날의 전부

전부는 중세 유럽에서처럼 아시아에서도 귀족 기마병이 말에서 내려 싸울 때 사용할 수 있는 최상의 무기였다. 이런 도끼가 가하는 위력적인 타격으로부터 몸을 확실하게 보호해 줄 수 있는 투구나 갑옷은 없었다. 도끼머리 주변의 대못들도 도끼날만큼이나 치명적이었다.

연대	17세기
출처	인도
무게	1킬로그램
길이	44센티미터

손잡이

화려하게 장식된 구부러진 도끼날

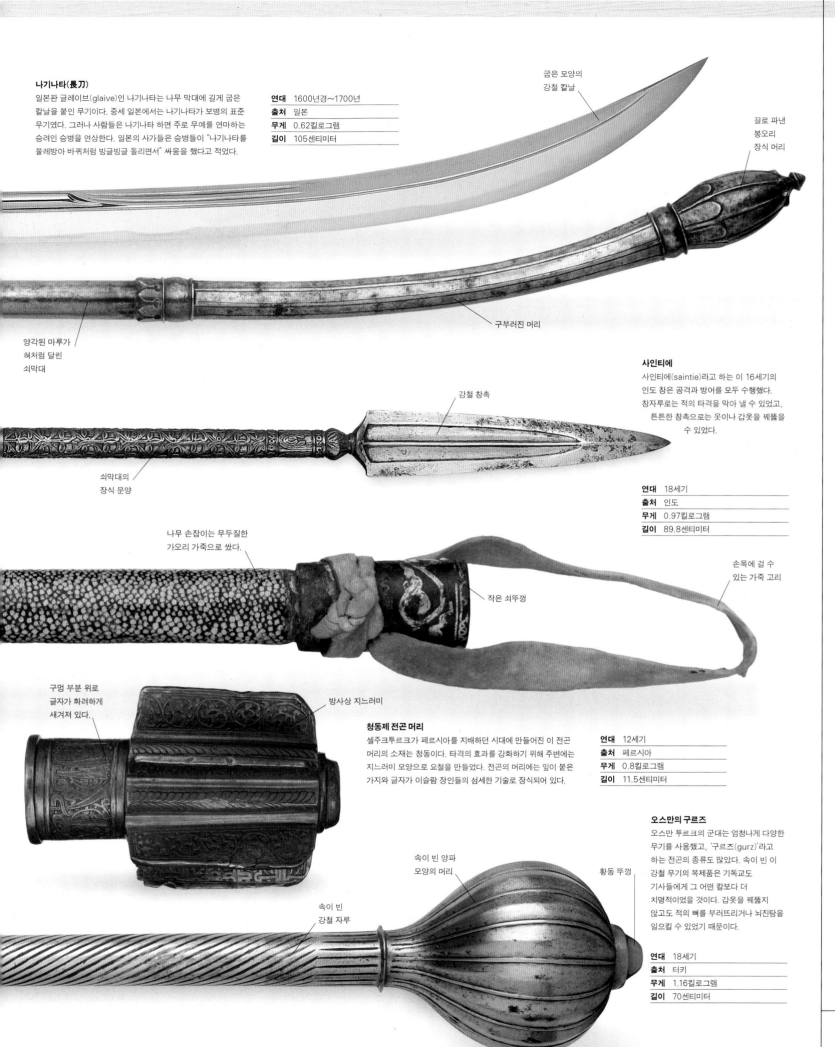

나기나타(長刀)

일본판 글레이브(glaive)인 나기나타는 나무 막대에 길게 굽은 칼날을 붙인 무기이다. 중세 일본에서는 나기나타가 보병의 표준 무기였다. 그러나 사람들은 나기나타 하면 주로 무예를 연마하는 승려인 승병을 연상한다. 일본의 사가들은 승병들이 "나기나타를 물레방아 바퀴처럼 빙글빙글 돌리면서" 싸움을 했다고 적었다.

연대	1600년경~1700년
출처	일본
무게	0.62킬로그램
길이	105센티미터

굽은 모양의 강철 칼날

끌로 파낸 봉오리 장식 머리

구부러진 머리

양각된 마루가 혀처럼 달린 쇠막대

쇠막대의 장식 문양

강철 창촉

사인티에

사인티에(saintie)라고 하는 이 16세기의 인도 창은 공격과 방어를 모두 수행했다. 창자루로는 적의 타격을 막아 낼 수 있었고, 튼튼한 창촉으로는 옷이나 갑옷을 꿰뚫을 수 있었다.

연대	18세기
출처	인도
무게	0.97킬로그램
길이	89.8센티미터

나무 손잡이는 무두질한 가오리 가죽으로 쌌다.

작은 쇠뚜껑

손목에 걸 수 있는 가죽 고리

구멍 부분 위로 글자가 화려하게 새겨져 있다.

방사상 지느러미

청동제 전곤 머리

셀주크투르크가 페르시아를 지배하던 시대에 만들어진 이 전곤 머리의 소재는 청동이다. 타격의 효과를 강화하기 위해 주변에는 지느러미 모양으로 요철을 만들었다. 전곤의 머리에는 잎이 붙은 가지와 글자가 이슬람 장인들의 섬세한 기술로 장식되어 있다.

연대	12세기
출처	페르시아
무게	0.8킬로그램
길이	11.5센티미터

오스만의 구르즈

오스만 투르크의 군대는 엄청나게 다양한 무기를 사용했고, '구르즈(gurz)'라고 하는 전곤의 종류도 많았다. 속이 빈 이 강철 무기의 복제품은 기독교도 기사들에게 그 어떤 칼보다 더 치명적이었을 것이다. 갑옷을 꿰뚫지 않고도 적의 뼈를 부러뜨리거나 뇌진탕을 일으킬 수 있었기 때문이다.

속이 빈 양파 모양의 머리

황동 뚜껑

속이 빈 강철 자루

연대	18세기
출처	터키
무게	1.16킬로그램
길이	70센티미터

몽골의 소형 단검

몽골 전사

13세기에 아시아의 스텝 지역을 무대로 활동하던 몽골의 기마 부대는 세계 최강의 전사들이었다. 그들은 칭기즈칸과 그 후계자들의 지도 아래 중국과 고려에서 동유럽에 이르는 대제국을 건설했다. 몽골 인들은 인간적 동정심이라고는 전혀 없었고 악명을 떨치며 피정복민을 도륙했다. 그들은 조직적으로 공포를 불러일으켜 적들의 사기를 무너뜨렸다. 그러나 그들의 성공을 뒷받침한 것은 신속한 기동, 절도 있게 통솔된 작전 행동, 결정적 승리를 무자비하게 추구하는 등의 군사적 전통이었다.

강인한 기마 부대

몽골 기병의 산악 전투
가파른 산악 지형에서 중국인과 싸우는 몽골 전사들. 양편 모두 뒤쪽으로 휜 몽골 활과 둥근 방패를 소지하고 있다.

몽골 족의 모든 남성은 전사였다. 그들은 어린 시절부터 활쏘기와 승마를 배웠다. 이 두 가지는 초원 전투의 필수적 기술이었다. 아시아 초원 지대의 삶은 혹독했고, 그들은 강인함과 인내력을 시험받았다. 효과적인 기동전에 요구되는 절도 있는 대규모 작전 행동은 부족의 사냥 여행을 통해서 체득되었다. 1만 명 규모의 만인대(萬人隊)로 편제된 몽골의 기마병들은 1일 100킬로미터에 육박하는 속도로 유라시아를 휩쓸었다. 모든 병사에게 말이 몇 마리씩 있었고, 그들은 필요할 경우 갈아탈 수가 있었다. 말 자체가 이동하는 식량 공급원이기도 했다. 몽골 전사들은 말젖과 피를 마셨다. 몽골 인들은 대오를 갖춰 전진하면서 정찰병을 내보냈고, 적군을 궤멸시켰다.

기마병의 대다수가 복합궁을 소지한 궁수들이었다. 그들은 스텝 지역 유목민들에게 공통적인 치고 빠지기 전술을 구사했다. 돌격해 들어가 포위한 다음 일제 사격으로 화살 세례를 퍼붓고, 적이 응전하기 전에 내뺀 다음, 쫓아오는 멍청한 적들을 매복 습격했던 것이다. 궁수들이 임무를 완수하면 창, 전곤, 칼로 무장한 엘리트 전투원들이 치명타를 얻어맞고 비틀거리던 잔존 세력을 말끔히 해치웠다. 몽골 군대는 시간이 흐르면서 공성전, 심지어 해상 작전까지 수행했다. 무슬림과 중국인 등 피정복 민족들의 기술을 배워 활용한 것이다. 그러나 그들의 정치적 수완은 군사적 용맹을 바탕으로 얻은 권력을 유지하기에는 모자랐다.

갑옷

대다수의 몽골 전사들은 경기병으로, 가죽 소재의 동체 갑옷과, 가능할 경우 비단 소재의 속옷을 입고 싸웠다. 이런 장구가 화살 공격을 막아 줄 것으로, 그들은 기대했다. 그러나 함께 편제된 소수의 중기병은 중국식 금속 갑옷을 착용하기도 했다. 받쳐 입는 의복에 바느질을 하는 형태로 금속판을 겹쳐 만든 이것은 복제품이다. 몽골 갑옷은 유연했고, 근접 전투에서 효과적인 보호 장구였다.

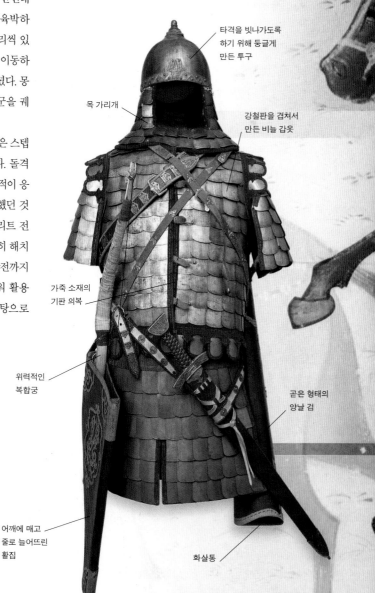

타격을 빗나가도록 하기 위해 둥글게 만든 투구

목 가리개

강철판을 겹쳐서 만든 비늘 갑옷

가죽 소재의 기판 의복

위력적인 복합궁

곧은 형태의 양날 검

어깨에 매고 줄로 늘어뜨린 활집

화살통

위대한 정복자

칭기즈칸의 초상

정복자 칭기즈칸은 1162년경에 태어났다. 몽골의 스텝 지역에서는 여러 유목 민족들이 흩어져 살면서 다투었다. 그는 한 부족의 족장 아들이었다. 호전적 전사이자 노련한 외교가였던 그는 1206년경 부족을 통일해 단일 국가를 건설했다. 그는 이 여세를 몰아 동쪽의 금나라 및 중앙아시아의 콰라즘 제국과 전쟁을 벌였다. 칭기즈칸은 1227년에 죽었지만, 아들과 손자 들이 제국 건설 사업을 계속했다.

말을 타고 출전 중인 칭기즈칸
이 몽골의 지도자는 경기병의 복장을 하고
있다. 몽골의 전사들은 보통 말 위에서 활을
쐈고, 이슬람 문화권과 중국 모두에서
기원한 칼도 사용했다.

전투 장비

도(刀): 중국의 칼

도(刀): 중국의 칼

몽골의 소형 단검

검(劍): 중국의 칼

검집

" 항복하지 않고 저항하는 자들은
모두 죽여라."

칭기즈칸이 부대에 내린 명령

장궁과 석궁

중국에서 발명된 석궁은 12세기부터 유럽에서 널리 사용되었다. 견착 사격을 하는 석궁은 위력적이면서도 정확했기 때문에 무장 기병을 상대하거나 공성전에서 효과적이었다. 장궁은 웨일스에서 개발되었고, 영국 군대가 13세기부터 16세기까지 사용했다. 장궁은 크레시, 푸아티에, 아쟁쿠르에서 영국이 승리할 수 있었던 열쇠였다. 장궁은 석궁보다 10배 더 빠른 발사 속도를 자랑했으며, 통상 조준하지 않는 일제 사격으로 쏘았다. 대량의 화살 세례가 전진하는 적들을 다수 살상했다.

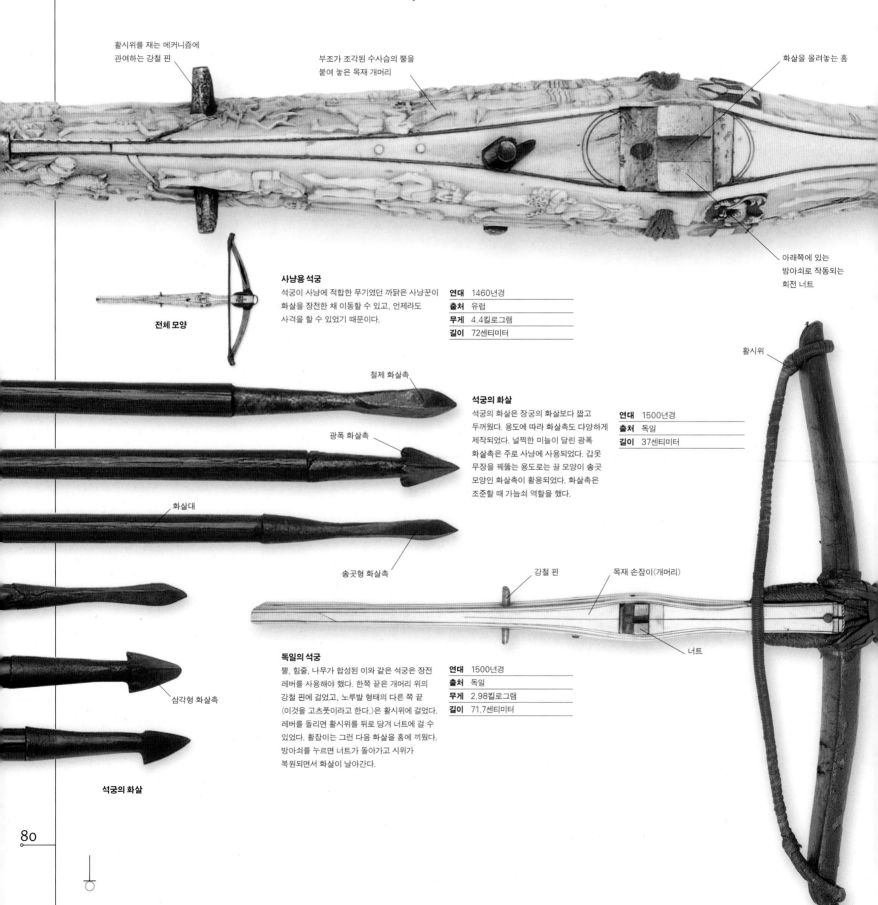

활시위를 재는 메커니즘에 관여하는 강철 핀

부조가 조각된 수사슴의 뿔을 붙여 놓은 목재 개머리

화살을 올려놓는 홈

아래쪽에 있는 방아쇠로 작동되는 회전 너트

사냥용 석궁
석궁이 사냥에 적합한 무기였던 까닭은 사냥꾼이 화살을 장전한 채 이동할 수 있고, 언제라도 사격을 할 수 있었기 때문이다.

전체 모양

연대	1460년경
출처	유럽
무게	4.4킬로그램
길이	72센티미터

철제 화살촉

석궁의 화살
석궁의 화살은 장궁의 화살보다 짧고 두꺼웠다. 용도에 따라 화살촉도 다양하게 제작되었다. 널찍한 미늘이 달린 광폭 화살촉은 주로 사냥에 사용되었다. 갑옷 무장을 꿰뚫는 용도로는 끝 모양이 송곳 모양인 화살촉이 활용되었다. 화살촉은 조준할 때 가늠쇠 역할을 했다.

연대	1500년경
출처	독일
길이	37센티미터

광폭 화살촉

화살대

송곳형 화살촉

활시위

삼각형 화살촉

강철 핀

목재 손잡이(개머리)

너트

독일의 석궁
뿔, 힘줄, 나무가 합성된 이와 같은 석궁은 장전 레버를 사용해야 했다. 한쪽 끝은 개머리 위의 강철 핀에 걸었고, 노루발 형태의 다른 쪽 끝 (이것을 고츠풋이라고 한다.)은 활시위에 걸었다. 레버를 돌리면 활시위를 뒤로 당겨 너트에 걸 수 있었다. 활잡이는 그런 다음 화살을 홈에 끼웠다. 방아쇠를 누르면 너트가 돌아가고 시위가 복원되면서 화살이 날아간다.

연대	1500년경
출처	독일
무게	2.98킬로그램
길이	71.7센티미터

석궁의 화살

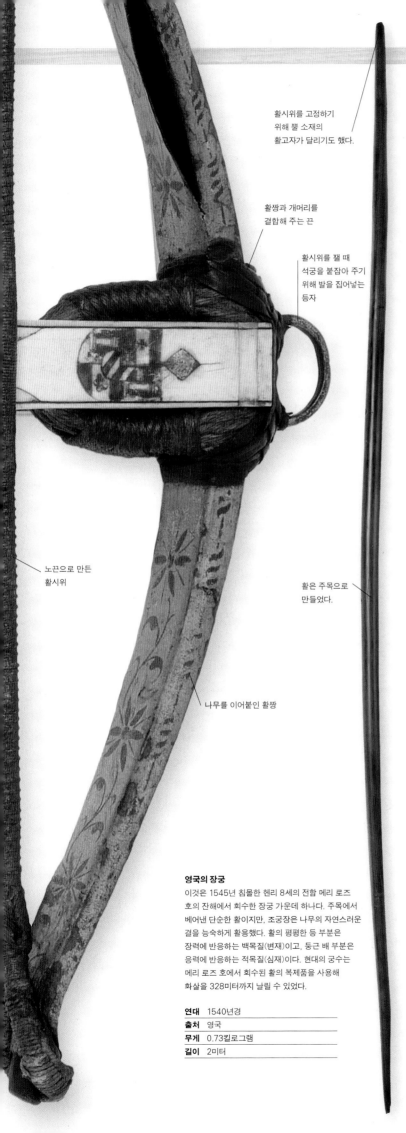

활시위를 고정하기
위해 뿔 소재의
활고자가 달리기도 했다.

활짱과 개머리를
결합해 주는 끈

활시위를 잴 때
석궁을 붙잡아 주기
위해 발을 집어넣는
등자

노끈으로 만든
활시위

활은 주목으로
만들었다.

나무를 이어붙인 활짱

영국의 장궁

이것은 1545년 침몰한 헨리 8세의 전함 메리 로즈
호의 잔해에서 회수한 장궁 가운데 하나다. 주목에서
베어낸 단순한 활이지만, 조궁장은 나무의 자연스러운
결을 능숙하게 활용했다. 활의 평평한 등 부분은
장력에 반응하는 백목질(변재)이고, 둥근 배 부분은
응력에 반응하는 적목질(심재)이다. 현대의 궁수는
메리 로즈 호에서 회수된 활의 복제품을 사용해
화살을 328미터까지 날릴 수 있었다.

연대	1540년경
출처	영국
무게	0.73킬로그램
길이	2미터

교전 중인 궁수들
궁수가 장궁을 다루려면 상당한 힘이 필요했다. 중세 궁병들의 유해를 보면 왼팔이 오른팔보다
기형적으로 크다는 사실을 확인할 수 있다. 그들은 조준사일 경우 분당 6발, 비조준사일 경우
분당 12발을 쐈다.

물푸레나무 또는
박달나무 소재의 화살대

홈에 활시위를 건다.

거위 깃털로 만든
세 조각의 화살깃

영국의 장궁 화살
중세 영국에서는 클로스야드(clothyard)
화살이 대량 생산되어 국왕의 장궁 사수들에게
공급되었다. 새의 깃털로 만들어진 3개의
화살깃이 화살이 안정되게 날아가게 해 주었다.

연대	1520년경
출처	영국
무게	42그램
길이	75센티미터

날카로운 끝과
모서리

미늘

미늘 달린 화살촉
미늘이 달린 광폭의 철제 화살촉은 깊고 넓은
부상을 야기했으며, 뽑아내기도 대단히 어려웠다.
광폭 화살촉은 갑옷을 뚫기에 적합하지 않았기
때문에 전쟁보다는 사냥 활동에 더 많이
사용되었다.

연대	1500년경
출처	유럽
무게	왼쪽: 28.3그램
길이	왼쪽: 4.5센티미터

석궁

중세 후기에 유럽에서 사용된 이 전형적인 사냥용 석궁의 사거리는 약 300미터였다. 목재, 힘줄, 뿔을 합성해 만든 이 복합궁은 순전히 근육의 힘만으로 활시위를 당기려면 엄청난 노력과 단련이 필요했다. 궁수는 크레인퀸(cranequin)이라고 하는 톱니 막대와 톱니 바퀴가 맞물리는 기구를 사용해 활시위를 너트 부분까지 뒤로 당겨 너트에 걸쳐놓은 다음, 활을 걸고, 석궁의 개머리 아래쪽에 설치된 긴 방아쇠를 당겨서 발사해야 했다. 사냥꾼은 석궁의 개머리판을 어깨에 대고 화살촉을 가늠쇠로 삼아 활을 쏘았다.

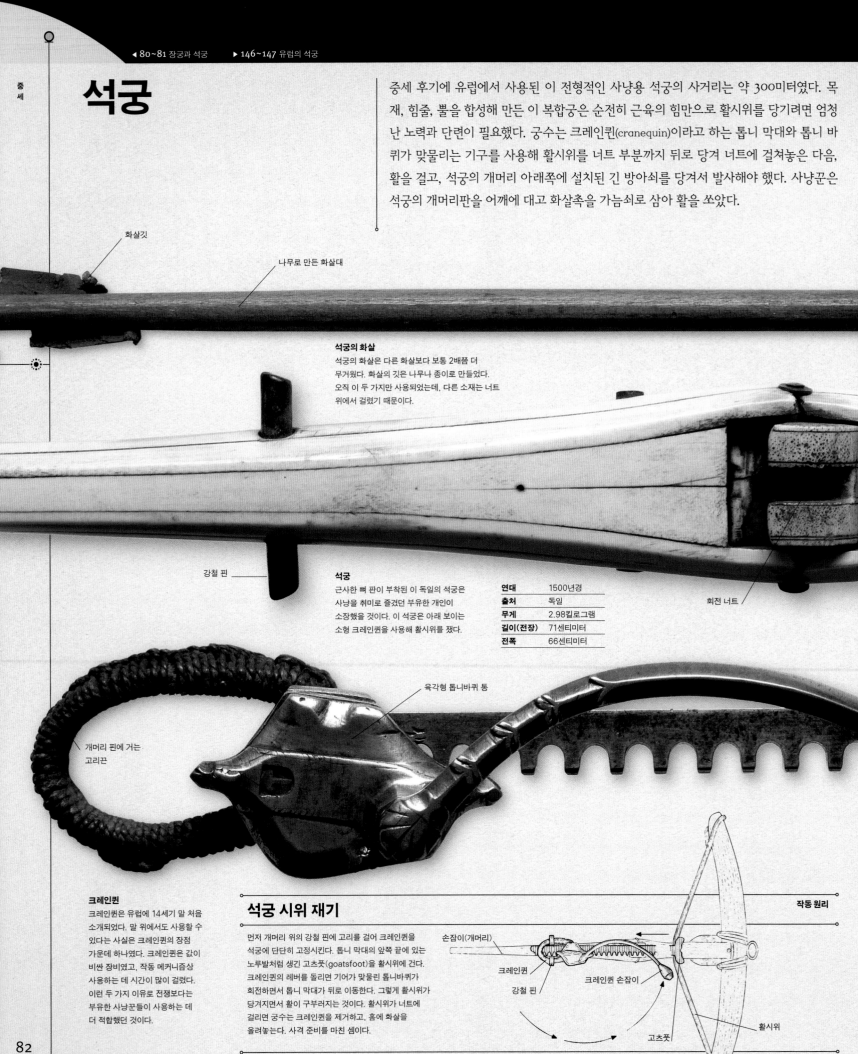

화살깃

나무로 만든 화살대

석궁의 화살
석궁의 화살은 다른 화살보다 보통 2배쯤 더 무거웠다. 화살의 깃은 나무나 종이로 만들었다. 오직 이 두 가지만 사용되었는데, 다른 소재는 너트 위에서 걸렸기 때문이다.

강철 핀

석궁
근사한 뼈 판이 부착된 이 독일의 석궁은 사냥을 취미로 즐겼던 부유한 개인이 소장했을 것이다. 이 석궁은 아래 보이는 소형 크레인퀸을 사용해 활시위를 쟀다.

회전 너트

연대	1500년경
출처	독일
무게	2.98킬로그램
길이(전장)	71센티미터
전폭	66센티미터

육각형 톱니바퀴 통

개머리 핀에 거는 고리끈

크레인퀸
크레인퀸은 유럽에 14세기 말 처음 소개되었다. 말 위에서도 사용할 수 있다는 사실은 크레인퀸의 장점 가운데 하나였다. 크레인퀸은 값이 비싼 장비였고, 작동 메커니즘상 사용하는 데 시간이 많이 걸렸다. 이런 두 가지 이유로 전쟁보다는 부유한 사냥꾼들이 사용하는 데 더 적합했던 것이다.

석궁 시위 재기

먼저 개머리 위의 강철 핀에 고리를 걸어 크레인퀸을 석궁에 단단히 고정시킨다. 톱니 막대의 앞쪽 끝에 있는 노루발처럼 생긴 고츠풋(goatsfoot)을 활시위에 건다. 크레인퀸의 레버를 돌리면 기어가 맞물린 톱니바퀴가 회전하면서 톱니 막대가 뒤로 이동한다. 그렇게 활시위가 당겨지면서 활이 구부러지는 것이다. 활시위가 너트에 걸리면 궁수는 크레인퀸을 제거하고, 홈에 화살을 올려놓는다. 사격 준비를 마친 셈이다.

작동 원리

손잡이(개머리)

크레인퀸

강철 핀

크레인퀸 손잡이

고츠풋

활시위

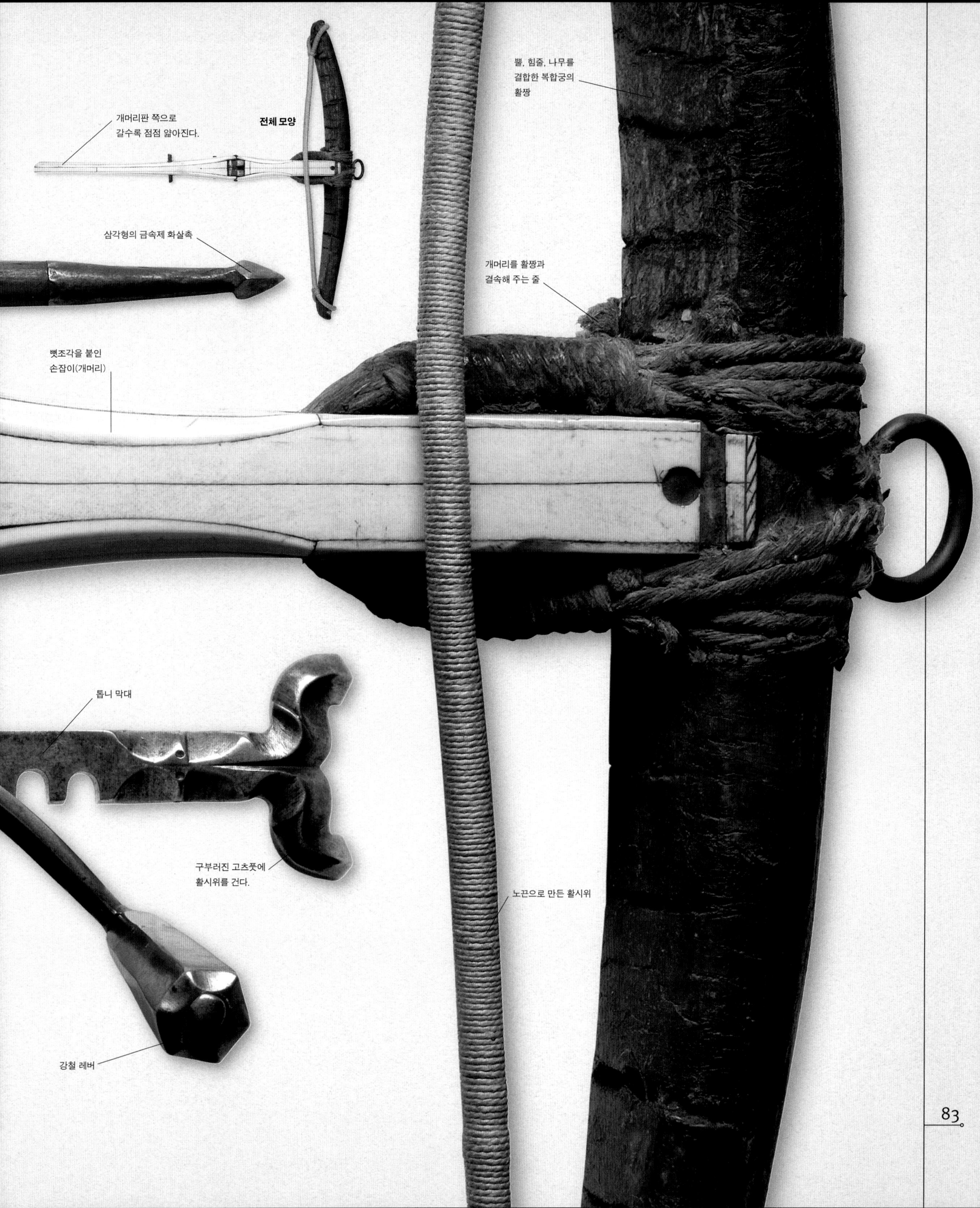

뿔, 힘줄, 나무를
결합한 복합궁의
활짱

개머리판 쪽으로
갈수록 점점 얇아진다.

전체 모양

개머리를 활짱과
결속해 주는 줄

삼각형의 금속제 화살촉

뼛조각을 붙인
손잡이(개머리)

톱니 막대

구부러진 고츠폿에
활시위를 건다.

노끈으로 만든 활시위

강철 레버

아즈텍의 무기와 방패

현재의 멕시코 상당 지역을 아울렀던 아즈텍 제국은 인간 희생 제의의 제물을 공급할 목적으로 전쟁을 수행했다. 아즈텍 인들에게도 활, 투석구(投石具), 투창이 있었다. 그러나 살아 있는 희생 제물이 필요했던 그들은 백병전에 쓰기 좋은 자르기 전용 무기를 활용해 적을 무력화하는 쪽을 선호했다. 흔히 다리에 타격을 가했다. 그러나 아즈텍의 '석기 시대' 무기는 야만스러운 에스파냐 침략자들의 철제 무기와 화약 무기를 당해 낼 수 없었다.

흑요석 칼

아즈텍 인들은 인신 공회를 "흑요석 칼을 통한 꽃다운 죽음"이라고 불렀다. 흑요석은 화산 활동에서 만들어진 유리질 암석으로, 면도날처럼 날카로웠다. 아즈텍의 사제들은 그 칼로 희생 제물의 심장을 도려냈다. 의식에 따라 심장을 불태운 다음에는 시체의 팔다리를 절단했다.

연대	1500년경
출처	아즈텍 제국
길이	30센티미터

톱니 모양 날

조개에서 이빨 모양으로 떼어 붙인 장식

조개와 흑요석 내지 적철광으로 만든 눈

칼은 가끔씩 희생 제물의 심장이 바쳐지던 신의 얼굴을 본따 장식되었다.

부싯돌 칼

얇은 조각으로 쉽게 떨어지기 때문에 만들기 쉽고, 실용적이었다. 이 두 사례에서 볼 수 있듯이 부싯돌 칼은 아즈텍 사회에서 광범위한 용도로 사용되었다. 아즈텍의 사제들은 인신 공회를 수행할 때 흑요석 칼보다는 흔히 부싯돌 칼을 사용했다. 흑요석이 부싯돌보다 더 날카롭기는 했지만 그만큼 깨지기도 쉬웠기 때문이다.

연대	1500년경
출처	아즈텍 제국
길이	30센티미터

장식한 부싯돌 칼

이 장식한 부싯돌 칼은 아즈텍의 수도 테노치티틀란(Tenochititlan) 중심부에 세워져 있던 대신전에서 발견되었다. 1487년 신전 봉헌 당시 2만 명 이상의 희생자가 제물로 바쳐졌을 것이다.

연대	1500년경
출처	아즈텍 제국
길이	30센티미터

머리와 자루 부분은 나무였다.

곤봉 모서리를 따라 흑요석 칼날이 부착되어 있었다.

화려한 장식이 있는 옥수(玉髓) 칼

이 희생 제의용 칼의 손잡이는 독수리 전사를 형상화하고 있다. 독수리 전사는 아즈텍의 전사 계급에서 최고 계급에 속한다. 칼날은 석영의 일종인 옥수이다.

연대	1500년경
출처	아즈텍 제국
길이	31.7센티미터

터키옥, 조개, 공작석의 모자이크 상감

엎드린 인체 모양으로 조각된 나무 손잡이

옥수로 만든 돌 날

돌조각

아틀라틀

전체 모습

아즈텍의 돌날 창들은 흔히 아틀라틀 (atlatl)이라고 하는 던지기용 막대로 발사되었다. 이런 발사 방식으로 인해 투창은 갑옷으로 완전 무장한 에스파냐 병사에게도 중상을 입힐 수 있을 만큼 위력적인 무기로 탈바꿈했다.

연대	1500년경
출처	아즈텍 제국

치말리

전체 모습

아즈텍 전사의 둥근 방패 치말리 (chimalli)는 장식이 화려했다. 적을 위협하려는 의도도 있었다. 목재나 대나무 골격에 깃털과 가죽을 씌웠다. 방패는 깃털 장인들이 만들었다. 그들은 부채와 머리 장식물도 제작했다.

연대	1500년경
출처	아즈텍 제국

적 포획

멕시코 코덱스에서 가져온 이 이미지는 아즈텍 전사가 적군을 생포하는 광경을 보여 준다. 아즈텍 전사는 치말리 방패를 휴대했고, 등에는 깃털이 덮인 구조물—거추장스러워 보인다.—을 지고 있다. 이를 통해 그가 장교임을 알 수 있다. 전사는 포로를 많이 생포할수록 그 지위가 높아졌다.

재규어 가죽 외피

장식용 깃털 띠

깃털 술

마콰우이틀

백병전에서 가장 중요한 무기는 흑요석 날이 부착된 목재 곤봉이었다. 마콰우이틀 (maquahuitl)이라고 하는 이 곤봉은 칼처럼 휘둘렀고, 말의 머리를 절단할 수 있을 만큼 예리했다.

연대	1500년경
출처	아즈텍 제국
길이	75센티미터

에스파냐의 신대륙 정복
아즈텍족과 판금 갑옷을 입은
에스파냐 정복자들이 16세기에 멕시코에서
전쟁을 벌였다. 철기가 없었던 아즈텍 인들은 돌로
만든 방패와 도끼로 무장했고, 에스파냐 정복자들은 말이라는
첨단 무기는 물론이고, 철제 창과 칼을 휘둘렀다.

유럽의 투구

과거 노르만 족이 착용한 코가리개가 달린 고리쇠 투구는 12세기 말에 더 둥근 투구로 대체되었다. 이 투구는 얼굴 전체를 가려 주었고, 그레이트 헬름으로 발전했다. 그레이트 헬름은 훌륭한 보호구였지만 시야를 확보하기가 어렵다는 단점이 있었다. 그레이트 헬름은 14세기에 마상 창시합용 장비로 격하되었고, 배서닛(basinet)으로 대체되었다. 이 투구는 보호성, 운동 능력, 시야 확보 사이에서 적절한 타협책을 제시해 주었다.

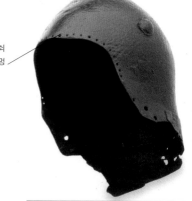

철쇄 구멍

그레이트 배서닛

배서닛 투구의 기원은 머리의 상부만을 덮는 금속제의 테두리 없는 작은 모자로 거슬러 올라간다. 그 위로 사슬 두건과 그레이트 헬름을 착용했다. 배서닛의 경우 두개 상부를 덮는 모자가 확장되어 머리의 옆과 뒤를 보호해 주게 되었다. 이 배서닛에는 면갑이 없다. 그러나 사슬 드림을 결속해 주는 작은 철쇄(vervelle, 버벨)들을 거는 구멍이 있다.

연대	1370년경
출처	이탈리아 북부
무게	3킬로그램

뾰족한 상부

둥글게 처리한 두개부

그레이트 헬름

이 그레이트 헬름은 강철판 3개로 만들었다. 뾰족한 상부가 있고, 두개부는 타격을 빗나가게 만들었다. 시야를 확보해 주는 틈은 두개부와 옆판 사이에 냈다. 투구의 아랫부분에는 다수의 환기 구멍을 뚫었다.

연대	1350년경
출처	영국
무게	2.5킬로그램

이음쇠 고리로 투구와 가슴받이를 연결할 수 있게 해 주는 십자가형 개구부

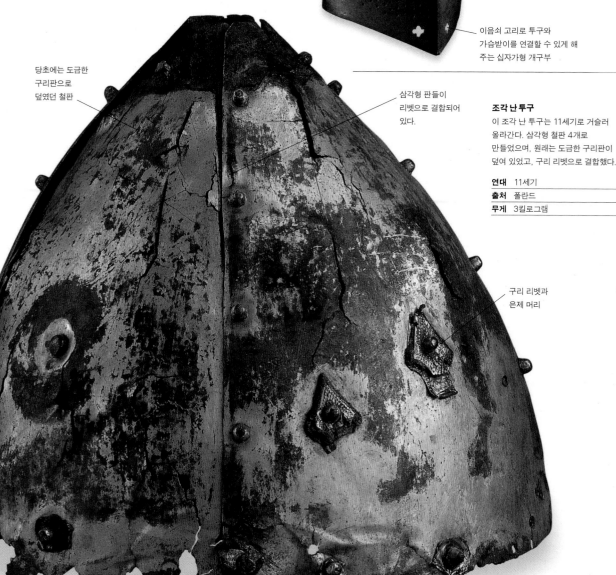

당초에는 도금한 구리판으로 덮였던 철판

삼각형 판들이 리벳으로 결합되어 있다.

조각 난 투구

이 조각 난 투구는 11세기로 거슬러 올라간다. 삼각형 철판 4개로 만들었으며, 원래는 도금한 구리판이 덮여 있었고, 구리 리벳으로 결합했다.

연대	11세기
출처	폴란드
무게	3킬로그램

구리 리벳과 은제 머리

철쇄

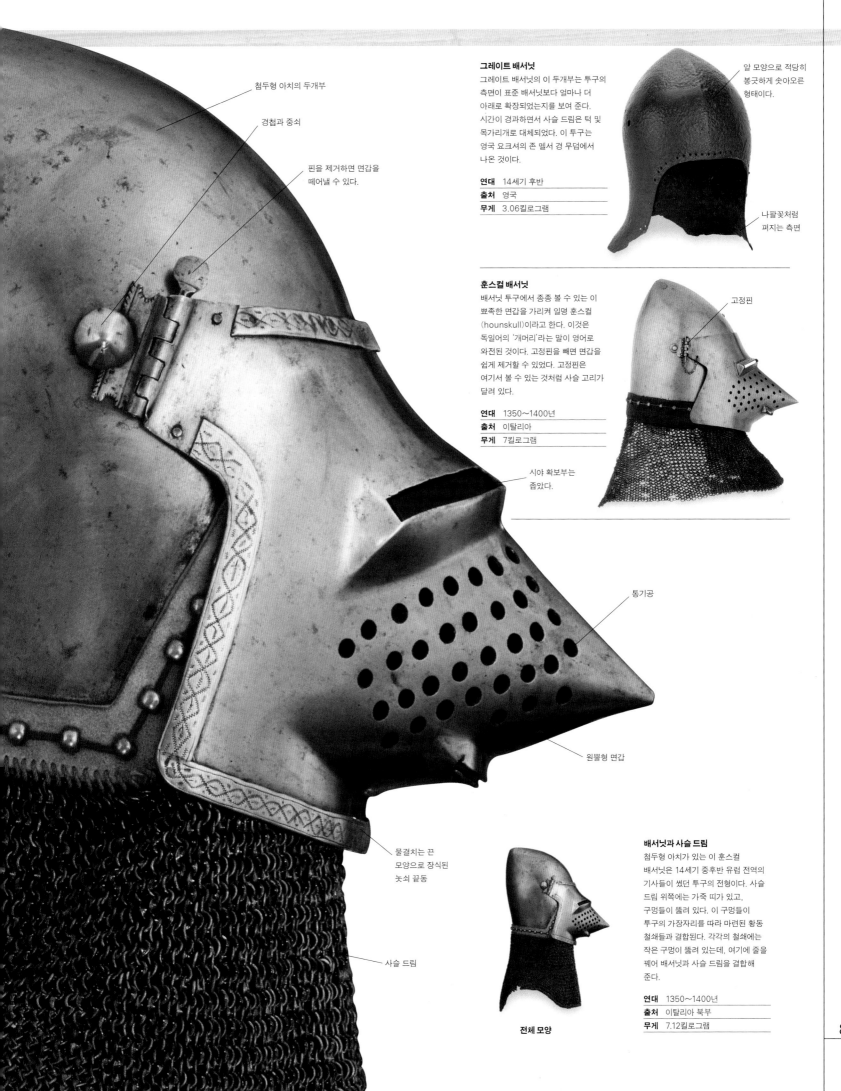

첨두형 아치의 두개부

경첩과 중쇠

핀을 제거하면 면갑을
떼어낼 수 있다.

그레이트 배서닛
그레이트 배서닛의 이 두개부는 투구의
측면이 표준 배서닛보다 얼마나 더
아래로 확장되었는지를 보여 준다.
시간이 경과하면서 사슬 드림은 턱 및
목가리개로 대체되었다. 이 투구는
영국 요크셔의 존 멜서 경 무덤에서
나온 것이다.

알 모양으로 적당히
봉긋하게 솟아오른
형태이다.

연대	14세기 후반
출처	영국
무게	3.06킬로그램

나팔꽃처럼
퍼지는 측면

훈스컬 배서닛
배서닛 투구에서 종종 볼 수 있는 이
뾰족한 면갑을 가리켜 일명 훈스컬
(hounskull)이라고 한다. 이것은
독일어의 '개머리'라는 말이 영어로
와전된 것이다. 고정핀을 빼면 면갑을
쉽게 제거할 수 있었다. 고정핀은
여기서 볼 수 있는 것처럼 사슬 고리가
달려 있다.

고정핀

연대	1350~1400년
출처	이탈리아
무게	7킬로그램

시야 확보부는
좁았다.

통기공

원뿔형 면갑

물결치는 끈
모양으로 장식된
놋쇠 끝동

사슬 드림

배서닛과 사슬 드림
첨두형 아치가 있는 이 훈스컬
배서닛은 14세기 중후반 유럽 전역의
기사들이 썼던 투구의 전형이다. 사슬
드림 위쪽에는 가죽 띠가 있고,
구멍이 뚫려 있다. 이 구멍들이
투구의 가장자리를 따라 마련된 황동
철쇄들과 결합된다. 각각의 철쇄에는
작은 구멍이 뚫려 있는데, 여기에 줄을
꿰어 배서닛과 사슬 드림을 결합해
준다.

전체 모양

연대	1350~1400년
출처	이탈리아 북부
무게	7.12킬로그램

유럽의 마상 창시합용 투구, 바버트, 샐릿

그레이트 헬름은 14세기 중반 마상 창시합 분야로 격하되면서 개구리 입 모양 투구로 바뀌었다. 개구리 입 모양 투구는 마상 창시합에 아주 적합했다. 배서닛은 15세기에 최신 디자인으로 대체되었다. 그중에서도 가장 큰 인기를 누렸던 것은 샐릿(sallet)이다. 15세기 말에는 이탈리아 북부와 독일 남부 지역이 다른 나라들을 추월해 갑옷 개발을 주도하기 시작했다. 이탈리아의 갑옷은 전체적으로 둥근 모양새였고, 독일의 갑옷은 고딕식으로 갑옷 전체에서 선과 융기 부분을 방사형 패턴으로 장식했다.

둥글게 처리한 두개부

금속판들을 결합해 주는 리벳

개구리 입 모양 투구

개구리 입 모양 투구는 마상 창시합에 임하는 기사에게 최소한의 기본적 전방 시야와 피타격 부위에 대한 최대한의 보호를 제공했다. 기사는 돌격 개시 시점에 전방을 주시하기 위해 머리를 앞으로 숙였지만 창들이 충돌하기 직전에는 신속하게 고개를 들어 상대방이 안면부를 타격할 수 있는 가능성을 막아야 했다.

연대	15세기 초
출처	영국
무게	10킬로그램

투구의 깃

마상 창시합용 투구

개구리 입 모양의 마상 창시합용 투구는 기사의 동체 갑옷 위에 똑바로 얹혀야 했다. 이 그림에서 보는 것처럼 철제 접합부가 투구를 가슴판 및 등판과 단단히 결합해 주었다. 투구의 앞부분은 상대방의 창 공격을 비켜나가게 할 수 있도록 설계되었다.

연대	1480년경
출처	독일 남부
무게	10.2킬로그램

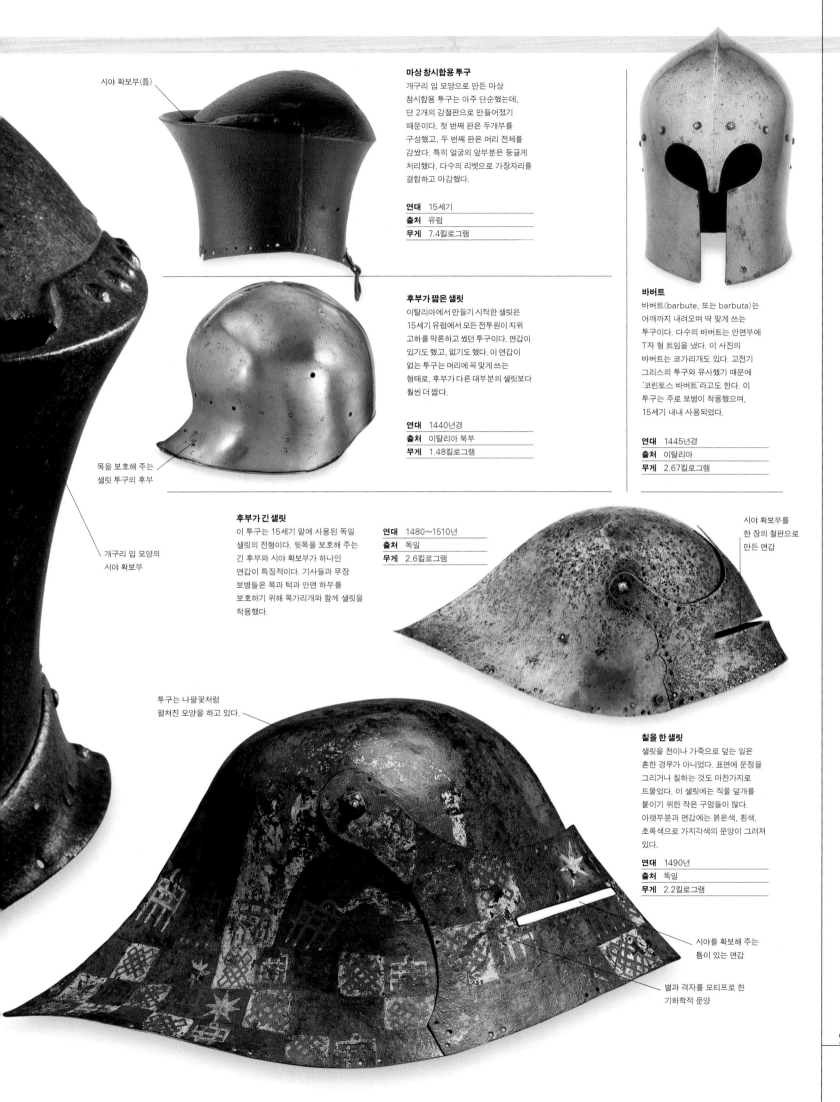

시야 확보부(틈)

마상 창시합용 투구

개구리 입 모양으로 만든 마상 창시합용 투구는 아주 단순했는데, 단 2개의 강철판으로 만들어졌기 때문이다. 첫 번째 판은 두개부를 구성했고, 두 번째 판은 머리 전체를 감쌌다. 특히 얼굴의 앞부분은 둥글게 처리했다. 다수의 리벳으로 가장자리를 결합하고 마감했다.

연대	15세기
출처	유럽
무게	7.4킬로그램

바버트

바버트(barbute, 또는 barbuta)는 어깨까지 내려오며 딱 맞게 쓰는 투구이다. 다수의 바버트는 안면부에 T자 형 트임을 냈다. 이 사진의 바버트는 코가리개도 있다. 고전기 그리스의 투구와 유사했기 때문에 '코린토스 바버트'라고도 한다. 이 투구는 주로 보병이 착용했으며, 15세기 내내 사용되었다.

연대	1445년경
출처	이탈리아
무게	2.67킬로그램

목을 보호해 주는 샐릿 투구의 후부

후부가 짧은 샐릿

이탈리아에서 만들기 시작한 샐릿은 15세기 유럽에서 모든 전투원이 지위 고하를 막론하고 썼던 투구이다. 면갑이 있기도 했고, 없기도 했다. 이 면갑이 없는 투구는 머리에 꼭 맞게 쓰는 형태로, 후부가 다른 대부분의 샐릿보다 훨씬 더 짧다.

연대	1440년경
출처	이탈리아 북부
무게	1.48킬로그램

개구리 입 모양의 시야 확보부

후부가 긴 샐릿

이 투구는 15세기 말에 사용된 독일 샐릿의 전형이다. 뒷목을 보호해 주는 긴 후부와 시야 확보부가 하나인 면갑이 특징적이다. 기사들과 무장 보병들은 목과 턱과 안면 하부를 보호하기 위해 목가리개와 함께 샐릿을 착용했다.

연대	1480~1510년
출처	독일
무게	2.6킬로그램

시야 확보부를 한 장의 철판으로 만든 면갑

칠을 한 샐릿

샐릿을 천이나 가죽으로 덮는 일은 흔한 경우가 아니었다. 표면에 문장을 그리거나 칠하는 것도 마찬가지로 드물었다. 이 샐릿에는 직물 덮개를 붙이기 위한 작은 구멍들이 많다. 아랫부분과 면갑에는 붉은색, 흰색, 초록색으로 가지각색의 문양이 그려져 있다.

연대	1490년
출처	독일
무게	2.2킬로그램

투구는 나팔꽃처럼 펼쳐진 모양을 하고 있다.

시야를 확보해 주는 틈이 있는 면갑

별과 격자를 모티프로 한 기하학적 문양

철제 단검

중세의 기사

무장한 기사는 중세 유럽의 엘리트 전투원이었다. 기사는 말과 갑옷과 창과 칼을 갖추어야 했으므로 비용이 많이 들어가는 전사였고, 당연히 사회적·문화적 지위도 높았다. 기마 귀족들이 기사도를 발휘하며 전투를 벌인다는 이상이 실현된 전쟁은 거의 없었다. 그러나 기사들은 고도로 숙달된 군인들로서, 지속적으로 변화하던 중세 전장의 과제들에 썩 훌륭하게 적응했다.

칼과 창

중세 사회는 일정한 사회적 지위를 가진 남성이라면 전사가 되기를 요구했다. 기사가 되기 위한 훈련과 수업은 아주 중요하게 취급되었다. 소년들은 먼저 수습 기사가 되었고, 다음으로 종자로 들어가 모시는 기사에게서 기마술과 칼 및 창 사용법을 배웠다. 졸업 후 기사가 된 후에도 싸움의 기술을 연마하는 마상 창시합이나 단속적으로 거듭되던 전쟁을 통해 훈련을 계속 했다. 그들은 유럽 안에서 이렇다 할 전투가 벌어지지 않게 되자 기독교 세계 밖으로 나가 '이교도'와 싸웠다.

기사 전투의 전형적인 양상은 말에 탄 채 창을 비스듬히 꼬나들고 상대방을 향해 돌격하는 것이었다. 그러나 기사들은 보병 전투에도 능했다. 그들은 칼, 전곤, 전부를 휘두르며 무용을 과시했다. 기사들이 서약한 기사도는 기독교의 전쟁 윤리를 명문화한 것이었다. 그러나 약탈, 충돌, 포위 공격이 일상인 중세 전쟁의 현실 속에서 이상주의가 있을 자리는 거의 없었다. 비교적 드물었던 총력전에서는 기사들이 보병과 궁수 부대에 패주하기도 했다. 그래도 16세기까지는 기사들이 가장 지배적인 무장 세력이었다.

성전 기사단

12세기에 팔레스타인 지역에 머물던 기독교 왕국들의 기사들은 성전 기사단 같은 종교 군사 단체를 결성했다. 이 수도사 전투원들은 엄격한 종교적 규율에 복종하면서 이슬람과 싸운 엘리트 군대였다. 본거지가 있던 예루살렘 성전의 이름을 딴 성전 기사단은 막대한 부를 축적했고, 국왕들은 이를 시기했다. 성전 기사단은 이단으로 기소되었고, 1312년에 숙청되었다.

전투 중인 성전 기사

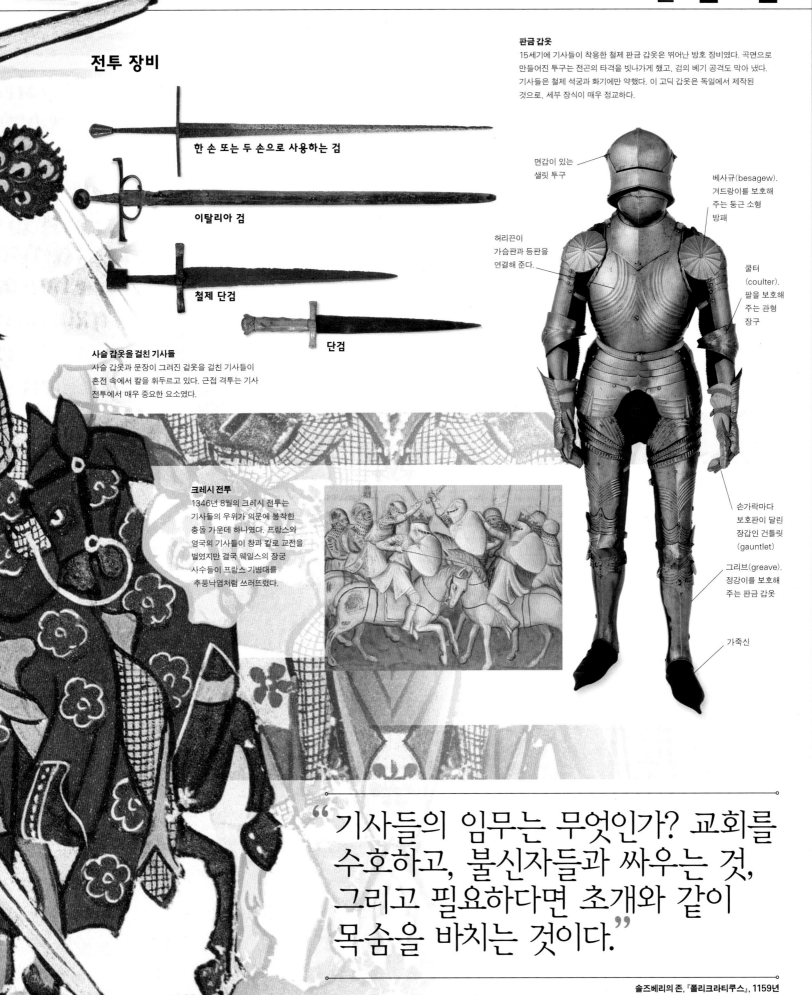

전투 장비

한 손 또는 두 손으로 사용하는 검

이탈리아 검

철제 단검

단검

판금 갑옷
15세기에 기사들이 착용한 철제 판금 갑옷은 뛰어난 방호 장비였다. 곡면으로 만들어진 투구는 전곤의 타격을 빗나가게 했고, 검의 베기 공격도 막아 냈다. 기사들은 철제 석궁과 화기에만 약했다. 이 고딕 갑옷은 독일에서 제작된 것으로, 세부 장식이 매우 정교하다.

면갑이 있는 샐릿 투구

베사규(besagew). 겨드랑이를 보호해 주는 둥근 소형 방패

허리끈이 가슴판과 등판을 연결해 준다.

쿨터 (coulter). 팔을 보호해 주는 관형 장구

손가락마다 보호판이 달린 장갑인 건틀릿 (gauntlet)

그리브(greave). 정강이를 보호해 주는 판금 갑옷

가죽신

사슬 갑옷을 걸친 기사들
사슬 갑옷과 문장이 그려진 겉옷을 걸친 기사들이 혼전 속에서 칼을 휘두르고 있다. 근접 격투는 기사 전투에서 매우 중요한 요소였다.

크레시 전투
1346년 8월의 크레시 전투는 기사들의 우위가 의문에 봉착한 충돌 가운데 하나였다. 프랑스와 영국의 기사들이 창과 칼로 교전을 벌였지만 결국 웨일스의 장궁 사수들이 프랑스 기병대를 추풍낙엽처럼 쓰러뜨렸다.

> " 기사들의 임무는 무엇인가? 교회를 수호하고, 불신자들과 싸우는 것, 그리고 필요하다면 초개와 같이 목숨을 바치는 것이다."

솔즈베리의 존, 『폴리크라티쿠스』, 1159년

유럽의 사슬 갑옷

작은 철제 고리를 연결해 만든 사슬 갑옷은 그 연원이 기원전 5세기로까지 거슬러 올라간다. 1066년 노르만 족이 영국을 정복할 즈음에는 키의 4분의 3 정도를 감싸는 사슬 갑옷이 보편적인 형태였고, 13세기경에는 머리끝에서 발끝까지 온몸을 다 감싸는 사슬 갑옷이 보편적이었다. 사슬 갑옷 제조는 시간이 많이 걸리고 수고스러운 공정이었다. 사슬 갑옷 한 벌을 만들려면 무려 3만 개의 고리가 필요했다.

앵글로색슨 족 스타일의 사각형 목 부위

사슬 갑옷
무릎 길이까지 내려오는 호버크(hauberk) 사슬 갑옷은 11세기와 12세기에 활약한 기사들과 병사들의 핵심 보호 장구였다. 기사들은 무지막지한 타격으로부터 몸을 보호하기 위해 호버크 아래 갬비슨(gambeson)이라고 하는 두꺼운 모직 의류를 입었다.

연대 20세기 복제품
출처 유럽

전체 모양

기마 시 운동의 자유를 허용해 주는 틈

사슬 두건
일부 사슬 갑옷은 호버크에 두건이 포함되어 있었지만 판금 투구 아래로 따로 착용해야 하는 두건이 있는 것도 있었다. 사슬은 가끔 연강으로 만들기도 했지만 보통 세공 철로 만들었다.

연대 20세기 복제품
출처 유럽

전투 시 안면부 아래로 드리워지는 사슬 부분

운동성을 보장해 주는 민소매

용접된 고리

사슬 셔츠
호버전(haubergeon)이라는 이 사슬 셔츠는 동양식으로 제작되었다. 모든 고리가 밀착 용접되어 있다. 반면 서양에서는 사슬의 고리를 용접 방식과 리벳 고정 방식을 교차해서 엮었다.

연대 20세기 복제품
출처 유럽

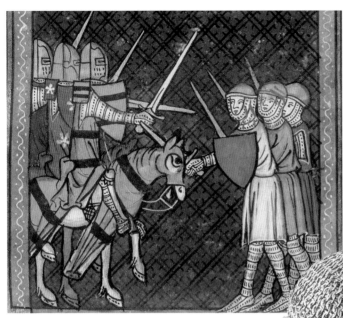

부빈 전투
1214년 부빈 전투를 묘사한 당대의 이 그림은 기병과 보병 부대원들 모두가 사슬 갑옷을 입고 있는 모습을 보여 준다. 영국 군대와 그 동맹군이 프랑스군에 패배했다.

배서닛 투구의 복제품

배서닛에 고정된 사슬 드림

용접 고리와 리벳 고리가 교차하면서 사슬 갑옷을 이루고 있다.

사슬 갑옷의 세부 모양
사슬은 보통 4 대 1 방식으로 연결되었다. 모든 고리가 4개의 다른 고리와 엮였다는 말이다. 유럽에서는 용접과 리벳 고정 방식으로 고리를 교대해 엮는 게 보편적이었다. 그러다가 14세기부터는 리벳 고정 방식의 고리만으로 사슬 갑옷을 만들었다.

놋쇠 고리로 마감된 소매 끝동

무릎까지 내려오는 사슬 갑옷

사슬 셔츠와 사슬 드림
소매가 완벽하게 갖추어진 이 호버크와 사슬 드림— 투구에서 드리워지는 사슬 깃—은 오스트리아의 합스부르크 공작 루돌프 4세의 것으로 여겨진다. 이때에는 판금 갑옷이 보편화되고 있었지만 그 후로도 100년 동안 유럽에서는 여전히 사슬 갑옷이 사용되었다.

연대	14세기 중엽
출처	오스트리아
무게	13.83킬로그램

유럽의 판금 갑옷

사슬 갑옷은 14세기에 판금 갑옷으로 서서히 교체되어 갔다. 판금 갑옷은 매우 유연했고, 착용자에게 상당한 운동성을 제공했다. 15세기 중반, 기사들은 완벽한 형태의 판금 갑옷 일습을 구비했다. 사슬 갑옷은 판금 갑옷 결속부의 노출 부위를 보호해 주는 역할로 격하되었다. 15세기 말과 16세기 초에는 판금 갑옷이 최고 수준으로 발전한다. 16세기 중엽 이탈리아에서 제작된 아래의 판금 갑옷 분해도에서 주요 부품들을 확인할 수 있다.

이탈리아 갑옷

이 폐쇄형 투구는 머리 전체를 감쌌다. 선회축이 달린 면갑은 두 부분으로 나뉜다. 정면 면갑과 턱받이가 그것들이다. 몸통을 감싸는 동체 갑옷은 가슴판과 등판 (보이지 않는다.)으로 구성되며, 2개는 가죽끈으로 연결된다. 가슴판에서 스커트 (skirt)와 태싯(tasset)이 내려와 복부와 허벅지를 보호해 준다. 목, 팔, 다리 방호구들이 추가되어 머리끝에서 발끝까지 몸을 완벽하게 보호해 주었다.

연대　16세기 중반

출처　이탈리아

세로 깃

면갑을 들어올릴 수 있도록 설치한 못

면갑에 실틈으로 만들어 놓은 시야 확보부

목을 보호해 주면서 투구와 동체 갑옷을 연결해 주는 고짓

가슴판과 등판을 연결해 주는 가죽끈

호흡 구멍

들어올릴 수 있는 턱받이 상부

가슴을 보호해 주는 가슴판

퀴래스(동체 갑옷)의 가슴판
(Breastplate Section of Cuirass)

허리 부위의 운동성을 지원하기 위해 분절형으로 만든 강철 태싯

클로스 헬름
(Close Helm, 투구)

턱받이

턱받이 상하부를 결합해 주는 고리

경첩과 선회축

목가리개 판

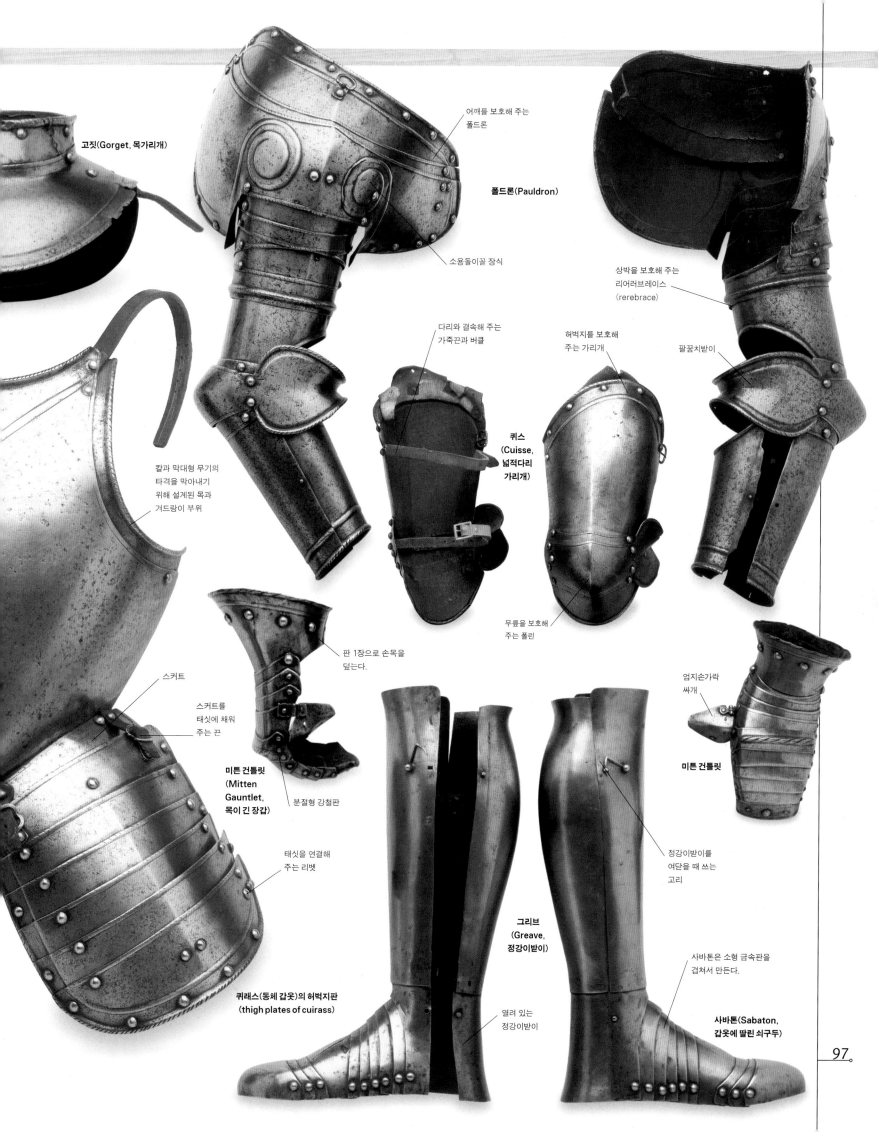

고짓(Gorget, 목가리개)

어깨를 보호해 주는
폴드론

폴드론(Pauldron)

소용돌이꼴 장식

상박을 보호해 주는
리어러브레이스
(rerebrace)

다리와 결속해 주는
가죽끈과 버클

허벅지를 보호해
주는 가리개

팔꿈치받이

퀴스
(Cuisse,
넓적다리
가리개)

칼과 막대형 무기의
타격을 막아내기
위해 설계된 목과
거드랑이 부위

무릎을 보호해
주는 폴린

판 1장으로 손목을
덮는다.

엄지손가락
싸개

스커트

스커트를
태싯에 채워
주는 끈

미튼 건틀릿
(Mitten
Gauntlet,
목이 긴 장갑)

미튼 건틀릿

분절형 강철판

정강이받이를
여닫을 때 쓰는
고리

태싯을 연결해
주는 리벳

그리브
(Greave,
정강이받이)

사바톤은 소형 금속판을
겹쳐서 만든다.

퀴래스(동체 갑옷)의 허벅지판
(thigh plates of cuirass)

열려 있는
정강이받이

사바톤(Sabaton,
갑옷에 딸린 쇠구두)

근세

16세기와 17세기, 유럽 안팎에서 화기 사용이 급속히 확산되었다. 그에 따라 이 신기술의 확산에 대응하려는 군사적·정치적 전략이 새로 개발되기 시작했다. 이제는 지배 계급이 군역을 지는 게 아니라 훈련받은 자들이 군복무를 하게 됐다. 이와 함께 세금을 거두고, 재정을 지출해 사회를 운영하는 국가의 능력이 신장되었다. 이런 변화상을 바탕으로 군대와, 그들이 사용하는 무기는 과거 그 어느 때보다 더 막강하고, 더 효율적으로 사람을 해칠 수 있는 존재가 되어 가기 시작했다.

16세기 초 포술의 유효성이 분명하게 입증됐다. 포이(砲耳) 도입과 같은 기술 발달이 이를 뒷받침해 주었다. 포이는 포신을 더 효과적으로 들었다 내려놓을 수 있게 해 주는 수평 돌출부이다. 중세 말에는 튼튼한 요새나 성 같은 거점을 둘러싼 포위전이 전쟁의 주된 양상이었으나 이러한 경향은 포술의 발전으로 사라지기 시작했다. 군사 전문가들은 고정된 거점을 더 이상 사수할 수 없다는 것을 깨닫기 시작했다. 남은 것은 총력전뿐이었다.

공성전

이탈리아 전쟁(1494~1509년)은 야포와 화기의 잠재력이 본격적으로 입증된 최초의 사건이었다. 체리뇰라 전투(1503년)에서 에스파냐 군대는 참호에서 나와 프랑스 기병대를 굴복시켰다. 라벤나 전투(1512년)는 2시간 동안의 쌍방 포격과 함께 개시되었다. 이것이 기록된 최초의 포격전이다. 그러나 이런 산개 전투는 곧 자취를 감췄다. 대신 꽤 오랫동안 공성전이 전장을 지배했다. 이탈리아식 요새 건축술이 확산되면서(102쪽 상자글 참조) 공성전은 시간과 비용이 많이 드는 효과 없는 전술이라는 게 드러났고, 성과 안의 수비병에게 유리하다는 게 명백해졌다.

화승총은 15~17세기에 널리 사용된 원시적인 화기였다. 1520년대에 새로운 무기인 머스킷(musket)이 등장했다. 머스킷은 9킬로그램까지 나갈 정도로 화승총보다 무거웠다. 따라서 사격을 하려면 조준대가 있어야 했다. 그러나 머스킷에는 탄환을 훨씬 더 강력한 힘으로 발사할 수 있다는 특장점이 있었다. 머스킷은 무거워서 다루기가 힘들었고, 공성전에서나 위력을 발휘했다. 화약 무기가 도입되었지만 창병 같은 보병 부대가 일거에 사라지지는 않았다. 스위스식 창병 대형은 16세기 초 전투에서도 여전히 보편적인 용병술이었다. 노바라(1513년)에서 참호에 있던 화승총병들을 향해 돌격전을 벌였던 것과 같은 공격적인 전술은 그들을 공포의 대상으로 만들었다. 그러나 군대에서 창병의 비율은 꾸준히 감소했고, 17세기

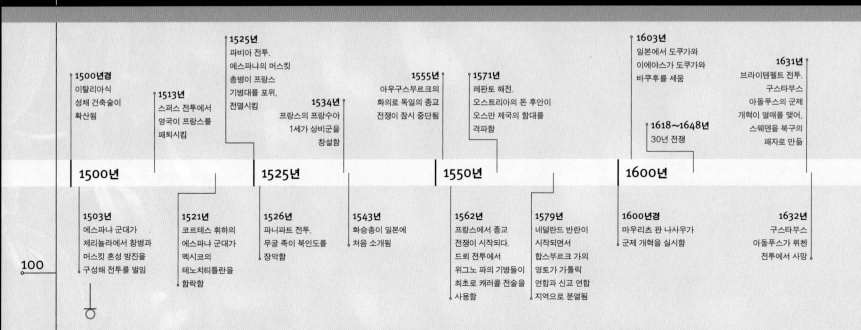

총병 부대의 포위 섬멸전
파비아 전투(1525년)의 승패를 결정지은 것은 총병과 창병 부대였다. 그들은 참호에서 뒤처나와 개활지에서 산개 전투를 수행했다. 프랑스 군대는 대패했고, 국왕 프랑수아 1세는 신성로마제국 황제카를 5세에게 생포되었다.

1500년경
이탈리아식 성채 건축술이 확산됨

1513년
스퍼스 전투에서 영국이 프랑스를 패퇴시킴

1525년
파비아 전투. 에스파냐의 머스킷 총병이 프랑스 기병대를 포위, 전멸시킴

1534년
프랑스의 프랑수아 1세가 상비군을 창설함

1555년
아우구스부르크의 화의로 독일의 종교 전쟁이 잠시 중단됨

1571년
레판토 해전. 오스트리아의 돈 후안이 오스만 제국의 함대를 격파함

1603년
일본에서 도쿠가와 이에야스가 도쿠가와 바쿠후를 세움

1618~1648년
30년 전쟁

1631년
브라이텐펠트 전투. 구스타부스 아돌푸스의 군제 개혁이 열매를 맺어, 스웨덴을 북구의 패자로 만듦

1500년   **1525년**   **1550년**   **1600년**

1503년
에스파냐 군대가 체리뇰라에서 창병과 머스킷 혼성 방진을 구성해 전투를 벌임

1521년
코르테스 휘하의 에스파냐 군대가 멕시코의 테노치티틀란을 함락함

1526년
파니파트 전투. 무굴 족이 북인도를 장악함

1543년
화승총이 일본에 처음 소개됨

1562년
프랑스에서 종교 전쟁이 시작되다. 드뢰 전투에서 위그노 파의 기병들이 최초로 캐러콜 전술을 사용함

1579년
네덜란드 반란이 시작되면서 합스부르크 가의 영토가 가톨릭 연합과 신교 연합 지역으로 분열됨

1600년경
마우리츠 판 나사우가 군제 개혁을 실시함

1632년
구스타부스 아돌푸스가 뤼첸 전투에서 사망

중엽에는 무려 5분의 1 규모로 축소되었다.

유럽 군대의 창병 보유 경향은 군사 이론가들이 보기에 자기 의식적 노력의 한 측면이었다. 그들은 고대 그리스 로마의 고전기를 사랑한 르네상스 건축가들처럼 창을 휘두르는 그리스의 장갑 보병이나 규율이 잘 잡힌 로마의 군대를 교본 삼아 전투를 치렀다. 프랑스의 프랑수아 1세는 1534년 로마 군단을 모범 삼아 각각 6000명 규모의 상비군 7개 부대를 편성했다. 또, 이탈리아의 이론가들은 16×16의 방진에서 도출된 256명을 보병 중대의 표준으로 삼았다.

유럽 군대의 성장

이탈리아의 시인 풀비오 테스티는 1640년대에 이렇게 썼다. "지금은 바야흐로 군인들의 세기." 유혈 낭자한 전투가 증가하면서—1544년 체레솔레 전투에서 전투원 2만 5000명 중 약 7000명이 죽었다.—군대가 팽창하던 세태를 노래한 것이다. 부르고뉴의 용담공 샤를의 군대는 1470년대에 약 1만 5000명이었다. 이 숫자는 1세기 후 네덜란드에 파견된 필립 2세의 군대 8만 6000명에 비하면 새발의 피다. 도시의 방벽을 보강하고, 그 어느 때보다 더 큰 규모의 군대를 편성하고 유지하는 데에는 엄청난 비용이 들었고, 유럽의 열강들은 극심한 스트레스를 받았다.

15세기 말까지 유럽의 전쟁은 대부분 왕위 계승 전쟁이었다. 그러나 16세기 초 종교 개혁이 시작되면서 종교적·이데올로기적 차원이 더해졌다. 1560년대에는 프랑스와 네덜란드가 종교 내전에 돌입한다. 프랑스 종교 전쟁은 1589년에 종결되었지만 네덜란드 반란은 1648년에야 비로소 끝난다. 이 과정에서 카를 5세와 필립 2세 치하의 합스부르크 가는 자원을 탕진하고 한계에 봉착했다. 네덜란드 독립 전쟁은 군사 전략이 크게 발전하는 도가니이기도 했다.

화약 무기를 사용하게 되면서 전장의 대형이 바뀌었다. 전통적인 블록 대형보다는 전열(戰列)이 화력을 효과적으로 집중시킬 수 있었던 것이다. 16세기와 17세기 내내 군대의 대오는 얇아졌고, 전열은 확대되었다. 그러나 선형 대오로 싸우려면 더 강력한 규율이 필요했다. 불과 50미터 거리에서 서로 총을 쐈기 때문이다. 네덜란드의 신교도 지도자 마우리츠 판 나사우는 1590년대에 '제식 훈련'을 도입했다. 그는 교련과 기본적 작전 행동을 가르쳤다. 그의 형제 빌렘 로데베익은 머스킷 총병들의 횡렬이 차례로 사격을 하고, 뒤로 물러나서 재장전을 하는 전술을 개발했다. 그렇게 하면 사격을 지속할 수 있었다.

구세계와 신세계의 조우

16세기는 유럽의 군세가 처음으로 해외 진출에 성공한 시대라고 할 수 있다. 아메리카 대륙에서 에스파냐는 잉카 및 아즈텍 제국과 마주쳤다. 그들에게는 철기가 없었다. 나무 곤봉과 돌도끼는 에스파냐의 동체 갑옷을 무력화할 수 없었다. 구리 화살촉이 달린 화살만이 위협적일

에스파냐의 방진
에스파냐 군대는 창병과 화승총병을 섞어, 테르시오라고 하는 혼성 방진을 구성한 최초의 부대였다. 테르시오 몇 개를 이 그림에서 확인할 수 있다. 이 그림은 네덜란드를 상대로 벌인 80년 전쟁(1568∼1648년)을 묘사한 것이다.

뿐이었다. 1536년 쿠스코가 함락되었다. 에스파냐 군인 190명이 석기로 무장한 잉카 전사 20만 명을 격퇴했다. 에스파냐는 원주민 문명의 낙후한 기술뿐만 아니라 내부 분열의 덕을 보았다. 그들은 멕시코에서 아즈텍 족에 대한 틀락스칼라 족의 반감을 이용해 정보를 획득했고, 페루에서는 잉카 족의 왕좌를 놓고 다투던 두 경쟁 분파 사이의 내전을 활용했다. 그러나 원주민들도 빠르게 배웠다. 북아메리카에서 매사추세츠 원주민들은 1670년대에 총을 생산하기 시작했고, 1675∼1676년의 필립 왕 전쟁 때는 영국군 3000명이 부상당했다. 더 이른 시기의 교전에서는 유럽 인 사상자가 거의 발생하지 않았다는 점이 확연한 대조를 이룬다.

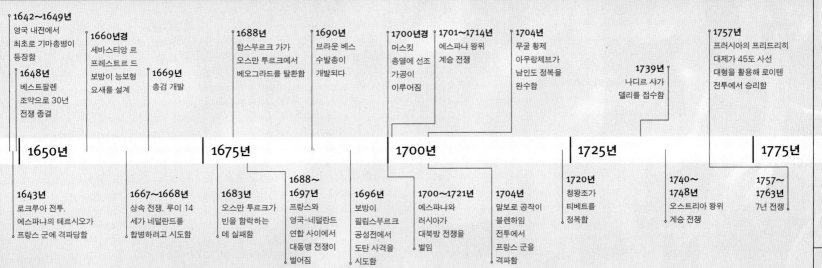

1642∼1649년
영국 내전에서 최초로 기마총병이 등장함

1648년
베스트팔렌 조약으로 30년 전쟁 종결

1660년경
세바스티앙 르 프레스트르 드 보방이 능보형 요새를 설계

1669년
총검 개발

1688년
합스부르크 가가 오스만 투르크에서 베오그라드를 탈환함

1690년
브라운 베스 수발총이 개발되다

1700년경
머스킷 총열에 선조 가공이 이루어짐

1701∼1714년
에스파냐 왕위 계승 전쟁

1704년
무굴 황제 아우랑제브가 남인도 정복을 완수함

1739년
나디르 샤가 델리를 접수함

1757년
프러시아의 프리드리히 대제가 45도 사선 대형을 활용해 로이텐 전투에서 승리함

1650년   **1675년**   **1700년**   **1725년**   **1775년**

1643년
로크루아 전투. 에스파냐의 테르시오가 프랑스 군에 격파당함

1667∼1668년
상속 전쟁. 루이 14세가 네덜란드를 합병하려고 시도함

1683년
오스만 투르크가 빈을 함락하는 데 실패함

1688∼1697년
프랑스와 영국-네덜란드 연합 사이에서 대동맹 전쟁이 벌어짐

1696년
보방이 필립스부르크 공성전에서 도탄 사격을 시도함

1700∼1721년
에스파냐와 러시아가 대북방 전쟁을 벌임

1704년
말보로 공작이 블렌하임 전투에서 프랑스 군을 격파함

1720년
청왕조가 티베트를 정복함

1740∼1748년
오스트리아 왕위 계승 전쟁

1757∼1763년
7년 전쟁

101

머스킷 훈련
머스킷은 복잡한 무기로, 제대로
사격하려면 무려 스무 가지의 개별적
동작에 숙달되어야 했다. 정확한
사격 방법을 일러 주는 훈련교범을
각 군은 필수적으로 갖추어야 했다.
왼쪽 그림은 17세기 중엽에 발행된
네덜란드의 교범이다.

화기 전술의 발달

아시아의 열강들인 오스만 투르크, 무굴 제국, 도쿠가와 바쿠후, 명청 왕조 등과 비교할 때 유럽 인들이 벌인 군사적 침략은 비교적 소규모였다. 오스만 투르크 제국은 제2차 빈 침공(1683년)에 패배할 때까지 유럽의 최대 적이었다. 그들은 오스트리아 합스부르크 왕가와 소규모 전쟁을 지속적으로 벌였다. 16세기에 오스만 투르크 제국에 엄청난 성공과 번영을 가져다준 친위 보병 부대가 위축되기 시작했다. 그러나 그들에게는 여전히 경기병대가 있었고, 유럽의 그 어떤 세력도 이에 필적할 수가 없었다.

중국인들은 비교적 이른 시기에 화약을 개발했다. 그러나 16세기에 이르자 유럽 인들이 기술적 우위를 확보하게 된다. 중국은 1520년대에 포르투갈 산 대포를 손에 넣었지만 외국의 기술을 단순히 모방하는 것에 만족하지 못했다. 그들은 16세기에 일종의 '연발총'을 개발했는데, 이것은 원시적인 형태의 기관총이라고 할 수 있었다. 1598년의 병서에는 센티미터 단위에 이르는 총열의 측정 값이 실려 있다. 중국의 연발총은 일련 번호가 매겨졌는데, 이것은 총기 생산이 중앙의 통제를 받았다는 증거다.

일본에서는 1467~1476년에 오닌(應仁)의 난이 일어났다. 정치적 분열의 시대가 시작되었고, 지역 군벌인 다이묘(大名)들이 독립했다. 일본은 1542년 화기를 손에 넣었다. 폭풍우에 좌초한 포르투갈 해적선으로부터였다. 화기는 재빨리 확산되었다. 오다 노부나가가 일본을 통일하는 과정에서 머스킷 총병 부대('뎃포타이(鐵砲隊)'라고 했다.)가 결정적 역할을 했다. 그는 1568년 교토를 장악했고, 1582년 사망하기 전까지 일본의 대부분을 정복했다.

이 시기 일본의 전투는 유럽 군대의 총력전 양상을 띠었다. 엘리트 전사들인 사무라이의 결투 같은 이전 시기의 특징과 비교할 때 엄청난 변화였던 셈이다. 일본의 군대는 기술적·전술적 측면에서 상당한 독창성을 과시했다. 노부나가는 1576년 오사카에서 7척의 배를 건조하는데, 여기에 장갑을 씌웠다. 그 배는 조선의 거북선과 함께 대포와 머스킷이 탑재된 최초의 장갑함이라 할 만한 것이었다. 노부나가의 머스킷 총병들은 1575년 나가시노 결전에서 순환 대오 체계를 갖추고 총을 쐈다. 유럽에서 그런 방법이 정착하기 몇 년 전이었다. 그러나 최후에 일본을 통일한 것은 1600년 이후 도쿠가와 이에야스였다. 군사적 갈등이 종식되었고, 그와 함께 기술 발달의 기세도 한풀 꺾였다. 이미 1588년에 '도검 사냥령'이 내려져 사사로이 보유되던 온갖 무기가 회수되고 있었다. 거기에는 화기도 포함되어 있었다. 결국 탈군사화가 이루어졌고, 일본은 군사적으로 약체화된 처지에서 19세기에 서방의 침략자들과 대면하게 된다.

30년 전쟁

1618~1648년은 유럽의 30년 전쟁기였다. 이 복잡한 혼전 양상에서 가톨릭을 대변하던 합스부르크 가와 대다

요새

공성용 포격 기술이 발전하자 요새 건축술 역시 진보하기 시작했다. 그 해결책은 다각형의 능보 요새였다. 화승총병들을 적절하게 배치할 경우 서로 겹치는 사계(射界)가 형성되면서 공격자들을 살상할 수 있었던 것이다. 새로운 형태의 요새는 이탈리아에서 기원했고, '이탈리아 성벽'이라고 통칭되었다. 프랑스의 토목 기사 보방이 17세기 말에 새로운 수준의 정교화를 이루어냈다. 그는 외보(外堡)라고 하는 동심형 고리를 채택했고, 지형을 최대한 활용했는데 이는 방어 화력을 극대화하기 위한 조치였다.

보방식 성채의 모형

수가 신교도였던 연합 세력이 쟁투를 벌였다. 신교도 연합 세력은 끊임없이 이합집산했다. 이 과정에서 군대와 전술이 더 한층 발전하면서 정교해졌다. 군대가 제복을 착용하기 시작했다. 아니 적어도 약간의 통일된 색상이나마 갖추려고 노력했다. 합스부르크 가는 빨간색을 선호했고, 이에 대항하던 프랑스 군대는 파란색을 입었다. 구스타부스 아돌푸스의 스웨덴 군대 개혁이 특히 돋보였다. 구스타부스는 1620년의 '군 병력에 관한 포고령'으

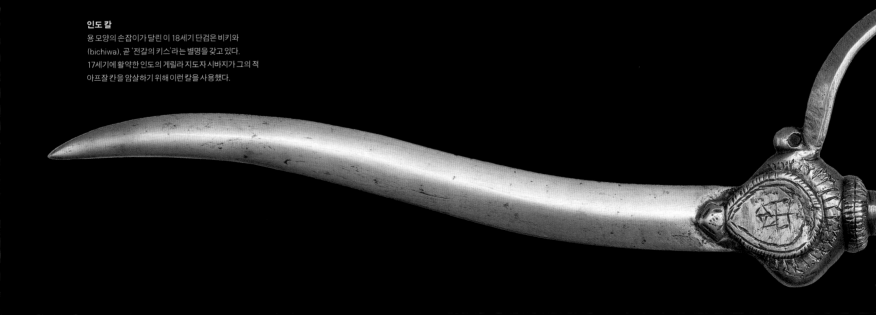

인도 칼
용 모양의 손잡이가 달린 이 18세기 단검은 비키와
(bichiwa), 곧 '전갈의 키스'라는 별명을 갖고 있다.
17세기에 활약한 인도의 게릴라 지도자 시바지가 그의 적
아프잘 칸을 암살하기 위해 이런 칼을 사용했다.

로 사실상 징병제를 도입했다. 전쟁성이 창설되어 군사 행정을 총괄하게 되었다. 이런 군제 개혁이 열매를 맺었고, 스웨덴은 일련의 전투에서 인상적인 성공을 거뒀다. 브라이텐펠트 전투(1631년)에서 6열 횡진으로 편성된 스웨덴 군대는 30×50 방진을 이룬 합스부르크 가의 군대와 조우했고, 완벽한 승리를 거두었다. 적군 약 8000명이 사망했다.

30년 전쟁 기간 내내 각국 군대는 병력을 충원하기 위해 용병에 의지했다. 군사 브로커들이 번성했다. 발렌슈타인의 알브레히트는 2만 5000명 규모의 병력을 제공할 수 있을 정도였다. 베스트팔렌 평화 조약(1648년) 이후 각국은 전쟁이 끝나도 해산되지 않는 상비군을 창설하기 시작한다. 프랑스의 군대는 1659년 12만 5000명(1690년경에는 약 40만 명)에 달했고, 독일의 소국 율리히베르크조차 5000명의 상비군을 유지했다.

이러자 전비가 늘어나게 되었다. 1679년부터 1725년까지 러시아 군대는 평화 시에는 전체 국고의 60퍼센트를, 전시에는 거의 전부를 탕진했다. 루이 14세의 프랑스를 보자. 북동 국경의 요새 방벽을 건조하는 비용은 국가 재정에 엄청난 타격을 가했다. 다수를 보방이 설계했다. 아트의 요새는 짓는 데 6년, 비용은 500만 리브르가 투입되었다. 전쟁이 다시 한번 공성전에 집중되었다. 9년 전쟁(1688~1697년) 때 프랑스는 동쪽 국경을 확장하려고 했지만 필립스부르크 요새 단 하나를 함락시키는 데 무려 두 달이 걸렸다.

머스킷과 총검의 사용

17세기 말에 드디어 창이 사라졌다. 총검이 등장한 것이다. 초기의 플러그식 총검은 머스킷의 총구를 막았기 때문에 사격을 하려면 떼어내야 했다. 그러다가 1669년 총열에 칼을 다는 소켓식 총검이 개발되었고, 총검이 사격을 방해하는 일은 사라졌다. 1689년경에는 소켓형 총검이 프랑스 군대에 표준 제식화된다. 17세기 후반에는 수

발총도 개발되었다. 이 총은 화승총보다 더 가벼웠고, 발사 속도도 두 배나 빨랐다. 정량의 화약이 포장된 탄약통이 도입된 것도 사격 속도 증가에 이바지했다. 이런 탄약통이 1738년경 프랑스 육군에 표준 지급된다.

세계 전쟁의 시작

17세기의 한때 군대는 '캐러콜(caracole)'이라고 하는 기병 전술을 채택하기도 했다. 바퀴식 방아쇠 권총으로 무장한 기병대가 사거리 안으로 돌진해 일제 사격을 가한 다음 퇴각하는 방식을 캐러콜 전술이라고 한다. 그러나 수발총과 소켓식 총검이 결합하면서 기마 부대는 극도로 취약해졌다. 실제로 17세기 말에는 기마 병력이 프랑스 군대의 16퍼센트에 불과하게 되었다. 그들의 역할이라는 것도 상대편 기병대를 대적하거나 이미 와해된 보병을 추격하는 정도였다.

그러나 다시 한번 기병대가 부활했다. 그들은 화기를 버리고, 기습과 신속한 돌격이라는 충격 요법에 기댔다. 이 전술을 채택한 영국 장군 말보로의 기병 전대는 에스파냐 왕위 계승 전쟁기의 블렌하임 전투(1704년) 승리에서 핵심적 역할을 담당했다.

프러시아는 프리드리히 대제(1740~1786년) 치하에서 유럽 최강의 군사력을 갖추게 된다. 이 군대는 규율과 상시 교련을 바탕으로 구축되었다. 45도 각도의 사선 공격 같은 혁신적 전술은 다른 국가들도 표준으로 채택하게 된다. 1755년의 러시아 보병 규정집은 프러시아의 것에 기반한 것이었다. 7년 전쟁(1756~1763년) 때 프러시아와 영국 동맹 세력은 프랑스, 오스트리아, 러시아의 연합군과 대결했다. 3국 연합은 프러시아의 유럽 중부 지배를 저지하려고 했다. 그러나 이 전쟁이 유명한 이유는 최초의 세계 전쟁이었기 때문이다. 프랑스와 영국이라는 두 경쟁 세력은 북아메리카와 인도 아대륙에서까지 맞섰다. 프러시아는 1720년부터 머스킷용 탄약 꽃을대를 사용하기 시작했고, 탄환을 분당 3발까지 발사할 수 있게 됐

다. 비교적 새로운 전술이라 할 이동 사격도 가능해졌는데, 프리드리히는 이를 바탕으로 커다란 군사적 성공을 거두었다. 로이텐 전투(1757년)에서 프러시아의 일부 머스킷 총병들은 탄환을 180발까지 발사하기도 했다.

18세기가 경과하면서 야포가 군대에서 점점 더 결정적인 요소로 부상한다. 1748년 플랑드르로 진격하던 프랑스의 야포 행렬에서는 약 3000마리의 말이 150문의 대포를 끌었다. 1739년부터는 포열을 일체 성형한 다음 구멍을 뚫기 시작했다. 기계의 공차가 감소했고, 대포는 더 강력한 무기로 거듭났다. 포병 학교도 설립되었다. 1679년에 개교한 프랑스 왕립 포병대가 그런 예다. 포병 장교들은 많은 경우 유럽 최고의 엘리트였다. 프랑스의 포병 장교 출신인 나폴레옹 보나파르트가 절대 군주제라는 구체제를 해체하고 전쟁을 혁명적으로 개변하게 되는 것도 놀라운 일이 아닌 것이다.

일본의 화기
오다 노부나가의 조총병들은 1575년 나가시노 전투에서 순환식 일제 사격 방법을 채택해 다케다 가쓰요리 세력을 격파했다. 집중 사격에 굴하지 않고 오다 진영까지 다가온 다케다의 기마대는 창병들이 저지했다. 당대 유럽의 전술과 일치하는 대목이다.

양손으로 다루는 검

중세 보병들이 사용하던 칼 대부분은 상대적으로 가볍고, 다루기도 쉬웠다. 그러나 15세기 말쯤 되면 더 커다란 무기들이 사용되기 시작한다. 특히 독일에서 이런 현상이 두드러졌다. 이 양손으로 다루는 검은 특수 무기였다. 이 무기를 사용한 란츠크네히트 용병들은 돕펠핸더(doppelhänder)라고 불렸고, 봉급도 두 배였다. 그들은 적의 창병 부대를 헤집고 들어갔다. 이 인상적이지만 다루기 힘든 무기는 군사 의식이나 포로 또는 범죄자 처형에도 사용되었다.

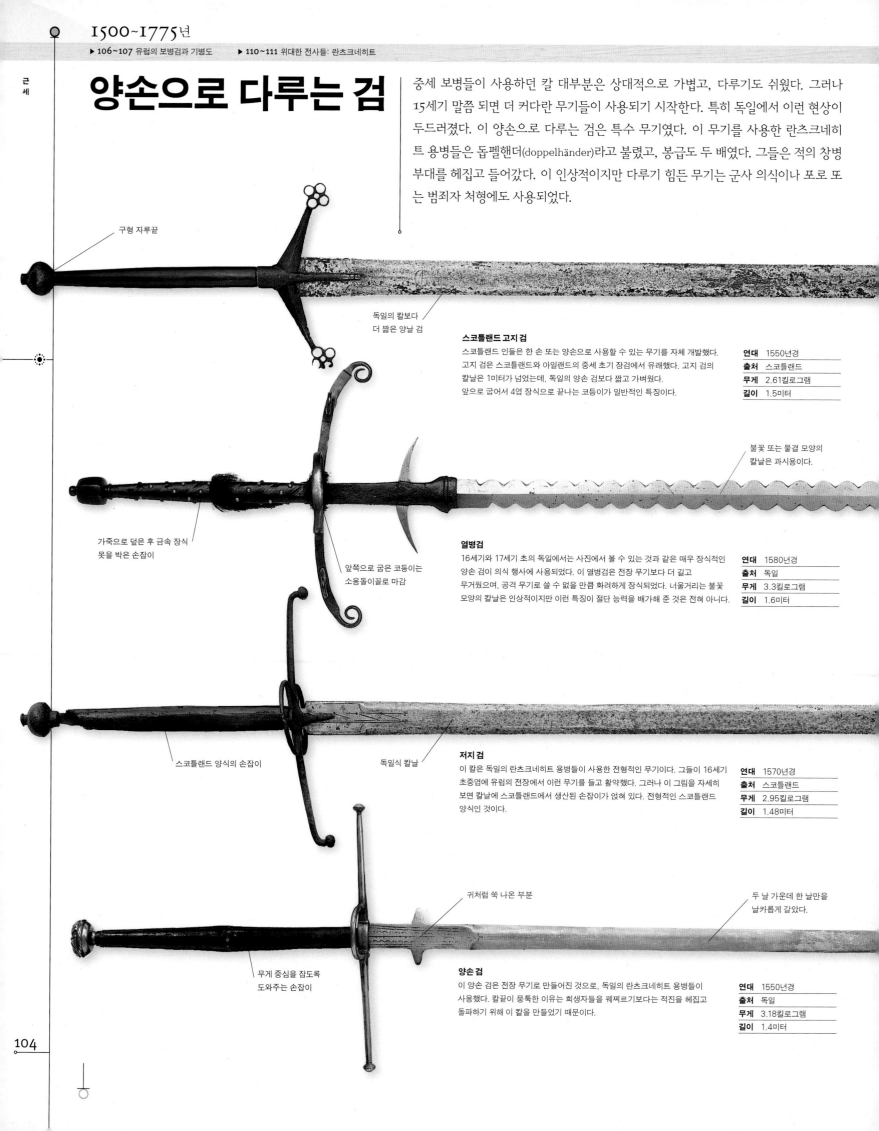

구형 자루끝

독일의 칼보다 더 짧은 양날 검

스코틀랜드 고지 검
스코틀랜드 인들은 한 손 또는 양손으로 사용할 수 있는 무기를 자체 개발했다. 고지 검은 스코틀랜드와 아일랜드의 중세 초기 장검에서 유래했다. 고지 검의 칼날은 1미터가 넘었는데, 독일의 양손 검보다 짧고 가벼웠다. 앞으로 굽어서 4엽 장식으로 끝나는 코등이가 일반적인 특징이다.

연대	1550년경
출처	스코틀랜드
무게	2.61킬로그램
길이	1.5미터

불꽃 또는 물결 모양의 칼날은 과시용이다.

가죽으로 덮은 후 금속 장식 못을 박은 손잡이

앞쪽으로 굽은 코등이는 소용돌이꼴로 마감

열병검
16세기와 17세기 초의 독일에서는 사진에서 볼 수 있는 것과 같은 매우 장식적인 양손 검이 의식 행사에 사용되었다. 이 열병검은 전장 무기보다 더 길고 무거웠으며, 공격 무기로 쓸 수 없을 만큼 화려하게 장식되었다. 너울거리는 불꽃 모양의 칼날은 인상적이지만 이런 특징이 절단 능력을 배가해 준 것은 전혀 아니다.

연대	1580년경
출처	독일
무게	3.3킬로그램
길이	1.6미터

스코틀랜드 양식의 손잡이

독일식 칼날

저지 검
이 칼은 독일의 란츠크네히트 용병들이 사용한 전형적인 무기이다. 그들이 16세기 초중엽에 유럽의 전장에서 이런 무기를 들고 활약했다. 그러나 이 그림을 자세히 보면 칼날에 스코틀랜드에서 생산된 손잡이가 얹혀 있다. 전형적인 스코틀랜드 양식인 것이다.

연대	1570년경
출처	스코틀랜드
무게	2.95킬로그램
길이	1.48미터

귀처럼 쑥 나온 부분

두 날 가운데 한 날만을 날카롭게 갈았다.

무게 중심을 잡도록 도와주는 손잡이

양손 검
이 양손 검은 전장 무기로 만들어진 것으로, 독일의 란츠크네히트 용병들이 사용했다. 칼끝이 뭉툭한 이유는 희생자들을 꿰찌르기보다는 적진을 헤집고 돌파하기 위해 이 칼을 만들었기 때문이다.

연대	1550년경
출처	독일
무게	3.18킬로그램
길이	1.4미터

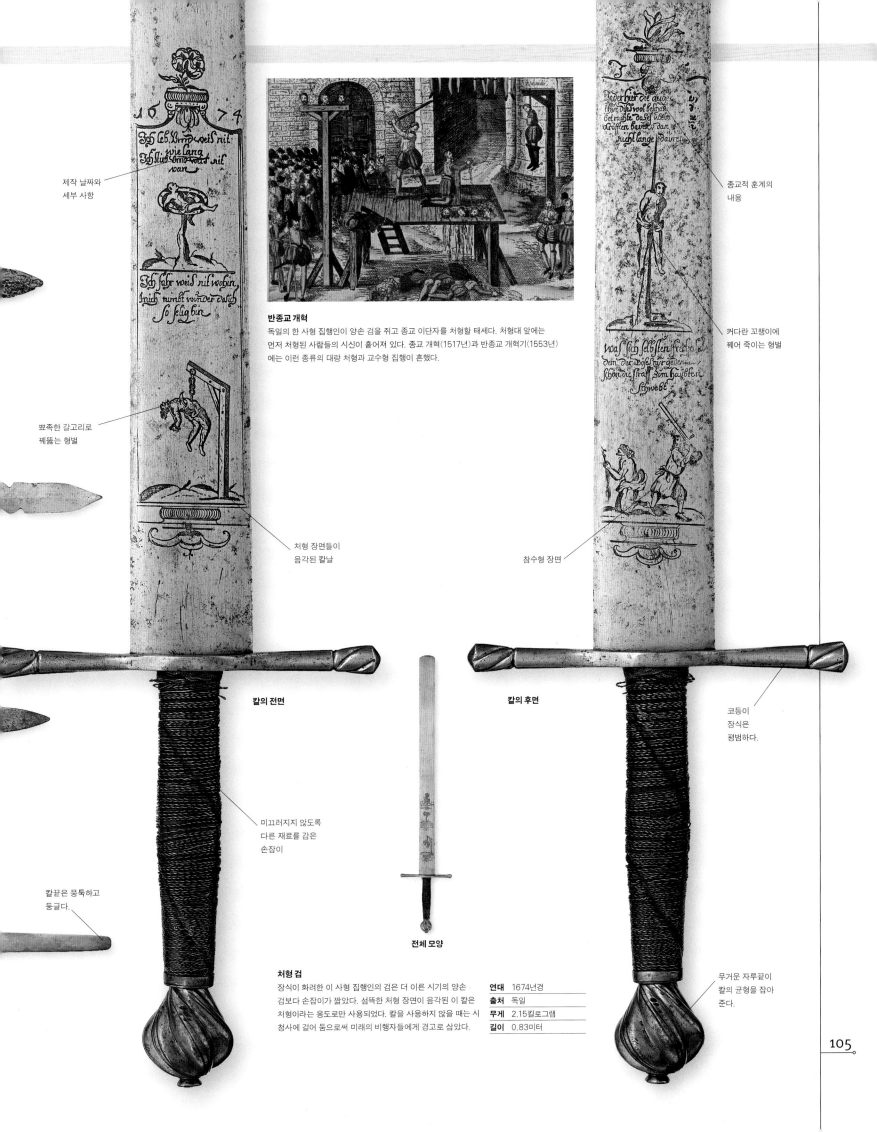

제작 날짜와
세부 사항

뾰족한 갈고리로
꿰뚫는 형벌

칼끝은 뭉툭하고
둥글다.

반종교 개혁
독일의 한 사형 집행인이 양손 검을 쥐고 종교 이단자를 처형할 태세다. 처형대 앞에는
먼저 처형된 사람들의 시신이 흩어져 있다. 종교 개혁(1517년)과 반종교 개혁기(1553년)
에는 이런 종류의 대량 처형과 교수형 집행이 흔했다.

처형 장면들이
음각된 칼날

칼의 전면

미끄러지지 않도록
다른 재료를 감은
손잡이

전체 모양

처형 검
장식이 화려한 이 사형 집행인의 검은 더 이른 시기의 양손
검보다 손잡이가 짧았다. 섬뜩한 처형 장면이 음각된 이 칼은
처형이라는 용도로만 사용되었다. 칼을 사용하지 않을 때는 시
청사에 걸어 둠으로써 미래의 비행자들에게 경고로 삼았다.

종교적 훈계의
내용

커다란 꼬챙이에
꿰어 죽이는 형벌

참수형 장면

칼의 후면

코등이
장식은
평범하다.

무거운 자루끝이
칼의 균형을 잡아
준다.

연대	1674년경
출처	독일
무게	2.15킬로그램
길이	0.83미터

유럽의 보병검과 기병도

르네상스 이후로 군대에 혁명이 일어났다. 화력이 점점 더 중요해졌던 것이다. 그러나 백병전용 무기인 칼 따위의 날붙이들이 여전히 전투의 승패를 결정짓는 무기로 남아 있었다. 특히 기병에게는 더욱 그랬다. 대부분의 보병검은 16세기부터 찌르는 무기로 사용되는 경향이 있었다. 그러나 기병은 계속해서 보병을 아래로 베어야만 했다. 당연히 그들은 더 큰 양날 검을 선호했다. 맞상대하는 적이 기병이든 보병이든 관계없이 공히 사용할 수 있었기 때문이다. 그러나 군대에서 사용하는 칼이 표준화되면서 실용성만큼이나 그 제작 양식도 강조되기에 이르렀다. 그렇게 제작된 칼들은 더 우아했고, 치명적이기까지 했다.

르네상스 기 무기들의 칼날에는 종교적 도상이 새겨져 있는 경우가 많다.

단순한 형태의 나무 손잡이는 한 손 또는 두 손으로 쥐었다.

코등이의 굽이는 적의 칼날을 막아 준다.

보병검

이 쪽에 수록된 다른 칼들과 달리 이 칼은 아주 장식적이다. 그러나 이 칼은 소지자에게 별다른 보호책을 제공하지 않았다. 이 칼은 한 손과 양손 모두로 휘두를 수 있었다.

연대	1500년경
출처	스위스
무게	0.91킬로그램
길이	90센티미터

칼날은 손잡이보다 100년 후에 만들어졌다.

전체 모양

은상감된 손잡이

바구니형 손잡이가 달린 칼

이 광폭 검은 17세기 초 독일의 졸링겐 지방에서 제작된 칼날에 영국에서 만든 바구니형 손잡이가 더해진 것이다. 손잡이는 칼날보다 한 세기도 더 전에 만들어졌다.

연대	1540년경
출처	영국
무게	1.36킬로그램
길이	1.04미터

소용돌이 모양 장식을 통해 당대의 미의식을 짐작해 볼 수 있다.

풀러는 칼날의 위력을 더해 준다.

제조자 표시

기병도

18세기 중엽에는 기병도가 두 가지 형태로 발달해 있었다. 가볍고 휜 모양의 칼날은 경기병이 사용했고, 길고 무거우며 곧은 칼날은 중기병이 썼다. 이 칼은 유럽의 중기병들이 한 세기 이상 사용한 기병도의 전형이다. 칼날의 등을 따라 파인 홈인 풀러가 하나인데, 이를 통해 외날 검임을 알 수 있다.

연대	1750년
출처	영국
무게	1.36킬로그램
길이	1미터

전체 모양

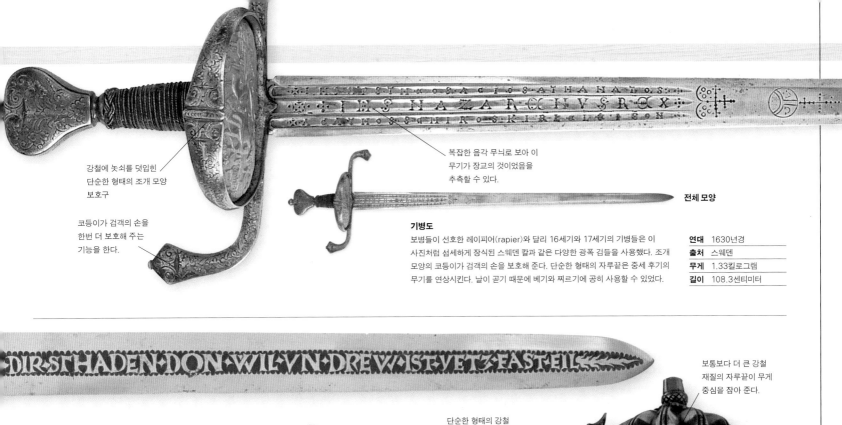

강철에 놋쇠를 덧입힌
단순한 형태의 조개 모양
보호구

복잡한 음각 무늬로 보아 이
무기가 장교의 것이었음을
추측할 수 있다.

코등이가 검객의 손을
한번 더 보호해 주는
기능을 한다.

전체 모양

기병도

보병들이 선호한 레이피어(rapier)와 달리 16세기와 17세기의 기병들은 이
사진처럼 섬세하게 장식된 스웨덴 칼과 같은 다양한 광폭 검들을 사용했다. 조개
모양의 코등이가 검객의 손을 보호해 준다. 단순한 형태의 자루끝은 중세 후기의
무기를 연상시킨다. 날이 곧기 때문에 베기와 찌르기에 공히 사용할 수 있었다.

연대	1630년경
출처	스웨덴
무게	1.33킬로그램
길이	108.3센티미터

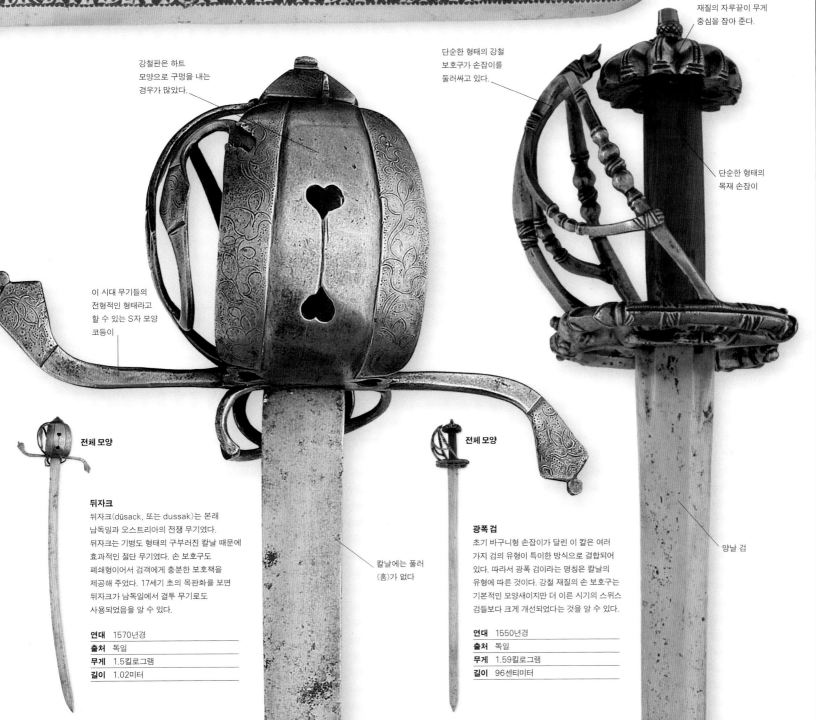

강철판은 하트
모양으로 구멍을 내는
경우가 많았다.

단순한 형태의 강철
보호구가 손잡이를
둘러싸고 있다.

보통보다 더 큰 강철
재질의 자루끝이 무게
중심을 잡아 준다.

단순한 형태의
목재 손잡이

이 시대 무기들의
전형적인 형태라고
할 수 있는 S자 모양
코등이

전체 모양

뒤자크

뒤자크(düsack, 또는 dussak)는 본래
남독일과 오스트리아의 전쟁 무기였다.
뒤자크는 기병도 형태의 구부러진 칼날 때문에
효과적인 절단 무기였다. 손 보호구도
폐쇄형이어서 검객에게 충분한 보호책을
제공해 주었다. 17세기 초의 목판화를 보면
뒤자크가 남독일에서 결투 무기로도
사용되었음을 알 수 있다.

연대	1570년경
출처	독일
무게	1.5킬로그램
길이	1.02미터

전체 모양

광폭 검

초기 바구니형 손잡이가 달린 이 칼은 여러
가지 검의 유형이 특이한 방식으로 결합되어
있다. 따라서 광폭 검이라는 명칭은 칼날의
유형에 따른 것이다. 강철 재질의 손 보호구는
기본적인 모양새이지만 더 이른 시기의 스위스
검들보다 크게 개선되었다는 것을 알 수 있다.

칼날에는 풀러
(홈)가 없다

양날 검

연대	1550년경
출처	독일
무게	1.59킬로그램
길이	96센티미터

유럽의 보병검과 기병도

황동이 소용돌이 꼴로 복잡하게 상감 세공된 자루끝

바구니형 울은 뛰어난 보호구였다.

펠트로 덮은 가죽을 안에 덧댄 보호울의 내부

베기와 찌르기에 적합한 광폭의 양날 검

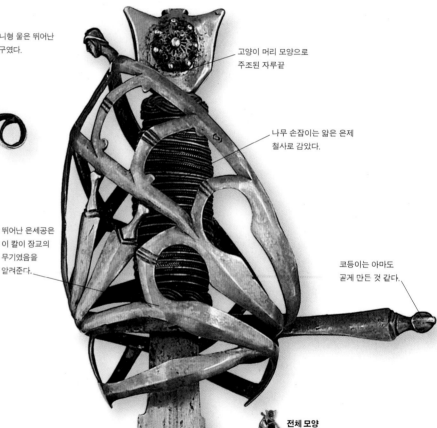

운명의 돌격
스웨덴의 구스타부스 아돌푸스 국왕이 뤼첸 전투(1632년)에서 칼을 손에 쥔 채 독일의 신교도 적들을 향해 돌격하는 기병을 지휘하고 있다. 국왕은 호위 무사를 앞질러 나갔고, 적군 기마대에 둘러싸이고 말았다. 스웨덴 왕은 이들의 가차없는 공격을 받고 전사했다.

고양이 머리 모양으로 주조된 자루끝

나무 손잡이는 얇은 은제 철사로 감았다.

뛰어난 은세공은 이 칼이 장교의 무기였음을 알려준다.

코등이는 아마도 곧게 만든 것 같다.

전체 모양

'정신일도'라는 뜻의 In Mene가 새겨진 양날 칼몸

광폭 검
바구니형 손잡이가 달린 칼은 16세기 중엽부터 유럽 전역에서 사용되었지만 18세기의 스코틀랜드 고지인들이 가장 잘 썼다. 이런 검은 대부분 저지에서 제작되었다. 글래스고와 스털링이 주산지라고 할 수 있다. 그러나 다수의 칼날은 독일에서 수입되었다. 스코틀랜드 특유의 바구니형 손잡이 보호울은 검객의 손을 보호하기 위해 고안된 것이다.

연대	1750년경
출처	스코틀랜드
무게	1.36킬로그램
길이	91센티미터

전체 모양

스키아보나 검
이 정교한 베네치아 특유의 광폭 검은 스키아보나(schiavona)라고 부른다. 스키아보나는 슬라브 양식이라는 뜻이다. 스키아보나는 손잡이의 바구니 모양이 특별하다. 고양이 대가리와 닮은 자루끝도 전형적인 특징이라고 할 수 있다. 고양이 머리는 민첩함과 은밀함을 상징한다. 스키아보나 검은 베네치아 공화국에서 군역을 담당했던 달마티아 군대가 주로 사용했다.

연대	1780년경
출처	이탈리아
무게	1.02킬로그램
길이	1.05미터

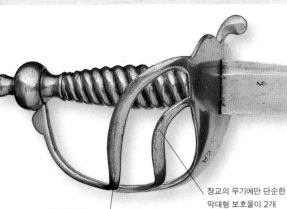

외날의 칼몸은 전형적인 기병도보다 짧다.

손잡이와 보호울은 대개 놋쇠로 만들어져 있다.

장교의 무기에만 단순한 막대형 보호울이 2개 부착되었다.

전체 모양

보병검

대다수의 보병이 총검을 사용했지만 다수의 보병 전투 부대는 '행거(hanger)'를 지급받기도 했다. 행거란 짧은 사냥용 칼의 조잡한 군대식 변형물이었다. 칼날은 대개가 곧거나 약간 구부러진 형태였다. 지형에 따라서 행거가 재래식의 장검보다 더 유용했다.

연대	1760년경~1820년
출처	영국
무게	0.84킬로그램
길이	79.7센티미터

무게를 줄이기 위해 홈을 2개 판 양날 칼몸

소용돌이 꼴로 간단하게 주조된 울타리가 장식된 강철 손잡이

흔히 '개방형 바구니 손잡이'라고 부르는 코등이

전체 모양

모투어리 검

죽음과 관련된 모투어리(mortuary)라는 이름이 이 칼에 붙은 까닭은 동일한 양식의 칼 손잡이에 찰스 1세와 비슷한 사람이 새겨져 있었기 때문이다. 영국 내전기에 기병들이 이 칼을 폭넓게 사용했다. 국왕은 1649년에 처형되었다. 칼날은 독일에서 제작되었지만 손잡이는 독특한 영국식 디자인을 따르고 있다.

연대	1640~1660년
출처	영국
무게	0.91킬로그램
길이	91센티미터

손잡이 장식으로 장교가 이 칼을 소지했음을 알 수 있다.

당대의 로코코 양식으로 만든 보호울

전체 모양

기병도

이것은 18세기의 상당 기간 동안 중기병들이 휴대했던 전형적인 외날 검이다. 당시 기병들은 이 칼을 여전히 베는 데 사용했다. 그러나 베는 것보다는 칼끝으로 찌르는 것이 더 효과적이라고 여겼다. 이 무기는 두 가지 용도로 다 사용되었지만 어느 쪽도 만족스럽지는 못했다. 1780년 이후로 영국 군대의 검 대부분은 정형화된 설계가 채택되었다.

연대	1775년경
출처	영국
무게	0.85킬로그램
길이	83.8센티미터

무딘 칼날

자루끝을 무기로 사용할 수도 있다.

복잡한 스웹트 힐트 가드

전체 모양

스웹트 힐트 레이피어

17세기의 전형적인 보병검인 이 칼은 순전히 찌르는 무기로 개발되었다. 당시 신사들도 이 칼을 사용해 결투를 했다. 검술을 신사라면 꼭 익혀야 하는 기예로 여겼기 때문이다. 레이피어는 군사 무기뿐만이 아니라 결투 무기이기도 했다. 레이피어는 17세기 말에 권총으로 대체되었다.

연대	1600~1660년
출처	유럽
무게	1.27킬로그램
길이	1.27미터

란츠크네히트

란츠크네히트(Landsknecht)라는 이름의 화려한 복장을 걸친 거들먹거리던 용병 부대는 1486년 신성 로마 제국 황제 막시밀리안 1세에 의해 창설되었다. 그는 휘하의 보병 부대가 스위스의 창병 부대와 대적할 수 있기를 희망했다. 스위스의 창병들이 1476~1477년 무르텐과 낭시 전투에서 승리를 거두었던 것이다. 란츠크네히트는 공식적으로는 황제에게 복무하도록 되어 있었다. 그러나 그들 다수가 이내 봉급과 약탈이라는 미끼에 혹했고, 다른 고용주들을 찾기 시작했다. 그들은 16세기 전반기에 유럽의 거의 모든 전장에서 활약했고 공포의 대상이었다.

16세기의 독일 광폭 검

용병 전사들

란츠크네히트의 용병 대장들은 4000명 규모의 연대를 편성해 훈련시키고 조직하는 도급 계약을 맺었다. 신병의 다수가 독일어 사용 지역에서 충원되었다. 물론 스코틀랜드 출신자도 일부 있었다. 그들은 한 달에 4길더를 주겠다는 계약 내용에 혹한 자들이었다. 그 액수는 당시 화폐 가치로 볼 때 상당한 수입이었다. 그러나 그들은 직접 장비를 갖추어야만 했다. 결국 부유한 자들만이 완벽한 보호 장구와 화승총을 구비할 수 있었다. 절대 다수의

무기는 창이었다. 창은 길이가 5~6미터였고, 약 1길더면 살 수 있었다. 란츠크네히트 전투 대형의 핵심은 창병들의 방진이었다. 이 방진을 석궁과 화승총으로 무장한 척후병들이 지원했다. 창병의 방진 앞으로는 양손 검으로 무장한 연대의 최정예 병력이 배치되었다. 란츠크네히트는 전장에서 절도 있는 규율을 바탕으로 무용을 뽐냈다. 그러나 봉급을 받지 못하면 항명과 노략질을 일삼았고 악명이 자자했다.

용병대 대장
화려하고 세련된 복장을 하고 있는 란츠크네히트 대장은 개인 사업자였다. 그들은 부하들을 고용하고 훈련시킨 다음, 돈을 받고 국왕들에게 팔았다.

미늘창

긴 깃털로 장식한 넓고 평평한 베레 스타일의 모자

창

대장의 호위 무사

절개해 부풀려 놓은 복식

파비아 전투
란츠크네히트의 흑전대(Black Band)는 1525년 파비아 전투에서 프랑스 국왕 프랑수아 1세에게 고용되어 최후의 1인까지 싸우다 죽었다. 함께 편성된 다른 프랑스 군대는 전장을 이탈해 도주했다.

로마 약탈

1527년 신성 로마 제국 황제 카를 5세의 군대와 란츠크네히트 용병 부대가 로마를 점령했다. 루터파 신교도였던 란츠크네히트는 가톨릭을 증오했다. 한 란츠크네히트 용병은 이렇게 썼다. "우리는 6000명 넘게 죽였다. 교회에 들어가 찾을 수 있는 것은 전부 빼앗았다. 도시의 명소를 불태우기도 했다." 점령은 9개월간 지속되었다. 용병들은 밀린 봉급을 받고 나서야 로마를 떠났다.

로마로 진입하는 황제의 군대

> " **우리는 독일인으로 1800명이었고, 스웨덴 농민 1만 5000명의 공격을 받았다. …… 우리는 그들 대부분을 죽였다.** "

란츠크네히트 폴 돌슈타인, 덴마크 국왕을 위해 싸우는 와중에서, 1502년 7월

전투 장비

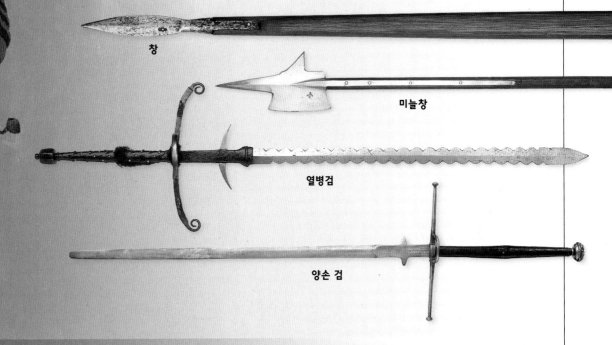

창

미늘창

열병검

양손 검

급료를 두 배로 받던 병사들

이들 란츠크네히트의 "급료를 두 배로 받던 병사들"은 대열의 선두에서 싸웠다. 그들은 양손 검을 휘두르면서 적군의 창병 대오를 공격했고, 그들 진영에 틈을 만들었다. 란츠크네히트의 괴이한 복장은 그들의 오만한 정신 세계와 기풍을 드러낸다. 사치스럽게 부풀린 옷을 찢어서 속옷이 보이게 했고, 다양하게 구색을 갖춘 모자를 착용했다. 그들은 고용주들에게는 충성심을 의심받았고, 민간인들에게는 공포의 대상이었다.

유럽의 결투용 칼

레이피어는 16세기에 신사들의 무기로 자리를 잡았다. 소지자의 자산과 신분을 대변해 주었을 뿐만 아니라 자연스럽게 그가 칼의 사용법을 안다는 것도 알려 주었다. 레이피어는 15세기의 에스파냐 어 에스파다 로페라(espada ropera)에서 온 말로, 관리(신사)들의 칼이라는 뜻이다. 1500년쯤에는 레이피어가 전 유럽에서 사용되었고, 17세기 말까지 신사들이 쓸 만한 최고의 무기로 남았다. 레이피어는 전장에서도 사용되었지만 흔히 궁정, 결투, 유행과 연결되었고, 그래서 섬세하고 복잡한 꾸밈새를 가졌다.

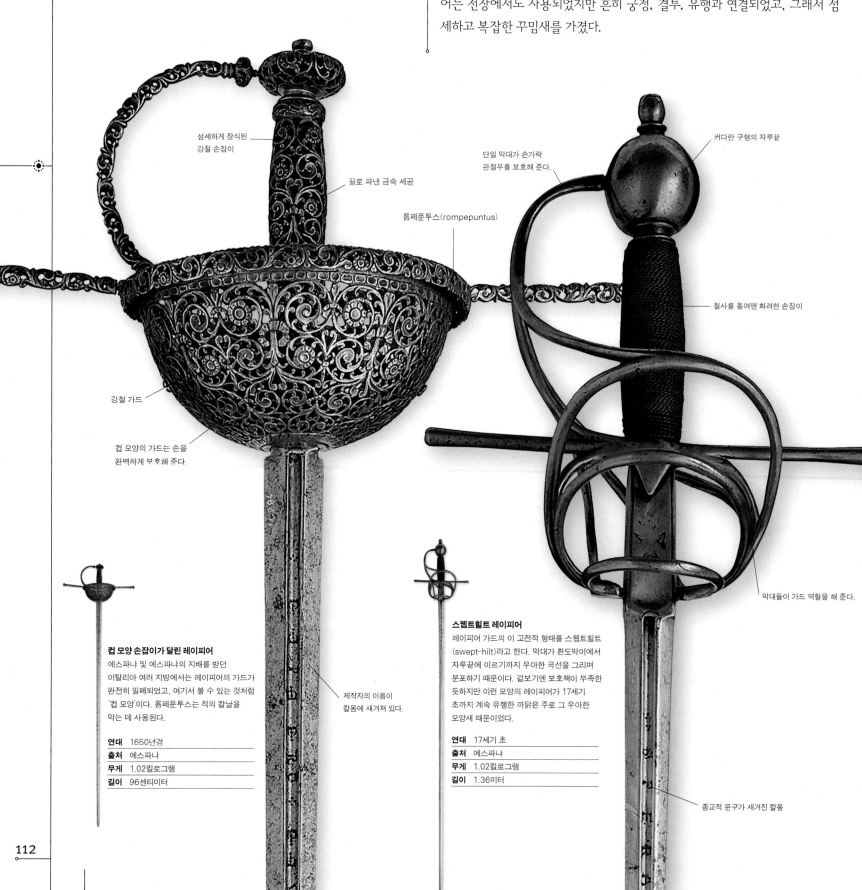

섬세하게 장식된
강철 손잡이

끌로 파낸 금속 세공

단일 막대가 손가락
관절부를 보호해 준다.

롬페푼투스(rompepuntus)

커다란 구형의 자루끝

철사를 동여맨 화려한 손잡이

강철 가드

컵 모양의 가드는 손을
완벽하게 부호해 준다.

막대들이 가드 역할을 해 준다.

제작자의 이름이
칼몸에 새겨져 있다.

종교적 문구가 새겨진 칼몸

컵 모양 손잡이가 달린 레이피어

에스파냐 및 에스파냐의 지배를 받던 이탈리아 여러 지방에서는 레이피어의 가드가 완전히 밀폐되었고, 여기서 볼 수 있는 것처럼 '컵 모양'이다. 롬페푼투스는 적의 칼날을 막는 데 사용된다.

연대	1650년경
출처	에스파냐
무게	1.02킬로그램
길이	96센티미터

스웹트힐트 레이피어

레이피어 가드의 이 고전적 형태를 스웹트힐트 (swept-hilt)라고 한다. 막대가 환도막이에서 자루끝에 이르기까지 우아한 곡선을 그리며 분포하기 때문이다. 겉보기엔 보호책이 부족한 듯하지만 이런 모양의 레이피어가 17세기 초까지 계속 유행한 까닭은 주로 그 우아한 모양새 때문이었다.

연대	17세기 초
출처	에스파냐
무게	1.02킬로그램
길이	1.36미터

항아리 모양의 자루끝

구멍을 뚫어 놓은 조가비 모양 가드가 쌍을 이루고 있다.

절단면은 마름모꼴이다.

파펜하임힐트 레이피어

사진의 파펜하임힐트(pappenheim-hilt) 레이피어는 30년 전쟁 (1618~1648년) 당시 신성 로마 제국의 장군으로 활약한 파펜하임 백작이 대중화했다. 이 만듦새는 곧 유럽 전역으로 퍼졌는데 2개로 쪼개진 조가비 모양의 가드가 칼 소지자를 썩 잘 보호해 주었기 때문이다. 군사적 용도에 따라 파펜하임 형식의 변종들이 만들어졌다.

연대	1630년
출처	독일
무게	1.25킬로그램
길이	139센티미터

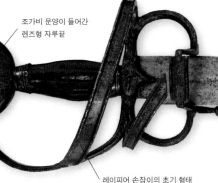

조가비 문양이 들어간 렌즈형 자루끝

곧게 뻗은 양날 검신

레이피어 손잡이의 초기 형태

초기 레이피어

최초의 레이피어들은 나중에 나온 우아한 모양새의 레이피어들과 비교할 때 꼴 사나운 무기였다. 시민들이 사용하던 무기들보다는 당대의 군용도와 더 유사했던 것이다. 이 사진의 레이피어는 칼날이 교체되는 등 약간의 개조 작업이 이루어졌다. 그러나 가드는 후대의 스웹트 힐트 디자인의 우아함을 보여 준다.

연대	1520~1530년
출처	이탈리아
무게	1.21킬로그램
길이	111.5센티미터

추가적 보호책을 제공하기 위한 힐트

두껍게 처리한 검신

끌로 파낸 쇠 소재의 스웹트 힐트

스웹트 힐트 레이피어

스웹트 힐트 레이피어의 또 다른 변형이라고 할 수 있는 이 무기는 왼쪽에 소개한 레이피어보다 덜 우아할지도 모르겠다. 그러나 이 레이피어의 작고, 구멍이 뚫린 조가비형 가드는 더 나은 보호책을 제공했다. 손잡이는 철사로 직물을 짜듯이 감았다. 이 레이피어가 예복에 차는 칼로 만들어졌음을 알 수 있는 대목이다.

연대	1590년
출처	영국
무게	1.39킬로그램
길이	128센티미터

평범한 컵 모양의 가드

환도막이

절단면이 다이아몬드형인 얇은 칼날

절단면이 방형인 칼날

컵에 리벳으로 고정한 원형 연결부

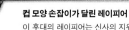

컵 모양 손잡이가 달린 레이피어

이 후대의 레이피어는 신사의 지위를 과시하는 다른 레이피어들과 달리 펜싱용 칼로 제작되었다. 칼날의 절단면은 다이아몬드형으로 매우 작고, 컵 모양 손잡이도 장식이 없는 단순한 모양새이다.

연대	1680년경
출처	이탈리아
무게	0.9킬로그램
길이	119.8센티미터

유럽의 궁정검

레이피어를 발전시킨 형태인 궁정검(court sword, 또는 small sword)은 서유럽에서 17세기 말까지 널리 사용되었다. 궁정검은 민간인의 무기였다. 신사라면 누구라도 휴대해야 하는 필수품으로, 결투용 칼로도 사용되었다. 찌르기 전용이었던 궁정검은 칼몸이 대개 삼각형이었고, 날을 갈지 않았다. 능숙한 검객은 이 궁정검을 치명적인 펜싱 무기로 활용할 수 있었다. 전체적인 만듦새는 작은 컵과 손가락 관절 보호구만 있는 단순한 구조였다. 그러나 장식이 화려한 경우가 많았다. 이는 소지자의 신분과 지위를 알려주는 수단이었다.

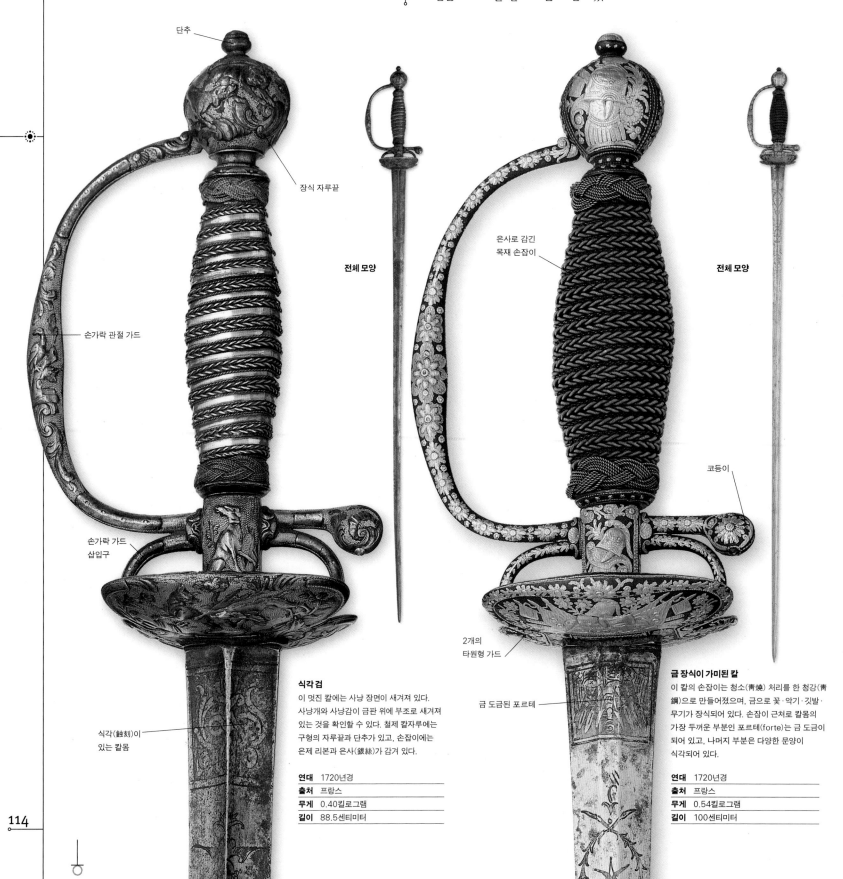

단추

장식 자루끝

손가락 관절 가드

전체 모양

손가락 가드
삽입구

식각(蝕刻)이
있는 칼몸

은사로 감긴
목재 손잡이

전체 모양

코등이

2개의
타원형 가드

금 도금된 포르테

식각검

이 멋진 칼에는 사냥 장면이 새겨져 있다. 사냥개와 사냥감이 금판 위에 부조로 새겨져 있는 것을 확인할 수 있다. 철제 칼자루에는 구형의 자루끝과 단추가 있고, 손잡이에는 은제 리본과 은사(銀絲)가 감겨 있다.

연대	1720년경
출처	프랑스
무게	0.40킬로그램
길이	88.5센티미터

금 장식이 가미된 칼

이 칼의 손잡이는 청소(靑燒) 처리를 한 청강(靑鋼)으로 만들어졌으며, 금으로 꽃·악기·깃발·무기가 장식되어 있다. 손잡이 근처로 칼몸의 가장 두꺼운 부분인 포르테(forte)는 금 도금이 되어 있고, 나머지 부분은 다양한 문양이 식각되어 있다.

연대	1720년경
출처	프랑스
무게	0.54킬로그램
길이	100센티미터

콜리셰마르드형의 넓은 포르테

도토리 모양 단추

이중 타원형 가드

전체 모양

콜리셰마르드형 칼
콜리셰마르드형(colichemarde-type) 칼의 은제 칼자루에는 음악 트로피가 새겨져 있고, 손잡이에는 은박과 은사가 감겨 있다. 칼몸의 속이 빈 삼각형 부분은 콜리셰마르드형으로 포르테가 매우 넓다. 튼튼한 포르테는 상대방의 칼을 받아넘기는 데 사용되었다. 속도와 제어력을 높이기 위해 칼끝은 가볍게 만들었다.

연대	1756년경
출처	영국
무게	0.45킬로그램
길이	99.5센티미터

곧은 형태의 코등이

항아리 모양의 자루끝

철사로 꿴 손가락 관절 보호구

접시형 가드

청강으로 만든 칼날

전체 모양

손가락 관절 보호구를 철사로 만든 칼
이 칼의 특징은 항아리 모양의 자루끝, 철사에 꿴 염주알 모양의 손가락 관절 가드, 세 줄로 삼각형 구멍을 낸 접시형 가드이다. 칼날은 상당 부분이 청강으로, 금장식이 되어 있다.

연대	1825년경
출처	영국
무게	0.45킬로그램
길이	99센티미터

포르테는 청강과 금으로 장식되어 있다.

구형 자루끝

이중 타원형 가드

전체 모양

손잡이가 도금된 칼
이 궁정검의 특징은 구형의 자루끝, 도금된 손잡이, 코등이, 2개의 좌우 대칭형 조가비 모양 가드이다. 칼날의 포르테는 청강과 금으로 장식되어 있다.

연대	1770년경
출처	프랑스
무게	0.43킬로그램
길이	39.5센티미터

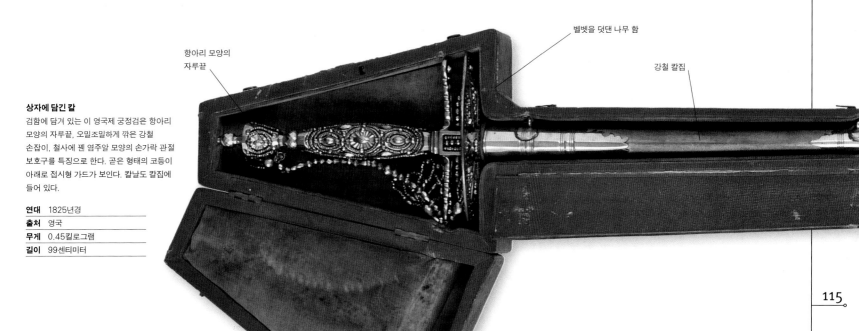

벨벳을 덧댄 나무 함

항아리 모양의 자루끝

강철 칼집

상자에 담긴 칼
검함에 담겨 있는 이 영국제 궁정검은 항아리 모양의 자루끝, 오밀조밀하게 깎은 강철 손잡이, 철사에 꿴 염주알 모양의 손가락 관절 보호구를 특징으로 한다. 곧은 형태의 코등이 아래로 접시형 가드가 보인다. 칼날도 칼집에 들어 있다.

연대	1825년경
출처	영국
무게	0.45킬로그램
길이	99센티미터

마리냐노 전투
프랑스 왕 프랑수아 1세는 1515년
9월 밀라노 인근의 마리냐노(오늘날의
멜레냐노)에서 스위스 창병들과 접전을 벌였다.
사진은 왕의 무덤에 부조로 묘사되어 있는 국왕과 란츠크네히트
용병 부대의 전투 장면이다.

근세

유럽의 수렵용 칼

16세기에 특별히 제작된 수렵용 칼이 유럽의 귀족 사회에 널리 퍼졌다. 이 칼들은 길이가 짧았고, 대개가 약간 구부러진 외날 검이었다. 수렵용 칼은 창이나 사격으로 상처를 입은 동물의 목숨을 마지막으로 앗는 데 흔히 사용되었다. 그러나 보어 소드(boar sword)는 그 자체가 중요한 무기였다. 수렵용 칼은 많은 경우 정교하게 장식되었고, 사냥감을 추격하는 장면이 새겨지기도 했다. 18세기에는 단도형 사냥칼이 일반 병사들의 전투 수행용 검의 모델이 되기도 했다.

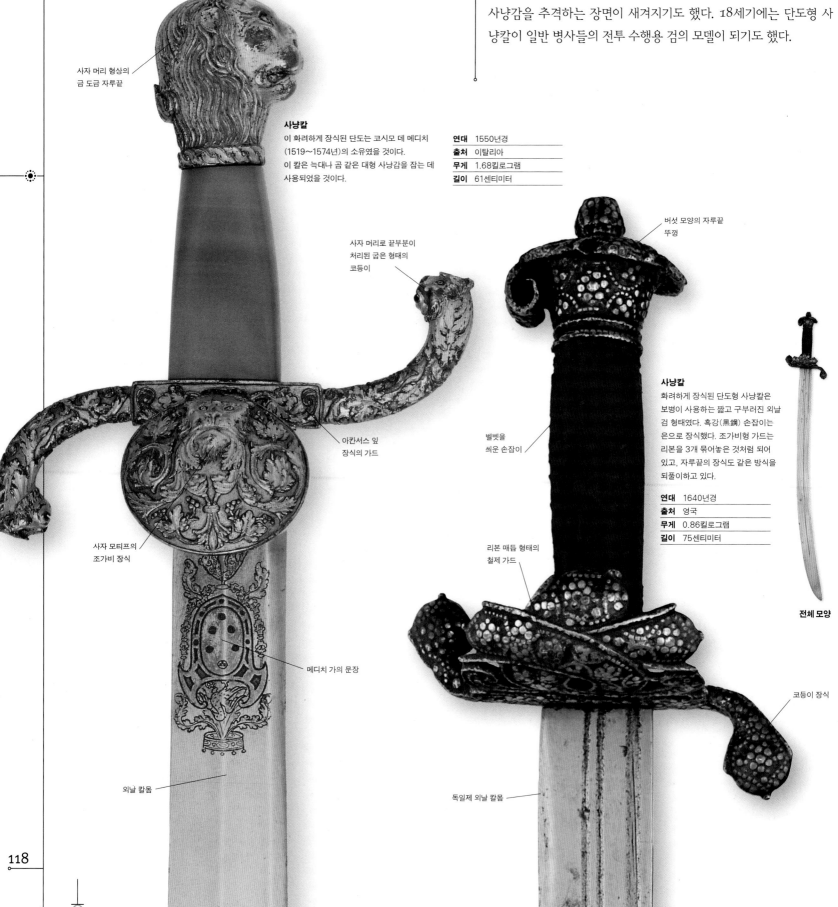

사자 머리 형상의
금 도금 자루끝

사냥칼
이 화려하게 장식된 단도는 코시모 데 메디치(1519~1574년)의 소유였을 것이다. 이 칼은 늑대나 곰 같은 대형 사냥감을 잡는 데 사용되었을 것이다.

연대	1550년경
출처	이탈리아
무게	1.68킬로그램
길이	61센티미터

사자 머리로 끝부분이
처리된 굽은 형태의
코등이

아칸서스 잎
장식의 가드

사자 모티프의
조가비 장식

메디치 가의 문장

외날 칼몸

버섯 모양의 자루끝
뚜껑

사냥칼
화려하게 장식된 단도형 사냥칼은 보병이 사용하는 짧고 구부러진 외날 검 형태였다. 흑강(黑鋼) 손잡이는 은으로 장식했다. 조가비형 가드는 리본을 3개 묶어놓은 것처럼 되어 있고, 자루끝의 장식도 같은 방식을 되풀이하고 있다.

연대	1640년경
출처	영국
무게	0.86킬로그램
길이	75센티미터

벨벳을
씌운 손잡이

리본 매듭 형태의
철제 가드

코등이 장식

전체 모양

독일제 외날 칼몸

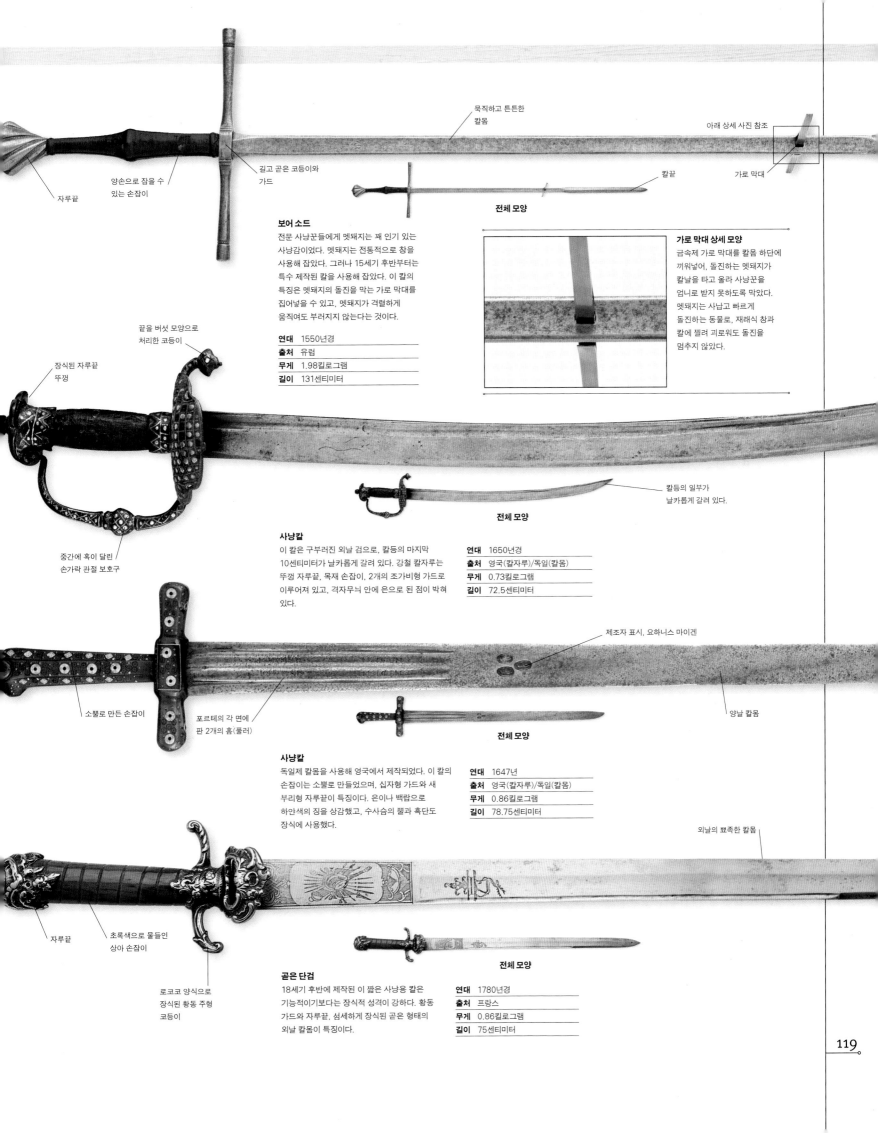

묵직하고 튼튼한
칼몸

아래 상세 사진 참조

양손으로 잡을 수
있는 손잡이

길고 곧은 코등이와
가드

자루끝

칼끝

가로 막대

전체 모양

보어 소드

전문 사냥꾼들에게 멧돼지는 꽤 인기 있는
사냥감이었다. 멧돼지는 전통적으로 창을
사용해 잡았다. 그러나 15세기 후반부터는
특수 제작된 칼을 사용해 잡았다. 이 칼의
특징은 멧돼지의 돌진을 막는 가로 막대를
집어넣을 수 있고, 멧돼지가 격렬하게
움직여도 부러지지 않는다는 것이다.

연대	1550년경
출처	유럽
무게	1.98킬로그램
길이	131센티미터

가로 막대 상세 모양

금속제 가로 막대를 칼몸 하단에
끼워넣어, 돌진하는 멧돼지가
칼날을 타고 올라 사냥꾼을
엄니로 받지 못하도록 막았다.
멧돼지는 사납고 빠르게
돌진하는 동물로, 재래식 창과
칼에 찔려 괴로워도 돌진을
멈추지 않았다.

끝을 버섯 모양으로
처리한 코등이

장식된 자루끝
뚜껑

중간에 혹이 달린
손가락 관절 보호구

칼등의 일부가
날카롭게 갈려 있다.

전체 모양

사냥칼

이 칼은 구부러진 외날 검으로, 칼등의 마지막
10센티미터가 날카롭게 갈려 있다. 강철 칼자루는
뚜껑 자루끝, 목재 손잡이, 2개의 조가비형 가드로
이루어져 있고, 격자무늬 안에 은으로 된 점이 박혀
있다.

연대	1650년경
출처	영국(칼자루)/독일(칼몸)
무게	0.73킬로그램
길이	72.5센티미터

제조자 표시, 요하니스 마이겐

양날 칼몸

소뿔로 만든 손잡이

포르테의 각 면에
판 2개의 홈(풀러)

전체 모양

사냥칼

독일제 칼몸을 사용해 영국에서 제작되었다. 이 칼의
손잡이는 소뿔로 만들었으며, 십자형 가드와 새
부리형 자루끝이 특징이다. 은이나 백랍으로
하얀색의 징을 상감했고, 수사슴의 뿔과 흑단도
장식에 사용했다.

연대	1647년
출처	영국(칼자루)/독일(칼몸)
무게	0.86킬로그램
길이	78.75센티미터

외날의 뾰족한 칼몸

자루끝

초록색으로 물들인
상아 손잡이

로코코 양식으로
장식된 황동 주형
코등이

전체 모양

곧은 단검

18세기 후반에 제작된 이 짧은 사냥용 칼은
기능적이기보다는 장식적 성격이 강하다. 황동
가드와 자루끝, 섬세하게 장식된 곧은 형태의
외날 칼몸이 특징이다.

연대	1780년경
출처	프랑스
무게	0.86킬로그램
길이	75센티미터

각종 사냥 도구

중세와 르네상스기에 사냥은 고기를 식탁에 올리는 방편이자 전쟁 연습이었다. 추적 활동에 나서는 사냥꾼들은 각종 사냥 도구를 챙겼다. 칼집에는 고기를 베어내서 먹을 수 있는 도구 일습이 담겼다. 소형 톱과 각종 칼이 살육, 가죽 제거, 관절부 절단, 요리, 요리 분배, 먹기 등에 활용되었다. 고대의 사냥 전통이 오랫동안 유지된 독일에서 다수의 정교한 사냥 무기가 개발되었다. 여기서 볼 수 있는 여러 종류의 칼들은 한 작센 인 사냥꾼이 17세기 말에 사용한 사냥 도구 일습이다.

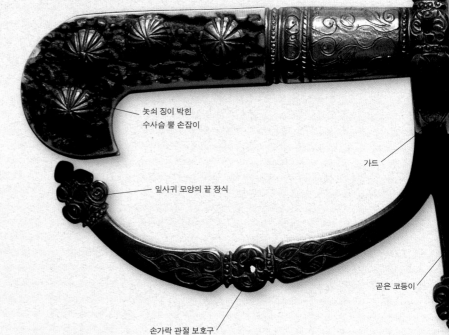

사냥칼

사냥칼 치고는 꽤 긴 이 무기는 가드가 재미있다. 곧은 형태의 코등이와 S자형 코등이가 결합되어 있는 것이다. 아래쪽 코등이는 단순한 형태로 손가락 관절 보호부를 이루고 있다. 코등이 끝에 달린 장식 4개는 전부 잎사귀 형태를 하고 있다.

연대	1662년
출처	독일
무게	2.2킬로그램
길이	90센티미터

녹쇠 징이 박힌
수사슴 뿔 손잡이

가드

잎사귀 모양의 끝 장식

곧은 코등이

손가락 관절 보호구

칼집

두꺼운 날의 칼을 집어넣기 위해 가죽으로 만들었다. 이 칼집에는 아래의 고기 베는 칼을 포함해 다섯 종류의 칼이 들어간다.

머리글자는 소유자였던
요한게오르크 2세를 기리킨다.

사냥용 큰 칼

위의 사냥칼을 부상을 입은 동물에게 최후의 일격을 가하는 데 썼다면 이 큰 칼은 사체를 절단하고 분할하는 데 사용했다. 이 날카롭고 묵직한 칼날은 멧돼지나 사슴 같은 대형 사냥감도 별다른 어려움 없이 해체했다.

연대	1662년경
출처	독일
무게	1킬로그램
길이	46센티미터

가드

제조자 표시

고기 써는 칼

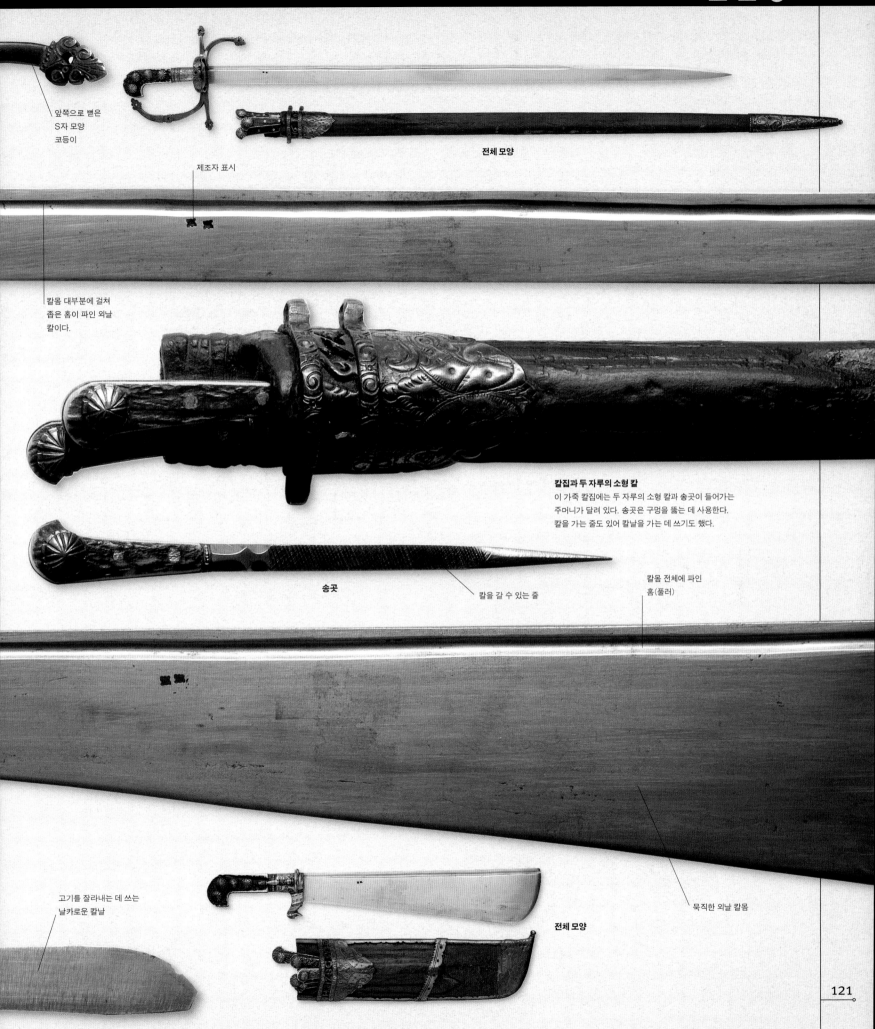

앞쪽으로 뻗은
S자 모양
코등이

제조자 표시

전체 모양

칼몸 대부분에 걸쳐
좁은 홈이 파인 외날
칼이다.

칼집과 두 자루의 소형 칼
이 가죽 칼집에는 두 자루의 소형 칼과 송곳이 들어가는
주머니가 달려 있다. 송곳은 구멍을 뚫는 데 사용한다.
칼을 가는 줄도 있어 칼날을 가는 데 쓰기도 했다.

칼몸 전체에 파인
홈(풀러)

송곳

칼을 갈 수 있는 줄

고기를 잘라내는 데 쓰는
날카로운 칼날

묵직한 외날 칼몸

전체 모양

일본 사무라이의 칼

일본도는 지금까지 인간이 제작한 칼 가운데 단연 최고의 칼 중 하나로 정평이 나 있다. 칼등 부분은 무른 철로, 칼날 부위는 단단한 철로 만들고 이를 절묘하게 결합한 게 일본도의 성공 요인이다. 일본의 도공들은 칼등을 이루기도 하는 도신의 중심부에는 무른 신가네(心鐵)를 쓰고 이것을 단단한 가와가네(皮鐵)로 둘러싸고 담금질을 해 최강의 무기를 만들었다. 일본도의 장식에서도 일본 특유의 미학을 확인할 수 있다. 이를 테면, 15세기에는 서양 칼의 가드인 쓰바의 제작이 별도의 과정과 직업으로 정착했다. 현재는 이 쓰바만 모으는 수집가들이 있을 정도이다.

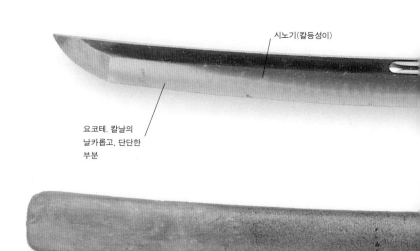

시노기(칼등성이)

요코테. 칼날의
날카롭고, 단단한
부분

도요토미 히데요시
「시즈 산의 달」이라는 제목의 이 목판화에 묘사된 인물은 도요토미 히데요시(豊臣秀吉, 1536~1598년)이다. 그가 새벽녘에 전쟁 나팔을 불고 있다. 그는 1583년 시즈가타케 전투에서 시바타 가쓰이에(柴田勝家)를 누르고 승리를 거머쥠으로써 명실상부한 일본의 패자로 부상한다. 히데요시의 혁대에는 다치와 단토가 매여 있다.

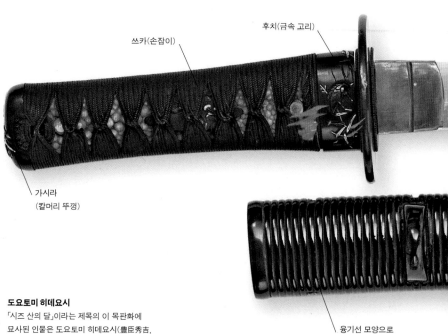

후치(금속 고리)

쓰카(손잡이)

가시라
(칼머리 뚜껑)

융기선 모양으로
장식된 칼집

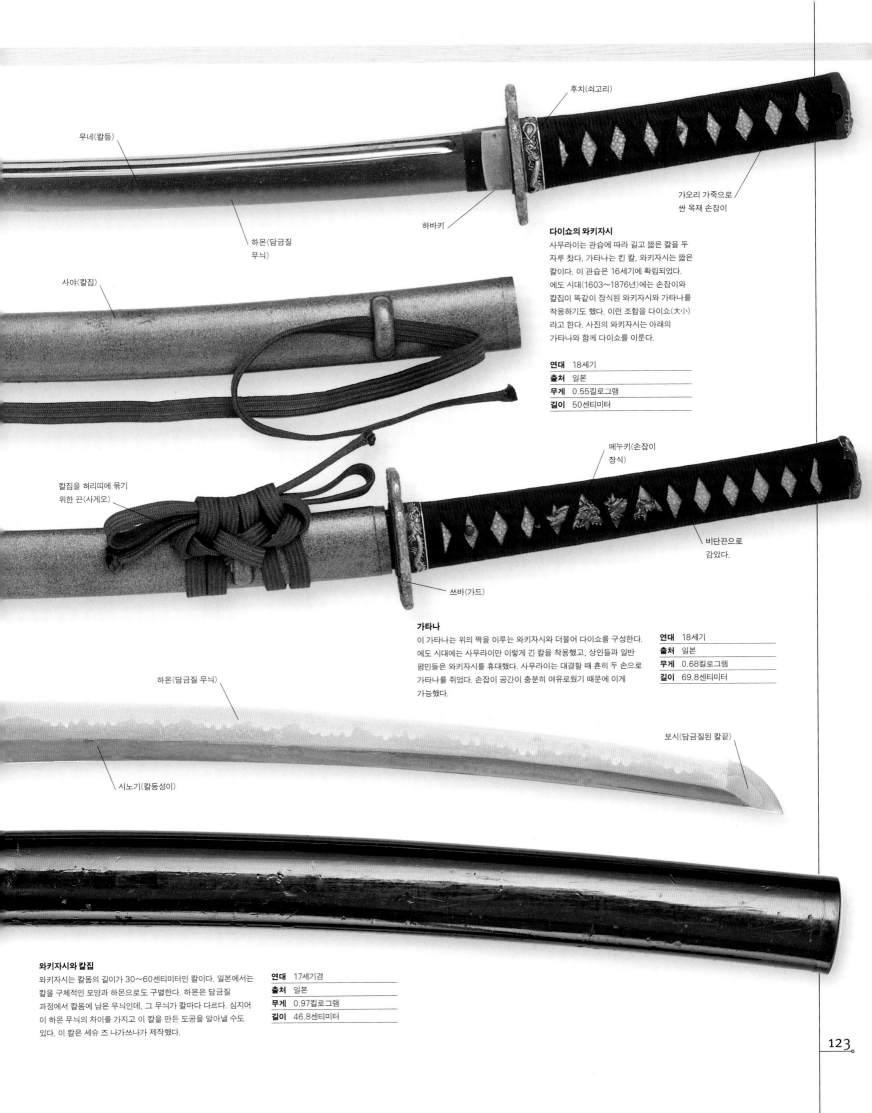

후치(쇠고리)

무네(칼등)

하몬(담금질
무늬)

사야(칼집)

가오리 가죽으로
싼 목재 손잡이

하바키

다이쇼의 와키자시

사무라이는 관습에 따라 길고 짧은 칼을 두 자루 찼다. 가타나는 킨 칼, 와키자시는 짧은 칼이다. 이 관습은 16세기에 확립되었다. 에도 시대(1603~1876년)에는 손잡이와 칼집이 똑같이 장식된 와키자시와 가타나를 착용하기도 했다. 이런 조합을 다이쇼(大小)라고 한다. 사진의 와키자시는 아래의 가타나와 함께 다이쇼를 이룬다.

연대	18세기
출처	일본
무게	0.55킬로그램
길이	50센티미터

메누키(손잡이
장식)

칼집을 허리띠에 묶기
위한 끈(사게오)

비단끈으로
감았다.

쓰바(가드)

가타나

이 가타나는 위의 짝을 이루는 와키자시와 더불어 다이쇼를 구성한다. 에도 시대에는 사무라이만 이렇게 긴 칼을 착용했고, 상인들과 일반 평민들은 와키자시를 휴대했다. 사무라이는 대결할 때 흔히 두 손으로 가타나를 쥐었다. 손잡이 공간이 충분히 여유로웠기 때문에 이게 가능했다.

연대	18세기
출처	일본
무게	0.68킬로그램
길이	69.8센티미터

하몬(담금질 무늬)

보시(담금질된 칼끝)

시노기(칼등성이)

와키자시와 칼집

와키자시는 칼몸의 길이가 30~60센티미터인 칼이다. 일본에서는 칼을 구체적인 모양과 하몬으로도 구별한다. 하몬은 담금질 과정에서 칼몸에 남은 무늬인데, 그 무늬가 칼마다 다르다. 심지어 이 하몬 무늬의 차이를 가지고 이 칼을 만든 도공을 알아낼 수도 있다. 이 칼은 세슈 즈 나가쓰나가 제작했다.

연대	17세기경
출처	일본
무게	0.97킬로그램
길이	46.8센티미터

일본 사무라이의 칼

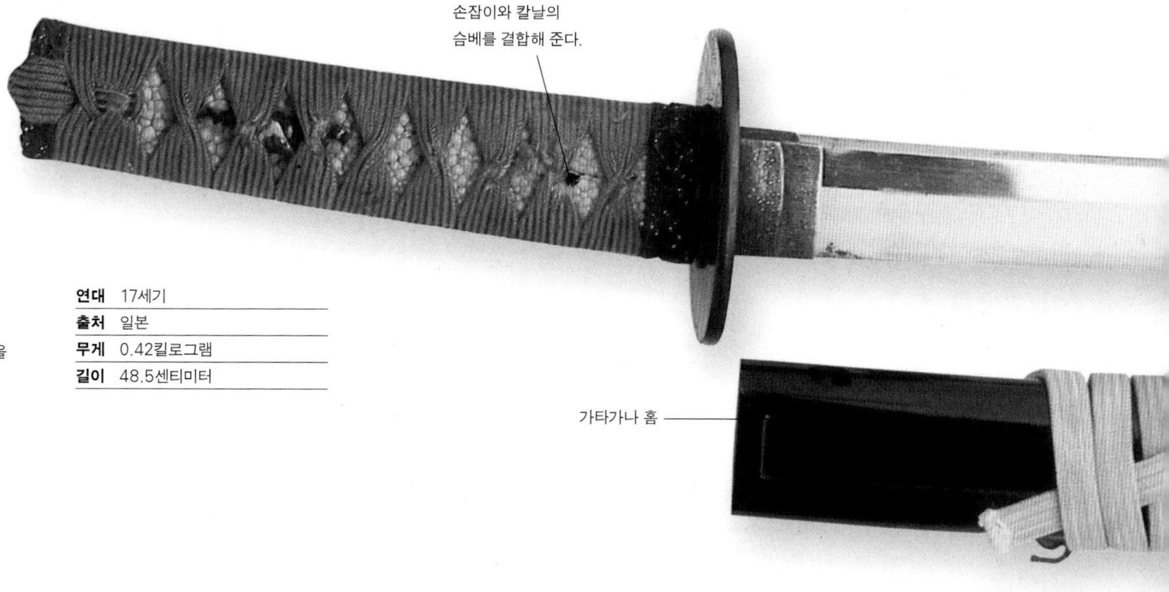

메쿠기(目釘)는
손잡이와 칼날의
슴베를 결합해 준다.

와키자시와 칼집

와키자시는 기상부터 취침까지 언제나 사무라이와 함께하는
친구였다. 심지어는 밤에도 주변에 둘 정도였다. 와키자시는
가타나의 보조 무기였을 뿐만 아니라 사무라이가 자살 의식을
거행할 때에도 사용한 무기였다.

연대	17세기
출처	일본
무게	0.42킬로그램
길이	48.5센티미터

가타가나 홈

가시라(칼머리)

비단끈

다치와 금색 칼집

다치의 칼날은 전통적으로 60센티미터 이상이었다.
사무라이들이 어깨에 걸멨던 노다치(野太刀)는 더 길었다.
다치의 손잡이는 전통적 형태의 가시라로 마감되었다.

연대	18세기 후반
출처	일본
무게	0.68킬로그램
길이	71.75센티미터

메누키(손잡이 장식)

가오리 가죽

화려하게 칠한 칼집

화려하게 장식한 와키자시

이것은 사치스럽게 장식한 와키자시의 복제품이다. 실물의 경우
특별한 행사 때 지위 과시용으로 착용되었을 것이다. 칼집 측면에는
작은 칼인 고가타나와 고가이라는 머리칼을 정돈하는 도구가 들어
있다.

연대	20세기
출처	일본
길이	0.42킬로그램
길이	50센티미터

사게오(칼집끈)

깃사키(칼끝)

옻칠한 칼집

사게오(칼집끈)

세메가네(칼집 고리)

금색으로 칠한 사야(칼집)

군도와 칼집
1930년대 군국주의 시기에 일본 군대는 전통 다치에 기초한 군도를 장교들에게 지급했다.

연대	1933년
출처	일본
무게	0.72킬로그램
길이	68.9센티미터

시라사야(칼집)

사야지라
(칼집 말단)

고가타나(小刀)가 칼집
측면의 홈에 들어 있다.

하바키

칼이 통과할 수
있도록 쓰바에 낸 구멍

근세

와키자시

일본에서 제작된 짧은 칼인 와키자시의 손잡이와 쓰바가 에도 시대에 크게 유행했다. 와키자시는 평상복 차림의 사무라이가 긴 칼(가타나)의 보조물로 착용했을 뿐만 아니라 부유한 상인들과 시민들도 휴대했을 것이다. 사무라이들은 실내에 들어갈 때 문간에 가타나를 걸어 두어야 했다. 그러나 와키자시는 실내에서도 휴대가 가능했다. 손잡이와 코등이의 장식은 칼날을 만드는 것과는 완전히 다른 과정을 통해 나오는 물건이었다. 부유한 개인들은 한 개의 검에 여러 개의 장식을 추가했다. 경우와 상황에 가장 적합한 장식들을 선택한 것이다. 화려한 장식물은 소지자의 부를 상징했다.

쓰나기
오래 사용하지 않는 일본도나 골동 일본도를 보관할 때에는 손잡이와 장식 등을 모두 분리해 시라사야라고 하는 나무로 만든 칼집 안에 보관했다. 그리고 떼어낸 장식물들은 시라사야와 같은 나무로 만든 목제 칼날인 쓰나기(つなぎ)에 달아 놓았다.

연대	17세기
출처	일본
칼날 무게	0.49킬로그램
칼날 길이	53.4센티미터

메쿠기
메쿠기는 손잡이와 슴베의 구멍을 통과하는 작은 못으로 손잡이와 슴베를 결합 고정해 주었다. 메쿠기는 흔히 대나무로 만들었지만 동물의 뿔이나 상아로 된 것도 있었다.

칼날
칼날은 검의 핵심이었다. 단단하고 날카로운 절단 부위와 부드럽고 복원력이 우수한 칼등을 만드는 과정은 복잡했고, 능란한 기술이 필요했다. 슴베에는 흔히 도공의 이름이 들어갔다. 이 칼날에는 규슈 히젠 지방의 도공 다다히로의 이름이 들어가 있다.

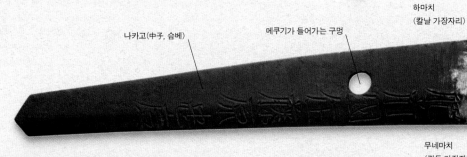

하마치
(칼날 가장자리)

나카고(中子, 슴베)　　메쿠기가 들어가는 구멍

무네마치
(칼등 가장자리)

메누키
(손잡이 장식)

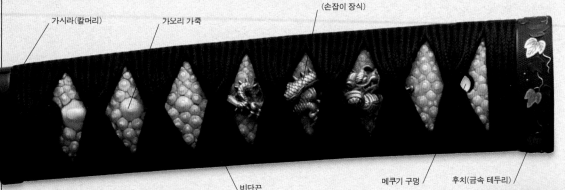

가시라(칼머리)　　가오리 가죽

비단끈　　　메쿠기 구멍　　후치(금속 테두리)

쓰카(손잡이)
쓰카(柄)는 목련 나무로 만들었다. 가오리 가죽 덮개는 아주 비쌌다. 비단끈으로 다시 감싸면서도 마름모꼴로 가오리 가죽 부위를 노출시킨 건 그 때문일 것이다. 메누키 장식은 칼을 쥐는 손에 양감을 주는 실질적인 기능을 수행했다.

하바키
하바키는 장식물이기보다는 칼날의 일부로 보는 것이 적당하다. 슴베 쪽에서 집어넣어 칼날의 가장자리에 걸려 고정된다.

쓰바와 셋파
가드인 쓰바에는 슴베가 들어가는 가운데 구멍과 고가타나와 고가이용 좌우 구멍을 냈다. 일종의 고정 고리 역할을 하는 구리 셋파는 가드 앞뒤로 끼웠다. 쓰바는 금이나 은으로 상감 장식했다.

쓰바(가드)

셋파(고정 고리)

슴베가 들어가는 구멍

고가타나를 끼우는 구멍　　　고가이를 끼우는 구멍

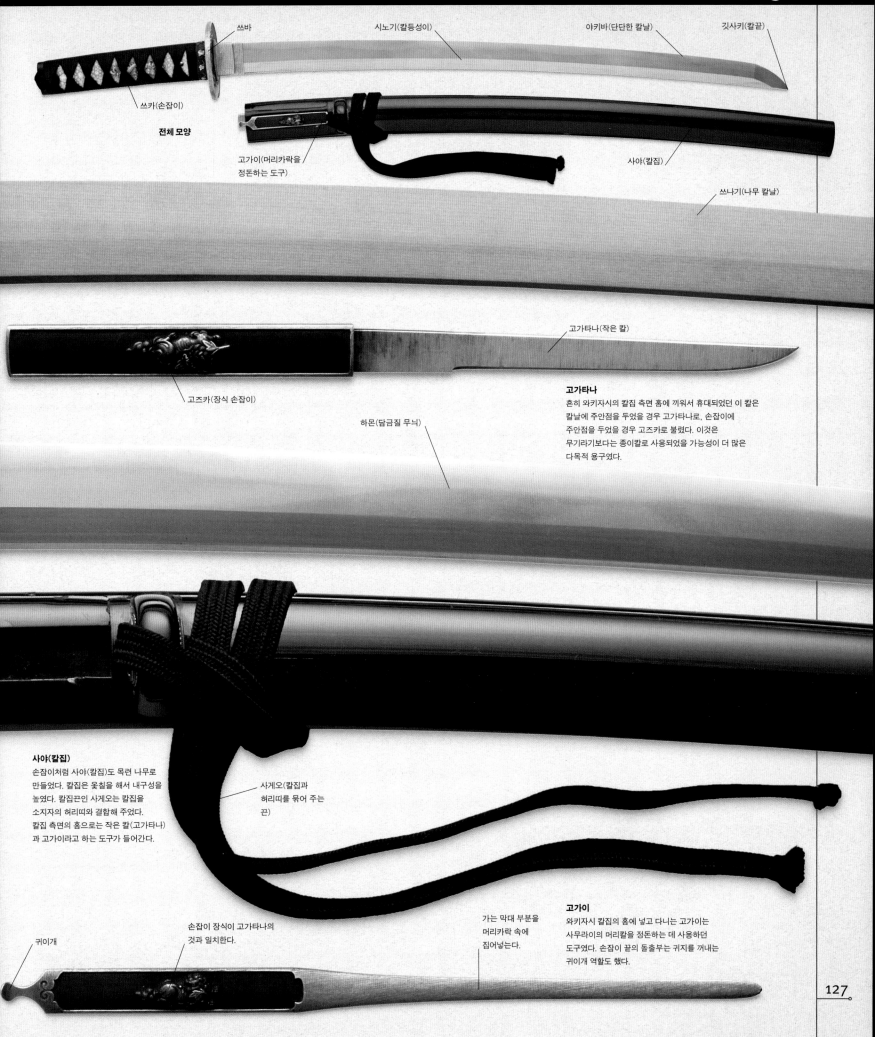

쓰바

시노기(칼등성이)

야키바(단단한 칼날)

깃사키(칼끝)

쓰카(손잡이)

전체 모양

고가이(머리카락을
정돈하는 도구)

사야(칼집)

쓰나기(나무 칼날)

고가타나(작은 칼)

고즈카(장식 손잡이)

하몬(담금질 무늬)

고가타나
흔히 와키자시의 칼집 측면 홈에 끼워서 휴대되었던 이 칼은
칼날에 주안점을 두었을 경우 고가타나로, 손잡이에
주안점을 두었을 경우 고즈카로 불렸다. 이것은
무기라기보다는 종이칼로 사용되었을 가능성이 더 많은
다목적 용구였다.

사야(칼집)
손잡이처럼 사야(칼집)도 목련 나무로
만들었다. 칼집은 옻칠을 해서 내구성을
높였다. 칼집끈인 사게오는 칼집을
소지자의 허리띠와 결합해 주었다.
칼집 측면의 홈으로는 작은 칼(고가타나)
과 고가이라고 하는 도구가 들어간다.

사게오(칼집과
허리띠를 묶어 주는
끈)

가는 막대 부분을
머리카락 속에
집어넣는다.

고가이
와키자시 칼집의 홈에 넣고 다니는 고가이는
사무라이의 머리칼을 정돈하는 데 사용하던
도구였다. 손잡이 끝의 돌출부는 귀지를 꺼내는
귀이개 역할도 했다.

손잡이 장식이 고가타나의
것과 일치한다.

귀이개

와키자시

사무라이

당초에는 일본의 왕인 덴노(天皇)와 귀족들을 위해 싸웠던 사무라이들이 12세기경에 일본 사회의 지배층으로 부상하게 된다. 1185년에 바쿠후(幕府)가 수립되면서 사무라이가 일본의 실권을 장악했고, 덴노는 허수아비로 전락했다. 사무라이 일족들과 다이묘(大名)가 수 세기 동안 내전을 벌였고, 1600년대에 도쿠가와(德川) 바쿠후가 들어서고 나서야 비로소 평화 시대가 찾아왔다. 군사 엘리트인 사무라이들은 싸워야 할 전쟁이 사라지면서 실업 상태에 빠지고 만다.

전사들의 진화

초기의 사무라이들은 대개가 궁수였다. 사무라이의 무기로서 칼이 활을 압도하게 된 것은 13세기에 들어서였다. 초기의 사무라이 전투는 많은 경우 개인 차원에서 이루어졌으며 일종의 의식이었다. 전열이 정비되면 장수들이 나가 적장을 불러내 장황한 연설로 말싸움을 한 다음 말을 타고 앞으로 달리며 화살을 쏘는 식이었던 것이다. 1274년과 1281년 두 번에 걸친 몽골 군의 짧은 외침 때를 제외하면 중세의 사무라이들은 일대일로만 싸웠다. 전투가 일종의 의식이었기 때문에 죽음도 의식화되었다. 패배한 사무라이가 거행하던 하라키리(割腹, 할복 자살) 의식의 전통이 발전한 것이다. 명예로운 죽음이 전투 승리보다 더 높은 평가를 받았다.

1460년부터 1615년까지의 센고쿠(戰國) 시대에는 사무라이 전쟁이 더욱더 실질적으로 바뀌었다. 그 내용이 다양한 형태로 조직화되었다고 할 수 있다. 다이묘들 사이에서 전쟁이 빈발했고, 사무라이들은 보병이나 기병의 대부대로 편제되어 싸웠다. 평민들 사이에서 징집된 아시가루(足輕)라는 보병 부대가 사무라이 부대를 보좌했다. 사무라이들은 아시가루에게 활을 넘겼고, 자신들은 칼과 장창을 사용해 싸움을 벌였다.

운이 다한 궁수

미나모토 요시히라(源義平)가 초기 사무라이의 주요 무기였던 활을 쏘고 있다. 요시히라는 1160년 헤이지(平氏) 전투에서 패배했고, 다이라 일족에게 생포되어 처형당했다.

미나모토 요리마사

미나모토 요리마사(源賴政)는 사무라이의 자살 의식을 확립한 것으로 인정받는다. 역전의 용사였던 그는 70대였던 1180년에 미나모토 일족을 이끌고 다이라 일족에 맞서 반란을 일으켰다. 이로써 겐페이(源平) 전쟁이 발발했다. 우지 전투에서 패배한 요리마사는 한 사찰로 퇴각해 부채에 우아한 시를 남기고 단검으로 할복 자살한다.

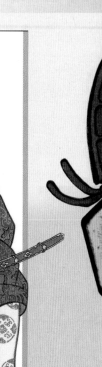

관복 차림의 미나모토 요리마사

사무라이의 갑옷
이 사무라이 갑옷은 12세기부터 14세기까지 유행한 양식을 잘 보여 준다. 일본의 갑옷은 보호 기능뿐만 아니라 항상 과시적 성격이 강조되었다.

구와가타
(뿔 모양 장식)

후키가에시
(측면 보호구)

멘포(장식 면갑)

소데(어깨받이)

쇠비늘을 칠한 다음
비단과 가죽으로
엮어서 짰다.

스네아테
(정강이받이)

신발을 통해
사무라이의 지위를
알 수 있었다.

사회 엘리트가 된 전사들

사무라이들은 아시가루에게 활을 넘겼고 칼과 장창을 사용했다. 그러나 그들의 전장 지배력은 화기가 도입되면서 도전받기 시작했다. 오다 노부나가가 아시가루들에게 화승총을 지급했고, 이들은 1575년 나가시노 전투에서 압도적 파괴력을 뽐냈다. 그러나 사무라이들은 여전히 엘리트 무장 세력으로 남았다. 이러한 역사적 흐름도 개인 간 결투와 전설적인 검호(劍豪)의 등장을 막지는 못했다. 이것은 로닌(浪人)들 때문이었다. 주군을 잃고 떠도는 방랑 무사들의 이야기는 일본 문화에서 큰 축을 이룬다. 그중 대표적인 사람이 미야모토 무사시로 그가 남긴 병법서인 『오륜서(五輪書)』를 통해 당시 로닌들의 생각과 무술을 짐작할 수 있다. 도쿠가와 시대에도 사무라이는 무기를 휴대할 수 있는 배타적 권리를 누리는 특권 계급으로 남았다. 바로 이 시기에 사무라이의 행동 규범이 무사도(武士道)로 공식화되었다. 무사도에서는 충성이 최고의 미덕이요, 희생적 죽음이야말로 삶의 완성이라고 강조되었다. 사무라이 계급은 1876년 메이지 유신과 함께 공식적으로 폐지되었다.

겐페이 전쟁
미나모토와 다이라 가문의 부대가 겐페이 전쟁(1180~1185년)의 한 전투에서 칼을 들고 격돌하고 있다. 이 전쟁 결과 미나모토 바쿠후가 수립되었다.

> " 죽음이 두려워 회피하는 것은 무사의 길이 아니다. …… 나는 여기서 전국의 세력을 막아 내다가 눈부시게 빛나는 죽음을 맞이할 것이다. "

사무라이 도리이 모토타다, 후시미 성 공략전에서, 1600년

전투 장비

다치와 칼집

와키자시와 칼집

후대의 사무라이 창

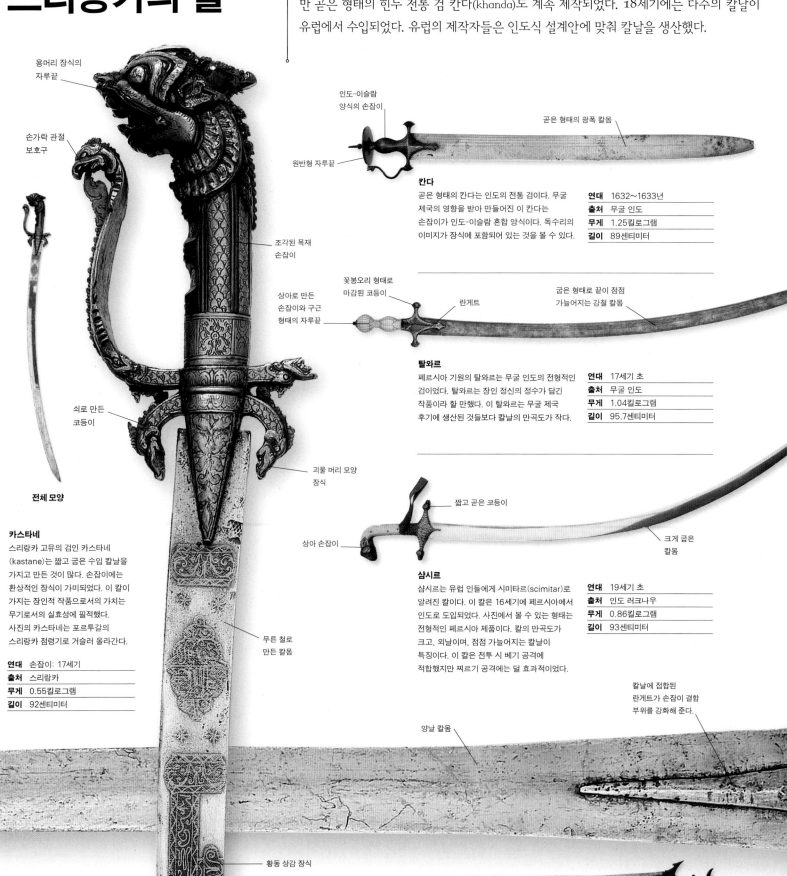

인도와 스리랑카의 칼

16세기 인도 북부에 무굴 제국이 수립되었다. 이와 함께 대부분의 이슬람 문화권에서 발견되는 굽은 칼이 인도에도 도입되었다. 탈와르(talwar)와 샴시르(shamshir)는 최고의 절단 무기로서, 완벽에 가까운 형태와 기능을 자랑했다. 다수의 힌두 군주들이 탈와르를 채택했지만 곧은 형태의 힌두 전통 검 칸다(khanda)도 계속 제작되었다. 18세기에는 다수의 칼날이 유럽에서 수입되었다. 유럽의 제작자들은 인도식 설계안에 맞춰 칼날을 생산했다.

용머리 장식의 자루끝

손가락 관절 보호구

인도-이슬람 양식의 손잡이

원반형 자루끝

곧은 형태의 광폭 칼몸

조각된 목재 손잡이

상아로 만든 손잡이와 구근 형태의 자루끝

칸다
곧은 형태의 칸다는 인도의 전통 검이다. 무굴 제국의 영향을 받아 만들어진 이 칸다는 손잡이가 인도-이슬람 혼합 양식이다. 독수리의 이미지가 장식에 포함되어 있는 것을 볼 수 있다.

연대	1632~1633년
출처	무굴 인도
무게	1.25킬로그램
길이	89센티미터

꽃봉오리 형태로 마감된 코등이

란게트

굽은 형태로 끝이 점점 가늘어지는 강철 칼몸

쇠로 만든 코등이

탈와르
페르시아 기원의 탈와르는 무굴 인도의 전형적인 검이었다. 탈와르는 장인 정신의 정수가 담긴 작품이라 할 만했다. 이 탈와르는 무굴 제국 후기에 생산된 것들보다 칼날의 만곡도가 작다.

연대	17세기 초
출처	무굴 인도
무게	1.04킬로그램
길이	95.7센티미터

괴물 머리 모양 장식

짧고 곧은 코등이

상아 손잡이

크게 굽은 칼몸

삼시르
삼시르는 유럽 인들에게 시미타르(scimitar)로 알려진 칼이다. 이 칼은 16세기에 페르시아에서 인도로 도입되었다. 사진에서 볼 수 있는 형태는 전형적인 페르시아 제품이다. 칼의 만곡도가 크고, 외날이며, 점점 가늘어지는 칼날이 특징이다. 이 칼은 전투 시 베기 공격에 적합했지만 찌르기 공격에는 덜 효과적이었다.

연대	19세기 초
출처	인도 러크나우
무게	0.86킬로그램
길이	93센티미터

전체 모양

카스타네
스리랑카 고유의 검인 카스타네(kastane)는 짧고 굽은 수입 칼날을 가지고 만든 것이 많다. 손잡이에는 환상적인 장식이 가미되었다. 이 칼이 가지는 장인적 작품으로서의 가치는 무기로서의 실효성에 필적했다. 사진의 카스타네는 포르투갈의 스리랑카 점령기로 거슬러 올라간다.

연대	손잡이: 17세기
출처	스리랑카
무게	0.55킬로그램
길이	92센티미터

무른 철로 만든 칼몸

칼날에 접합된 란게트가 손잡이 결합 부위를 강화해 준다.

양날 칼몸

황동 상감 장식

전체 모양

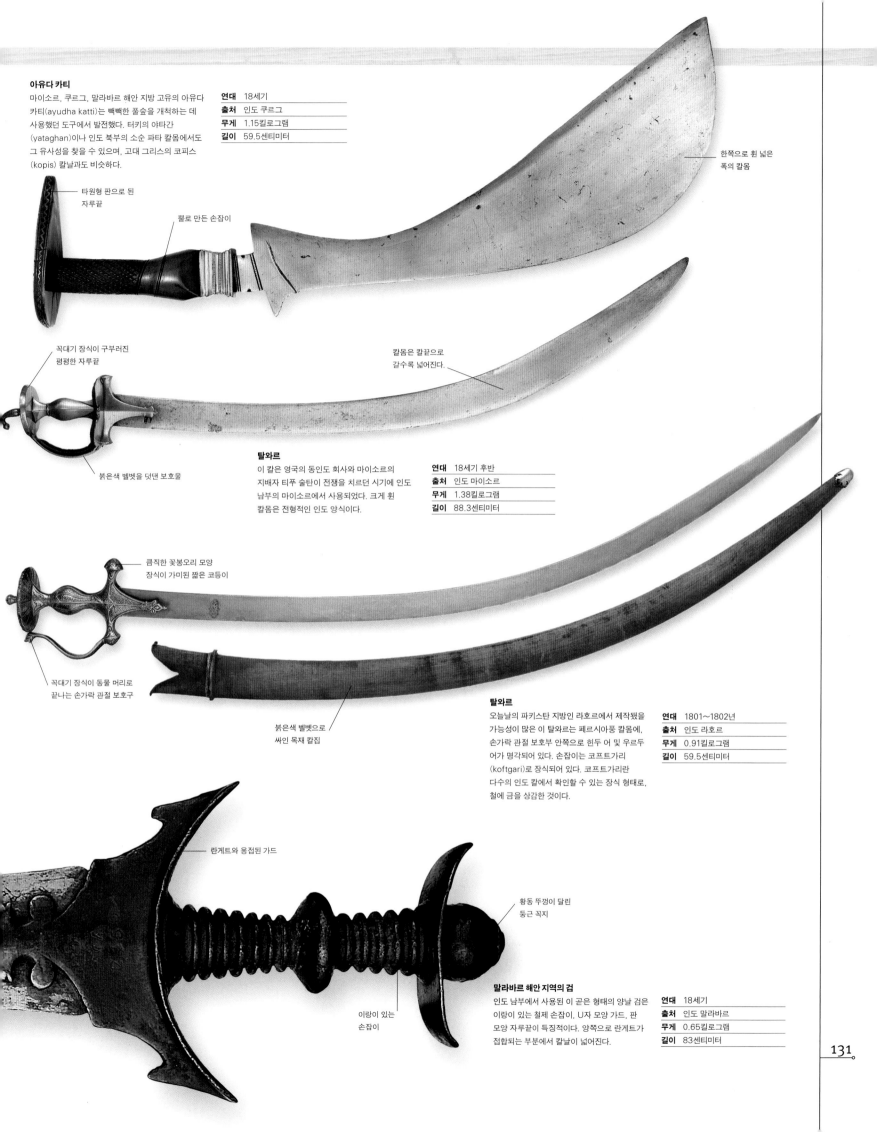

아유다 카티

마이소르, 쿠르그, 말라바르 해안 지방 고유의 아유다 카티(ayudha katti)는 빽빽한 풀숲을 개척하는 데 사용했던 도구에서 발전했다. 터키의 야타간 (yataghan)이나 인도 북부의 소순 파타 칼몸에서도 그 유사성을 찾을 수 있으며, 고대 그리스의 코피스 (kopis) 칼날과도 비슷하다.

연대	18세기
출처	인도 쿠르그
무게	1.15킬로그램
길이	59.5센티미터

한쪽으로 휜 넓은 폭의 칼몸

타원형 판으로 된 자루끝

뿔로 만든 손잡이

꼭대기 장식이 구부러진 평평한 자루끝

칼몸은 칼끝으로 갈수록 넓어진다.

붉은색 벨벳을 덧댄 보호울

탈와르

이 칼은 영국의 동인도 회사와 마이소르의 지배자 티푸 술탄이 전쟁을 치르던 시기에 인도 남부의 마이소르에서 사용되었다. 크게 휜 칼몸은 전형적인 인도 양식이다.

연대	18세기 후반
출처	인도 마이소르
무게	1.38킬로그램
길이	88.3센티미터

큼직한 꽃봉오리 모양 장식이 가미된 짧은 코등이

꼭대기 장식이 동물 머리로 끝나는 손가락 관절 보호구

붉은색 벨벳으로 싸인 목재 칼집

탈와르

오늘날의 파키스탄 지방인 라호르에서 제작됐을 가능성이 많은 이 탈와르는 페르시아풍 칼몸에, 손가락 관절 보호구 안쪽으로 힌두 어 및 우르두 어가 명각되어 있다. 손잡이는 코프트가리 (koftgari)로 장식되어 있다. 코프트가리란 다수의 인도 칼에서 확인할 수 있는 장식 형태로, 철에 금을 상감한 것이다.

연대	1801~1802년
출처	인도 라호르
무게	0.91킬로그램
길이	59.5센티미터

란게트와 용접된 가드

황동 뚜껑이 달린 둥근 꼭지

말라바르 해안 지역의 검

인도 남부에서 사용된 이 곧은 형태의 양날 검은 이랑이 있는 철제 손잡이, U자 모양 가드, 판 모양 자루끝이 특징적이다. 양쪽으로 란게트가 접합되는 부분에서 칼날이 넓어진다.

연대	18세기
출처	인도 말라바르
무게	0.65킬로그램
길이	83센티미터

이랑이 있는 손잡이

유럽의 단검 1500~1775년

단검이 수행한 가장 중요한 역할은 자기 방어였다. 단검의 이런 기능은 16세기와 17세기까지 지속되었다. 물론 왼손 단검 같은 새로운 변형이 발전하기도 했다. 왼손 단검은 그 명칭에서 짐작할 수 있듯이 왼손으로 쥐었고, 오른손으로 쥔 검이나 레이피어를 보완했다. 왼손 단검은 상대편의 찌르기 및 베기 공격을 받아냈을 뿐만 아니라 그 자체로 공격 기능을 수행하기도 했다. 단검의 또 다른 변형인 총검은 오늘날까지도 사용되고 있다.

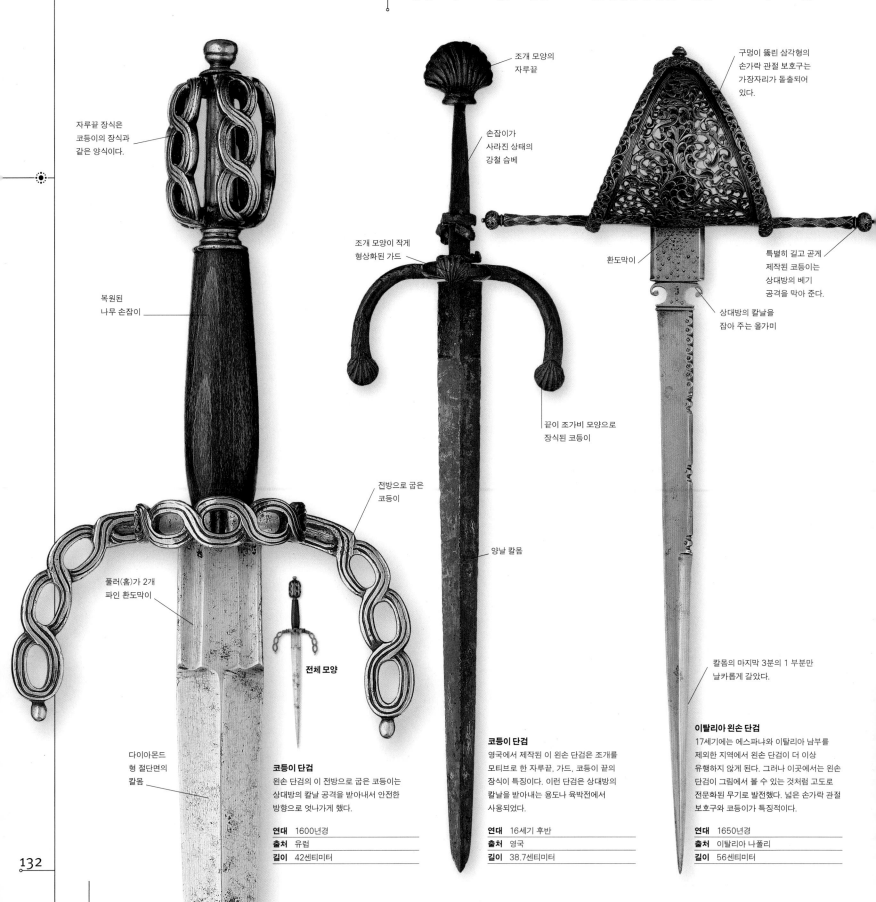

자루끝 장식은 코등이의 장식과 같은 양식이다.

복원된 나무 손잡이

풀러(홈)가 2개 파인 환도막이

전방으로 굽은 코등이

다이아몬드형 절단면의 칼몸

전체 모양

조개 모양의 자루끝

손잡이가 사라진 상태의 강철 슴베

조개 모양이 작게 형상화된 가드

끝이 조가비 모양으로 장식된 코등이

양날 칼몸

구멍이 뚫린 삼각형의 손가락 관절 보호구는 가장자리가 돌출되어 있다.

환도막이

특별히 길고 곧게 제작된 코등이는 상대방의 베기 공격을 막아 준다.

상대방의 칼날을 잡아 주는 올가미

칼몸의 마지막 3분의 1 부분만 날카롭게 갈았다.

코등이 단검

왼손 단검의 이 전방으로 굽은 코등이는 상대방의 칼날 공격을 받아내서 안전한 방향으로 엇나가게 했다.

연대	1600년경
출처	유럽
길이	42센티미터

코등이 단검

영국에서 제작된 이 왼손 단검은 조개를 모티브로 한 자루끝, 가드, 코등이 끝의 장식이 특징이다. 이런 단검은 상대방의 칼날을 받아내는 용도나 육박전에서 사용되었다.

연대	16세기 후반
출처	영국
길이	38.7센티미터

이탈리아 왼손 단검

17세기에는 에스파냐와 이탈리아 남부를 제외한 지역에서 왼손 단검이 더 이상 유행하지 않게 된다. 그러나 이곳에서는 왼손 단검이 그림에서 볼 수 있는 것처럼 고도로 전문화된 무기로 발전했다. 넓은 손가락 관절 보호구와 코등이가 특징적이다.

연대	1650년경
출처	이탈리아 나폴리
길이	56센티미터

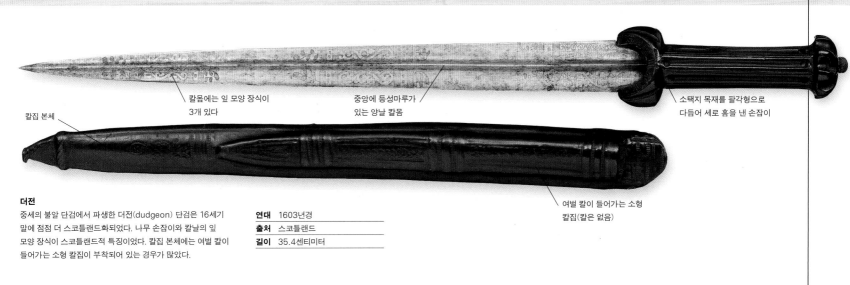

더전

중세의 불알 단검에서 파생한 더전(dudgeon) 단검은 16세기 말에 점점 더 스코틀랜드화되었다. 나무 손잡이와 칼날의 잎 모양 장식이 스코틀랜드적 특징이었다. 칼집 본체에는 여벌 칼이 들어가는 소형 칼집이 부착되어 있는 경우가 많았다.

칼몸에는 잎 모양 장식이 3개 있다

칼집 본체

중앙에 등성마루가 있는 양날 칼몸

소택지 목재를 팔각형으로 다듬어 세로 홈을 낸 손잡이

여벌 칼이 들어가는 소형 칼집(칼은 없음)

연대	1603년경
출처	스코틀랜드
길이	35.4센티미터

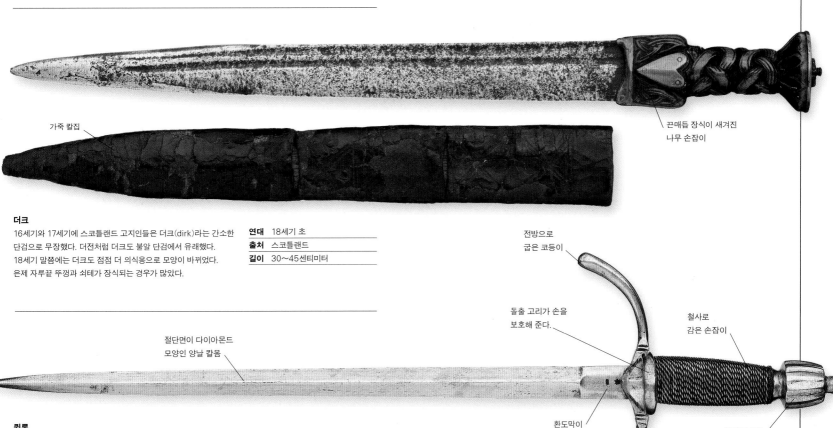

더크

16세기와 17세기에 스코틀랜드 고지인들은 더크(dirk)라는 간소한 단검으로 무장했다. 더전처럼 더크도 불알 단검에서 유래했다. 18세기 말쯤에는 더크도 점점 더 의식용으로 모양이 바뀌었다. 은제 자루끝 뚜껑과 쇠테가 장식되는 경우가 많았다.

가죽 칼집

끈매듭 장식이 새겨진 나무 손잡이

연대	18세기 초
출처	스코틀랜드
길이	30~45센티미터

퀼론

이 단검의 전방으로 굽은 코등이는 왼손 단검의 일종인 퀼론(quillon) 단검의 전형적인 특징이다. (코등이 단검이라고도 한다.) 세로 홈을 낸 통 모양의 자루끝, 철사를 감은 나무 손잡이, 손을 보호하기 위해 가드에서 돌출된 고리도 특징적이다.

절단면이 다이아몬드 모양인 양날 칼몸

전방으로 굽은 코등이

돌출 고리가 손을 보호해 준다.

철사로 감은 손잡이

환도막이

철제 자루끝

연대	16세기 후반
출처	유럽
길이	48.1센티미터

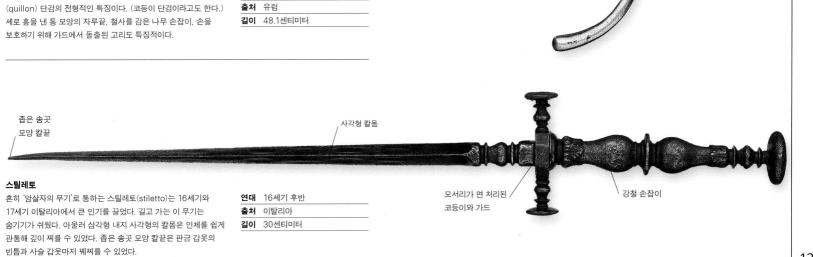

스틸레토

흔히 '암살자의 무기'로 통하는 스틸레토(stiletto)는 16세기와 17세기 이탈리아에서 큰 인기를 끌었다. 길고 가는 이 무기는 숨기기가 쉬웠다. 아울러 삼각형 내지 사각형의 칼몸은 인체를 쉽게 관통해 깊이 찌를 수 있었다. 좁은 송곳 모양 칼끝은 판금 갑옷의 빈틈과 사슬 갑옷마저 꿰찌를 수 있었다.

좁은 송곳 모양 칼끝

사각형 칼몸

모서리가 면 처리된 코등이와 가드

강철 손잡이

연대	16세기 후반
출처	이탈리아
길이	30센티미터

유럽의 단검 1500~1775년

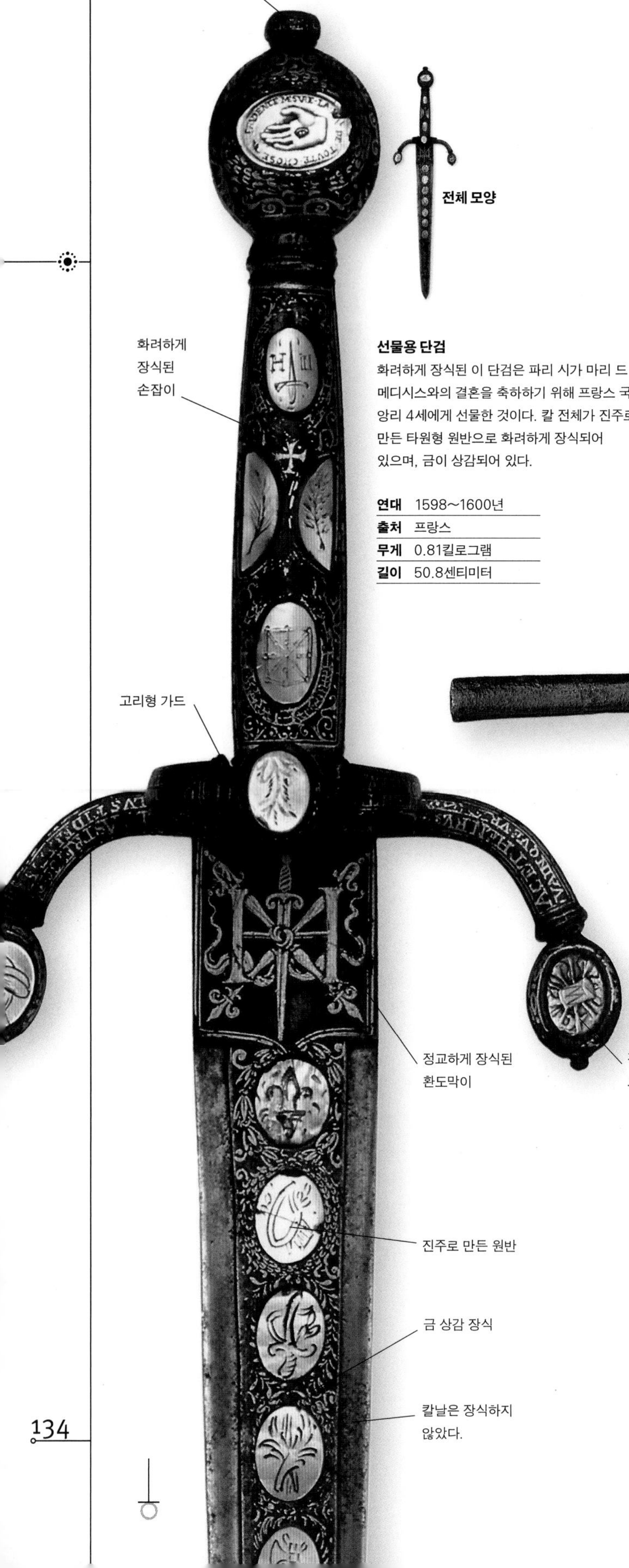

장식 자루끝에 추가된
단추형 끝동

전체 모양

화려하게
장식된
손잡이

선물용 단검

화려하게 장식된 이 단검은 파리 시가 마리 드
메디시스와의 결혼을 축하하기 위해 프랑스 국왕
앙리 4세에게 선물한 것이다. 칼 전체가 진주로
만든 타원형 원반으로 화려하게 장식되어
있으며, 금이 상감되어 있다.

연대	1598~1600년
출처	프랑스
무게	0.81킬로그램
길이	50.8센티미터

고리형 가드

정교하게 장식된
환도막이

진주로 만든 원반

금 상감 장식

칼날은 장식하지
않았다.

전방으로 굽은
코등이

세로 홈을 판
강철 자루끝

철사를 감은
손잡이

전체 모양

고리형 가드

단순한 모양의
일자형 코등이

칼날은 깔쭉깔쭉한
톱니 모양이다.

전체 모양

퀼론

이 독일 단검은 코등이가 일자형이고,
칼날이 깔쭉깔쭉한 톱니 모양에
풀러가 여러 개다. 이 단검은 상대방의
칼날을 막아내는 데 사용되었다.

연대	1600년경
출처	독일
무게	50센티미터
길이	0.75킬로그램

파검기

더 극단적인 왼손 단검 가운데 하나로 소위 파검기
(sword-breaker)라는 게 있다. 칼날을 빗 모양으로
만든 파검기는 상대방의 검을 완벽하게 제압하는 게
목표였다. 상대방의 칼이 미늘에 걸렸을 때 손목을
비틀면 칼날을 부러뜨리는 것도 가능했다.

연대	1660년경
출처	이탈리아
무게	0.81킬로그램
길이	50.8센티미터

전체 모양

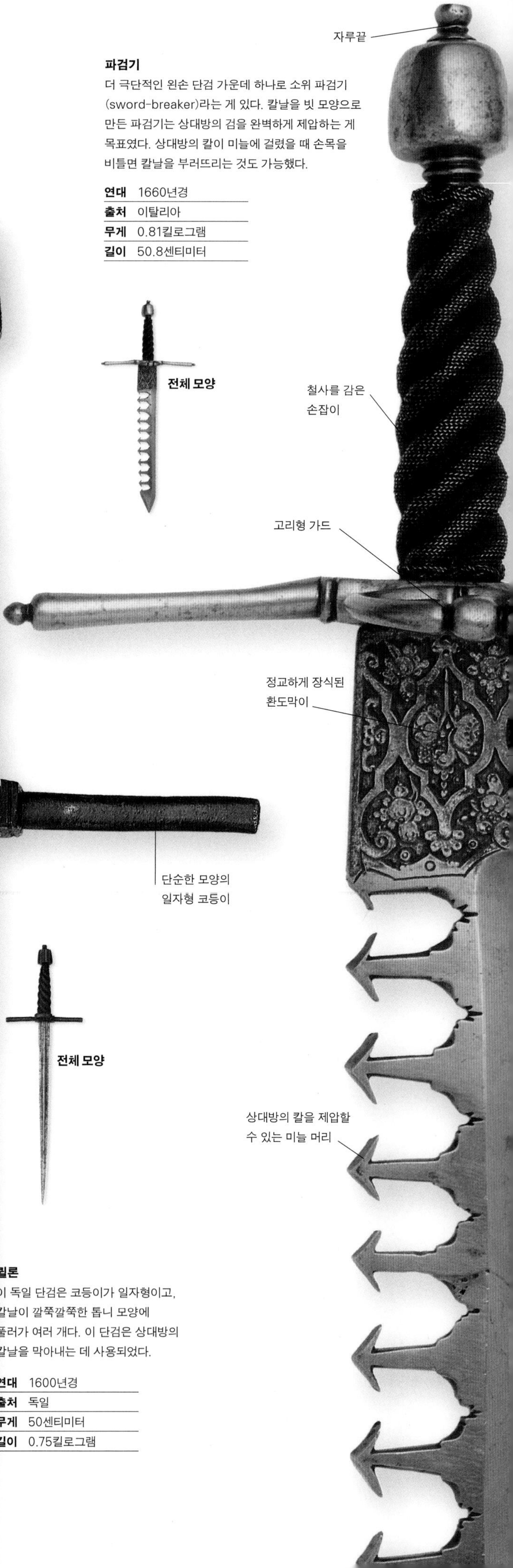

자루끝

철사를 감은
손잡이

고리형 가드

정교하게 장식된
환도막이

상대방의 칼을 제압할
수 있는 미늘 머리

단추형 끝동이 달린
자루끝

전방으로 향한
코등이

고리형 가드

이랑이 파인 칼몸

철사를 감은 손잡이

퀼론
이 무기는 왼손 단검의 전형적인 양식을 따르고 있다.
중간 정도 길이의 칼몸, 넓게 전방으로 향한 코등이,
손을 보호해 주는 고리형 가드가 그런 것들이다.

연대	1600년경
출처	독일
무게	0.35킬로그램
길이	39센티미터

장식된 손잡이

삼각형 칼몸에는 대포의 구경을
재기 위한 눈금이 새겨져 있다.

일자형 코등이

포수의 스틸레토
이 특별한 스틸레토 단검은 포병들이 전장에서
사용하던 것이다. 대포의 구경과 포탄의 크기를
측정하거나, 천이나 종이로 포장된 탄약통을
개봉하거나, 사격 후 점화구를 청소하는 데에 이
스틸레토가 사용되었다.

연대	18세기
출처	이탈리아
무게	0.155킬로그램
길이	34센티미터

스프링이 탑재된
칼날을 펴 주는
대갈못

스프링 탑재 칼날

곧은 형태의
코등이

잎사귀 문양이 식각된 칼몸

머스킷 총구에 들어맞도록
점점 가늘어지는 뿔 소재의
손잡이

닫힌 상태에서 칼날을
고정해 주는 걸쇠

플러그식 총검
보병 대원은 칼의 손잡이를 총구에 삽입함으로써
돌진하는 기병에 맞서 창병처럼 대응할 수 있었다.
물론 플러그식 총검은 머스킷 재장전을 방해했고,
결국 소켓형 총검으로 대체되었다.

연대	1665~1685년
출처	유럽
무게	0.37킬로그램
길이	48.2센티미터

양피지 덮개

작은 칼이
들어가는
주머니

플러그식 총검의 칼집
이 목재 칼집은 양피지로 덮여 있고, 청어 가시
무늬와 체크 무늬 장식으로 꾸며져 있다. 전면으로
작은 칼을 집어넣을 수 있는 홈이 마련되어 있다.
후면으로는 2개의 돌기를 설치해 매다는 것을
가능케 했다.

연대	1665~1685년
출처	유럽
무게	35그램
길이	33.3센티미터

아시아의 단검

16세기부터 18세기 초까지 인도 대부분의 지역은 무굴 제국이 통치했다. 이때 인도 아대륙에서 사용되던 단검들은 뛰어난 금속 세공 기술, 장식, 확연히 구별되는 모양으로 유명했다. 카르드(kard)와 같은 일부 단검은 이슬람 세계에서 수입된 것들이었고, 카타르(katar) 같은 다른 종류는 인도에 그 기원을 둔 것이다. 인도의 군주와 귀족은 자위, 사냥, 과시 용도로 단검을 휴대했다. 단검은 근접 전투의 필수 무기로, 인도의 전사들이 착용한 사슬 갑옷을 꿰뚫을 수 있었다.

물결 무늬가 서려 있는
강철 칼몸

부리 모양의
자루끝이 달린
상아 손잡이

주형으로 떠낸
꼭대기 장식

금박을 입힌 황동 장식쇠

벨벳을 씌운 칼집

인도의 카르드

카르드는 페르시아 기원의 일자형 외날 검으로, 18세기경에 오스만 투르크에서 무굴 인도에 이르기까지 이슬람 문화권의 상당 지역에서 사용되었다. 카르드는 주로 찌르는 무기로 사용되었다. 그림에서 볼 수 있는 카르드에는 무함마드 바키르라는 제작자의 이름이 새겨져 있다.

연대	1710~1711년
출처	인도
무게	0.34킬로그램
길이	38.5센티미터

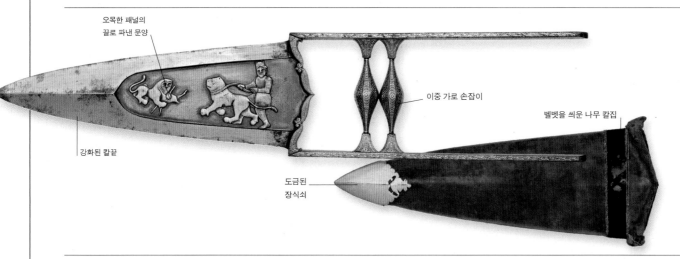

오목한 패널의
끌로 파낸 문양

강화된 칼끝

이중 가로 손잡이

벨벳을 씌운 나무 칼집

도금된
장식쇠

인도의 카타르

전사가 이 북부 인도의 단검을 사용하려면 가로 손잡이를 잡고 주먹을 쥐어야 했다. 칼자루의 세로 막대가 손 및 팔뚝의 측면을 보호할 수 있도록 말이다. 칼잡이는 그렇게 쥐고 칼날을 수평 방향으로 세워 주먹질을 하듯이 찔렀다. 카타르의 형태는 수백 년 동안 바뀐 게 거의 없었다. 그림의 카타르는 19세기에 만들어진 것이다.

연대	19세기 초
출처	인도
무게	0.57킬로그램
길이	42.1센티미터

앉아 있는 호랑이 문양이
장식된 칼자루 확장부

코프트가리
금 장식

가느다란
가로 손잡이

금실로 수를
놓았다.

H자 모양 칼자루

인도의 카타르

동물이 새겨져 있는 이 카타르와 칼집은 소지자의 부를 과시하는 사치품이었다. 대단히 많은 장식이 가미되어 있지만, 카타르는 효과적인 근접전 무기였다. 양날 검으로 찌르면 사슬 갑옷을 관통할 수 있었다.

연대	1759~1760년
출처	인도
무게	0.5킬로그램
길이	44.6센티미터

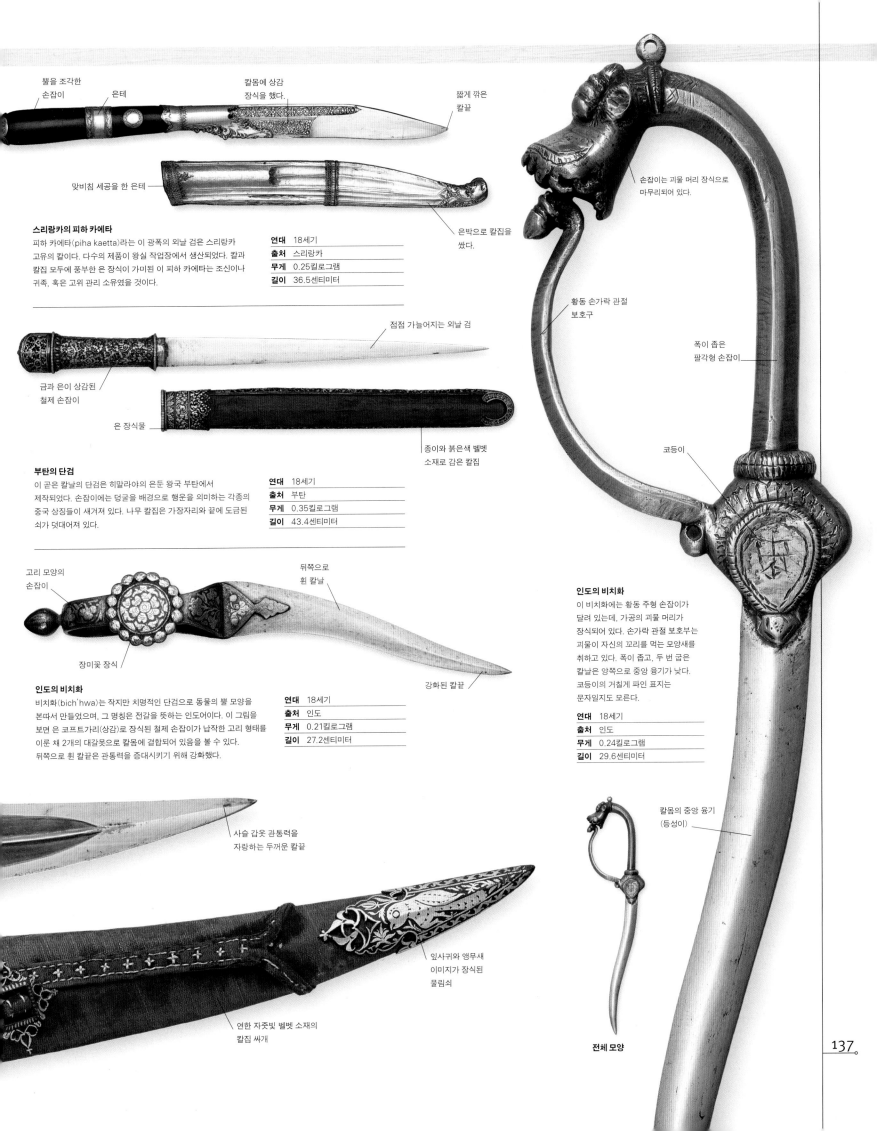

뿔을 조각한
손잡이

은테

칼몸에 상감
장식을 했다.

짧게 깎은
칼끝

맞비침 세공을 한 은테

은박으로 칼집을
쌌다.

스리랑카의 피하 카에타
피하 카에타(piha kaetta)라는 이 광폭의 외날 검은 스리랑카 고유의 칼이다. 다수의 제품이 왕실 작업장에서 생산되었다. 칼과 칼집 모두에 풍부한 은 장식이 가미된 이 피하 카에타는 조신이나 귀족, 혹은 고위 관리 소유였을 것이다.

연대	18세기
출처	스리랑카
무게	0.25킬로그램
길이	36.5센티미터

점점 가늘어지는 외날 검

금과 은이 상감된
철제 손잡이

은 장식물

종이와 붉은색 벨벳
소재로 감은 칼집

부탄의 단검
이 곧은 칼날의 단검은 히말라야의 은둔 왕국 부탄에서 제작되었다. 손잡이에는 덩굴을 배경으로 행운을 의미하는 각종의 중국 상징들이 새겨져 있다. 나무 칼집은 가장자리와 끝에 도금된 쇠가 덧대어져 있다.

연대	18세기
출처	부탄
무게	0.35킬로그램
길이	43.4센티미터

고리 모양의
손잡이

뒤쪽으로
휜 칼날

장미꽃 장식

인도의 비치화
비치화(bich'hwa)는 작지만 치명적인 단검으로 동물의 뿔 모양을 본떠서 만들었으며, 그 명칭은 전갈을 뜻하는 인도어이다. 이 그림을 보면 은 코프트가리(상감)로 장식된 철제 손잡이가 납작한 고리 형태를 이룬 채 2개의 대갈못으로 칼몸에 결합되어 있음을 볼 수 있다. 뒤쪽으로 휜 칼끝은 관통력을 증대시키기 위해 강화했다.

연대	18세기
출처	인도
무게	0.21킬로그램
길이	27.2센티미터

강화된 칼끝

사슬 갑옷 관통력을
자랑하는 두꺼운 칼끝

잎사귀와 앵무새
이미지가 장식된
물림쇠

연한 자줏빛 벨벳 소재의
칼집 싸개

손잡이는 괴물 머리 장식으로
마무리되어 있다.

황동 손가락 관절
보호구

폭이 좁은
팔각형 손잡이

코등이

인도의 비치화
이 비치화에는 황동 주형 손잡이가 달려 있는데, 가공의 괴물 머리가 장식되어 있다. 손가락 관절 보호부는 괴물이 자신의 꼬리를 먹는 모양새를 취하고 있다. 폭이 좁고, 두 번 굽은 칼날은 양쪽으로 중앙 융기가 낮다. 코등이의 거칠게 파인 표지는 문자일지도 모른다.

연대	18세기
출처	인도
무게	0.24킬로그램
길이	29.6센티미터

칼몸의 중앙 융기
(등성이)

전체 모양

유럽의 한 손으로 다루는 막대형 무기

한 손으로 다루는 막대형 무기는 주로 기병들이 사용했다. 이런 무기들의 역할은 판금 갑옷을 부수거나 상대방에게 내상을 입히는 것으로, 단순하면서도 잔혹했다. 물론 전투 망치의 곡괭이는 갑옷의 틈을 꿰뚫는 데 유용했지만. 한 손으로 다루는 막대형 무기는 곤봉처럼 생겼음에도 불구하고 지위가 높은 사람들이 다수 휴대했고, 결과적으로 정교한 장식이 많이 가미되었다.

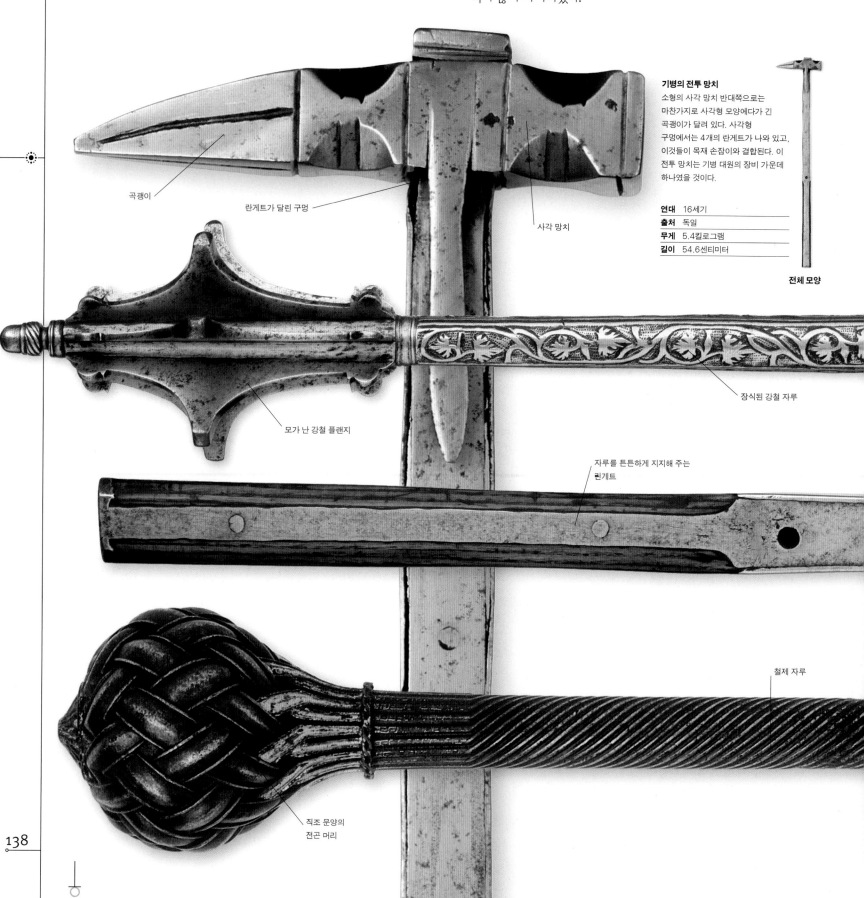

곡괭이

란게트가 달린 구멍

사각 망치

모가 난 강철 플랜지

장식된 강철 자루

자루를 튼튼하게 지지해 주는 란게트

철제 자루

직조 문양의 전곤 머리

기병의 전투 망치

소형의 사각 망치 반대쪽으로는 마찬가지로 사각형 모양에다가 긴 곡괭이가 달려 있다. 사각형 구멍에서는 4개의 란게트가 나와 있고, 이것들이 목재 손잡이와 결합된다. 이 전투 망치는 기병 대원의 장비 가운데 하나였을 것이다.

연대	16세기
출처	독일
무게	5.4킬로그램
길이	54.6센티미터

전체 모양

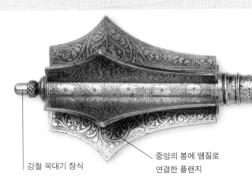

검정색 손잡이의 자루

강철 꼭대기 장식

중앙의 봉에 땜질로
연결한 플랜지

머리에 플랜지를 붙인 전곤

15세기 말부터는 대다수의 전곤이 강철로만 만들어졌다. 머리 부분에는 여러 개의 플랜지를 붙였다. 7개가 가장 흔했고, 해서 복잡한 돌출 모양새를 갖게 된다. 각각의 플랜지는 중앙의 관형 봉에 납땜을 해서 붙였다.

연대	16세기
출처	유럽
무게	1.56킬로그램
길이	62.9센티미터

덩굴 문양이 장식된 자루

원뿔형 꼭대기 장식

원뿔형 꼭대기 장식이 달린 전곤

강철로 만든 이 전곤은 플랜지 7개에 원뿔형 꼭대기 장식을 달았다. 각각의 플랜지는 자루의 오목면에 붙였다. 자루는 얕은 부조로 소용돌이치는 포도덩굴 문양이 장식되어 있다. 플랜지가 달린 전곤은 16세기에 사용된 가장 흔한 형태의 전곤이었다.

연대	16세기
출처	유럽
무게	1.56킬로그램
길이	60센티미터

손목 고리를 넣을 수 있도록 낸 구멍

강철 곡괭이

장식된 전곤

플랜지를 붙인 이 전곤은 자루에 덩굴 문양이 장식되어 있고, 도토리 모양의 꼭대기 장식이 붙어 있다. 강철 자루 중간에 구멍이 있는 걸 볼 수 있는데, 거기에 손목 고리를 집어넣었다. 이것은 특히 기마 부대원들에게는 전곤을 떨어뜨렸을 때 재빨리 회수할 수 있는 장치로서 매우 중요했다.

연대	16세기
출처	유럽
무게	1.56킬로그램
길이	63센티미터

머리 부분을
면 처리한
사각 망치

기병 망치

기병들이 판금 갑옷을 때려부수는 데서 아주 유용했던 전투 망치는 보병 전투원들도 사용했다. 16세기에는 곡괭이의 크기가 커졌고, 망치는 상대적으로 작아졌다. 전투에서 곡괭이 부분의 역할이 더 커졌음을 알 수 있는 대목이다.

연대	16세기
출처	유럽
무게	0.82킬로그램
길이	21.5센티미터

직조 문양 머리가 달린 전곤

이집트에서 제작된 이 특이한 전곤은 구근형 머리가 직조 문양으로 장식되어 있고, 금으로 제작자의 서명이 들어가 있다. 전곤은 16세기와 17세기에 점점 더 의식용 도구로 바뀌어 갔다. 영국 하원은 지금까지도 전곤을 하원이라는 기관의 권위를 상징하는 도구로 사용하고 있다.

연대	15세기
출처	이집트
무게	1.56킬로그램
길이	60센티미터

파비아 전투
합스부르크 왕가가 1525년 파비아
전투에서 프랑스를 패배시킨 사건이 당대의
태피스트리에서 기념되고 있다. 신성 로마 제국의
창병과 이탈리아 군대의 화승총병이 갑옷으로 무장한 프랑스
기사들의 전진을 효과적으로 차단했다.

유럽의 두 손으로 다루는 막대형 무기

중세에 활과 함께 사용된 막대형 무기는 특히 기병을 상대할 때 대단히 효과적이었다. 16세기에도 막대형 무기는 계속해서 막강한 보병용 무기로 사용되었다. 물론 이때는 활이 머스킷으로 대체되었다. 스위스 용병들이 핼버드(halberd)를 대중화했다. 핼버드는 힘이 센 전사가 휘두를 경우 판금 갑옷을 격파할 수 있었다. 무장 기사들이 보병 전투를 벌일 때 선호한 무기인 전부도 마찬가지로 판금 갑옷을 깨뜨릴 수 있었다. 17세기 초가 되면 이런 무기들이 미늘창으로 교체되고, 의식에 사용된다.

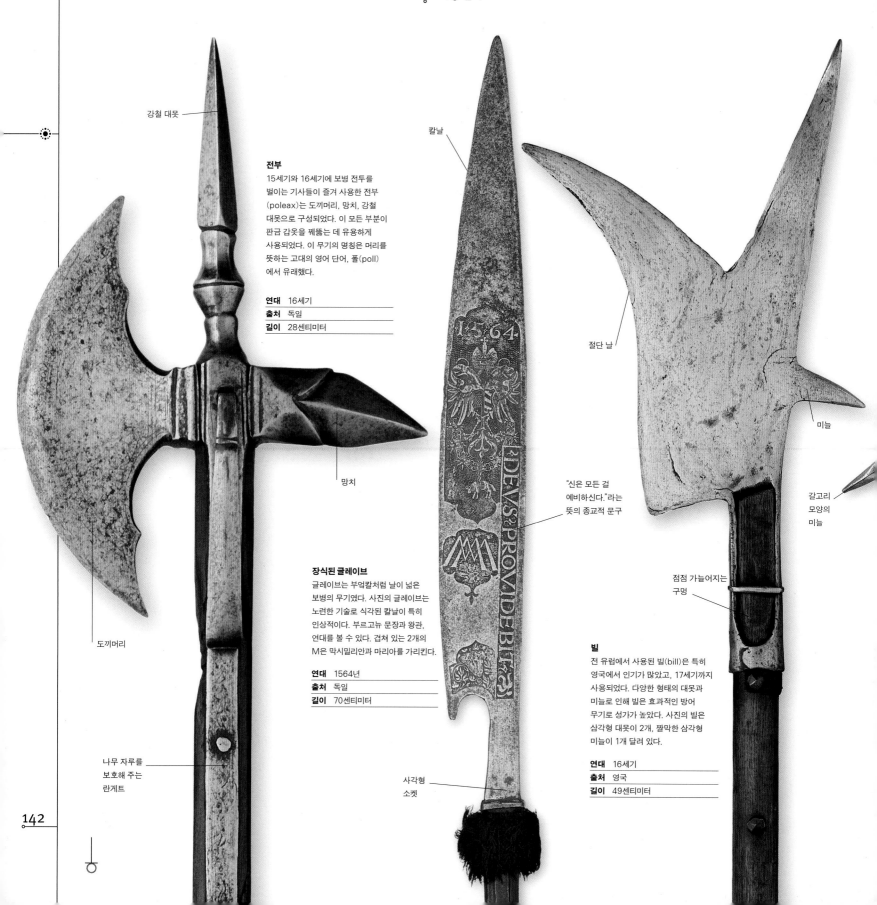

강철 대못

전부
15세기와 16세기에 보병 전투를 벌이는 기사들이 즐겨 사용한 전부(poleax)는 도끼머리, 망치, 강철 대못으로 구성되었다. 이 모든 부분이 판금 갑옷을 꿰뚫는 데 유용하게 사용되었다. 이 무기의 명칭은 머리를 뜻하는 고대의 영어 단어, 폴(poll)에서 유래했다.

연대	16세기
출처	독일
길이	28센티미터

망치

칼날

절단 날

미늘

갈고리 모양의 미늘

"신은 모든 걸 예비하신다."라는 뜻의 종교적 문구

도끼머리

장식된 글레이브
글레이브는 부엌칼처럼 날이 넓은 보병의 무기였다. 사진의 글레이브는 노련한 기술로 식각된 칼날이 특히 인상적이다. 부르고뉴 문장과 왕관, 연대를 볼 수 있다. 겹쳐 있는 2개의 M은 막시밀리안과 마리아를 가리킨다.

연대	1564년
출처	독일
길이	70센티미터

점점 가늘어지는 구멍

빌
전 유럽에서 사용된 빌(bill)은 특히 영국에서 인기가 많았고, 17세기까지 사용되었다. 다양한 형태의 대못과 미늘로 인해 빌은 효과적인 방어 무기로 성가가 높았다. 사진의 빌은 삼각형 대못이 2개, 짤막한 삼각형 미늘이 1개 달려 있다.

연대	16세기
출처	영국
길이	49센티미터

나무 자루를 보호해 주는 란게트

사각형 소켓

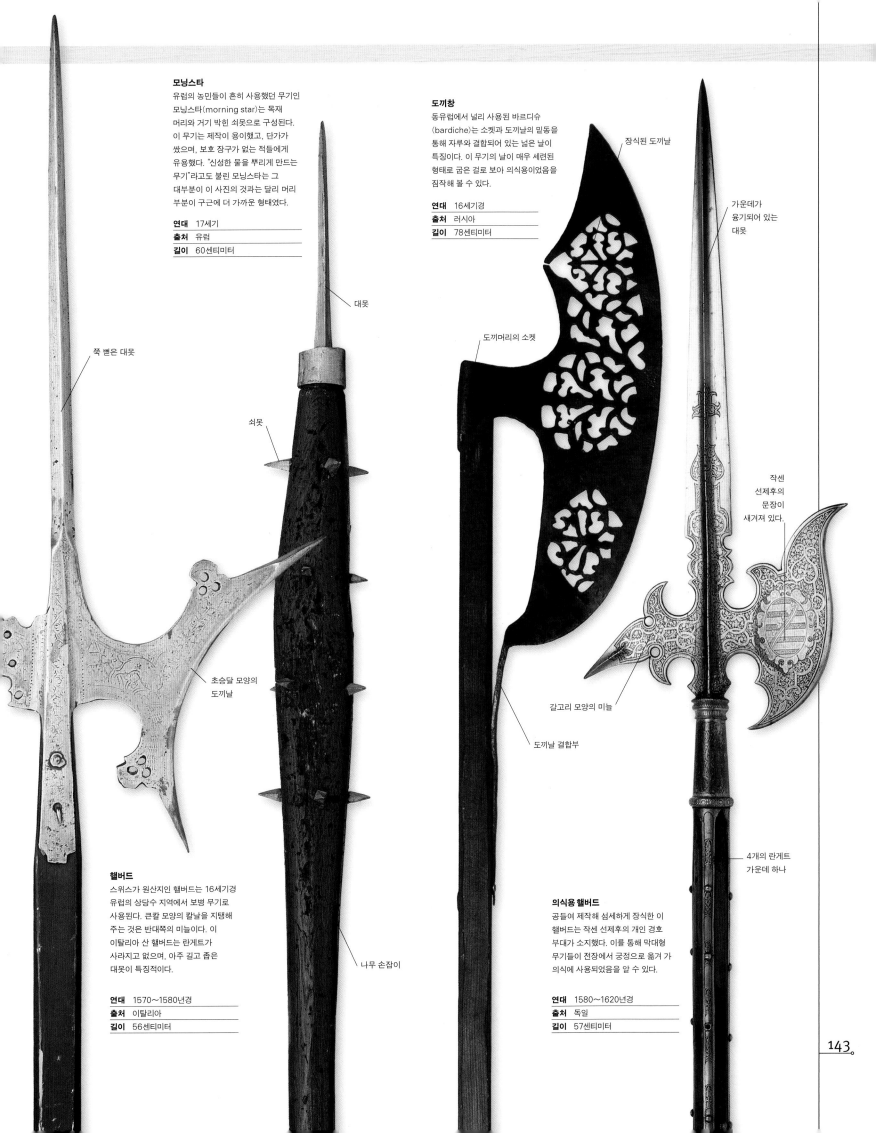

모닝스타

유럽의 농민들이 흔히 사용했던 무기인 모닝스타(morning star)는 목재 머리와 거기 박힌 쇠못으로 구성된다. 이 무기는 제작이 용이했고, 단가가 쌌으며, 보호 장구가 없는 적들에게 유용했다. "신성한 물을 뿌리게 만드는 무기"라고도 불린 모닝스타는 그 대부분이 이 사진의 것과는 달리 머리 부분이 구근에 더 가까운 형태였다.

연대 17세기
출처 유럽
길이 60센티미터

쭉 뻗은 대못

대못

쇠못

초승달 모양의 도끼날

도끼창

동유럽에서 널리 사용된 바르디슈(bardiche)는 소켓과 도끼날의 밑동을 통해 자루와 결합되어 있는 넓은 날이 특징이다. 이 무기의 날이 매우 세련된 형태로 굽은 걸로 보아 의식용이었음을 짐작해 볼 수 있다.

연대 16세기경
출처 러시아
길이 78센티미터

장식된 도끼날

가운데가 융기되어 있는 대못

도끼머리의 소켓

작센 선제후의 문장이 새겨져 있다.

갈고리 모양의 미늘

도끼날 결합부

핼버드

스위스가 원산지인 핼버드는 16세기경 유럽의 상당수 지역에서 보병 무기로 사용된다. 큰칼 모양의 칼날을 지탱해 주는 것은 반대쪽의 미늘이다. 이 이탈리아 산 핼버드는 란게트가 사라지고 없으며, 아주 길고 좁은 대못이 특징적이다.

연대 1570~1580년경
출처 이탈리아
길이 56센티미터

나무 손잡이

의식용 핼버드

공들여 제작해 섬세하게 장식한 이 핼버드는 작센 선제후의 개인 경호 부대가 소지했다. 이를 통해 막대형 무기들이 전장에서 궁정으로 옮겨 가 의식에 사용되었음을 알 수 있다.

연대 1580~1620년경
출처 독일
길이 57센티미터

4개의 란게트 가운데 하나

인도와 스리랑카의 막대형 무기

17세기까지는 인도 아대륙의 막대형 무기가 크게 보아 유럽과 비슷하게 발전했다. 물론 인도 자체의 전통과 무슬림 침략자들의 영향으로 설계와 장식에서 커다란 차이점을 보이기는 했지만 말이다. 인도의 지배자들이 서양식 화기를 채택했음에도 불구하고 전곤과 도끼는 유럽에서 거의 안 쓰이게 된 후로도 오랫동안 인도 군대에서 폭넓게 사용되었다. 그것은 인도의 전사들이 계속해서 갑옷을 착용했기 때문이다.

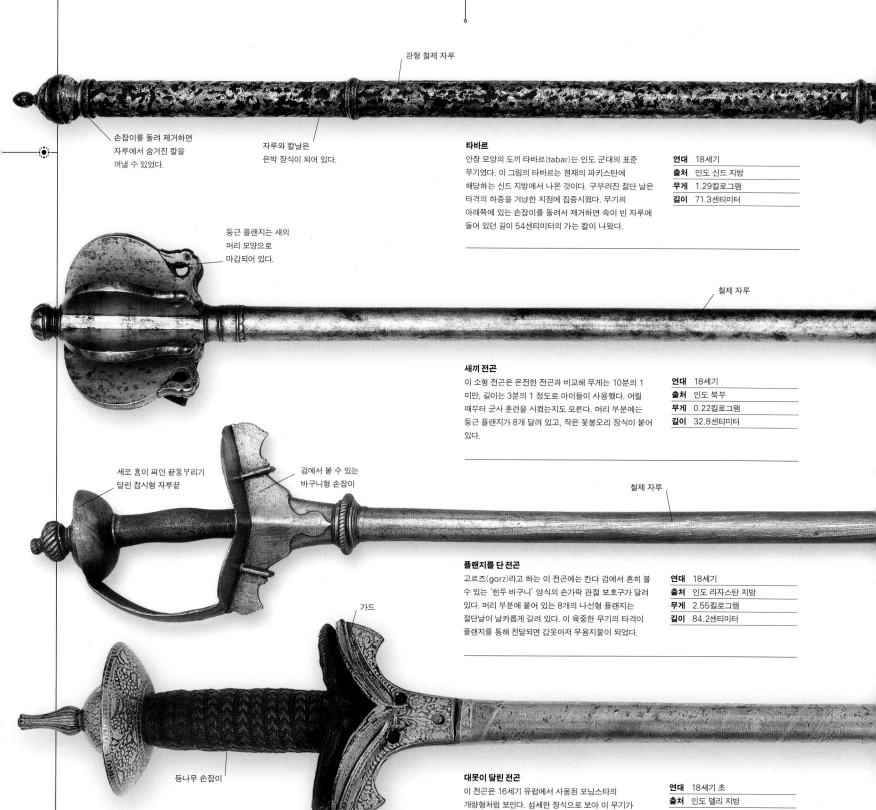

관형 철제 자루

손잡이를 돌려 제거하면 자루에서 숨겨진 칼을 꺼낼 수 있었다.

자루와 칼날은 은박 장식이 되어 있다.

둥근 플랜지는 새의 머리 모양으로 마감되어 있다.

철제 자루

세로로 홈이 파인 끝둥 부리기 달린 접시형 자루끝

검에서 볼 수 있는 바구니형 손잡이

철제 자루

가드

등나무 손잡이

타바르

안장 모양의 도끼 타바르(tabar)는 인도 군대의 표준 무기였다. 이 그림의 타바르는 현재의 파키스탄에 해당하는 신드 지방에서 나온 것이다. 구부러진 절단 날은 타격의 하중을 거냥한 지점에 집중시켰다. 무기의 아래쪽에 있는 손잡이를 돌려서 제거하면 속이 빈 자루에 들어 있던 길이 54센티미터의 가는 칼이 나왔다.

연대	18세기
출처	인도 신드 지방
무게	1.29킬로그램
길이	71.3센티미터

새끼 전곤

이 소형 전곤은 온전한 전곤과 비교해 무게는 10분의 1 미만, 길이는 3분의 1 정도로 아이들이 사용했다. 어릴 때부터 군사 훈련을 시켰는지도 모른다. 머리 부분에는 둥근 플랜지가 8개 달려 있고, 작은 꽃봉오리 장식이 붙어 있다.

연대	18세기
출처	인도 북부
무게	0.22킬로그램
길이	32.8센티미터

플랜지를 단 전곤

고르즈(gorz)라고 하는 이 전곤에는 칸다 검에서 흔히 볼 수 있는 '힌두 바구니' 양식의 손가락 관절 보호구가 달려 있다. 머리 부분에 붙어 있는 8개의 나선형 플랜지는 절단날이 날카롭게 갈려 있다. 이 육중한 무기의 타격이 플랜지를 통해 전달되면 갑옷마저 무용지물이 되었다.

연대	18세기
출처	인도 라자스탄 지방
무게	2.55킬로그램
길이	84.2센티미터

대못이 달린 전곤

이 전곤은 16세기 유럽에서 사용된 모닝스타의 개량형처럼 보인다. 섬세한 장식으로 보아 이 무기가 전투용으로뿐만 아니라 소지자의 부와 지위를 과시할 목적으로도 사용되었음을 알 수 있다.

연대	18세기 초
출처	인도 델리 지방
무게	2.5킬로그램
길이	85센티미터

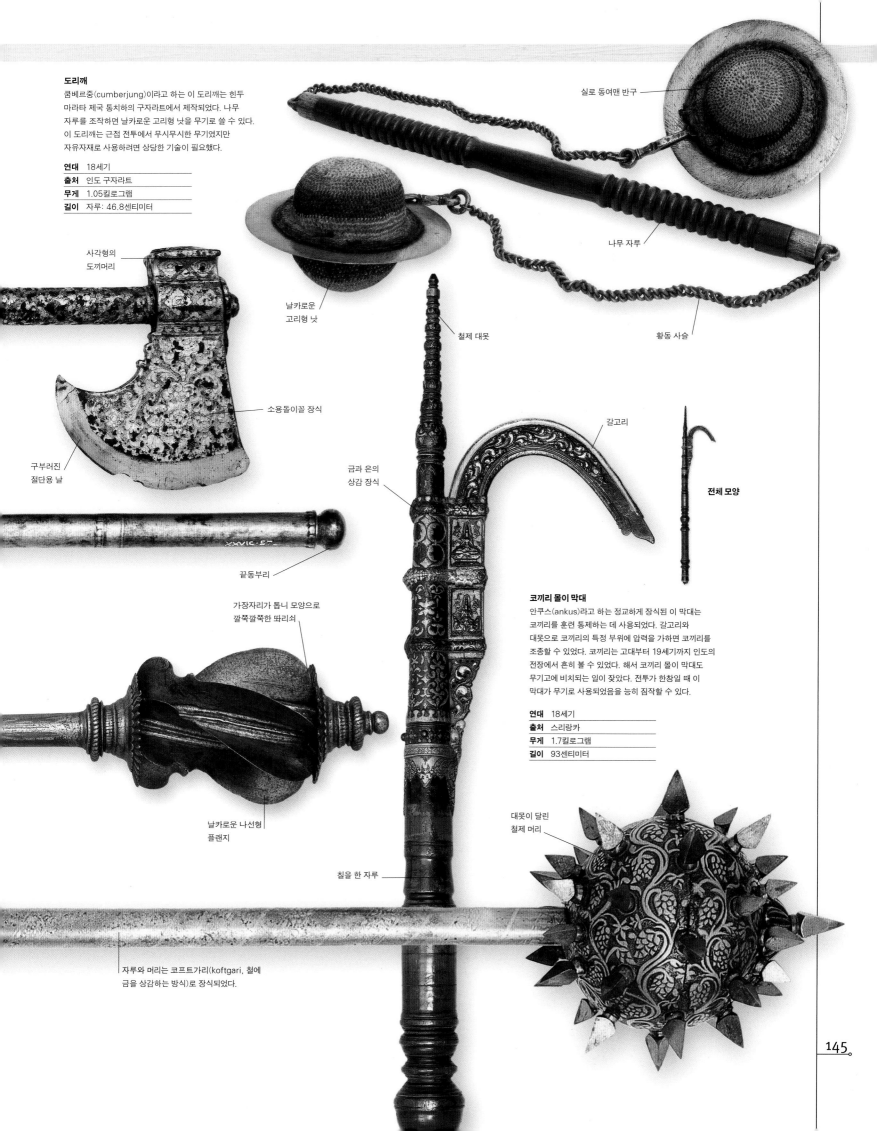

도리깨
쿰베르중(cumberjung)이라고 하는 이 도리깨는 힌두
마라타 제국 통치하의 구자라트에서 제작되었다. 나무
자루를 조작하면 날카로운 고리형 낫을 무기로 쓸 수 있다.
이 도리깨는 근접 전투에서 무시무시한 무기였지만
자유자재로 사용하려면 상당한 기술이 필요했다.

연대	18세기
출처	인도 구자라트
무게	1.05킬로그램
길이	자루: 46.8센티미터

실로 동여맨 반구

나무 자루

황동 사슬

사각형의
도끼머리

소용돌이꼴 장식

구부러진
절단용 날

날카로운
고리형 낫

끝동부리

철제 대못

금과 은의
상감 장식

갈고리

전체 모양

코끼리 몰이 막대
안쿠스(ankus)라고 하는 정교하게 장식된 이 막대는
코끼리를 훈련 통제하는 데 사용되었다. 갈고리와
대못으로 코끼리의 특정 부위에 압력을 가하면 코끼리를
조종할 수 있었다. 코끼리는 고대부터 19세기까지 인도의
전장에서 흔히 볼 수 있었다. 해서 코끼리 몰이 막대도
무기고에 비치되는 일이 잦았다. 전투가 한창일 때 이
막대가 무기로 사용되었음을 능히 짐작할 수 있다.

연대	18세기
출처	스리랑카
무게	1.7킬로그램
길이	93센티미터

가장자리가 톱니 모양으로
깔쭉깔쭉한 따리쇠

날카로운 나선형
플랜지

칠을 한 자루

대못이 달린
철제 머리

자루와 머리는 코프트가리(koftgari, 철에
금을 상감하는 방식)로 장식되었다.

유럽의 석궁

16세기가 경과하면서 석궁은 유럽의 전장에서 사라졌다. 화약 무기가 석궁을 대체했던 것이다. 그러나 사냥과 사격 시합에서는 석궁이 여전히 폭넓게 사용되었다. 활대로 강철을 사용하는 게 보편적인 양상이었다. 강철 활은 복합궁보다 제작하기가 더 쉬웠고 성능도 일관되었다. 활시위를 재는 레버가 활 자체에 탑재되어 있었기 때문에 궁수들은 크레인퀸을 따로 휴대할 필요가 없었다. 가늠쇠가 부착되었고, 방아쇠의 설계도 크게 개량되었다. 화살 대신 돌이나 탄환을 발사하는 석궁은 조류와 작은 사냥감을 잡는 용도로 큰 인기를 끌었다.

착색한 상아 장식판

활시위를 재는 데 사용되는 핀

세부 사진 참조

활시위

가늠쇠

사냥용 석궁

부자들의 레저용 무기는 흔히 정교하게 장식되었다. 이 활에는 문장이 2개 새겨져 있다. 이 석궁은 고츠풋(goatsfoot, 염소 발처럼 생긴 레버의 일종 — 옮긴이)과 크레인퀸을 사용해 활시위를 재었을 것이다.

연대	1526년
출처	독일
무게	2.98킬로그램
길이	64.6센티미터

전체 모양

손잡이 위의 조각

나무 개머리

이탈리아의 수렵용 석궁

16세기 말의 이 강철 석궁은 이탈리아의 위대한 르네상스 가문 가운데 하나인 알도브란디니가 소유였을지도 모른다. 이 활은 돌이나 탄환을 발사하도록 설계되었다. 나무 손잡이 위에 문장과 해마가 조각되어 있는 것이 보인다.

연대	1600년경
출처	이탈리아
무게	2킬로그램
길이	99.1센티미터

손잡이에 경첩으로 고정된 레버

독일의 석궁

돌을 발사하는 이 활은 활대와 손잡이가 전부 강철로 만들어져 있다. 손잡이 후미의 개머리를 통해 화기가 석궁의 구조에 영향을 미쳤음을 알 수 있다. 뒤쪽 레버를 들어 올려 활시위를 건 다음 수동으로 다시 당기면 활을 구부려 시위를 잴 수 있었다.

연대	18세기
출처	독일
무게	4킬로그램
길이	105.4센티미터

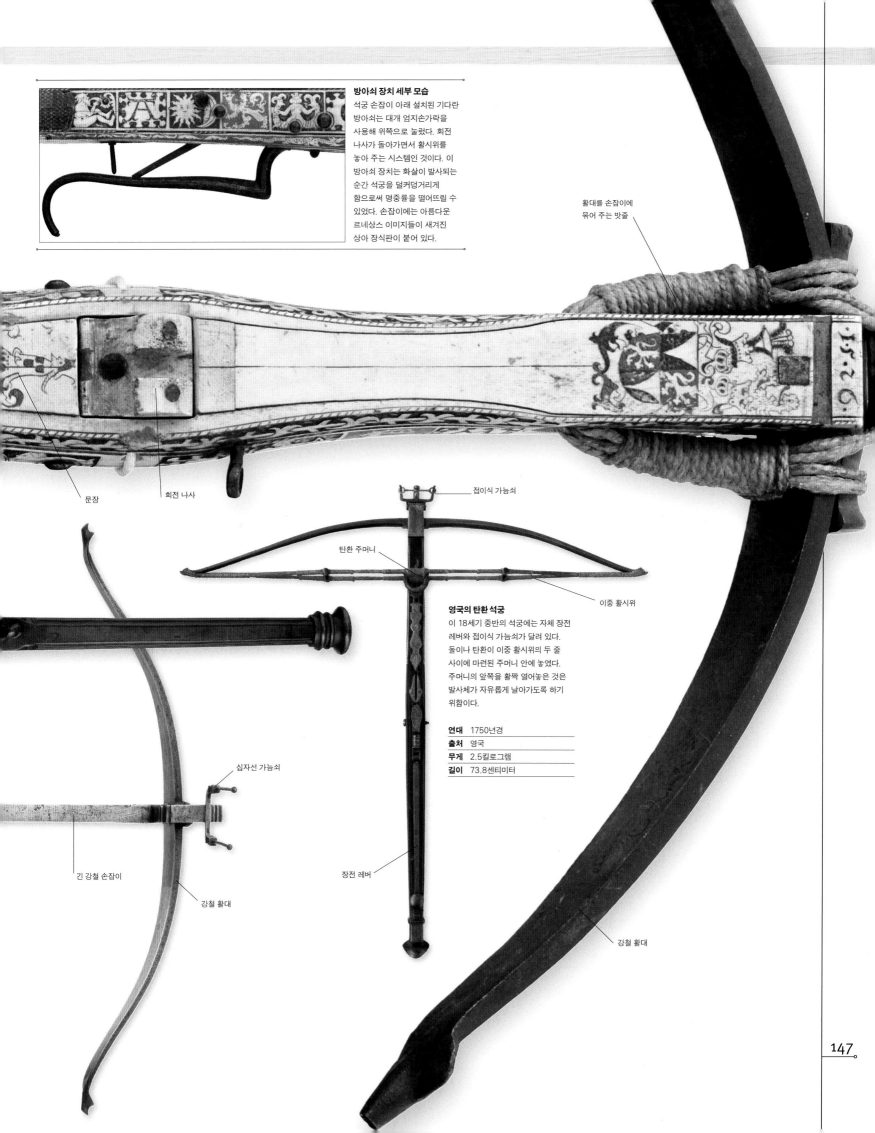

방아쇠 장치 세부 모습

석궁 손잡이 아래 설치된 기다란 방아쇠는 대개 엄지손가락을 사용해 위쪽으로 눌렀다. 회전 나사가 돌아가면서 활시위를 놓아 주는 시스템인 것이다. 이 방아쇠 장치는 화살이 발사되는 순간 석궁을 덜커덩거리게 함으로써 명중률을 떨어뜨릴 수 있었다. 손잡이에는 아름다운 르네상스 이미지들이 새겨진 상아 장식판이 붙어 있다.

활대를 손잡이에 묶어 주는 밧줄

문장

회전 나사

접이식 가늠쇠

탄환 주머니

이중 활시위

영국의 탄환 석궁

이 18세기 중반의 석궁에는 자체 장전 레버와 접이식 가늠쇠가 달려 있다. 돌이나 탄환이 이중 활시위의 두 줄 사이에 마련된 주머니 안에 놓였다. 주머니의 앞쪽을 활짝 열어놓은 것은 발사체가 자유롭게 날아가도록 하기 위함이다.

연대	1750년경
출처	영국
무게	2.5킬로그램
길이	73.8센티미터

십자선 가늠쇠

긴 강철 손잡이

강철 활대

장전 레버

강철 활대

근세

아시아의 활

말을 탄 채로 활을 쏘는 전술은 아시아의 전쟁에서 매우 중요한 지위를 차지했다. 석궁을 발명한 사람들은 중국인이었지만 중국에서는 오히려 적층 목재 활과 복합궁이 주로 사용되었다. 적층 목재 활은 여러 개의 나무판을 붙여서 만들었고, 복합궁은 여러 가지 재료, 곧 뿔, 나무, 힘줄로 제작했다. 뿔 조각으로는 궁수와 가까운 부분인 활대의 배를 만들었고, 힘줄은 등에 사용했으며, 두 층 사이에 나무를 끼워 넣었다. 아시아의 활은 이 재료들의 상이한 특성을 바탕으로 상대적으로 작은 크기임에도 놀라운 위력을 자랑했다.

활대 끝 소용돌이 장식에 낸 고자

비단 활시위

고래수염으로 만든 활

활대는 박달나무 껍질로 덮여 있다.

활배

손잡이

활등

활시위 가교

활시위 가교

귀

뿔 소재의 활고자

중국의 복합궁

이것은 전형적인 몽골의 복합궁으로 뿔, 나무, 힘줄로 만들었다. 활시위를 고자에 걸지 않았을 때 활대는 사진처럼 전방으로 느즈러진다. 활시위를 고자에 걸려면 흔히 두 사람이 필요했다. 한 사람이 활대를 뒤쪽으로 구부려 당기면 다른 사람이 활고자에 시위를 거는 것이다. 오른쪽 페이지의 인도 활은 활대에 활시위를 걸었을 때의 모양을 알려준다.

연대	18세기
출처	중국
무게	0.68킬로그램
길이	80센티미터(활시위를 걸지 않았을 때)

검정 끈으로 감은 손잡이

일본의 활

애초 사무라이 전사들에게 가장 중요했던 무기인 일본 활은 대개 적층 목재로 만들었다. 그러나 이 사진의 활은 고래수염으로 제작한 것이다. 이 활은 영국의 장궁만큼이나 길었음에도 불구하고 말을 타고 쏠 수 있을 절도로 가벼웠다. 줌통은 중앙에 있지 않았고, 활의 아랫부분에 있다. 이 사진의 활은 의식에 사용할 목적으로 작게 만든 것이다.

연대	18세기
출처	일본
무게	0.15킬로그램
길이	63센티미터(활시위를 걸었을 때)

금속 화살촉을 붙인 대나무 화살

활집과 화살통은 모두 비단 소재 허리띠에 묶을 수 있다.

보라색 벨벳으로 싸인 가죽 화살통

복합궁을 휴대하기 위해 만든 활집

중국의 활집과 화살통

이 활집과 화살통은 가죽으로 만들었고, 보라색 벨벳을 덮었다. 위로는 가죽을 오려내 장식을 덧붙였다. 활집은 복합궁의 외형에 맞게 만들었다. 화살통 내부의 두꺼운 붉은색 천은 화살을 보관하는 데 도움이 되었을 것이다.

연대	19세기
출처	중국
무게	활집 0.64킬로그램
길이	53센티미터

옻칠을 한 보관함

전체 모양

활귀

세부 사진 참조

활시위

초록색과
금색으로
칠한 줌통

활고자 세부

활시위를 끼우게 되는 활고자는 흔히 뿔로 만들었다.
활시위의 소재는 비단이고, 양 끝에 힘줄로 만든
고리를 달았다. 화살을 재고 시위를 당기면 활대의
귀가 레버처럼 작동하기 때문에 활시위를 재기가 쉽다.
화살이 활시위를 떠날 때면 귀 부분의 타력이 활시위를
마지막으로 튕겨 준다.

활대

인도의 복합궁

인도 북부의 이 활은 나무에 뿔 조각을 붙이고, 전체를
힘줄로 보강해 만들었다. 활대의 배를 구성하는 뿔이
압축에 반발하는 한편 활 등의 힘줄은 장력에 맞서는
기능을 한다. 크게 굽은 활대와 길게 거꾸로 휜 귀 부분이
인상적이다.

연대	18세기
출처	인도 북부
무게	0.55킬로그램
길이	95센티미터

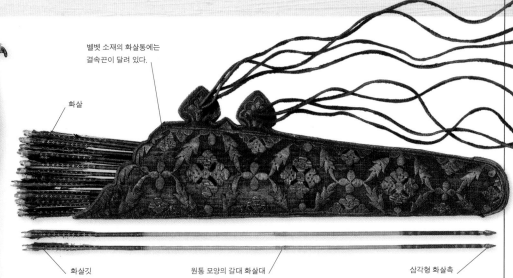

벨벳 소재의 화살통에는
결속끈이 달려 있다.

화살

화살깃

원통 모양의 갈대 화살대

삼각형 화살촉

인도의 화살통과 화살

18세기 마라타 왕국의 이 화살통은 붉은색 벨벳으로 덮여 있고,
금과 은 자수로 잎사귀와 꽃이 장식되어 있다. 각각 4개의 줄이
달린 2개의 결속끈으로 휴대했고, 여기에는 28개의 화살이 들어
있다. 화살대는 전부 갈대이고, 화살촉은 절단면이 삼각형이며,
후미는 활시위에 걸릴 수 있도록 만들었고, 회색이나 회백색의
깃털로 긴 비행깃을 만들었다.

연대	18세기
출처	인도
무게	화살통 0.44킬로그램
길이	화살통 65.5센티미터

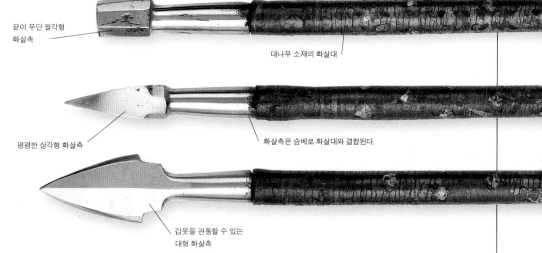

끝이 무딘 팔각형
화살촉

대나무 소재의 화살대

평평한 삼각형 화살촉

화살촉은 슴베로 화살대와 결합된다.

갑옷을 관통할 수 있는
대형 화살촉

인도의 화살

이 화살은 대나무로 만들어진 것들이다. 화살대는 도금 후, 분홍
장미꽃이 도색되어 있다. 화살촉은 생김새가 다양하다. (위) 끝이
무딘 팔각형, (중간) 평평한 삼각형, (아래) 더 커다랗고 평평한
삼각형.

연대	18세기
출처	인도 북부
무게	화살촉 35그램
길이	73.5센티미터

연장부가 활시위를
잡아 준다.

인도의 깍지

아시아의 활은 전통적으로 엄지손가락을 활용해
활시위를 당겼다. 대다수의 궁수는 손가락에
가해지는 압력을 완화하기 위해 엄지손가락에 일종의
반지인 깍지를 끼었다. 깍지는 대개 동물의 뿔로
만들었다. 가끔 옥으로 만들기도 했지만. 사진의
깍지는 옥으로 만든 것으로, 무굴 제국 시대의
것이다. 그림에서 볼 수 있는 깍지의 연장부가
활시위를 잡아 주었다.

연대	18세기
출처	인도
무게	16그램
길이	3.5센티미터

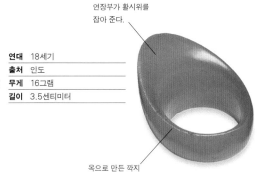

옥으로 만든 깍지

화승식 및 수발식 장총

화승총은 휴대용 화기의 초기 형태이다. 방아쇠를 당기면 화승(화약 심지)이 연기를 내며 소량의 화약이 들어 있는 약실로 타들어 갔다. 그렇게 점화약이 점화되면 총열의 끝에서 섬광이 일면서 탄환이 발사된다. 화승총은 바퀴식 방아쇠 총보다 훨씬 더 간단했다. 당대의 경쟁 제품이었던 바퀴식 방아쇠 총은 황철광 조각에 대고 바퀴를 회전시켜 얻는 불꽃으로 점화약에 불을 붙였다. 수발총이 개발되면서 화승총은 인기가 시들해졌다. 수발총은 부싯돌을 강철판에 부딪쳐 불꽃을 일으키는 방식이었다.

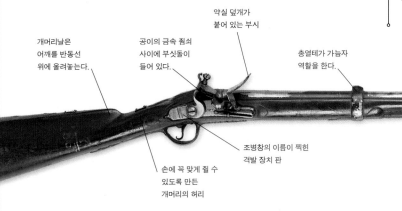

개머리날은 어깨를 반동선 위에 올려놓는다.

공이의 금속 죔쇠 사이에 부싯돌이 들어 있다.

약실 덮개가 붙어 있는 부시

총열테가 가늠자 역할을 한다.

가늠쇠 날

조병창의 이름이 찍힌 격발 장치 판

손에 꼭 맞게 쥘 수 있도록 만든 개머리의 허리

프러시아의 선조 수발식 기병총

1713년 왕위에 오른 프러시아의 프리드리히 빌헬름 1세는 국가의 성인 남성 4퍼센트를 상비군으로 조직했다. 그는 포츠담에 국가 조병창을 세웠고, 이와 같은 기병총은 그 초기 생산물이었다. 사진의 총은 1722년부터 1774년까지 생산되었다. 중기병 대대마다 10명씩 이 선조총을 지급받았다.

연대	1722년
국가	독일
무게	3.37킬로그램
총열	94센티미터
구경	15구경

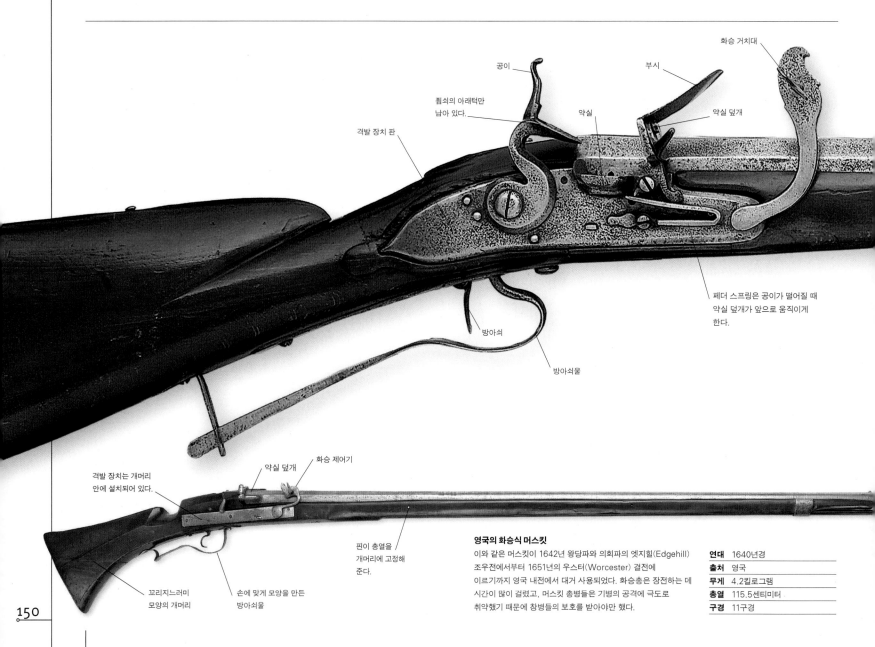

공이

부시

화승 거치대

죔쇠의 아래턱만 남아 있다.

약실

약실 덮개

격발 장치 판

페더 스프링은 공이가 떨어질 때 약실 덮개가 앞으로 움직이게 한다.

방아쇠

방아쇠울

격발 장치는 개머리 안에 설치되어 있다.

약실 덮개

화승 제어기

핀이 총열을 개머리에 고정해 준다.

영국의 화승식 머스킷

이와 같은 머스킷이 1642년 왕당파와 의회파의 엣지힐(Edgehill) 조우전에서부터 1651년의 우스터(Worcester) 결전에 이르기까지 영국 내전에서 대거 사용되었다. 화승총은 장전하는 데 시간이 많이 걸렸고, 머스킷 총병들은 기병의 공격에 극도로 취약했기 때문에 창병들의 보호를 받아야만 했다.

연대	1640년경
출처	영국
무게	4.2킬로그램
총열	115.5센티미터
구경	11구경

꼬리지느러미 모양의 개머리

손에 맞게 모양을 만든 방아쇠울

약실 덮개　　화승 제어기

격발 장치 판

총열은 처음 3분의 1까지는 팔각형이고,
그다음부터는 둥글게 처리되어 있다.

영국의 화승총

최고의 화승총은 전성기를 지나면서 단순하고 세련된 형태로
거듭났다. 무게도 훨씬 더 가벼워졌고, 그래서 조작하기가 더
쉬워졌다. 사진의 총도 수집 보존되지 않았다면 수발식 보병총으로
개조되고 말았을 것이다. 그랬다면 최고의 화승총이 얼마나 멋진
무기인지 후세 사람들은 알지도 못했을 것이다.

연대	17세기
출처	영국
무게	4.73킬로그램
총열	117.2센티미터
구경	18밀리미터

손에 꼭 맞도록
다듬은 개머리 허리

개머리판에는
황동을 붙였다.

공이

제작자의 이름이
찍힌 격발 장치 판

부시

꽃을대 고리

롱 랜드패턴 수발총

애초의 랜드패턴(land-pattern, 육군 규격) 머스킷, 곧 '브라운
베스(Brown Bess)'를 개량한 롱 랜드패턴(long land-pattern)
은 1742년에 지급되었다. 새로운 형태의 방아쇠울, 더 두드러진
개머리날, 부시 겸 약실 덮개를 고정해 주는 나사를 약실과 연결해
주는 견제물이 눈에 띈다. 이 총은 런던탑 조병창에서 같은 유형의
머스킷을 생산할 수 있도록 해 주는 견본으로서 보관된 것이다.

연대	1742년
출처	영국
무게	4.7킬로그램
총열	116.8센티미터
구경	10구경

손에 딱 맞게
만든 전방 개머리

멜빵 고리　　페더 스프링

가늠자

꽃을대 고리

전체 모양

네덜란드의 복합 장총

이 진귀한 머스킷은 화승식 및 수발식 발사가 모두 가능한 복합형
장총이다. 화승식 격발 약실은 부시 끝의 일부다. 부싯돌 발화
장치는 방아쇠울에 의해 작동된다. 반면 화승총의 작동은 방아쇠로
이루어진다.

연대	17세기
출처	네덜란드
무게	6.8킬로그램
총열	117센티미터
구경	0.9인치

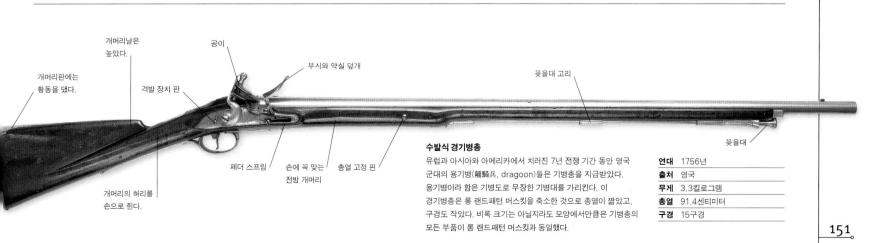

개머리날은
높았다.

공이

부시와 약실 덮개

꽃을대 고리

개머리판에는
황동을 댔다.

격발 장치 판

수발식 경기병총

유럽과 아시아와 아메리카에서 치러진 7년 전쟁 기간 동안 영국
군대의 용기병(龍騎兵, dragoon)들은 기병총을 지급받았다.
용기병이라 함은 기병도로 무장한 기병대를 가리킨다. 이
경기병총은 롱 랜드패턴 머스킷을 축소한 것으로 총열이 짧았고,
구경도 작았다. 비록 크기는 아닐지라도 모양에서만큼은 기병총의
모든 부품이 롱 랜드패턴 머스킷과 동일했다.

연대	1756년
출처	영국
무게	3.3킬로그램
총열	91.4센티미터
구경	15구경

페더 스프링

손에 꼭 맞는
전방 개머리

총열 고정 핀

꽃을대

개머리의 허리를
손으로 쥔다.

근세

화승총

화승총(화승식 머스킷)의 정확한 발명 연대를 획정하기는 힘들다. 그러나 여러 증거로 보건대, 1475년을 전후해 독일에서 발명된 것 같다. 기술적으로만 보면 화승총은 16세기에 바퀴식 방아쇠 총(치륜식 총)이 발명되면서 사용이 중단되었다고 할 수 있다. 그러나 실제로는 그 단순성으로 인해 17세기 말까지 계속 사용되었다.

철제 발사 장치 덮개

개머리널은 반동 축에 어깨를 갖다댈 수 있도록 도와준다.

방아쇠

방아쇠울

측정 장비 따위는 없는 단순한 형태의 주둥이

장식성뿐만 아니라 기능성을 함께 갖춘 걸빵

화승총
화승총은 손으로 조작 사용하는 총포로서 커다란 개가를 이룬 화기였지만 여전히 불편한 무기였다. 맑은 날에조차 화승 심지는 쉽게 꺼져 버렸다. 더구나 밤에는 작열하는 불꽃으로 위치까지 노출되었다. 그러나 최고의 화승총은 아주 정확했고, 90미터 밖에서도 사람을 살상할 수 있었다.

연대	17세기 중반
국가	영국
무게	6.05킬로그램
총열	125.75센티미터
구경	0.75인치

탄약통
최초의 탄약통은 나무나 가죽으로 만들었다. 이 탄약통에는 흔히 총의 점화구를 청소하는 데 사용할 수 있는 작은 송곳이 달려 있었다. 그러나 탄약 투입량을 잴 수 있는 도구는 전혀 없었다.

납 탄환
1600년경에야 비로소 납이 탄환의 일반 소재로 활용되었다. 납은 녹는점이 낮았고, 비중이 크다는 특성을 갖추고 있었다. 갑옷이 보편적이었던 더 이른 시기에는 대개 쇠구슬이 사용되었다.

머스킷 받침대
초기의 군용 화승총은 크고 무거웠다. 따라서 받침대를 사용해야만 했다. 물론 받침대 자체도 튼튼하게 만들어야 했다. 결국 사수가 휴대해야 할 짐의 양이 늘어났다. 1650년경에는 받침대가 필요 없을 정도로 화기가 가볍게 개량되었다.

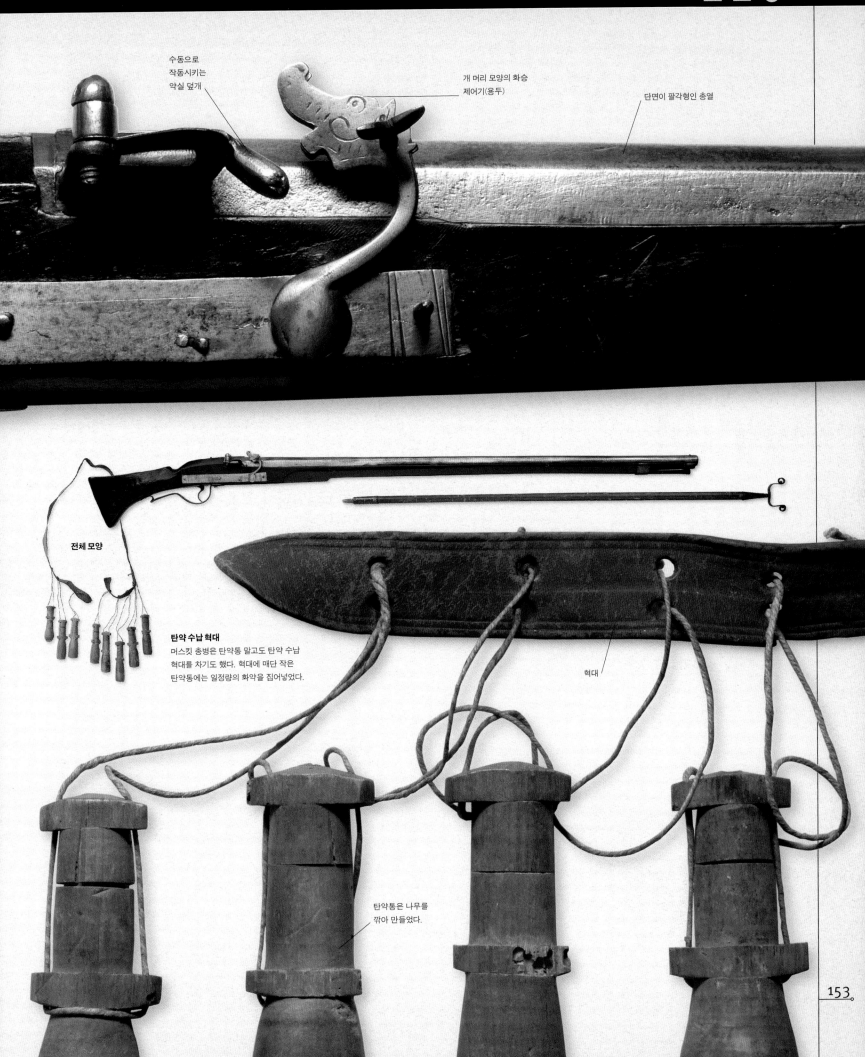

수동으로
작동시키는
약실 덮개

개 머리 모양의 화승
제어기(용두)

단면이 팔각형인 총열

전체 모양

탄약 수납 혁대
머스킷 총병은 탄약통 말고도 탄약 수납
혁대를 차기도 했다. 혁대에 매단 작은
탄약통에는 일정량의 화약을 집어넣었다.

혁대

탄약통은 나무를
깎아 만들었다.

153

근세

유럽의 엽총
1600~1700년

재미를 위한 것이었든 생계를 위한 것이었든 사냥은, 화기가 도입되면서 훨씬 더 일상적인 활동으로 자리를 잡았다. 17세기 초 지주 계급 사이에서 바퀴식 방아쇠 총(wheellock, 치륜식 총)이 보편화되었다. 이때 제작된 바퀴식 방아쇠 선조총은 토끼 같은 작은 사냥감에도 아주 효과적이었다. 그러나 장전하는 데 시간이 많이 걸렸고, 30발쯤 쏘고 나면 분해해서 청소를 해 줘야 했다.

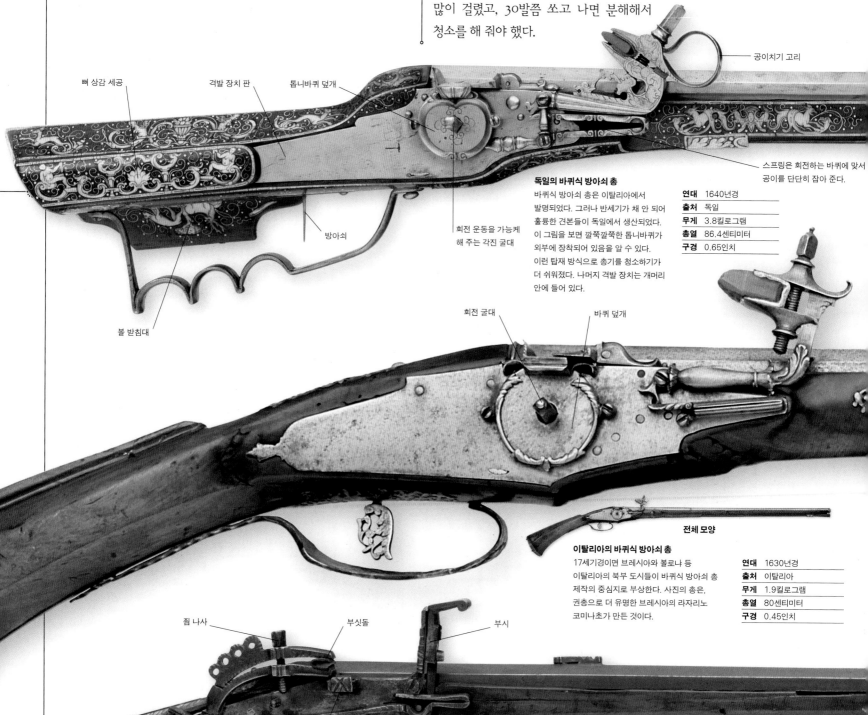

공이치기 고리

뼈 상감 세공

격발 장치 판

톱니바퀴 덮개

스프링은 회전하는 바퀴에 맞서 공이를 단단히 잡아 준다.

방아쇠

회전 운동을 가능케 해 주는 각진 굴대

볼 받침대

독일의 바퀴식 방아쇠 총
바퀴식 방아쇠 총은 이탈리아에서 발명되었다. 그러나 반세기가 채 안 되어 훌륭한 견본들이 독일에서 생산되었다. 이 그림을 보면 깔쭉깔쭉한 톱니바퀴가 외부에 장착되어 있음을 알 수 있다. 이런 탑재 방식으로 총기를 청소하기가 더 쉬워졌다. 나머지 격발 장치는 개머리 안에 들어 있다.

연대	1640년경
출처	독일
무게	3.8킬로그램
총열	86.4센티미터
구경	0.65인치

회전 굴대

바퀴 덮개

이탈리아의 바퀴식 방아쇠 총
17세기경이면 브레시아와 볼로냐 등 이탈리아의 북부 도시들이 바퀴식 방아쇠 총 제작의 중심지로 부상한다. 사진의 총은, 권총으로 더 유명한 브레시아의 라자리노 코미나초가 만든 것이다.

전체 모양

연대	1630년경
출처	이탈리아
무게	1.9킬로그램
총열	80센티미터
구경	0.45인치

죔 나사

부싯돌

부시

약실

뺨 받침대

스웨덴의 '발트식' 수발총
이 초기 수발식 선조총은 스웨덴 남부의 발트식(Baltic) 격발 장치가 특징이며, 훨씬 더 이른 시기의 무기가 연상되는 짧은 개머리판도 인상적이다. 북부 독일에서 고안된 양식에 따라 제작된 이 단순한 격발 장치는 후대의 것들과 비교할 때 상당히 조잡하다.

연대	1650년경
출처	스웨덴
무게	3.28킬로그램
총열	97.7센티미터
구경	0.4인치

이탈리아의 연발 수석총

이탈리아의 총기 제작자 미켈레 로렌조니는 1683~1733년에 피렌체에 살면서 초기 형태의 후장식 연발 수석총을 발명했다. 개머리 안에 2개의 방을 만들었는데, 한쪽에는 화약을 넣을 수 있었고, 다른 쪽에는 탄환을 넣을 수 있었다. 총 왼쪽의 레버를 이용해 후장식 노리쇠를 회전시켜 장전 발사하는 메커니즘이었다.

연대	1690년경
출처	이탈리아
무게	3.95킬로그램
총열	89센티미터
구경	0.53인치

격발 장치 판
부시
회전 노리쇠
개머리 안에 화약과 탄환을 넣을 수 있었다.

독일의 바퀴식 방아쇠 총

바퀴식 방아쇠 총은 크게 세 가지 형태로 나뉜다. 완전 폐쇄형과, 바퀴는 노출시키지만 나머지 격발 장치는 폐쇄시키는 형태와, 메커니즘 전체를 노출시킨 형태가 그것이다. 고안된 독일의 도시 이름에 따라 '친케(Tschinke)'라고 불리는 맨 마지막 형태는 고장 나기가 쉬웠지만 한편으로는 청소도 쉬웠다. 사진의 총은 실레지아에서 제작되었다. 개머리는 뿔과 진주로 상감 세공했다.

연대	1630년경
출처	독일
무게	3.4킬로그램
총열	94센티미터
구경	0.33인치

공이
가늠 구멍
상감 세공 장식
노출형 격발 메커니즘
방아쇠
총열 고정 핀

스코틀랜드의 스내펀스

스내펀스(snaphaunce)라는 명칭은 네덜란드 어 '슈납 한 (schnapp hahn)'에서 나왔다. 이 말은 '쪼는 닭'이라는 뜻이다. 이 수발총의 격발 방식에서 닭이 모이를 쪼아 먹는 광경을 연상했던 것이다. 이 총은 황철광 조각으로 불꽃을 일으키는 바퀴식 방아쇠를 단순화하려던 최초의 시도들 가운데 하나였다. 이 사진의 총은 던디의 앨리슨이 제작한 것으로, 제임스 왕이 프랑스의 루이 13세에게 보낸 선물이었다.

연대	1614년
출처	스코틀랜드
무게	2킬로그램
총열	96.5센티미터
구경	0.45인치

황동으로 만든 격발 장치 판
공이
부시
황동 개머리판
약실 및 점화구
방아쇠울

영국의 수발총

앤드루 돌렙은 런던에 정착해 채링 크로스 근처에 가게를 연 네덜란드 인 총기 제작자였다. 그가 이 사진의 멋진 수발총을 만년에 제작해 냈다. 호두나무 개머리에는 은사가 상감되어 있다. 돌렙은 이 총과 비슷한 형태의 브라운 베스 머스킷도 설계했다.

연대	1690년
출처	영국
무게	3.2킬로그램
총열	96.5센티미터
구경	0.75인치

부시
전방 개머리
가늠쇠
꽂을대 고리
약실과 점화구
은사 상감 장식

근세

1700년 이후
유럽의 엽총

영국과 유럽 대륙의 총기 제작자들 사이에 존재했던 간극은 18세기 초를 경과하면서 대부분 사라졌다. 이제는 남부 유럽을 제외하면 수발총이 대세를 이루었다. 유럽 남부에서는 더 원시적인 미클레(miqulet) 격발 장치가 계속해서 폭넓게 사용되고 있었다. 더 간결한 양식이 부상하는 과정에서 장식 세공이 더 세련되어졌다. 상감 세공은 최소로 줄었고, 나무의 자연스러운 결을 살리려는 노력이 이루어졌다.

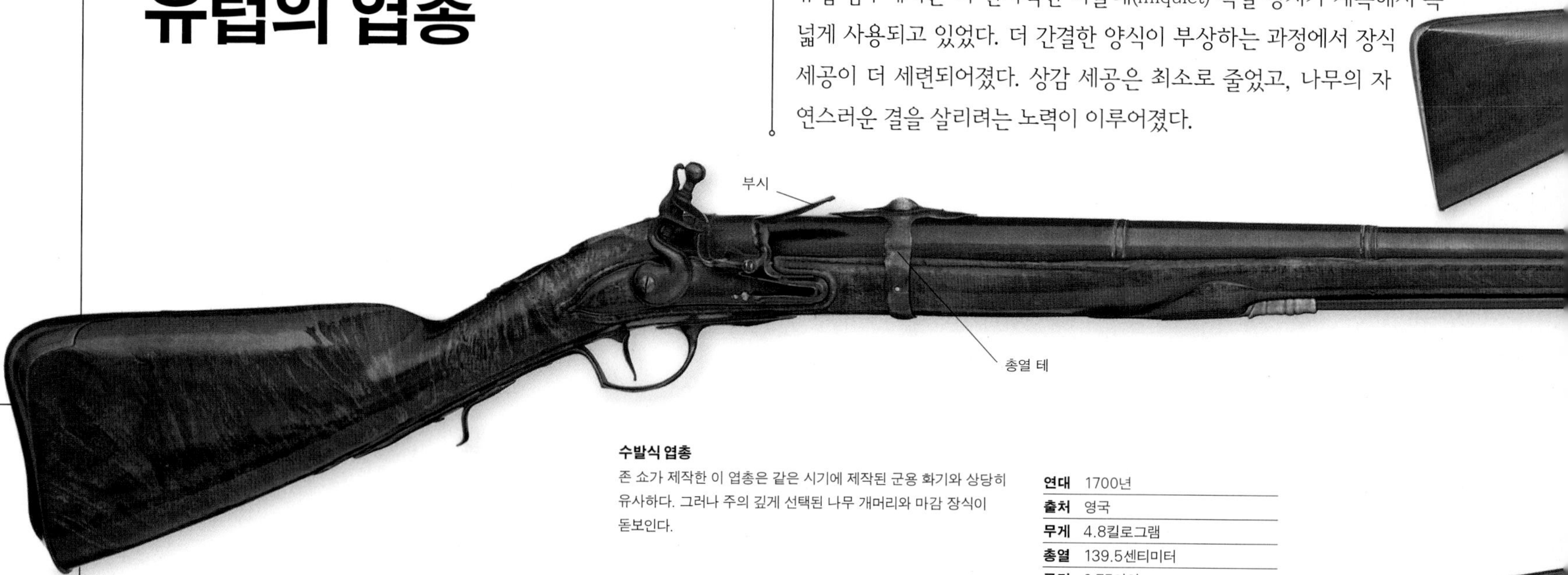

부시

총열 테

수발식 엽총

존 쇼가 제작한 이 엽총은 같은 시기에 제작된 군용 화기와 상당히 유사하다. 그러나 주의 깊게 선택된 나무 개머리와 마감 장식이 돋보인다.

연대	1700년
출처	영국
무게	4.8킬로그램
총열	139.5센티미터
구경	0.75인치

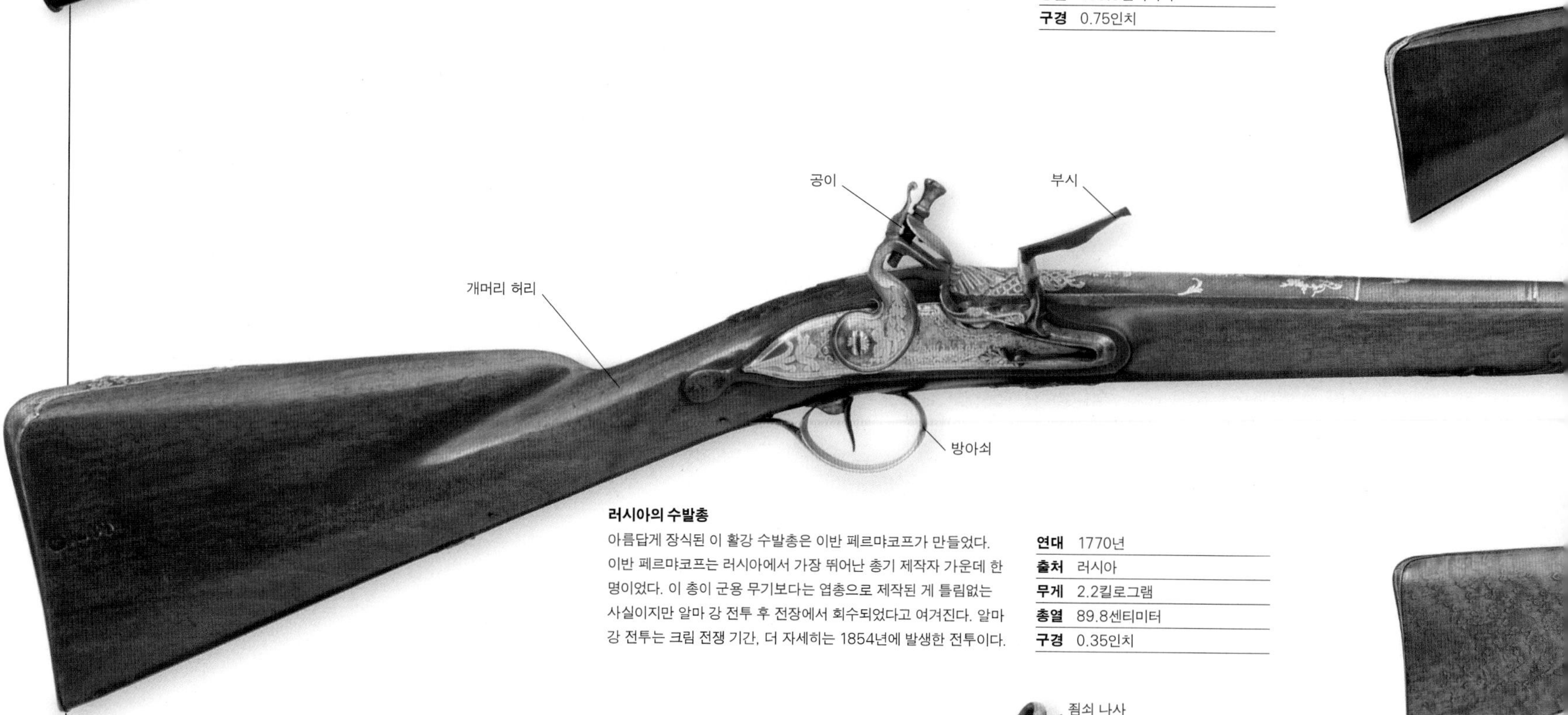

공이

부시

개머리 허리

방아쇠

러시아의 수발총

아름답게 장식된 이 활강 수발총은 이반 페르먀코프가 만들었다. 이반 페르먀코프는 러시아에서 가장 뛰어난 총기 제작자 가운데 한 명이었다. 이 총이 군용 무기보다는 엽총으로 제작된 게 틀림없는 사실이지만 알마 강 전투 후 전장에서 회수되었다고 여겨진다. 알마 강 전투는 크림 전쟁 기간, 더 자세히는 1854년에 발생한 전투이다.

연대	1770년
출처	러시아
무게	2.2킬로그램
총열	89.8센티미터
구경	0.35인치

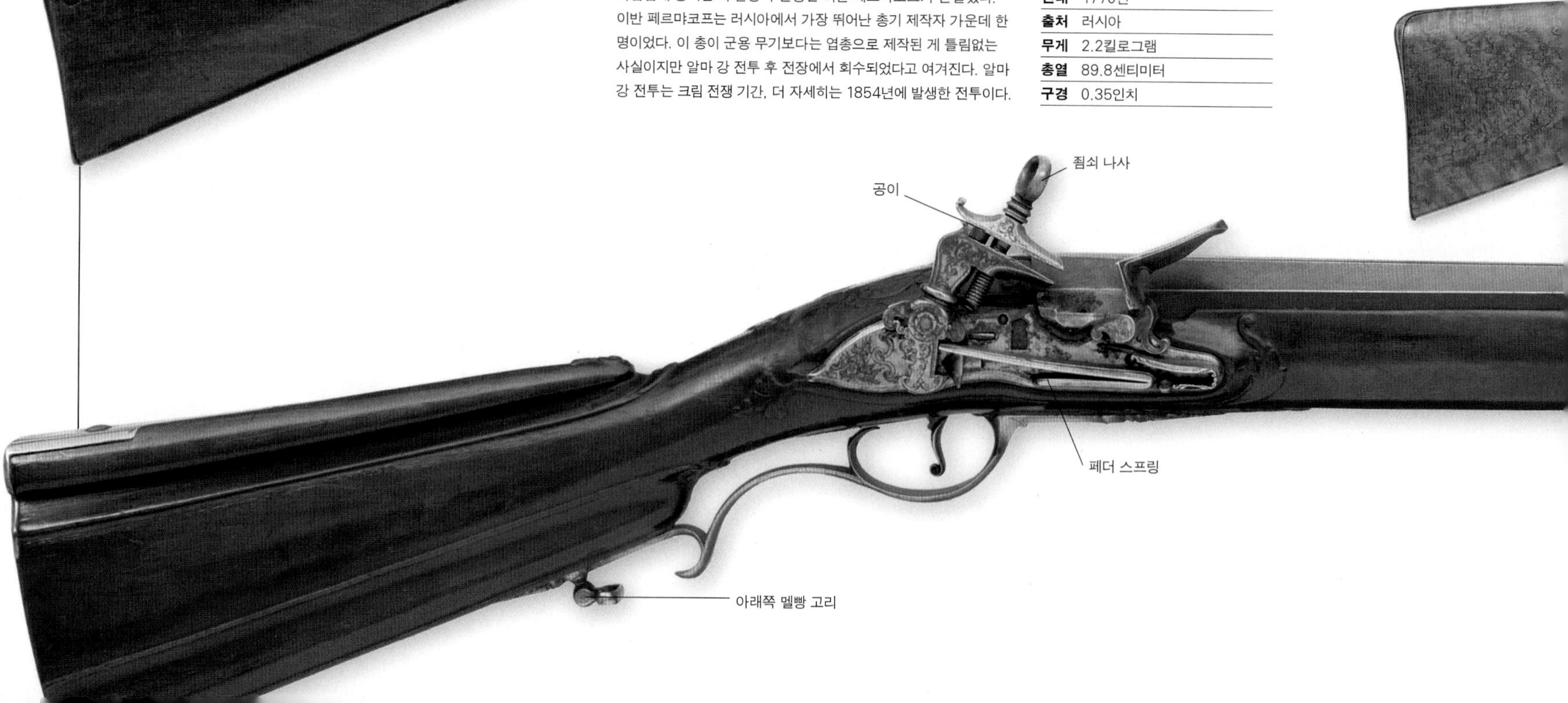

침쇠 나사

공이

페더 스프링

아래쪽 멜빵 고리

공이

부시

격발 장치 판

황동에 구멍을 뚫어 장식한 총열 테

영국의 수발식 엽총

총기 제작자 벤저민 그리핀은 1735년부터 1770년까지 유행의 첨단을 달리던 런던의 본드 스트리트에서 작업을 했고, 1750년에는 아들 조지프가 합류했다. 아버지와 아들은 훌륭한 권총과 장총 제작으로 명성을 얻었다. 이들이 만든 총기들에는 금속제 부품에 화려한 장식이 가미되었고, 황동 공예와 은사 상감 세공으로 우아함을 더했다.

연대	1775년경
출처	이탈리아
무게	3.75킬로그램
총열	80센티미터
구경	0.75인치

꽂을대 고리

꽂을대

죔쇠 나사

금을 바른 약실

짧게 만든 상부 개머리

격발 장치 덮개

왼쪽 총열을 발사하는 방아쇠

오른쪽 총열을 발사하는 방아쇠

수석식 이연발 산탄총

해들리가 제작한 이 수석식의 이연발 산탄총은 18세기 후반기의 전형적인 고급형 엽총이다. 짧은 개머리에는 은테가 붙어 있을 뿐만 아니라 약실과 점화구도 부식을 막기 위해 금이 발라져 있다.

연대	1760년
출처	영국
무게	2.84킬로그램
총열	91.4센티미터
구경	0.68인치

가늠쇠

꽂을대 고리

호두나무 무늬를 살린 개머리

오른쪽 총열 방아쇠

짧게 만든 전방 개머리

왼쪽 총열 방아쇠

스코틀랜드의 이연발 수석총

19세기 초반에는 엽총의 모양이 군용 무기와 비교해 이미 크게 달라진 상태였다. 짧아진 개머리가 보편화되었던 것이다. 사진의 이연발 총은 퍼스의 모리스가 유명한 수렵가 데이비드 몬트크리프 경을 위해 제작한 것으로 추정된다.

연대	1770년경
출처	영국
무게	2.55킬로그램
총열	90.2센티미터
구경	0.6인치

총열 테

장식 도금된 테

위쪽 멜빵 고리

이탈리아의 미클레 엽총

미클레 격발 방식은 부시 겸 약실 덮개인 프리즌을 도입했지만 (주스프링이 내부에 설치된 후대의 진정한 수발총과 달리) 주스프링을 외부에 설치했다. 이 미클레 격발 방식 머스킷은 이상한 점이 많다. 1775년경에 파치피코에 의해 나폴리에서 제작되었지만 워털루 전투(1815년) 당시에 영국에서 만든 게 분명한 총열이 탑재되어 있는 것이다.

연대	1819년
출처	스코틀랜드
무게	3.4킬로그램
총열	76센티미터
구경	0.68인치

아시아의 화승총

인도 아대륙에 도착한 최초의 유럽 인은 포르투갈 인들로, 1498년에 인도 땅을 밟았다. 다시 45년 후 그들은 일본에 도달했다. 이때 화승식 머스킷 형태의 화기도 전달되었다. 아시아에는 뛰어난 병기공이 많았다. 원주민 장인들은 이내 그 무기를 복제하기 시작했고, 자신들의 필요에 맞게 개량했다. 그들은 이렇게 개발한 화기들에 기존의 다른 무기들에 적용했던 장식도 보탰다. 귀금속과 다른 값비싼 재료들을 사용했고, 일본의 경우는 옻칠을 많이 했다. 지역에 따라 각기 상이한 양식의 총들이 만들어졌다.

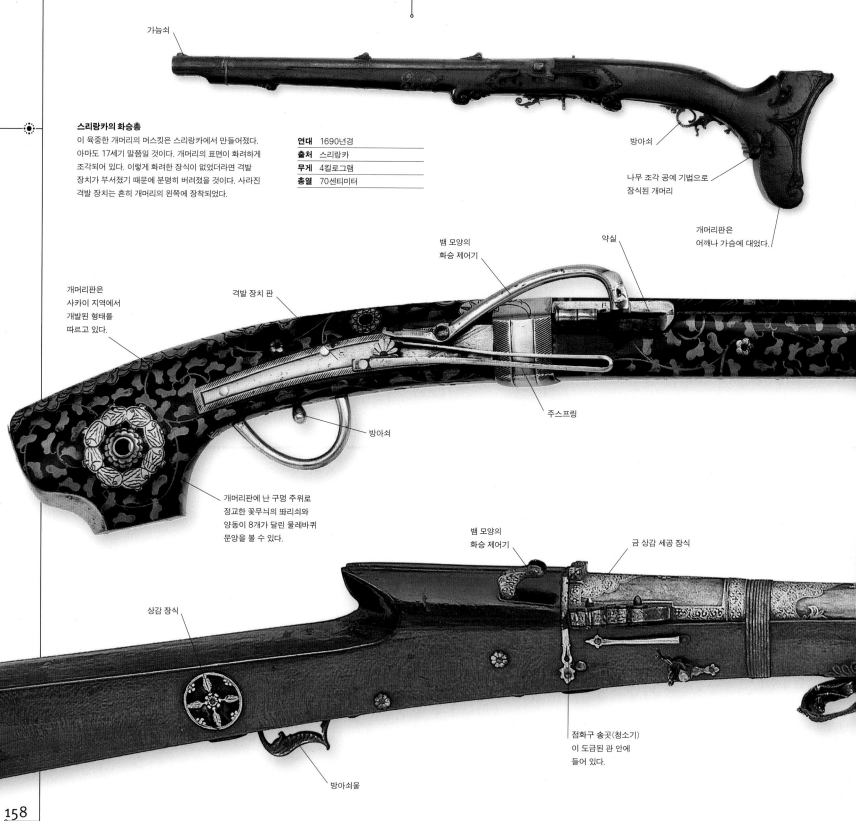

스리랑카의 화승총

이 육중한 개머리의 머스킷은 스리랑카에서 만들어졌다. 아마도 17세기 말쯤일 것이다. 개머리의 표면이 화려하게 조각되어 있다. 이렇게 화려한 장식이 없었더라면 격발 장치가 부서졌기 때문에 분명히 버려졌을 것이다. 사라진 격발 장치는 흔히 개머리의 왼쪽에 장착되었다.

연대	1690년경
출처	스리랑카
무게	4킬로그램
총열	70센티미터

가늠쇠

방아쇠

나무 조각 공예 기법으로 장식된 개머리

개머리판은 어깨나 가슴에 대었다.

개머리판은 사카이 지역에서 개발된 형태를 따르고 있다.

격발 장치 판

뱀 모양의 화승 제어기

약실

방아쇠

주스프링

개머리판에 난 구멍 주위로 정교한 꽃무늬의 따리쇠와 양동이 8개가 달린 물레바퀴 문양을 볼 수 있다.

뱀 모양의 화승 제어기

금 상감 세공 장식

상감 장식

점화구 송곳(청소기) 이 도금된 관 안에 들어 있다.

방아쇠울

뱀 모양의 화승 제어기

단면이 오각형인 개머리판

방아쇠

격발 장치를 싸고 있는 철제 측판

총열테

총구는 금으로 상감되어 있다.

인도 카르나타카의 토라다르

마이소르(현대의 카르나타카 주가 이곳에 있다.)에서 만들어진 화승총인 이 토라다르(toradar)의 총열은 꽃과 잎으로 아름답게 장식되었으며 전체가 도금되어 있다. 조각된 면은 철판이고, 방아쇠는 금이 상감된 호랑이 형상을 하고 있다.

연대	18세기
출처	인도 남부
무게	4.05킬로그램
총열	113센티미터
구경	16밀리미터

뱀 모양의 화승 제어기

가늠자

팔각형 총열

상감 장식이 총열 고정 핀을 에워싸고 있다.

황동 상감으로 사자 문양이 장식되어 있다.

총열은 4개의 핀으로 고정된다.

일본의 화승총

아래의 총보다 덜 화려한 이 화승총은 일본의 총포 제작자 구니토모 잇칸사이가 제작한 것이다. 붉은색 참나무로 만든 개머리는 사카이 파 양식을 따르고 있다. 장식은 팔각형 총열 조각과 약간의 황동 상감뿐이다. 격발 장치와 주 스프링도 소재가 황동이다.

연대	18세기 초
출처	일본 간사이
무게	4.14킬로그램
총열	103센티미터
구경	13.3밀리미터

가늠자

원 안에 소나무 문장이 그려져 있다.

팔각형 총열

총열테

붉은색 목재에 금으로 장식을 했다.

전체 모양

일본의 뎃포

18세기 초 일본의 화승총인 이 뎃포(鐵砲)는 사카이의 에나미 가 작품이다. 에나미 가는 산업 혁명 이전 시기 일본 최고의 총기 제작 가문 가운데 한 곳으로 흔히 간주된다. 붉은색 목재 개머리는 전면이 금색의 소용돌이 무늬로 장식되어 있고, 황동과 은이 추가로 상감되어 있다. 장식은 후대에 첨가된 것인지도 모른다.

연대	1700년경
출처	일본
무게	2.77킬로그램
총열	100센티미터
구경	11.4밀리미터

총열은 가죽끈으로 묶었다.

멜빵

전체 모양

호랑이 머리 모양의 총구

인도의 화승식 토라다르

이 19세기의 토라다르는 잘 연마한 붉은색 목재를 개머리로 채택하고 있다. 개머리판의 양쪽 면에는 원형으로 구멍을 뚫은 대형 메달이 부착되어 있는데, 이 철제 판의 붉은색 벨벳 위로 도금과 코프트가리가 적용되어 있다. 총열은 총미 부분이 정교한 아라베스크 코프트가리로 장식되었으며, 총구는 호랑이 머리 모양으로 제작되었다.

연대	19세기
출처	인도 중부 나르와르
무게	4.9킬로그램
총열	126.2센티미터
구경	14밀리미터

1500~1775년

근세

복합 무기

16세기에 활약한 독일과 이탈리아의 병기공들은 화기를 이전의 다른 무기들과 융합하는 일에 관심과 열정을 보였다. 남아 있는 복합 무기들의 다수는 견본품이었을 가능성이 많다. 많은 경우 장식이 대단히 화려하기 때문이다. 이 무기들을 군대에서 사용하려고 했는지는 불확실하다. 이런 전통은 계속해서 살아남아 다른 나라로까지 확산된다. 특히 인도에서는 무굴 제국 말기에 꽤 쓸 만한 복합 무기들이 생산되기도 했다. 물론 총검이 장착된 소총이나 권총도 복합 무기라고 할 수 있다.

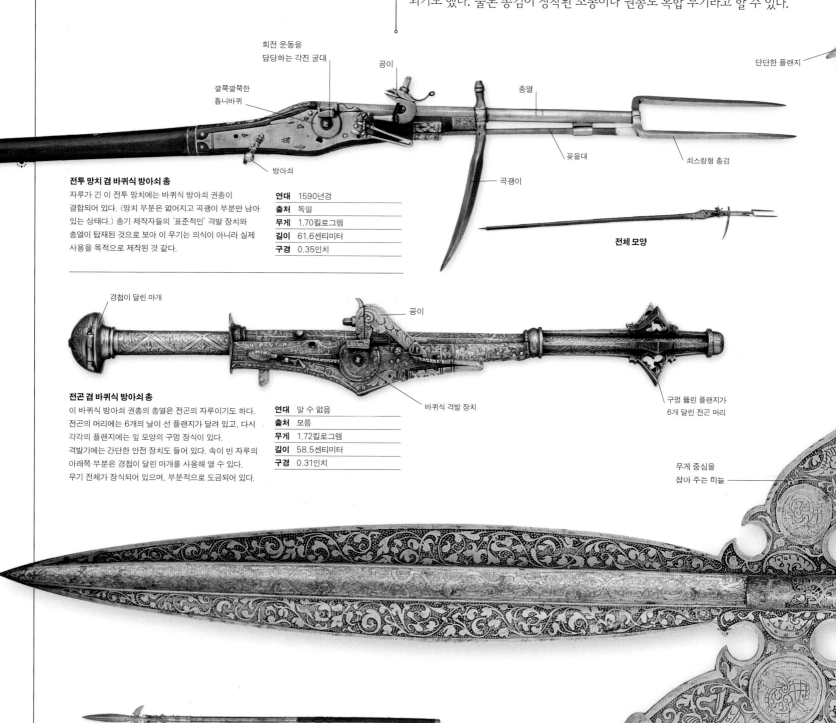

회전 운동을 담당하는 각진 굴대

깔쭉깔쭉한 톱니바퀴

공이

총열

단단한 플랜지

방아쇠

곡괭이

꽂을대

쇠스랑형 총검

전체 모양

전투 망치 겸 바퀴식 방아쇠 총
자루가 긴 이 전투 망치에는 바퀴식 방아쇠 권총이 결합되어 있다. (망치 부분은 없어지고 곡괭이 부분만 남아 있는 상태다.) 총기 제작자들의 '표준적인' 격발 장치와 총열이 탑재된 것으로 보아 이 무기는 의식이 아니라 실제 사용을 목적으로 제작된 것 같다.

연대	1590년경
출처	독일
무게	1.70킬로그램
길이	61.6센티미터
구경	0.35인치

경첩이 달린 마개

공이

바퀴식 격발 장치

구멍 뚫린 플랜지가 6개 달린 전곤 머리

전곤 겸 바퀴식 방아쇠 총
이 바퀴식 방아쇠 권총의 총열은 전곤의 자루이기도 하다. 전곤의 머리에는 6개의 날이 선 플랜지가 달려 있고, 다시 각각의 플랜지에는 잎 모양의 구멍 장식이 있다. 격발기에는 간단한 안전 장치도 들어 있다. 속이 빈 자루의 아래쪽 부분은 경첩이 달린 마개를 사용해 열 수 있다. 무기 전체가 장식되어 있으며, 부분적으로 도금되어 있다.

연대	알 수 없음
출처	모름
무게	1.72킬로그램
길이	58.5센티미터
구경	0.31인치

무게 중심을 잡아 주는 미늘

도끼날

문장

전체 모양

미늘창 겸 이연발 바퀴식 방아쇠 총
사냥용 미늘창에 이연발 바퀴식 방아쇠 권총이 결합된 형태이다. 권총의 총열은 팔각형으로, 엽형 날 양쪽으로 탑재되어 있다. 전체가 식각되어 있고, 부분적으로 도금이 되어 있다. 머리 부분의 도끼와 미늘에는 문장도 있다.

연대	1590년경
출처	독일
무게	3.25킬로그램
길이	69.1센티미터
구경	0.33인치

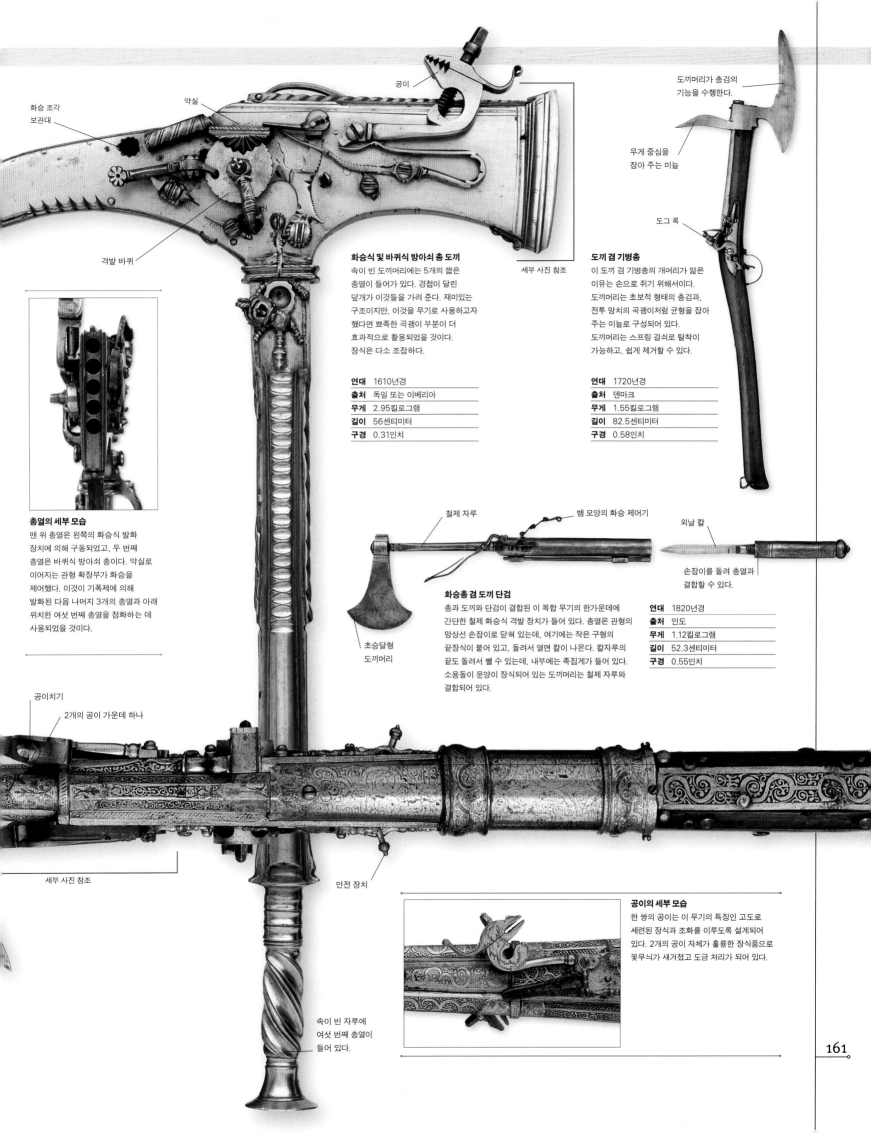

화승 조각
보관대

약실

공이

도끼머리가 총검의
기능을 수행한다.

무게 중심을
잡아 주는 미늘

격발 바퀴

도그 록

화승식 및 바퀴식 방아쇠 총 도끼

속이 빈 도끼머리에는 5개의 짧은
총열이 들어가 있다. 경첩이 달린
덮개가 이것들을 가려 준다. 재미있는
구조이지만, 이것을 무기로 사용하고자
했다면 뾰족한 곡괭이 부분이 더
효과적으로 활용되었을 것이다.
장식은 다소 조잡하다.

세부 사진 참조

도끼 겸 기병총

이 도끼 겸 기병총의 개머리가 얇은
이유는 손으로 쥐기 위해서이다.
도끼머리는 초보적 형태의 총검과,
전투 망치의 곡괭이처럼 균형을 잡아
주는 미늘로 구성되어 있다.
도끼머리는 스프링 걸쇠로 탈착이
가능하고, 쉽게 제거할 수 있다.

연대	1610년경
출처	독일 또는 이베리아
무게	2.95킬로그램
길이	56센티미터
구경	0.31인치

연대	1720년경
출처	덴마크
무게	1.55킬로그램
길이	82.5센티미터
구경	0.58인치

총열의 세부 모습

맨 위 총열은 왼쪽의 화승식 발화
장치에 의해 구동되었고, 두 번째
총열은 바퀴식 방아쇠 총이다. 약실로
이어지는 관형 확장부가 화승을
제어했다. 이것이 기폭제에 의해
발화된 다음 나머지 3개의 총열과 아래
위치한 여섯 번째 총열을 점화하는 데
사용되었을 것이다.

철제 자루

뱀 모양의 화승 제어기

외날 칼

손잡이를 돌려 총열과
결합할 수 있다.

화승총 겸 도끼 단검

총과 도끼와 단검이 결합된 이 복합 무기의 한가운데에
간단한 철제 화승식 격발 장치가 들어 있다. 총열은 관형의
망상선 손잡이로 닫혀 있는데, 여기에는 작은 구형의
끝장식이 붙어 있고, 돌려서 열면 칼이 나온다. 칼자루의
끝도 돌려서 뺄 수 있는데, 내부에는 족집게가 들어 있다.
소용돌이 문양이 장식되어 있는 도끼머리는 철제 자루와
결합되어 있다.

초승달형
도끼머리

연대	1820년경
출처	인도
무게	1.12킬로그램
길이	52.3센티미터
구경	0.55인치

공이치기

2개의 공이 가운데 하나

세부 사진 참조

안전 장치

공이의 세부 모습

한 쌍의 공이는 이 무기의 특징인 고도로
세련된 장식과 조화를 이루도록 설계되어
있다. 2개의 공이 자체가 훌륭한 장식품으로
꽃무늬가 새겨졌고 도금 처리가 되어 있다.

속이 빈 자루에
여섯 번째 총열이
들어 있다.

근세

초창기 대포

유럽에서는 14세기 초에 처음 화약 무기가 도입되었는데, 공성전에서 대단히 효과적이었다. 대규모 포격이 가능해서 공성전에 전통적으로 사용되던 트레뷰셋 (trebuchet) 투석기나 망고넬(mangonel) 투석기 같은 공성 무기보다 강력했던 초창기 대포는 적군의 사기를 저하시키는 심리적 효과도 강력했다. 1500년에 이르면 대포로 인해 전통적인 높은 성벽의 시대는 막을 내리고 군사 기술자들은 포탄의 충격에 견딜 수 있는 내구성 강한 요새를 고안해야 했다.

쌓여 있는
돌 포탄

초창기 대포의 포탄

초창기 대포에 가장 널리 사용된 발사체는 돌 포탄이었다. 대규모 공성전에서 돌 포탄은 도시 성벽에 심각한 손상을 입혔다. 16세기에는 서서히 철로 만든 포탄으로 대체되었다.

연대	14~16세기
출처	이탈리아
소재	돌

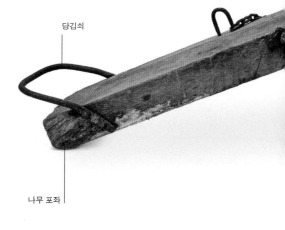

당김쇠

나무 포좌

당김쇠

주철 포신

플랑드르 사석포

사석포(射石砲, bombard)는 중세에 사용된 대구경 공성포로 전장식이었다. 이 사석포가 제작된 플랑드르 지방은 예전부터 총포 주조의 강력한 전통을 가지고 있었다. 특히 용담공 샤를(Charles the Bold, 1433~1477년) 시대에 번성했다.

연대	15세기 초
출처	플랑드르
소재	통널 테와 주철
포환	돌 포탄

몬스 멕

이 대구경 사석포는 1457년 스코틀랜드 왕 제임스 2세에게 진상된 것이다. 몬스 멕에 사용한 돌 포탄은 무게가 200킬로그램에 육박하고 사거리는 2.6 킬로미터에 달했지만, 하루에 이동할 수 있는 거리가 5킬로미터밖에 되지 않았다.

연대	1449년
출처	플랑드르
무게	5톤
길이	4미터
구경	49.6센티미터

약실

나무 바퀴

15세기 사석포

겉보기에는 원시적인 무기 같지만, 이 경량급
사석포는 15세기 말에 등장할 화포의 전신이라 할
만하다. 기동성이 좋아서 공성전에 국한되지 않고
부대와 함께 이동하며 일반적인 전투에도
사용되었다.

연대	15세기
출처	유럽
길이	198센티미터
구경	3·1/2인치

운반용 목재 포가

주조된 포구

포미

대철(帶鐵)
포신

탑재대

잉글랜드 선회포

선회포는 해전에 주로 사용되었다. 이 선회포는 함선의
최상단 갑판에 탑재됐으며, 사각이 넓어서 적함을 향한
기총소사가 가능했다. 당시 대부분의 선회포와
마찬가지로 포미로 장전하는 후장식이다.

연대	15세기 말
출처	잉글랜드
길이	1.4미터
구경	5.7센티미터

짧은 포신

구포

이 구포(臼砲, mortar)는 포신 끝의 도화선에 불을
붙여서 돌 또는 소이탄 등의 포탄을 고각으로
발사했다. 잉글랜드 켄트 보디엄 성의 해자에서
발견되었다.

연대	15~16세기
출처	잉글랜드
길이	1.2미터
구경	36센티미터

용접된 포신

선회포

최초의 선회포는 14세기 말에 개발되었으며, 넓은 사각과
안정적인 사격 위치를 확보할 수 있다는 장점이 있었다.
포미에 미리 장전해서 빠르게 사격할 수 있었으며 이
총포는 함선이나 지상 건축물에 탑재하여 사용했다.

연대	1500년경
출처	스웨덴
소재	철
포환	구형 또는 포도형 포탄

초창기 대포

청동 팰콘(경포)

이 팰콘(falcon)은 16세기 초에 제조된 전형적인 경포(輕砲)로, 잉글랜드의 헨리 8세의 주문으로 플랑드르에서 제조된 것으로 추정된다. 이 시기 잉글랜드는 총포 제조업이 발달하지 않아 자체 생산이 어려웠다.

연대	1520년경
출처	플랑드르 또는 프랑스
포신	2.54미터
구경	6.3센티미터
포환	약 1.3킬로그램

청동 포이

포미의 캐스커벨
(Cascabel, 흑돌기)
손잡이

튜더 왕조의
장미 문양

넓은
나팔형
포구

청동 세이커(경야포)

초창기 대포에는 맹금류의 이름을 붙이곤 했는데, 이 경야포(輕野砲)의 영문명 세이커 (saker)는 세이커매(saker falcon, *Falco cherrug*)에서 온 것이다. 이 경야포는 당시 잉글랜드 정부가 보유 총포 수를 늘리기 위해 이탈리아의 한 장인으로부터 구입한 것 중 하나이다.

연대	1529년
출처	잉글랜드
포신	2.23미터
구경	9.5센티미터
사거리	2킬로미터

장식된 포구

날개 달린 인어 형상(바깥쪽을
향하고 있다.)

비룡(wyvern)
형상의 손잡이

전체 모습

정교하게
장식된 포신

청동 로비네

무게가 193킬로그램밖에 나가지 않는 이 소형포는 장식이 대단히 화려하다. 대포 중에서 가장 소형인 이 로비네(robinet, 꼭지라는 뜻이다.)는 16세기의 표준 총포 목록에는 들어가지 않지만, 대인 무기로 매우 쓸모 있었을 것으로 보인다

연대	1535년
출처	프랑스
길이	2.39미터
구경	4.3센티미터
포환	0.45킬로그램

포구 보강부

소구경 포신

청동 미니언(경포)

미니언(minion)은 잉글랜드 튜더 왕조 시기에 널리 사용되던 경포이다. 해상용으로 개조하기가 용이하여 1588년 에스파냐 무적 함대와의 전투 때 프랜시스 드레이크 선장이 이끄는 해적선 골든 하인드 호를 위시하여 잉글랜드의 많은 소형 군함이 이 경포를 채용했다.

연대	1550년
출처	이탈리아
길이	2.5미터
구경	7.6센티미터
포환	1.5킬로그램

철제 후장식 선회포

16세기에는 청동이 더 보편적인 포신의 소재가 되었지만, 이 선회총은 여전히 철로 제작되었다. 포신을 강화하기 위해서 몸통을 따라 연철로 테를 둘러 마감했다.

연대	16세기
출처	유럽
길이	1.63미터
구경	7.6센티미터
포환	1.5킬로그램 포탄 또는 포도탄

청동 데미컬버린

데미컬버린(demi-culverin)은 육상과 해상에서 다 사용할 수 있어 높은 가치를 인정받았던 중형 대포이다. 이 해군용 데미컬버린은 프랑스의 함대를 재편하고 르아브르 항구에 총포 주조소를 설치한 리슐리외 추기경을 위해 제작되었다.

연대	1636년
출처	프랑스
포신	2.92미터
구경	11센티미터
포환	4킬로그램

돌고래 모양 손잡이

사자 형상을
돋을새김한 장식물

청동 데미캐넌

보통 대포보다 작은 크기의 데미캐넌 (demi-cannon)은 17세기에 일반적으로 군함의 하부 갑판에 탑재되던 중형 대포이다. 이 데미캐넌은 플랑드르 메헬렌의 유명한 총포 주조소에서 제작된 것이다.

연대	1643년
출처	플랑드르
길이	3.12미터
구경	15.2센티미터
포환	12킬로그램

말레이시아 청동 세이커

세이커는 소형포이면서도 장거리 타격에 사용되는 무기였다. 이 포는 네덜란드의 옛 식민지 믈라카 (오늘날의 말레이시아)에서 주조되었으며, 네덜란드의 화포를 모델로 했지만 화려한 장식은 말레이시아 현지 양식의 영향을 선명하게 보여 준다.

연대	1650년경
출처	말레이시아
길이	2.29미터
구경	8.9센티미터
포환	2킬로그램

장식된 손잡이

청동 포

외다리 탑재대에
붙어 있는 포이

약실을 보호용 쐐기
끼우는 칸

청동 후장식 선회포

이 선회포는 네덜란드 동인도 회사 소유로, 동남아시아 지역에서 네덜란드로 돌아가는 장거리 항해 때 해적의 공격으로부터 선박을 방어하는 데 사용되었다. 선회포는 단거리 타격에 가장 효과적이었다.

연대	1670년경
출처	네덜란드
길이	1.22미터
구경	7.4센티미터
포환	1.16킬로그램 포탄 또는 포도탄 사용

유럽의 권총 1500~1700년

바퀴식 방아쇠 격발 장치가 도입되기 전에는 권총이 드물었다. 불이 붙은 화승총을 주머니에 집어넣거나 권총집에 보관할 수는 없었기 때문이다. 15세기 말에 바퀴식 방아쇠 격발 장치가 개발되었다. 아마도 그 발명가는 레오나르도 다 빈치였을 것이다. 이로써 총을 손에 쥐지 않고도 휴대할 수 있게 되었다. 바퀴식 방아쇠 격발 장치는 값이 비쌌고, 복잡했으며, 파손되기 쉬웠다. 대부분 총기를 제작한 사람만이 수리할 수 있었다. 1650년경 바퀴식 방아쇠 격발 장치는 조금 덜 복잡한 스내펀스(스냅하운스) 격발 장치로 대체된다. 스내펀스 격발 장치는 스프링이 탑재된 부싯돌로 불꽃을 일으켰다. 이것은 다시 훨씬 더 단순한 형태의 '진정한' 수발식 격발 장치로 발전했다.

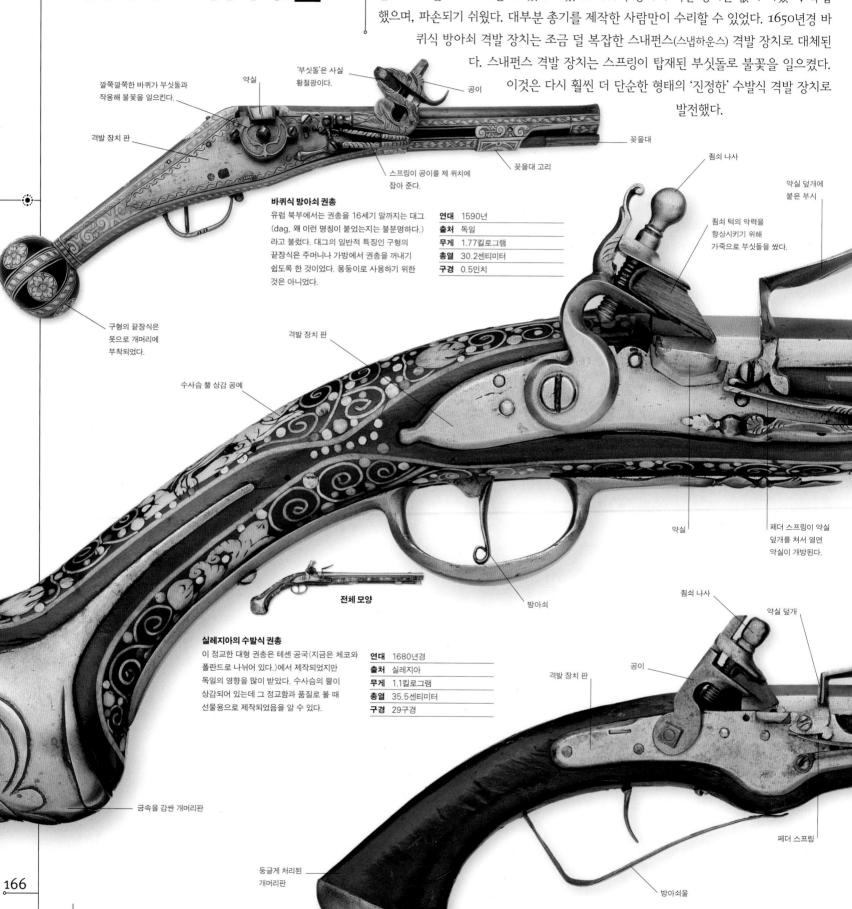

깔쭉깔쭉한 바퀴가 부싯돌과 작용해 불꽃을 일으킨다.

약실

'부싯돌'은 사실 황철광이다.

공이

격발 장치 판

스프링이 공이를 제 위치에 잡아 준다.

꽂을대

꽂을대 고리

바퀴식 방아쇠 권총

유럽 북부에서는 권총을 16세기 말까지는 대그(dag, 왜 이런 명칭이 붙었는지는 불분명하다.)라고 불렀다. 대그의 일반적 특징인 구형의 끝장식은 주머니나 가방에서 권총을 꺼내기 쉽도록 한 것이었다. 몽둥이로 사용하기 위한 것은 아니었다.

연대	1590년
출처	독일
무게	1.77킬로그램
총열	30.2센티미터
구경	0.5인치

구형의 끝장식은 못으로 개머리에 부착되었다.

격발 장치 판

수사슴 뿔 상감 공예

전체 모양

실레지아의 수발식 권총

이 정교한 대형 권총은 테센 공국(지금은 체코와 폴란드로 나뉘어 있다.)에서 제작되었지만 독일의 영향을 많이 받았다. 수사슴의 뿔이 상감되어 있는데 그 정교함과 품질로 볼 때 선물용으로 제작되었음을 알 수 있다.

연대	1680년경
출처	실레지아
무게	1.1킬로그램
총열	35.5센티미터
구경	29구경

금속을 감싼 개머리판

둥글게 처리된 개머리판

방아쇠

공이

격발 장치 판

약실 덮개

쵬쇠 나사

페더 스프링

방아쇠울

쵬쇠 나사

약실 덮개에 붙은 부시

쵬쇠 턱의 악력을 향상시키기 위해 가죽으로 부싯돌을 쌌다.

약실

페더 스프링이 약실 덮개를 쳐서 열면 약실이 개방된다.

공이

위쪽 총열의 부시

아래쪽 총열의 부시

총열 탈착기

평평한 끝동 장식

네덜란드의 이연발 수발총

초기의 다연발 권총은 통상 총열마다 격발 장치가 따로 있었다. 그러나 한 쌍의 총열을 동축 상에 올려놓고, 각각에 부시 겸 약실 덮개인 프리즌을 제공함으로써 차례로 단일 격발 장치를 사용하는 게 가능해졌고, 비용도 상당히 절약할 수 있었다.

연대	1650년경
출처	네덜란드
무게	1.2킬로그램
총열	50.3센티미터
구경	36구경

약실 덮개 겸 부시인 프리즌

공이

둥근 총열

강철 장식물은 선택적으로 도금이 되어 있다.

페더 스프링

방아쇠

도금된 강철 장식물

오스트리아의 수발총

빈에서 라마레가 제작한 이 화려한 권총은 장식의 질과 수준이 예외적이라고 할 수 있다. 17세기의 마지막 10년 동안 유지되었던 최상의 기예를 보여 주고 있는 것이다.

연대	1690년경
출처	오스트리아
무게	1.1킬로그램
총열	35.3센티미터
구경	17구경

둥근 총열

꽂을대 고리

방패 모양의 조각판

가늠쇠

금속을 덧댄 개머리판

음각 장식

플랑드르의 수발식 권총

17세기와 18세기에는 평범한 화기에조차 조각 장식을 하는 일이 잦았다. 일부 화기에는 여기서 볼 수 있는 것처럼 은 장식물이 달리기도 했다. 이 총기 장식의 주인공은 플랑드르의 총기 제작자 기욤 에눌이다.

연대	1700년경
출처	네덜란드
무게	1킬로그램
총열	26센티미터
구경	25구경

총미 부분의 총열은 육각형이다.

총구 부분의 총열은 원형이다.

전방 개머리 마개

꽂을대 고리

영국의 수발식 권총

영국의 총기 제작자들은 18세기 말까지 별 볼일 없는 존재였다. 이 권총이 만들어진 17세기 중반에도 그들은 여전히 대륙의 경쟁자들보다 뒤져 있었고, 프랑스식 격발 장치가 채택된 이 총의 제작자도 예외가 아니었다.

연대	1650년경
출처	영국
무게	1킬로그램
총열	34.2센티미터
구경	25구경

유럽의 권총 1700~1775년

프랑스 왕실의 총기 제작자 마랭 르 부르주아가 1610년경에 진정한 의미의 수발총을 발명했다. 그는 미클레 격발 장치의 부시와 약실 덮개를 스내펀스 방식과 결합했고, 공이와 방아쇠를 연결해 주는 멈춤쇠(sear, 시어)를 개량해 수직으로 작동할 수 있게 했다. 스내펀스와 미클레 총기는 이후 오랫동안 생산되었지만 기술적으로는 시대에 뒤진 것이 되었다. 이것은 바퀴식 방아쇠 격발 장치와 화승식 격발 장치가 한동안 공존한 것에서도 거듭 확인할 수 있다. 뇌관형 격발(뇌발) 방법이 개발될 때까지 200여 년 동안 약간의 사소한 진보와 개량만 더해졌다. 물론 폐쇄 상자형 격발 장치가 도입된 것은 커다란 진보라고 할 수 있다.

공이의 침쇠 위턱이 사라지고 없다.

개머리판은 음각으로 장식되어 있다.

부시가 사라지고 없다.

조각 장식된 상자형 격발 장치

방아쇠

탭

이연발 탭 작동식 권총

탭(tap)은 약실 아래 실린더에 꼭 맞게 설치된 막대이다. 탭에 구멍을 내고, 거기 화약을 채운다. 탭을 90도 회전시킨 다음 통상적인 방법으로 약실에 화약을 잰다. 위쪽 총열을 발사한 다음 다시 탭을 회전시킨다. 그러면 구멍의 화약이 아래쪽 총열을 작동시키는 것이다.

연대	1763년
출처	영국
무게	170그램
총열	5.08센티미터
구경	0.22인치

부시 겸 약실 덮개

공이

격발 장치 판

개머리에 얹힌 은제 대형 메달

방아쇠에 달려 있던 볼 장식이 사라지고 없다.

스코틀랜드의 권총

18세기 스코틀랜드에서는 황동이나 쇠만으로 권총을 제작하는 게 유행이었다. 그렇게 만들고는 표면 전체에 복잡하고 정교한 장식을 가미했던 것이다. 이런 총들은 대개 방아쇠울이 없었다. 또 대부분이 스내펀스 방식이었다. 사진의 총기는 수발식 총기라는 점에서 특별하다. 이 총은 둔의 토머스 캐델이 제작한 것으로, 그는 최고의 철제 권총을 다수 만들었다.

연대	1750년경
출처	스코틀랜드
무게	0.79킬로그램
총열	22.85센티미터
구경	0.57인치

가늠쇠

꾸밈이 없는 간소한 형태의 총열

이 끝둥 장식을 돌려서 빼면 점화구 송곳으로 사용할 수 있다.

숫양의 뿔 모양 장식

꽂을대

꽂을대 고리

나사가 격발 장치를 고정해 준다.

영국의 권총

이런 권총은 말안장에 부착된 권총집에 담아 두었다. (사람들이 착용하는 권총집은 후대에 발명되었다.) 권총집 권총은 무거웠고, 총열이 길었으며, 발사하고 나서는 흔히 몽둥이로 사용되었다. 그래서 개머리판에 금속 덮개가 달려 있는 것이다.

연대	1720년경
출처	영국
무게	0.88킬로그램
총열	25.4센티미터
구경	0.64인치

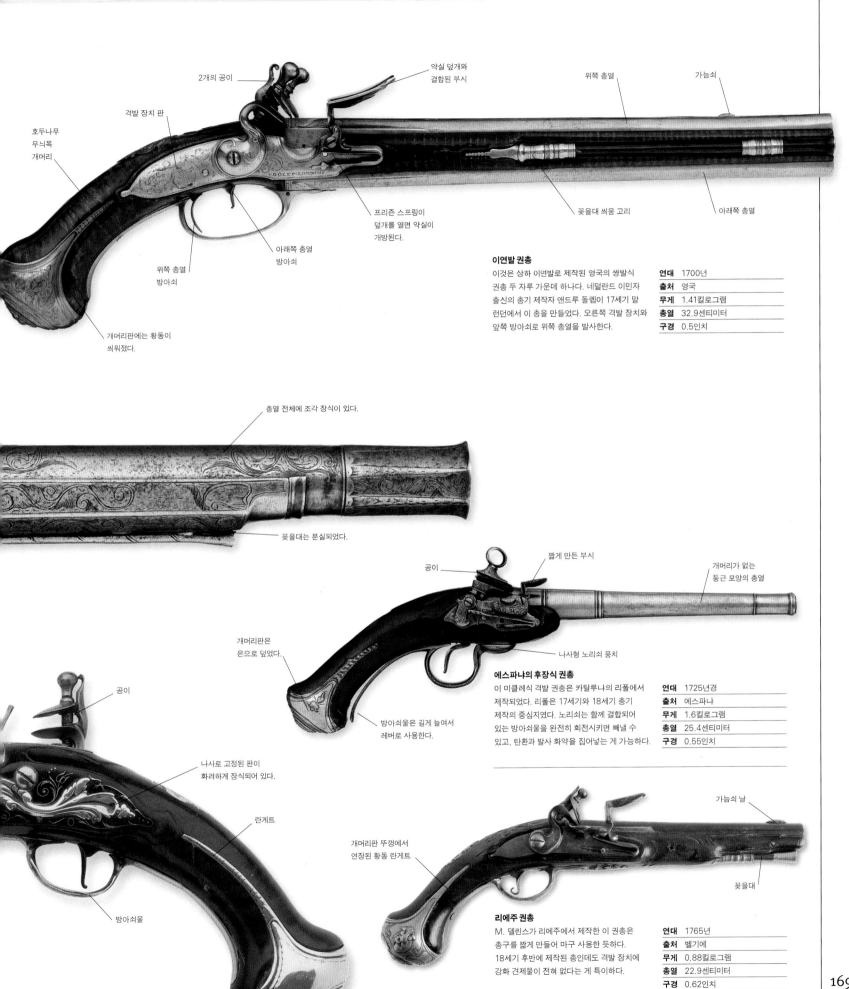

2개의 공이

격발 장치 판

호두나무
무늬목
개머리

개머리판에는 황동이
씌워졌다.

위쪽 총열
방아쇠

아래쪽 총열
방아쇠

약실 덮개와
결합된 부시

위쪽 총열

가늠쇠

프리즌 스프링이
덮개를 열면 약실이
개방된다.

꽂을대 씌움 고리

아래쪽 총열

이연발 권총

이것은 상하 이연발로 제작된 영국의 쌍발식
권총 두 자루 가운데 하나다. 네덜란드 이민자
출신의 총기 제작자 앤드루 돌렙이 17세기 말
런던에서 이 총을 만들었다. 오른쪽 격발 장치와
앞쪽 방아쇠로 위쪽 총열을 발사한다.

연대	1700년
출처	영국
무게	1.41킬로그램
총열	32.9센티미터
구경	0.5인치

총열 전체에 조각 장식이 있다.

꽂을대는 분실되었다.

공이

짧게 만든 부시

개머리가 없는
둥근 모양의 총열

개머리판은
은으로 덮었다.

나사형 노리쇠 뭉치

공이

방아쇠울은 길게 늘여서
레버로 사용한다.

에스파냐의 후장식 권총

이 미클레식 격발 권총은 카탈루냐의 리폴에서
제작되었다. 리폴은 17세기와 18세기 총기
제작의 중심지였다. 노리쇠는 함께 결합되어
있는 방아쇠울을 완전히 회전시키면 빼낼 수
있고, 탄환과 발사 화약을 집어넣는 게 가능하다.

연대	1725년경
출처	에스파냐
무게	1.6킬로그램
총열	25.4센티미터
구경	0.55인치

나사로 고정된 판이
화려하게 장식되어 있다.

란게트

개머리판 뚜껑에서
연장된 황동 란게트

가늠쇠 날

방아쇠울

꽂을대

리에주 권총

M. 델린스가 리에주에서 제작한 이 권총은
총구를 짧게 만들어 마구 사용한 듯하다.
18세기 후반에 제작된 총인데도 격발 장치에
강화 건제물이 전혀 없다는 게 특이하다.

연대	1765년
출처	벨기에
무게	0.88킬로그램
총열	22.9센티미터
구경	0.62인치

30년 전쟁
1620년 백산 전투와 함께 30년
전쟁이 시작되었다. 중서부 유럽 가운데서
30년 전쟁의 참화가 미치지 않은 곳은 거의 없었다.
창과 머스킷 총으로 무장한 황제의 가톨릭 군대가
뵈멘의 신교도 반란군을 공격하고 있다.

근세

유럽의 마상 창시합용 갑옷

15세기에 마상 창시합용 특수 갑옷이 개발되기 시작했다. 이런 흐름은 16세기에 절정에 이르게 된다. 특수한 행위에 걸맞게 추가로 갑옷이 도입되었다. 이를테면, 마상 창시합의 경우 취약한 왼쪽을 강화하는 식으로 개량이 이루어졌다. 그리고 갑옷 자체가 점점 더 화려하게 장식되었다. 아름답고 정교한 장식에 엄청난 노력을 기울이게 된 것이다. 정말이지 이런 갑옷은 너무나 귀한 것이어서 전투에 입고 나갈 수 없을 정도였고, 과시용으로만 활용되었다. 과시용 갑옷의 일부는 점점 더 터무니없을 정도로 변해 갔다. 병기공들은 당대 최신 유행의 민간인 복장을 흉내 냈고, 동물 모양을 본 따 그로테스크한 투구를 만들기도 했다.

오른쪽으로 환기 구멍이 뚫려 있다. 오른쪽은 상대방의 창 공격에 노출되지 않기 때문이다.

보병 격투 갑옷

보병 격투에서는 특수한 갑옷을 입은 두 명의 선수가 시합장에서 전부, 창, 전곤, 칼, 단검을 들고 싸웠다. 15세기와 16세기에 실행된 보병 격투는 역사적으로 볼 때 '사법 결투'에서 유래했다. 법률적으로 미개했던 중세 유럽에는 법률적 분쟁이 발생할 경우 분쟁 당사자를 결투시켜, 살아남은 사람이 승소자가 되도록 하는 '사법 결투' 관행이 존재했다. 보병 격투는 토너먼트 중에서도 가장 위험한 시합으로, 참가자는 머리끝부터 발끝까지 온 몸을 감싸는 갑옷을 착용해야 했다.

선회축에 따라 면갑이 위로 올라가는 투구

전체 모양

연대	1580년
출처	독일

좌우 대칭으로 제작한 가슴판

목가리개

상박 보호대

172

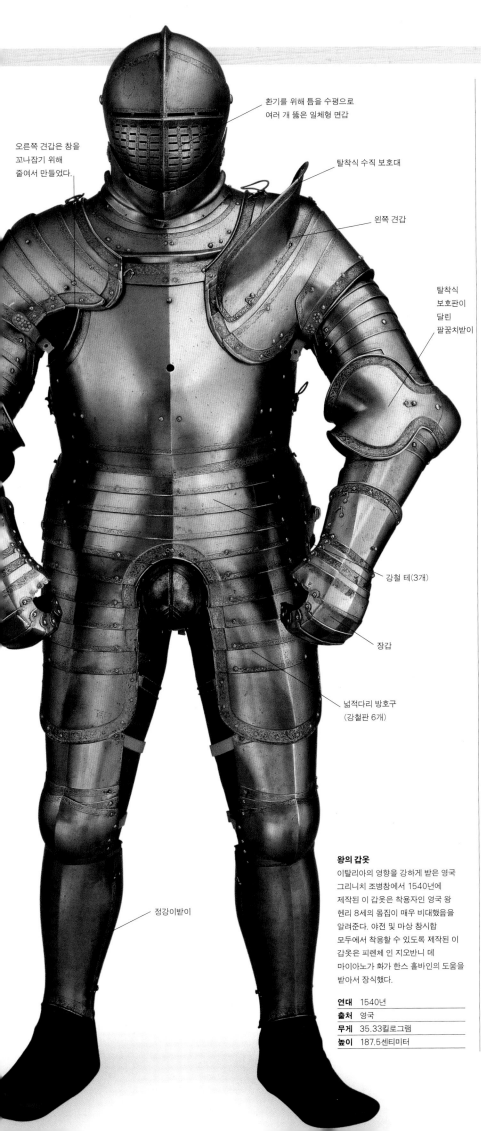

오른쪽 견갑은 창을
꼬나잡기 위해
줄여서 만들었다.

환기를 위해 틈을 수평으로
여러 개 뚫은 일체형 면갑

탈착식 수직 보호대

왼쪽 견갑

탈착식
보호판이
달린
팔꿈치받이

강철 테(3개)

장갑

넓적다리 방호구
(강철판 6개)

정강이받이

왕의 갑옷
이탈리아의 영향을 강하게 받은 영국
그리니치 조병창에서 1540년에
제작된 이 갑옷은 착용자인 영국 왕
헨리 8세의 몸집이 매우 비대했음을
알려준다. 야전 및 마상 창시합
모두에서 착용할 수 있도록 제작된 이
갑옷은 피렌체 인 지오반니 데
마이아노가 화가 한스 홀바인의 도움을
받아서 장식했다.

연대	1540년
출처	영국
무게	35.33킬로그램
높이	187.5센티미터

방사상 장식이 금으로
식각되어 있다.

장식이 가미된 뱀플레이트
뱀플레이트(vamplate)는 손을 보호하기 위해
창에 끼우는 깔때기 모양의 원형 가드이다.
14세기에 마상 창시합용 특수 도구로 처음
등장했다. 16세기쯤에는 뱀플레이트가 섬세하게
장식된 큰 원뿔 모양으로 진화한다.

연대	16세기
출처	이탈리아
무게	0.6킬로그램 정도
길이	25센티미터 정도

일체형 소매 판이
손목을 보호해 준다.

장갑
중장 기병이 직면하는 위험 가운데 하나는 손에서
칼을 떨어뜨리는 것이었다. 이런 장갑이 그런 일을
막아 주었다. 칼을 강철 장갑에 결합할 수 있었던
것이다.

연대	16세기
출처	이탈리아
무게	1.14킬로그램 정도
길이	40센티미터 정도

가슴판을 등판과
연결해 주는 가죽끈

창 받침대

가슴판
이탈리아에서 제작된 이 가볍고 튼튼한 가슴판은
병기 공예술의 극점을 보여 준다고 할 수 있다.
가슴판의 모양은 당대의 허리가 잘록한 남자
상의의 불룩한 부분을 모방하고 있다. 천사를
조각하고 도금한 장식이 가슴판을 수놓고 있다.

연대	16세기
출처	이탈리아
무게	2.80킬로그램 정도
높이	48센티미터 정도

유럽의 마상 창시합용 투구

16세기에는 과시용, 의식용 투구가 크게 발전했고, 이는 전장에서 사용할 갑옷의 발달과 조응했다. 마상 창시합용 투구의 경우는 치명적일 수 있는 머리 부상을 막는 게 매우 중요했다. 버고넷(burgonet)처럼 얼굴면을 노출시키는 개방형 투구는 이런 목적에 부합할 수 없었다. 16세기 후반의 폐쇄형 투구에서 과시용 투구는 화려함의 절정에 도달했다. 이런 투구들은 보호면이 더 많았고, 당연히 장인들도 조각과 장식품을 보탤 수 있는 공간이 더 많았던 셈이다.

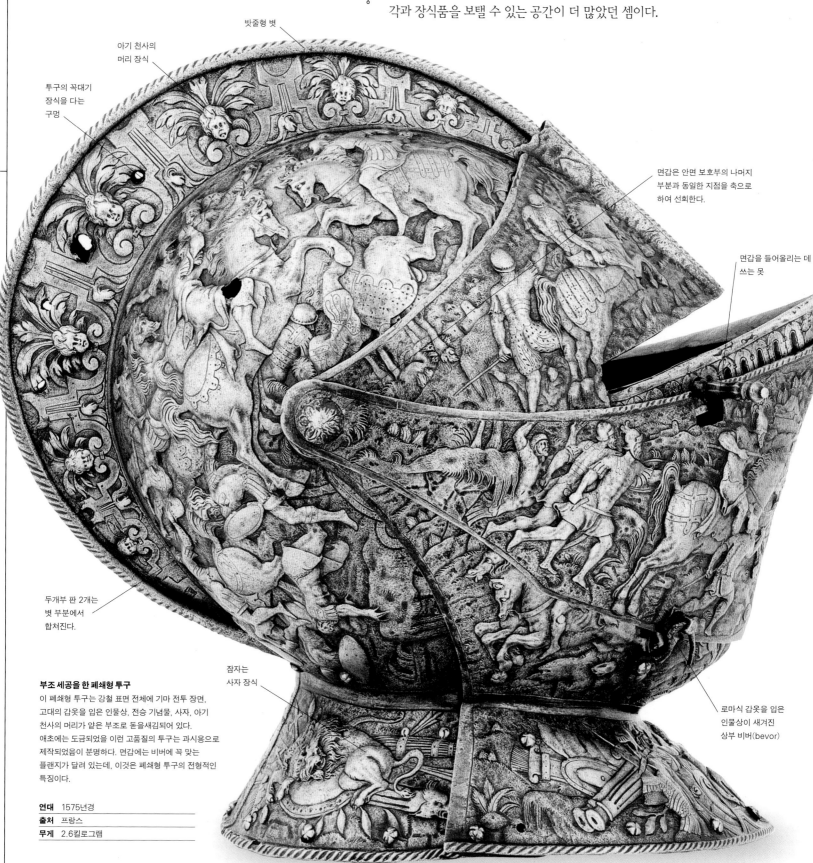

밧줄형 볏

아기 천사의 머리 장식

투구의 꼭대기 장식을 다는 구멍

면갑은 안면 보호부의 나머지 부분과 동일한 지점을 축으로 하여 선회한다.

면갑을 들어올리는 데 쓰는 못

두개부 판 2개는 볏 부분에서 합쳐진다.

잠자는 사자 장식

로마식 갑옷을 입은 인물상이 새겨진 상부 비버(bevor)

부조 세공을 한 폐쇄형 투구

이 폐쇄형 투구는 강철 표면 전체에 기마 전투 장면, 고대의 갑옷을 입은 인물상, 전승 기념물, 사자, 아기 천사의 머리가 얕은 부조로 돋을새김되어 있다. 애초에는 도금되었을 이런 고품질의 투구는 과시용으로 제작되었음이 분명하다. 면갑에는 비버에 꼭 맞는 플랜지가 달려 있는데, 이것은 폐쇄형 투구의 전형적인 특징이다.

연대	1575년경
출처	프랑스
무게	2.6킬로그램

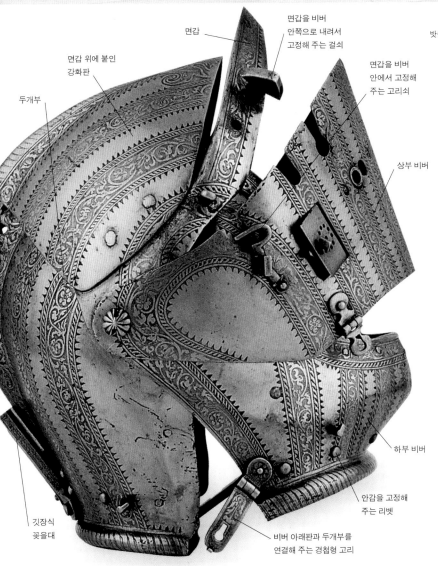

면갑을 비버
안쪽으로 내려서
고정해 주는 걸쇠

면갑 위에 붙인
강화판

면갑

면갑을 비버
안에서 고정해
주는 고리쇠

두개부

상부 비버

깃장식
꽂을대

하부 비버

안감을 고정해
주는 리벳

비버 아래판과 두개부를
연결해 주는 경첩형 고리

식각하고 도금한 폐쇄형 투구

이 폐쇄형 투구의 표면은 흐르는 소용돌이꼴 문양이 일자 띠로 식각
도금되어 있다. 두개부의 전면으로 견고한 강화판이 보태져 별도의
보호 수단을 제공한다. 투구의 아래쪽 가장자리는 속이 텅 빈 밧줄
모양 장식으로 마무리된다. 여기에 목가리개의 최상단 판이
결합되었다.

연대	1570년경
출처	이탈리아
무게	2.8킬로그램

1559년 앙리 2세가 마상 창시합에서 사망하다

프랑스의 앙리 2세는 사냥을 사랑하는 왕으로 마상 창시합에도 꾸준히 참여했다.
그러나 1559년 7월 1일 그는 국왕의 스코틀랜드 근위대 대장이었던 가브리엘
몽고메리의 창에 어이없이 사망하고 만다. 그가 죽은 것은 당대 폐쇄형 투구의 약점
때문이었다. 상대방의 창이 부서졌고, 파편 하나가 국왕의 면갑과 비버 사이로 파고들어
눈을 뚫고 뇌를 관통했던 것이다.

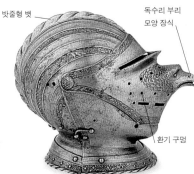

밧줄형 볏

독수리 부리
모양 장식

환기 구멍

독수리 머리 모양의 폐쇄형 투구

이 폐쇄형 투구는 시야 확보부 아래로
과감하게 독수리 머리 모양을 형상화했다.
새 머리의 깃털은 금속을 식각해 표현했다.
두개부에는 밧줄형 장식의 낮은 볏이 달려
있다. 볏의 양쪽으로는 세로 홈 장식이 일곱
줄 보인다. 그 일부에는 우아한 잎 모양 장식
띠가 조각되어 있다.

연대	1540년경
출처	독일
무게	2.7킬로그램

부채 모양의
깃 장식

금속에
돋을새김된
얼굴

이빨을 모사한 금속판

과시용 투구

이 화려한 투구는, 특히 16세기에 인기를
끌었던 행렬이나 가면극에 사용된
그로테스크한 투구의 일부이다. 누군가를
노려보는 듯한 남자의 얼굴이 뚜렷하게
돋을새김되어 있고, 깃털 같은 볏이 도드라진
이 투구가 소위 말하는 '변장용' 갑옷의
일부였다는 것은 당연한 일이다.

연대	1530년경
출처	이탈리아
무게	2.2킬로그램

돌고래
장식

식각 도금된
매우 큰 날개

얼굴이 노출되는 버고넷

버고넷은 두개부가 낮고 둥글며, 귀 바로
아랫부분에서 바깥쪽으로 휘어진다는
특징이 있다. 해서 버고넷을 착용하면 뺨은
보호를 받지 못한다. 두개부 전면의 돌고래
장식을 보면 그 피부와 지느러미가 금으로
세공되어 있다. 장식 중앙부를 기준으로
양쪽에는 돌고래의 꼬리가 있다.

연대	1520년경
출처	독일
무게	2.2킬로그램

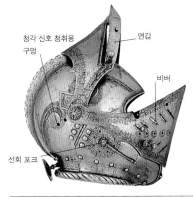

청각 신호 청취용
구멍

면갑

비버

선회 포크

아멧

아멧은 폐쇄형 투구의 개량형으로 보호
능력이 탁월했다. 뒤쪽의 튀어나온 고리는
덧대기 판을 연결해 묶어 주는 기능을
담당했다. '덧대기 판'이란 왼쪽 면갑 앞에
대는 넓적한 판으로, 마상 창시합용 창이
흔히 여기 부딪쳐 부서졌다.

연대	1535년경
출처	독일
무게	2.2킬로그램

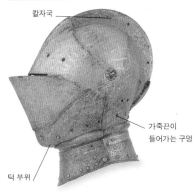

칼자국

가죽끈이
들어가는 구멍

턱 부위

도금된 폐쇄형 투구

이 마상 창시합용 투구는 전체가 도금되었다.
띠 장식과 소용돌이 무늬가 표면에 깊이
식각되어 있고, 잎, 날개가 달린 머리,
그로테스크한 동물의 장식들도 보인다.
면갑의 저쪽 편으로는 호흡용 환기 구멍이
10개 뚫려 있다. 볏 꼭대기에 난 칼자국을
통해 이 투구가 난폭한 타격에 노출되었음을
알 수 있다. 이 투구는 황제 페르디난트
1세의 장구 일습으로 제작되었다.

연대	1555년경
출처	독일
무게	2.2킬로그램

175

아시아의 갑옷과 투구

16세기와 18세기 사이에 중동에서 인도와 중앙아시아에 이르는 광대한 지역의 군대들은 유사한 무기와 갑옷을 사용했다. 사슬과 판금으로 제작된 동체 갑옷과 가죽 또는 강철로 만든 일종의 둥근 방패가 그것이다. 방패의 경우 인도에서는 달(dhal), 페르시아에서는 시파르(sipar)라고 불렸다. 중국과 한국의 갑옷과 방패 역시 이슬람 양식의 영향을 받았다고 할 수 있다. 아시아에서도 화기가 널리 사용되었지만 갑옷과 방패가 유럽보다 더 오랫동안 활용되었다.

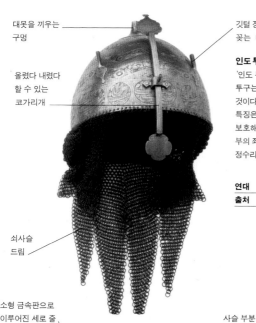

대못을 끼우는 구멍

깃털 장식을 꽂는 대

올렸다 내렸다 할 수 있는 코가리개

인도 투구

'인도 투구'라고는 하지만 이런 양식의 투구는 아마도 그 기원이 중앙아시아일 것이다. 이 투구의 가장 두드러지는 특징은 목과 어깨와 얼굴의 일부를 보호해 주는 쇠사슬 드림이다. 두개골 부의 좌우 양쪽으로는 깃 장식이, 투구의 정수리 부분에는 대못이 있었을 것이다.

연대	18세기경
출처	인도

쇠사슬 드림

인도의 사슬 및 판금 갑옷

앞쪽에 큰 판이 4개 있고, 측면으로 작은 판이 2개, 등쪽으로 여러 개의 판이 추가로 달린 이런 양식의 사슬 및 판금 갑옷을 선호한 사람은 무굴 제국의 황제들이었다. 1658년부터 1707년까지 재위한 아우랑제브가 대표적이다. 그러나 이 갑옷은 완전한 방어구는 아니었다. 발사체와 찌르는 무기들이 리벳으로 묶은 사슬 갑옷 부분을 관통할 가능성이 높던 것이다.

연대	17세기 초
출처	인도

전체 모양

소형 금속판으로 이루어진 세로 줄

사슬 부분

인도의 사슬 및 판금 상의

인도에서 제레 바그타르(zereh bagtar)라고 하는 이 상의에는 판금 갑옷과 사슬 갑옷이 통합되어 있다. 사슬과 판금을 결합한 형태의 갑옷은 15세기경 오스만 제국에서 중앙아시아에 이르는 이슬람 세계에서 널리 통용되었고, 무굴 제국 치하의 인도에서도 많이 쓰이는 갑옷이었다. 사진의 갑옷에서는 60~65개의 소형 금속판이 세로로 배치되어 있고, 이것이 사슬과 결합되어 있음을 확인할 수 있다.

연대	18세기 초
출처	인도
무게	8.1킬로그램
길이	69.5센티미터

안감은 붉은색 비단

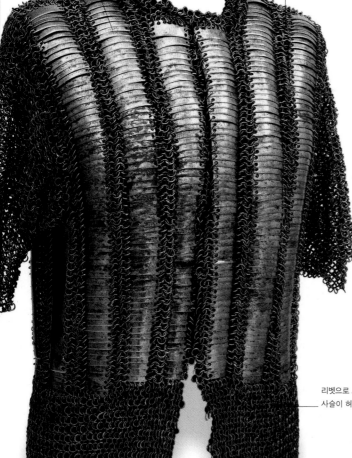

짧게 마감된 사슬 소매

큼직한 강철판

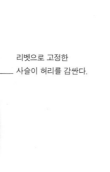

리벳으로 고정한 사슬이 허리를 감싼다.

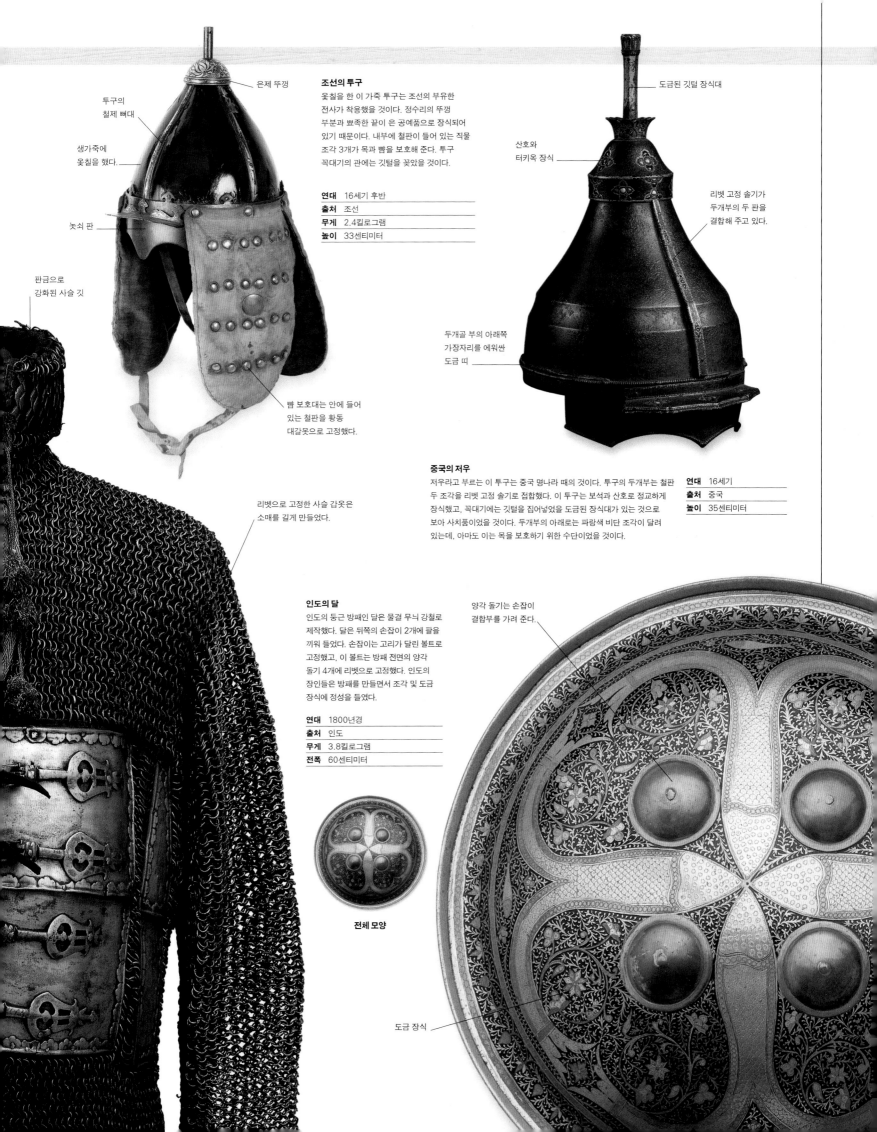

조선의 투구

옻칠을 한 이 가죽 투구는 조선의 부유한
전사가 착용했을 것이다. 정수리의 뚜껑
부분과 뾰족한 끝이 은 공예품으로 장식되어
있기 때문이다. 내부에 철판이 들어 있는 직물
조각 3개가 목과 뺨을 보호해 준다. 투구
꼭대기의 관에는 깃털을 꽂았을 것이다.

연대	16세기 후반
출처	조선
무게	2.4킬로그램
높이	33센티미터

은제 뚜껑

투구의
철제 뼈대

생가죽에
옻칠을 했다.

놋쇠 판

판금으로
강화된 사슬 깃

빰 보호대는 안에 들어
있는 철판을 황동
대갈못으로 고정했다.

리벳으로 고정한 사슬 갑옷은
소매를 길게 만들었다.

도금된 깃털 장식대

산호와
터키옥 장식

리벳 고정 솔기가
두개부의 두 판을
결합해 주고 있다.

두개골 부의 아래쪽
가장자리를 에워싼
도금 띠

중국의 저우

저우라고 부르는 이 투구는 중국 명나라 때의 것이다. 투구의 두개부는 철판
두 조각을 리벳 고정 솔기로 접합했다. 이 투구는 보석과 산호로 정교하게
장식했고, 꼭대기에는 깃털을 집어넣었을 도금된 장식대가 있는 것으로
보아 사치품이었을 것이다. 두개부의 아래로는 파랑색 비단 조각이 달려
있는데, 아마도 이는 목을 보호하기 위한 수단이었을 것이다.

연대	16세기
출처	중국
높이	35센티미터

인도의 달

인도의 둥근 방패인 달은 물결 무늬 강철로
제작했다. 달은 뒤쪽의 손잡이 2개에 팔을
끼워 들었다. 손잡이는 고리가 달린 볼트로
고정했고, 이 볼트는 방패 전면의 양각
돌기 4개에 리벳으로 고정했다. 인도의
장인들은 방패를 만들면서 조각 및 도금
장식에 정성을 들였다.

연대	1800년경
출처	인도
무게	3.8킬로그램
전폭	60센티미터

양각 돌기는 손잡이
결합부를 가려 준다.

도금 장식

전체 모양

사무라이 갑옷

아시아의 판형(미늘) 갑옷 전통에서 발전한 일본의 사무라이 갑옷은 옻칠을 한 금속과 가죽 판을 가죽이나 비단 끈으로 결속해 만들었다. 이 갑옷은 유연했고, 튼튼해 칼잡이들에게 필요한 운동 능력과 보호 능력을 보장했다. 사무라이 갑옷은 시대를 거듭하면서 점점 더 복잡해졌고, 16세기의 도세이구소쿠(當世具足) 양식에서 절정을 이루었다. 갑옷과 투구는 전투용일 뿐만 아니라 과시용이기도 했다. 그러나 태평성대로 일컬어지는 에도 시대에 전사로서의 사무라이는 사라지기 시작했다.

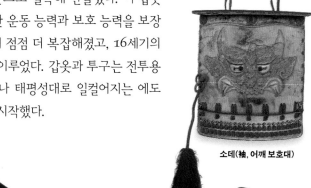

소데(袖, 어깨 보호대)

시코로(しころ, 목 보호대)

소데(袖, 어깨 보호구)

하이다테(佩楯, 치마형 허벅다리 보호구)

스네아테(정강이받이)

물소뿔 모양의 와키다테(脇立)

가부토(兜, 투구)

가죽을 덮은 후키가에시(吹返)

마비사시(眉庇, 이마판)

여기서 가면과 머리가 끈으로 결속된다.

분노한 얼굴을 형상화한 멘포

요다레(垂, 목 보호대)

멘포(面頰, 안면 보호구)

고테(籠手, 팔 보호대)

뎃코(手甲, 손 보호구)

결속끈

스네아테(すねあて, 정강이받이)

도세이구소쿠

이 사진은 도세이구소쿠 양식 갑옷의 전형을 잘 보여 주고 있다. 도세이구소쿠라는 이름은 센고쿠 시대에 걸맞게 개량된 갑옷 일습을 가리키는 말이다. 투구에는 당시에 큰 인기였던 물소뿔 모양의 와키다테가 분명하게 형상화되어 있다. 이 갑옷의 검게 옻칠한 가면 멘포에는 주름과 이빨은 있지만 콧수염은 없다. 이 가면은 얼굴 아래쪽을 보호해 주었고, 전사의 머리 위에 얹힌 투구를 고정시켜 주었으며, 착용자의 위엄을 높여 주었다. 이마 판에 새겨진 눈썹 같은 기타 세부 사항들도 위협을 의도한 것이었다. 금색 칠과 붉은 비단을 사용함으로써 미학적으로도 유쾌한 색감을 연출했다.

연대 19세기
출처 일본
무게 투구 2.75킬로그램

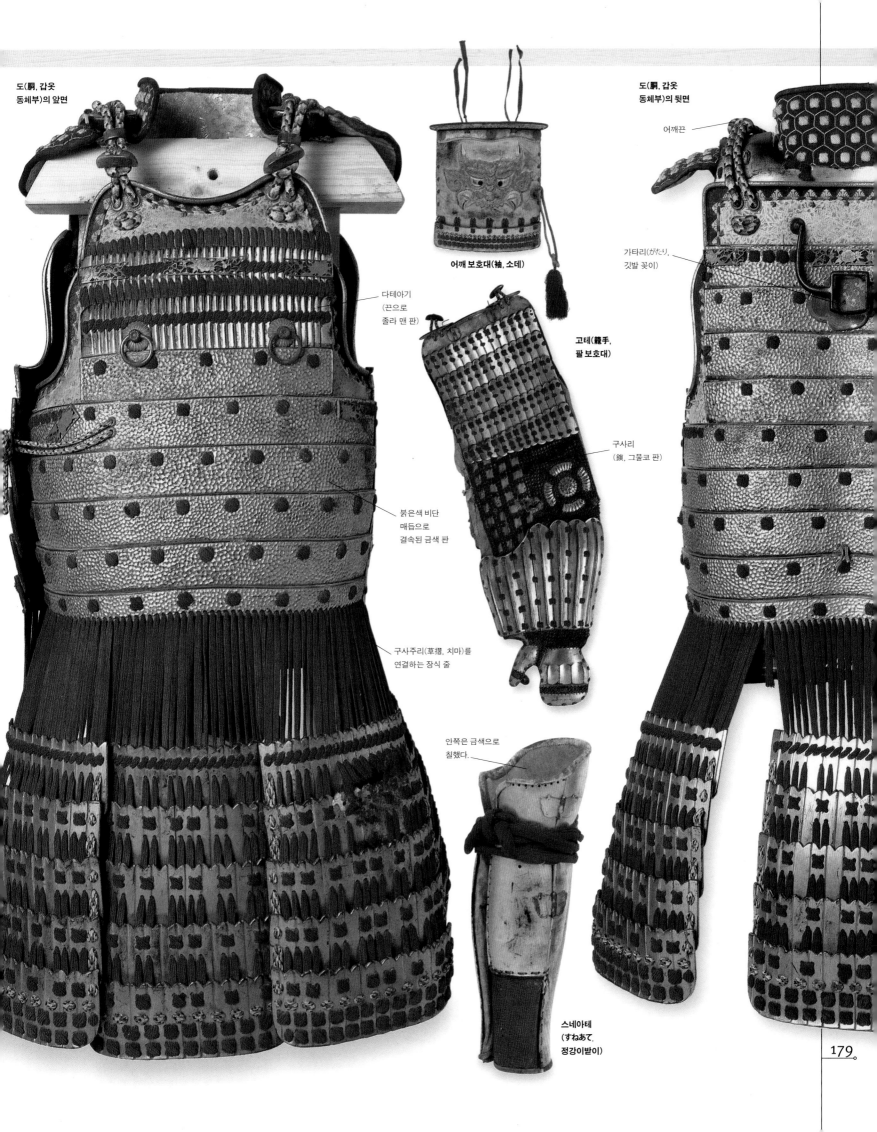

도(胴, 갑옷
동체부)의 앞면

어깨 보호대(袖, 소데)

도(胴, 갑옷
동체부)의 뒷면

어깨끈

다테아기
(끈으로
졸라 맨 판)

가타리(がたり,
깃발 꽂이)

고테(籠手,
팔 보호대)

붉은색 비단
매듭으로
결속된 금색 판

구사리
(鎖, 그물코 판)

구사주리(草摺, 치마)를
연결하는 장식 줄

안쪽은 금색으로
칠했다.

스네아테
(すねあて,
정강이받이)

179

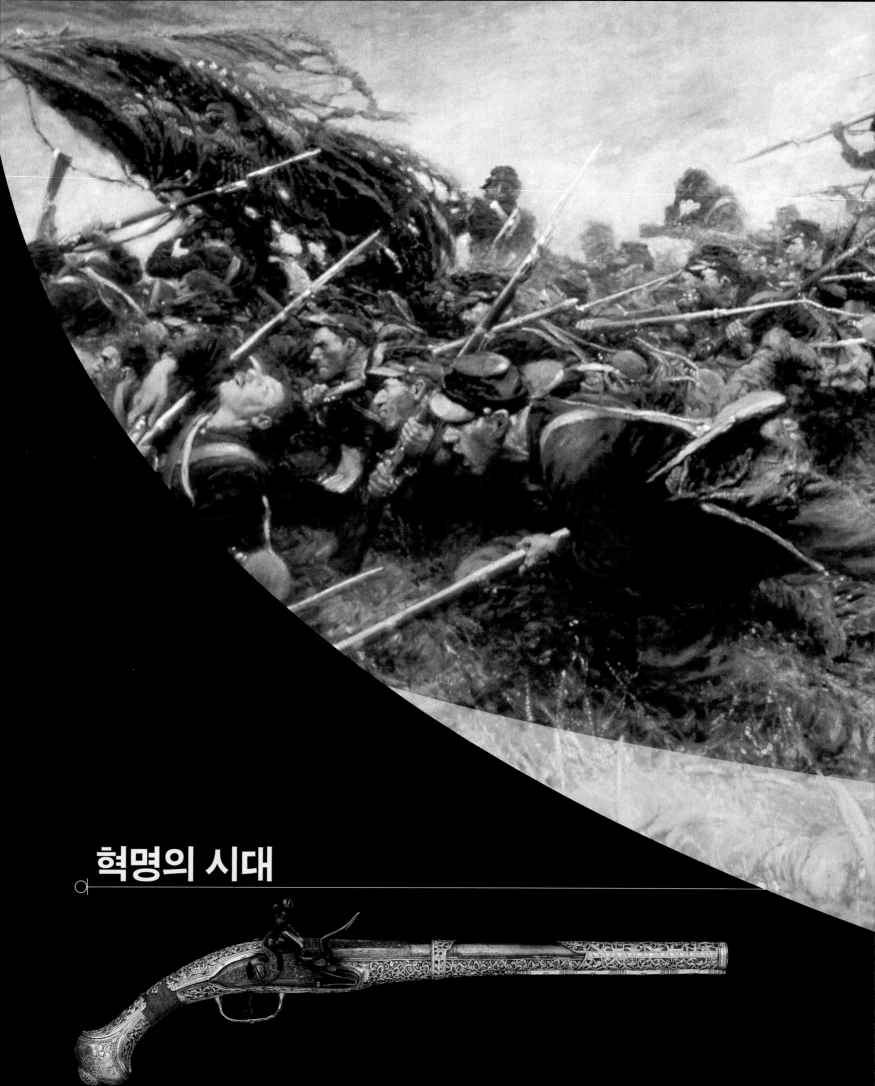

혁명의 시대

1770년대 유럽은 대부분 지역이 왕정 국가의 지배를 받았다. 각 왕국은 자신들의 영토를 지배하면서 다른 왕국들과 두 세기 전과 같은 방식으로 끊임없이 전쟁을 벌였다. 하지만 19세기가 되자 혁명, 즉 정치 혁명과 산업 혁명이 전쟁의 양상을 바꾸어 놓았다. 신기술, 민족주의와 민주주의 사상, 효율적인 관료 제도는 권력을 소유한 이들에게는 전보다 훨씬 큰 권력을 부여했으며 그렇지 못한 이들은 정치적 무력자나 식민지로 전락시켰다.

독립 전쟁의 승패를 가르다
대영제국은 미국의 독립 전쟁 기간 (1775~1783년) 중 식민지 민병대의 능력을 과소평가했다. 1777년 10월 대륙군의 베네딕트 아널드 장군─부상당해 쓰러져 있는 인물─은 검과 소총, 총검으로 무장한 병사들에게 베미스 고지를 공격하게 했다. 영국군이 패배한 이 새러토가 전투 결과 미국 독립 전쟁의 판세가 바뀌었다.

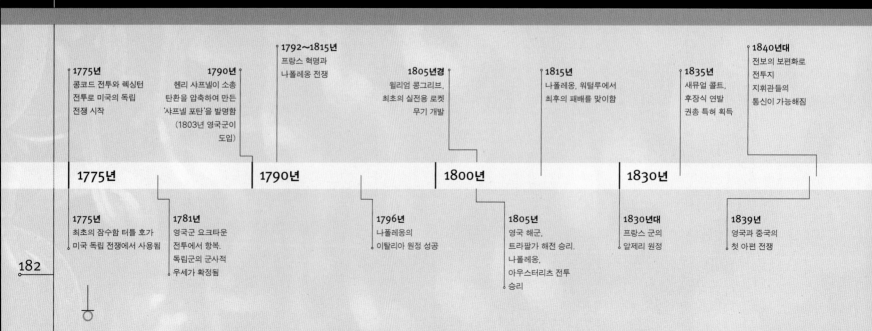

1775년
콩코드 전투와 렉싱턴 전투로 미국의 독립 전쟁 시작

1790년
헨리 샤프넬이 소총 탄환을 압축하여 만든 '샤프넬 포탄'을 발명함 (1803년 영국군이 도입)

1792~1815년
프랑스 혁명과 나폴레옹 전쟁

1805년경
윌리엄 콩그리브, 최초의 실전용 로켓 무기 개발

1815년
나폴레옹, 워털루에서 최후의 패배를 맞이함

1835년
새뮤얼 콜트, 후장식 연발 권총 특허 획득

1840년대
전보의 보편화로 전투지 지휘관들의 통신이 가능해짐

1775년 **1790년** **1800년** **1830년**

1775년
최초의 잠수함 터틀 호가 미국 독립 전쟁에서 사용됨

1781년
영국군 요크타운 전투에서 항복. 독립군의 군사적 우세가 확정됨

1796년
나폴레옹의 이탈리아 원정 성공

1805년
영국 해군, 트라팔가 해전 승리. 나폴레옹, 아우스터리츠 전투 승리

1830년대
프랑스 군의 알제리 원정

1839년
영국과 중국의 첫 아편 전쟁

미국의 독립 전쟁은 전통 질서를 위협하고 전복했으며, 어느 정도는 재구성했다. 영국은 1775년부터 1783년까지 고된 전쟁을 치르면서 북아메리카의 식민지를 지키고자 했지만 결국 실패했다. 반란군 사령관 조지 워싱턴은 야전에서 정면으로 영국군에 맞설 수 없다는 것을 알았다. 영국군은 군수품을 해상으로 수송하고 있었는데, 1778년 프랑스가 개입하자 군수품 조달에 어려움을 겪으면서 북아메리카에 대한 지배력이 약해졌다. 신대륙 주민들은 프로이센 군장교인 아우구스투스 폰 슈토이벤의 도움을 받아 야전군을 조직했으며, 폰 슈토이벤은 워싱턴의 병사들을 위한 약식 훈련법을 개발했다. 그 결과, 영국군은 참패해 북아메리카 식민지 대부분을 잃었다.

프랑스 혁명 전쟁

프랑스에서는 1789년에 혁명이 발발했는데, 어느 정도는 실업 문제와 군자금에 필요한 높은 세금에 대한 분노, 이러한 문제에 대한 해결책을 내놓지 못하는 루이 16세의 명백한 무능이 그 원인이었다. 엘리트 출신이었던 대부분의 군 장교들은 나라를 버리거나 퇴역했다. 당시 프랑스는 오스트리아와 전쟁 중이었고, 때문에 경험 많은 장교가 더 부족해졌다. 필요한 인원을 중간 계급과 하층 계급에서 충당하다 보니 1794년에는 장교 25명 중 1명만이 귀족이었다. 1793년 시행된 징병제로 프랑스는 전시 체제가 되어 징집 연령의 모든 남자가 군에 복무한 것으로 보인다. 새로운 군대는 개량된 전술을 도입했으며, 1792년부터는 척후병과 저격병이 보병대에 도입되었다. 척후병은 적의 대오를 공격해 상급 부대의 작전 수행을 보호한다. 프랑스 공화주의자들은 연달아 승리를 거뒀다. 특히 1797년부터 나폴레옹 보나파르트가 이탈리아에서 거둔 승리가 가장 유명한데, 나폴레옹과 그의 새로운 군대는 개량된 종횡 대형, 척후 전술을 대단히 효과적으로 운용하는 능력을 보여 주었다.

1790년대에 프랑스 군대는 보병, 기병, 포병을 결합한 하나의 완결적 단위인 사단을 선구적으로 활용했다. 나폴레옹은 이것을 발전시켜 군단 제도를 시행했는데, 각 군단은 여러 개 사단으로 이루어졌다. 군단 제도가 가진 전략적 유연성과 프랑스 군의 진군 속도—1805년의 울름 전투 때 프랑스 군은 라인 강에서 울름까지 500킬로미터가 넘는 거리를 단 17일 만에 주파했다.—는 무시무시한 위력을 발휘했다. 나폴레옹은 프랑스의 포병대도 확대했다. 1805년경 프랑스 육군은 중포 4500문, 경포와 총포 7300문을 보유했다. 나폴레옹은 연승가도를 달렸으며, 가장 유명한 것은 마렝고 전투(1800년)와 아우스터리츠 전투(1805년) 전투인데, 그에 맞서 결성된 연합군은 나폴레옹의 전술에 속수무책이었다. 나폴레옹은 또한 영리하게도 장기적인 포위전에 매달려 시간을 끄느니 적의 야전군을 섬멸시키는 것이 중요하다는 것을 알았다.

하지만 프랑스의 자원에 한계가 나타나기 시작했다. 1790년과 1795년 사이에 출생한 인구의 약 20퍼센트가 전사했다. 나폴레옹의 병사 중에는 프랑스 병사보다 훈련이 덜 되고 애국심도 부족한 외국인이 갈수록 많아졌다. 1808년 이후, 사단은 두 개 여단으로 구성되는 것이 표준이 되었고, 여단의 수는 지휘하기 쉬운 규모로 축소되었다. 그 결과, 병력 운용의 유연성이 떨어지면서 나폴레옹의 후기 전투는 다수 병사들이 적군의 병사들과 격돌하는 총력전 양상을 띠었다. 그 결과 이전과 같은 탁월한 전투력은 좀처럼 보여 주지 못했다. 러시아 원정에 나선 1812년 보로디노에서는 약 25만 병사가 겨우 8킬로미터의 비좁은 전선에서 싸우다가 크나큰 손실을 입었다. 물론 프랑스 군만 피해를 입은 것은 아니다.

영국의 대나폴레옹 전술

이 기간 동안, 적군들도 나폴레옹의 군대를 배우고 응용했다. 영국 군대는 1790년대부터 경보병대를 실험했으며, 1800년에는 당시 일반적으로 사용되던 활강총보다 정확도 높은 신개발 보병총을 갖춘 실험적인 군단을 창설했다. 영국 군대는 종대 전술보다 횡대 전술을 선호했으며, 병참술을 잘 활용해 식량 징발에 그렇게 지속적으로 의존하지는 않았다. 현지에서 식량 징발을 잘못하다 보면 유격대가 출몰하는 에스파냐의 산악 지대에서 크게 패한 프랑스 군처럼 될 수 있기 때문이다. 프로이센 군대는 프랑스의 저격병에 대한 대응으로 1813년에 자원 소총병인 예거(Jäger)로 구성된 연대를 창설했다. 프랑스 군대의 자원 고갈과 대영제국 군대의 우세한 해군력—이를 가장 잘 보여 준 것은 트라팔가 해전(1805년)이었다.—과 나폴레옹의 전략적 탐욕은 1814년 나폴레옹의 파멸로 이어졌으며, 유배지에서 탈출해 이루어낸 '100일 천하'도 1815년 워털루에서 패배로 끝났다.

라이프치히 전투
돌격하는 프랑스 중기병들. 1813년 라이프치히 전투. 이 부대의 어마어마한 규모—36만 5000명—는 나폴레옹에게조차 벅찼다. 나폴레옹의 경험 풍부한 군인들이 그 전해에 러시아에서 전사했다는 사실 때문에 상황은 더 안 좋았다.

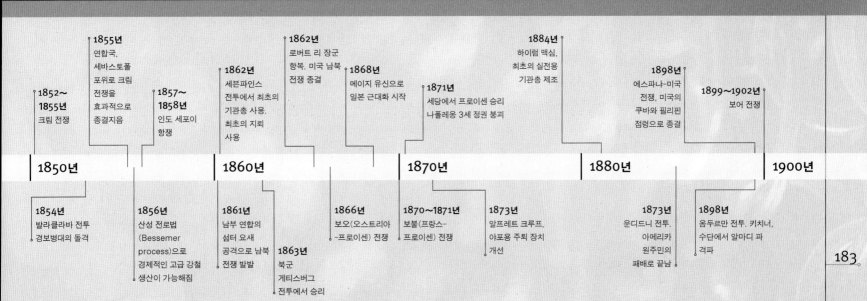

1852~1855년
크림 전쟁

1855년
연합국, 세바스토폴 포위로 크림 전쟁을 효과적으로 종결지음

1857~1858년
인도 세포이 항쟁

1862년
세븐파인스 전투에서 최초의 기관총 사용. 최초의 지뢰 사용

1862년
로버트 리 장군 항복. 미국 남북 전쟁 종결

1868년
메이지 유신으로 일본 근대화 시작

1871년
세당에서 프로이센 승리 나폴레옹 3세 정권 봉괴

1884년
하이럼 맥심, 최초의 실전용 기관총 제조

1898년
에스파냐-미국 전쟁. 미국의 쿠바와 필리핀 점령으로 종결

1899~1902년
보어 전쟁

1850년   **1860년**   **1870년**   **1880년**   **1900년**

1854년
발라클라바 전투 경보병대의 돌격

1856년
산성 전로법 (Bessemer process)으로 경제적인 고급 강철 생산이 가능해짐

1861년
남부 연합의 섬터 요새 공격으로 남북 전쟁 발발

1863년
북군 게티스버그 전투에서 승리

1866년
보오(오스트리아 -프로이센) 전쟁

1870~1871년
보불(프랑스- 프로이센) 전쟁

1873년
보불(프랑스- 프로이센) 전쟁
알프레트 크루프, 야포용 주퇴 장치 개선

1873년
운디드니 전투. 아메리카 원주민의 패배로 끝남

1898년
옴두르만 전투. 키치너, 수단에서 알마디 파 격파

참호전
미국 남북 전쟁의 최종 단계는 줄기찬 참호전과 포위전이었다. 이 사진에서는 북부 연방의 병사들이 남부 연합의 버지니아주 피터스버그요새 앞 참호 속에서 대기하고 있다.

기술의 발전

빈 회의(1815년)에서 유럽 열강은 앞으로 수십년 동안 다시는 혁명 전쟁을 반복하지 않을 것을 결의한다. 유럽은 일종의 휴지기로 돌아갔다. 나폴레옹의 훈련법과 전술이 각국으로 전파되었고, 원뿔꼴 회전식 탄환 같은 중요한 기술의 진보가 이루어졌다. 이 탄환은 발사력과 총신 장악력을 높였으며 화기의 범위를 400~600미터로 2배 확장했다. 1849년 클로드에티엔 미니에가 고안한 신형 소총은 유럽 군대의 근간이 되었다. 군대의 화력이 강해지고 동력 기술의 발전으로 무기가 신참병까지 사용할 수 있을 만큼 대량 생산되면서 전쟁이 산업화가 이루어졌다. 전쟁에서 승리를 가져다주는 것은 용맹이나 탁월한 전술이 아니라 공장의 생산량, 철도 부설, 전략적 작전 계획인 시대가 되었다. 신기술의 첫 시험 무대는 크림 전쟁(1853~1855년)이었다. 영국과 프랑스가 러시아를 침공함으로써 러시아 황제가 노쇠한 오스만 제국을 집어삼키지 못하게 했다. 1854년 인케르만에서 영국의 엔필드 소총에 러시아 병사들이 대량 학살되었는데, 연합군의 사상자는 3000명이었지만, 러시아 군 쪽의 사상자는 1만 2000명이었다. 그러나 영국군은 이번에 병참을 경시했다. 발라클라바의 보급 기지는 부두 구역이 30미터밖에 되지 않았으며, 최전선까지는 15킬로미터를 이동해야 했다. 전쟁은 요새 도시 세바스토폴을 차지하기 위한 혈전으로 교착 상태에 빠졌으며, 세바스토폴의 참호망은 제1차 세계 대전의 비극을 암시했다.

미국 남북 전쟁

미국 남북 전쟁(1861~1866년) 때 산업화된 전쟁이 역사 속에 본격적인 모습을 드러내기 시작했다. 초기부터 결정적인 우위를 잡은 것은 북부였다. 북부에는 전쟁 전 인구의 70퍼센트 이상이 거주하고, 거의 모든 산업—철강 생산의 93퍼센트와 화기 생산의 97퍼센트가 북부에서 이루어졌다.—이 자리 잡고 있었다. 남부에는 로버트 리 같은 뛰어난 장군들이 있었으며, 자신들이 살아온 방식을 지키고자 하는 의지로 뭉친 군대가 있었다. 하지만 불런(1861년), 프레더릭스버그(1862년), 게티스버그(1862년) 전투의 승패가 결국에는 아무 의미도 없었다. 북부 연방의 사령관 율리시스 그랜트는 남부 연합을 둘로 분할하고 이제 싹튼 산업과 철도망을 파괴한다면 제압할 수 있음을 알았다. 미국 남북 전쟁의 군인들은 1분당 5~6발의 속도로 총을 쏠 수 있었으며 나폴레옹의 대단위 종대보다 산개식 횡대가 더 효과적임을 증명했다. 흙벽이나 사격호처럼 임시로 파서 만든 참호가 더욱 중요해졌다. 남북 전쟁 시의 여러 전투는 참호 자리만 잘 잡으면 대규모 보병 돌격 부대를 훨씬 더 적은 수의 소총수로 간단하게 제압할 수 있음을 보여 주었다.

프로이센의 군대

한편 유럽에서는 1858년부터 참모 총장으로 재임한 몰트케가 프로이센의 군제를 완벽하게 개혁하고 있었다. 프로이센은 장교 전원을 대상으로 하는 획일적 교육 제도를 시행했으며, 군 복무 기간을 5년으로 연장했다. 1850년대 말 프로이센은 50만 4000명의 대군(예비역 포함)을 보유했다. 프로이센은 또한 철도에 집중적으로 투자해 1860년에 이르면 부설된 철도가 거의 3만 킬로미터에 달했다. 또한 병사들은 엎드려쏴 자세로 사격하는 훈련을 받기 시작했으며, 전장총보다 발사 속도가 5배나 빠른 드라이제 단발식 후장총을 갖추었다. 당시 소총은 불발 나기 일쑤였으나 드라이제의 새로운 총 덕분에 프로이센은 전장에서 우위를 점했으며, 이와 더불어 우월한 작전 계획으로 1866년 쾨니히그레츠 전투에서 오스트리아 군을 섬멸할 수 있었다. 이 승리로 독일 총리 비스마르크는 독일 통일이라는 목표를 실현할 수 있었다.

비스마르크의 야망을 방해하려는 프랑스 황제 나폴레옹 3세의 시도는 보불 전쟁(1870~1871년)으로 이어졌다. 프랑스 군은 드라이제 후장총보다 좀 더 안정성 높은 샤스포 소총으로 무장했다. 프로이센 군은 우수한 참모의 수적 우세를 최대한 활용했으며, 38만 병사를—주로 철도로—신속하게 국경으로 보냈다. 프로이센 군은 알프레트 크룹스가 고안한 강철 후장포를 보유했는데, 사정거리가 7000미터나 되는 이 대포는 프랑스 군을 궁지로 몰았다. 프랑스 군이 전장에서 멀리 떨어진 곳에 대형을 짜야 했기 때문이다. 프랑스 군은 전략적으로도 압도되었다. 최후의 전투 부대가 세당(1871년)에서 포위되어 항복했을 때 나폴레옹 3세의 통치와 비스마르크의 독일 통일에 대한 일체의 반대 시도에 종지부가 찍혔다.

유럽 제국주의의 성장

비스마르크는 1871년 통일 국가를 수립하자 해외 제국 건설로 방향을 돌렸는데, 근대 나미비아와 토고를 시작

1866년형 윈체스터 총
1866년형 윈체스터 총은 '개선된 헨리'로 불렸으며, 전 모델보다 두 배 많은 분당 30발을 발사할 수 있었다. 에스파냐-미국전쟁이 일어난 1898년까지 계속해서 생산되었다.

으로 1880년대에는 탄자니아에도 식민지를 건설했다. 19세기 말은 유럽 제국주의가 절정에 달한 시기인데, 무역 거점 보호나 원주민 저항 분쇄를 위해 필요 이상으로 잔인하고 포악한 형태를 띠었다. 20세기 초반에 처러진 많은 전쟁이 제국주의 국가들 간의 전쟁이나 식민지 침략 전쟁이었으며, 보통은 서방의 기술적 우위와 조직력이 승리를 가져다주었다. 1898년 수단의 옴두르만에서 영국군 사령관 키치너는 2만 5000명 병사를 단순한 밀집 대형으로 배치했고, 알마디 파 용사들이 돌격하자 맥심 기관총으로 간단하게 해치웠다. 수단은 3만 명을 잃은 데 반해 영국-이집트 연합군의 희생자는 겨우 50명이었다.

비유럽 군대도 가끔은 승리를 거두는 듯했다. 1896년에 이탈리아 군은 아도와 전투에서 프랑스령 소말릴란드의 총독이 강매한 소총 10만 정으로 무장한 에티오피아 군에 패했다. 1880년대와 1890년대에 서아프리카의 사모리 투레처럼 원주민 군대가 점령한 지역에서는 유럽의 전술이 고전했다. 그러나 아무리 강고한 저항도 결국에는 제국주의 군대 앞에 무너졌다. 유럽 국가들이나 미국은 산업과 인구 측면에서 우세했고, 세계 지배의 욕망과 의지로 충만했다.

독일군이 1866년과 1870년에 승리하자 독일의 정치가들과 군인들은 신속한 군 배치와 기술 이용이 다른 모든 문제를 덮어 줄 것이라고 믿었다. 19세기 말, 유럽 국가들은 무기 경쟁에 휩쓸린 나머지 파멸적인 비용을 치러야 했으며 국제 외교 무대에 싸늘한 불신의 냉기를 불어넣었다. 독일은 경제는 급성장했으나 정치적 발전이 걸맞게 이루어지지 못하면서, 경제력과 군부, 그리고 과학 기술이 손잡는 위험한 상황을 낳았다. 곧 하나의 불씨가 던져지자 제1차 세계 대전의 대학살전으로 이어졌다.

민족주의

프랑스 혁명으로 유럽에는 국가는 하나의 민족으로 구성되어야 한다는 정치 바이러스가 유행하기 시작했다. 이에 따르면 프랑스는 프랑크 족의 국가이며 모든 프랑크 족을 포괄해야 한다. 민족 개념이 정치적, 군사적으로 표현되면서 합스부르크 제국이나 오스만 제국 같은 다민족 제국은 존폐의 위기에 처했다. 1848년에는 민족주의 봉기의 파도가 파죽지세로 유럽 전역으로 퍼져 나갔다. 헝가리에 혁명 정부가 세워졌으며, 프로이센과 프랑스의 정권은 전복 위협에 직면했다. 민족주의는 1861년에 는 이탈리아의 통일에, 1867년에는 독일 통일에 공헌했다. 이와 비슷하게, 민족주의 정서가 오스만 제국의 쇠락에 공헌해 1821년에는 그리스가 독립을 선언했다. 민족주의라는 바이러스는 어떤 왕조도, 혹은 고대의 어떤 제국도 얻을 수 없었던 열렬한 충성심을 이끌어냈다.

1861년 팔레르모의 반란. 이 반란이 이탈리아의 통일로 이어졌다.

보어 인 전투병
영국은 2년에 걸쳐 45만 병사를 파견하고 2만2000명의 사망자를 내고서 보어 전쟁(1899~1902년)에서 승리했다. 파괴적 효과를 지닌 마우저 총으로 무장한 보어 인들은 스피온콥(1900년) 전투 등 연승을 거두었다. 보어 인의 전투 부대가 모두 패배했을 때조차 영국군은 마지막 남은 유격 부대들을 항복시키기 위해 민간인 여성과 아이 들을 수용소에 가두고 학살하는 등의 폐륜적인 전술을 구사해야만 했다.

유럽의 칼
1775~1900년

프랑스 혁명(1789~1799년)과 나폴레옹 전쟁(1799~1815년)의 시대, 기병의 날붙이 무기는 꿰찌르기에 적합한 중기병용 긴 직선형 칼과, 자르고 베기에 적합한 경기병용 곡선형 세이버로 진화했다. 보병에게는 칼이 이미 의전용 무기로 바뀌고 있었지만, 직급의 상징으로 활용되면서, 장교와 상급 하사관 들이 지니는 무기로 정착했다. 보병의 칼은 실질적인 기능을 상실하면서 점차 장식용이 되었다. 이 시대에 만들어진 칼 중 일부는 고전 시대의 무기를 연상시키기도 한다.

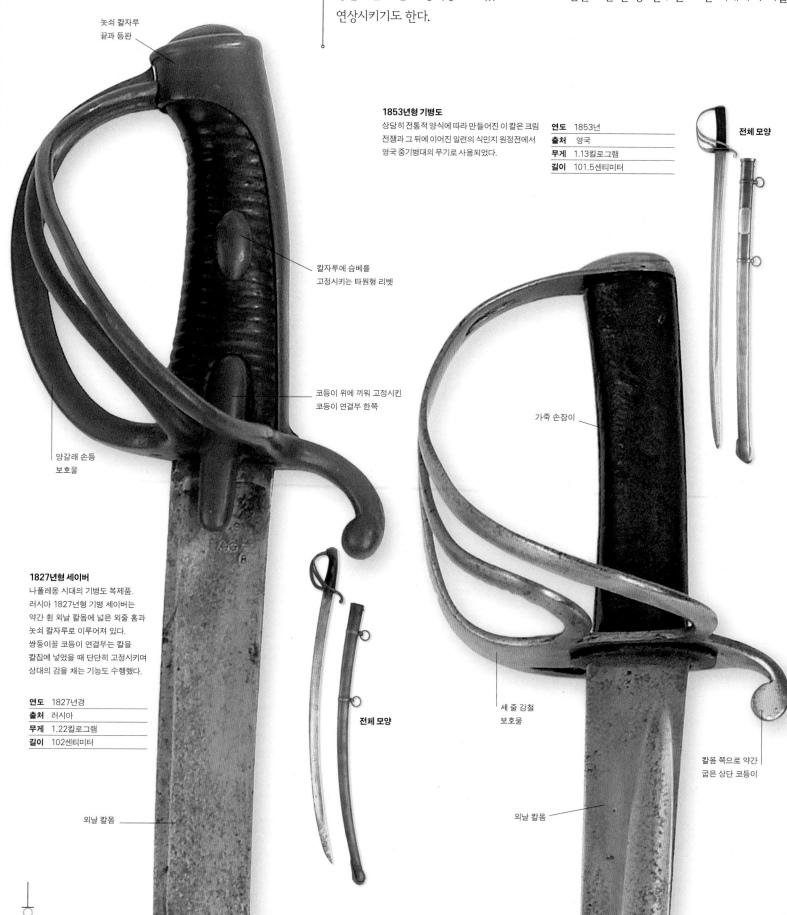

놋쇠 칼자루 끝과 등판

1853년형 기병도
상당히 전통적 양식에 따라 만들어진 이 칼은 크림 전쟁과 그 뒤에 이어진 일련의 식민지 원정전에서 영국 중기병대의 무기로 사용되었다.

연도	1853년
출처	영국
무게	1.13킬로그램
길이	101.5센티미터

전체 모양

칼자루에 슴베를 고정시키는 타원형 리벳

코등이 위에 끼워 고정시킨 코등이 연결부 한쪽

가죽 손잡이

양갈래 손등 보호울

1827년형 세이버
나폴레옹 시대의 기병도 복제품. 러시아 1827년형 기병 세이버는 약간 휜 외날 칼몸에 넓은 외줄 홈과 놋쇠 칼자루로 이루어져 있다. 쌍둥이꼴 코등이 연결부는 칼을 칼집에 넣었을 때 단단히 고정시키며 상대의 검을 채는 기능도 수행했다.

연도	1827년경
출처	러시아
무게	1.22킬로그램
길이	102센티미터

전체 모양

세 줄 강철 보호울

칼몸 쪽으로 약간 굽은 상단 코등이

외날 칼몸

외날 칼몸

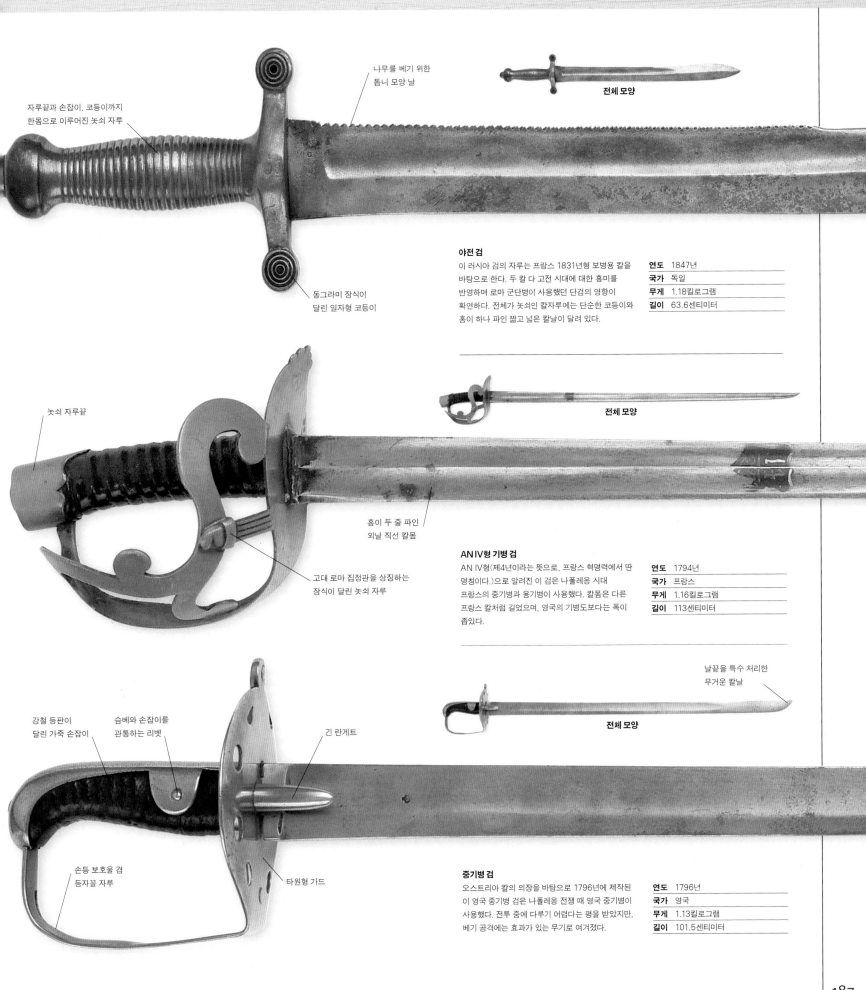

나무를 베기 위한 톱니 모양 날

자루끝과 손잡이, 코등이까지 한몸으로 이루어진 놋쇠 자루

동그라미 장식이 달린 일자형 코등이

전체 모양

야전 검
이 러시아 검의 자루는 프랑스 1831년형 보병용 칼을 바탕으로 한다. 두 칼 다 고전 시대에 대한 흥미를 반영하며 로마 군단병이 사용했던 단검의 영향이 확연하다. 전체가 놋쇠인 칼자루에는 단순한 코등이와 홈이 하나 파인 짧고 넓은 칼날이 달려 있다.

연도	1847년
국가	독일
무게	1.18킬로그램
길이	63.6센티미터

놋쇠 자루끝

홈이 두 줄 파인 외날 직선 칼몸

고대 로마 집정관을 상징하는 장식이 달린 놋쇠 자루

전체 모양

AN IV형 기병 검
AN IV형(제4년이라는 뜻으로, 프랑스 혁명력에서 딴 명칭이다.)으로 알려진 이 검은 나폴레옹 시대 프랑스의 중기병과 용기병이 사용했다. 칼몸은 다른 프랑스 칼처럼 길었으며, 영국의 기병도보다는 폭이 좁았다.

연도	1794년
국가	프랑스
무게	1.16킬로그램
길이	113센티미터

날끝을 특수 처리한 무거운 칼날

전체 모양

강철 등판이 달린 가죽 손잡이

슴베와 손잡이를 관통하는 리벳

긴 란게트

손등 보호울 겸 등자꼴 자루

타원형 가드

중기병 검
오스트리아 칼의 의장을 바탕으로 1796년에 제작된 이 영국 중기병 검은 나폴레옹 전쟁 때 영국 중기병이 사용했다. 전투 중에 다루기 어렵다는 평을 받았지만, 베기 공격에는 효과가 있는 무기로 여겨졌다.

연도	1796년
국가	영국
무게	1.13킬로그램
길이	101.5센티미터

유럽의 칼

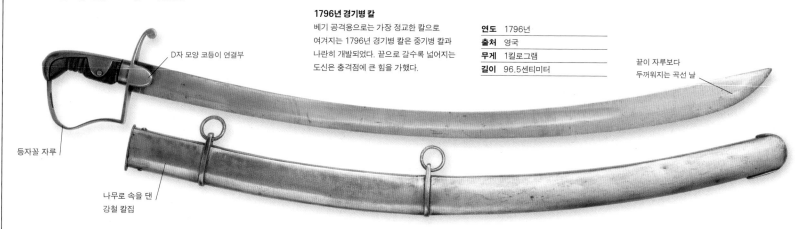

1796년 경기병 칼

베기 공격용으로는 가장 정교한 칼로
여겨지는 1796년 경기병 칼은 중기병 칼과
나란히 개발되었다. 끝으로 갈수록 넓어지는
도신은 충격점에 큰 힘을 가했다.

연도	1796년
출처	영국
무게	1킬로그램
길이	96.5센티미터

D자 모양 코등이 연결부

끝이 자루보다
두꺼워지는 곡선 날

등자꼴 자루

나무로 속을 댄
강철 칼집

나폴레옹 보병검

나폴레옹 전쟁 때 일반 보병이 사용한 이 보병용
칼은 조개탄이라는 뜻의 브리케(briquet)로
불렸는데, 단순한 일체형 놋쇠 칼자루와 곡선
모양 강철 칼날로 이루어졌다. 해군
병사들에게도 지급되었다.

연도	19세기 초
출처	프랑스
무게	0.9킬로그램
길이	74센티미터

전면을 바라보는 코등이

놋쇠 자루

곡선 모양의 강철 칼날

1804년형 해군 단검

얇은 강철로 된 이중 원반 가드를 가진 이 칼은
트라팔가 해전을 기념해서 만들어진 것이다.
칼자루는 철로 만들어져 있고, 녹스는 것을
방지하기 위해 색을 입혔다.

연도	1810년
출처	프랑스
무게	3.13킬로그램
길이	112.5센티미터

얇은 철로 된 이중 원반으로
이루어진 기드. '8자형'
보호울로도 불린다.

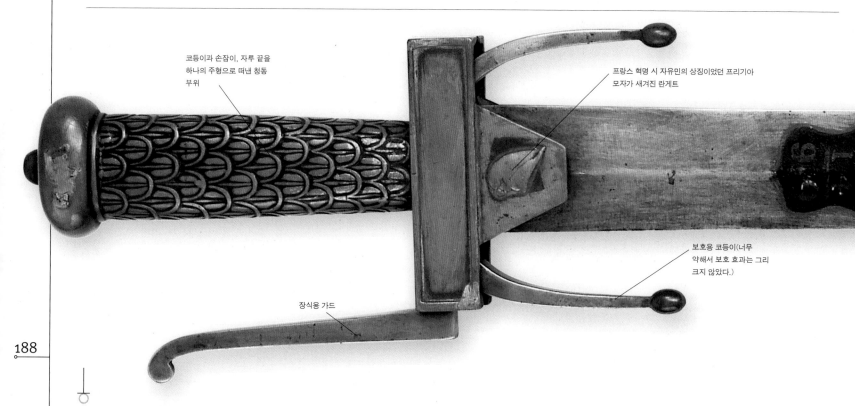

코등이과 손잡이, 자루 끝을
하나의 주형으로 떠낸 청동
부위

프랑스 혁명 시 자유민의 상징이었던 프리기아
모자가 새겨진 란게트

보호용 코등이(너무
약해서 보호 효과는 그리
크지 않았다.)

장식용 가드

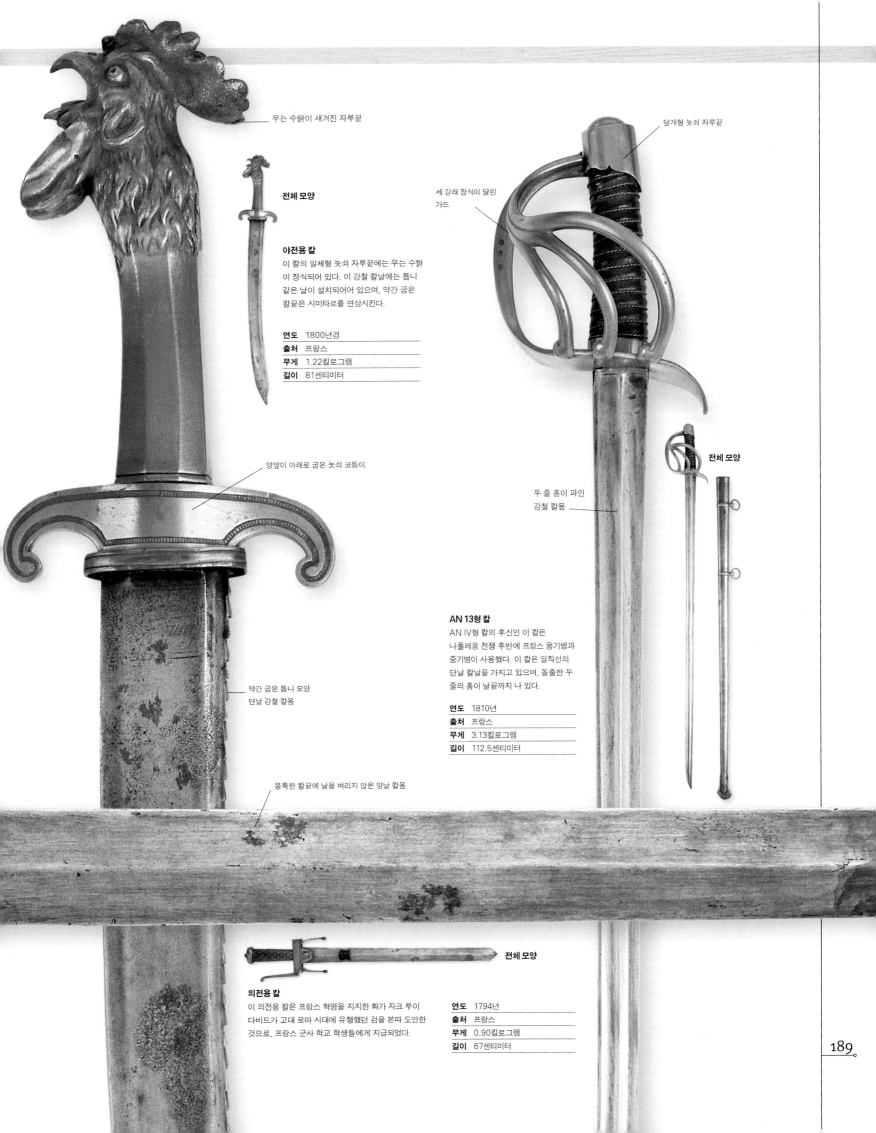

우는 수탉이 새겨진 자루끝

덮개형 놋쇠 자루끝

전체 모양

세 갈래 장식이 달린
가드

야전용 칼

이 칼의 일체형 놋쇠 자루끝에는 우는 수탉
이 장식되어 있다. 이 강철 칼날에는 톱니
같은 날이 설치되어어 있으며, 약간 굽은
칼끝은 시미타르를 연상시킨다.

연도	1800년경
출처	프랑스
무게	1.22킬로그램
길이	81센티미터

양옆이 아래로 굽은 놋쇠 코등이

전체 모양

두 줄 홈이 파인
강철 칼몸

약간 굽은 톱니 모양
단날 강철 칼몸

AN 13형 칼

AN IV형 칼의 후신인 이 칼은
나폴레옹 전쟁 후반에 프랑스 용기병과
중기병이 사용했다. 이 칼은 일직선의
단날 칼날을 가지고 있으며, 돌출한 두
줄의 홈이 날끝까지 나 있다.

연도	1810년
출처	프랑스
무게	3.13킬로그램
길이	112.5센티미터

뭉툭한 칼끝에 날을 버리지 않은 양날 칼몸

전체 모양

의전용 칼

이 의전용 칼은 프랑스 혁명을 지지한 화가 자크 루이
다비드가 고대 로마 시대에 유행했던 검을 본따 도안한
것으로, 프랑스 군사 학교 학생들에게 지급되었다.

연도	1794년
출처	프랑스
무게	0.90킬로그램
길이	67센티미터

미국 남북
전쟁기의 검

북아메리카 대륙에 들어선 새로운 공화국의 무기 장인들은 독일과 프랑스, 그리고 영국의 칼 제작법을 혼합해 자신들만의 칼을 만들었다. 그러나 1840년대부터 미국의 칼은 거의 대부분 프랑스의 칼을 견본으로 삼아 제작되었다. 1861년에 시작되어 1865년에 끝난 남북 전쟁 때 병사들이 사용한 칼도 이것이었다. 북부의 연방군은 무기와 장비가 충분히 보급되었지만 남부의 연합군은 칼을 포함해 모든 무기류가 부족했다. 그들은 연방군으로부터 탈취한 무기와 외국의 보급품, 그리고 스스로 제작한 무기에 의존해야 했다.

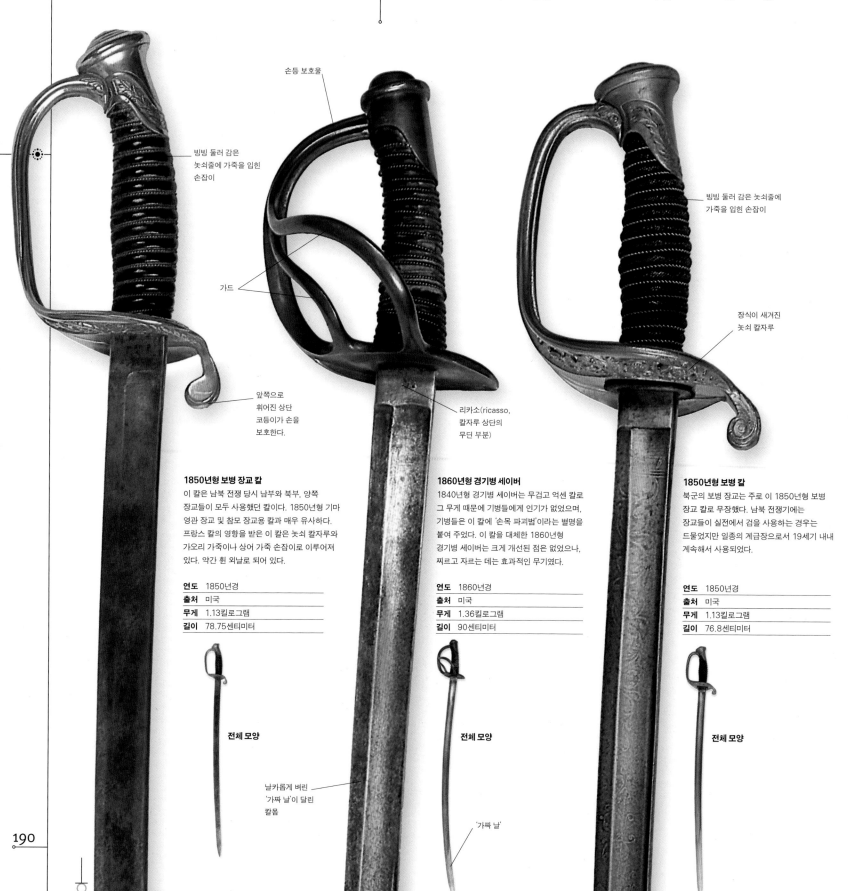

손등 보호울

빙빙 둘러 감은 놋쇠줄에 가죽을 입힌 손잡이

가드

앞쪽으로 휘어진 상단 코등이가 손을 보호한다.

리카소(ricasso, 칼자루 상단의 무딘 부분)

빙빙 둘러 감은 놋쇠줄에 가죽을 입힌 손잡이

장식이 새겨진 놋쇠 칼자루

1850년형 보병 장교 칼
이 칼은 남북 전쟁 당시 남부와 북부, 양쪽 장교들이 모두 사용했던 칼이다. 1850년형 기마 영관 장교 및 참모 장교용 칼과 매우 유사하다. 프랑스 칼의 영향을 받은 이 칼은 놋쇠 칼자루와 가오리 가죽이나 상어 가죽 손잡이로 이루어져 있다. 약간 휜 외날로 되어 있다.

연도	1850년경
출처	미국
무게	1.13킬로그램
길이	78.75센티미터

1860년형 경기병 세이버
1840년형 경기병 세이버는 무겁고 억센 칼로 그 무게 때문에 기병들에게 인기가 없었으며, 기병들은 이 칼에 '손목 파괴범'이라는 별명을 붙여 멸시했다. 이 칼을 대체한 1860년형 경기병 세이버는 크게 개선된 점은 없으나, 찌르고 자르는 데는 효과적인 무기였다.

연도	1860년경
출처	미국
무게	1.36킬로그램
길이	90센티미터

1850년형 보병 칼
북군의 보병 장교는 주로 이 1850년형 보병 장교 칼로 무장했다. 남북 전쟁기에는 장교들이 실전에서 검을 사용하는 경우는 드물었지만 일종의 계급장으로서 19세기 내내 계속해서 사용되었다.

연도	1850년경
출처	미국
무게	1.13킬로그램
길이	76.8센티미터

전체 모양

전체 모양

전체 모양

날카롭게 벼린 '가짜 날'이 달린 칼몸

'가짜 날'

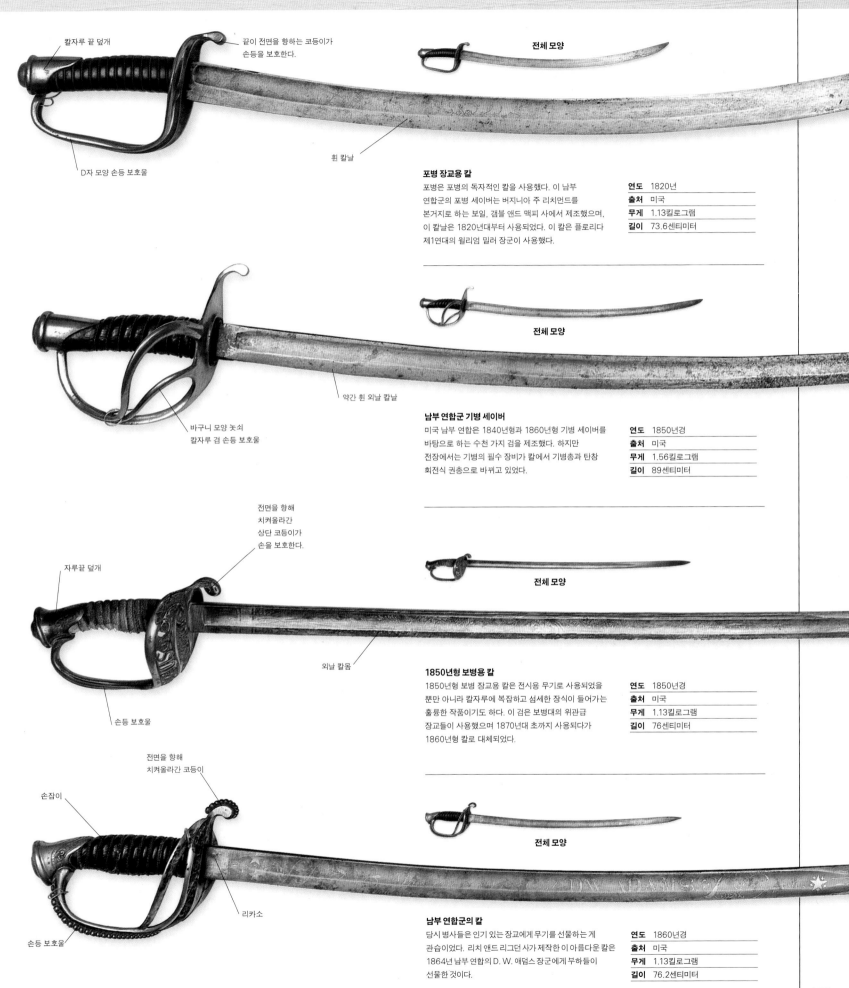

칼자루 끝 덮개

끝이 전면을 향하는 코등이가
손등을 보호한다.

전체 모양

D자 모양 손등 보호울

휜 칼날

포병 장교용 칼

포병은 포병의 독자적인 칼을 사용했다. 이 남부
연합군의 포병 세이버는 버지니아 주 리치먼드를
본거지로 하는 보일, 갬블 앤드 맥피 사에서 제조했으며,
이 칼날은 1820년대부터 사용되었다. 이 칼은 플로리다
제1연대의 윌리엄 밀러 장군이 사용했다.

연도	1820년
출처	미국
무게	1.13킬로그램
길이	73.6센티미터

전체 모양

약간 휜 외날 칼날

바구니 모양 놋쇠
칼자루 겸 손등 보호울

남부 연합군 기병 세이버

미국 남부 연합은 1840년형과 1860년형 기병 세이버를
바탕으로 하는 수천 가지 검을 제조했다. 하지만
전장에서는 기병의 필수 장비가 칼에서 기병총과 탄창
회전식 권총으로 바뀌고 있었다.

연도	1850년경
출처	미국
무게	1.56킬로그램
길이	89센티미터

전면을 향해
치켜올라간
상단 코등이가
손을 보호한다.

자루끝 덮개

전체 모양

외날 칼몸

손등 보호울

1850년형 보병용 칼

1850년형 보병 장교용 칼은 전시용 무기로 사용되었을
뿐만 아니라 칼자루에 복잡하고 섬세한 장식이 들어가는
훌륭한 작품이기도 하다. 이 검은 보병대의 위관급
장교들이 사용했으며 1870년대 초까지 사용되다가
1860년형 칼로 대체되었다.

연도	1850년경
출처	미국
무게	1.13킬로그램
길이	76센티미터

전면을 향해
치켜올라간 코등이

손잡이

전체 모양

리카소

손등 보호울

남부 연합군의 칼

당시 병사들은 인기 있는 장교에게 무기를 선물하는 게
관습이었다. 리치 앤드 리그던 사가 제작한 이 아름다운 칼은
1864년 남부 연합의 D. W. 애덤스 장군에게 부하들이
선물한 것이다.

연도	1860년경
출처	미국
무게	1.13킬로그램
길이	76.2센티미터

혁
명
의
시
대

오스만 제국의 칼

중앙아시아에서 아나톨리아로 이주한 투르크 족이 건설한 오스만 제국은 15세기부터 17세기까지 전성기를 맞았다. 이들의 휜 칼 역시 13세기 중앙아시아 투르크계 몽골 족의 칼에서 온 것이다. 유럽 인들은 오스만 제국과 전쟁을 치르면서 이들의 휜 칼날을 처음 보았으며, 이를 통틀어 시미타르(scimitar)라고 불렀다. 여기에서 소개하는 칼들은 제조 연대가 19세기이지만, 그 양식은 오스만 제국 전성기의 것을 그대로 따르고 있다. 북아프리카에서 페르시아, 인도를 아우르는 이슬람 세계 전역에서도 이와 유사한 칼들이 사용되었다.

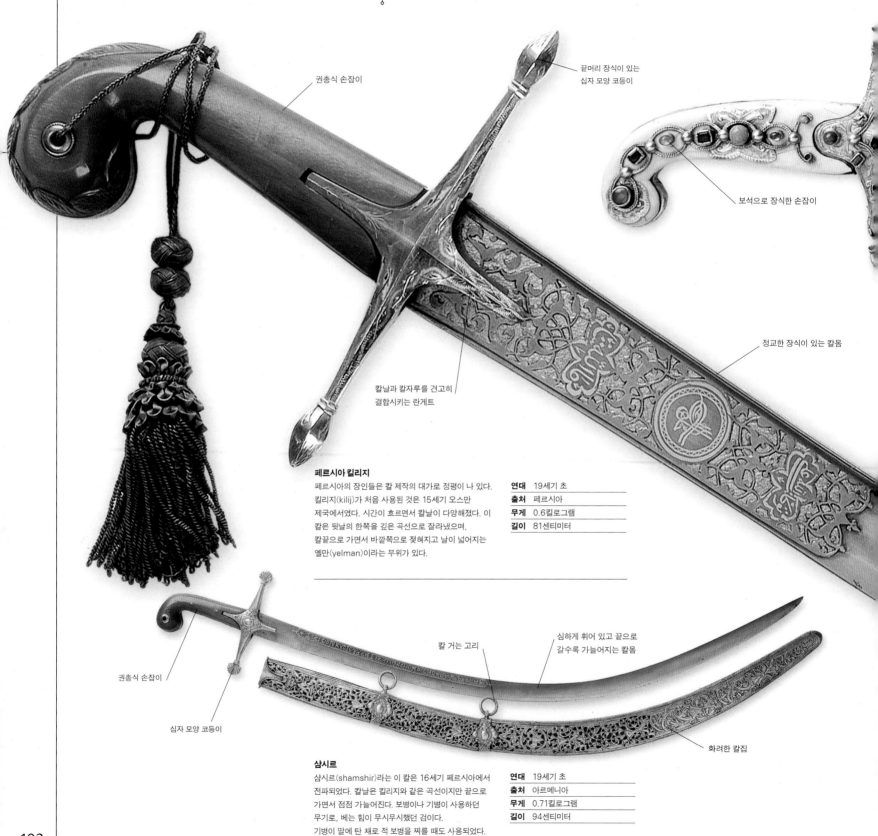

권총식 손잡이

끝머리 장식이 있는
십자 모양 코등이

보석으로 장식한 손잡이

정교한 장식이 있는 칼몸

칼날과 칼자루를 견고히
결합시키는 란게트

페르시아 킬리지

페르시아의 장인들은 칼 제작의 대가로 정평이 나 있다. 킬리지(kilij)가 처음 사용된 것은 15세기 오스만 제국에서였다. 시간이 흐르면서 칼날이 다양해졌다. 이 칼은 뒷날의 한쪽을 깊은 곡선으로 잘라냈으며, 칼끝으로 가면서 바깥쪽으로 젖혀지고 날이 넓어지는 옐만(yelman)이라는 부위가 있다.

연대	19세기 초
출처	페르시아
무게	0.6킬로그램
길이	81센티미터

권총식 손잡이

십자 모양 코등이

칼 거는 고리

심하게 휘어 있고 끝으로
갈수록 가늘어지는 칼몸

화려한 칼집

샴시르

샴시르(shamshir)라는 이 칼은 16세기 페르시아에서 전파되었다. 칼날은 킬리지와 같은 곡선이지만 끝으로 가면서 점점 가늘어진다. 보병이나 기병이 사용하던 무기로, 베는 힘이 무시무시했던 검이다. 기병이 말에 탄 채로 적 보병을 찌를 때도 사용되었다.

연대	19세기 초
출처	아르메니아
무게	0.71킬로그램
길이	94센티미터

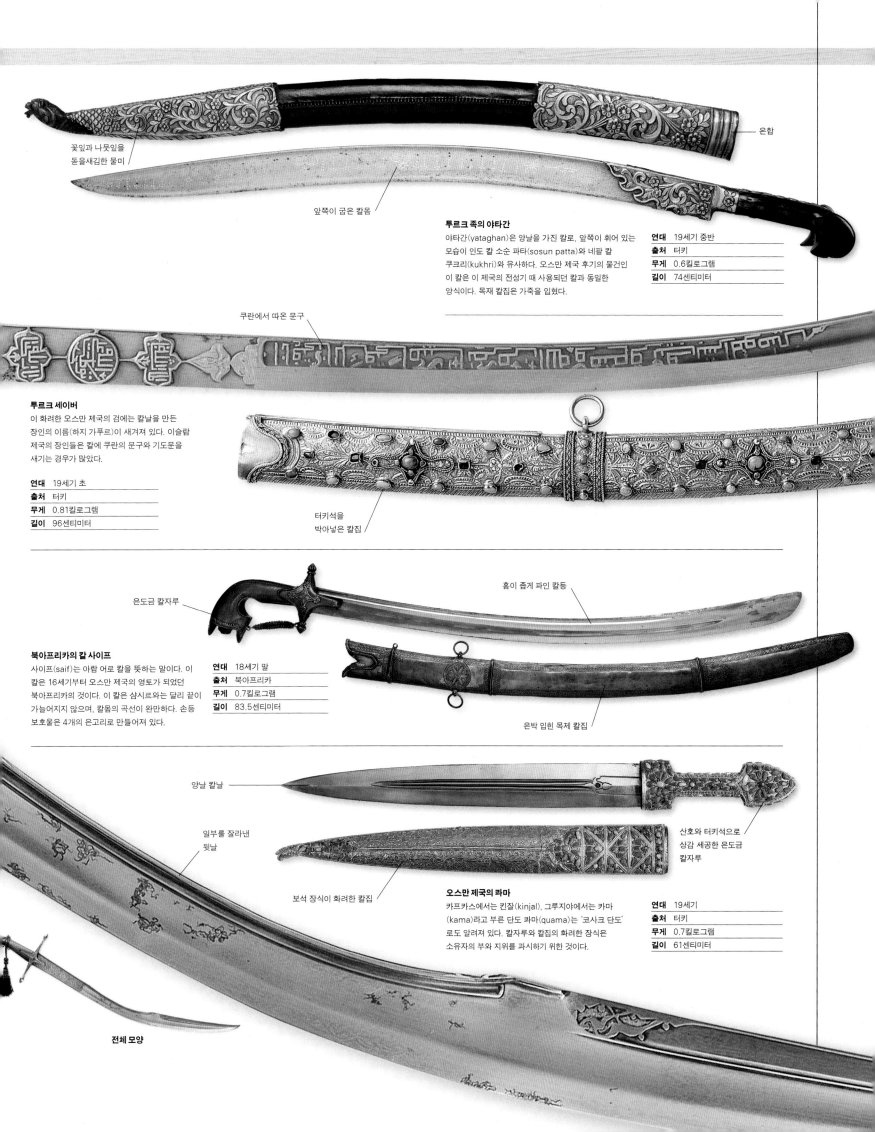

꽃잎과 나뭇잎을
돋을새김한 물미

앞쪽이 굽은 칼몸

은합

투르크 족의 야타간
야타간(yataghan)은 양날을 가진 칼로, 앞쪽이 휘어 있는
모습이 인도 칼 소순 파타(sosun patta)와 네팔 칼
쿠크리(kukhri)와 유사하다. 오스만 제국 후기의 물건인
이 칼은 이 제국의 전성기 때 사용되던 칼과 동일한
양식이다. 목재 칼집은 가죽을 입혔다.

연대	19세기 중반
출처	터키
무게	0.6킬로그램
길이	74센티미터

쿠란에서 따온 문구

투르크 세이버
이 화려한 오스만 제국의 검에는 칼날을 만든
장인의 이름(하지 가푸르)이 새겨져 있다. 이슬람
제국의 장인들은 칼에 쿠란의 문구와 기도문을
새기는 경우가 많았다.

연대	19세기 초
출처	터키
무게	0.81킬로그램
길이	96센티미터

터키석을
박아넣은 칼집

홈이 좁게 파인 칼등

은도금 칼자루

북아프리카의 칼 사이프
사이프(saif)는 아랍 어로 칼을 뜻하는 말이다. 이
칼은 16세기부터 오스만 제국의 영토가 되었던
북아프리카의 것이다. 이 칼은 샴시르와는 달리 끝이
가늘어지지 않으며, 칼몸의 곡선이 완만하다. 손등
보호울은 4개의 은고리로 만들어져 있다.

연대	18세기 말
출처	북아프리카
무게	0.7킬로그램
길이	83.5센티미터

은박 입힌 목제 칼집

양날 칼날

일부를 잘라낸
뒷날

보석 장식이 화려한 칼집

산호와 터키석으로
상감 세공한 은도금
칼자루

오스만 제국의 콰마
카프카스에서는 킨잘(kinjal), 그루지야에서는 카마
(kama)라고 부른 단도 콰마(quama)는 '코사크 단도'
로도 알려져 있다. 칼자루와 칼집의 화려한 장식은
소유자의 부와 지위를 과시하기 위한 것이다.

연대	19세기
출처	터키
무게	0.7킬로그램
길이	61센티미터

전체 모양

중국과 티베트의 칼

중국의 무사들이 사용한 네 가지 주된 무기는 곤(棍), 창(槍), 도(刀)와 검(劍)이었다. 칼날이 직선인 검을 더 높게 쳤으나, 칼날이 곡선인 도가 더 실용적이고 사용하기 쉬웠다. 중국에서도 유럽과 마찬가지로 19세기에 들어서면서 검은 주로 의례용 무기가 되었다. 티베트 인들도 많은 전쟁을 치르면서 그들 고유의 칼 제조 전통을 발전시켰는데, 중국의 칼과 느슨하게나마 관계가 있다.

고리형 자루끝

코등이 겸 가드

한 손 또는 두 손으로 잡는 손잡이

유엽도

명나라 마지막 세기에 만들어진 칼날이 휜 이 도는 인도의 탈와르와 샴시르, 유럽의 세이버와 유사하다. 이러한 칼을 유엽도(柳葉刀)라고 불렀는데, 아래의 안모도(雁毛刀)보다 칼날이 더 길고 많이 휘었다.

연대	1572~1620년
출처	중국
무게	1.35킬로그램
길이	105.7센티미터

휜 칼자루

원반 모양 가드

무른 강철로 된 칼등

안모도

이 단도는 칼몸이 거의 일직선인 안모도다. 처음에는 기병의 무기로, 외날은 베기에, 칼끝은 찌르기에 쓰였다. 층을 이룬 칼날은 일본의 검과 흡사하다. 단단한 강철로 된 중심부가 부른 강철 층 사이에 있어 칼날 끝 부분에서 노출된다.

연대	17세기
출처	중국
무게	0.52킬로그램
길이	64센티미터

당초 무늬가 새겨진 자루끝

상아 칼자루

잎 모양의 가드

칼날의 단면은 다이아몬드 모양이고, 양면에 장식이 되어 있다.

금박을 한 이음 고리

전체 모양

옻칠한 칼집

검

양날을 가진 직선 칼을 중국에서는 검이라고 한다. 중국의 무술가들은 이 검을 가지고 다양한 무예를 뽐냈고, 선비나 관리 들은 검을 장식용이나 명상의 보조 도구로 쓰기도 했다. 이 검은 청나라 건륭제 때 만들어진 것이다.

연대	1736~1795년
출처	중국
무게	1.25킬로그램
길이	107.1센티미터

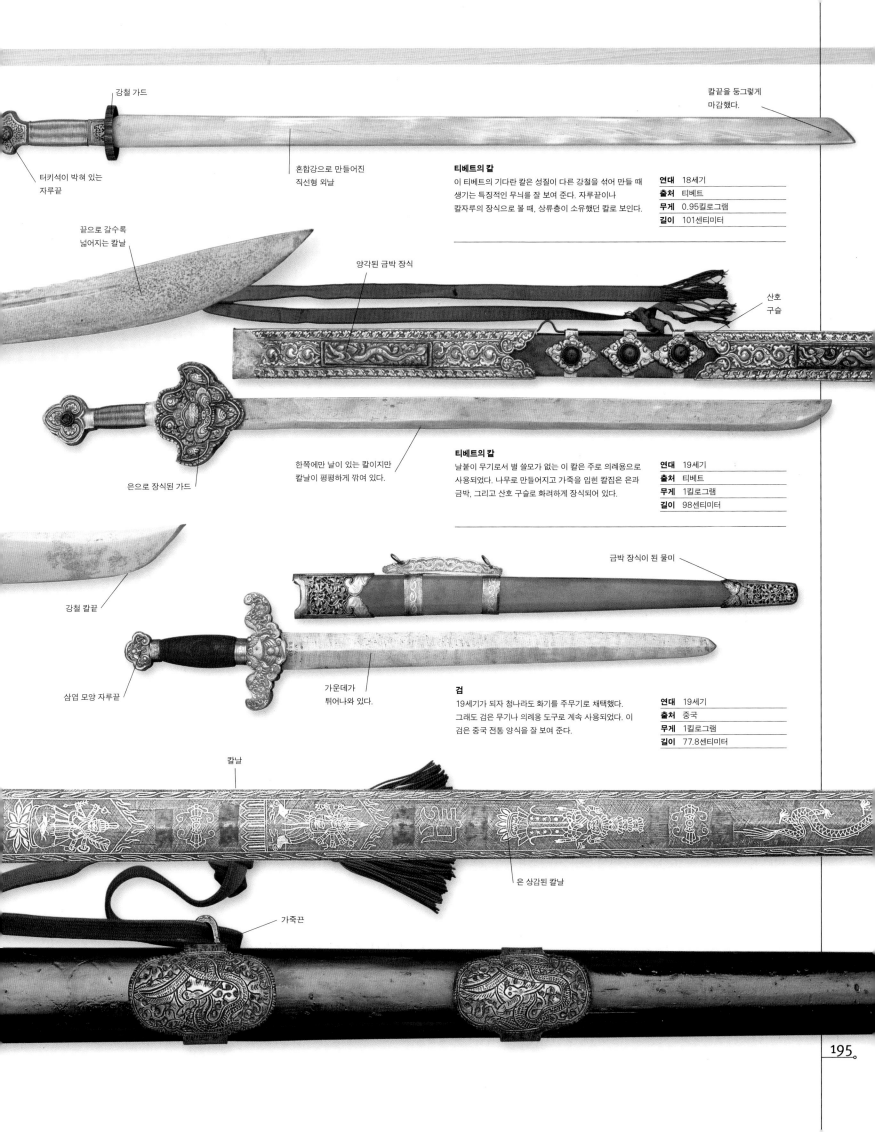

강철 가드

터키석이 박혀 있는
자루끝

끝으로 갈수록
넓어지는 칼날

혼합강으로 만들어진
직선형 외날

칼끝을 둥그렇게
마감했다.

티베트의 칼
이 티베트의 기다란 칼은 성질이 다른 강철을 섞어 만들 때
생기는 특징적인 무늬를 잘 보여 준다. 자루끝이나
칼자루의 장식으로 볼 때, 상류층이 소유했던 칼로 보인다.

연대	18세기
출처	티베트
무게	0.95킬로그램
길이	101센티미터

양각된 금박 장식

산호
구슬

은으로 장식된 가드

한쪽에만 날이 있는 칼이지만
칼날이 평평하게 깎여 있다.

티베트의 칼
날붙이 무기로서 별 쓸모가 없는 이 칼은 주로 의례용으로
사용되었다. 나무로 만들어지고 가죽을 입힌 칼집은 은과
금박, 그리고 산호 구슬로 화려하게 장식되어 있다.

연대	19세기
출처	티베트
무게	1킬로그램
길이	98센티미터

강철 칼끝

금박 장식이 된 물미

삼엽 모양 자루끝

가운데가
튀어나와 있다.

검
19세기가 되자 청나라도 화기를 주무기로 채택했다.
그래도 검은 무기나 의례용 도구로 계속 사용되었다. 이
검은 중국 전통 양식을 잘 보여 준다.

연대	19세기
출처	중국
무게	1킬로그램
길이	77.8센티미터

칼날

은 상감된 칼날

가죽끈

혁명의 시대

인도의 칼

18세기 말과 19세기 초, 영국 동인도 회사는 지배 영역을 인도 전토로 확대하면서 영국의 통치권 수립을 위한 길을 닦았다. 그러나 이러한 정치적 변화가 인도의 도검 장인들에게는 큰 영향을 미치지 않아 매우 다양한 형태의 검이 계속해서 제작되었다. 여기에는 영국의 통치를 이기고 살아남은 인도의 왕족들을 위해 만들어졌던 탈와르와 칸다 등 이슬람과 인도 전통의 검만이 아니라, 많은 지역 또는 부족의 다양한 칼도 포함된다. 개중에는 서양인의 눈에는 아주 이상하게 보이는 것도 있었다. 영국 장교들은 귀국할 때 기념품으로 인도의 칼을 가져가기도 했는데, 이 중 많은 것들이 현재 박물관에 보관되어 있다.

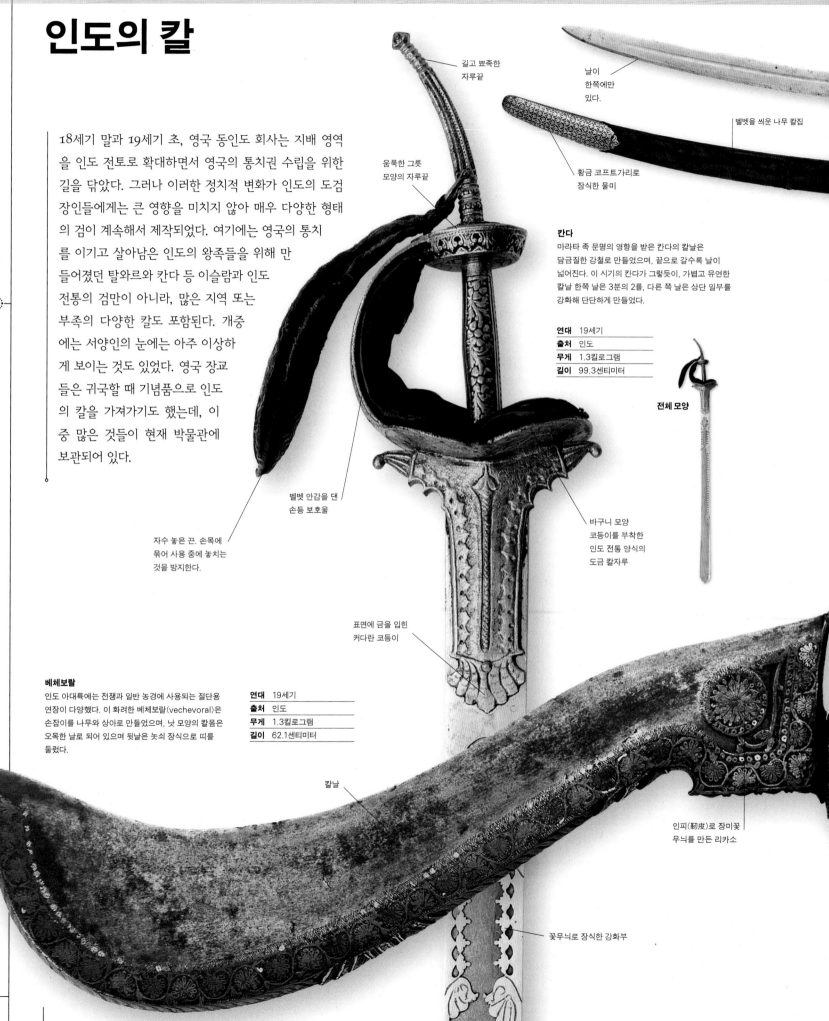

길고 뾰족한
자루끝

날이
한쪽에만
있다.

벨벳을 씌운 나무 칼집

움푹한 그릇
모양의 자루끝

황금 코프트가리로
장식한 물미

칸다
마라타 족 문명의 영향을 받은 칸다의 칼날은 담금질한 강철로 만들어졌으며, 끝으로 갈수록 날이 넓어진다. 이 시기의 칸다가 그렇듯이, 가볍고 유연한 칼날 한쪽 날은 3분의 2를, 다른 쪽 날은 상단 일부를 강화해 단단하게 만들었다.

연대	19세기
출처	인도
무게	1.3킬로그램
길이	99.3센티미터

전체 모양

벨벳 안감을 댄
손등 보호울

자수 놓은 끈. 손목에
묶어 사용 중에 놓치는
것을 방지한다.

바구니 모양
코등이를 부착한
인도 전통 양식의
도금 칼자루

표면에 금을 입힌
커다란 코등이

베체보랄
인도 아대륙에는 전쟁과 일반 농경에 사용되는 절단용 연장이 다양했다. 이 화려한 베체보랄(vechevoral)은 손잡이를 나무와 상아로 만들었으며, 낫 모양의 칼몸은 오목한 날로 되어 있으며 뒷날은 놋쇠 장식으로 띠를 둘렀다.

연대	19세기
출처	인도
무게	1.3킬로그램
길이	62.1센티미터

칼날

인피(靭皮)로 장미꽃
무늬를 만든 리카소

꽃무늬로 장식한 강화부

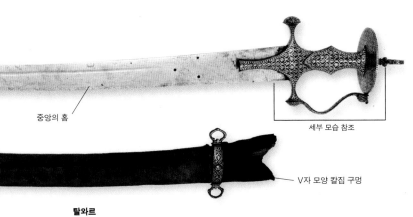

중앙의 홈

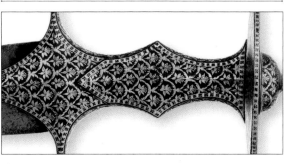

V자 모양 칼집 구멍

칼자루 세부 모습
철제 칼자루는 나뭇잎을 비늘 같은 무늬로 배열한 황금 코프트가리(인도 전통 상감 기법) 장식이 되어 있다. 손잡이의 횡단면은 마름모꼴로, 코등이와 코등이 연결부가 한몸으로 되어 있으며, 접시형 칼자루 끝과 손등 보호울이 부착되어 있다.

탈와르
칼날에 새겨진 것으로 볼 때 이 탈와르는 1724년부터 1948년까지 인도 북부 히데라바드를 통치한 이슬람 군주, 니잠을 위해 만들어진 것으로 보인다. 칼날에는 장식이 없으며, 칼자루는 인도-이슬람 전통 양식으로 정교하게 장식되어 있다.

연대	18세기
출처	인도
무게	1.1킬로그램
길이	94.9센티미터

한쪽으로 휜 칼몸

은 상감으로 장식한 철제 칼자루

홈

소순 파타
인도 전통 칼인 소순 파타는 칼날이 한쪽으로 휘어 있다. 탈와르는 반대 방향으로 휘어 있다. 이 칼은 이슬람 문화권과 인도 문화권에 모두 변형이 있다. 이 소순 파타의 칼자루는 인도-이슬람 양식이다.

연대	19세기
출처	인도
무게	1.05킬로그램
길이	87센티미터

검은 털 타래로 장식한 목제 이음깃

리카소

네모난 칼몸이 뾰족한 끝으로 마무리되었다.

단면은 다이아몬드 형이고, 날은 양날이다.

나무로 만든 직각 코등이

슴베

아삼 지역의 칼
아삼 지역 나가 족의 금속 세공인이 만든 이 칼은 나무베기와 전투에 사용된 다용도 연장이다. 칼의 주인이 나무 손잡이를 슴베에 끼워 사용했던 것으로 보이며, 슴베는 흔히 염소 털로 장식했다.

연대	19세기
출처	인도
무게	1.05킬로그램
길이	81.1센티미터

뿔로 만든 자루 끝

끝으로 가면서 가늘어지는 나무 손잡이

세로 홈을 판 구리띠

칼몸의 끝 3분의 1은 양날이다.

망나니의 칼
1800년대 인도 북부 아우드의 군주는 영국의 지배를 받았으나, 사형 집행만큼은 자신의 통제하에 두었다. 군주의 문장이 새겨져 있는 이 무거운 칼은 단 한 번 내려침으로써 사람의 목을 벨 수 있었다.

연대	19세기
출처	인도
무게	1.05킬로그램
길이	71센티미터

가죽을 씌운 관형 손잡이

1775~1900년

인도와 네팔의 단검

인도 아대륙은 세계에서 가장 효과적이고 기발한 격투 무기들이 만들어진 곳이다. 여기에는 끝이 날카로운 무시무시한 양날 칼과, 주먹으로 때리는 동작으로 적을 찌르는 방식으로 사용하는 다양한 형태의 단도가 있다. 인도의 곤봉은 아프리카 부족들의 무기와 공통으로 나타나는 특징이다. 네팔은 매우 쓸모있는 단검 쿠크리를 만들었는데, 비군사적인 용도로 일상 생활에서도 사용되는 경우가 많았다. 이것을 무기로 주로 사용한 것은 네팔 지역의 구르카 족이었다.

상아 칼자루

끝이 뾰족하게 마감된 철제 칼날

가운데의 패인 홈과 솟은 부분

인도의 양날 단검

비자야나가르에서 만들어진 이 단검은 인도 특유의 물결 모양 칼날을 달고 있다. 칼자루는 손과 손가락에 잘 맞도록 솜씨 좋게 만들어져 단단하고 편안하게 쥘 수 있다. 칼날은 끝으로 갈수록 단면이 두꺼운 다이아몬드 모양이 되며 끝은 뾰족하다.

연대	19세기
출처	인도
무게	0.83킬로그램
길이	51센티미터

강철 곤봉

흰 칼몸

칼날 하단 움푹 파인 부위에는 종교적 의미가 담겨 있다

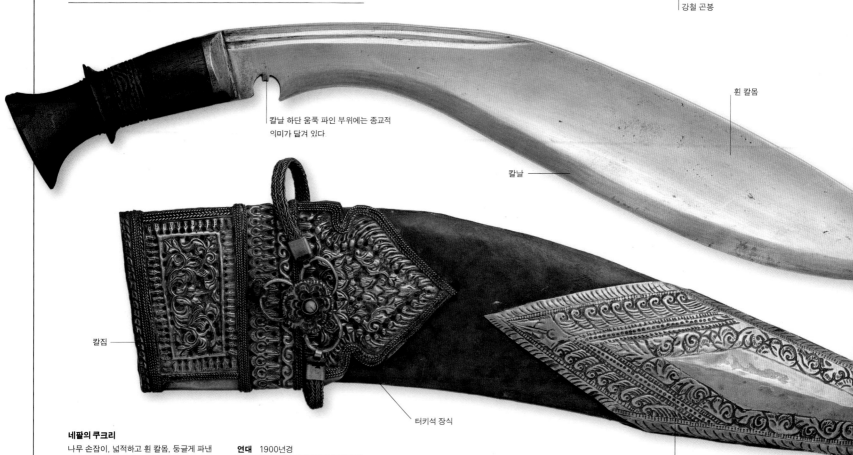

칼날

칼집

터키석 장식

은 장식

네팔의 쿠크리

나무 손잡이, 넓적하고 흰 칼몸, 둥글게 파낸 부위인 초(cho)가 있는 이 단검은 전형적인 네팔 구르카 족의 쿠크리다. 초에는 종교적 의미가 담겨 있는데, 힌두교의 파괴신 시바를 상징한다. 고급스러운 칼집은 이 단검이 부자의 소유물이었음을 시사한다.

연대	1900년경
출처	네팔
무게	0.48킬로그램
길이	44.5센티미터

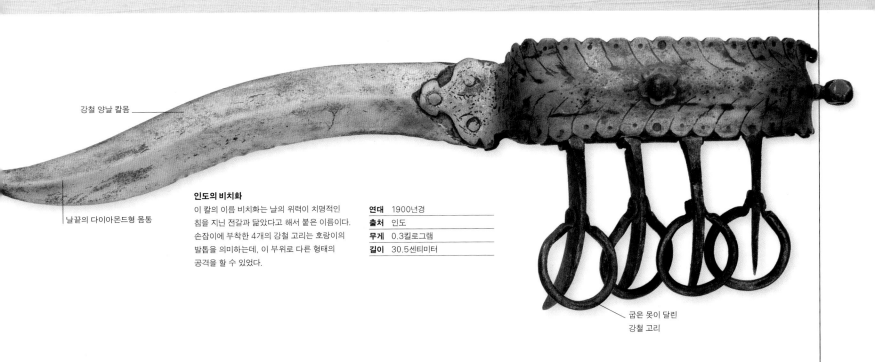

강철 양날 칼몸

날끝의 다이아몬드형 몸통

인도의 비치화

이 칼의 이름 비치화는 날의 위력이 치명적인 침을 지닌 전갈과 닮았다고 해서 붙은 이름이다. 손잡이에 부착한 4개의 강철 고리는 호랑이의 발톱을 의미하는데, 이 부위로 다른 형태의 공격을 할 수 있었다.

연대	1900년경
출처	인도
무게	0.3킬로그램
길이	30.5센티미터

굽은 못이 달린 강철 고리

가운데 손잡이

인도의 곤봉

이 무기는 방어를 위한 강철 곤봉과 공격을 위한 단검이 결합되어 있다. 손등이 단검 쪽으로 가도록 곤봉을 잡으면 곤봉이 방패 구실을 하는데, 이렇게 잡아 상대의 공격을 받아넘기면서 단검으로 찌른다.

연대	1900년경
출처	인도
무게	0.82킬로그램
길이	47센티미터

활 모양 손등 보호울

단검 칼날

앵무새 머리 칼자루 장식

넓적한 칼몸

칼 손질용 도구

나무와 은으로 만든 칼집

인도의 피찬가티

칼날이 넓은 단검인 피찬가티(pichangatti)는 은 칼자루와 인상적인 자루끝 장식—앵무새 눈의 붉은 돌—이 특징적이다. 칼집에 부착한 사슬에는 귀와 손톱을 다듬는 연장이 붙어 있다. 이 단검은 한 영국군 장교가 세포이 항쟁 참전 기념품으로 가지고 귀국한 것이다.

연대	19세기
출처	인도
무게	0.28킬로그램
길이	30.6센티미터

강철 꼬챙이

손가락을 끼워 잡는 곳

사슴뿔

사슴뿔 곤봉

마두(madu) 또는 마루(maru)라고 불리는 이 곤봉은 마이소르 지역 것으로, 영양의 뿔 2개를 손가락이 들어갈 틈을 두고 못으로 박아 연결해 만들었다. 날아오는 무기를 막는 방패로 사용했으며, 뿔 끝에 박은 강철 꼬챙이 덕분에 강력한 공격 무기로도 사용되었다.

연대	18세기 말
출처	인도
무게	0.2킬로그램
길이	47.3센티미터

혁명의 시대

유럽과 미국의 총검

19세기 들어 칼날이 긴 총검이 유행하면서 단검과 일반 보병이 사용하던 소켓형 총검을 대체하게 되었다. 그러나 19세기에는 장거리 화력을 지닌 무기의 대량 생산이 이루어지면서 총검은 군사 무기로서 지위를 잃어 갔다. 그럼에도 군대는 총검을 중시했는데 특히 총검이 보병들의 호전성과 공격 정신을 북돋운다고 여겼기 때문이다. 이러한 정신이 1914년의 대량 학살에 어느 정도는 기여했는데, 이 전투에서는 탄환이 떨어진 병사들이 총검만으로 대포와 자동 소총에 저항해 싸웠다.

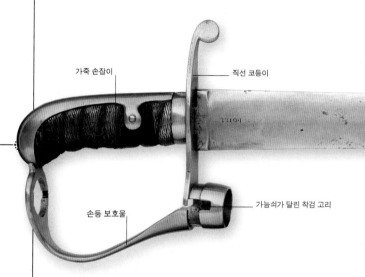

가죽 손잡이 · 직선 코등이

· 가늠쇠가 달린 착검 고리

손등 보호울 ·

보병 지원병의 총검

나폴레옹 전쟁 중, 영국 정규군은 베이커 소총과 총검으로 무장했지만, 지원병 부대는 다른 제조사의 소총과 총검을 구해야 했다. 이들의 총검은 런던의 총포 제조사 스토튼메이어의 소총에 꼭 맞았으며, 도금 칼자루와 일직선의 강철 칼몸으로 이루어져 있다. 소총을 손등 보호울로 총검에 고정시키는 방식은 베이커 소총의 착검 방식보다 힘이 약한 것으로 판명되어 이후에는 대부분의 총검을 후자의 방식으로 장착하게 되었다.

연대	1810년
출처	영국
무게	0.50킬로그램
길이	77.5센티미터

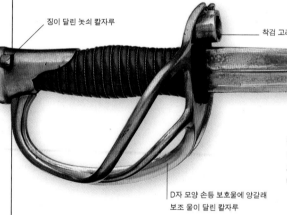

징이 달린 놋쇠 칼자루 ·

· 착검 고리

이중 홈 ·

D자 모양 손등 보호울에 양갈래 보조 울이 달린 칼자루

총검

이 프랑스 총검은 주로 기병도에 사용되는 바구니 모양 코등이를 사용했다는 점이 특이하다. 길고 가는 칼몸 전체를 따라 쌍둥이 홈이 나 있어 칼을 더욱 강하게 만들어 준다.

연대	19세기 중반
출처	프랑스
무게	0.79킬로그램
길이	115.5센티미터

잠금테 · 소켓

장붓구멍 · · 팔꿈치형 이음관

놋쇠 손잡이 · 잠금 나사가 달린 착검 고리

용수철 잠금쇠 · 슴베 징 ·

· 상대의 검을 부수는 휜 강철 코등이

샤스포 총검

이 총검은 프랑스 군대가 보불 전쟁 때 사용한 유명한 샤스포 후장총에 맞추어 제작된 것으로 1874년형 총검이 나올 때까지 사용되었다. 독특하게 안쪽으로 휜 칼날은 유럽과 미국에 두루 영향을 미쳤다.

연대	1866~1874년
출처	프랑스
무게	0.76킬로그램
길이	70센티미터

총검 돌격

나폴레옹 전쟁 중 프로이센 군대(왼쪽)가 프랑스 군을 총검으로 공격하고 있다. 1813년 8월 27일의 전투 장면을 그린 그림이다. 총검 돌격은 19세기의 군인 화가들이 즐겨 그리던 주제였지만, 실전에서는 드문 일이었다.

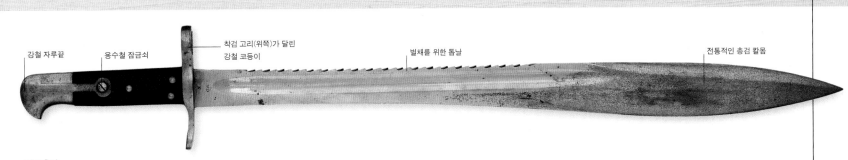

강철 자루끝　　용수철 잠금쇠　　착검 고리(위쪽)가 달린 강철 코등이　　벌채를 위한 톱날　　전통적인 총검 칼몸

엘초 총검

마티니-헨리 소총이 영국 육군에서 승인을 위한 시험기를 거치는 동안 엘초 경은 단독으로 이 총검을 화기에 장착하는 안을 제출했다. 엘초 경의 총검은 벌채도 할 수 있도록 만들어졌다.

연대	1870년대
출처	영국
무게	0.65킬로그램
길이	64센티미터

전체 모양

후기 엘초 총검

초창기의 성공에도 불구하고 엘초(Elcho) 총검은 제식 무기로 채택되지 않았는데, 너무 비싸고 다루기 어려웠기 때문이다. 좀 더 전통적인 칼날 양식에 따른 이 칼도 당국의 인정을 받지 못했다.

연대	1870년대
출처	영국
무게	0.64킬로그램
길이	64.2센티미터

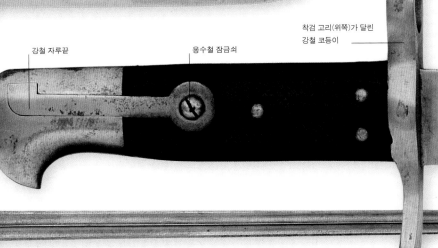

강철 자루끝　　용수철 잠금쇠　　착검 고리(위쪽)가 달린 강철 코등이　　홈　　벌채를 위한 톱날　　전통적인 총검 칼날

마티니-헨리 소켓형 총검

더 가볍고 저렴하면서도 일반 총검만큼 사용하기 쉬운 소켓형 총검이 마티니-헨리 소총에 장착하기 위해 제조되었다. (하지만 선임 하사관들에게는 고급 총검 소지가 허용되었다.) 소켓형 총검은 총구에 장착해 장붓구멍과 잠금테로 고정했다.

연대	1876년경
출처	영국
무게	0.45킬로그램
길이	64센티미터

삼각형 몸통의 긴 칼몸

홈이 넓은 강철 칼몸. 외날이다.

트로웰 칼몸　　가늠대와 장붓구멍을 연결하는 이음 막대

트로웰 총검

미국의 1873년형 '트랩도어' 스프링필드 소총 총구에 맞도록 고안된 이 독창적인 트로웰(trowel) 총검은 참호를 파거나 땅을 파는 연장으로도 사용할 수 있게 설계했다. 그리고 칼몸이 넓은 총검으로도 사용할 수 있었다. 금속 재질이며 청소법으로 마감했다.

연대	19세기 말
출처	미국
무게	0.50킬로그램
길이	36.8센티미터

인도의 막대형 무기

초기에는 머스킷으로, 후기에는 소총으로 무장한 영국 군대가 18세기와 19세기에 인도를 침략하자 인도 아대륙에서 많이 사용되던 막대형 무기는 점차 사라졌다. 인도의 군대들은 전투력 보강을 위해서 대포와 소총을 사용해야만 했다. 하지만 힌두계, 이슬람계 군주들은 전통 무기인 도끼나 철퇴를 무기고에서 치우지 않았으며, 부족민들은 여전히 무기로 사용했다. 막대형 무기 대부분은 실전용이라기보다는 의전용이었으며, 정교한 장식은 소유자의 부와 지위를 나타내는 상징이었다. 막대형 무기는 이국적인 무기를 찾는 유럽의 수집가들에게 사랑받았다.

혀가 긴 짐승이 호랑이 입에서 나오는 모습을 묘사한 장식

도금한 놋쇠 자루끝을 돌리면 칼날이 나온다.

안쿠스
안쿠스(ankus)는 코끼리를 제어하기 위한 봉으로 전통 양식에 따른 침과 고리가 달려 있다. 이 봉은 장식이 매우 화려하지만 실제의 용도보다는 과시를 위한 것으로, 의례용 철퇴도 이와 비슷한 장식이 있다.

연대	19세기 중반
출처	인도
무게	0.59킬로그램
길이	37센티미터

철제 자루

속이 빈 자루끝에 단검을 돌려 끼워 장착한다.

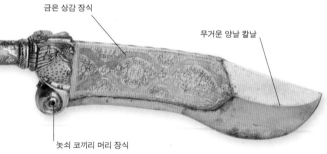

금은 상감 장식

무거운 양날 칼날

금속 자루

부지
칼처럼 생긴 전투 도끼인 부지(bhuj)는 인도가 부속 국가 시대일 때부터 사용퇴었고, 이슬람 정복자들도 이를 받아들였다. 종종 '코끼리 머리'로도 불리는데, 이것은 자루와 날의 장식에 코끼리가 새겨지는 경우가 많기 때문이다.

연대	19세기
출처	인도
무게	0.87킬로그램
길이	70.4센티미터

놋쇠 코끼리 머리 장식

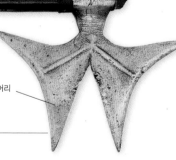

양날 도끼 통기
강철 양날 도끼인 통기(tongi)는 날을 두드려 장식했던 흔적 이외의 장식 요소는 없다. 도끼머리의 양식은 무기의 모양새에 정성을 들였던 인도인들의 취향을 보여 준다.

연대	19세기
출처	인도
무게	0.7킬로그램
길이	85센티미터

가죽띠와 구리테로 튼튼하게 만든 나무 자루

두 갈래 도끼머리

네 날 도끼 통기
위의 양날 도끼와 많이 닮은 이 통기는 네 갈래의 강철 날로 이루어져 있다. 이것은 실용적인 기본 무기로, 아마도 드라비다 족의 일파인 콘드 족이 사용했을 것이다.

연대	19세기
출처	인도
무게	0.5킬로그램
길이	95센티미터

광 낸 나무 자루

네 갈래 날

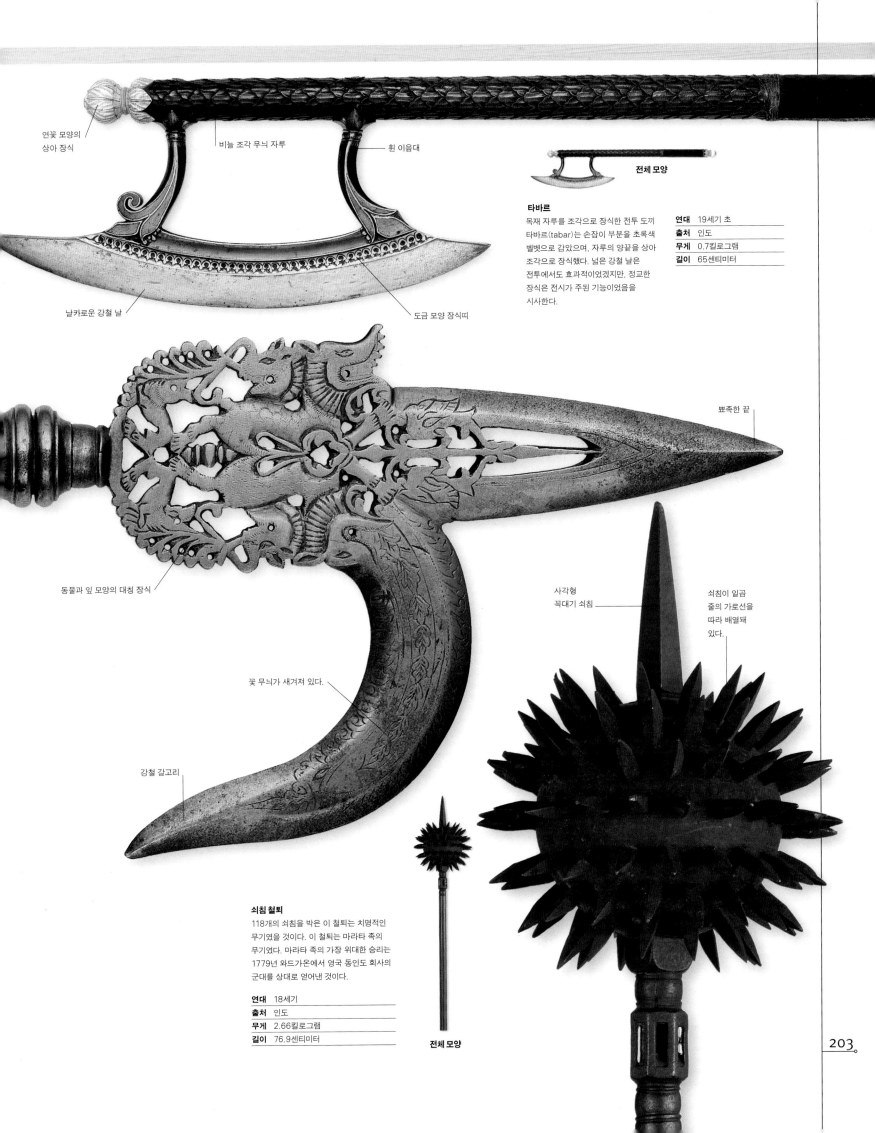

연꽃 모양의
상아 장식

비늘 조각 무늬 자루

휜 이음대

날카로운 강철 날

도금 모양 장식띠

전체 모양

타바르

목재 자루를 조각으로 장식한 전투 도끼
타바르(tabar)는 손잡이 부분을 초록색
벨벳으로 감았으며, 자루의 양끝을 상아
조각으로 장식했다. 넓은 강철 날은
전투에서도 효과적이었겠지만, 정교한
장식은 전시가 주된 기능이었음을
시사한다.

연대	19세기 초
출처	인도
무게	0.7킬로그램
길이	65센티미터

뾰족한 끝

동물과 잎 모양의 대칭 장식

꽃 무늬가 새겨져 있다.

강철 갈고리

사각형
꼭대기 쇠침

쇠침이 일곱
줄의 가로선을
따라 배열돼
있다.

쇠침 철퇴

118개의 쇠침을 박은 이 철퇴는 치명적인
무기였을 것이다. 이 철퇴는 마라타 족의
무기였다. 마라타 족의 가장 위대한 승리는
1779년 와드가온에서 영국 동인도 회사의
군대를 상대로 얻어낸 것이다.

연대	18세기
출처	인도
무게	2.66킬로그램
길이	76.9센티미터

전체 모양

아프리카의 날붙이 무기

18세기 말 아프리카에서 유럽의 영향이 미친 곳은 해안 지대뿐이었다. 화기가 도입되었지만, 아프리카의 국가들과 부족 사회들의 전쟁은 전통적 형태를 유지했다. 1900년경 유럽의 제국주의 열강들이 아프리카 대륙을 분할했지만, 그때조차 아프리카 대부분 지역은 유럽의 사상과 기술의 영향을 받지 않았다. 아프리카의 금속 장인들은 20세기에 접어들어서도 전통 양식 무기를 제작했으며 던지는 무기의 날과 머리를 벼리는 기술을 발휘했다.

에티오피아 부족들의 전투
유럽 판화가가 묘사한 에티오피아 남부의 부족 간 전투. 이 판화가는 그들의 무기나 전투 기법에 대한 직접 지식이 없었다. 칼은 이슬람의 언월도처럼 생겼다.

구리를 입힌 손잡이

투각 기법으로 장식한 철제 날

콩고의 도끼
이 의례용 도끼는 콩고 남부에 사는 송예(Songye) 족의 족장이 들던 것이다. 이 도끼는 철과 구리 세공에 뛰어났던 소부족 은사포(Nsapo) 사람들이 만들었다.

연대	1900년경
출처	콩고 공화국
무게	1.35킬로그램
길이	42.8센티미터

눈 모양으로 박아넣은 금속 장식

금속 이음테

무늬를 넣은 금속 날

동물 머리 모양의 곤봉 머리

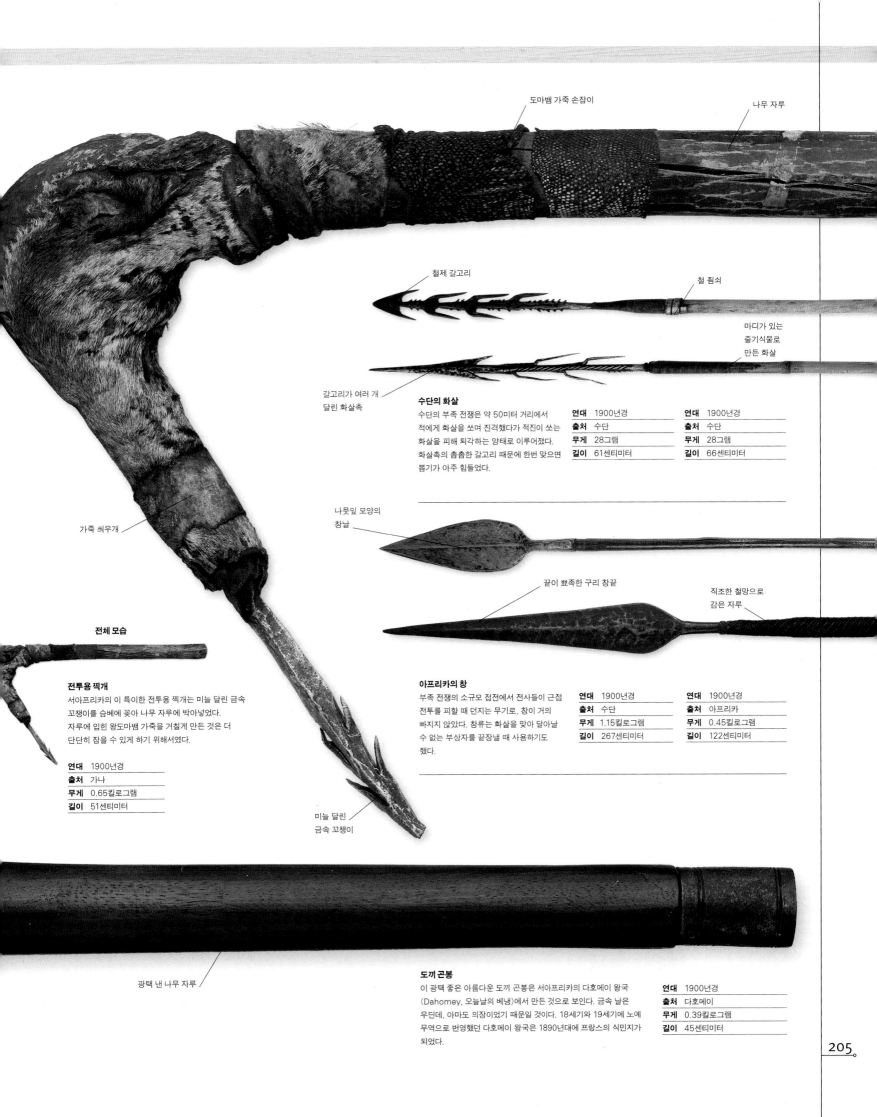

도마뱀 가죽 손잡이

나무 자루

철제 갈고리

철 촉쇠

마디가 있는
줄기식물로
만든 화살

갈고리가 여러 개
달린 화살촉

가죽 씌우개

수단의 화살

수단의 부족 전쟁은 약 50미터 거리에서
적에게 화살을 쏘며 진격했다가 적진이 쏘는
화살을 피해 퇴각하는 양태로 이루어졌다.
화살촉의 촘촘한 갈고리 때문에 한번 맞으면
뽑기가 아주 힘들었다.

연대 1900년경	**연대** 1900년경
출처 수단	**출처** 수단
무게 28그램	**무게** 28그램
길이 61센티미터	**길이** 66센티미터

나뭇잎 모양의
창날

끝이 뾰족한 구리 창끝

직조한 철망으로
감은 자루

전체 모습

전투용 찍개

서아프리카의 이 특이한 전투용 찍개는 미늘 달린 금속
꼬챙이를 슴베에 꽂아 나무 자루에 박아넣었다.
자루에 입힌 왕도마뱀 가죽을 거칠게 만든 것은 더
단단히 잡을 수 있게 하기 위해서였다.

연대 1900년경
출처 가나
무게 0.65킬로그램
길이 51센티미터

미늘 달린
금속 꼬챙이

아프리카의 창

부족 전쟁의 소규모 접전에서 전사들이 근접
전투를 피할 때 던지는 무기로, 창이 거의
빠지지 않았다. 창류는 화살을 맞아 달아날
수 없는 부상자를 끝장낼 때 사용하기도
했다.

연대 1900년경	**연대** 1900년경
출처 수단	**출처** 아프리카
무게 1.15킬로그램	**무게** 0.45킬로그램
길이 267센티미터	**길이** 122센티미터

광택 낸 나무 자루

도끼 곤봉

이 광택 좋은 아름다운 도끼 곤봉은 서아프리카의 다호메이 왕국
(Dahomey, 오늘날의 베냉)에서 만든 것으로 보인다. 금속 날은
무딘데, 아마도 의장이었기 때문일 것이다. 18세기와 19세기에 노예
무역으로 번영했던 다호메이 왕국은 1890년대에 프랑스의 식민지가
되었다.

연대 1900년경
출처 다호메이
무게 0.39킬로그램
길이 45센티미터

넓은 날 찌르기 창

줄루 족 전사

아프리카 남부의 줄루 족은 1816년과 1828년 사이에 위대한 족장 샤카의 통치하에 하나의 위력적인 군대로 탈바꿈했다. 인접 부족들과의 전투에서 거둔 승리로 광대한 줄루 제국이 건설되면서 유럽 정착민들과 충돌하기 시작했다. 1879년 영국에 패배하면서 줄루의 권세는 종지부를 찍었음에도 줄루의 전사들은 현대적인 유럽 군대에 대항해 뛰어난 전투 능력을 보여 주었다.

잘 훈련된 전사들

줄루 족의 군사 조직에 밑받침이 된 것은 연령별로 조직된 미혼 남성들의 결속력이었다. 18세와 20세 사이에 병영 생활을 시작하는 줄루 족 병사들은 각각 '연대'에 소속되었는데, 각 연대는 방패와 의례용 가죽과 깃털 장식의 색깔로 구별했다. 그들은 40세까지 복무한 뒤 퇴역해 결혼했다. 줄루 족 전사들의 주요 무기는 무거운 찌르기 창과 커다란 쇠가죽 방패였다. 줄루 족은 그밖에도 던지기 창, 곤봉을 사용했으며 후기에는 화기도 사용했다. 하지만 화기 사용에는 서툴렀다.

맨몸에 맨발로 병량을 채집해 가면서 이동하는 줄루 군대는 우선 정찰과 소접전을 통해 정보를 수집하고 행군 방향을 정했다. 공격 대형은 적을 좌우익이 둥글게 에워싸고(이것을 '뿔'이라고 했다.) '가슴'이 적의 중앙과 정면으로 맞서도록 했다. 그리고 후방, 즉 '허리'에 예비 부대를 배치했다. 전사들은 느슨한 대형을 이뤄 행군했고, 매복 전술을 능숙하게 활용했다. 그들은 사정 거리 안에 진입하면 던지기 창이나 소총을 발사하다가 마지막 순간에 적진으로 돌격했다. 공격에 성공하면 최후의 한 사람까지 학살하려고 했으며 포로는 잡지 않았다. 그들은 시련을 극복할 힘을 준다는 마법의 약을 복용했으나 영국군의 후장총 공격에는 오래 버틸 수 없었다.

전사의 위용

젊은 줄루 족 전사들은 대단히 건장하고 강인했다. 교전 중에는 맨발로 하루에 약 32킬로미터를 이동했는데, 당시 영국군 행군 속도의 2배였다.

이지쿠(iziku) 목걸이. 줄루 족의 훈장

연대마다 머리장식 아니면 보석으로 소속을 표시했다.

무겁고, 넓은 날의 찌르기 창

곤봉

샤카 수하의 족장들과 만나는 영국 장교들. 1824년.

샤카

위대한 족장 샤카(1787~1828년)는 줄루 족을 강력한 전투 기계로 변화시켰다. 샤카의 통치기 전까지는 사적 결투나 사냥이나 하던 사람들이었다. 끝장을 보는 전투를 시작한 것이 샤카였다. 그는 음페카네(mfe-cane, '박살'이라는 뜻이다.)라는 일련의 섬멸전을 통해 불과 10년 만에 광대한 제국을 건설했으며, 그 과정에서 약 200만 명을 학살했다. 샤카의 잔인무도함은 동족도 가리지 않아 2000명이 처형당했다. 샤카는 1828년에 배다른 형제들에게 암살당했지만, 그가 세운 줄루 제국은 반세기 더 지속되었다.

죽이는 복장

줄루 족 전사의 전쟁 복장은 부족 의례 때 입는 화려한 성장에서 꼭 필요한 부분만 간추린 차림새였다. 그래도 소꼬리와 깃털 장식은 착용했다. 이 전사는 으뜸 무기인 넓은 날 찌르기 창만이 아니라 던지기 창도 여러 자루 들고 있다.

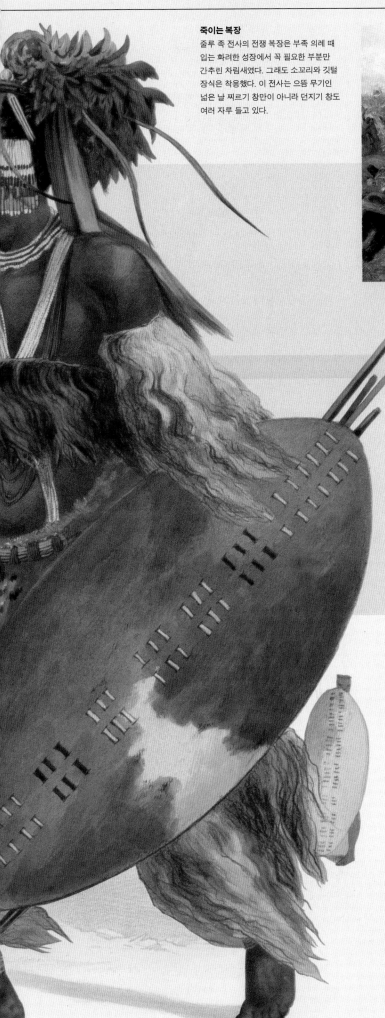

이산들와나 전투

줄루 족이 영국군에 승리를 거둔 1879년 1월 이산들와나(Isandhlwana) 전투를 묘사한 그림이다. 영국군은 오전 8시 줄루 족의 기습에 허를 찔렸다. 그러나 줄루군의 인명 피해도 심각했다. 이 전투에 참가했던 602명의 영국군 24보병대는, 훗날 '사우스웨일스 보더러스(South Wales Borderers)'라는 별명을 얻었는데, 이 전투에서 몰살당하고 1명만 남았다.

> " 우리는 막사에 남은 백인을
> 모조리 죽였으며 말과
> 소까지도 죽였다. "

줄루 전사 굼페가 크와베가 1879년 3월 은톰베 강의 영국인 대학살에 대해서 한 말

전투 장비

쇠가죽 방패

장식된 곤봉

찌르기 창

오세아니아의 곤봉과 단검

17세기 유럽 인들이 태평양에 들어오기 전에도 이 일대의 섬들에 거주하던 폴리네시아 인과 다른 부족들은 전쟁을 일삼았다. 그들은 보복성 기습과 정례화된 소전투에서 정복전, 박멸전까지 각종 형태의 전투를 벌였다. 무기는 단순하여 주로 목재 곤봉, 식칼, 단검, 창을 썼으며 때로 날카롭게 깎은 뼈, 조가비, 산호, 돌, 흑요암 등도 무기로 사용했다. 무기는 화려하게 장식했으며, 종교적 의미와 가문 전통의 가치를 지닌 물건으로 여겨지는 경우도 있었다.

무늬로 장식한 자루

기하학적 무늬를 새겨 넣었다.

곤봉의 머리가 다이아몬드꼴로 넓어진다.

통가의 곤봉

이 묵직한 통가 곤봉에는 몸통 전체에 기하학적 무늬, 사람 형상, 동물, 물고기를 새겼다. 자루를 양손으로 잡고 다이아몬드꼴 머리로 적의 머리를 내리쳤다. 뾰족한 모서리는 가격할 때 곤봉의 힘을 한 점에 집중시키는 데 매우 효과적이었을 것이다.

연대	19세기
출처	통가
무게	1.3킬로그램
길이	82센티미터

전체 모양

원통형 자루

멜라네시아의 곤봉

이 광택 나는 목재 곤봉은 바누아투의 한 섬에서 나온 것이다. 곤봉 머리 양면에 사람의 얼굴을 새겨넣었는데, 오세아니아 여러 지역에서 흔히 발견되는 양식이다. 눈에는 붉은 구슬과 하얀 조가비를 박아넣었다. 원통형 자루에 둥그스름한 머리로 마무리한 이 곤봉은 길이가 상당히 길지만 전체적으로는 가벼운 편이다.

연대	19세기
출처	바누아투
무게	0.6킬로그램
길이	82센티미터

전체 모양

민짜 자루

폴리네시아의 카툴라스

이 무기는, 곤봉이 아니면 식칼로 사용된 것으로, 모양이 매우 특이한데, 아마도 유럽의 뱃사람들이 들고 다니던 커틀러스(cutlass, 칼몸이 약간 뒤로 젖혀진 단검)를 본떴을 것이다. 폴리네시아의 장인들은 그 이국적인 형태에다 그들 고유의 복잡한 무늬를 곤봉 머리 부분에 새겨 넣었다.

연대	19세기
지역	폴리네시아
무게	1.5킬로그램
길이	77.5센티미터

주걱 모양으로 퍼지는 곤봉 머리

사람 얼굴을 조각한 자루끝

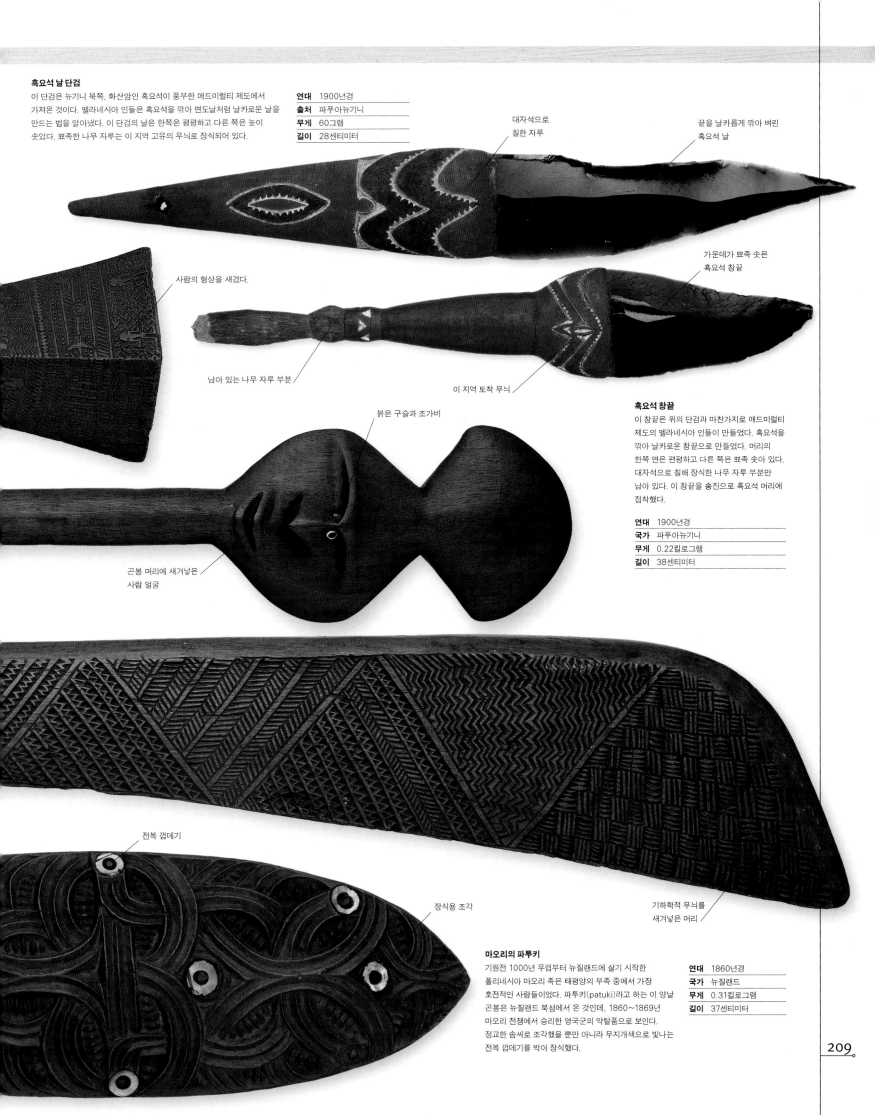

흑요석 날 단검

이 단검은 뉴기니 북쪽, 화산암인 흑요석이 풍부한 애드미럴티 제도에서 가져온 것이다. 멜라네시아 인들은 흑요석을 깎아 면도날처럼 날카로운 날을 만드는 법을 알아냈다. 이 단검의 날은 한쪽은 평평하고 다른 쪽은 높이 솟았다. 뾰족한 나무 자루는 이 지역 고유의 무늬로 장식되어 있다.

연대	1900년경
출처	파푸아뉴기니
무게	60그램
길이	28센티미터

대자석으로 칠한 자루

끝을 날카롭게 깎아 벼린 흑요석 날

사람의 형상을 새겼다.

남아 있는 나무 자루 부분

이 지역 토착 무늬

가운데가 뾰족 솟은 흑요석 창끝

붉은 구슬과 조가비

곤봉 머리에 새겨넣은 사람 얼굴

흑요석 창끝

이 창끝은 위의 단검과 마찬가지로 애드미럴티 제도의 멜라네시아 인들이 만들었다. 흑요석을 깎아 날카로운 창끝으로 만들었다. 머리의 한쪽 면은 편평하고 다른 쪽은 뾰족 솟아 있다. 대자석으로 칠해 장식한 나무 자루 부분만 남아 있다. 이 창끝을 송진으로 흑요석 머리에 접착했다.

연대	1900년경
국가	파푸아뉴기니
무게	0.22킬로그램
길이	38센티미터

장식용 조각

전복 껍데기

기하학적 무늬를 새겨넣은 머리

마오리의 파투키

기원전 1000년 무렵부터 뉴질랜드에 살기 시작한 폴리네시아 마오리 족은 태평양의 부족 중에서 가장 호전적인 사람들이었다. 파투키(patuki)라고 하는 이 양날 곤봉은 뉴질랜드 북섬에서 온 것인데, 1860~1869년 마오리 전쟁에서 승리한 영국군의 약탈품으로 보인다. 정교한 솜씨로 조각했을 뿐만 아니라 무지개색으로 빛나는 전복 껍데기를 박아 장식했다.

연대	1860년경
국가	뉴질랜드
무게	0.31킬로그램
길이	37센티미터

혁명의 시대

북아메리카의 단검과 곤봉

아메리카 원주민들은 18세기 말까지 나무와 돌로 만들어진 도구를 사용했다. 그러나 그 후 금속 날과 머리가 있는 날붙이 무기도 사용하기 시작했다. 이들은 유럽에서 만들어진 것이나 식민지 개척자들이 새로운 땅에서 만든 날붙이 연장과 무기를 구입해 사용했다. 제조자들은 원주민들의 요구에 맞추어 장식 무늬를 넣기도 했다. 여기에 소개된 물건들은 대부분 전투용이 아니라 일상용 도구나 장식품이다.

붉은 천을 입힌 나무 자루

창끝을 칼몸으로 삼았다.

단검과 생가죽 칼집

이 단검은 북아메리카 원주민 전사들이 많이 사용하던 작살이나 창의 머리를 나무 자루에 박아 만든 것이다. 작은 구슬로 장식한 생가죽 칼집은 이 단검에 사용되었던 것으로 보이지만, 딱히 이 단검을 위해서 만든 것이 아니어서 모양이 일치하지 않는다.

연대	1900년경
출처	미국
무게	0.3킬로그램
길이	41센티미터

금속 방울을 매단 구슬 장식 칼집

외날 철제 칼몸

짐승의 뿔로 만든 자루

사슴 가죽 칼집

틀링기트 족의 단검

북서 태평양 연안의 틀링기트 족은 금속 세공에 솜씨가 좋은 사람들로 품질 좋은 구리와 철로 칼을 만들었다. 이 단검의 자루는 가죽을 씌우고 자루 끝에는 전복 껍데기를 박아넣은 아름다운 토템 상징 조각을 씌웠다. 틀링기트 족 전사들은 근접 전투를 벌일 때면 손목에 가죽끈을 느슨하게 감아 도끼를 놓치지 않도록 했다.

연대	19세기
출처	미국
무게	0.5킬로그램
길이	50센티미터

칼과 칼집 거래

유럽에서 만든 단도 수천 자루가 아메리카 원주민들에게 판매되었는데, 주로 모피와 교환되었다. 자루가 달린 철제 단검은 전통적인 돌조각보다 훨씬 쓸모가 많았다. 사슴 가죽 칼집은 부드럽게 다듬어 염색한 고슴도치 바늘로 수를 놓았다. 장식술을 칼집 한쪽에만 매단 것으로 보아 몸의 왼쪽에 착용했을 것 같다.

연대	19세기
출처	미국
무게	0.56킬로그램
길이	38센티미터

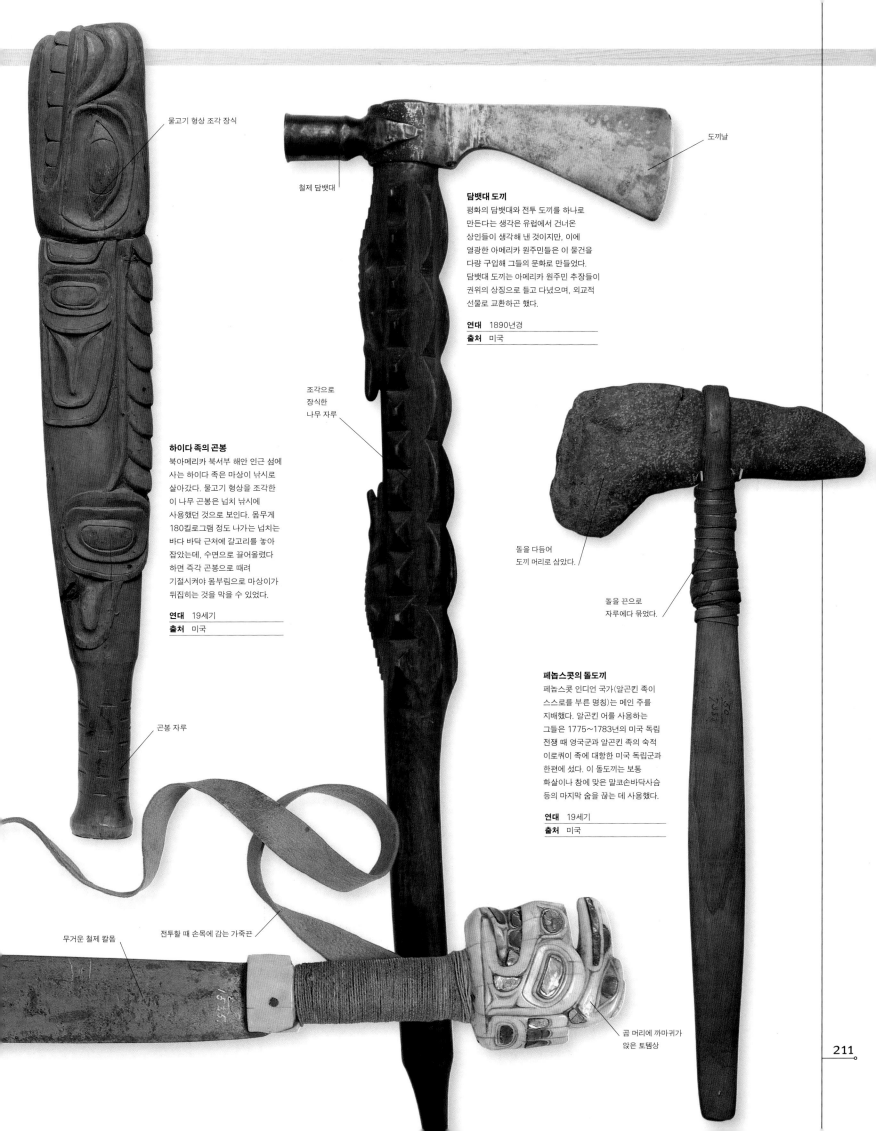

물고기 형상 조각 장식

철제 담뱃대

도끼날

담뱃대 도끼

평화의 담뱃대와 전투 도끼를 하나로 만든다는 생각은 유럽에서 건너온 상인들이 생각해 낸 것이지만, 이에 열광한 아메리카 원주민들은 이 물건을 다량 구입해 그들의 문화로 만들었다. 담뱃대 도끼는 아메리카 원주민 추장들이 권위의 상징으로 들고 다녔으며, 외교적 선물로 교환하곤 했다.

연대 1890년경
출처 미국

조각으로 장식한 나무 자루

돌을 다듬어 도끼 머리로 삼았다.

돌을 끈으로 자루에다 묶었다.

하이다 족의 곤봉

북아메리카 북서부 해안 인근 섬에 사는 하이다 족은 마상이 낚시로 살아갔다. 물고기 형상을 조각한 이 나무 곤봉은 넙치 낚시에 사용했던 것으로 보인다. 몸무게 180킬로그램 정도 나가는 넙치는 바다 바닥 근처에 갈고리를 놓아 잡았는데, 수면으로 끌어올렸다 하면 즉각 곤봉으로 때려 기절시켜야 몸부림으로 마상이가 뒤집히는 것을 막을 수 있었다.

연대 19세기
출처 미국

페놉스콧의 돌도끼

페놉스콧 인디언 국가(알곤킨 족이 스스로를 부른 명칭)는 메인 주를 지배했다. 알곤킨 어를 사용하는 그들은 1775~1783년의 미국 독립 전쟁 때 영국군과 알곤킨 족의 숙적 이로쿼이 족에 대항한 미국 독립군과 한편에 섰다. 이 돌도끼는 보통 화살이나 창에 맞은 말코손바닥사슴 등의 마지막 숨을 끊는 데 사용했다.

연대 19세기
출처 미국

곤봉 자루

무거운 철제 칼몸

전투할 때 손목에 감는 가죽끈

곰 머리에 까마귀가 앉은 토템상

리틀 빅혼 전투
북아메리카 원주민들은 전투에 활과
화살뿐만 아니라 유럽 인들이 판 총기도
사용했다. 에이모스 배드 허트 버팔로(1869~1913년)
가 그린 이 그림에서 원주민 전사들과 미군 병사들의 모습을
확인할 수 있다.

북아메리카의 사냥용 활

활은 북아메리카 원주민들의 사냥, 전쟁, 의례에서 가장 중요한 무기로 사용되었다. 그들이 사용한 것은 강화 활 — 보통 활의 활짱에 짐승의 힘줄을 덧대어 강화시킨 활 — 이었다. 기본 소재는 나무였지만, 일부 지역에서는 짐승 뿔이나 뼈를 주로 사용했다. 화살에는 분리가 가능한 앞화살대를 많이 사용했는데, 이 앞화살대는 사냥꾼이 화살을 뽑아낸 뒤에도 짐승의 몸에 그대로 박혀 있었다. 아쟁쿠르의 긴 활 궁수들은 화살을 끼운 채로 가운뎃손가락을 줄에 걸어 당겼지만, 북아메리카의 능숙한 사냥꾼들은 화살 밑으로 두 손가락을 써서 줄을 당겼다.

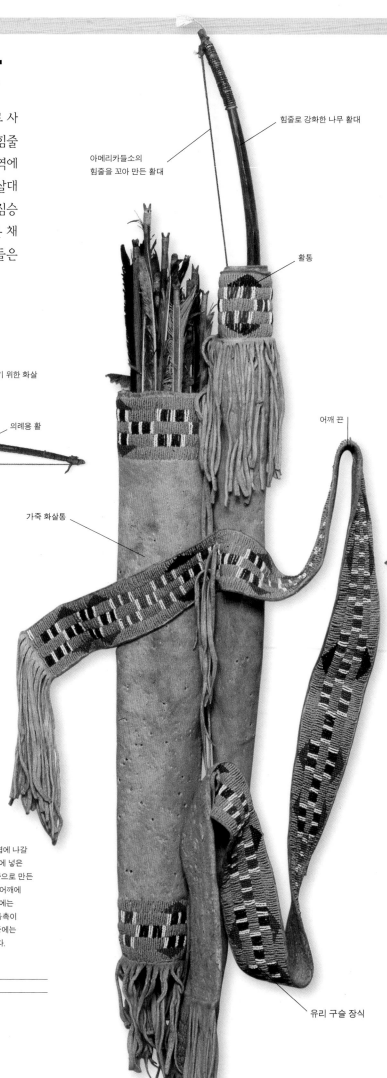

힘줄로 강화한 나무 활대

아메리카들소의
힘줄을 꼬아 만든 활대

활통

어깨 끈

가죽 화살통

유리 구슬 장식

멀리 쏘기 위한 화살

의례용 활

호피 족의 활과 화살

호피 족은 애리조나 주 북부의 푸에블로 원주민 부족이다. 그들에게 활과 화살은 화려한 의례의 일부였는데, 특히 수렵과 전쟁뿐만 아니라 의례의 선물로도 쓰였다. 호피 족의 화살은 전통적으로 날카롭게 다듬은 돌을 촉으로 붙였다. 활대는 등 쪽에 힘줄을 붙여 튼튼하게 만들었다.

연대	1900년경
출처	미국
활대 길이	1.5미터

메이플우드 산 활

나무껍질 활시위

자단나무 화살

톰슨 족의 활과 화살

톰슨 족은 미국 북서부의 고원에 사는 사람들이다. 이 메이플우드 활과 깃 없는 화살은 의례용으로 만들어졌다. 부족 사람이 죽으면 오두막 지붕에 매단 사슴 모양의 짚판에 화살을 쏘았다. 그때 쓴 활과 화살은 다시 사용하지 않았다.

연대	1900년경
출처	미국
활대 길이	1.5미터

화살통과 활통

평원 인디언들은 전쟁이나 수렵에 나갈 때면 말을 타고 활통과 화살통에 넣은 활과 화살을 들었다. 짐승 가죽으로 만든 활통과 화살통을 줄에 매달아 어깨에 십자형으로 걸쳐 멨다. 화살통에는 화살을 20자루쯤 넣었는데, 돌촉이 전통적인 화살촉이었지만 나중에는 유럽의 영향으로 쇠촉을 달았다.

연대	1900년경
출처	미국

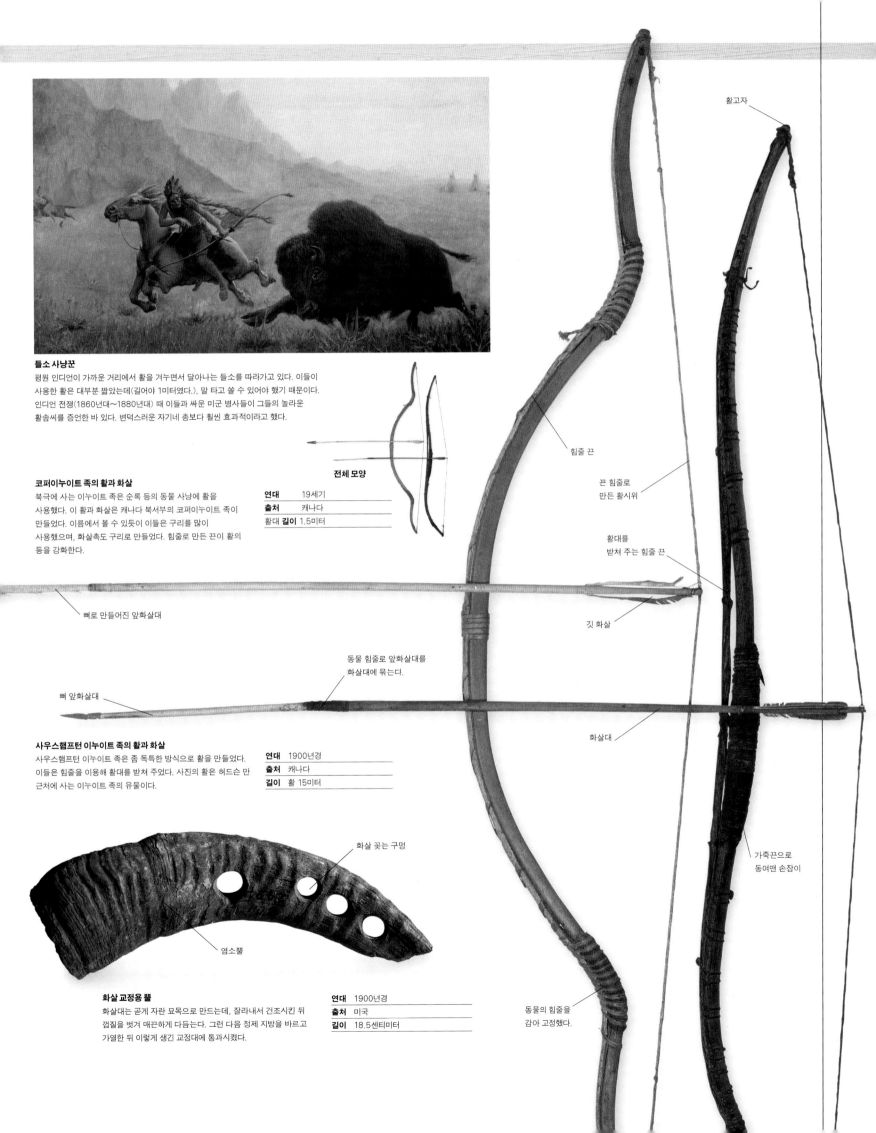

들소 사냥꾼

평원 인디언이 가까운 거리에서 활을 겨누면서 달아나는 들소를 따라가고 있다. 이들이 사용한 활은 대부분 짧았는데(길어야 1미터였다.), 말 타고 쏠 수 있어야 했기 때문이다. 인디언 전쟁(1860년대~1880년대) 때 이들과 싸운 미군 병사들이 그들의 놀라운 활솜씨를 증언한 바 있다. 변덕스러운 자기네 총보다 훨씬 효과적이라고 했다.

전체 모양

연대	19세기
출처	캐나다
활대 **길이** 1.5미터	

코퍼이누이트 족의 활과 화살

북극에 사는 이누이트 족은 순록 등의 동물 사냥에 활을 사용했다. 이 활과 화살은 캐나다 북서부의 코퍼이누이트 족이 만들었다. 이름에서 볼 수 있듯이 이들은 구리를 많이 사용했으며, 화살촉도 구리로 만들었다. 힘줄로 만든 끈이 활의 등을 강화한다.

뼈로 만들어진 앞화살대

뼈 앞화살대

동물 힘줄로 앞화살대를 화살대에 묶는다.

사우스햄프턴 이누이트 족의 활과 화살

사우스햄프턴 이누이트 족은 좀 독특한 방식으로 활을 만들었다. 이들은 힘줄을 이용해 활대를 받쳐 주었다. 사진의 활은 허드슨 만 근처에 사는 이누이트 족의 유물이다.

연대	1900년경
출처	캐나다
길이 활 15미터	

화살 꽂는 구멍

염소뿔

화살 교정용 뿔

화살대는 곧게 자란 묘목으로 만드는데, 잘라내서 건조시킨 뒤 껍질을 벗겨 매끈하게 다듬는다. 그런 다음 정제 지방을 바르고 가열한 뒤 이렇게 생긴 교정대에 통과시켰다.

연대	1900년경
출처	미국
길이 18.5센티미터	

활고자

힘줄 끈

끈 힘줄로 만든 활시위

활대를 받쳐 주는 힘줄 끈

깃 화살

화살대

가죽끈으로 동여맨 손잡이

동물의 힘줄을 감아 고정했다.

혁명의 시대

오스트레일리아의 부메랑과 방패

부메랑이 오스트레일리아에만 있는 것은 아니지만, 이 지역 토착민들의 무기로 유명하다. 부메랑은 유체 역학과 자이로스코프 효과를 이용한 무기이다. 오스트레일리아 원주민(aborigine)은 사냥과 소규모 전투에 부메랑, 던지기 막대, 창, 돌도끼를 사용했다. 날아가는 무기와 방패로 치르는 전투는 인명 피해를 줄일 수 있었다. 화기를 사용하는 유럽 인들이 정착하자 원주민들의 전통 무기는 전투에 사용되지 않게 되었다.

오스트레일리아 원주민
1870년대에 오스트레일리아 사진가 존 윌리엄 린트가 뉴사우스웨일스, 클래런스 골짜기의 원주민들의 모습을 스튜디오에서 사진으로 담아 냈다. 사라져 가는 생활 양식을 기록하고 싶었던 린트는 원주민들에게 물건을 들게 했는데, 이 사진에서 부메랑과 방패를 볼 수 있다.

갈고리 모양의 끝 부분

세로 홈이 파여 있다.

붉은 물감으로 색을 들인 나무

전체 모양

갈고리 모양 부메랑
이 물가나무 부메랑은 19세기에 많이 사용된 부메랑과 닮았는데, 나무뿌리와 줄기가 만나는 부위를 깎아 만들었다. 나무 자체의 곡선을 이용했기 때문에 상당히 튼튼하다. 전투가 벌어지면 부메랑이 적의 방패나 곤봉을 맞춘 뒤 빙글빙글 돌아 적의 얼굴이나 신체를 때렸다.

연대	20세기
출처	오스트레일리아 중북부
무게	0.41킬로그램
길이	73.1센티미터

안쪽 날의 베인 자국

표면의 가는 홈

대자석과 백토로 그린 장식

끝으로 갈수록 갈아지는 날. 더 긴 쪽 날을 이렇게 만든다.

볼록 부메랑
퀸즐랜드에서 사용되던 이 부메랑에는 양면에 돌출한 부분이 있다. 물론 한 면만 볼록하고 한 면은 평평한 것도 있다. 휜 부분의 안쪽 날에 있는 베인 자국은 던지기만이 아니라 절단이나 톱질에도 사용되었음을 보여 준다. 표면에 가는 홈을 내서 나무 자체의 우둘투둘한 결을 더욱 강화시켰다.

연대	19세기
출처	오스트레일리아 퀸즐랜드
무게	0.32킬로그램
길이	72.4센티미터

많이 휜 부메랑
이 부메랑 혹은 곤봉은 매끄럽게 깎아 가파른 각도를 냈다. 양면에 대자석과 백토로 무늬가 그려져 있다. 이런 추상 무늬는 대개 부족을 조상과 그들의 영토와 이어 주는 오스트레일리아 원주민 신화인 꿈의 시간(dreamtime)과 관계가 있다.

연대	19세기
출처	오스트레일리아 퀸즐랜드
무게	0.57킬로그램
길이	75센티미터

이랑 지고 가벼운 재질의
나무로 만든 방패

방패 한가운데의 돌기 장식

형태가 울퉁불퉁한
둥그스름한 끝

이랑을 따라
대자석으로
장식했다.

방패

이 방패는 모양은 가늘고 길지만 투창이나 부메랑처럼 위협적으로
날아오는 무기를 막는 데 효과가 있었는데, 특히 민첩한 전사들은
이 방패를 능숙하게 놀렸다. 세로로 긴 줄무늬와 대각선 줄무늬를
대자석과 백철석으로 도드라지게 장식한 것은 이 지역 원주민들의
고유 양식이다.

연대	19세기
출처	오스트레일리아 서부
무게	0.49킬로그램
길이	73센티미터

대자석으로 그린 줄무늬

방패 끝이 뾰족함

줄무늬 방패

이 방패는 대자석 줄무늬 그림과 가느다랗게 새긴 복잡한 무늬
조각으로 장식했다. 방패 끝의 표시는 소속 부족을 의미하는 것일
수 있다. 단단한 나무로 만든 등 쪽을 잡는 이 방패는 부메랑이나
여타의 무기가 상당한 힘으로 날아오더라도 튕겨낼 만큼 견고했다.

연대	19세기
출처	오스트레일리아
무게	1.19킬로그램
길이	83센티미터

선이 굵은 장식 무늬

조각 장식 방패

기댜르(gidyar)라고 하는 이 방패는 케언스 지역에서 나온 것으로,
19세기에 사용된 방패와 닮았다. 나무를 깎아 그 위에 선이 굵은
도안을 그렸다. 용도는 다양했겠지만 주로 무용 의식에 사용되었을
것으로 보인다.

연대	20세기
출처	오스트레일리아 퀸즐랜드
길이	66센티미터

이랑 진 방패

퀸즐랜드 북부에서 나온 이 방패는 잔 이랑이 난 나무 뒤쪽에
단단한 나무 손잡이를 달아서 만들었다. 방어를 위한 장비였을
뿐만 아니라 장식물로도 사용되었다. 방패의 가지각색 도안의
의미는 불확실하지만 이 방패를 소유한 전사의 지위와 업적을
나타내는 것으로 보인다.

연대	1900년경
출처	오스트레일리아 퀸즐랜드
길이	97센티미터

수발식 권총 1775년 이후

18세기의 마지막 25년 동안, 경찰을 중심으로 한 치안 시스템이 정착되기 전에는 권총이 부유한 가정에 흔한 물건이었으며, 신사와 악당, 가리지 않고 주머니형 권총을 소지하는 일이 많았다. 결투나 표적 사격 등 특정 목적을 위해 나팔총 같은 여러 유형의 권총이 개발되었다. 수발식(flintlock, 부싯돌식) 권총이 그야말로 도처에 널려 있었으며, 둘에 하나는 반폐쇄된 상자형 격발 장치를 채용한 권총이었다. 에스파냐에서만 효율이 떨어지는 미클레 격발 장치 권총이 널리 사용되었다.

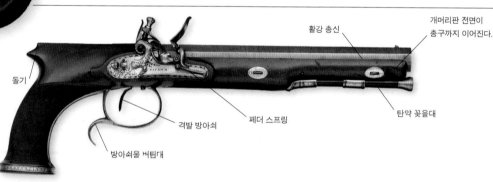

턱 모양 나사 죔쇠

폐쇄형 직사각형 상자형 격발 장치

프리즌(frizzen). 부싯돌과 부딪혀 불꽃을 내는 부시와 약실 덮개 역할을 한다.

나팔형 총구는 가까운 거리에서 탄약이 넓게 퍼질 수 있게 해 준다.

놋쇠 총신

뒤쪽의 방아쇠 핀

방아쇠

총검 장착용 용수철

나팔총

나팔총(blunderbuss, 네덜란드 어로 '번개총'을 뜻하는 낱말 donderbus에서 왔다.)은 단거리 총으로, 장전과 발사가 용이하도록 총구를 나팔형으로 만들었다. 이 총의 상자형 격발 장치의 기본 모델은 권총검 특허를 받은 버밍엄의 존 워터스가 만든 것이다. 영국 해군은 선상 전투 시 이런 권총을 사용했다.

연대	1785년
출처	영국
무게	0.95킬로그램
총신	19센티미터
구경	1인치

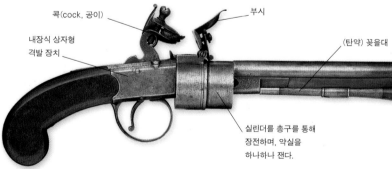

돌기

활강 총신

개머리판 전면이 총구까지 이어진다.

격발 방아쇠

페더 스프링

탄약 꽂을대

방아쇠울 버팀대

구슬 모양 가늠쇠

화약을 넣을 때는 총신을 돌려 연다.

나란히 장착된 이연발 총신

미클레 결투용 권총

결투를 위해 고안된 권총이 영국에 처음 등장한 것은 1780년 이후였다. 결투용 권총은 어디에서나 한 쌍 단위로, 필요한 보조 물품까지 함께 상자 포장되어 판매되었다. 톱형 손잡이 개머리의 돌기와 방아쇠울 버팀대는 나중에 추가된 것이다. 개머리판이 총구 끝까지 이어지는 것은 당시 유행하던 양식이었다.

연대	1815년
출처	영국
무게	1킬로그램
총신	23센티미터
구경	34구경

콕(cock, 공이)

부시

내장식 상자형 격발 장치

(탄약) 꽂을대

실린더를 총구를 통해 장전하며, 약실을 하나하나 잰다.

콕

잠긴 상태의 안전 장치 겸 약실 덮개

방아쇠울

수발식 리볼버 (회전 탄창식 권총)

1860년경, 런던의 존 대프티는 공이치기의 작동에 연동해서 회전하는 다약실 실린더 권총을 고안했다. 보스턴의 엘리샤 콜리어는 이것을 개선한 모델로 1814년에 영국 특허를 받았다. 1819년에 런던에서 존 에번스가 이것을 생산해 판매하기 시작했다. 이 연동 장치는 안정도가 떨어졌으며, 실린더는 보통 손으로 돌려야 했다.

연대	1820년경
출처	영국
무게	0.68킬로그램
총신	12.4센티미터
구경	0.45인치

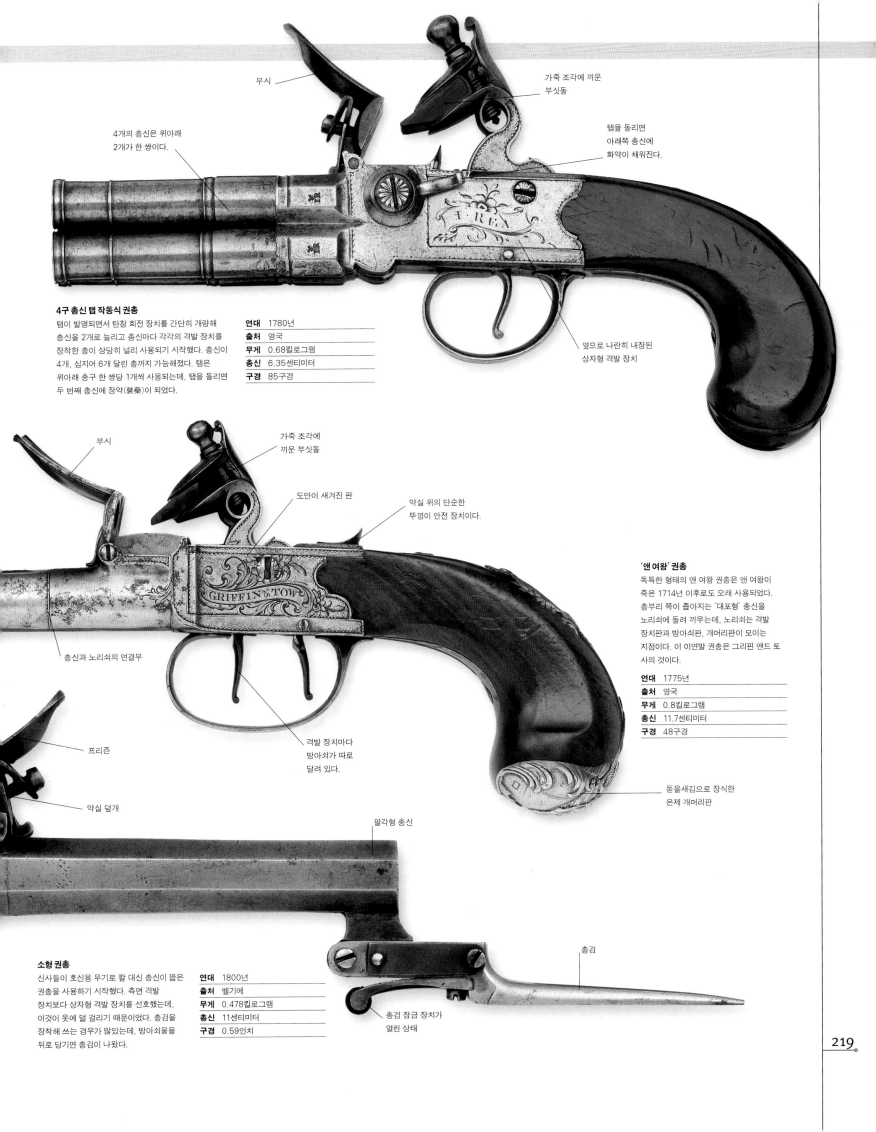

부시

4개의 총신은 위아래 2개가 한 쌍이다.

가죽 조각에 끼운 부싯돌

탭을 돌리면 아래쪽 총신에 화약이 채워진다.

I. REA

옆으로 나란히 내장된 상자형 격발 장치

4구 총신 탭 작동식 권총

탭이 발명되면서 탄창 회전 장치를 간단히 개량해 총신을 2개로 늘리고 총신마다 각각의 격발 장치를 장착한 총이 상당히 널리 사용되기 시작했다. 총신이 4개, 심지어 6개 달린 총까지 가능해졌다. 탭은 위아래 총구 한 쌍당 1개씩 사용되는데, 탭을 돌리면 두 번째 총신에 장약(裝藥)이 되었다.

연대	1780년
출처	영국
무게	0.68킬로그램
총신	6.35센티미터
구경	85구경

부시

가죽 조각에 끼운 부싯돌

도안이 새겨진 판

약실 위의 단순한 뚜껑이 안전 장치이다.

GRIFFIN & TOW

'앤 여왕' 권총

독특한 형태의 앤 여왕 권총은 앤 여왕이 죽은 1714년 이후로도 오래 사용되었다. 총부리 쪽이 좁아지는 '대포형' 총신을 노리쇠에 돌려 끼우는데, 노리쇠는 격발 장치판과 방아쇠판, 개머리판이 모이는 지점이다. 이 이연발 권총은 그리핀 앤드 토 사의 것이다.

연대	1775년
출처	영국
무게	0.8킬로그램
총신	11.7센티미터
구경	48구경

총신과 노리쇠의 연결부

격발 장치마다 방아쇠가 따로 달려 있다.

프리즌

약실 덮개

돋을새김으로 장식한 은제 개머리판

팔각형 총신

총검

소형 권총

신사들이 호신용 무기로 칼 대신 총신이 짧은 권총을 사용하기 시작했다. 측면 격발 장치보다 상자형 격발 장치를 선호했는데, 이것이 옷에 덜 걸리기 때문이었다. 총검을 장착해 쓰는 경우가 많았는데, 방아쇠울을 뒤로 당기면 총검이 나왔다.

연대	1800년
출처	벨기에
무게	0.478킬로그램
총신	11센티미터
구경	0.59인치

총검 잠금 장치가 열린 상태

수발식 권총 1850년까지

대량 생산이라는 개념은 19세기에 들어서야 생겨났다. 그때까지는 부품을 교환한다는 것이 불가능했는데, 왜냐면 모든 무기의 부품을 하나하나 손으로 만들었기 때문이다. 별로 정교하지 않은 권총도 구입하거나 수리하는 데 비용이 많이 들었다. 수요가 많았고 갈수록 증가했음에도 그랬다. 초창기 무기의 우아한 장식은 비용 탓에 포기해야 했다. 궁극적으로, 품질까지 희생되었다. 물론 가격이 장애가 되지 않는 고급 시장은 예외였다.

나사 죔쇠

묵직한 놋쇠 개머리

놋쇠 방아쇠울

하퍼스 페리 권총

사진의 1805년형 권총은 웨스트버지니아 주 하퍼스 페리에 새로 세워진 미국 연방 무기국에서 제조한 최초의 권총이다. 그 시기의 모든 군용 권총처럼, 위급할 때는 거꾸로 잡고 곤봉처럼 사용할 수 있었다.

연대	1806년
출처	미국
무게	0.9킬로그램
총신	25.4센티미터
구경	0.54인치

잠긴 상태의 안전 장치 겸 약실 덮개

약실

부시

팔각형 총신

방아쇠울을 당기면 총검이 튀어나옴

총검과 총 사이에 용수철 장치가 있다.

곡선 모양의 호두나무 개머리

잘 건조시킨 호두나무로 만든 일체형 개머리판

플랑드르 소형 권총

이 단순한 상자형 격발 장치 소형 권총에는 용수철 장치가 있는 일체형 총검이 달려 있다. 방아쇠울을 뒤로 당기면 총검이 튀어나온다. 격발 장치판과 개머리판에 아름다운 도안이 새겨져 있다. 플랑드르의 명성 높은 총포 제작자 A. 율리아르드의 작품이다.

연대	1805년
출처	네덜란드
무게	0.5킬로그램
총신	10.9센티미터
구경	33구경

놋쇠 입힌 개머리

내장식 상자형 격발 장치

부싯돌

부시

원형 놋쇠 총신

꽂을대 고리

놋쇠 뚜껑이 달린 목제 꽂을대

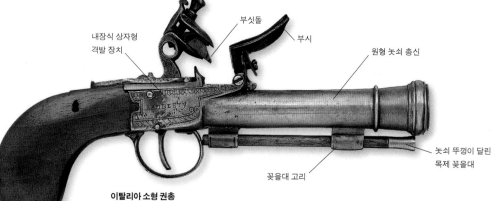

이탈리아 소형 권총

르네상스 후기 이탈리아에서는 총기 제작 산업이 번창했다. pistol라는 단어조차 총기 제작으로 유명한 이탈리아 도시 피스토이아에서 유래한 것으로 보일 정도이다. 19세기에 이탈리아의 총기 산업은 쇠퇴했지만 이 권총을 만든 람베르티 같은 장인들은 여전히 잘 나갔다.

연대	1810년
출처	이탈리아
무게	0.62킬로그램
총신	12.3센티미터
구경	0.85인치

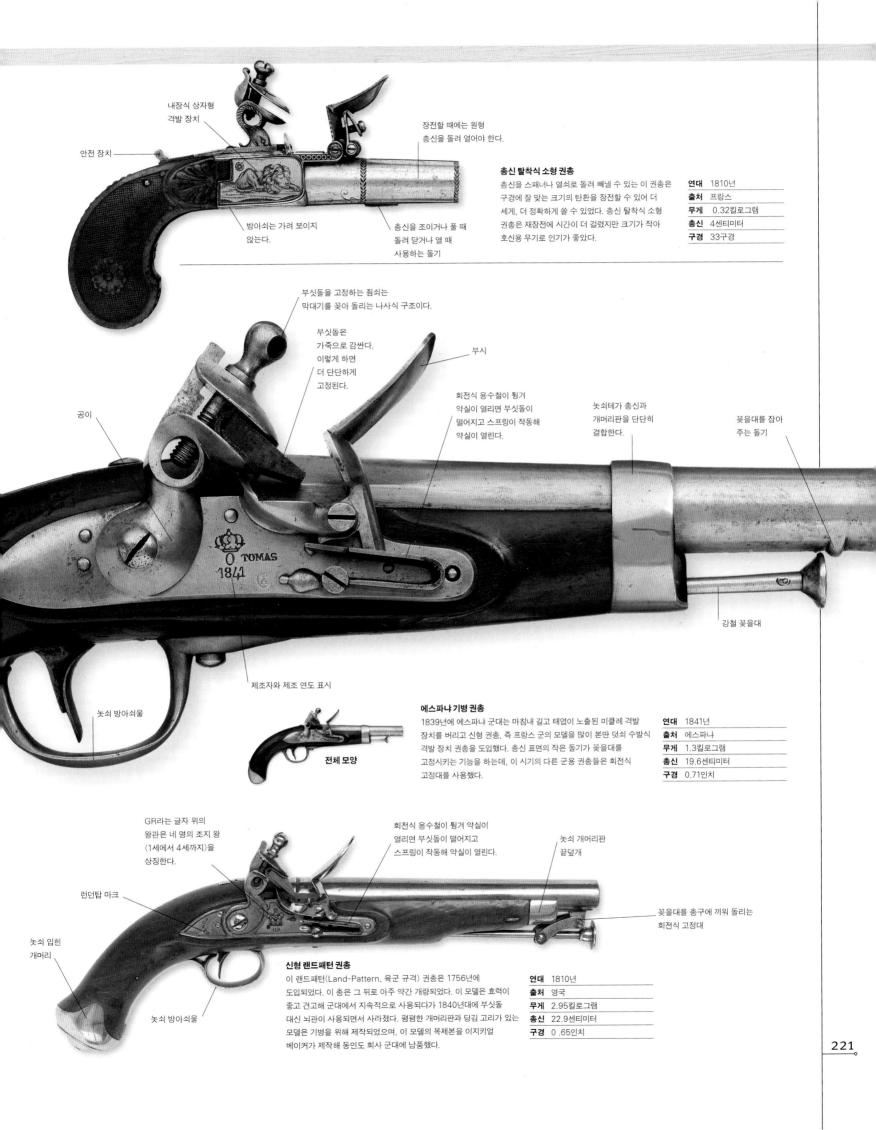

내장식 상자형
격발 장치

안전 장치

장전할 때에는 원형
총신을 돌려 열어야 한다.

방아쇠는 가려 보이지
않는다.

총신을 조이거나 풀 때
돌려 닫거나 열 때
사용하는 돌기

총신 탈착식 소형 권총

총신을 스패너나 열쇠로 돌려 빼낼 수 있는 이 권총은
구경에 잘 맞는 크기의 탄환을 장전할 수 있어 더
세게, 더 정확하게 쏠 수 있었다. 총신 탈착식 소형
권총은 재장전에 시간이 더 걸렸지만 크기가 작아
호신용 무기로 인기가 좋았다.

연대	1810년
출처	프랑스
무게	0.32킬로그램
총신	4센티미터
구경	33구경

부싯돌을 고정하는 죔쇠는
막대기를 꽂아 돌리는 나사식 구조이다.

부싯돌은
가죽으로 감싼다.
이렇게 하면
더 단단하게
고정된다.

부시

공이

회전식 용수철이 튕겨
약실이 열리면 부싯돌이
떨어지고 스프링이 작동해
약실이 열린다.

놋쇠테가 총신과
개머리판을 단단히
결합한다.

꽂을대를 잡아
주는 돌기

O TOMAS
1841

제조자와 제조 연도 표시

강철 꽂을대

놋쇠 방아쇠울

에스파냐 기병 권총

1839년에 에스파냐 군대는 마침내 길고 태엽이 노출된 미클레 격발
장치를 버리고 신형 권총, 즉 프랑스 군의 모델을 많이 본딴 덮쇠 수발식
격발 장치 권총을 도입했다. 총신 표면의 작은 돌기가 꽂을대를
고정시키는 기능을 하는데, 이 시기의 다른 군용 권총들은 회전식
고정대를 사용했다.

전체 모양

연대	1841년
출처	에스파냐
무게	1.3킬로그램
총신	19.6센티미터
구경	0.71인치

GR라는 글자 위의
왕관은 네 명의 조지 왕
(1세에서 4세까지)을
상징한다.

런던탑 마크

회전식 용수철이 튕겨 약실이
열리면 부싯돌이 떨어지고
스프링이 작동해 약실이 열린다.

놋쇠 개머리판
끝덮개

놋쇠 입힌
개머리

꽂을대를 총구에 끼워 돌리는
회전식 고정대

신형 랜드패턴 권총

이 랜드패턴(Land-Pattern, 육군 규격) 권총은 1756년에
도입되었다. 이 총은 그 뒤로 아주 약간 개량되었다. 이 모델은 효력이
좋고 견고해 군대에서 지속적으로 사용되다가 1840년대에 부싯돌
대신 뇌관이 사용되면서 사라졌다. 평평한 개머리판과 당김 고리가 있는
모델은 기병을 위해 제작되었으며, 이 모델의 복제본을 이지키얼
베이커가 제작해 동인도 회사 군대에 납품했다.

연대	1810년
출처	영국
무게	2.95킬로그램
총신	22.9센티미터
구경	0.65인치

놋쇠 방아쇠울

혁명의 시대

뇌관 권총

기폭제로 뇌홍(雷汞, 뇌산수은 또는 풀민산수은)을 처음 사용한 스코틀랜드 인 알렉산더 포사이스는 1807년에 특허를 받았다. 이 기폭제를 총미에서 폭발시키는 방법을 찾기까지는 시간이 걸렸다. 그 해법으로 나온 것이 뇌관(percussion-cap)이다. 초기의 뇌관은 기폭제를 두 장의 구리 포일 사이에 끼워넣은 것이다. 이 뇌관을 기존 권총의 점화구였던 뇌관 꼭지(nipple)에 끼워넣고 공이치기로 때리도록 한 것이 뇌관 권총이다. 이 방식을 채택한 권총이 등장한 것은 1820년경이다.

꼭지에 끼운 뇌관

공이치기

체크무늬를 돋을새김한 개머리판

가늠쇠

팔각 총신

총신 잠금 핀

제조자 이름

벨기에 권총

수발식 권총 중에서 가장 우수한 것도 뇌관 권총만 못했다. 최초로 사용된 뇌관 권총은 결투용 권총이었다. 개머리판이 총신의 절반까지 오는 이 폴비유(Folville) 권총은, 벨기에 리에주에서 생산되는 대표 모델이었다. 두 자루 단위로 포장해 판매했다.

연도	1830년
출처	벨기에
무게	0.88킬로그램
총신	23.8센티미터
구경	8밀리미터

방아쇠울 쇠발톱 (버팀쇠)

동물 형상을 장식한 공이치기

뒤쪽 가늠자

개머리를 마감하는 자루끝

체크무늬를 돋을새김한 개머리판

방아쇠

영국 결투/표적 사격용 권총

결투용 권총은 눈에 띄는 장식은 없으나 보통은 가격을 고려하지 않고 제작되었다. 한 쌍 중 한 자루인 이 권총은 런던의 아이작 리비어의 작품이다. 리비어는 뇌관 권총 설계에 막대한 영향을 미쳤으며, 1825년에는 직접 격발 장치 특허를 받았다.

연도	1830년경
출처	영국
무게	1.15킬로그램
총신	24.1센티미터
구경	44구경

방아쇠울 쇠발톱 (버팀쇠)

공이치기

동물 장식

총신을 고정하는 핀

장식이 화려한 팔각형 총신

도안을 새겨 넣은 격발 장치판

돋을새김으로 장식한 개머리

프랑스 결투/표적 사격용 권총

기술적으로는 결투용 권총과 종이 과녁에 발사하는 표적 사격용 권총이 별 차이가 없다. 하지만 보통 후자는 장식이 아름다웠는데, 파리의 저명한 총 제조자 가스틴르네트가 만든 이 총이 좋은 예다.

연도	1839년
출처	프랑스
무게	0.95킬로그램
총신	28.3센티미터
구경	12밀리미터

살짝 당겨도 작동하도록 고안된 방아쇠

원형 총신

개머리판 측면이
평평하다.

큰 용수철과 공이치기가
결합된 설계

고리형 방아쇠는
쿠퍼 권총의 특징이다.

쿠퍼 하단 공이치기 권총

조지프 로크 쿠퍼는 많은 화기를 발명한
영국인이다. 이 권총에도 그의 특허 기술이
사용되었으며, 벨기에 인 마리에트가 만든 하단
공이치기가 이 총에 채택되었다. 이 총은 방아쇠를
당기면 공이치기가 뒤로 젖혀졌다가 발사되는
방식의, 사실상 '더블액션' 권총이다.

연도	1849년
출처	영국
무게	0.27킬로그램
총신	10센티미터
구경	0.45인치

뇌관 꼭지

가늠쇠

공이치기

장식 없는
호두나무
개머리판

꽂을대를 총신에
끼워 고정할 수 있는
회전식 고정대

걸이용
고리

격발 장치판

팔각형 총신

가늠쇠

1842년 규격 연안 경비대 권총

영국의 연안 경비대와 경찰, 그밖의 보안 기관에서
사용한 권총은 육군과 해군의 육해군 규격 권총과
비슷한 스타일이었지만, 대개는 더 작고 가벼웠다.
1850년대에 리볼버가 나오자 1842년 규격 권총은
사용되지 않게 되었다.

연도	1842년
출처	영국
무게	1.05킬로그램
총신	15센티미터
구경	24구경

수직으로 작동하는
막대식 공이치기

꽂을대 고리

꽂을대

체크무늬
개머리판

총신이 내부의
막대를 축으로
회전한다.

뇌관 꼭지

막대형 공이치기 '후춧가루통' 권총

후춧가루통 권총은 다발 리볼버이면서도 그
본질적 결함인 약실과 총실 사이의 '추진 가스'
누출 문제가 없다는 이점이 있었다. 이 모델은
안타깝게도 근접 거리가 아닌 경우에는
명중률이 떨어졌다.

연도	1849년
출처	영국
무게	1.01킬로그램
총신	9.1센티미터
구경	0.55인치

측면이 볼록한
공이치기

노리쇠용 레버

가늠쇠

샤프스 후장식 권총

크리스천 샤프스는 군사용과 사냥용 후장식 소총과
카빈으로 유명했다. 샤프스는 초기에 만들었던 소총과
같은 원리를 기본으로 해 권총도 만들었다. 강하식
노리쇠가 리넨 약협의 뒤를 잘라내면, 다음 탄약이
장전된다.

연도	1860년경
출처	미국
무게	0.96킬로그램
총신	12.7센티미터
구경	0 .34인치

방아쇠

미국의 뇌관 리볼버

새뮤얼 콜트는 1835년에 특허를 받은 자신의 실린더 리볼버가 범선 타륜의 잠금 장치에서 영감을 받은 것이라고 주장했다. 깔쭉톱니와 함께 작동하는 공이치기 돌출부에 연결된 멈춤쇠가 실린더의 뒷부분에 걸린다. 공이치기가 뒤로 당겨지면 멈춤쇠가 깔쭉톱니를 한 칸 밀어내면서 총열 안에 줄서 있던 새 약실과 뇌관이 공이치기 밑으로 들어온다. 실린더는 방아쇠를 당기면 위로 밀려올라가는 수직 빗장에 의해 발사 순간 제 위치에 물린다.

뇌관을 끼워넣을 수 있게 비스듬히 잘라낸 부분

실린더 잠금 장치를 위한 구멍

실린더를 잡아 주는 쐐기

팔각형 총열

공이치기에는 눈금이 새겨져 있어 가늠자로도 쓸 수 있다.

호두나무 손잡이

꽂을대 레버

꽂을대

꽂을대 회전핀

1849년형 콜트 소형 권총

콜트는 1848년에 0.31인치 구경 5발 리볼버를 '베이비 드래군 (Baby Dragoon)'이라는 이름으로 내놓았다. 이듬해에는 개선된 모델을 내놓았는데, 표준형 복합 꽂을대를 장착했으며, 총열은 길이가 서로 다른 세 종류 중에서 선택할 수 있었고, 실린더는 5발과 6발 중에서 선택할 수 있었다. 이 모델은 콜트 사에서 가장 많이 팔린 뇌관 리볼버로, 1873년에 새로운 탄약을 사용한 모델이 나오기 전까지 35만 자루가 팔렸다.

연도	1849년
출처	미국
무게	0.69킬로그램
총열	10.2센티미터
구경	0.31인치

공이치기 쇠

오목한 뇌관 꼭지

실린더 테

팔각형 총열

측면 장착 공이치기

실린더 잠금 나사

니스칠을 한 일체형 호두나무 손잡이

실린더 회전핀

리넨 탄약통을 장전하기 위해 비스듬히 파낸 부분

감춰진 꽂을대

꽂을대 레버

못 모양 방아쇠

1855년형 콜트 소형 권총

소형 권총이 대단한 성공을 거두자 콜트는 1855년에 다른 모델을 내놓았는데, 공장의 현대화에 크게 기여한 작업 주임 엘리샤 루트가 설계를 맡았다. 루트의 권총에는 실린더 테(콜트 권총에서는 처음 사용되었다.)와 측면 장착 공이치기, 못 모양의 방아쇠가 도입되었다. 못 모양의 방아쇠는 평판이 좋지 않았으며, 일곱 가지 모델이 0.28인치 구경과 0.31인치 구경으로 나왔으나 4만 자루 정도밖에 팔리지 않아 1870년에 생산이 중단되었다.

연도	1855년
출처	미국
무게	0.5킬로그램
총열	8.9센티미터
구경	0.28인치

눈금이 새겨진 공이치기

뇌관을 끼우기 좋게 비스듬히 파낸 부분

무기고 선반의 잠금 빗장에 걸기 위한 구멍

실린더를 잡아 주는 쐐기는 실린더 회전핀을 관통한다.

꽂을대 회전핀

꽂을대 레버

팔각 총열

구슬 모양 가늠쇠

해군의 1851년형 콜트 권총

1851년, 콜트는 무게가 더 가벼워진 해군용 권총을 내놓았는데, 기존의 0.44인치 구경이 아닌 0.36인치 구경이었다. 같은 해 그는 런던 만국 박람회에 참여해 영국 정부의 주문을 따냈다. 이 책에 실린 모델은 1853년 런던에 세워진 콜트 공장에서 생산된 권총이다. 실린더에 해군의 모습이 새겨져 있다.

연도	1851년
출처	미국
무게	1.2킬로그램
총열	19센티미터
구경	0.36인치

오목한 뇌관 꼭지

실린더 잠금 장치를 위한 구멍

문양이 새겨진 실린더

실린더 회전핀

실린더를 잡아 주는 쐐기

원형 총열

놋쇠 실린더 뒷쇠

호두나무 손잡이

놋쇠 방아쇠울

꽂을대

꽂을대 회전핀

꽂을대 레버

콜트 드래군 권총 두 번째 모델

뇌관 권총 시대의 첫 15년 동안 콜트 사의 주력 상품은 드래군 권총이었는데, 용기병이란 뜻의 이 이름을 붙인 것은 이 총이 기병의 요부 휴대 무기로 제작되었기 때문이다. 이 모델은 1847년 휘트니빌에서 처음 한정 생산되었다. 같은 해 후반에 콜트는 하트포드에 새 공장을 세웠는데, 군에서 주문한 드래군 권총 물량을 생산하기 위해서였다.

연도	1849년
출처	미국
무게	1.93킬로그램
총열	19센티미터
구경	0.44인치

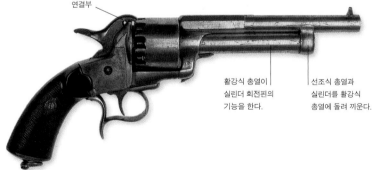

공이치기코 연결부

활강식 총열이 실린더 회전핀의 기능을 한다.

선조식 총열과 실린더를 활강식 총열에 돌려 끼운다.

실린더 테

잠금 나사

원형 총열

실린더 잠금 구멍

실린더

르마 권총

장알렉상드르 르마가 설계한 리볼버는 권총과 소총, 두 가지 형태로 생산되었다. 실린더가 회전핀을 축으로 회전하는 것이 아니라 내부에 나사 모양의 홈이 없는 두 번째 총열을 따라 회전하는데(선조식), 총구에서 작은 산탄 총알로 발사된다. 공이치기는 돌쩌귀 연장부가 있어 공이치기코를 위아래로 조정해서 발사할 총열을 선택할 수 있다.

연도	1864년
출처	미국
무게	1.64킬로그램
총열	하단 12.7센티미터
구경	0.3인치 구경과 16구경

스타 싱글액션 육군형 권총

네이선 스타는 총열과 실린더 테, 실린더가 돌쩌귀를 통해 방아쇠울 앞쪽에 하나로 이어진, 돌쩌귀 권총의 선구자였다. 마디가 나뉜 실린더 테가 공이치기 앞으로 밀려나가면 튀어나온 잠금 나사가 잡아 준다. 실린더 테를 밀어 열고 실린더를 빼내 재장전한다.

연도	1864년
출처	미국
무게	1.35킬로그램
총열	19.2센티미터
구경	0.44인치

미국 남북 전쟁기의 보병

**0.40인치 칼리버
르마 리볼버**

노예제 확산에 반대하는 에이브러햄 링컨이 1860년 미국 대통령으로 당선되자 남부의 11개 주가 연방에서 탈퇴하고 남부 연합을 결성했다. 피비린내 나는 내전이 뒤이었다. 처음에는 수만 명이 군대에 지원했다. 징병 제도가 도입된 것은 나중인데, 남부 연합에서는 성공적이었다. 북부 연방의 주에서는 그만큼 효과를 거두지 못했는데, 부자들이 돈을 주고 다른 사람을 대신 보내는 경우가 많았기 때문이다. 연합군(남군)이나 연방군(북군)이나 복종에 익숙하지 않은 다루기 힘든 병사들이었으나, 사상자가 많고 끔찍한 환경에서도 싸움을 포기하지 않는 용맹을 보여 주었다.

보병의 전투

1861년 4월부터 1865년 4월까지 300만 명이 북부의 연방군과 남부의 연합군에 입대했다. 그 대부분이 보병으로, 장비와 탄약, 개인 소지품, 배낭을 지고 걷거나 행진으로 이동했다. 주요 무기는 총구에 탄환을 재는 전장식 머스킷과 미니에 탄이었다. 수발식 소총보다는 진보한 총이었지만, 병사들은 여전히 선 자세로 사격해야 했다. 공격 시에는 쏟아지는 적군의 총탄과 포화 앞에 위축되면서도 느린 걸음으로 앞이 뻥 뚫린 들판을 전진하다 목숨을 잃곤 했다. 남북 양쪽 모두 기본적으로 같은 무기를 사용했지만 북군의 무장이 우세했다. 연방군의 보병들은 정규 군복과 발에 맞는 군화, 총알과 화약을 지급받았지만 남군의 보병들에게는 용기 빼고는 모든 것이 부족했다. 이 전쟁에서는 약 62만 명의 병사가 목숨을 잃었는데, 인간이 치른 많은 전쟁이 그렇듯이 전투에서 죽은 사람들보다 병으로 죽은 사람이 더 많았다.

불런 전투
최초의 대규모 전투였던 제1차 불 런(Bull Run) 전투는 지독할 정도로 혼란스러운 난전이었다. 남부 연합의 젭 스튜어트가 기병 돌격전을 펼쳤다. 이것은 이 전쟁에서 펼쳐진 마지막 기병 격전이었다. 남북 양군의 지원병들이 이국적인 주아브 군복을 입는 바람에 혼란은 더 심해졌다.

> **" 죽거나 불구가 될까 봐 걱정
> 하지 않는 자는 미치광이다."**

남북 전쟁 참전 군인

지원병들
남북 전쟁 첫해의 연방군 보병 중위(오른쪽)와 두 신병. 대의와 모험심을 좇아 군대에 자원한 전쟁 초기의 지원병들은 대부분 장교를 직접 선출했으며, 스스로 옳다고 판단될 때만 명령에 복종하는 경향이 있었다.

자유를 위한 싸움

남북 전쟁 초기에는 남북 양쪽 다 흑인을 받아들이지 않았다. 1862년에 연방군 장교들이 먼저 탈출한 노예들을 부대에 받아들였다. 1863년 북부에서 최초의 흑인 지원병 연대가 공식 창설되었다. 해방 노예와 자유민 흑인 약 18만 명이 연방군 병사로 복무했는데, 흑인들만의 연대에 소속되었으며 장교는 대부분 백인이었다. 많은 흑인이 전투에서 뛰어난 능력을 보여 주었는데, 예를 들어 매사추세츠 54연대는 1863년 와그너 요새 습격 작전에서 활약했다. 흑인 부대의 활약은 북부 연방의 노예제 폐지에 힘을 실어 주었다.

연방군 54연대의 병사
매사추세츠 보병
1863년경

연합군의 제복
규정대로 회색 코트와 회색 약식 모자, 청색 바지를 입을 수 있는 연합군 병사는 얼마 되지 않았다. 짧은 상의가 더 보편적이었고, 담갈색인 버터너트(butternut, 남군이 많이 입는 색상이라 해 남군의 별명이 되었다.—옮긴이) 색 상의를 입기도 했다.

케피모

짧은 회색 상의

담갈색 하의

연방군의 제복
이것은 뉴욕 지원 보병의 동절기 군복이다. 규정 복장은 펠트 모자였지만 착용하는 경우가 드물었고, 대부분의 병사는 무게가 덜 나가는 케피모나 앞이 늘어진 소프트 모자를 썼다.

보병용 모자 배지, 금색으로 나팔 모양 장식이 달려 있다.

하디 펠트 모자

팔꿈치까지 내려오는 케이프

뇌관 상자

겨울용 외투

제퍼슨 군화

전투 장비

엔필드 총검

엔필드 머스킷

연방군의 금속 물병

가죽 배낭

G.L.P.
CO. E.
44TH M.V.M.

영국의 뇌관 리볼버

런던의 총포 제조사들은, 특히 로버트 애덤스는 19세기 중반부터 리볼버를 만들어 왔지만, 뇌관 리볼버에 관심을 가지기 시작한 것은 1851년 만국 박람회에 참여한 새뮤얼 콜트의 전시를 보고 나서였다. 콜트 사가 몇 해 동안 영국 시장을 독점하다시피 했지만, 1850년대가 끝나 갈 무렵 영국 제조사들의 리볼버가 콜트 사 제품의 인기를 추월했다. 애덤스의 권총은 더블액션, 즉 공이치기가 자동으로 젖혀지는 격발 장치를 채용했다. 후기 모델은 싱글액션 장치로도 격발이 가능했다.

측면 장착 공이치기　　오목한 뇌관 꼭지　　5발 들이 실린더　　팔각형 총열　　가늠쇠

실린더 회전핀

총자루 고정핀

꽂을대 레버

격발 장치판 덮개

커 더블액션 리볼버

제임스 커는 리볼버의 안정성에 대한 의심을 해소하기 위해 단순한 상자형 격발 장치와 측면 장착 공이치기를 채택했다. 격발 장치는 나사 2개로 고정해 탈착이 용이하게 했다. 예를 들어 용수철 같은 부품이 망가져도 누구나 수리할 수 있었다. 커의 5발 권총은 54구경과 90구경, 두 가지로 제작되었다. 이 총은 1870년대 중반까지 생산되었다.

연도	1856년
출처	영국
무게	1.2킬로그램
총열	14.7센티미터
구경	54구경

눈금이 가늠자 기능을 한다.

실린더를 잡아 주는 쐐기　　팔각형 총열

문양이 새겨진 더블액션 격발 장치판 덮개

꽂을대

불꽃 막이판　　둥글게 흠을 낸 실린더　　실린더 회전핀

체크무늬가 새겨진 호두나무 손잡이

조지프 랭 '과도기' 리볼버

열린 실린더 테의 '과도기' 권총은 전신인 후춧가루통 권총과 진정한 리볼버의 요소를 결합한 모델이다. 이 모델은 훨씬 세련된 설계안이 등장한 뒤에도 계속 생산되었다. 그 대부분은 유럽 대륙에서 생산되었다. 이 전시품은 이 모델의 가장 유명한 지지자인 런던의 조지프 랭이 생산한 것이다. 랭은 약실과 총열 사이에서 추진 기체가 새는 문제를 당대의 어떤 총포 제조사보다도 성공적으로 해결했다.

연도	1855년
출처	영국
무게	1.36킬로그램
총열	15.2센티미터
구경	54구경

문양이 새겨진
더블액션 격발 장치 덮개

막대형 공이치기

실린더

팔각형 총열

과도기 리볼버

1850년대 말에 이르러 영국에서는 실린더 리볼버 수요가 크게
증가했지만 콜트나 딘, 애덤스 사가 만든 최고의 제품들은 너무
비쌌다. 이 사진의 총은 다른 총들보다 싸게 만들 수 있는
설계안을 채택했다. 후춧가루통 리볼버에서 따온 막대형
공이치기가 있는데, 이는 품질이 떨어졌다. 뇌관 꼭지 사이에
칸막이가 없는 까닭에 두 실린더에서 동시에 발사되는 일이
빈번했다.

연도	1855년경
출처	영국
무게	0.81킬로그램
총열	13.5센티미터
구경	0.4인치

총열과 실린더 테를
결합시키는 나사

불꽃 막이판

가늠쇠

팔각형 총열

뇌관 꼭지

쇠 없는
공이치기

안전 장치

실린더 회전핀

가늠쇠

1851년형 애덤스 더블액션 리볼버

로버트 애덤스의 첫 리볼버이기도 한 이 총은 딘 리볼버로도
불렸던 애덤스 앤드 딘 모델이다. (당시 두 사람은 동업 관계였다.)
실린더 테, 총열, 개머리판을 일체 성형해 대단히 견고했다.
애덤스의 격발 장치는 나중에 젊은 장교 F. B. E. 보몬트의 탁월한
디자인으로 대체되었다. 보몬트-애덤스 모델은 1855년 영국군이
채택했다.

연도	1851년
출처	영국
무게	1.27킬로그램
총열	19센티미터
구경	40구경

꽂을대 레버

실린더

팔각형 총열

권총이 손안에서
미끄러지는 것을
방지해 주는 돌기

꽂을대 레버

체크무늬가 새겨진
호두나무 총자루

딘-하딩 육군 모델

1853년, 존 딘은 애덤스와의 동업 관계가 깨지자 자신의 회사를
세웠다. 나중에 윌리엄 하딩이 도안한 리볼버를 생산하기
시작했다. 이 리볼버에는 기존의 장치보다 단순해진, 새로운
더블액션 격발 장치가 도입되었는데, 이것이 현대 격발 장치의
전신이다. 두 부분으로 이루어진 실린더 테는 공이치기 앞의 핀만
뽑으면 해체된다. 이 권총은 안정성이 떨어진다는 평판 때문에
오래가지 못했다.

연도	1858년
출처	영국
무게	1.15킬로그램
총열	13.5센티미터
구경	40구경

방아쇠울

황동 탄약통 권총

스미스 앤드 웨슨 사는 1856년에 롤린 화이트로부터 황동 탄약통을 사용하기 위한 총구 삽입식 실린더 리볼버 특허를 사들였다. 특허 보호 기간이 끝나던 1869년, 중앙에 뇌관이 있는 탄약통(기폭약이 초기 모델처럼 테두리에 있는 것이 아니라 중앙에 있다.)이 고안되었고, 세계의 총포 제조사들은 실린더 리볼버의 최종 형태가 된 총을 생산할 태세를 갖추었다. 이후의 개선으로 약실을 훨씬 더 빠르게 장전하고 비우는 것이 가능해졌다.

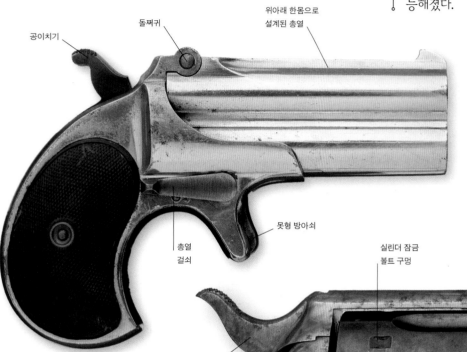

공이치기

돌쩌귀

위아래 한몸으로 설계된 총열

총열 걸쇠

못형 방아쇠

레밍턴 이연발 데린저 권총

헨리 데린저는 소형 권총을 전문으로 하는 필라델피아의 총포 제조자였다. 데린저(Derringer) 권총이라는 명칭은 제조자 데린저의 이름을 딴 것인데, 알 수 없는 이유로 'r'가 하나 더 붙었다. 가장 유명한 것이 상단에 돌쩌귀가 있어 실린더가 위아래로 뒤집히는 방식의, 일체형 탄약통 레밍턴 더블 데린저 권총으로, 1935년까지 생산되었다.

연도	1865년
출처	미국
무게	0.34킬로그램
총열	7.6센티미터
구경	0.41인치

실린더 잠금 볼트 구멍

총열을 실린더 테에 돌려 끼운다.

눈금 새긴 공이치기가 가늠자로 기능한다.

용수철 장치에 의해 아래로 당겨지는 장전/배출구

경질 고무 총자루

6연발 실린더

1873년형 콜트 싱글액션 육군 권총(콜트 SAA 권총)

콜트 SAA 권총은 옛 드래군 권총의 싱글액션 격발 장치에 총구 삽입형 실린더를 견고한 실린더 테 안에서 결합한 설계를 채택한 총으로, 총열을 돌려 끼우게 되어 있다. 장전과 탄약이 발사된 탄피의 배출이 실린더 테 오른쪽의 입구를 통해 이루어지는데, 용수철로 작동하는 밀대형 배출기가 있다. 이 총은 총열이 긴 기병 권총이다.

연도	1873년
출처	미국
무게	1.1킬로그램
총열	19센티미터
구경	0.45인치

싱글액션 방아쇠는 공이치기를 뒤로 당기면 앞으로 나오게 되어 있다.

용수철이 되감길 때 권총이 손 안에서 미끄러지는 것을 방지하기 위한 돌기

걸이용 고리

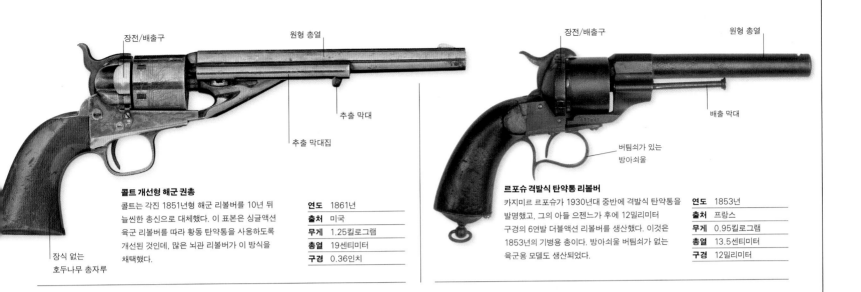

콜트 개선형 해군 권총

콜트는 각진 1851년형 해군 리볼버를 10년 뒤늘씬한 총신으로 대체했다. 이 표본은 싱글액션 육군 리볼버를 따라 황동 탄약통을 사용하도록 개선된 것인데, 많은 뇌관 리볼버가 이 방식을 채택했다.

연도	1861년
출처	미국
무게	1.25킬로그램
총열	19센티미터
구경	0.36인치

장전/배출구
원형 총열
추출 막대
추출 막대집
장식 없는 호두나무 총자루

르포슈 격발식 탄약통 리볼버

카지미르 르포슈가 1930년대 중반에 격발식 탄약통을 발명했고, 그의 아들 으젠느가 후에 12밀리미터 구경의 6연발 더블액션 리볼버를 생산했다. 이것은 1853년의 기병용 총이다. 방아쇠울 버팀쇠가 없는 육군용 모델도 생산되었다.

연도	1853년
출처	프랑스
무게	0.95킬로그램
총열	13.5센티미터
구경	12밀리미터

장전/배출구
원형 총열
배출 막대
버팀쇠가 있는 방아쇠울

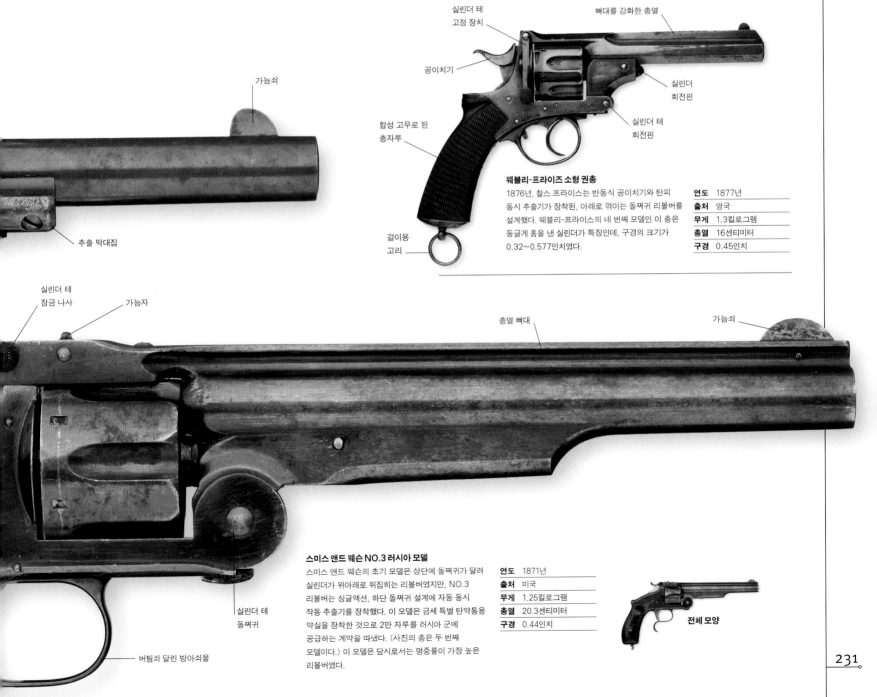

가늠쇠
추출 막대집

실린더 테 고정 장치
뼈대를 강화한 총열
공이치기
실린더 회전핀
합성 고무로 된 총자루
실린더 테 회전핀
걸이용 고리

웨블리-프라이즈 소형 권총

1876년, 찰스 프라이스는 반동식 공이치기와 탄피 동시 추출기가 장착된, 아래로 꺾이는 돌쩌귀 리볼버를 설계했다. 웨블리-프라이스의 네 번째 모델인 이 총은 둥글게 홈을 낸 실린더가 특징인데, 구경의 크기가 0.32~0.577인치였다.

연도	1877년
출처	영국
무게	1.3킬로그램
총열	16센티미터
구경	0.45인치

실린더 테 잠금 나사
가늠자
총열 뼈대
가늠쇠
실린더 테 돌쩌귀
버팀쇠 달린 방아쇠울

스미스 앤드 웨슨 NO.3 러시아 모델

스미스 앤드 웨슨의 초기 모델은 상단에 돌쩌귀가 달려 실린더가 위아래로 뒤집히는 리볼버였지만, NO.3 리볼버는 싱글액션, 하단 돌쩌귀 설계에 자동 동시 작동 추출기를 장착했다. 이 모델은 금세 특별 탄약통용 약실을 장착한 것으로 2만 자루를 러시아 군에 공급하는 계약을 따냈다. (사진의 총은 두 번째 모델이다.) 이 모델은 당시로서는 명중률이 가장 높은 리볼버였다.

연도	1871년
출처	미국
무게	1.25킬로그램
총열	20.3센티미터
구경	0.44인치

전체 모양

혁
명
의
시
대

콜트 해군 권총

1861년, 특허 보호 기간이 지난 새뮤얼 콜트는 미국 내 화기 수요가 전례 없이 높아진 시대(남북 전쟁 중이었다.)에 품질에 의존해 경쟁자들과 싸워 나가야 했다. 하트포드 공장은 엘리샤 킹 루트의 관리하에 총력 생산 중이었다. 같은 해에 10년 전 선보였던 리볼버를 개선한 늘씬한 총신의 신형 36구경 해군 리볼버를 내놓았다. 1861년형 해군 리볼버는 3만 8843자루 생산되었고, 1873년에 생산이 중단되었다.

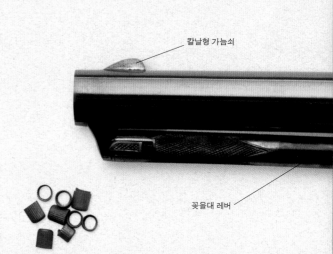

칼날형 가늠쇠

꽂을대 레버

탄약

화약과 발사체를 단순한 형태의 탄약통에 담았는데, 이 탄약통이라는 물건은 불은 잘 붙지만 도료로 처리해 질기고 물에 젖지 않는 천으로 만든 자루였다. 이렇게 만든 탄약을 약실에 잰 뒤 꽂을대로 밀어넣어 으스러뜨린다.

뇌관

뇌관은 병뚜껑처럼 생겼는데, 두 장의 구리 포일 사이에 소량의 뇌홍, 산화제, 지속제를 샌드위치처럼 끼워 만든다. 이 형태로 처음 등장한 것은 1822년이다.

뇌관을 제자리에 끼우기 위해 비스듬히 깎아 낸 부분

뇌관 꼭지

해군의 모습이 새겨진 실린더

실린더 회전핀을 통과하는 쐐기는 실린더를 실린더 테에 고정시켜 준다.

1861년형 콜트 해군 권총

콜트는 생산품의 규격을 통일해야 한다고 믿었다. 콜트의 권총이 인기가 많았던 한 가지 요인이 부품의 호환성이었는데, 이 덕분에 부품만 구입하면 총을 고칠 수 있었고, 개량도 용이했다.

연도	1861년
출처	미국
무게	1.2킬로그램
총열	19.1센티미터
구경	0.36인치

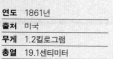

다기능 꽂을대

한 번에 총알 2개를 뜰 수 있다.

넘친 납은 총알을 뜬 뒤에 칼날로 베어낸다.

납 탄환

1861년에 이르면 소총과 권총에서 쓰이던 구형 탄환은 끝이 뾰족한 원뿔 모양 탄환으로 대체된다. 성분은 여전히 순수한 납이었고, 안티몬 같은 강화 물질은 추가되지 않았다.

총알 주조기

총의 구경이 규격화한 것은 최근의 일이다. 그렇다고 해도 과거의 총알이 총에 맞지 않았다는 이야기는 아니다. 그것은 사람들이 납 막대를 산 뒤 권총에 딸려 오는 주조기를 이용해 자기 총에 맞는 총알을 스스로 만들었기 때문이다.

리볼버 장전법

뇌관 리볼버에 장전하는 방법은 단순했다. 탄약통을 방아틀뭉치 앞쪽의 장탄구를 통해 약실 끝까지 밀어넣는다. 그렇지 않으면 살짝 꺾인 화약통의 주입구를 통해 화약 가루를 재고 탄환을 끼워넣는다. 그다음 다기능 꽂을대의 레버를 내리면 꽂을대가 탄환 코를 밀어 약실 안으로 밀어넣는다. 그러면 탄약통의 약한 껍질이 으스러져 장전이 끝난다. 약실 6개를 다 장전하면, 실린더 뒤쪽 점화구 역할을 하는 6개의 뇌관 꼭지에 뇌관을 하나씩 꽂았다.

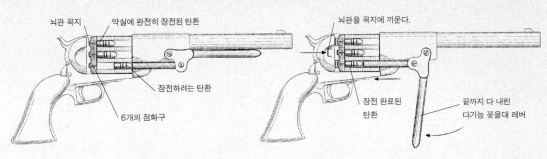

- 뇌관 꼭지
- 약실에 완전히 장전된 탄환
- 뇌관을 꼭지에 끼운다.
- 장전하려는 탄환
- 6개의 점화구
- 장전 완료된 탄환
- 끝까지 다 내린 다기능 꽂을대 레버

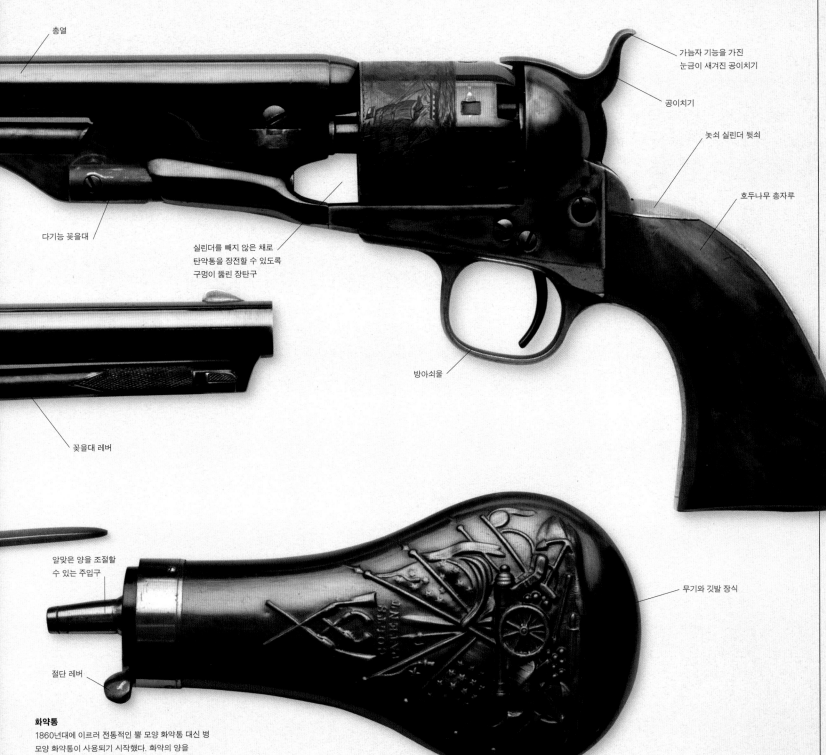

- 총열
- 다기능 꽂을대
- 실린더를 빼지 않은 채로 탄약통을 장전할 수 있도록 구멍이 뚫린 장탄구
- 꽂을대 레버
- 방아쇠울
- 가늠자 기능을 가진 눈금이 새겨진 공이치기
- 공이치기
- 놋쇠 실린더 뒷쇠
- 호두나무 총자루
- 알맞은 양을 조절할 수 있는 주입구
- 절단 레버
- 무기와 깃발 장식

화약통
1860년대에 이르러 전통적인 뿔 모양 화약통 대신 병 모양 화약통이 사용되기 시작했다. 화약의 양을 조절할 수 있는 주둥이가 달려 있었다. 장식으로는 대부분 사냥이나 군사 관련 도안을 넣었다.

혁명의 시대

자동 장전식 권총

독일의 총포 제작자이자 기술자인 후고 보르하르트는 1860년에 미국으로 이주해 윈체스터의 콜트 사와 다른 총포 제조사에서 일했다. 1892년 고향 독일로 돌아가 이미 맥심 기관총(Maxim Gun)을 생산하던 바펜파브리크 뢰베 사에서 일했는데, 이 회사는 그에게 자동 장전식 권총 실험을 장려했다. 1893년, 그는 좀 거추장스럽기는 하나 만족스러운 총을 설계해 냈고, 그것이 다른 사람들에게 영감을 주었다. 19세기가 끝날 무렵에는 자동 장전식 권총 10여 종이 시장에 나왔는데, 전부가 유럽 대륙에서 설계되고 생산되었다.

탈착식 개머리판

가죽 권총집

보르하르트 C/93

보르하르트의 선구적인 설계안을 따른 이 총은 토글 이음쇠로 노리쇠를 고정시킨다. 반동력으로 토글 이음쇠가 위로 튕겨 올라가면 노리쇠는 용수철의 반동으로 뒤로 밀려나고, 그러면 탄피가 제거된다. 노리쇠가 되튕겨 나오면서 새 탄약을 장전하고, 격발 장치는 다음 발사를 위해 위로 젖혀진다. 그러나 이 총은 판매에는 실패해 생산된 것은 3000자루뿐이었고, 마우저가 나오자 1898년에 생산을 중단했다.

연도	1894년
출처	독일
무게	1.66킬로그램
총열	16.5센티미터
구경	7.63밀리미터

공이치기

앞의 가늠쇠와 일직선으로 배치된 가늠자

장전/배출구

칼날형 가늠쇠

고정식 10발 들이 상자형 탄창

마우저 C/96

고정 탄창 탓에 장전 방식이 복잡하고 느렸던 마우저 자동 권총은 아주 강력한 탄환 덕분에 군인 사회에서 금세 인기를 얻었다. 1937년까지 생산되었으며, 전 세계에서 이를 모방한 총들이 만들어졌다. 보통은 권총집과 어깨걸이용 개머리판이 함께 제공되었다. 완전 자동 모델도 생산되었다.

연도	1896년
출처	독일
무게	1.15킬로그램
총열	14센티미터
구경	7.63밀리미터

영화에 나온 마우저 총

영국 수상 윈스턴 처칠은 1898년 옴두르만 전투 때 마우저 C/96 권총을 썼는데, 어깨 부상으로 세이버는 사용할 수 없었기 때문이다. 이 사진은 사이먼 워드가 주인공을 맡았던 1972년 영화 「젊은 윈스턴」의 한 장면이다.

가늠자

토글 이음쇠가 공이 역할까지 한다.

탄피 배출구

가늠쇠

SYSTEM BORCHARDT. PATENT.

반동 용수철집

뒤로 당길 때 잡는 쇠

가늠자

개머리판에 탈착식 8발 들이 탄창이 들어 있다.

반동 용수철집

떨림을 잡기 위해 잡는 고리

가늠쇠

가늠자

뒤로 당길 때 잡는 부분

탈착식 7발 들이 탄창이 들어 있는 개머리판

반동 용수철집

안전 장치

개머리판 탈착식 7연발 탄창

탄창 탈착구

1900년형 브라우닝 권총

가장 많은 권총을 설계한 인물로 꼽히는 존 모제스 브라우닝은 1895년에 모국 미국에서 벨기에로 이주했다. 거기서 그는 자신의 첫 반자동 권총(총을 쏘면 총알의 반동으로 노리쇠가 후퇴했다가 용수철의 반동으로 다시 앞으로 가면서 재장전되는, 단순한 설계를 채택한 권총)을 개선한 모델을 생산했다. 1900년형으로 불리는 이 모델은 작고 가벼워 큰 인기를 누렸다. 70만 자루 이상 판매되었고, 생산이 중단된 것은 1911년이다.

연도	1900년
출처	벨기에
무게	0.63킬로그램
총열	10.2센티미터
구경	7.65밀리미터

가베트-페어팩스 '마르스' 권총

아마도 마우저의 성공에 자극받은 것으로 보이는데, 휴 가베트페어팩스는 막강한 권총을 만들고자 했고, 그 결과가 마르스(Mars)였다. 사용자들이 '악몽'이라고 묘사한 이 권총은 복잡하고 어설프고 다루기 어려운데다가 용수철의 반동은 엉망이었다.

연도	1898년
출처	영국
무게	1.55킬로그램
총열	26.5센티미터
구경	0.45인치

칼날형 가늠쇠

노출 공이치기

실린더와 연결되는 홈

베르크만 NO.3

테오도레 베르크만의 NO.3 권총은 디자인이 단순한 편이었다. 용수철이 총신을 잡아 주며, 발사 후 남은 탄피는 기체 압력으로 인해 노리쇠에서 튕겨나갔다.

연도	1896년
출처	독일
무게	0.88킬로그램
총열	11.2센티미터
구경	6.5밀리미터

반동 용수철집

5발 들이 탄창 덮개

웨블리-포스베리 권총

1899년, 조지 포스베리 중령은 자동으로 젖혀지는 리볼버를 설계했는데, 한 번 당기면 용수철이 총열과 실린더를 함께 밀어내는, 연동 장치를 채택했다. 전투 환경에는 너무 약한 것으로 드러났다.

연도	1900년
출처	영국
무게	1.1킬로그램
총열	19센티미터
구경	0.455인치

슬라이드

실린더를 잡아 주는 쐐기

수동 당김 레버

나폴레옹 전쟁
19세기 초의 근접 전투에는 검, 총검,
권총, 소총이 널리 사용되었으며, 원거리
전투에는 대포와 사정 거리가 긴 소총이 사용되었다.
대포의 파괴력이 가장 셌는데, 포환이 발사되면 산탄통과
유탄(榴彈)이 적진의 병사들 근처 혹은 사이에서 폭발해 그들의 목숨을
앗아 갔다.

혁명의시대

함포

함포는 구포, 선회포, 장총포, 캐러네이드 등의 화포류와 더불어 적군의 함선을 파괴하거나 그 선원들을 살상하기 위해서 설계된 무기이다. 이 총포들은 상태 나쁜 도로나 험지로 끌고 다닐 필요가 없어서 일반적으로 지상용보다 무겁고 화력도 좋았다. 19세기를 거치면서 범선이 증기선으로 대체되었으며, 장전 방식은 지상 작전 지원에 사용된 경량급 함포를 포함해 전장식 총포가 후장식 총포로 대체되었다.

영국 13인치 구포

구포는 다양한 발사 각도로 고폭탄 (high-explosive shell)을 발사할 수 있는 포신이 짧은 화포였다. 사진의 화포는 1727년 지브롤터 포위전(영국과 에스파냐의 영토 전쟁 가운데 13차전)에서 활약했던 투폭함(bomb vessel), HMS 선더 호에 배치되었던 것으로 보인다.

연대	1726년
출처	영국
무게	4.1톤
무게	1.6미터
구경	13인치

이동용 손잡이

포신 보강부

포미에 부착한 구부러진 손잡이

"1778년 카론" 이라고 새겨진 포이

영국 4파운드 선회포

캐런 사에서 제작한 캐러네이드 시제품. 이 선회포는 회전축에 포이(砲耳)를 부착했으며, 포미에는 구부러진 기다란 손잡이를 부착했다.

연대	1778년
출처	영국
길이	31.8센티미터
구경	3.31인치

포구 보강부(발포 시 압력 증가로 인한 포구 손상을 막기 위한 설계로, 주둥이 부분이 약간 벌어지도록 제작했다.)

포구 속도가 낮은 28구경 포신

점화공

목재 포가

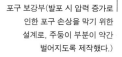

주철 24파운드 장총포

이 24파운드 장총포는 범선 시대에 사용된 다재다능한 대포의 하나로, 호위함처럼 규모가 작은 함선의 주력 무기로 사용되거나 중량이 더 나가는 36파운드 대포를 주력 무기로 하는 전열함의 보조 무기로 사용되었다.

운반용 목제 바퀴

연대	1785년
출처	영국
무게	2.9톤
길이	2.9미터
구경	5.8인치

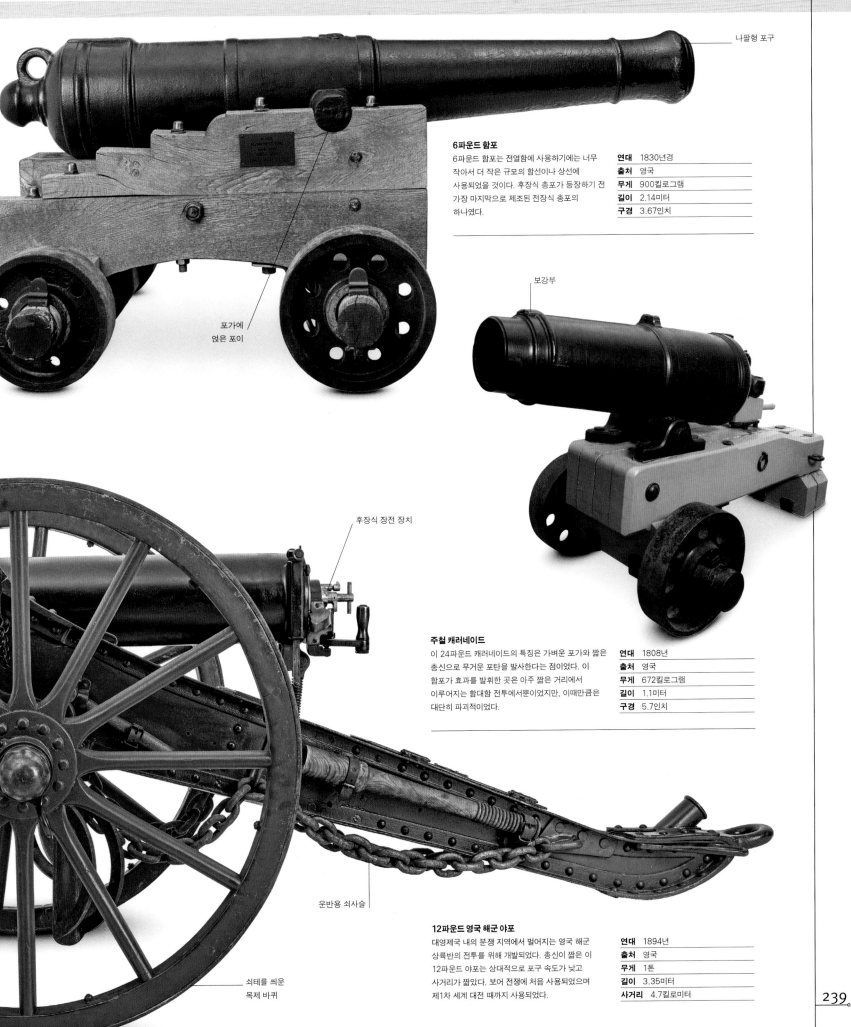

나팔형 포구

6파운드 함포
6파운드 함포는 전열함에 사용하기에는 너무
작아서 더 작은 규모의 함선이나 상선에
사용되었을 것이다. 후장식 총포가 등장하기 전
가장 마지막으로 제조된 전장식 총포의
하나였다.

연대	1830년경
출처	영국
무게	900킬로그램
길이	2.14미터
구경	3.67인치

포가에
얹은 포이

보강부

주철 캐러네이드
이 24파운드 캐러네이드의 특징은 가벼운 포가와 짧은
총신으로 무거운 포탄을 발사한다는 점이었다. 이
함포가 효과를 발휘한 곳은 아주 짧은 거리에서
이루어지는 함대함 전투에서뿐이었지만, 이때만큼은
대단히 파괴적이었다.

연대	1808년
출처	영국
무게	672킬로그램
길이	1.1미터
구경	5.7인치

후장식 장전 장치

운반용 쇠사슬

12파운드 영국 해군 야포
대영제국 내의 분쟁 지역에서 벌어지는 영국 해군
상륙반의 전투를 위해 개발되었다. 총신이 짧은 이
12파운드 야포는 상대적으로 포구 속도가 낮고
사거리가 짧았다. 보어 전쟁에 처음 사용되었으며
제1차 세계 대전 때까지 사용되었다.

연대	1894년
출처	영국
무게	1톤
길이	3.35미터
사거리	4.7킬로미터

쇠테를 씌운
목제 바퀴

전장포

18세기부터 19세기 초 나폴레옹 시대(1799~1815년)까지 화포의 주류는 전장식 활강포였다. 1815년 이후에는 강선포를 도입하려는 시도가 있었지만 두 방식이 혼존하게 되면서 전장식 활강포가 계속해서 널리 사용되다가 19세기 후반에 이르러서 후장식으로 대체되었다.

끝으로 갈수록 가늘어지는 형태의 약실을 포강(砲腔)에 배치한 포미부

포구 보강부

러시아 리코른

리코른은 화포와 곡사포의 요소를 결합한 러시아 대포의 프랑스 어 명칭이다. 이 말은 유니콘을 의미하며, 러시아 어로는 이디노르그(Единорог)이다. 이 총포는 크림 전쟁(1853~1856년) 시기에 사용되었으며, 포환 등의 둥근 탄환과 포도탄, 산탄, 고폭탄을 발사할 수 있었다.

연대	1793년
출처	러시아
무게	2.76톤
길이	2.8미터
구경	205밀리미터

포가

용머리 모양으로 장식한 포구

포신 보강부

프랑스 12파운드 야포

이 12파운드 화포는 나폴레옹 군대가 사용한 가장 큰 야전포로, 18세기 말 프랑스가 총포류를 재정비하고 개선하기 위해 도입한 그리보발 체계(systéme Gribeauval)의 일환으로 채용된 무기였다. 이 야포는 사거리 1000미터에서도 효과적이었다.

연대	1794년
출처	프랑스
무게	885킬로그램
길이	2.1미터
구경	122밀리미터

운반용 쇠사슬

돌고래 손잡이

포구 강화테

프랑스 6파운드 야포

이 6파운드 야포는 프랑스 혁명력(프랑스 혁명기에 도입되어 1793년부터 약 12년 동안 사용된 달력) 11년 체계(나폴레옹 1세가 도입한 포병 체계)의 화포로, 그리보발 체계의 4파운드 야포와 8파운드 야포를 보완하는 유용한 무기로 간주되었다. 메츠에서 제조된 사진의 야포는 1815년 워털루 전투 때 영국군에 의해 노획된 것이다.

연대	1813년
출처	프랑스
무게	383킬로그램
길이	1.68미터
구경	96밀리미터

쇠테 목제 바퀴

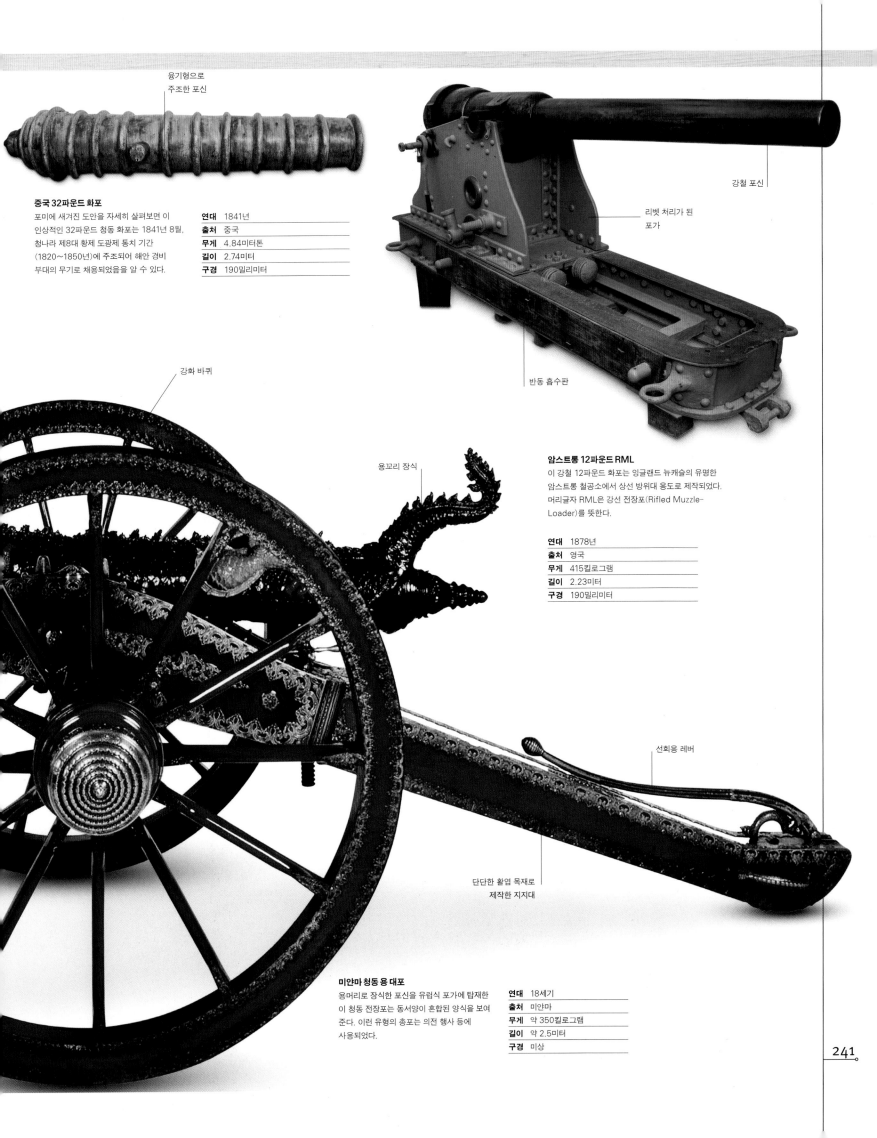

융기형으로
주조한 포신

중국 32파운드 화포
포미에 새겨진 도안을 자세히 살펴보면 이
인상적인 32파운드 청동 화포는 1841년 8월,
청나라 제8대 황제 도광제 통치 기간
(1820~1850년)에 주조되어 해안 경비
부대의 무기로 채용되었음을 알 수 있다.

연대	1841년
출처	중국
무게	4.84미터톤
길이	2.74미터
구경	190밀리미터

강철 포신

리벳 처리가 된
포가

반동 흡수판

강화 바퀴

용꼬리 장식

암스트롱 12파운드 RML
이 강철 12파운드 화포는 잉글랜드 뉴캐슬의 유명한
암스트롱 철공소에서 상선 방위대 용도로 제작되었다.
머리글자 RML은 강선 전장포(Rifled Muzzle-
Loader)를 뜻한다.

연대	1878년
출처	영국
무게	415킬로그램
길이	2.23미터
구경	190밀리미터

선회용 레버

단단한 활엽 목재로
제작한 지지대

미얀마 청동 용 대포
용머리로 장식한 포신을 유럽식 포가에 탑재한
이 청동 전장포는 동서양이 혼합된 양식을 보여
준다. 이런 유형의 총포는 의전 행사 등에
사용되었다.

연대	18세기
출처	미얀마
무게	약 350킬로그램
길이	약 2.5미터
구경	미상

후장포

영국의 엔지니어 윌리엄 암스트롱(1810~1900년)은 1855년에 최초의 현대적 강선 후장포를 설계했다. 포탄과 화약 추진제를 포미로 장전하는 후장포에는 오목 나사를 이용해서 점화공이라고 하는 작은 구멍을 뚫어 포신을 보호했다. 후장식은 전장식보다 빠르게 발사할 수 있어 효율성이 훨씬 더 높았으며, 기존의 화약 대신 새로 개발된 추진제를 채용함으로써 사거리가 대폭 확장되었다.

강화 강철 포신

암스트롱 40파운드 RBL

암스트롱 40파운드 RBL(Rifled Breech-Loading, 강선 후장포)는 영국 왕립 해군에서는 현측 대포로, 육군에서는 요새 방어 무기로 채용했다. 1863년 8월 영국 해군이 일본 사쓰마 번과 가고시마 만에서 포격전을 벌일 때(사쓰에이 전쟁) 이 대포가 투입되었다.

연대	1861년
출처	영국
길이	3미터
구경	120밀리미터
사거리	2.56킬로미터

45밀리미터 구경의 강철 포신

휘트워스 45밀리미터 후장식 함포

휘트워스 45MM은 육각형 강선과 휘트워스 슬라이드 격발 장치를 채택한 후장식 함포이다. 소형 함포에 많이 쓰이던 원뿔형 포대에 탑재하여 사용했다. 이 함포는 영국 왕립 해군 요트의 방어 무기 체계의 일부였다.

연대	1875년
출처	영국
길이	94센티미터
구경	45밀리미터
사거리	360미터

포신 승강용 타륜

원뿔형 포대

맥심 GQ 1파운드 함포 '폼폼'

포탄을 발사할 때 나는 소음 때문에 '폼폼(Pom-Pom)'이라는 별명으로 불렸던 이 포는 세계 최초의 기관포이다. 폼폼 기관포는 맥심 기관총의 확대판이라고 할 수 있는데, 기관총이 총알을 발사했다면 이 포는 포탄을 발사했다.

연대	1890년
출처	영국
길이	1.09미터
구경	37밀리미터
사거리	3.1킬로미터

암스트롱 12파운드 RBL

후장식을 채택한 초창기 현대적 강선포의 하나인 12파운드 암스트롱포는 일찍이 1859년에 영국 육군에 채용되었다. 이 강선포를 효과적으로 조작하기 위해서는 포대원 9명이 필요했다.

연대	1859년
출처	영국
길이	2.13미터
구경	7.62센티미터
사거리	3.1킬로미터

지지대

대공포로 사용되었다.

황동 외피

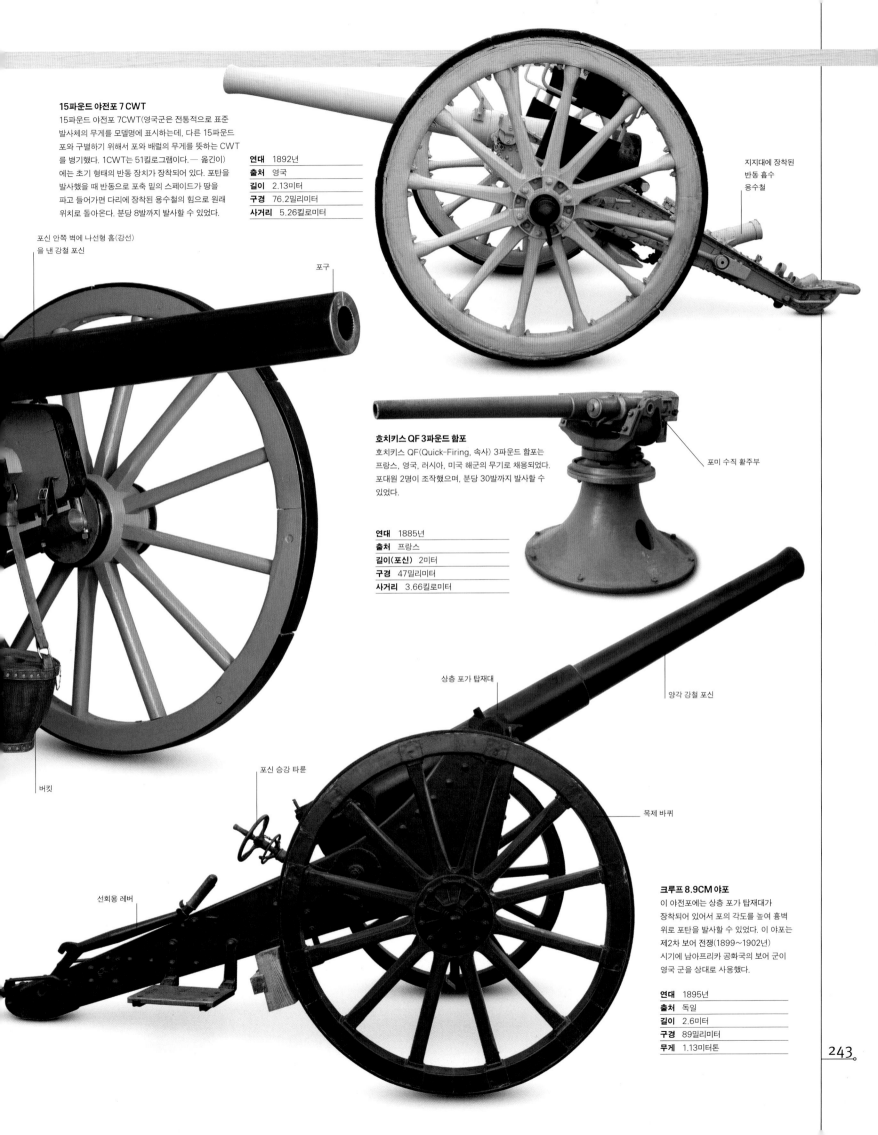

15파운드 야전포 7 CWT

15파운드 야전포 7CWT(영국군은 전통적으로 표준
발사체의 무게를 모델명에 표시하는데, 다른 15파운드
포와 구별하기 위해서 포와 배럴의 무게를 뜻하는 CWT
를 병기했다. 1CWT는 51킬로그램이다. ─ 옮긴이)
에는 초기 형태의 반동 장치가 장착되어 있다. 포탄을
발사했을 때 반동으로 포축 밑의 스페이드가 땅을
파고 들어가면 다리에 장착된 용수철의 힘으로 원래
위치로 돌아온다. 분당 8발까지 발사할 수 있었다.

연대	1892년
출처	영국
길이	2.13미터
구경	76.2밀리미터
사거리	5.26킬로미터

지지대에 장착된
반동 흡수
용수철

포신 안쪽 벽에 나선형 홈(강선)
을 낸 강철 포신

포구

호치키스 QF 3파운드 함포

호치키스 QF(Quick-Firing, 속사) 3파운드 함포는
프랑스, 영국, 러시아, 미국 해군의 무기로 채용되었다.
포대원 2명이 조작했으며, 분당 30발까지 발사할 수
있었다.

포미 수직 활주부

연대	1885년
출처	프랑스
길이(포신)	2미터
구경	47밀리미터
사거리	3.66킬로미터

버킷

상층 포가 탑재대

양각 강철 포신

포신 승강 타륜

목제 바퀴

선회용 레버

크루프 8.9CM 야포

이 야전포에는 상층 포가 탑재대가
장착되어 있어서 포의 각도를 높여 흉벽
위로 포탄을 발사할 수 있었다. 이 야포는
제2차 보어 전쟁(1899~1902년)
시기에 남아프리카 공화국의 보어 군이
영국 군을 상대로 사용했다.

연대	1895년
출처	독일
길이	2.6미터
구경	89밀리미터
무게	1.13미터톤

수발식 머스킷과 소총

18세기가 시작될 무렵 단순하고 튼튼한 수발식 장치의 거의 최종 형태가 나왔다. 이 시기 수발총에 없는 것은 롤러 베어링과, 사실상 불발 사고를 없애 준 강화 덧쇠(서로 연관된 부속들을 지탱해 주는 금속 띠)뿐이었다. 이 수발식 격발 장치의 안정성 덕분에 영국 육군의 머스킷과 프랑스의 샤를비유 같은 무기들은 각각 수십만 정씩 생산되었으며, 거의 한 세기 동안 아주 사소한 부분만 개선되면서 지속적으로 사용되었다.

총자루 연장부

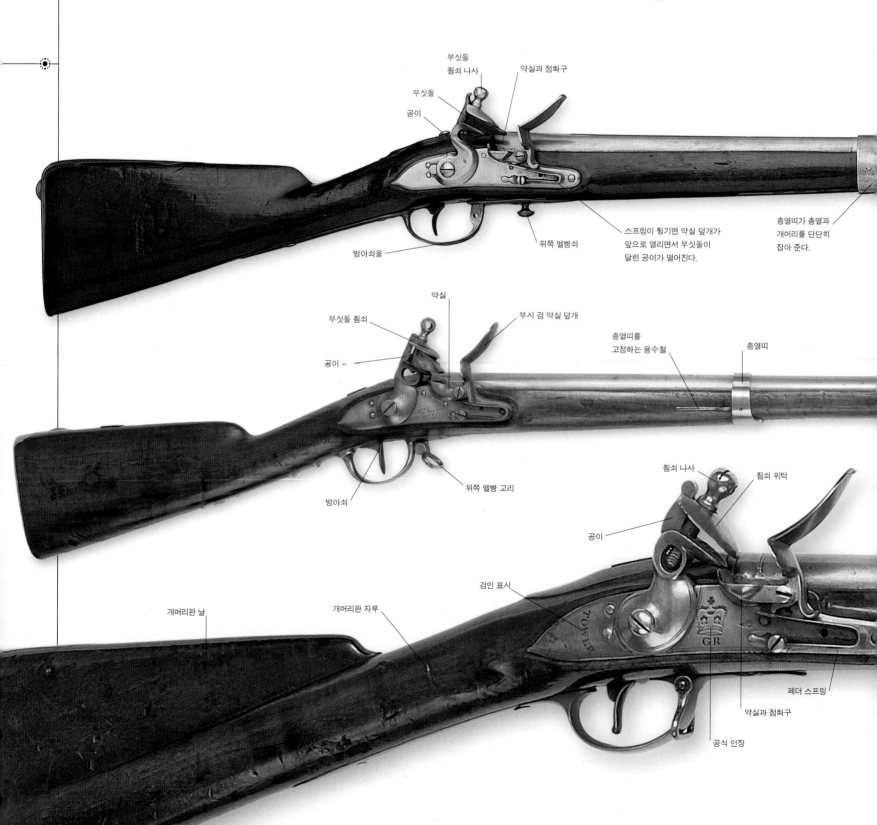

부싯돌
쵐쇠 나사

부싯돌

공이

약실과 점화구

방아쇠울

뒤쪽 멜빵쇠

스프링이 튕기면 약실 덮개가
앞으로 열리면서 부싯돌이
달린 공이가 떨어진다.

총열띠가 총열과
개머리를 단단히
잡아 준다.

약실

부싯돌 쵐쇠

공이

부시 겸 약실 덮개

총열띠를
고정하는 용수철

총열띠

방아쇠

뒤쪽 멜빵 고리

쵐쇠 나사

쵐쇠 위턱

공이

개머리판 날

개머리판 자루

검인 표시

페더 스프링

약실과 점화구

공식 인장

총열띠

가늠쇠

노리쇠가 총열 끝에 돌쩌귀로 연결되었고 30도 위로 꺾어 장전한다.

멜빵 걸쇠

총열 앞머리 뚜껑과 총열띠

총열 소제용 막대

노리쇠 멈치

격발 장치 덮개

홀 소총

존 핸콕 홀의 소총은 1811년에 설계되어 1819년에 군대에 도입되었는데, 개방형 노리쇠를 채택한 미국 최초의 표준 소총이었다. 이 노리쇠는 앞쪽에 돌쩌귀가 달려 있으며, 30도 위로 꺾어 장전한다. 홀 소총과 홀 기병총은 후에 뇌관 소총 형태로 생산되었는데, 이 모델은 노리쇠뭉치를 통째로 빼낼 수 있었으며, 권총으로 사용할 수 있었다.

연도	1819년
출처	미국
무게	4.68킬로그램
총열	82.5센티미터
구경	0.54인치

공이

불꽃 막이

부시

개머리판

방아쇠

총열띠

1809년형 프로이센 머스킷

영국의 브라운 베스 또는 프랑스의 샤를비유에 해당하는 프로이센 소총인 1809년형 머스킷은 베를린의 포츠담 병기고에서 제작되었다. 경쟁 제품들과 달리 약실 주위에 (놋쇠) 불꽃 막이를 장착하는 것을 표준으로 삼았지만, 다른 요소들은 비슷했다. 이 수발식 소총의 대부분은 뇌관 소총으로 전환되었다.

연도	1809년
출처	독일
무게	4킬로그램
총열	104.5센티미터
구경	0.75인치

멜빵 걸쇠

총열 앞머리 뚜껑과 총열띠

꽂을대

총검을 고정하는 구멍

총검을 끼우는 관

1798년형 오스트리아 머스킷

오스트리아 황제 레오폴트 2세와 프로이센의 프리드리히 빌헬름 2세가 프랑스의 루이 16세를 왕위에 복귀시키겠다는 의지를 천명한 1791년, 오스트리아는 프랑스의 화력에 문자 그대로 압도당하는 상태임을 깨달았다. 그 결과, 프랑스의 1777년형 소총을 베낀 신형 머스킷 제작을 의뢰했다. 여기에는 약간의 개선이 이루어졌는데, 그중에서도 꽂을대 장착 방식 변화가 눈에 띈다.

연도	1798년
출처	오스트리아
무게	4.2킬로그램
총열	114.3센티미터
구경	0.65인치

삼각 끼르기 칼날

가늠쇠

총검 고정핀

앞쪽 멜빵 고리

총검을 고정하는 구멍

총열 앞머리 뚜껑과 총열띠

샤를비유 머스킷

샤를비유 머스킷이 선보인 것은 1754년이며, 여러 차례 개량을 거치면서 1840년대까지 나왔다. 많은 1776년형이 미국으로 들어갔으며, 다음해에 개선된 모델이 나오자 영국군을 물리친 미국군의 주무기가 되었다.

연도	1776년
출처	프랑스
무게	4.2킬로그램
총열	113.5센티미터
구경	0.65인치

총열 고정핀

인도형 머스킷

브라운 베스의 최종 모델은 총열의 길이가 앞선 모델들과 달랐다. 117센티미터이던 것이 1760년대에 106.5센티미터로, 최종적으로 99센티미터가 되었다. 이 모델은 동인도 회사에 공급하기 위한 것이었으며, 1840년대까지 군대의 무기로 사용되었다.

연도	1797년 이후
출처	영국
무게	4.1킬로그램
총열	99센티미터
구경	0.75밀리그램

전체 모양

세
혁
명
의
시
대

베이커 소총

1800년 2월, 베이커 소총이 육군 군수국이 개최한 대회에서 우승해 영국 육군 최초의 공식 소총이 되었다. 이 소총은 독일에서 사용되는 것과 비슷했는데, 총열에 새로운 요소가 추가되었다. 얕은 혹은 '느린' 선조—총열을 90도만 돌리게 되어 있는 구조—덕분에 소총을 깨끗하게 유지할 수 있었으며, 따라서 좀 더 오래 사용할 수 있었다. 처음에는 선발병에게만 지급되었으며, 이 조치는 1838년에 폐기되었다.

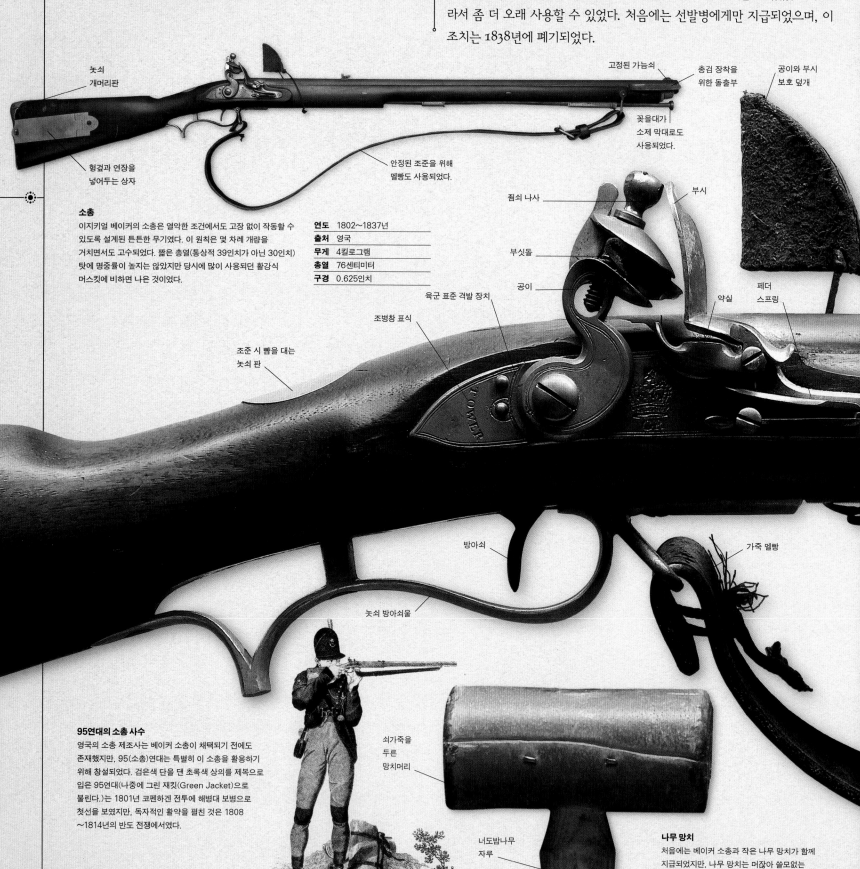

놋쇠 개머리판

헝겊과 연장을 넣어두는 상자

고정된 가늠쇠

총검 장착을 위한 돌출부

꽂을대가 소제 막대로도 사용되었다.

안정된 조준을 위해 멜빵도 사용되었다.

공이와 부시 보호 덮개

조임쇠 나사

부시

부싯돌

공이

약실

페더 스프링

소총

이지키얼 베이커의 소총은 열악한 조건에서도 고장 없이 작동할 수 있도록 설계된 튼튼한 무기였다. 이 원칙은 몇 차례 개량을 거치면서도 고수되었다. 짧은 총열(통상적 39인치가 아닌 30인치) 탓에 명중률이 높지는 않았지만 당시에 많이 사용되던 활강식 머스킷에 비하면 나은 것이었다.

연도	1802~1837년
출처	영국
무게	4킬로그램
총열	76센티미터
구경	0.625인치

육군 표준 격발 장치

조병창 표식

조준 시 뺨을 대는 놋쇠 판

방아쇠

가죽 멜빵

놋쇠 방아쇠울

95연대의 소총 사수

영국의 소총 제조사는 베이커 소총이 채택되기 전에도 존재했지만, 95(소총)연대는 특별히 이 소총을 활용하기 위해 창설되었다. 검은색 단을 댄 초록색 상의를 제복으로 입은 95연대(나중에 그린 재킷(Green Jacket)으로 불린다.)는 1801년 코펜하겐 전투에 해병대 보병으로 첫선을 보였지만, 독자적인 활약을 펼친 것은 1808 ~1814년의 반도 전쟁에서였다.

쇠가죽을 두른 망치머리

너도밤나무 자루

나무 망치

처음에는 베이커 소총과 작은 나무 망치가 함께 지급되었지만, 나무 망치는 머잖아 쓸모없는 것으로 증명되었다. 손으로 누르는 것만으로도 총알을 꽂아 넣기 충분했기 때문이다.

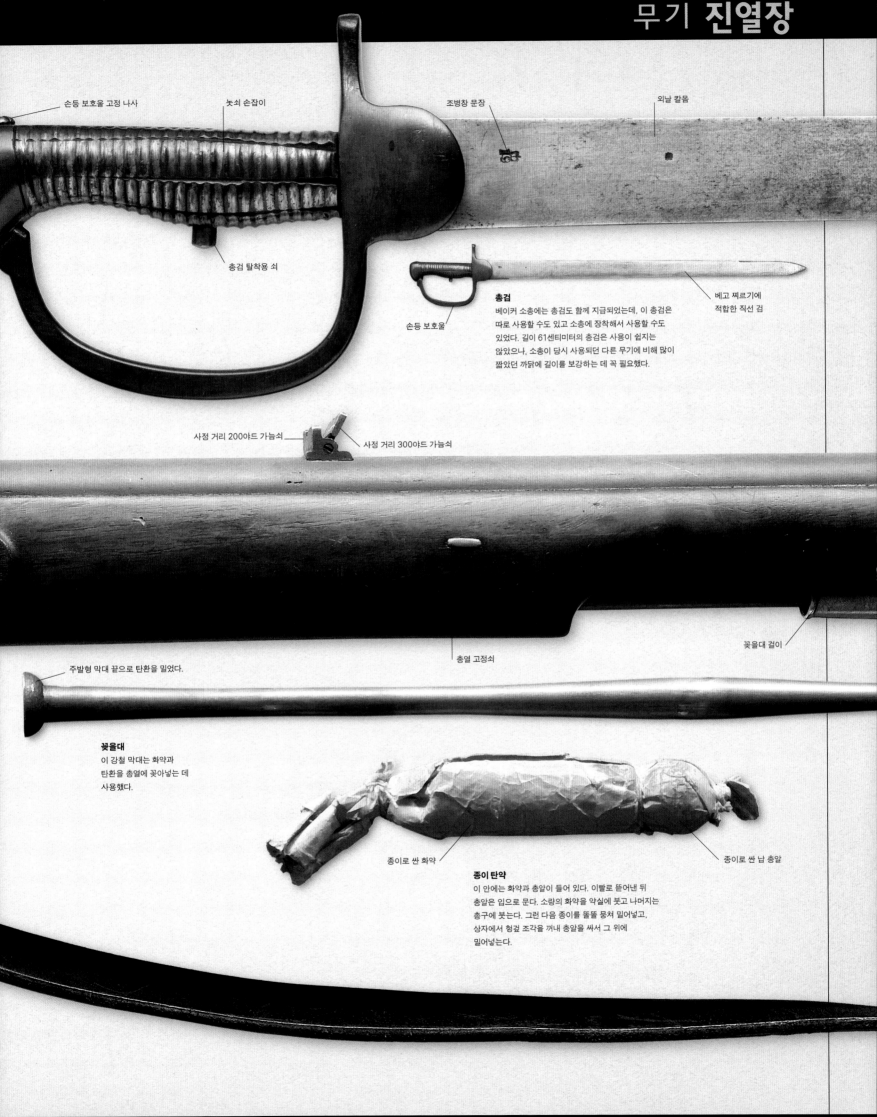

손등 보호울 고정 나사

놋쇠 손잡이

조병창 문장

외날 칼몸

총검 탈착용 쇠

손등 보호울

총검
베이커 소총에는 총검도 함께 지급되었는데, 이 총검은
따로 사용할 수도 있고 소총에 장착해서 사용할 수도
있었다. 길이 61센티미터의 총검은 사용이 쉽지는
않았으나, 소총이 당시 사용되던 다른 무기에 비해 많이
짧았던 까닭에 길이를 보강하는 데 꼭 필요했다.

베고 찌르기에
적합한 직선 검

사정 거리 200야드 가늠쇠

사정 거리 300야드 가늠쇠

꽂을대 걸이

총열 고정쇠

주발형 막대 끝으로 탄환을 밀었다.

꽂을대
이 강철 막대는 화약과
탄환을 총열에 꽂아넣는 데
사용했다.

종이로 싼 화약

종이로 싼 납 총알

종이 탄약
이 안에는 화약과 총알이 들어 있다. 이빨로 뜯어낸 뒤
총알은 입으로 문다. 소량의 화약을 약실에 붓고 나머지는
총구에 붓는다. 그런 다음 종이를 똘똘 뭉쳐 밀어넣고,
상자에서 헝겊 조각을 꺼내 총알을 싸서 그 위에
밀어넣는다.

뇌관 머스킷과 소총

1820년경에 발명된 뇌산수은(뇌홍) 뇌관은 화기에 혁명을 가져왔다. 뇌관을 더 간단하면서도 안정도 높게 만들 수 있게 된 것이다. 19세기 중반, 세계의 모든 무기가 이 뇌관을 채택했다. 같은 시기 노튼이 개발하고 제임스 버튼이 최종 형태로 개선한 덤덤탄(탄체가 터지면서 납 알갱이가 인체에 퍼지게 만든 총알—옮긴이)이 도입되는데, 이 덕분에 총구 장전식 소총의 장전 속도가 머스킷만큼 신속해졌다.

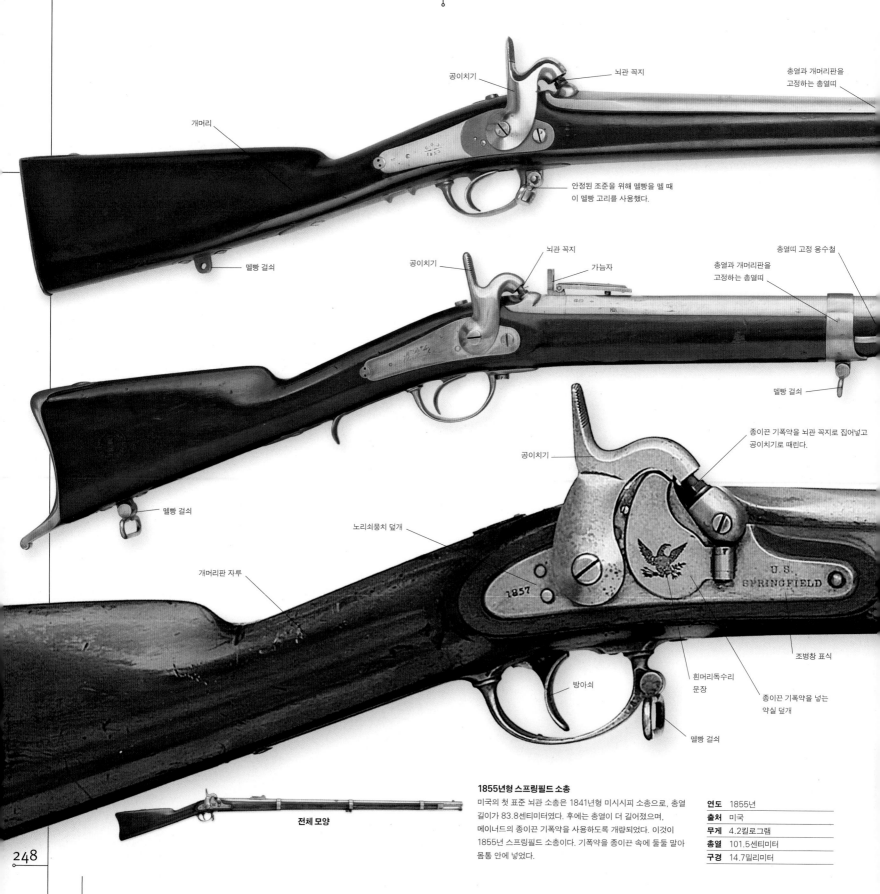

공이치기

뇌관 꼭지

총열과 개머리판을 고정하는 총열띠

개머리

안정된 조준을 위해 멜빵을 멜 때 이 멜빵 고리를 사용했다.

멜빵 걸쇠

공이치기

뇌관 꼭지

가늠자

총열띠 고정 용수철

총열과 개머리판을 고정하는 총열띠

멜빵 걸쇠

공이치기

종이끈 기폭약을 뇌관 꼭지로 집어넣고 공이치기로 때린다.

멜빵 걸쇠

노리쇠뭉치 덮개

개머리판 자루

1857

U.S. SPRINGFIELD

조병창 표식

방아쇠

흰머리독수리 문장

종이끈 기폭약을 넣는 약실 덮개

멜빵 걸쇠

전체 모양

1855년형 스프링필드 소총

미국의 첫 표준 뇌관 소총은 1841년형 미시시피 소총으로, 총열 길이가 83.8센티미터였다. 후에는 총열이 더 길어졌으며, 메이너드의 종이끈 기폭약을 사용하도록 개량되었다. 이것이 1855년 스프링필드 소총이다. 기폭약을 종이끈 속에 둘둘 말아 몸통 안에 넣었다.

연도	1855년
출처	미국
무게	4.2킬로그램
총열	101.5센티미터
구경	14.7밀리미터

뇌관 꼭지

공이치기

가늠자

총열과 개머리판을
고정하는 총열띠

가늠쇠가 총검 장착부로도 기능한다.

흰머리독수리 문장

총열띠를 고정하는 용수철

멜빵 걸쇠

개머리판 끝덮개

소제 막대

멜빵 걸쇠

1863년형 스프링필드 소총 제2형

종이끈 기폭약(tape primer) 방식을 채택했던 1855년형
스프링필드 소총의 반응이 신통치 않자 개선된 1861년형이
나왔지만 그 자체로는 완전 무결하지 못했으며 특히 공이치기와
뇌관 꼭지가 문제였다. 1863년형은 결함을 해결했으며 다른
부분도 개선되었다. 제2형은 미군에서 사용된 최후의 총구 장전식
무기였다.

연도	1863년
출처	미국
무게	4.3킬로그램
총열	101.5센티미터
구경	0.58인치

총열띠를 고정하는 용수철

개머리판 끝덮개와 세번째
총열띠를 결합한 장치

총검 장착구

총검 장착관

멜빵 걸쇠

1853년 표준형 화승총

1840년대에 이르면 철 총열 대신 강철 총열이 생산된다. 그러나
강철은 녹이 더 쉽게 슬었기 때문에 표면에 산화막을 입히는 청소법
(bluing)이라는 표면 처리법이 도입되었다. 사진의 이 총과 아래
소총은 군대 공급용이 아니어서 산화 처리를 하지 않았다.

연도	1853년
출처	프랑스
무게	4.25킬로그램
총열	103센티미터
구경	18밀리미터

가늠쇠

소제 막대

개머리판 끝의 덮개와 두 번째 총열띠가 결합한 장치

1842년형 무스케통 다틸레리

무스케통 다틸레리(mousqueton d'artillerie)는 1822년에 처음
프랑스 군에 공급되었다. 그 후 뇌관 점화 방식으로 개량된 사진의
1842년형은 선조가 개선되었으며 공이치기와 뇌관 꼭지 설계에
변화가 이루어졌다. 다양한 형태로 생산되었지만 포병들에게
지급된 것은 86센티미터짜리로, 총열띠가 2개였다

연도	1843년
출처	프랑스
무게	4.6킬로그램
총열	86센티미터
구경	18밀리미터

가늠자

총열과 개머리판을
고정하는 총열띠

총열띠 용수철

공이치기

뇌관 꼭지

가늠자

총열띠

육각 총구 총열

가늠쇠

개머리판 날

조병창 표식

회전이 가능한 멜빵 걸쇠

소제 막대

위트워스 소총

조지프 위트워스(가장 유명한 업적은 나사줄을 규격화한 것이다.)
는 영국군에 시험용으로 납품할 소총을 제작했는데, 이 소총은
총구가 육각형이고 총알도 육각형이다. 사정 거리가 1.4킬로미터
이상이어도 명중률이 유지되었지만 가격이 1853년형 엔필드 소총
의 4배여서 육군에 채택되지 못했다.

연도	1856년
출처	영국
무게	4.55킬로그램
총열	91.45센티미터
구경	0.45인치

르 파주 엽총

피에르 르 파주는 일찌기 1716년에 화승총 사수로서 파리에서 사업을 시작해 후에 왕실 총포 제조자로 임명되었다. 그의 일을 1782년 조카인 장이 물려받았는데, 장은 나폴레옹 황제의 가신이 되어 단독으로 왕실 조병창의 무기를 개장(改裝)하는 임무를 맡았다. 1822년 아들 앙리가 아버지 일을 이어받았는데, 이 시기 나폴레옹이 세인트헬레나 섬에서 유배 중에 사망했다. 이 엽총은 1840년 나폴레옹의 유해가 프랑스로 돌아온 것을 기념해 제작되었다.

여기에 나선형 '벌레'를 끼운다.

전체 모양

멜빵 걸쇠

돋을새김 장식을 넣은 공이치기

나폴레옹의 머릿글자 'N'이 뱀 위에 박혀 있다.

멜빵 걸쇠

르 파주 엽총

이 총은 기술면으로도 탁월했지만 진정한 매력은 장식이었다. 개머리 자루의 당초무늬는 철심을 넣어 입체감을 주었으며 나폴레옹의 생애와 일부 전투의 이름을 금속 세공으로 묘사했다.

연도	1840년
출처	프랑스
무게	5킬로그램
총열	80센티미터
구경	8구경

철사로 돋을새김을 한 개머리판의 당초무늬

앞방아쇠를 당기면 오른쪽 총열에서 총알이 발사된다.

뒷방아쇠를 당기면 왼쪽 총열에서 총알이 발사된다.

주조한 탄환의 자투리 부분을 잘라내는 칼날

방아쇠울에 나폴레옹의 유해가 돌아온 날짜가 새겨져 있다.

총알 주조기

뇌관 엽총은 들새나 물새를 잡을 때는 작은 산탄 총알을 장전하지만 덩치 큰 짐승에 사용할 때는 탄환을 장전한다. 이 주조기는 탄환을 만들 때 사용했다.

종이 뭉치 펀치

화약을 넣고 탄환을 넣기 전에 보통은 뭉친 종이를 총열에 넣는다. 탄환을 총열에 꼭 맞게 하려면 종이 뭉치가 꼭 필요했기 때문에 총의 연장에는 종이 뭉치를 자르는 도구가 포함되었다.

망치머리

손으로 잡고 사용하는 망치머리는 총알을 총열에 꽂을대로 밀어넣을 때 쓰는 보조 도구였다.

노리쇠 몸통의 막대에
고리를 끼워 총열을
개머리에 고정한다.

뇌관 꼭지

르 파주의 이름과
나폴레옹의 전투 장면이
새겨진 총열 옆구리

꽂을대
이 총의 꽂을대는 소제 막대로도 사용되며, 나선형
'벌레'를 끼워 불발탄을 꺼내는 데도 사용되었다.

위에서 내려다본 총열

개머리판 끝 덮개

핀으로 고정한 총열

피라미드 전투를 묘사한
격발 장치판

화약 측정 눈금

뿔 화약통
흔히 동물의 뿔을 화약통으로 썼는데, 가볍고
견고하기 때문이었다. 주둥이에는 측정
장치를 달았다.

절단 레버

멜빵 걸쇠

뇌관 디스펜서
이 디스펜서는 뇌관을 총의 꼭지에 직접
연결하기 위해 고안된 부속이다. 다른
종류의 디스펜서는 (양철로 된 느슨한
뚜껑을 사용해) 다루기 힘들고 시간이
많이 걸렸다.

멜빵 걸쇠

후장식 뇌관 소총

19세기의 총포 제조자들은 밀폐 문제—개방형 노리쇠에서 가스가 새지 않도록 만드는 문제—를 해결하기 위해 독창적인 방법을 동원했다. 밀폐 문제는 황동 탄약통이 등장할 때까지 안정성을 확보하지 못했지만, 개중에는 나름의 성공을 거두어 상당량 판매한 제조사도 있다. 특히 카빈총이 기병들에게 환영받았는데, 조작이 쉬워진 데다 뒤에서 장전하는 방식 덕분에—이론상—안장에 앉은 채로 재장전할 수 있었기 때문이다.

샤프스 카빈총

크리스천 샤프스는 1848년에 후장식 소총을 고안했다. 방아쇠울을 밑으로 당긴 뒤 앞으로 밀면 노리쇠가 열려 노리쇠뭉치가 리넨 탄약통의 뒷부분을 잘라낸 뒤 닫힌다. 미국 남북 전쟁 중 연방군이 8만 정의 샤프스 카빈총을 구입해 기병 연대에 공급했다. 노리쇠가 비스듬한 이 희귀 모델은 1852년에 만들어진 것으로 메이너드 종이끈 기폭약을 사용한다.

연도	1848년
출처	미국
무게	3.5킬로그램
총열	45.5센티미터
구경	0.52인치

공이치기

가늠자

가늠쇠

헝겊 상자

미끄러지는 노리쇠뭉치

종이끈 기폭약 약실

개방형 노리쇠 레버

멜빵 걸쇠

공이치기

가늠자

노리쇠 약실. 노리쇠 손잡이를 왼쪽 아래로 돌린다.

멜빵 걸쇠

공이치기

종이끈 기폭약 약실

왕실 등록 번호

헝겊 상자

강철 개머리판

노리쇠뭉치

방아쇠

앞쪽 방아쇠는 종이끈 기폭약을 앞으로 민다.

뒤 멜빵 고리

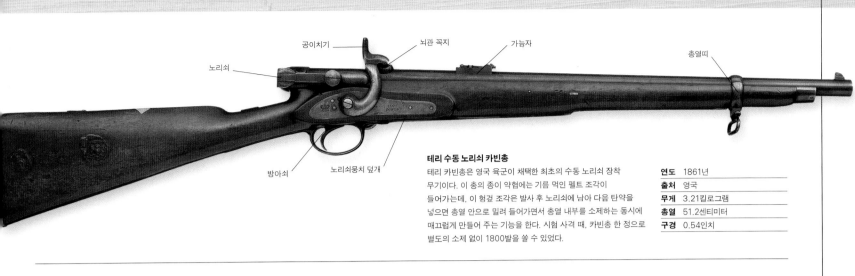

공이치기　　　뇌관 꼭지　　　가늠자

노리쇠　　　　　　　　　　　　　　　　　　　　　　　　　　　　　　총열띠

방아쇠　　　노리쇠뭉치 덮개

테리 수동 노리쇠 카빈총
테리 카빈총은 영국 육군이 채택한 최초의 수동 노리쇠 장착
무기이다. 이 총의 종이 약협에는 기름 먹인 펠트 조각이
들어가는데, 이 헝겊 조각은 발사 후 노리쇠에 남아 다음 탄약을
넣으면 총열 안으로 밀려 들어가면서 총열 내부를 소제하는 동시에
매끄럽게 만들어 주는 기능을 한다. 시험 사격 때, 카빈총 한 정으로
별도의 소제 없이 1800발을 쏠 수 있었다.

연도	1861년
출처	영국
무게	3.21킬로그램
총열	51.2센티미터
구경	0.54인치

공이치기

'원숭이 꼬리'
노리쇠 레버

소제 막대

노리쇠뭉치

웨슬리 리처즈 '원숭이 꼬리' 카빈총
버밍엄의 우수한 총 제조사 웨슬리 리처즈 사는 영국 육군에 두
유형의 카빈총을 공급했다. 하나는 강하식 노리쇠 방식을 채택한
총이고, 다른 하나(사진)는 전면 돌쩌귀가 달린 비스듬한 노리쇠
방식을 채택한 총인데, 길고 굽은 작동 레버 때문에 이 총의 별명이
'원숭이 꼬리'가 되었다. 웨슬리 리처즈의 카빈총은 뇌관이 탄약통
가운데를 때리게 되어 있다.

연도	1866년
출처	영국
무게	3킬로그램
총열	45.5센티미터
구경	0.45인치

소제 막대

총열띠 고정용 용수철

개머리판 끝덮개와
총열띠가 결합된 부속

샤스포 뇌관 카빈총
1850년대 중반, 프랑스 황실 조병창의 총포 제조자들이 수동
노리쇠를 장착한 후장 뇌관 소총을 실험하기 시작했다. 알퐁스
샤스포는 고무 고리로 노리쇠를 잠그는 방식을 고안했다. 후에 그는
공이치기 대신 노리쇠 안에 뇌관을 때리는 침을 장착했는데, 이
아이디어는 프랑스 육군이 제식 채용한 1866년 모델로
사용되었다.

연도	1858년
출처	프랑스
무게	3.03킬로그램
총열	72센티미터
구경	13.5밀리미터

가늠쇠

단계식 총열

그린 카빈총
소량 제작되어 크림 전쟁 중 영국 육군에 공급된 그린 카빈총은
작동 방식이 번거로워 경쟁 모델들에 밀렸다. 총열은 90도 회전
방식이었다. 90도 돌리면 노리쇠가 열리고, 총을 휘둘러 흔든 뒤
새 탄약을 장전했다. 이 모델은 뇌관이 아닌 메이너드 종이끈
기폭약을 이용했다.

연도	1855년
출처	미국
무게	3.4킬로그램
총열	22센티미터
구경	0.54인치

커스터 장군의 마지막 공격
남북 전쟁 때 처음 사용된 뒤 인디언 전쟁에서 사용된 샤프스 카빈총은 미군
기병들이 선호한 무기다. 하지만 수 족과 샤이엔 족 원주민과 대결한 리틀 빅혼
전투에서는 제7기병대의 패배를 막지 못했다.

총검

붉은 제복

머스킷과 총검으로 전투하던 시대에는 붉은 제복을 입은 보병이 영국 정규군의 핵심이었다. 이들은 토지를 소유하지 못한 가난한 실직자 신병으로 이루어졌는데, 술을 얻어 마시거나, 군 생활의 매력에 혹하거나, 혹은 사소한 범죄로 징역 사는 대신 '1실링 경화(병역 계약 징표로 신병에게 지급된 화폐—옮긴이)'를 받았다. 웰링턴 공작이 "인간 쓰레기"라고 불렀던 이들은 많은 전투에서 승리를 거둔 용감한 전사들이었으며, 나폴레옹 전쟁에서 영국군에 승리를 가져다준 것도 이들이었다.

훈련과 기강

영국 보병은 일치단결해 싸우고 명령에는 망설임 없이 복종하며 개개인의 생각은 억누르도록 훈련받았다. 이는 혹독한 훈련과 무자비한 규율, 그리고 수시로 가해진 채찍질과 소속 연대와 동료들에 대한 전우애를 통해 획득되었다. 당시의 무기 수준과 전술을 고려할 때, 훈련과 기강을 강조하지 않을 수 없었다. 영국 보병대의 주요 무기인 브라운 베스 머스킷은 명중률이 형편없었기 때문에 일제 사격 훈련을 받아야만 효력을 발휘할 수 있었다. 그들은 전투 시에 아무런 방어 도구 없이 일렬 혹은 방진을 지어 쏟아지는 머스킷 탄환을 뚫고 전진하거나 포격 속에 흔들림 없이 서 있는 법을 훈련받아야 했다. 흔들림 없는 총검 대열로 최후의 방어선을 지키는 것이 죽음을 피하는 가장 확실한 방법이었다. 앞이 보이지 않는 포연 속에서 아군과 적군을 가려야 하는 전장에서 이들의 화려한 붉은 제복은 그 효력을 발휘했다.

워털루 전투
1815년 6월 워털루, 나폴레옹 전쟁 마지막 전투에서 프랑스 기병대에 방진을 짜고 맞서는 영국 보병대. 웰링턴 공작이 능숙하게 이끈 영국군은 흔들림 없는 기강과 전우애로 무장하고 프랑스 군과 싸웠다.

> " 그들은 처참히 패했다. …… 그러나 그것을 알지 못해 달아나려 들지 않았다. "

1811년 알부에라 전투가 끝나고, 술트 원수

전투 장비

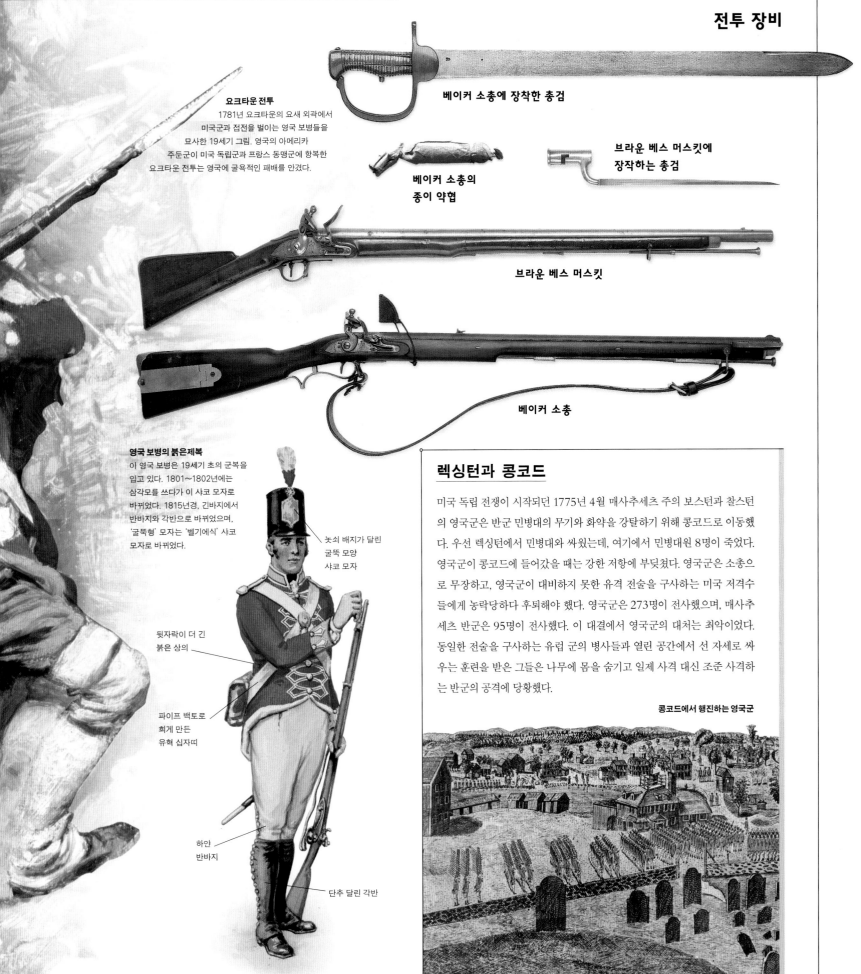

베이커 소총에 장착한 총검

요크타운 전투
1781년 요크타운의 요새 외곽에서 미국군과 접전을 벌이는 영국 보병들을 묘사한 19세기 그림. 영국의 아메리카 주둔군이 미국 독립군과 프랑스 동맹군에 항복한 요크타운 전투는 영국에 굴욕적인 패배를 안겼다.

베이커 소총의 종이 약협

브라운 베스 머스킷에 장작하는 총검

브라운 베스 머스킷

베이커 소총

영국 보병의 붉은제복
이 영국 보병은 19세기 초의 군복을 입고 있다. 1801~1802년에는 삼각모를 쓰다가 이 샤코 모자로 바뀌었다. 1815년경, 긴바지에서 반바지와 각반으로 바뀌었으며, '굴뚝형' 모자는 '벨기에식' 샤코 모자로 바뀌었다.

놋쇠 배지가 달린 굴뚝 모양 샤코 모자

뒷자락이 더 긴 붉은 상의

파이프 백토로 희게 만든 유혁 십자띠

하얀 반바지

단추 달린 각반

렉싱턴과 콩코드

미국 독립 전쟁이 시작되던 1775년 4월 매사추세츠 주의 보스턴과 찰스턴의 영국군은 반군 민병대의 무기와 화약을 강탈하기 위해 콩코드로 이동했다. 우선 렉싱턴에서 민병대와 싸웠는데, 여기에서 민병대원 8명이 죽었다. 영국군이 콩코드에 들어갔을 때는 강한 저항에 부딪쳤다. 영국군은 소총으로 무장하고, 영국군이 대비하지 못한 유격 전술을 구사하는 미국 저격수들에게 농락당하다 후퇴해야 했다. 영국군은 273명이 전사했으며, 매사추세츠 반군은 95명이 전사했다. 이 대결에서 영국군의 대처는 최악이었다. 동일한 전술을 구사하는 유럽 군의 병사들과 열린 공간에서 선 자세로 싸우는 훈련을 받은 그들은 나무에 몸을 숨기고 일제 사격 대신 조준 사격하는 반군의 공격에 당황했다.

콩코드에서 행진하는 영국군

엽총 1775~1900년

19세기의 특징은 많은 분야에서 이뤄진 혁신과 발명이다. 총포 제조 분야도 예외는 아니었다. 19세기 초에는 아무리 평범한 총이라도 하나하나 손으로 만들어야 했기에 제작만이 아니라 수선까지도 비용이 많이 드는 일이었다. 하지만 19세기 후반기에 대부분의 총이 대량 생산되기 시작하면서 총의 구입이 쉬워졌으며, 전에는 최고급 총에서만 가능했던 품질과 안전성을 값싼 총에서도 기대할 수 있게 되었다.

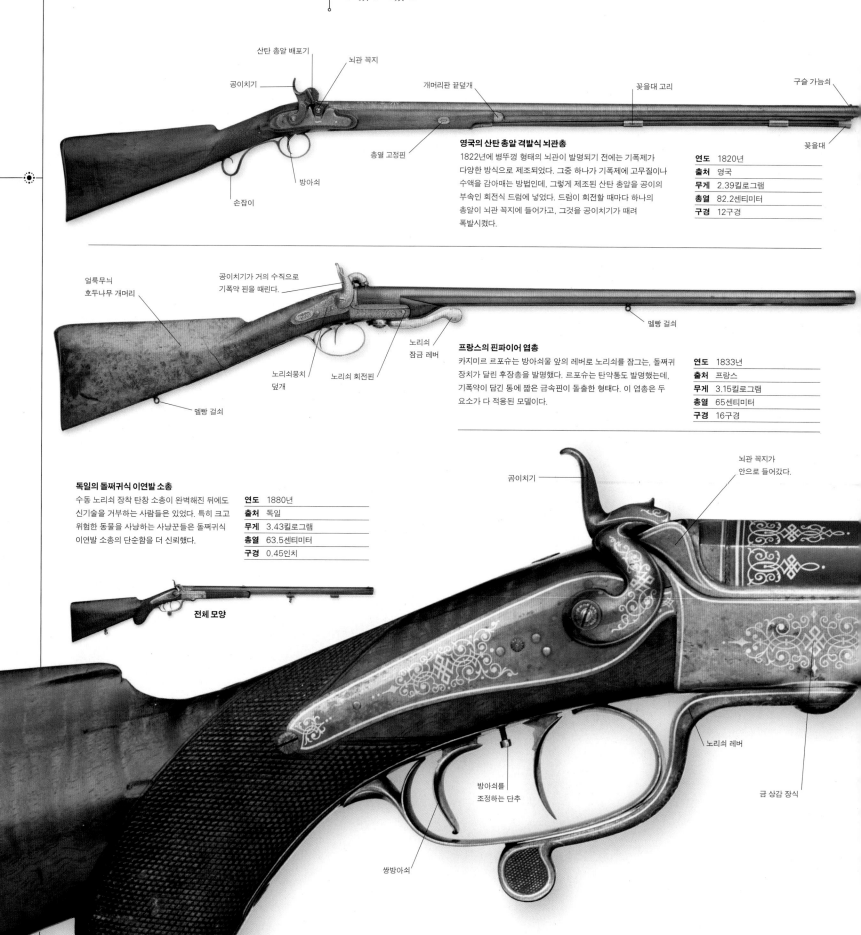

산탄 총알 배포기
뇌관 꼭지
공이치기
개머리판 끝덮개
꽂을대 고리
구슬 가늠쇠
총열 고정핀
방아쇠
손잡이
꽂을대

영국의 산탄 총알 격발식 뇌관총

1822년에 병뚜껑 형태의 뇌관이 발명되기 전에는 기폭제가 다양한 방식으로 제조되었다. 그중 하나가 기폭제에 고무질이나 수액을 감아매는 방법인데, 그렇게 제조된 산탄 총알을 공이의 부속인 회전식 드럼에 넣었다. 드럼이 회전할 때마다 하나의 총알이 뇌관 꼭지에 들어가고, 그것을 공이치기가 때려 폭발시켰다.

연도	1820년
출처	영국
무게	2.39킬로그램
총열	82.2센티미터
구경	12구경

얼룩무늬 호두나무 개머리
공이치기가 거의 수직으로 기폭약 핀을 때린다.
멜빵 걸쇠
노리쇠 잠금 레버
노리쇠뭉치 덮개
노리쇠 회전핀
멜빵 걸쇠

프랑스의 핀파이어 엽총

카지미르 르포슈는 방아쇠울 앞의 레버로 노리쇠를 잠그는, 돌쩌귀 장치가 달린 후장총을 발명했다. 르포슈는 탄약통도 발명했는데, 기폭약이 담긴 통에 짧은 금속핀이 돌출한 형태다. 이 엽총은 두 요소가 다 적용된 모델이다.

연도	1833년
출처	프랑스
무게	3.15킬로그램
총열	65센티미터
구경	16구경

독일의 돌쩌귀식 이연발 소총

수동 노리쇠 장착 탄창 소총이 완벽해진 뒤에도 신기술을 거부하는 사람들은 있었다. 특히 크고 위험한 동물을 사냥하는 사냥꾼들은 돌쩌귀 이연발 소총의 단순함을 더 신뢰했다.

연도	1880년
출처	독일
무게	3.43킬로그램
총열	63.5센티미터
구경	0.45인치

전체 모양

공이치기
뇌관 꼭지가 안으로 들어갔다.
노리쇠 레버
방아쇠를 조정하는 단추
쌍방아쇠
금 상감 장식

독일의 수동 노리쇠 엽총

마우저 총기 회사가 민간과 군수 공히 전 세계 수동 노리쇠 소총 시장을 석권하면서, 마우저의 엽총이 표준이 되었다. 이 소총은 1888년형 보병 소총의 격발 장치를 카빈총에 맞게 개량한 것으로, 노리쇠 손잡이를 납작하게 접을 수 있다. 5발 들이 탄창은 만리허가 개발했다.

연도	1890년
출처	독일
무게	3.2킬로그램
총열	63.5센티미터
구경	7.9밀리미너 X 57

약실 / 노리쇠 / 가늠자 / 만곡식 가늠쇠 / 가늠쇠 날 / 안전 장치 / 밑으로 접힌 노리쇠 손잡이 / 5발 들이 일체형 탄창 / 준권총형 총자루에 체크무늬를 새긴 탄창 / 멜빵 걸쇠

콜트 패터슨 연발 소총

새뮤얼 콜트는 1835년 10월 런던에서 6연발 권총(리볼버)으로 첫 특허를 받고 뉴저지 주 패터슨에 첫 공장을 설립했다. 그는 권총뿐만 아니라 연발 소총 생산도 시작했지만, 설비가 부족해 곧 파산했다. 패터슨에서 생산한 콜트 소총은 매우 희귀한데, 첫 특허로 설계된 이 사진의 모델이 그 예로, 공이치기를 안으로 넣은 8연발 소총이다.

연도	1837년
출처	미국
무게	3.9킬로그램
총열	81.3센티미터
구경	0.36인치

가늠자 / 움푹 들어간 뇌관 꼭지 / 실린더를 고정하는 쐐기가 회전핀을 관통한다. / 흠을 내지 않은 민짜 실린더에 7개의 약실이 들어 있다. / 뒤로 젖히는 고리

영국 룩 앤드 래빗 소총

오늘날에는 한물갔지만 빅토리아 시대 시골 별장의 저녁 만찬에는 떼까마귀(rook) 파이가 등장하곤 했는데, 총구가 좁은 이 단순한 소총이 떼까마귀와 토끼(rabbit) 사냥에 쓰였다고 해서 이름도 그렇게 붙었다. 사진 속 모델은 돌쩌귀식으로, 1855년 프레더릭 왕자가 특허낸 방식을 사용해 방아쇠울 앞의 레버로 노리쇠를 잠근다.

연도	1860년
출처	영국
무게	1.63킬로그램
총열	63.5센티미터
구경	0.37인치

공이치기 / 가늠자 / 총열띠 / 구슬 가늠쇠 / 방아쇠 / 노리쇠 잠금 레버

손이 미끄러지지 않도록 개머리판 끝부분에 체크무늬를 새겼다. / 가늠자 / 손에 맞게 모양을 만든 개머리판 끝덮개 / 총열 회전핀

영국의 격발식 엽총

카지미르 르포슈의 격발식 엽총은 조슈아 쇼의 뇌관 소총이 나와 구식이 된 한참 뒤까지도 엽총 사냥꾼들에게 인기를 누렸다. 공이치기 뒤쪽에서 작동하는 노리쇠 방식과 측면 노리쇠 잠금 레버를 채택한 이 모델은 훌륭한 제품이지만 장식은 거의 없다. 런던의 새뮤얼 앤드 찰스 스미스 사의 작품이다.

연도	1860년경
출처	영국
무게	3.07킬로그램
총열	76.2센티미터
구경	12구경

공이치기 / 짧아진 개머리판 끝 / 총열 고정핀 / 노리쇠뭉치 덮개 / 노리쇠 멈치 / 쌍방아쇠

오스만 제국의 소화기

17세기 말, 오스만 제국은 콘스탄티노플(이스탄불)을 수도로 하고, 발칸 반도의 여러 나라들을 지나 오스트리아까지, 북아프리카를 가로질러 거의 지브롤터 해협까지, 북으로는 러시아, 동으로는 거의 호르무즈 해협까지, 남으로는 수단까지 뻗어나갔다. 이처럼 거대한 영토를 정복하고 지배하기 위해서는 탁월한 군사적 안목과 최첨단 무기가 필요했다. 따라서 오스만 제국에서는 일찌감치 총포 제조업이 번성했다. 지금까지 남아 있는 많은 총기가 크게 보면 유럽 모델을 베낀 것을 화려하게 장식한 것이지만, 일부 오스만 머스킷은 인도 소화기의 영향을 받기도 했다.

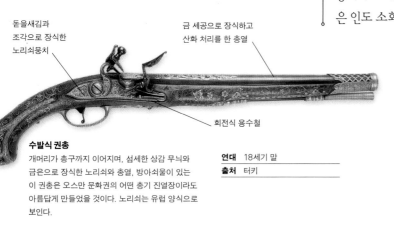

돋을새김과 조각으로 장식한 노리쇠뭉치

금 세공으로 장식하고 산화 처리를 한 총열

회전식 용수철

수발식 권총
개머리가 총구까지 이어지며, 섬세한 상감 무늬와 금은으로 장식한 노리쇠와 총열, 방아쇠울이 있는 이 권총은 오스만 문화권의 어떤 총기 진열장이라도 아름답게 만들었을 것이다. 노리쇠는 유럽 양식으로 보인다.

연대	18세기 말
출처	터키

산화 처리하지 않은 총열

좁은 개머리

장식이 총구까지 이어진다.

구형 총자루 끝

수발식 권총
구형(球形) 개머리를 금속으로 만든 이 18세기 권총(한 쌍 중 한 자루)은 은을 도금한 다음 조각했다. 노리쇠뭉치에는 제작자 이름 '로시'가 새겨져 있는데, 적어도 노리쇠는 이탈리아에서 수입했음을 시사한다.

연도	1788년
출처	카프카스
총열	31.7센티미터

레몬 모양으로 마감된 개머리

부시

장식이 총구까지 이어진다.

수발식 권총
완만하게 경사진 개머리와 날씬한 '레몬' 자루끝으로 장식한 이 권총은 한 세기 혹은 그 이전의 유럽 권총을 연상시킨다. 이 권총은 오스만 제국에서 제작된 총의 공통된 특징인 총구 둘레의 도금 장식을 보여 준다.

연대	18세기
출처	터키

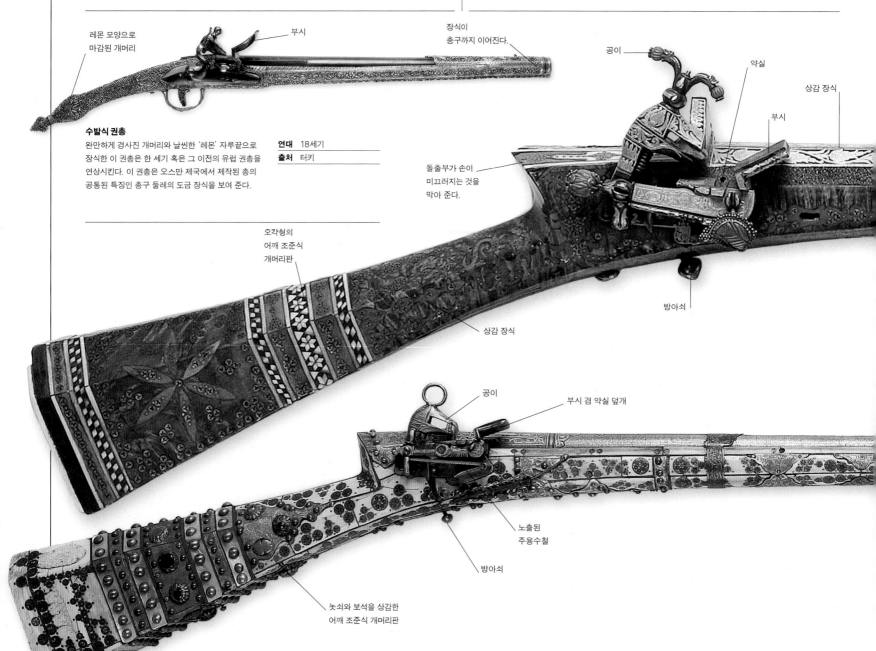

공이

약실

상감 장식

부시

돌출부가 손이 미끄러지는 것을 막아 준다.

방아쇠

오각형의 어깨 조준식 개머리판

상감 장식

공이

부시 겸 약실 덮개

노출된 주용수철

방아쇠

놋쇠와 보석을 상감한 어깨 조준식 개머리판

은 상감

장식된
노리쇠뭉치

도금 상감 세공

산화 처리하지
않은 총열

나팔형 총구

체크무늬를
새긴 총자루

장식이 화려한
호두나무 개머리판

매다는 고리

안장 장착용 막대

수발식 카빈총
은 도금과 상감으로 장식한 이 총은 어깨 조준식 개머리판의
나팔총이지만, 사실은 기병용 대형 권총이다. 총에 새겨진 문구에
따르면 '수도승 아르룰라'의 작품인데, 안장에 매달기 위한 막대와
고리가 있는 것을 볼 때, 분명 기병을 위해 만들었을 것이다.

연대	18세기초
출처	터키
총열	34.3센티미터

도금을 입혀
조각한
개머리판

노리쇠뭉치

공이

약실

부시

탄약을 퍼뜨리고 장전을
용이하게 하기 위한 나팔형 총구

방아쇠울

안장 장착용 막대

수발식 카빈총
위의 모델보다 장식이 더 화려한 이 은 도금 나팔총은 전시용으로
제작한 것으로 보인다. 노리쇠뭉치에는 '런던 인가'라는 글귀가 새겨져
있는데, 영국 노리쇠의 복제본임을 시사한다.

연대	18세기 말
출처	터키

팔각형 총열

꼰 실로 만든
총열띠

스내펀스 튀펭크
활강 머스킷인 이 튀펭크(tüfenk)는 전체적인 형태나
장식의 양식이 인도 북부에서 생산된 머스킷과 매우
비슷하다. 개머리판의 오각형 부분은 노리쇠의
돌출부에서 끝난다. 총열은 팔각형이며, 노리쇠는
스내펀스인데, 서양에서 이 노리쇠는 17세기 초에
폐기되었다.

연대	18세기 말
출처	터키
총열	72.4센티미터

전체 모양

총열띠

개머리판 전체가
상아 조각 장식이다.

꽂을대

발칸 제국의 미클레 튀펭크
이 19세기 초의 모델도 위의 스내펀스 튀펭크처럼
인도 머스킷과 닮았다. 노리쇠 전체를 상아 덮개로
처리했으며, 보석과 놋쇠 상감으로 장식했다.
에스파냐와 이탈리아에서 많이 사용했던 미클레
노리쇠가 북아프리카를 거쳐 오스만 제국까지 들어간
것으로 보인다.

연대	19세기 초
출처	터키
총열	114.3센티미터

혁명의 시대

단발 후장식 소총

노리쇠에 직접 장전하는 일체형 탄약통이 나온 뒤, 총 제조자들에게 주어진 숙제는 가스가 새지 않도록 막는 장치를 개발하는 것이었다. 결국에는 수동 노리쇠—폰 드라이제와 앙투안 샤스포가 개척하고 마우저 형제가 완성한 장치—가 승리를 얻었지만, 얼마간은 다양한 해법이 시도되었는데, 개중에는 기존 장치를 개량한 디자인도 있었고 마티니-헨리나 레밍턴 회전식 노리쇠 소총 같은 획기적인 설계안이 채택되기도 했다.

노리쇠 손잡이

멜빵 걸쇠

가늠자의 눈금이 1.6킬로미터까지 새겨져 있다.

놋쇠 손잡이

가늠자

공이를 결합한 '트랩도어'
노리쇠 덮개

가늠자

공이치기

노리쇠 덮개 돌쩌귀

강하식 노리쇠

가늠자

노리쇠가 젖힌 상태인지 아닌지를 알려주는 지시기

멜빵 걸쇠
(사격 자세 안정용 장치)

가늠자

회전식 폐쇄 장치

뒤로 젖히는 레버

공이치기

방아쇠울

쾨니히그레츠 전투

1866년 7월 3일, 쾨니히그레츠(자도바)
전투에서 프로이센은 드라이제 단발식
후장총의 막강한 화력에 힘입어 총구 장전식
소총으로 무장한 적군 오스트리아
패배시키고, 나아가 중부 유럽의 강대국이
될 수 있었다.

가늠쇠

소제 막대

멜빵 걸쇠

마우저 M/71

마우저 사는 드라이제 소총에 놋쇠 탄약통을 넣기 위한 개량을
시작했다. 결국 페터 파울 마우저가 새로운 설계안을 만들어
냈는데, 훨씬 더 강력한 탄환을 수용할 수 있으며 사정 거리가
800미터에 달했다. M/71보병 소총으로 마우저 사는 군용 소총
제조업계에서 우위를 점했다.

연도	1872년 이후
출처	독일
무게	4.5킬로그램
총열	83센티미터
구경	11밀리미터

총열띠를 고정하는
용수철

1841년형 드라이제 단발식 후장총

드라이제는 단순히 밑으로 내리는 노리쇠가 있고, 약협을 세로로
관통하는 침이 미니에 탄환 바닥의 뇌관을 때려 폭발시키는 소총을
생산했다. 이 소총은 황동 탄약통이 나오자 폐기되었지만, 프로이센
군은 1871년 보불 전쟁 때 여전히 이 소총으로 프랑스 군을
무찔렀다.

연도	1841년
출처	프로이센
무게	4.5킬로그램
총열	70센티미터
구경	13.6밀리미터

스프링필드 트랩도어 소총

일체형 탄약통이 완성되자 세계의 무기업계가 궁지에 빠졌다.
쓸모없게 된 총구 장전식 소총 수백만 정은 어찌할 것인가. 미군은
그 머스킷을 개량했는데, 총열 윗부분을 쳐내고, 탄약통을 넣을
약실을 만들고 전면 돌쩌귀식 노리쇠 덮개를 장착하고 공이를
결합했다.

연도	1874년
출처	미국
무게	4.5킬로그램
총열	82.5센티미터
구경	0 .45인치

총열과 개머리판을 고정하는 띠

마티니-헨리 MK1

영국 육군이 처음으로 설계한 후장식 소총 마티니-헨리는 강하식
노리쇠를 채택했는데, 레버를 밑으로 당겨 노리쇠를 열고 다시 위로
당기면 노리쇠가 닫히면서 공이치기가 뒤로 젖혀진다. 솜씨 좋은
사수는 1분당 20발을 조준 사격할 수 있었다.

연도	1871년
출처	영국
무게	4.7킬로그램
총열	85센티미터
구경	0.45마티니

멜빵 걸쇠

레밍턴 회전식 폐쇄 장치 소총

레밍턴이 개발한 후장식 소총은 1868년 파리 만국 박람회에서
세계 최고의 소총으로 인정받았으나 자국 내에서는 시장 형성이
어려웠다. 이 소총의 회전식 폐쇄 장치가 처음 나온 것은
1863년이었는데, 마티니-헨리의 강하식 노리쇠 총만큼 쉽게
사용할 수 있는 총은 아니었다.

연도	1890년경
출처	이집트
무게	4킬로그램
총열	89.6센티미터
구경	0.45인치

엔필드 머스킷

확장 탄환(expanding bullet)이 완성되면서 1등 사수만이 아니라 전 부대원에게 소총을 지급할 수 있게 되었는데, 머스킷만큼이나 빠른 장전이 가능해졌기 때문이다. 영국 육군은 그런 소총을 1851년에 도입했지만, 성능이 떨어져 1853년에 엔필드에 있는 군수국 공장에서 생산한 것으로 대체했다. 이 총은 1867년까지 공급되다가 미국의 제이콥 스나이더가 고안한 방식을 채택한 후장식 소총으로 바뀌었다. 1853년형 머스킷 소총은 겉으로는 단순해 보이지만 총 56개 부품으로 이루어져 있다.

탄약 포장
10발이 들어
있다.

전체 모양

공이치기

탄환
1853년형 머스킷은 0.568인치 구경 총열에 흑색 화약 4.43그램이 들어가는 34.35그램의 총알을 장전했는데, 총열에 선조를 새기면서 지름이 0.577인치로 확장되었다. 화약과 총알을 담은 탄약통을 10개 들이 묶음으로 뇌관 12개와 함께 지급했다.

노리쇠뭉치
덮개에 제조자의
이름과 표지가
새겨져 있다.

불꽃이 뇌관에서
노리쇠로 들어갈 수
있게 설계된 꼭지

손에 잡히는 굵기의
개머리 자루

멜빵쇠

방아쇠

1853년형 머스킷

이 머스킷은 대단히 성공적인 무기였다. 솜씨 좋은 보병의 손에 들어가면 시야 거리(820미터) 너머까지도 유효 사격이 가능했으며, 90미터 거리에서는 총알이 1.5센티미터 두께의 널빤지 여남은 장을 꿰뚫었다. 병사 한 명이 분당 3발에서 4발의 발사 속도를 유지했던 것으로 보인다.

연도	1853년
출처	영국
무게	4.05킬로그램
총열	83.8센티미터
구경	0.577인치

총구에 끼우는 소켓

총검

이 소켓형 총검은 검신이 삼각형이며 총구 앞에서 칼끝까지의 길이가 약 46센티미터이다. 제조하는 데 총 44가지 공정이 필요하다.

삼각형 검신

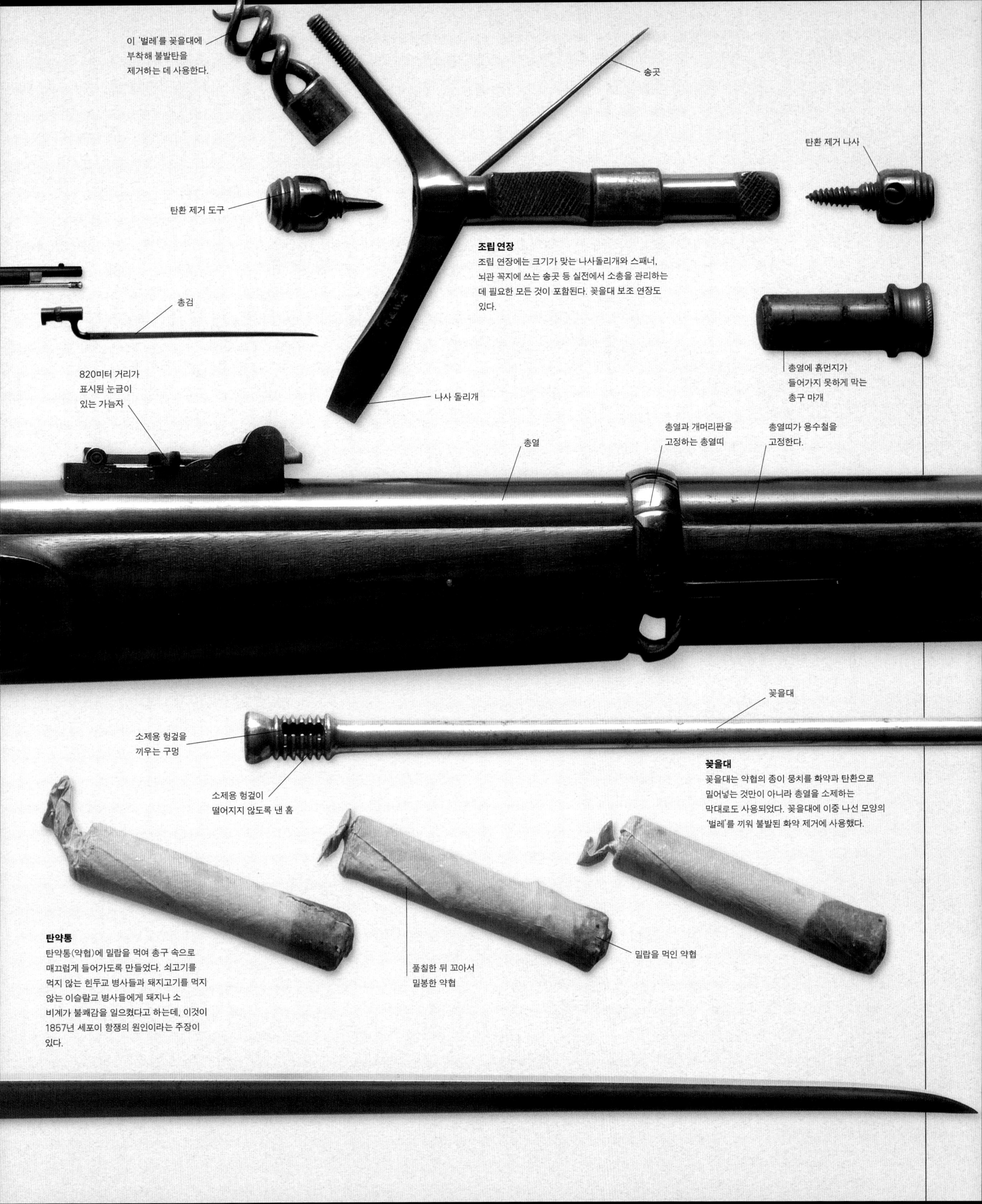

이 '벌레'를 꽂을대에
부착해 불발탄을
제거하는 데 사용한다.

송곳

탄환 제거 나사

탄환 제거 도구

조립 연장
조립 연장에는 크기가 맞는 나사돌리개와 스패너,
뇌관 꼭지에 쓰는 송곳 등 실전에서 소총을 관리하는
데 필요한 모든 것이 포함된다. 꽂을대 보조 연장도
있다.

총검

820미터 거리가
표시된 눈금이
있는 가늠자

총열에 흙먼지가
들어가지 못하게 막는
총구 마개

나사 돌리개

총열

총열과 개머리판을
고정하는 총열띠

총열띠가 용수철을
고정한다.

꽂을대

소제용 헝겊을
끼우는 구멍

꽂을대
꽂을대는 약협의 종이 뭉치를 화약과 탄환으로
밀어넣는 것이 아니라 총열을 소제하는
막대로도 사용되었다. 꽂을대에 이중 나선 모양의
'벌레'를 끼워 불발된 화약 제거에 사용했다.

소제용 헝겊이
떨어지지 않도록 낸 홈

탄약통
탄약통(약협)에 밀랍을 먹여 총구 속으로
매끄럽게 들어가도록 만들었다. 쇠고기를
먹지 않는 힌두교 병사들과 돼지고기를 먹지
않는 이슬람교 병사들에게 돼지나 소
비계가 불쾌감을 일으켰다고 하는데, 이것이
1857년 세포이 항쟁의 원인이라는 주장이
있다.

풀칠한 뒤 꼬아서
밀봉한 약협

밀랍을 먹인 약협

수동 장전식 연발 소총
1855~1880년

연발 소총과 연발 머스킷을 생산하려는 시도는 16세기부터 있었다. 콜트 사 등 여러 제조사의 뇌관 리볼버가 성공을 거두었음에도 연발 소총은 기폭약과 화약, 발사체가 하나에 담긴 일체형 탄약이 나오고 나서야 실전에 쓸 만한 무기가 될 수 있었다. 돌파구는 19세기 중반에 나왔고 그로부터 10년 이내에 연발 소총이 보편화되었다. 탄창에 담긴 탄환이 노리쇠에 장전되면 싱글액션 작동으로 먼저 사용된 탄피가 약실에서 제거되고, 공이치기를 세워 발사 준비를 완료한다.

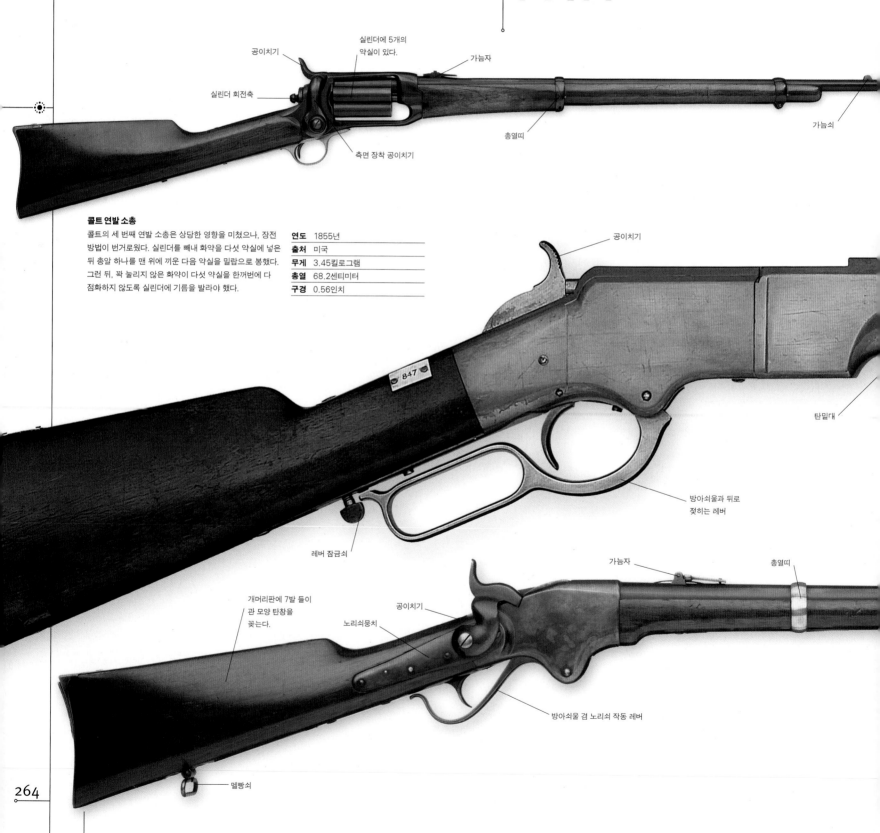

공이치기

실린더에 5개의 약실이 있다.

가늠자

실린더 회전축

총열띠

가늠쇠

측면 장착 공이치기

콜트 연발 소총

콜트의 세 번째 연발 소총은 상당한 영향을 미쳤으나, 장전 방법이 번거로웠다. 실린더를 빼내 화약을 다섯 약실에 넣은 뒤 총알 하나를 맨 위에 끼운 다음 약실을 밀랍으로 봉했다. 그런 뒤, 꽉 눌리지 않은 화약이 다섯 약실을 한꺼번에 다 점화하지 않도록 실린더에 기름을 발라야 했다.

연도	1855년
출처	미국
무게	3.45킬로그램
총열	68.2센티미터
구경	0.56인치

공이치기

847

탄밀대

방아쇠울과 뒤로 젖히는 레버

레버 잠금쇠

개머리판에 7발 들이 관 모양 탄창을 꽂는다.

공이치기

노리쇠뭉치

가늠자

총열띠

방아쇠울 겸 노리쇠 작동 레버

멜빵쇠

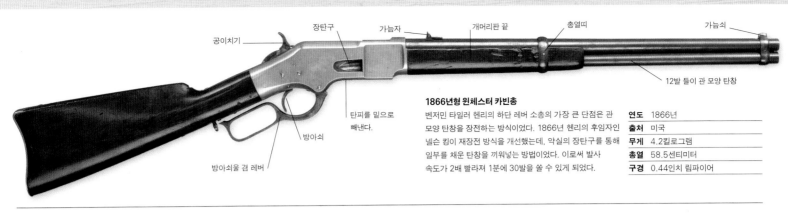

공이치기　　장탄구　　가늠자　　개머리판 끝　　총열띠　　가늠쇠

탄피를 밑으로
빼낸다.

방아쇠

방아쇠울 겸 레버

12발 들이 관 모양 탄창

1866년형 윈체스터 카빈총

벤저민 타일러 헨리의 하단 레버 소총의 가장 큰 단점은 관 모양 탄창을 장전하는 방식이었다. 1866년 헨리의 후임자인 넬슨 킹이 재장전 방식을 개선했는데, 약실의 장탄구를 통해 일부를 채운 탄창을 끼워넣는 방법이었다. 이로써 발사 속도가 2배 빨라져 1분에 30발을 쏠 수 있게 되었다.

연도	1866년
출처	미국
무게	4.2킬로그램
총열	58.5센티미터
구경	0.44인치 림파이어

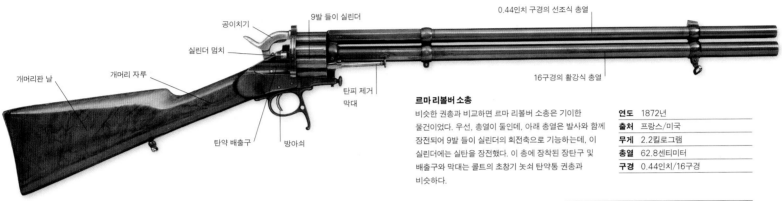

공이치기　　9발 들이 실린더　　0.44인치 구경의 선조식 총열

실린더 멈치

개머리판 날　　개머리 자루

탄피 제거
막대

탄약 배출구　　방아쇠

16구경의 활강식 총열

르마 리볼버 소총

비슷한 권총과 비교하면 르마 리볼버 소총은 기이한 물건이었다. 우선, 총열이 둘인데, 아래 총열은 발사와 함께 장전되어 9발 들이 실린더의 회전축으로 기능하는데, 이 실린더에는 실탄을 장전했다. 이 총에 장착된 장탄구 및 배출구와 막대는 콜트의 초창기 놋쇠 탄약통 권총과 비슷하다.

연도	1872년
출처	프랑스/미국
무게	2.2킬로그램
총열	62.8센티미터
구경	0.44인치/16구경

가늠자

15발 들이 탄창

1860년형 헨리

올리버 윈체스터는 뉴헤이븐 무기 회사를 세우고 타일러 헨리에게 운영을 맡겼다. 헨리의 첫 작업은 하단 레버 하나로 사용한 탄환을 빼내고 새 탄환을 장전하면 공이치기가 뒤로 제쳐지는 연발 소총을 설계하는 것이었다. 공이치기 잠금에는 두 부분으로 이루어진 빗장을 썼는데, 이 빗장은 토글 이음쇠로 연결했다. 같은 방식을 후에 막심이 기관총에, 보어하르트와 루거가 권총에 채택했다.

연도	1862년
출처	미국
무게	4킬로그램
총열	51센티미터
구경	0.44인치 림파이어

놋쇠로 끝을 댄
개머리판

전체 모양

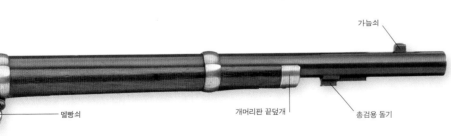

가늠쇠

멜빵쇠

개머리판 끝덮개　　총검용 돌기

스펜서 소총

크리스토퍼 스펜서가 여가 시간에 개발한 이 소총이 세계 최초로 실전에 사용하는 군용 연발 소총이 되었다. 총알 7발이 들어가는 관 모양 탄창을 개머리에 장전하고, 방아쇠울 겸 레버로 롤링식 노리쇠를 열어 탄피를 빼낸다. 노리쇠를 닫으면 새 탄환이 약실에 장전된다. 공이치기는 손으로 젖혔다.

연도	1863년
출처	미국
무게	4.55킬로그램
총열	72센티미터
구경	0.52인치

과거와 현재의 최고

과거와 미래에 동시에 발을 딛고 서 있는 연방군 하사관. 그는 칼과 카빈총을 동시에 들고 있다. 이 총은 1860년에 크리스토퍼 스펜서가 특허받은, 짧은 탄환을 장착한 연발 소총이다.

개틀링 기관총

발명가들은 수백 년에 걸쳐 다중 발화 무기를 만들려고 애썼다. 하지만 그 일이 실행 가능한 안건이 될 수 있었던 건, 19세기 중반에 이루어진 기계 공학의 진전을 통해서였다. 신형 기관총의 가장 초기 형태 가운데 하나를 특허받은 사람이 바로 리처드 조던 개틀링이다. 1862년이었다. 개틀링의 이 회전식 무기가 남북 전쟁(1861~1865년)에 투입되었고, 영국이 벌인 수많은 식민지 전투는 말할 것도 없다. 원래는 총열이 6개뿐이었지만, 후속 모델의 경우 10개로 늘어났다. 구경은 1인치에서 0.45인치로 축소되었다.

운반 손잡이

개별 탄통

브로드웰 탄창
개량형 브로드웰 드럼 탄창(Broadwell drum magazine)에는 탄통 20개가 들어갔다. 각각의 탄통에는 탄약이 20개 장전된다. 탄약이 다 소모되면, 드럼을 수동으로 돌려, 새 탄통을 급송해 준다. 이런 식으로 전부 400발을 발사했다.

탄약 상자 뚜껑

탄약 상자
탄약 상자의 용도는 브로드웰 탄창 드럼을 집어넣어 보관하는 것이었다. 이 용기는 개틀링 기관총 총열 양 옆, 바퀴 굴대 위에 탑재되었다. 분당 400발에 이르는 발사 속도를 고려하면, 많은 양의 탄약을 준비하는 일이 필수였다.

탄약
기존의 왁스를 바른 종이 재질 탄약통을 일원화된 신형의 황동 용기 탄약통으로 교체한 것이야말로, 개틀링 기관총 성공의 핵심이었다. 이런 식으로 해서 탄약에 강성이 생기자, 탄창에서 약실로 급송되는 과정에서도 작동 불능 상태에 빠지지 않게 된 것이다.

황동 탄약통

캐스커벨(Cascabel, 흑돌기) 손잡이

접이식 판자 의자

옆에서 본 모습

목제 바퀴는 바퀴살이
12개다.

장착된 탄창

캐스커벨 판

개틀링 기관총

사진의 모델 1874 개틀링은 영국 육군의 발주로
제작되었고, 총열이 10개며, 그 총열이 원통형 축
주위로 배열돼 있다. 손으로 크랭크를 돌리면,
총열이 회전하고, 일체형 탄약이 탄창에서 약실로
급송된다. 그러면 공이치기가 작동해, 탄환이
발사된다.

연도	1874년
출처	미국
무게	1000킬로그램
총열	67.3센티미터
구경	0.45인치

총열

크랭크 손잡이로 총열을
회전시킨다.

총이(포이) 베어링

선회판

승강 나사

승강 기어박스

보어 전쟁
20세기 초 기술 발전의 산물인 무연
화약, 자동 권총, 기계식 소총, 기관총이 영국과
보어 인 공화국(트란스발과 오렌지 자유주)의 갈등에
영향을 미쳤다. 이 전쟁에는 총검 등의 옛 무기들도 여전히
사용되었다.

수동 장전식 연발 소총 1881~1891년

연발 소총 1세대는 대부분 미국에서 고안된 하단 레버 설계를 따랐다. 폰 드라이제의 수동 노리쇠가 소개된 뒤로 1870년대에 페터 파울 마우저를 비롯한 총 제조자들이 이를 단발 소총에 받아들이면서 유럽 사용자들은 그것이 미국의 소총보다 월등히 앞서 있다고 믿었다. 수동 노리쇠는 안정성이 높았는데 그것은 노리쇠를 손으로 직접 잠궜기 때문이었다. 이것은 엎드려쏴를 할 때도 매우 효과적인 장치였다.

공이 / 노리쇠 손잡이 / 가늠자 / 총열띠 / 가늠쇠 / 총검 장착부 / 소제 막대

탈착식 12발 들이 상자형 탄창

멜빵 걸쇠

1889년식 슈미트-루빈 소총

1889년, 스위스 육군의 루돌프 슈미트 대령이 노리쇠를 일직선으로 당겨 여는 소총을 개발했다. (이 총에는 12발 들이 상자형 탄창이 사용되었다.) 이 모델이 표준 소총으로 지정되어 육군에 공급되어 약간만 개선되다가 1931년에 노리쇠가 절반 길이로 재설계되었다. 개선된 모델은 1950년대 말까지 사용되었으며, 저격병용은 1987년까지 사용되었다.

연도	1889년
출처	스위스
무게	4.45킬로그램
총열	78센티미터
구경	7.5밀리미터

노리쇠 손잡이

공이

노리쇠 손잡이

방아쇠

탄창 제거 누름쇠

탈착식 10발 들이 상자형 탄창

뒤에서 잠그는 노리쇠 / 노리쇠 손잡이 / 가늠자

직선형 개머리판

총열띠를 조이는 용수철

마우저 71/84

페터 마우저는 단발 노리쇠 방식의 1871년형 소총을 연발 소총으로 개조하기 위해 여러 시도를 했다. 비록 설계상의 약점이 널리 알려져 거의 곧바로 구식이 되었지만, 그 결과물은 1888년에 가서야 폐기되었다.

연도	1884년
출처	독일
무게	4.6킬로그램
총열	83센티미터
구경	11밀리미터

1888년형 보병 소총

M71/84의 교체를 위해 독일 육군은 특별 분과까지 설립했지만, 새로 나온 7.92밀리미터 탄환의 특성이 제대로 교육되지 않아 총기 폭발 사고가 많았다. 뿐만 아니라 상자형 탄창 설계가 형편없었으며, 바로잡을 기회조차 주어지지 않았다.

연도	1888년
출처	독일
무게	3.82킬로그램
총열	74센티미터
구경	7.92밀리미터 X 57 M88

노리쇠 손잡이
직선형 개머리
노리쇠는 뒤에서 잠근다.
가늠자
총열띠를 단단히 조이는 용수철
가늠쇠
개머리판 끝덮개
5발을 내장한 상자형 탄창

1888년형 크라흐-요르겐센 소총

많은 사람이 이 1888년형 크라흐-요르겐센(Krag-Jørgensen) 소총을 일종의 폐물로 취급한다. 그것은 이 모델의 5발 들이 탄창이 한 번에 한 발씩 넣는 수동 장전인 데다 노리쇠의 하나짜리 잠금쇠가 탄환 발사 속도를 떨어뜨리기 때문이다. 미국과 노르웨이, 두 나라 군대에 이 모델이 채택되었다는 것은 그것을 만든 사람들에게조차 놀라운 일이었다.

연도	1888년
출처	노르웨이
무게	4.05킬로그램
총열	76.2센티미터
구경	6.5밀리미터 X 55

노리쇠 손잡이
노리쇠
가늠자
전면 돌쩌귀 탄창 덮개

리-메트포드 소총

영국군은 마티니-헨리의 단발 소총을 대체하기 위해 1879년에 대회를 열었다. 11년 뒤, 영국군은 0.303인치 구경에 탄창을 갖춘 마크 I이라는 소총을 손에 넣었다. (이름이 1891년에 바뀌어 설계자 이름이 포함되었다.) 이 모델은 제임스 리의 작품인 폐쇄형 노리쇠와 상자형 탄창, 윌리엄 메트포드가 개발한 오손(汚損) 방지형 선조 총열을 채택했다.

연도	1888년
출처	영국
무게	4.3킬로그램
총열	76.7센티미터
구경	0.303인치

가늠자
전체 모양

1891년식 TS 기병 카빈 소총

만리허-카르카노(Mannlicher-Carcano)로도 불리는 이 모델은 마우저가 1889년형을 위해 개발했던 개량형 노리쇠를 사용했다. 이 모델은 개량된 형태로 제2차 세계 대전이 끝난 뒤까지도 이탈리아 군에 공급되었으며, 많은 물량이 미국 무기 판매상들에게 판매되었는데, 그중 하나가 1963년에 존 F. 케네디를 암살한 리 하비 오스왈드 손에 들어갔다.

연도	1891년
출처	이탈리아
무게	3킬로그램
총열	45센티미터
구경	6.5밀리미터 X 52

탄창 뚜껑
가늠쇠
소제 막대
개머리판 끝에 8발 들이 관 모양 탄창이 들어 있다.
노리쇠 손잡이
가늠자
총검 장착부
일직선형 개머리판
내장형 6발 들이 상자형 탄창

수동 장전식 연발 소총 1892~1898년

소화기 기술에 혁명이 일어난 19세기 말, 마침내 연발 소총의 안정성이 일반적으로 사용할 수 있을 만큼 향상되었음을 전 세계가 받아들였다. 아닌 게 아니라 이 시기에 연발 소총은 거의 최종적 형태로 완성되었다. 상자형 탄창이 채택되고 나자 나머지 개선점은 대개 장식적인 것 이상은 되지 못했다. 즉 무게를 줄이거나 저렴한 생산 방법을 개발하는 정도가 되었다.

공이 / 노리쇠 손잡이 / 노리쇠 / 가늠자

목재 개머리판

내장식 5발 들이 상자형 탄창

1891년형 '3라인' 소총

1891년형은 보통 모신-나강(Mosin-Nagant)으로 불리는데, 설계자의 이름을 딴 것이다. 이 모델은 제정 러시아 최초의 연발 소총으로, 최초의 '현대적' 구경을 사용했다. ('라인(line)'은 1인치의 약 10분의 1을 측정하는 단위이며, 이것으로 구경을 표시한다). 준카빈총과 진정한 카빈총 등 다양한 형태로 생산되었으며, 1960년대까지 소련군의 저격병이 사용했다.

연도	1891년
출처	러시아
무게	4.43킬로그램
총열	80.2센티미터
구경	7.62밀리미터 X 54R

공이 / 노리쇠 손잡이 / 가늠자

방아쇠

8발 들이 관 모양 탄창이 총열 하단 개머리판에 장착된다.

노리쇠 손잡이 / 가늠자 / 총검 장착부

준권총 총자루

5발 들이 내장형 상자형 탄창

뒤 멜빵 고리

1895년형 만리허

일직선으로 당기는 노리쇠 방식의 1895년형은 페르디난트 폰 만리허의 작품으로, 회전 노리쇠를 채택하며, 잠금쇠를 나선형 홈에 끼워넣는다. 탄환은 고정식 상자형 탄창에서 공급하는데, 이 또한 만리허가 설계한 것이다. 이 모델은 오스트리아-헝가리 이중 제국에서 널리 사용되었다.

연도	1895년
출처	오스트리아
무게	3.78킬로그램
총열	76.5센티미터
구경	8밀리미터 X 50R

1896년형 마우저

1875년 마우저는 중국에 소총을 수출하기 시작했다. 그리고
세르비아(마우저-코카), 벨기에(1889년형), 터키(1890년형),
아르헨티나(1891년형), 에스파냐(1893년형)에도 납품했다. 세계
각국의 군대가 앞다투어 마우저 사의 문을 두드리는 것 같았다.
사진의 총은 이 일련의 시리즈들 중 후기의 모델이다.

연도	1896년
출처	독일
무게	3.97킬로그램
총열	74센티미터
구경	6.5밀리미터 X 55

접이식 가늠자

노리쇠 손잡이

총검 장착부

소제 막대

내장식 5발 들이
상자형 탄창

메이지 30년식 아리사카

일본군은 1895년 청일 전쟁이 끝나면서 소구경의 현대적 무기를
채택하기로 한다. 아리사카가 설계한 이 총은 6.5밀리미터의
세미림드(semi-rimmded) 탄환에 밀폐식 5발 들이 상자형
탄창을 채택했다. 측면 손잡이가 달린 마우저의 상하 회전 노리쇠를
사용했다. 메이지 30년(1897년)에 생산 및 공급되었다.

연도	1897년
출처	일본
무게	4.3킬로그램
총열	79.8센티미터
구경	6.5밀리미터 X 50SR

가늠쇠

개머리판 끝덮개

멜빵 걸쇠

소제 막대

총열띠가 총열을
개머리판에 고정한다.

노리쇠 손잡이

가늠자

준권총형 총자루

총검 장착부

내장식 5발 들이 탄창

1886/93년형 레벨

1885년 불랑제가 프랑스 전쟁성 장관에 임명되었다. 그가 우선
해야 할 일이 현대적 소총 개발이었다. 그 결과 소구경에 무연 화약
(1884년과 1885년 사이에 메이유가 발명)으로 추진되는, 탄피를
가진 탄환을 채택한 최초의 소총이 만들어졌다. 기계 장치는
정교하지 않았지만 탄피 탄환을 사용한 이 총은 이전까지의 모든
소총을 구식으로 만들어 버렸다. 이 개량 모델은 1893년에 나왔다.

연도	1893년
출처	프랑스
무게	4.28킬로그램
총열	80센티미터
구경	8밀리미터 X 50R

총열을 조이는 용수철

전체 모양

98 마우저 보병총

98 보병총이 나올 무렵, 마우저는 수동 노리쇠 탄창 소총을
따라다니던 모든 문제를 사실상 다 해결한 상태였다. 여기에 기존의
전면 장착 손잡이를 강화하기 위해 뒤쪽 잠금 손잡이를 추가했을
뿐만 아니라 가스 누출 문제를 해결하고 탄창도 다듬었다. 이
소총에 결함이 있다면 노리쇠 손잡이 디자인이 별로라는 점이었다.

연도	1898년
출처	독일
무게	4.15킬로그램
총열	74센티미터
구경	7.92밀리미터 X 57

수직 노리쇠 손잡이

접이식 가늠자

연대 표식

총검 장착부

멜빵

준권총형 총자루

혁명의 시대

인도의 소화기

인도의 소화기는 15세기경 중앙아시아와 유럽을 통해 유입되었다. 19세기에 접어들어서도 인도의 장인들은 차륜식 방아쇠나 수발식 방아쇠처럼 좀 더 복잡한 장치를 단 소화기가 아니라 기존의 화승총을 만들었는데, 만들기 쉽고 제조 비용이 더 저렴하기 때문이었다. 하지만 인도의 총 제조자들은 난해한 장식에 능해 상아와 짐승뼈, 귀금속을 이용한 상감 장식이 있는 매우 장식적인 총도 만들었다.

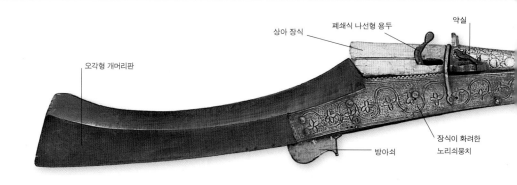

상아 장식   폐쇄식 나선형 용두   약실
오각형 개머리판
방아쇠
장식이 화려한
노리쇠뭉치

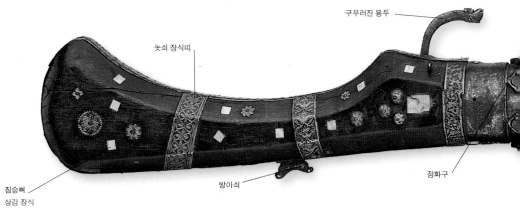

구부러진 용두
놋쇠 장식띠
짐승뼈
상감 장식   방아쇠   점화구

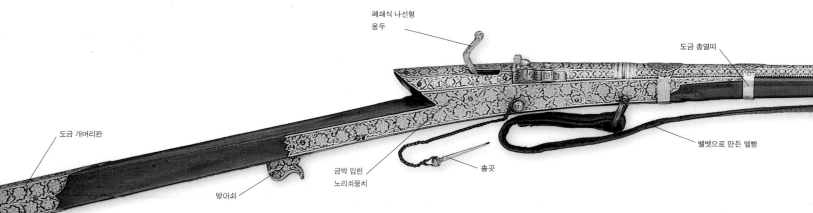

폐쇄식 나선형
용두
도금 총열띠
도금 개머리판
벨벳으로 만든 멜빵
방아쇠   금박 입힌
노리쇠뭉치   송곳

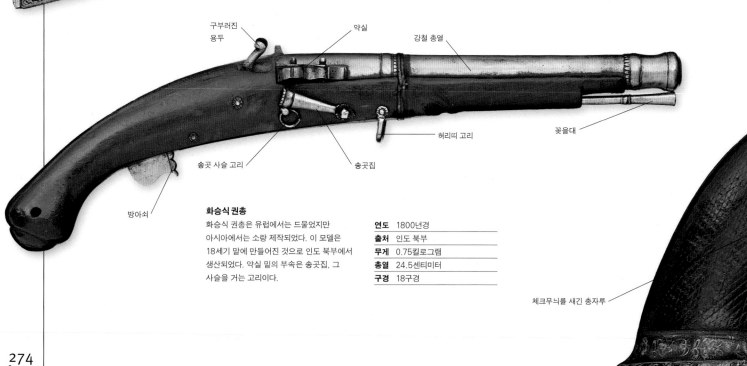

구부러진
용두   약실   강철 총열   그림 장식

허리띠 고리
송곳 사슬 고리   송곳집
꽂을대

방아쇠

화승식 권총

화승식 권총은 유럽에서는 드물었지만 아시아에서는 소량 제작되었다. 이 모델은 18세기 말에 만들어진 것으로 인도 북부에서 생산되었다. 약실 밑의 부속은 송곳집, 그 사슬을 거는 고리이다.

연도	1800년경
출처	인도 북부
무게	0.75킬로그램
총열	24.5센티미터
구경	18구경

체크무늬를 새긴 총자루

철사 총열띠   가죽 총열띠   멜빵 걸쇠

멜빵 걸쇠

인도르의 토라도르

이 단순한 화승총은 이 시기 소화기의 일반적 특징을 보여 주는데, 특히 끝이 휜 오각형 개머리판이 눈에 띈다. 노리쇠뭉치 측면은 조야한 철 조각 장식이 총열까지 이어지며, 총열띠로 가죽끈 네 줄을 사용했지만 노리쇠에 가장 가까운 것은 철사다.

연도	1800년경
출처	인도 인도르 지방
무게	3.4킬로그램
총열	112센티미터
구경	0.55인치

꽂을대

6개 약실 들이
회전형 실린더

약실 통기 구멍

화승식 연발 머스킷

인도 북부 인도르에서 19세기 초에 만들어진 이 화승식 연발 머스킷은 그 지역의 원료와 제조 기법을 사용해 두 시기의 기술을 결합한다는 야심 찬 작품이었다. 실린더는 수동으로 연동되며, 총열에 공기 구멍을 만든 것은 약실의 화약 중에서 총열과 일직선에 있지 않은 약실의 화약이 섬락(閃絡) 현상으로 점화될 경우에 대비한 것인데, 이는 실제로 가능한 사고였다.

연도	1800년경
출처	인도 인도르 지방
무게	5.9킬로그램
총열	62센티미터
구경	0.6인치

금박 입힌 총열

꽂을대

분두크 토라도르

19세기 초 괄리오르에서 제조된 것으로 보이는 이 현란한 화승총인 분두크 토라도르(bundukh torador)는 전시용이었을 것이다. 보통 화승총처럼 점화 구멍 송곳이 딸려 있는데, 송곳도 도금된 것을 보면 이것을 실제 전투에 사용하려 했다고 보기는 어렵다. 이 유형의 총은 보통 어깨에 얹지 않고 겨드랑이에 끼워 사용했다.

연도	1800년경
출처	인도 괄리오르 지방
무게	3킬로그램
총열	115센티미터
구경	0.55인치

부싯돌 죔쇠 나사

공이

부시

페더 스프링

꽂을대 장착 고리

꽂을대

영국 양식의
노리쇠뭉치 판

약실

방아쇠울

방아쇠

펀자브의 수발식 권총

이 화려한 권총은 한 쌍 중 한 자루로, 19세기 초 라호르(현재는 파키스탄 영토)에서 만들어졌다. 이 시기, 시크교 총 제조자들은 수발식 총의 부품 제조에 능했지만, 대부분은 자자일(jazail)이라고 하는 평범한 머스킷 제조에 열심이었다. 이 권총은 총열을 상감 세공했으며, 총열 안에 철사를 돌돌 만 심봉을 넣어 가열한 뒤 두드려서 형태를 만들었다.

연도	1800년경
출처	인도 라호르 지방
무게	0.86킬로그램
총열	21.5센티미터
구경	28구경

혁명의 시대

아시아의 소화기

포르투갈 상인들이 1543년에 일본에 처음 들어가면서 소화기를 소개했고, 재간 좋은 일본 장인들이 금세 그들의 신무기를 베끼기 시작했다. 일본은 한 세기가 지나기 전 모든 외국인을 추방하고 서양의 영향을 봉쇄했다. 그 결과 일본은 그 뒤 유럽에서 발전한 소화기들을 거의 알지 못했으며, 일본의 총 제조자들은 19세기 중반까지, 세계 다른 어느 곳과도 비슷하지 않은 방식으로 자신들만의 화승총을 생산했다.

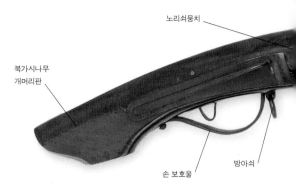

노리쇠뭉치

북가시나무
개머리판

방아쇠

손 보호울

점화구

노리쇠가 있어야 할
자리에 장착한 놋쇠 판

북가시나무 개머리판

놋쇠 노리쇠뭉치 덮개

구부러진 용두가
전면을 보고 있다.

약실

가늠자

에나미야의 작품임을
증명하는 상감 문양

주스프링

멜빵 걸쇠

방아쇠울

방아쇠

중국의 성벽 전투용 화승총

성벽 전투용 총은 발사대에 놓고 사격하는 것으로 너무 길고 다루기 힘들어 다른 식으로는 사용할 수 없었다. 이 모델은 중국에서 만들어진 것으로 설계와 조작법이 매우 단순하며, 화승은 기다란 막대식 방아쇠로 작동한다. 장식을 배제하고 전적으로 기능만을 살린 총이다.

연도	1830년경
출처	중국
총열	160센티미터

점화구

구부러진 용두

인도풍으로 뒤로
휜 개머리판

가죽과 천으로
장식한 약실 덮개

구부러진 용두

막대형 방아쇠

붉은 천으로 장식한 개머리판을
도드라진 은못으로 고정했다.

은과 뼈로 장식한
개머리판

방아쇠

은 상감

공이치기　약실　상감된 문양(가문의 문장)

일본 톱니바퀴 격발 장치 카빈총

일본은 200년 넘게 쇄국 상태였으나 일부 사람들은 외국과 은밀하게
접촉을 했던 듯하다. 십중팔구 그런 경로를 통해서 1820년경 유럽에서
잠시 유행했던 이 톱니바퀴 격발 장치 기술이 일본으로 들어갔을
것이다. 이 카빈총에는 약실 덮개를 젖히면 작은 탄창에서
새 기폭약인 '환(丸)'을 공급하는 장치가 있다.

연도	1850년경
출처	일본
무게	3.64킬로그램
총열	67센티미터
구경	12.5밀리미터

가늠자　도쿠가와 가문의 문장　중간 가늠자　가늠쇠

일본의 대구경 화승총

이 유형의 화승식 소화기는 원시적 발화 장치인 불화살을 발사하는 데
사용되기도 했다. 이 총은 총열에 찍힌 문장이 증명하듯, 도쿠가와 시대
(1603~1867년) 말기로 거슬러 올라간다. 노리쇠와 방아쇠는
분실되었다. 노리쇠는 평범한 놋쇠 판으로 교체되었다.

연도	1850년경
출처	일본
무게	4.12킬로그램
총열	69.3센티미터
구경	18.3밀리미터

네모난 개머리판 끝을 손에
잡기 좋게 둥글게 다듬었다.

덩굴 문양 상감

일본의 뎃포

1560년부터 사카이(境)에서 총을 제조해 온 에나미야(榎並谷) 가문이
만든 이 화승총은 개머리판의 놋쇠 상감과 전형적인 총구 모양처럼 이
유형의 대표적인 특징을 보여 준다. 덩굴 무늬와 문장으로 장식했는데,
칠기는 나중에 추가된 것으로 보이며, 부속은 놋쇠이며 팔각형 총열
상단의 밋밋한 돋을새김에는 은, 놋쇠, 구리를 사용했다.

전체 모양

연도	1800년경
출처	일본
무게	2.77킬로그램
총열	100센티미터
구경	1.142인치

물결 무늬 총열

갈래진 사슴뿔로
마감한 조준대

꽂을대는 후대에 교체한 것이다.

티베트의 메다

티베트는 일본처럼 19세기 중반까지 다른 세계로부터 고립되어
있었지만, 정치적이기보다는 지리적인 이유에서였다. 그럼에도 인도,
중국과 무역은 있었으며, 이 화승총 메다(meda)는 형태와 장식에서
중국의 영향이 크게 드러난다. 개머리판 끝에는 특이하게 조준대가
부착돼 있다.

연도	1780년경
출처	티베트
무게	4.15킬로그램
총열	111센티미터
구경	17밀리미터

다연발 소화기

총구 장전식의 가장 큰 단점은 장전에 시간이 걸린다는 것이었다. 그리하여 세계의 총 제조 자들은 한 번에 한 발 이상 쏠 수 있는 무기 개발에 노력했다. 전형적인 시도가 총열을 여러 개 쓰는 것이었지만, 둘 이상은 너무 무거워서 실용적이지 못했다. 1830년대에 들어서야 젊은 새뮤얼 콜트가 리볼버—성공을 거둔 최초의 단일 총열 연발 화기—를 개발했다. 콜트는 1857년까지 그 발명을 보호해 주는 특허를 받았지만 많은 사람이 교묘히 빠져나갔다. 하지만 그 차이는 대부분 근소했다.

호두나무 개머리판

체크무늬를 새긴 개머리 자루

가늠자

방아쇠

공이치기

뇌관 꼭지

원반에 약실 7개가 들어간다.

공이

부시

회전식 약실

은 상감 개머리판

부시

가늠쇠

소제 막대

멜빵 걸쇠

수발식 회전 소총

프랑스 총 제조자들이 17세기 최고의 엽총들을 만들어 냈다. 이 모델에는 회전식 약실 3개가 장착돼 있는데, 각각 부시와 스프링이 딸려 있다. 이런 유형의 다연발 총에는 연쇄 작용 위험이 있었는데, 한 약실을 발사하다 다른 약실까지 발사되는 경우가 그것이다.

연도	1670년경
출처	프랑스
무게	3.37킬로그램
총열	79.5센티미터
구경	22구경

세부 사진 참조

총열 고정핀

제조자 이름

레버

이중 방아쇠

수발식 이중 총열 엽총

이 이중 총열 엽총에는 파리의 부이예라는 제조자 이름이 새겨져 있다. 부싯돌을 포함한 격발 장치가 상자 안에 밀폐돼 있다. 방아쇠울 앞쪽의 두 레버를 뒤로 젖히면 발사 준비가 된다.

연도	1760년경
출처	프랑스
무게	3.25킬로그램
총열	81.3센티미터
구경	22구경

혁명의 시대

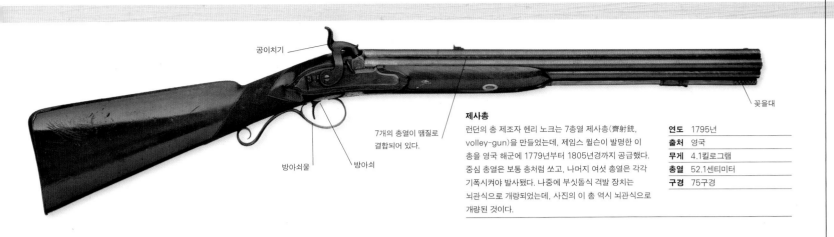

공이치기

7개의 총열이 땜질로
결합되어 있다.

방아쇠울

방아쇠

꽂을대

제사총

런던의 총 제조자 헨리 노크는 7총열 제사총(齊射銃,
volley-gun)을 만들었는데, 제임스 윌슨이 발명한 이
총을 영국 해군에 1779년부터 1805년경까지 공급했다.
중심 총열은 보통 총처럼 쏘고, 나머지 여섯 총열은 각각
기폭시켜야 발사됐다. 나중에 부싯돌식 격발 장치는
뇌관식으로 개량되었는데, 사진의 이 총 역시 뇌관식으로
개량된 것이다.

연도	1795년
출처	영국
무게	4.1킬로그램
총열	52.1센티미터
구경	75구경

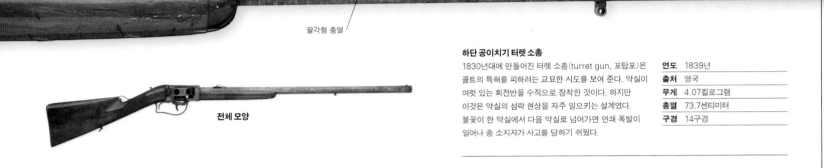

팔각형 총열

전체 모양

하단 공이치기 터렛 소총

1830년대에 만들어진 터렛 소총(turret gun, 포탑포)은
콜트의 특허를 피하려는 교묘한 시도를 보여 준다. 약실이
여럿 있는 회전반을 수직으로 장착한 것이다. 하지만
이것은 약실의 섬락 현상을 자주 일으키는 설계였다.
불꽃이 한 약실에서 다음 약실로 넘어가면 연쇄 폭발이
일어나 총 소지자가 사고를 당하기 쉬웠다.

연도	1839년
출처	영국
무게	4.07킬로그램
총열	73.7센티미터
구경	14구경

원형 총열

가늠자

탄창 상단 구멍으로
탄환을 장전한다.

탄창 멈치

홈이 탄창 단을 누른다.

노리쇠 레버

마티니-헨리 개조 모델

이것은 단발 후장식 마티니-헨리 소총을 상자형 탄창과
용수철 달린 돌기물을 추가해 연발총으로 개조한
모델이다. 돌기물은 노리쇠 레버로 작동하는데, 탄환을
노리쇠 안으로 밀어넣어 닫는 데 사용된다. 영국군은 이
개조 모델을 채택하지 않았다.

연도	1888년
출처	영국
무게	4.76킬로그램
총열	84.5센티미터
구경	0.45인치

금속으로 끝을 댄 개머리

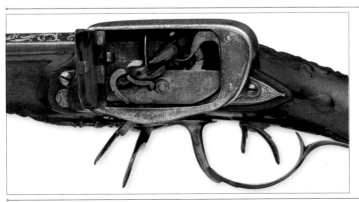

격발 장치 세부 모습

수발식 엽총은 불발이 잦았는데,
부싯돌이 부서지거나 기폭약이 젖는
경우에 그렇다. 또 발사에 성공해도
약실의 불꽃과 연기 때문에 표적이 안
보이거나 동물을 놀라킬 수 있었다. 격발
장치를 상자 안에 넣음으로써(이 그림은
덮개를 떼어낸 상태) 이 두 문제가
해결되어 화약을 건조하게 유지하고
불꽃과 연기의 방해를 최소화할 수
있었다.

탄약 1900년 이전

총은 총알이 없으면 아무것도 아니다. 초기의 총알은 종종 쇠로 만들었으며 갑옷을 뚫기도 했지만, 나중에는 주형이 더 쉽다는 이유로 납을 사용하게 되었다. 현재의 총알 모양의 발사체는 19세기에 가서야 개발되었으며, 탄약통도 마찬가지다.

탄환의 시대

활강식 총에서 발사되는 총알이 조금이라도 정확하게 명중하려면 공 모양에 크기가 일정해야 했다. 선조식 총은 명중률을 개선했지만 장전이 느려졌다. 이 문제는 덤덤탄으로 해결되었다.

소총용 띠

머스킷 총알
총알의 크기는 '구경'으로 표시하는데, 이는 0.45킬로그램의 납으로 뜰 수 있는 탄알의 갯수를 가리킨다.

띠 두른 총알
정확도를 높이기 위해 총열 내벽에 두 줄의 홈(선조)을 내고 총알의 띠를 그 홈에 맞추었다.

가장자리

윤활을 위한 홈

덤덤탄
이 총알은 바닥이 비어 있다. 화약이 폭발하는 힘이 총알의 아래 가장자리를 넓히면서 선조를 타고 발사된다.

윤활
총알 둘레의 홈에 기름을 발라 총열을 윤활하며 소제가 쉽도록 한다.

뇌관

뇌관
때리면 터지는 뇌홍을 얇은 구리 포일 두 장 사이에 끼운 것이다.

종이 약협
최초의 탄약통은 일정량의 화약과 탄알을 담은 종이 뭉치였다.

과도기의 탄약통

19세기의 총 제조자들은 추진제와 발사체를 한데 담아 통째로 장전하는 탄약을 실험했다. 종이, 가죽, 천 따위에 포장한 이 약협을 후장식 총에 사용하려면 문제가 있었는데, 노리쇠를 밀폐해야 하기 때문이다. 그 해법으로 탄약통을 황동으로 바꾸고 탄약통 안에 기폭약을 집어넣었다. 이로써 빈 탄피를 제거해야 하는 번거로움이 생겼지만, 이는 노리쇠를 완벽하게 밀폐하기 위한 사소한 대가였다.

꼭지가 있는 탄약통
스미스 앤드 웨슨 사가 특허를 낸 고정 실린더형 총을 위해 만들어진 탄약통이다. 완전 밀폐형 탄약이다.

소형 격발식 탄약통

격발식 탄약통
총의 공이치기가 수직으로 핀에 떨어져 탄약통 바닥에 붙어 있는 기폭약 속에 꽂히면 화약이 격발된다.

샤프스 탄약통
탄약통의 재질은 리넨(아마포)이다. 노리쇠가 닫힐 때 탄약통 바닥이 노리쇠 끝에 잘린다.

번사이드 탄약통
번사이드의 후장식 카빈총은 전면에서 장전하는 하강식 노리쇠를 채용했다. 약실은 끝으로 가면서 가늘어지는 독특한 탄약통에 맞추어 제작했다.

웨슬리 리처즈 '원숭이 꼬리' 탄약통
이 종이로 싼 카빈총 탄약통에는 기름에 적신 헝겊 뭉치가 뒤에 달려 있는데, 이 부분은 노리쇠 안에 남아 있다가 다음 총알을 장전하기 전에 배출된다.

스나이더-엔필드 탄약통
복서 대령이 스나이더-엔필드 소총을 위해 개발한 탄약통. 쇠로 만들어진 바닥에 구멍이 뚫려 있고, 놋쇠로 띠를 감아 몸통을 만들었다.

소총 탄약통

소총이 탄약을 정확히 발사하기 위해서는 탄약을 엄밀한 규격에 맞추어 제작해야 한다. 탄약의 무게와 구경은 추진제의 무게와 정확하게 일치해야 한다.

0.450 마티니-헨리
마티니-헨리 소총 탄약통에는 흑색 화약 5.5그램이 들어갔다. 총알 무게는 31그램이다.

0.45-70 스프링필드
스프링필드 소총용으로 고안된 이 탄약통에는 화약 4.53그램과, 26.25그램의 탄환이 들어간다.

0.30-30 윈체스터
0.30-30 윈체스터 탄약통은 1.94그램의 무연 화약을 넣었으며, 최초로 민간에 판매되었다.

0.303 MK V
1890년대까지 소총의 탄환은 꼭지 부분이 뭉툭했다. 영국 육군의 리-메트포드 소총과 리-엔필드는 이 소총탄을 사용했다.

0.56-50 스펜서
흑색 화약이 들어간 일체형 탄약통. 미국 남북 전쟁 중 최초의 실전용 연발 소총인 스펜서 카빈총에 사용했다.

11밀리미터 샤스포
마우저 소총 M/71용 탄약통으로 프랑스-프로이센 전쟁 후 샤스포 소총에 맞추어 개조되었다.

5.2밀리미터 X68 몬드라곤
이 초기 소구경 고속탄은 멕시코의 몬드라곤 소총탄으로, 스위스에서 설계되었다.

권총 탄약통

탄약통은 반드시 규격을 준수해야 한다. 탄피가 규격보다 털끝만치만 작아도 발사할 때 갈라져 배출이 어려워진다. 리볼버의 경우에는 이 문제를 쉽게 해결할 수 있지만 자동 장전식 권총은 그렇지 않다.

0.44 헨리
이 일체형 탄약통은 기폭약이 탄피 바닥 가장자리에 있다. 얼마 가지 않아서 탄피 바닥 중앙에 기폭약이 있는 탄약통으로 대체되었다.

0.44 앨런 앤드 윌록
앨런 앤드 윌록 리볼버에는 일체형 탄약통과 비슷한 립파이어(lip-fire) 탄약통이 주로 쓰였다.

0.45 콜트(베네)
S. V. 베네 대령의 1865년형 탄약통은 탄피 바닥 중앙에 뇌관이 있는 방식으로, 버든 대령이 고안한 이후 모델의 토대가 되었다.

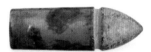

0.45 콜트(튜어)
알렉산더 튜어는 뇌관과 탄환을 하나로 만든 끝이 뾰족한 놋쇠 탄약통을 콜트 리볼버용으로 채택했다.

0.44 스미스 앤드 웨슨, 미국
스미스 앤드 웨슨의 첫 0.44인치 탄약은 탄환이 탄피 안에 쏙 들어가지 않고 밑바닥에 약간 돌출한 테두리가 있는 형태라 여전히 미흡했다.

0.44 스미스 앤드 웨슨, 러시아
스미스 앤드 웨슨이 러시아 군에 공급한 리볼버는 다른 규격의 탄약을 채택했다.

0.577 웨블리
소구경 탄환은 대개 힘이 부족해 방어 무기가 되지 못했다. 웨블리는 이 문제를 해결하기 위해 0.577인치 구경 리볼버를 내놓았다.

0.476 웨블리
0.577인치 리볼버는 다루기 어려워 0.465인치 구경으로 대체되었지만, 이 모델도 오래가지 못했다.

0.455 웨블리
웨블리 최초의 무연 화약 탄약통은 초기 모델들보다 위력이 강하여 탄환의 무게를 더 줄일 수 있었다.

10.4밀리미터 보데오
1891년 이탈리아군이 채택한 10.4밀리미터 보데오 리볼버에 들어가는 이 탄약은 초속 255미터의 초기 속도를 냈다.

7.63밀리미터 베르크만
베르크만 NO.3에 사용했던 테두리와 홈 없는 이 탄약통은 탄피가 압력만으로 배출되었다.

산탄총 탄약통

아주 큰 산탄총 탄약통만 전체를 놋쇠로 만들었다. 나머지는 몸통을 마분지로 만들었다.

수렵총 탄약통
이처럼 큰 탄약통에는 흑색 화약 최대 20그램과 100 그램짜리 탄환이 들어갔다.

10구경 격발식 탄약통
격발식 산탄총은 다른 산탄총이 사라진 뒤로도 오랫동안 널리 사용되었다.

포탄과 관련 장비

육군과 해군의 지휘관은 전술적 필요에 따라 전장포를 이용해 갖가지 포탄을 발사했다. 장거리 사격의 경우, 둥근 대포알이 선호되었다. 이런 구형 포탄은 유효 사거리가 최대 1000미터에 육박했다. 화약을 채운 포탄의 경우, 불을 지를 수 있었고, 건물이나 목선 등 인화성 표적을 노리는 데 안성맞춤이었다. 나무로 제작한 배는 막대탄이나 사슬탄에도 대단히 취약했다. 대형을 갖춘 부대의 경우, 사거리 최대 200미터까지는 포도탄과 산탄통을 발사했다.

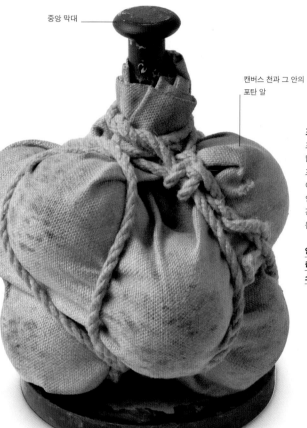

중앙 막대

캔버스 천과 그 안의 포탄 알

포도탄

포도탄(grapeshot)은, 캔버스 천 포대 안에 많은 쇠구슬을 집어넣고, 밧줄로 단단히 묶었다. 포도송이처럼 생겼다고 해서 포도탄이라는 이름이 붙었다. 포도탄은 흔히 해상 전투에서 인명 살상용 대인 무기로 사용되었다. 선박의 경우, 피격당했을 때 당연히 삭구가 찢기고 뜯겼다.

연도 1800년경
출처 영국
소재 캔버스 천, 무쇠, 목재

무쇠로 된 구

사슬탄

사슬탄(chain shot)의 전형적인 모양은 온전한 대포알 2개, 또는 반쪽짜리 대포알 2개를 사슬로 연결한 것이다. 노출된 상갑판을 겨냥할 경우, 적선의 대원이 추풍낙엽처럼 베여 쓰러질 수도 있었다. 하지만 (아래의) 막대탄처럼 사슬탄도 사거리가 짧았고 정확성도 떨어졌다.

연도 1800년경
출처 영국
소재 무쇠

무쇠로 된 구

구를 결합하고 있는 막대

막대탄

철구 2개를 강체 막대나 길이를 늘일 수 있는 막대 부위로 연결해서 막대탄(bar shot)을 만들었다. 막대탄의 개발 목표는 삭구와 원재(圓材)를 잘라 버리거나 쳐내는 것이었다. 적선의 갑판 위로 막대탄을 날린 이유다.

연도 1800년경
출처 영국
소재 무쇠

낭창낭창하면서도 뻣뻣한 밧줄

오목한 장전기 머리

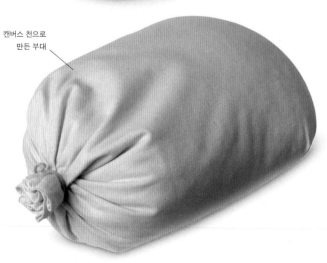

캔버스 천으로 만든 부대

장전기와 약포

맨 왼쪽에 있는 것은 해군용 밧줄로 스펀지와 장전기(rammer)를 결합한 것이다. 대포 스펀지로 포신을 닦고, 장전기로 새 포탄과 약포를 다져 넣는다. 그 오른쪽에 있는 것은 약포(藥包, cartridge)로, 캔버스 천으로 만들어진 부대 안에 정량의 화약이 채워져 있다. 사용하는 대포와 필요한 사거리에 따라 화약의 양을 달리했다.

연도 1800년경
출처 영국
소재 밧줄, 캔버스 천, 화약

구형 포탄

구형 포탄(round shot)은 밀집 대형을 정통으로
타격할 경우 치명적 위력을 발휘했다. 잘 겨냥해
사격하면 보병 대열에 길이 나버릴 수도 있었다.
해전에서는 적군의 선체를 관통하고, 또 돛대와 기타
원재를 부러뜨리기 위해 구형 포탄을 썼다.

연도	1800년경
출처	영국
소재	무쇠

무쇠로 만든
구형 포탄

산탄통

산탄은 외피가 얇은 옹기로 썼다. 옹기를 얇게 만든
것은 포구를 떠나면 파열되도록 하기 위함이었다.
그러면 내부의 소형 대포알이 넓게 포물선을 그리며
날아가, 적군에게 엄청난 피해를 입혔다.

연도	19세기
출처	미국
소재	주석, 무쇠

대포알이 들어
있는 주석 통

무쇠 산탄

도화선 설치용 구멍

포탄 껍질(안은
화약이다.)

포탄의 단면도

전장식 화포에서 발사되던 공포탄은, 화약이
채워졌고, 느리게 타들어가는 도화선에 의해
점화되었다. 이 도화선은 설치용 구멍에
설치되었다. 아래 보이는 나무를 탄저판(彈
底板, sabot)이라고 하는데, 포탄이 장전될
때 도화선이 포열 한가운데 있도록 해 주는
것이 탄저판의 역할이다.

목재 탄저판
(彈底板)

연도	19세기 초
출처	미국
소재	무쇠, 화약

6파운드 야포

혁명의 시대

6파운드 야포는 전통적으로 기포병(騎砲兵, horse artillery)의 전유물이었다. 그들은 교전이 가장 치열한 곳으로 기동해 적에게 발포하는 극강의 기백을 자랑했다. 6파운드 야포는, 포가로 탄약 상자를 운반하는 유일한 야전 무기였다. 포수들이 지체 없이 적에게 발포할 수 있었던 이유다. 1850년대쯤 6파운드 야포의 사거리는 이미 약 1500미터까지 늘어난 상태였다.

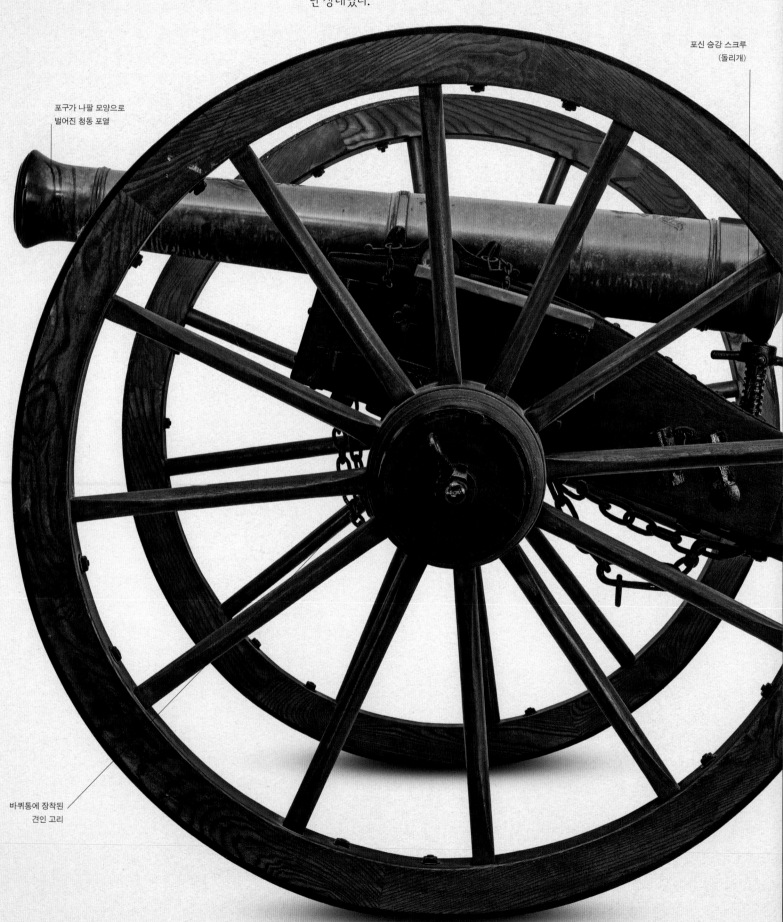

포신 승강 스크루
(돌리개)

포구가 나팔 모양으로
벌어진 청동 포열

바퀴통에 장착된
견인 고리

목제 바퀴를 쇠테로 썼다.

3.67인치 구경의 포구

유산탄 6발이 들어 있는 탄약 상자

일체형 지지대

앞에서 본 모습

견인 밧줄을 묶을 수 있는 앞쪽 쇠사슬

주장약을 폭발시키기 위한 점화구

캐스커벨 손잡이

위에서 본 모습

빅토리아 여왕의 문장(왕관 아래에 V와 R가 얽혀 있다.)

지지대 하부에 부착된 1.8미터 길이의 쇠사슬

영국 6파운드 야포
영국 육군이 제식 채용한 것으로는 마지막 세대에 속하는 전장식 6파운드 야포의 하나다. 콩그리브가 개발한 일체형 지지대 포가가 사용됐다. 나폴레옹 전쟁 때 개발된 이 일체형 지지대 포가로, 더 무거운 데다가 조종성도 떨어지는 분리형 지지대 포가가 대체됐다.

연도	1850년경
출처	영국
무게	445킬로그램
길이	3.66미터
구경	3.67인치

인도의 갑옷과 방패

18세기와 19세기, 인도의 여러 왕국이 인도 아대륙에서 지배권을 확장하던 영국에 격렬히 저항했다. 마이소르 왕국이 그중 하나로 1766년부터 1799년까지 영국의 식민 지배에 대항해 항쟁을 벌였으며, 펀자브 지역의 시크 인은 두 차례 전쟁(1846~1847년, 1848~1849년)에서 영국군에 패하였으나 매번 대규모 사상자를 냈다. 인도군은 유럽산 머스킷과 대포는 물론이고 전통 날붙이 무기와 갑옷을 사용했다. 전투에서 화기의 비중이 점점 커지면서 갑옷과 방패는 차츰 전장의 장식물로 전락하기 시작했다.

투구 세부 사진
코 덮개 상단에는 코끼리 머리를 한 힌두교 신 가네샤의 형상이 장식되어 있다.

깃털 꽂이에 꽂은 백로 깃털

세부 사진 참조

위치 조정이 가능한 코가리개

쇠 미늘 상의

가슴받이

팔 보호구 다스타나 (dastana)

깊이가 얕은 투구

해골 그림

깃털 장식 꽂이

누비 동체 갑옷

쇠와 놋쇠 미늘이 달린 드림

동체 갑옷과 투구
인도의 전사들은 보통 쪽을 넣낸 가죽이나 천으로 만든, 거들처럼 생긴 동체(胴體) 갑옷인 페티(peti)를 착용했다. 사진의 이 갑옷은 마이소르 왕국 티푸 술탄의 무기고에서 나왔다. 깊이가 얕은 투구와 마찬가지로 이 갑옷도 실제 전투에서는 그다지 훌륭한 보호 장비는 되지 못했을 것이다.

연대 18세기
출처 인도 마이소르 지방
무게 동체 갑옷 1.4킬로그램
길이 동체 갑옷 22센티미터

토프
투구를 칭하는 이 토프(top)는 아시아 많은 지역의 전사들이 중세 말 이후로 착용해 온 투구의 전형을 보여 준다. 쇠미늘 드림과 침, 깃털 장식 꽂이가 주요 특징이다. 해골 문양 장식이 있는데, 어쩌면 유럽의 영향을 받은 것일지도 모른다.

연대 18세기 말
출처 인도 괄리오르 지방
무게 1.3킬로그램
길이 90센티미터

시크 인의 갑옷
시크 인 전사는 쇠 미늘 상의와 가슴받이, 깃털 장식 투구를 착용해 강한 인상을 주었다. 하지만 갑옷 사이의 틈으로 찌르는 무기와 화살이 뚫고 들어갈 수 있다.

연대 18세기
출처 인도

전체 모습

시크 족의 달

이 둥근 방패는 '달(dhal)'이라고 하는데, 시크 족과 영국 동인도 회사의 전쟁 때 사용된 것이다. 복잡한 금 상감 세공 장식에 페르시아풍 문양이 있는 것으로 볼 때, 아마도 이 방패는 인도 장인의 작품이 아닐 것이다.

연도	1847년
출처	인도
무게	3.8킬로그램
길이	59센티미터

페르시아풍 문양

실크 파그리로 감싼
원뿔 모자

시크 인의 고리 터번

차크람(chakram)이라고 하는 끝이 날카로운 고리는 시크 인들이 사용한 무기이다. 이 높은 터번에는 각기 크기가 다른 고리 6개가 꽂혀 있는데, 언제든 뽑아서 적에게 던졌다. 터번에는 작은 단도 세 자루도 있다.

연대	18세기
출처	인도
무게	1.2킬로그램
길이	47센티미터

신의 전사들

시크 인의 전사 계급인 아칼리(Akali, '불사'라는 뜻이다.)는 종교적 고행과 두려움 없는 투지를 결합했다. 차크람은 아칼리가 즐겨 쓰던 무기로, 집게손가락에 꽂아 빙빙 돌리다 던지거나 엄지와 집게손가락으로 잡고 겨드랑이 밑으로 던졌다. 터번에서 고리의 위치는 아칼리 내의 지위를 상징한다.

검게 옻칠한
가죽 방패

단추 속에 권총이
숨겨져 있다.

권총 방패

이 방패에는 숨은 공격 기능이 있다. 4개의 황금 단추 각각에 돌쩌귀로 챙이 붙어 있는데, 그 챙을 펼치면 총열이 짧은 작은 뇌관 권총이 나온다. 권총과 격발 장치와 돌쩌귀로 부착된 단추는 기존의 옻칠 방패에 맞게끔 제작되었다.

연대	19세기 중반
출처	인도 라자스탄 지방
무게	3.4킬로그램
길이	55.5센티미터

강철 고리

총 구조 세부 설명

권총 방패 뒷면 가운데에 하나의 손잡이가 있고, 그 손잡이는 권총 장치 네 자루가 부착돼 있다. 권총은 각각 따로 젖힐 수 있지만 발사는 방아쇠 하나로 가능하다. 방패 손잡이를 잡은 손으로 조작한다.

혁명의 시대

아프리카의 방패

아프리카 전통 사회에서는 갑옷을 사용하지 않아 마법과 주문을 제외하면 방패가 유일한 보호 장비였다. 방패는 의례에서도 두드러지는 역할을 맡았으며, 장식은 지위나 충성심을 보여 주었다. 나무, 짐승 가죽, 고리버들, 지팡이는 화살이나 칼, 곤봉, 창 등을 막아 내는 방패에 적합한 소재였다. 방패는 공격 수단으로도 사용되었는데, 예를 들면 줄루 족 전사들은 방패 막대의 끝을 날카롭게 갈아 적의 발이나 발목을 공격했다.

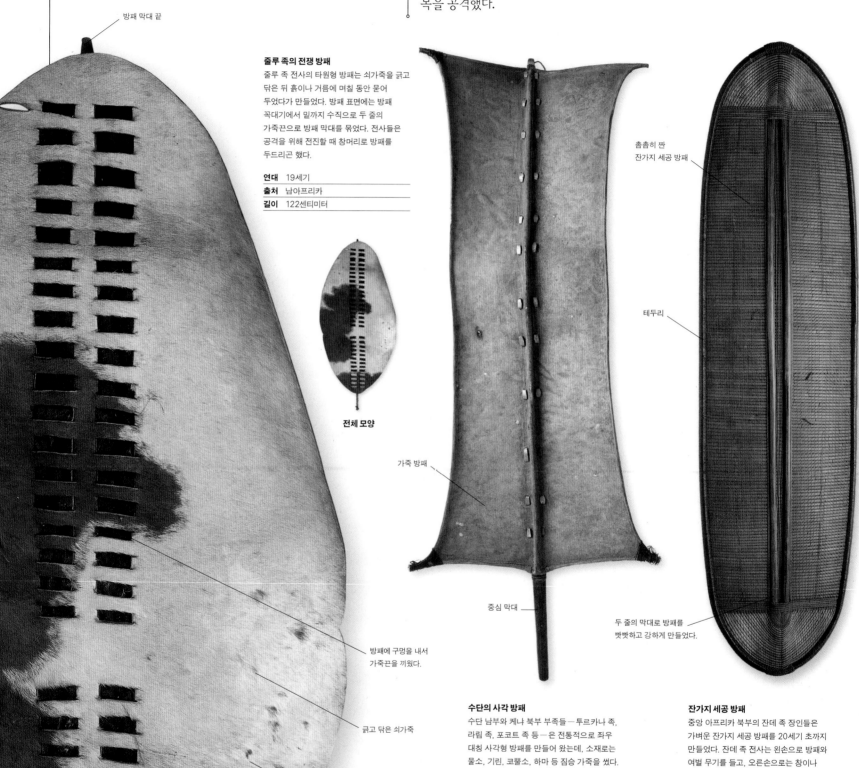

방패 막대 끝

줄루 족의 전쟁 방패

줄루 족 전사의 타원형 방패는 쇠가죽을 긁고 닦은 뒤 흙이나 거름에 며칠 동안 묻어 두었다가 만들었다. 방패 표면에는 방패 꼭대기에서 밑까지 수직으로 두 줄의 가죽끈으로 방패 막대를 묶었다. 전사들은 공격을 위해 전진할 때 창머리로 방패를 두드리곤 했다.

연대 19세기
출처 남아프리카
길이 122센티미터

전체 모양

촘촘히 짠
잔가지 세공 방패

테두리

가죽 방패

방패에 구멍을 내서
가죽끈을 끼웠다.

긁고 닦은 쇠가죽

중심 막대

두 줄의 막대로 방패를
빳빳하고 강하게 만들었다.

방패의 색깔로 전사의 소속
부대와 지위를 나타냈다.

수단의 사각 방패

수단 남부와 케냐 북부 부족들—투르카나 족, 라림 족, 포코트 족 등—은 전통적으로 좌우 대칭 사각형 방패를 만들어 왔는데, 소재로는 물소, 기린, 코뿔소, 하마 등 짐승 가죽을 썼다. 가운데의 나무 막대는 손잡이 기능도 한다.

연대 19세기 말/20세기 초
출처 수단
길이 82.5센티미터

잔가지 세공 방패

중앙 아프리카 북부의 잔데 족 장인들은 가벼운 잔가지 세공 방패를 20세기 초까지 만들었다. 잔데 족 전사는 왼손으로 방패와 여벌 무기를 들고, 오른손으로는 창이나 던지기 칼을 들었다.

연도 1900년경
출처 콩고 공화국
길이 130센티미터

톱니 무늬

**통나무를 깎아
만든 방패**

키쿠유 족의 의례 방패
나무로 만든 이 춤 방패 은도메(ndome)는 케냐
키쿠유 족이 만든 것이다. 키쿠유 족의 젊은 전사가
복잡한 입문식 때 왼팔 팔뚝에 착용했다. 방패
안쪽의 톱니 무늬는 동일하지만, 바깥쪽 무늬는
전사의 나이와 고향에 따라 다르다.

연대	19세기
출처	케냐
길이	60센티미터

**등나무 줄기로
만든 동심원에
무명을 씌웠다.**

버팀대용 쇠막대

가운데 돌기 장식

쇠 돌기

은 걸쇠

에티오피아의 장식 방패
에피오피아 왕국의 전사들은 20세기 초까지 방패를
사용했다. 흔히 둥근 모양에 짐승 가죽으로 만들어 은 걸쇠를
박았다. 이들의 방패는 전투에 사용할 뿐만 아니라 전사의
신분을 나타내기도 한다. 사자의 갈기, 꼬리, 발로 장식한
것이 종종 있는데, 모두 에티오피아 왕족의 상징이다.

연대	19세기
출처	에티오피아
길이	50센티미터

전체 모양

수단의 둥근 방패
이 수단의 방패는 등나무 줄기 동심원에 물들인 무명을 씌우고
쇠로 만든 테두리와 중심 돌기, 버팀 쇠막대로 이루어져 있다.
다른 면에는 가죽 엮은 줄로 만든 손잡이가 달려 있다.

연대	19세기
출처	수단
길이	36.9센티미터

혁명의 시대

오세아니아의 방패

뉴기니와 멜라네시아의 부족들은 일상적으로 전투를 벌였다. 나무나 잔가지 세공 방패는 뼈나 대나무를 갈아 만든 화살, 나무 창, 돌도끼, 뼈칼 같은 무기를 막는 데 쓰였다. 방패는 전사의 전신을 보호하는 커다란 널빤지에서 좀 작은 방패와 가슴막이까지 크기가 다양했다. 이 방패들 다수가 20세기에 만들어진 것이지만 그 전에 사용하던 것과 동일하다.

방패 머리

아스마트 족의 전쟁 방패

뉴기니 섬 남쪽 해안 지대에 사는 아스마트 족의 삶에서는 전쟁이 중심이 되었다. 그들의 방패는 방어 수단일 뿐만 아니라 정신적 무기도 되었는데, 이들의 장식 도안은 공포심을 자아내려는 의도로 만들어졌다. 이 방패에 그려진 큰박쥐는 사람 사냥을 상징하는 것인데, 큰박쥐가 나무에서 열매 따먹는 모습이 사람 사냥꾼이 머리를 베는 것과 비슷하기 때문이다.

연대	1950년 이후
출처	인도네시아 이리안자야 지방
길이	129센티미터

전체 모양

큰박쥐를 형상화한 도안

기하학적 무늬 장식 염색한 것이다.

대나무 가지를 박은 판

초승달 모양 장식

멜파 족의 가슴막이

모카 키나(moka kina)라고 부르는 이 가슴막이 방패는 파푸아뉴기니 북부 세픽 지역의 멜파 족이 만든 것이다. 동제 갑옷으로 착용했으며, 조가비와 대나무로 장식했다.

연도	1950년경
출처	파푸아뉴기니
길이	38센티미터

둥글게 짠 덩굴식물로 세공했다.

바구니를 짜는 기술을 이용해 만든 전쟁 방패

이 우아한 타원형 방패는 솔로몬 제도에서 19세기 말까지 사람 사냥꾼들이 습격 때 사용하던 방패의 전형을 보여 준다. 덩굴식물로 촘촘하게 짠 이 방패는 상대의 공격을 막는 데 효과적이었으며, 심지어 창도 막을 수 있었다. 수동적인 방어 전술에 쓰기에는 너무 작지만 찌르기 공격이나 날아오는 무기 막는 데는 아주 유용한 방패이다.

연대	19세기
출처	뉴조지아 군도
길이	83센티미터

조상의 형상

나무타기캥거루의
꼬리 모양 도안

멘디 족의 전쟁 방패
단단한 나무로 만든 이 멘디 족 방패에는 굵은
역삼각형 무늬가 들어갔는데, 이는 '나비 날개'
도안으로 통한다. 독특한 점은, 고지대의 방패는
의례에 사용되지 않고 오로지 전투에만
사용되었다는 것이다. 전투 때는 이 방패를 밧줄로
만든 어깨 고리에 걸어 사용했다.

연대	1950년 이후
출처	파푸아뉴기니
길이	122센티미터

기하학적 무늬가
들어간 단단한 나무 방패

덩굴줄기로 널빤지를
이어 묶었다

지그재그 무늬

비와트 족의 전쟁 방패
이 방패는 파푸아뉴기니 유아트 강 유역
비와트 마을에서 나왔다. 폭은 좁지만 길어서
전신을 보호할 수 있었다. 보통은 널빤지
가운데 부분에 대담한 장식을 넣었으며
테두리에는 기하학적 무늬를 그렸다.

연대	1950년 이후
출처	파푸아뉴기니
길이	171센티미터

굵직한 기하학적
무늬 테두리

거북을 닮은
문양

아스마트 족의 전쟁 방패
아스마트 족의 방패에는 조상의 이름이
붙었는데, 조상의 이름과 이 방패의 문양은
전사를 보호하며 영적인 힘을 부여했다.
방패는 돌이나 짐승뼈, 조가비를 연모로 써서
조각했다. 이 장식에 사용된 색깔은 상징적
의미를 띠는데, 붉은색은 힘과 아름다움을
상징한다.

연대	19세기
출처	인도네시아 이리안자야 지방
길이	199센티미터

아라웨 족의 전쟁 방패
이 방패는 뉴브리튼 섬 칸드리안 지역의
것으로, 아라웨 족의 대표적인 방패다. 타원형
무늬가 세 칸에 나뉘어 있고 덩굴식물 줄기를
찢어 만든 끈으로 수직 널빤지를 이어
묶었으며, 선명한 지그재그 무늬와 소용돌이
형상을 조각했다. 색깔로는 자연에서 난
검은색, 흰색, 대자석의 황갈색만 사용되었다.

연대	1950년 이후
출처	파푸아뉴기니 뉴브리튼 섬
길이	125센티미터

현대

20세기에는 진정한 의미의 전 지구적 전쟁이 발발했다. 두 차례의 세계 대전은 대규모 살상과 경제 혼란을 야기했으며, 전례 없이 큰 규모의 군대가 대륙 규모의 전쟁을 치렀다. 새로운 무기류가 기계화 전쟁 시대의 도래를 알리는 가운데 승리의 결정적 요인은 더 이상 보병이 아니라 탱크, 항공기, 유도탄이 되었다. 그리고 핵무기가 발명되었다. 핵무기의 파괴적인 위력은 전략가들을 곤란하게 만들었는데, 그것은 초강대국들이 핵무기를 가질 수밖에 없지만, 그것을 절대로 사용할 수는 없었기 때문이다.

러일 전쟁
1904년, 일본의 어뢰정이 뤼순에 정박한 러시아 함대를 공격했다. 이 전쟁을 지켜본 사람들은 화력이 장차 유럽에서 발생할 충돌에서 지배적 역할을 하리라는 교훈을 얻었으며, 공격은 빠르게, 강하게 해야 한다는 전략적 과제를 얻었다.

20세기 초 유럽 인들은 불안한 평화 시대에 살고 있었다. 국가마다 다가오는 전쟁에서 우위를 점하기 위해 우방을 바꿔댔으며 그 움직임 때문에 전쟁 가능성은 점점 더 높아졌다. 모두가 1860대와 1870년대 프로이센의 승리에서 교훈을 얻었으며, 1914년경 유럽의 열강들은 일촉즉발 상태에서 신속하게 전시 체제에 돌입하지 않으면 재앙이 될 것이라고 믿었다. 결국 그 믿음은 1914년 6월 세르비아 민족주의자의 합스부르크 프란츠 페르디난트 대공 암살이라는 사건을 계기로 전 세계를 미증유의 세계 대전으로 이끌었다.

오스트리아의 전쟁 계획을 두려워한 러시아가 군대를 파병하자 오스트리아도 파병했고 1주일 만에 독일과 프랑스가 그 뒤를 이었다. 프랑스를 그 전쟁에서 빨리 몰아내고 싶었던 독일은 슐리펜 작전에 착수했는데, 벨기에를 휩쓸고 북쪽에서부터 파리를 포위한다는 작전이었다. 독일의 슈타프 장군은, 이 전쟁 내내 위대한 전술가로서의 능력을 보여 주었으나 전략적 시야가 좁아 벨기에의 중립 침해가 영국의 참전을 유도할 것을 몰랐다. 그러나 독일은 거의 성공하는 것처럼 보였다. 프랑스는 8월의 마른 전투에서 침략군의 진격을 막는 데 성공하지 못했다.

전쟁은 스위스에서 영국 해협의 항구들까지 약 800킬로미터에 이르는 전선에서 고착되었다. 이 전선은 4년 동안 수많은 병사들을 죽음으로 끌고 갔다. 참호를 파고 들어간 보병들은 어느 쪽이 되었건 전진도 퇴각도 할 수 없었다. 분당 400~600발을 쏘는 공랭식 호치키스 기관총 앞에서 돌격이란 집단 자살일 뿐이었기 때문이다.

맹렬한 포격전
동맹국과 연합국 양방 모두 교착 상태를 타개할 방법을 찾느라 고심했다. 1916년 베르됭에서 독일군은 프랑스군을 포병대의 십자포화망으로 유도하는 데 성공했다. 프랑스 군은 끈질기게 저항했으나 12만 병사를 잃었다. 그러나 독일군도 10만 병사가 죽었다. 공격에서 우위를

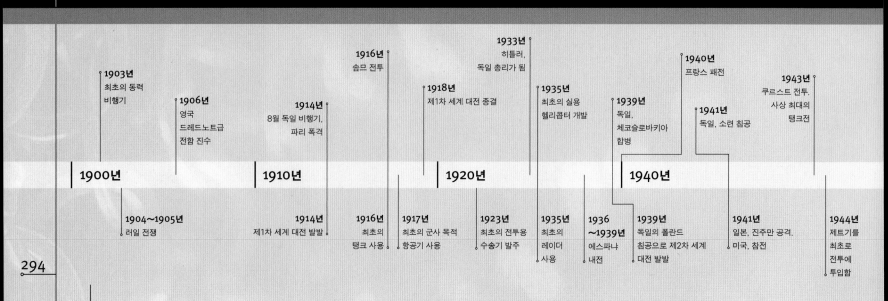

1903년
최초의 동력
비행기

1906년
영국
드레드노트급
전함 진수

1914년
8월 독일 비행기,
파리 폭격

1916년
솜므 전투

1918년
제1차 세계 대전 종결

1933년
히틀러,
독일 총리가 됨

1935년
최초의 실용
헬리콥터 개발

1939년
독일,
체코슬로바키아
합병

1940년
프랑스 패전

1941년
독일, 소련 침공

1943년
쿠르스트 전투,
사상 최대의
탱크전

1900년　　　**1910년**　　　**1920년**　　　**1940년**

1904~1905년
러일 전쟁

1914년
제1차 세계 대전 발발

1916년
최초의
탱크 사용

1917년
최초의 군사 목적
항공기 사용

1923년
최초의 전투용
수송기 발주

1935년
최초의
레이더
사용

1936
~1939년
에스파냐
내전

1939년
독일의 폴란드
침공으로 제2차 세계
대전 발발

1941년
일본, 진주만 공격.
미국, 참전

1944년
제트기를
최초로
전투에
투입함

점하기 위한 맹렬한 포격으로 지형이 변하곤 했다. 그런 경우, 전진이 거의 불가능해 허위적거리는 보병은 기관총 진지의 매력적인 사냥감이 되었다.

독가스와 탱크

교착 상태를 끝내기 위해 신무기가 도입되었다. 독가스가 1915년 4월 이프르 전투 때 처음 대규모로 사용되었는데, 독일군이 프랑스 전선에 약 6킬로미터의 구멍을 뚫기는 했지만, 염소 가스에 대한 공포가 진격에 장애물이 되었다. 마찬가지로, 1916년 9월 솜므 전투에 탱크가 처음 등장했지만 실제로 작전에서 중심적 역할을 한 것은 몇 달 뒤 캉브레 전투였다. 이 전쟁에서 비행기가 처음 사용되기도 했다. 1915년에 체펠린 비행선이, 다음으로 고타 폭격기가 영국의 도시들을 공습했지만, 전략적 효과는 거의 없었다. 해상에서는 독일의 잠수함 유보트가 얼마간 영국 해상 무역의 숨통을 틀어막았지만, 1917년 영국이 호송 함대를 도입하면서 손실을 막을 수 있었다.

1918년 봄, 독일군이 잠시 우세한 듯했으나 물자 소모가 과도해지고 병력도 줄고 산업도 군대의 수요에 부응하기 어려워졌다. 연합군이 반격하자, 전세는 다시 팽팽해졌고, 군사·경제·사회 붕괴 위기를 맞은 독일이 11월에 휴전에 동의했다.

독일의 민족주의 지도자들은 휴전 협정에 배신감을 느꼈는데, 군사적 항복이 아닌 정치적 항복으로 받아들인 것이다. 대공황이 닥치면서 이탈리아와 독일에서는 파시즘이 일어나고 소련에서는 공산주의가 정권을 공고히 했다. 1930년대 말 히틀러의 독일은 재무장하고 약한 인접국을 겁주거나 영토를 합병했으며, 프랑스와 영국을 위협해 이를 용인케 했다. 영국이 순순히 용인한 것이 아님을 알아채지 못한 히틀러는 한 가지 전략적 실책 — 1939년 폴란드 침공 — 을 저지르는데, 이것이 제2차 세계 대전을 촉발했다. 1940년대에 독일군은 일명 '전격전'으로 불리는 형태의 전투로 북해 연안 저지대 3국(네덜란드·벨기

에·룩셈부르크), 스칸디나비아, 프랑스를 격파해 나갔다. 보병대를 한참 앞질러간 기갑 사단은 독일군이 제1차 세계 대전 때 구사했던 슐리펜 작전을 다시 쓸 것이라고 예상했던 프랑스의 최고 사령부를 혼란에 빠뜨렸다.

공중전

군수 물자 확보에서 크게 우세했던 히틀러의 군대는 됭케르크에서 영국군의 철수를 허용했다. 그리고 히틀러는 1940년 여름, 세계 최초의 순수 공중전인 영국 공습을 시작하는데, 그는 영국 공군을 격파해 브리튼 제도를 침공하기 위한 길을 트고자 했다. 하지만 영국은 공격하는 항공기를 추적하는 전파 탐지기(레이더)를 개발했으며, 프

랑스 전에서 이미 힘이 고갈된 독일 공군은 스핏파이어 같은 영국의 신세대 전투기에 돌이킬 수 없는 패배를 겪었다. 한계에 몰린 독일군은 9월부터 작전을 야간 도시 폭격으로 바꾸었으며, 브리튼 제도 침공은 무기한 연기되었다. 나중에 영국군도 이 전략 폭격 작전을 구사해 독일을 공격했다. 독일의 드레스덴은 1945년 2월 연합군의 폭격으로 초토화되었다.

기관총 진지
제1차 세계 대전에 널리 배치된 기관총 진지 덕분에 전투는 공격자 우세에서 방어자 우세로 바뀌었다. 사진은 1916년 7월 솜므 전투의 장면으로, 첫날 공격만으로 영국군 병사 2만 명이 죽었는데, 다수가 기관총 사격에 희생되었다.

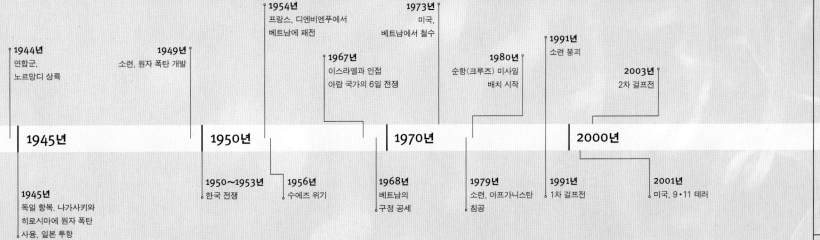

1944년
연합군,
노르망디 상륙

1949년
소련, 원자 폭탄 개발

1954년
프랑스, 디엔비엔푸에서
베트남에 패전

1967년
이스라엘과 인접
아랍 국가의 6일 전쟁

1973년
미국,
베트남에서 철수

1980년
순항(크루즈) 미사일
배치 시작

1991년
소련 붕괴

2003년
2차 걸프전

1945년

1950년

1970년

2000년

1945년
독일 항복. 나가사키와
히로시마에 원자 폭탄
사용, 일본 투항

1950~1953년
한국 전쟁

1956년
수에즈 위기

1968년
베트남의
구정 공세

1979년
소련, 아프가니스탄
침공

1991년
1차 걸프전

2001년
미국, 9·11 테러

시가전
1942년 스탈린그라드 전투에서 전투를 벌이고 있는 소련 쪽 적군 병사들의
모습. 스탈린그라드의 적군과 시민들은 독일군의 침공에 저항해 건물 하나,
골목 하나도 쉽게 내주지 않고 집요하게 싸웠다. 독일은 이 전투에서 50만 명의
병사를 잃었다.

독일군은, 주로 수동식 노리쇠 방식의 마우저 98 소총으로 무장했으며, 유럽에서 가장 전문적인 장교 집단의 능숙한 지휘를 받았다. 그러나 한 차원 높여서 본다면, 전략적 야욕과 과도한 군사력 확장이 독일을 괴롭혔다. 1941년 6월의 소련 침공은 히틀러가 러시아에서 비참하게 실패한 나폴레옹의 1812년 전쟁의 교훈을 배우지 않았음을 보여 주었다.

독일군은 1941년 12월 모스크바 외곽에 이르렀지만 추위에 탱크를 작동할 수 없었고 보병들은 그렇게 얼어붙는 기후에 대비되어 있지 않았으며 예비 병력도 전혀 없었다. 그러나 소련군은 시베리아 오지에서 편성되어 오는 신생 사단으로 계속 충원되고 있었다. 독일군은 기름도 부족했는데, 이것이 카프카스 지방 유전을 향해 남쪽으로 진구하기로 한 히틀러의 결정에 어느 정도 영향을 미쳤다. 독일군은 1942년 스탈린그라드 시내에서 참혹한 전투에 치러야 했는데, 이 전투는 현대적 시가전의 최초

사례라 할 수 있다. 그해 11월 소련의 반격으로 병사 20만 명 이상이 그 도시 안에 갇혔으며, 독일군은 그 패배에서 끝내 완전히 회복하지 못했다.

서부 전선에서는 연합군이 1944년에 사상 최대의 상륙 작전을 감행해 독일 국경까지 밀고 들어갔다. 독일은 형세를 일변시키기 위해 제트기와 V-2 로켓 같은 장거리 유도탄 등 일련의 신무기를 개발했으나 1945년 5월 베를린 함락을 막지는 못했다.

태평양 전쟁

태평양에서 미국과 연합국은 1941년부터 일본과도 싸워야 했다. 1941년 진주만 공격으로 촉발된 이 전쟁을 통해서 일본군은 말레이 반도와 필리핀, 태평양의 여러 섬을 휩쓸었다. 미군은 해상을 중심으로 전투를 벌이면서 일본이 점령한 지역을 고립시켰다. 1942년 6월 미드웨이 해전에서 일본군은 항공 모함 4척을 잃었는데, 일본은 이 타격에서 끝내 완전히 회복되지 못했다. 일본의 저항은 끈질겼으며, 미군은 1945년의 오키나와 전투만으로도 6만 5000명의 목숨을 잃었다. 이제 문제는 미국이 일본 본토를 침공할 배짱이 있느냐가 되었다.

미국의 대응은 1945년 8월 히로시마와 나가사키에 최초로 핵무기를 떨어뜨리는 것이었다. 이에 일본은 투항해야 했고 군사 전략가들은 예측을 변경했다. 이후 45년 동안 세계는 공포의 균형이 평화를 유지하는 냉전을 경험했다. 미국은 1949년에 유럽에서 소련에 맞서기 위해 북대서양 조약 기구(NATO)를 결성했고, 소련은 이에 대항해 1955년 바르샤바 조약을 체결했다. 나토군은 서유럽

에서 소련의 본격 지상 공격을 저지할 만한 육군을 갖추지 못했다. 역설적이게도 이 약점이 평화 유지에 기여했는데, 그런 공격을 시도했다 하면 소련에 핵 공격이 시작될 것이기 때문이었다.

한국 전쟁과 베트남 전쟁

초강대국들 사이의 위험한 정치적, 문화적, 이념적, 경제적 대결은 실제 전쟁으로 바뀌기도 했다. 그 전쟁은 주로 아시아에서 일어났다. 1950~1953년에 미국은 한반도가 공산주의자들의 손에 넘어가는 것을 막기 위해 전쟁을 치렀다. 미국은 북한군만이 아니라 중국군과도 싸워야 했다. 이것은 공산주의의 영향력 확대를 막는다는 미국의 세계 전략에 따른 것이었다. 이 전략이 1960년대에도 미국을 베트남으로 끌어들였다. 공산주의가 남베트남에 침투할 것을 두려워한 미국은 처음에는 군사 원조와 군사 고문을, 후에는 동맹국의 병사들을 포함한 수십만 명 지상군을 보냈다. 이 전쟁에서는 최초로 군용 헬기가 대규모로 사용되었으며, 대규모의 전략 폭격이 있었지만 미국은 본질적으로 유격전인 이 전쟁에서 시종일관 고전했다. 1973년 미국의 전투 부대들이 철수하자 남베트남은 멸망하고 베트남은 통일 국가가 되었다.

현대전

세계 대전이 종결된 후 유럽 열강으로부터 독립한 중동은 20세기 후반 내내 긴장 지역으로 남았다. 그것을 석유와 국제 패권을 둘러싼 초강대국들과 유럽 열강의 은밀한 갈등 탓이었다. 이스라엘과 인접 아랍 국가들의 전쟁이 이어졌다(1948년, 1967년, 1973년). 초강대국들은 1990년까지 직섭 개입하지는 않았지만, 무기를 팔아먹고 스파이를 보내고 외교적 개입을 하는 등 간접적인 개입을 해 자신들의 이익에 맞게 중동 지역의 전쟁을 조종하려 했

AK47
칼라슈니코프 자동 소총(AK47)은 1947년 소련이 처음 개발했다. 단순하고 제작 비용이 저렴하면서도 내구력이 높아 전 세계 게릴라 운동과 해방 운동의 주력 무기가 되었다.

다. 지역 패권과 핵무기 개발을 노리는(미국과 영국 일부의 주장이다.) 사담 후세인의 이라크가 1991년과 2003년, 미국이 주도한 두 차례의 이라크 전쟁을 촉발했다. 첫 번째 전쟁에서는 순항 미사일과, 레이저 광선 유도 장치를 사용한 스마트 폭탄이 사용되었다.

사담 후세인의 몰락을 야기한 2003년 이라크 전쟁에서도 첨단 무기들이 등장했다. 그럼에도 미군이 바그다드에 진입하기 위해서는 지상군 전투가 필요했다. 항공기, 미사일, 통신 기술에도 불구하고, 전투에는 사람으로 이루어진 부대가 필요하다는 사실을 증명한 셈이다. 이와 마찬가지로, 드세지는 이라크 내 저항 운동은 한 세기 전만 해도 상상조차 어려웠던 무제한적 물자 지원과 전투 무기 공급, 핵미사일 저장고도 이 힘을 한데 집중할 수 없는 곳에서는 무용지물에 지나지 않음을 증명했다. 테러리즘, 종교적 광신, 기존 정치 체제의 붕괴, 살인에는 M16이나 순항 미사일이 필요하지 않다. 벌채용 칼만으로도 집단 학살을 자행할 수 있다.

온갖 전쟁을 겪고 인류 자체를 멸망시킬 힘을 손에 넣은 인류는 이제 새로운 형태의 내전과 종족 학살 등을 해결하지 못한 숙제로 떠맡고 있다. 인류 역사를 통해 증명되었듯이, 최강의 무기를 소유하는 것만으로는 정치를, 세계를, 인간을 변화시킬 수는 없다.

유격전

유격 전술은 전쟁의 역사만큼이나 오래되었다. 로마에 맞선 유대인의 바르 코크바의 반란(132~135년)은 하나의 예일 뿐이다. 20세기에는 이것이 곧 민족 해방과 혁명 운동으로 여겨졌다. 1979년 소련은 아프가니스탄을 침공하면서 도시 지역은 신속히 초토화시켰지만, 시골 지역을 장악하고 대공 미사일 스팅거를 포함해 서방의 군사 지원을 받는 무자헤딘(이슬람 전사들)을 소탕하는 데 실패했다. 결국 소련은 전통적인 기갑 전술과 헬기와 보병 전술을 병행해 무자헤딘의 산악 근거지 소탕 작전을 펼쳤다. 그러나, 많은 유격전에서 그랬듯이, 민간인과 전투원을 구분하기 어려워 유격대원들이 방금 쫓겨난 지역으로 다시 침투하는 것을 막을 수 없었다. 유격전의 목표는 점령군에게 감당할 수 없는 손실을 일으켜 거기에 남아 있으려는 정치적 의지를 꺾는 것이다. 손익 계산에서 손해 쪽에 서 있음을 깨달은 소련은 1989년 아프가니스탄에서 철군했다.

아프가니스탄의 유격대원들

걸프전의 전사들
미군의 아파치 헬기가 2003년 이라크 공격에 앞서 쿠웨이트 사막에서 미군 탱크 부대 위를 날고 있다. 지상 병력에 대한 근접 항공 지원이 미군의 승리에 지대한 역할을 수행했다.

아프리카의 날붙이 무기

아프리카의 전통 무기는 이 대륙의 종족 구성과 문화의 다양성을 반영한다. 사하라 이북과 동아프리카 해안 일대의 무기는 아랍과 오스만 제국의 영향을 받아 이슬람 세계의 무기와 많이 닮았다. 사하라 이남의 주된 전통은 던지기 칼, 전투용 팔찌, '처형' 단도처럼 디자인이 매우 독창적인 날붙이 무기를 생산했다. 이러한 무기는 대다수 유럽 식민지 열강이 아프리카의 많은 지역을 통치하게 된 뒤로도 오랫동안 사용되었다.

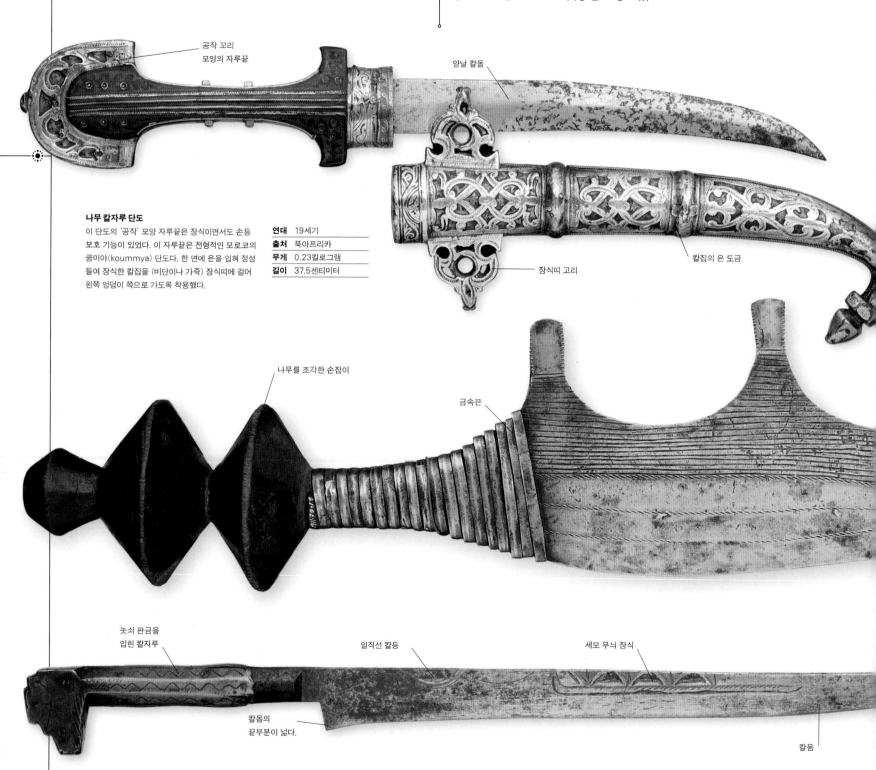

나무 칼자루 단도

이 단도의 '공작' 모양 자루끝은 장식이면서도 손등 보호 기능이 있었다. 이 자루끝은 전형적인 모로코의 쿰미아(koummya) 단도다. 한 면에 은을 입혀 정성 들여 장식한 칼집을 (비단이나 가죽) 장식띠에 걸어 왼쪽 엉덩이 쪽으로 가도록 착용했다.

연대	19세기
출처	북아프리카
무게	0.23킬로그램
길이	37.5센티미터

공작 꼬리 모양의 자루끝

양날 칼몸

장식띠 고리

칼집의 은 도금

나무를 조각한 손잡이

금속끈

놋쇠 판금을 입힌 칼자루

일직선 칼등

세모 무늬 장식

칼몸

칼몸의 끝부분이 넓다.

플리사

이 단도의 기원은 불확실하지만, 형태와 장식은 알제리 북동부의 카바일 베르베르 족이 사용한 플리사 세이버(flyssa saber)와 비슷하다. 팔각형 손잡이는 놋쇠 판금을 입혀 문양을 새겼는데, 이 양식은 이 단도가 축소판 플리사임을 시사한다.

연대	19세기 또는 20세기
출처	북아프리카
무게	0.16킬로그램
길이	37센티미터

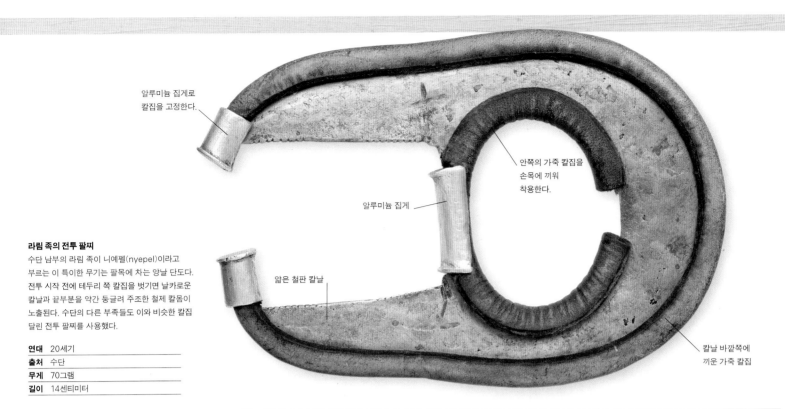

라림 족의 전투 팔찌
수단 남부의 라림 족이 니예펠(nyepel)이라고
부르는 이 특이한 무기는 팔목에 차는 양날 단도다.
전투 시작 전에 테두리 쪽 칼집을 벗기면 날카로운
칼날과 끝부분을 약간 둥글려 주조한 철제 칼몸이
노출된다. 수단의 다른 부족들도 이와 비슷한 칼집
달린 전투 팔찌를 사용했다.

연대	20세기
출처	수단
무게	70그램
길이	14센티미터

알루미늄 집게로
칼집을 고정한다.

안쪽의 가죽 칼집을
손목에 끼워
착용한다.

알루미늄 집게

얇은 철판 칼날

칼날 바깥쪽에
끼운 가죽 칼집

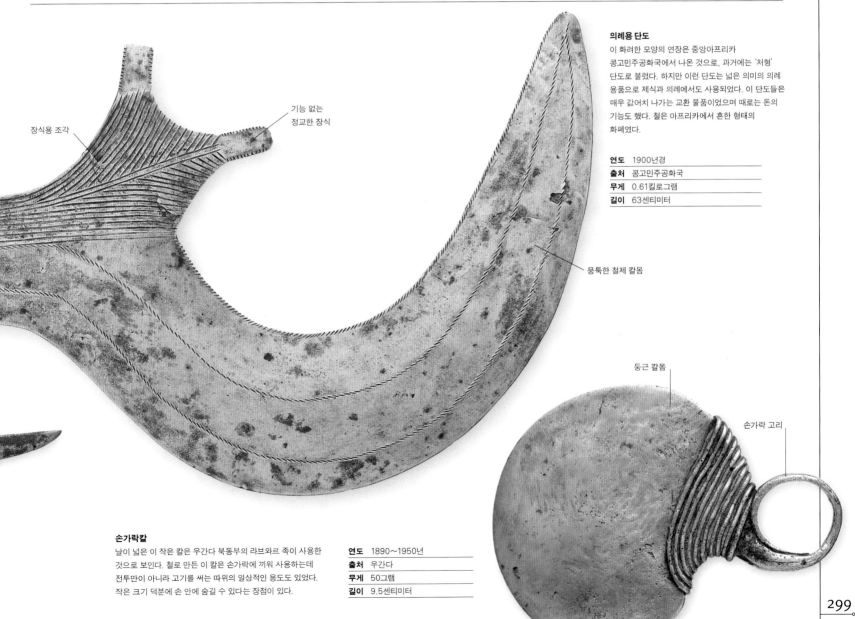

의례용 단도
이 화려한 모양의 연장은 중앙아프리카
콩고민주공화국에서 나온 것으로, 과거에는 '처형'
단도로 불렸다. 하지만 이런 단도는 넓은 의미의 의례
용품으로 제식과 의례에서도 사용되었다. 이 단도들은
매우 값어치 나가는 교환 물품이었으며 때로는 돈의
기능도 했다. 철은 아프리카에서 흔한 형태의
화폐였다.

연도	1900년경
출처	콩고민주공화국
무게	0.61킬로그램
길이	63센티미터

장식용 조각

기능 없는
정교한 장식

뭉툭한 철제 칼몸

둥근 칼몸

손가락 고리

손가락칼
날이 넓은 이 작은 칼은 우간다 북동부의 라브와르 족이 사용한
것으로 보인다. 철로 만든 이 칼은 손가락에 끼워 사용하는데
전투만이 아니라 고기를 써는 따위의 일상적인 용도도 있었다.
작은 크기 덕분에 손 안에 숨길 수 있다는 장점이 있다.

연도	1890~1950년
출처	우간다
무게	50그램
길이	9.5센티미터

현대

아프리카의 날붙이 무기

광택 낸 나무
손잡이

놋쇠와 철로
만든 띠

슴베

수단의 굽은 단도

수단 남부의 잔데 족이 만든 이 겸상도(鎌狀刀, 낫처럼 굽은 날 때문에 이렇게 부른다.)는 전쟁에서 던지기 칼로 사용되었을 수 있지만, 연장이나 권력의 상징으로도 쓰였다.

연대	20세기 초
출처	수단
무게	0.55킬로그램
길이	46.5센티미터

장식된 칼자루

구리 칼날

카사이의 구리 단도

오늘날 콩고민주공화국의 카사이 지역에서 만들어진 이 독특한 구리 단도는 이슬람 세계의 영향을 받은 것으로 보인다. 칼자루의 형태가 손 안에 편안히 잡히도록 만들어졌다.

연도	1900년경
출처	콩고민주공화국

끝부분의 놋쇠 고리

조각이 있는 상아 칼자루

베냉의 의례 검

에벤(eben)이라고 불리는 이 검은 서아프리카의 베냉 왕국 것이다. 베냉의 대장장이 조합에서 전통 양식에 따라 철로 만든 에벤은 이 왕국의 신성한 통치자 오바(Oba)와 우두머리 전사가 들었던 검이다.

연도	1900년경
출처	베냉
길이	45센티미터

구멍을 뚫어
장식한 무늬

금박 입힌 나무 공

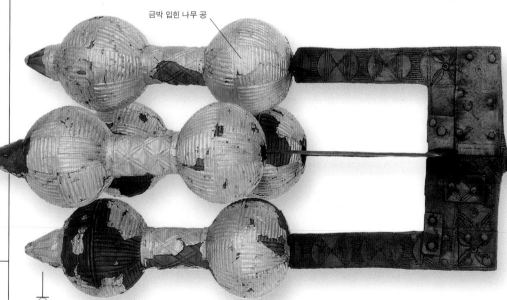

화려한 의례 검

서아프리카 아산티 왕국의 통치자 코피 카리카리가 1867년부터 1874년까지 소유했던 검이다. 무기라기보다는 지위의 상징이었다. 철 검신이 날카롭지 않다. 금공은 씨앗을 나타내는데, 부와 다산의 상징이다.

연도	1870년경
출처	아산티

넓은 홈

날 양쪽을
날카롭게 벼린
강철 칼날

에벤을 든 베냉의 우두머리 전사
베냉 왕국은 15세기부터 19세기까지 번영을
누렸다. 이 청동 패널은, 베냉의 장인이 만든
것으로, 한 우두머리 전사가 오른손에 의례 검인
에벤을 든 모습을 묘사했다. 이 동작은 왕인
오바의 권위에 충성한다는 뜻이다. 오바도
의례에서 부왕의 무덤 앞에서 에벤으로 땅을
치는 춤을 춤으로써 조상에게 경의를 표한다.

휜 금속 날

양끝이 대칭으로
뾰족한 날

나뭇잎 모양 칼몸

울퉁불퉁한 손잡이

끝으로 가면서
뾰족해지는 직선 날

구멍 장식

던지기 칼
날이 여러 개로 된 이 기이하게 생긴 칼은 아프리카의
많은 지역에서 발견된다. 이 칼은 콩고 것이다. 칼을
던지면 가운데의 무게를 중심으로 회전하면서 낫 모양
칼날이 공기를 무섭게 가른다.

연대 19세기 말/20세기 초
출처 콩고민주공화국

벼리지 않은
강철 칼날

총검과 전투 단검
1914~1945년

유럽의 군대들은 제1차 세계 대전을 시작할 때 총검 공격이 보병전에서 승리의 열쇠가 되리라 믿었다. 그러나 현실은 달랐다. 총검을 장착하고 전진한 병사들이 기관총과 소총의 공격에 쓰러진 것이다. 병사들은 총검이 전투보다는 깡통 따는 데 더 쓸모있다고 비아냥거렸다. 하지만 특히 검신이 짧은 총검은 여전히 사용되었다. 전투 단검은 1914년과 1918년 사이에 전개된 참호전에서 그 가치를 입증했고, 제2차 세계 대전 중 특수 부대들이 사용했으며, 총검이 없는 보병들이 근접전을 펼칠 때 무기로 사용했다.

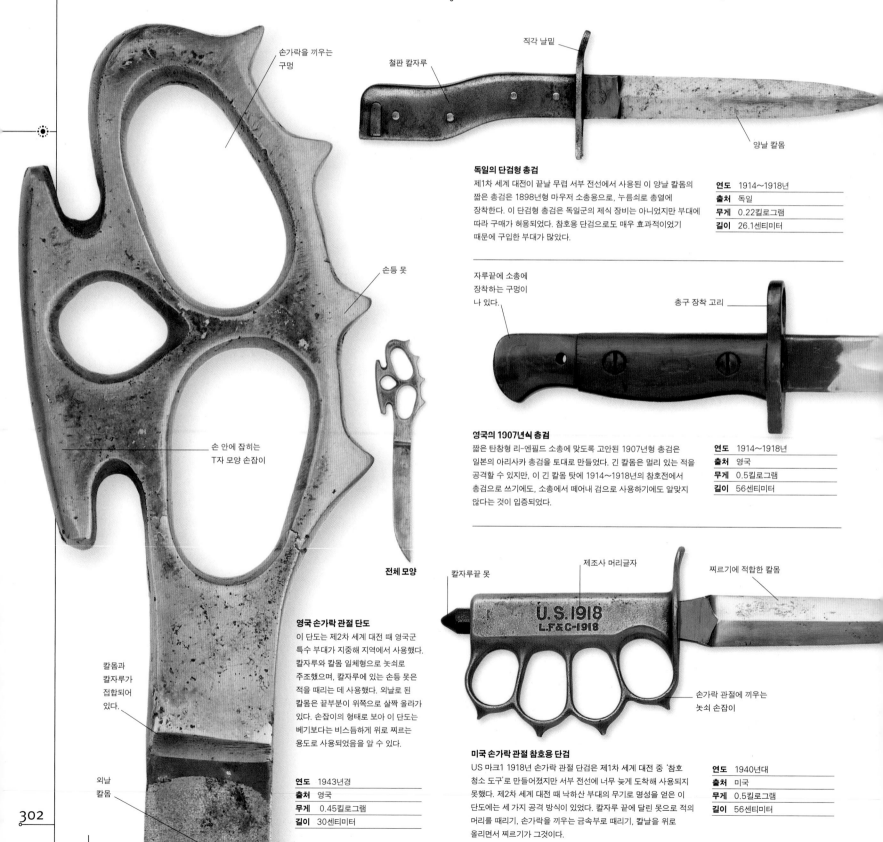

손가락을 끼우는 구멍

직각 날밑

철판 칼자루

양날 칼몸

독일의 단검형 총검

제1차 세계 대전이 끝날 무렵 서부 전선에서 사용된 이 양날 칼몸의 짧은 총검은 1898년형 마우저 소총용으로, 누름쇠로 총열에 장착한다. 이 단검형 총검은 독일군의 제식 장비는 아니었지만 부대에 따라 구매가 허용되었다. 참호용 단검으로도 매우 효과적이었기 때문에 구입한 부대가 많았다.

연도	1914~1918년
출처	독일
무게	0.22킬로그램
길이	26.1센티미터

손등 못

자루끝에 소총에 장착하는 구멍이 나 있다.

총구 장착 고리

영국의 1907년식 총검

짧은 탄창형 리-엔필드 소총에 맞도록 고안된 1907년형 총검은 일본의 아리사카 총검을 토대로 만들었다. 긴 칼몸은 멀리 있는 적을 공격할 수 있지만, 이 긴 칼몸 탓에 1914~1918년의 참호전에서 총검으로 쓰기에도, 소총에서 떼어내 검으로 사용하기에도 알맞지 않다는 것이 입증되었다.

연도	1914~1918년
출처	영국
무게	0.5킬로그램
길이	56센티미터

손 안에 잡히는 T자 모양 손잡이

전체 모양

영국 손가락 관절 단도

이 단도는 제2차 세계 대전 때 영국군 특수 부대가 지중해 지역에서 사용했다. 칼자루와 칼몸 일체형으로 놋쇠로 주조했으며, 칼자루에 있는 손등 못은 적을 때리는 데 사용했다. 외날로 된 칼몸은 끝부분이 위쪽으로 살짝 올라가 있다. 손잡이의 형태로 보아 이 단도는 베기보다는 비스듬하게 위로 찌르는 용도로 사용되었음을 알 수 있다.

칼몸과 칼자루가 접합되어 있다.

연도	1943년경
출처	영국
무게	0.45킬로그램
길이	30센티미터

외날 칼몸

제조사 머리글자

칼자루끝 못

찌르기에 적합한 칼몸

U.S.1918
L.F&C-1918

손가락 관절에 끼우는 놋쇠 손잡이

미국 손가락 관절 참호용 단검

US 마크1 1918년 손가락 관절 단검은 제1차 세계 대전 중 '참호 청소 도구'로 만들어졌지만 서부 전선에 너무 늦게 도착해 사용되지 못했다. 제2차 세계 대전 때 낙하산 부대의 무기로 명성을 얻은 이 단도에는 세 가지 공격 방식이 있었다. 칼자루 끝에 달린 못으로 적의 머리를 때리기, 손가락을 끼우는 금속부로 때리기, 칼몸을 위로 올리면서 찌르기가 그것이다.

연도	1940년대
출처	미국
무게	0.5킬로그램
길이	56센티미터

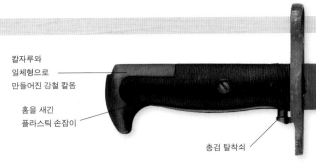

칼자루와
일체형으로
만들어진 강철 칼몸

홈을 새긴
플라스틱 손잡이

총검 탈착쇠

강철로 된 칼집 목

외날 칼몸

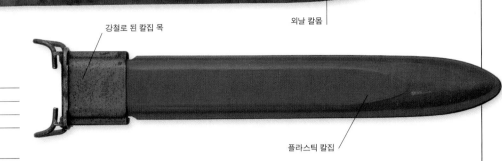

플라스틱 칼집

미국 M1 단검형 총검

1943년 4월, 미국 육군은 M1 개런드 소총에 짧은 총검을
쓰기로 결정했다. 이렇게 해서 칼몸 길이 25.4센티미터로
제작된 M1 단검형 총검이 검신 40.6센티미터의 1905
년형 총검과 1942년형 총검을 대체했다. 이 총검의 M7
칼집은 빅토리 플라스틱스 사에서 제조했다.

연도	1944년
출처	미국
무게	0.43킬로그램
길이	36.8센티미터

목재 칼자루

칼자루 상단의 강철 불꽃 막이

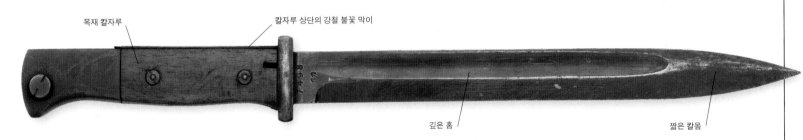

깊은 홈

짧은 칼몸

독일의 S84/98 총검

이 값싸고 튼튼한 총검은 1898년형 마우저 소총에
장착하기 위해 만들어진 것이다. 총구 고리가 없고 칼자루
끝의 긴 홈만으로 소총에 고정했다. S84/98 총검은 제2차
세계 대전 때까지 계속해서 생산되었으며, 이 칼도 이
시기에 만들어졌다.

연도	1940년대
출처	독일
무게	0.42킬로그램
길이	38.2센티미터

외날 칼몸

깊이 판 홈

가죽 고리 손잡이

미국의 MK3 전투 단검

1943년에 미국 육군은 육박전을 위한 MK3 단검을
채택했다. 바로 대량 생산에 들어가 1944년까지 250만
자루가 생산되었다. 칼자루와 칼몸은 영국의 페어베언-
사이키스 전투 단검(아래)의 영향을 받았다. 미군 해병대는
이것이 아닌 케이에이-바(Ka-Bar) 전투 단검을 채택했다.

연도	1950년경
출처	미국
무게	0.24킬로그램
길이	29.5센티미터

뒤로 굽은 날밑

마름모꼴 칼몸

원통형 손잡이

양날 칼몸

페어베언-사이키스 전투 단검

중국 갱의 단도를 모델로 한 페어베언-사이키스(Fairbairn-
Sykes) 단검은 1930년대에 상하이 경찰 총장 윌리엄
페어베언과 동료 에릭 사이키스가 개발했다. 제2차 세계 대전
때 코만도 등의 연합군 특수 부대가 사용했는데, 이들은
페어베언-사이키스 단검으로 육박전 훈련도 받았다.

연도	1941~1945년
출처	영국
무게	0.23킬로그램
길이	30센티미터

날씬한 칼몸은 갈비뼈 사이를 찌르는
데에 적합하지만 베기에도 이상적인
형태를 이루고 있다.

제1차 세계 대전
제1차 세계 대전 중 서부 전선의 대치 국면은
스위스 국경선에서 북해까지 이어졌다. 마우저 Gew98
소총으로 무장한 독일 해군 부대가 전선의 최북단에서 방어 태세를
취하고 있다.

제1차 세계 대전기의 프랑스 보병

제1차 세계 대전(1914~1918년)의 서부 전선에서 싸운 프랑스의 징집병은 시민군으로서 군에 복무하는 것을 공화국에 대한 의무이자 애국심의 발현으로 여기라고 배웠다. 막대한 인명 피해와 참혹한 참호전을 치르고, 1917년에는 프랑스 군 일부가 모반을 일으키기도 했지만, 이 '털복숭이들(poilu, 프랑스 병사를 일컫는 프랑스 어 속어―옮긴이)'은 격전지 마른과 베르됭을 굳게 지켜 냈다.

처절한 방어전을 벌이고 있는 프랑스 군 보병
1916년 2월, 독일군이 "프랑스 군의 피를 마지막 한 방울까지 다 흘리게 하자."라는 목표하에 요새 도시 베르됭을 공격했다. 독일의 강력한 포격을 당하면서 프랑스 군 보병대는 전선을 지켜 냈다. 몇 달에 걸친 이 처절한 방어전으로 프랑스 군은 약 40만 병사를 잃었다.

시민군

전쟁 전에는 프랑스의 모든 젊은 남자는 2년간(1913년에 3년으로 연장) 국가에 봉사하는 의무를 수행해야 했는데, 그 기간이 끝나면 평생 예비군으로 편성되었다. 그 결과, 이론적으로 프랑스 남성 인구 전체가 군인으로 훈련받았다. 전쟁 기간 동안 프랑스 남성 800만 명 이상이 군에 복무했으며, 절정기에는 150만 대군이 편성되었다. 프랑스 군은 낡은 소총과 성능 떨어지는 기관총, 몇 대 없는 중포, 그리고 표적이 되기 좋은 밝은 색 군복으로 전쟁을 시작했다. 이렇게 무장한 병사들은 압도적인 화력의 독일군에 맞서 맹렬하게 싸웠다. 전쟁 발발 3개월 만에 프랑스 군은 약 100만 명의 사상자를 냈지만, 1차 마른 전투에서 독일군을 패퇴시켰고, 조국을 지켜 냈다. 이 전투가 참호전으로 이어진 것은 필연적이었다. 참호가 속사포와 기관총 공격에 적절한 방어 방법이었기 때문이다. 프랑스 보병들은 우방 영국군보다 열악한 조건에 처해 있었는데, 전반적으로 상태가 더 나쁜 참호에서 포격과 독가스 공격을 당해야 했기 때문이다. 베르됭의 참상을 겪고도 프랑스 군의 사기는 떨어지지 않았다. 그러나 1917년 초의 효과 없는 공격전은 불안감을 널리 퍼뜨렸다. 당국은 음식을 개선하고 휴가를 허락해야 했으며 인명 낭비에 주의해야 했다. 프랑스 보병대는 1918년의 승리에 크게 기여하면서 사기를 회복했다.

아드리안 철모

개인 소지품을
넣는 잡낭

기관총 사수들
프랑스 군 보병대는 1915년에 호치키스 기관총을 사용했다. 프랑스의 기관총은 일반적으로 성능이 좋지 않았다. 이 호치키스 기관총은 탄환 공급 효율성이 떨어지는 25발들이 탄환띠를 사용했다.

참호 제복
프랑스 보병이 원래 입던 청색 오버코트, 담적색 바지, 케피모는 1915년에 청회색 군복과 강철모로 바뀌었다.

전쟁의 대가

제1차 세계 대전에 참전했던 프랑스 병사 830만 명 중 거의 140만 명이 사망했다. 300만 명이 부상을 당했고, 4분의 3에 해당하는 100만 명이 영구 및 장기 장애로 고통받았다. 전체 남성 5명 중 1명이 전쟁의 피해자였으며 18세에서 35세까지의 인구 중에서 사망한 남성이 차지하는 비율은 '잃어버린 세대'라는 말이 합당할 만한 수치였다. 프랑스는 베르됭의 참극을 두오몽 납골당에서 추모하는데, 여기에는 신원이 확인되지 않은 프랑스와 독일 병사 수십만 명의 유해가 묻혀 있다.

두오몽 납골당

열은 청회색
방한복

발목에서 무릎까지
덮는 각반

전투 장비

만리허-베르티에 소총

F1 수류탄

P1 수류탄

시트롱 푸그(푸그의 레몬) 수류탄

호치키스 기관총

"인류는 미쳤다! 이 얼마나 끔찍한 공포의 살육전인가! 지옥도 이렇게 끔찍할 수는 없다. 인간은 미쳤다!"

알프레드 주베르 소위의 일기에서, 1916년 5월 23일

자동 장전식 권총 1900~1920년

보어하르트 권총과 마우저 C/96은 자동 장전식 권총이 안정성을 확보한 무기임을 보여 주었지만 생산에 비용이 많이 들었고 사용이 다소 불편했다. 차세대 자동 장전식 권총은 단순해졌고, 따라서 생산비가 저렴해졌다. 존 모제스 브라우닝의 콜트 1911년형과 게오르크 루거의 P'08처럼 20세기 초에 제조된 최고의 무기들은 아직까지 수요가 있으며, 당시 만들어진 원본은 총기 수집가들이 탐내는 수집품이다.

가늠쇠

슬라이드가 뒤로 미끄러지는 것을 막아 주는 레버

가늠자

공이치기

안전 장치

반동 용수철집

손잡이 안전 장치

콜트 1911년형 A1

브라우닝은 콜트 1911년형 A1을 설계했는데(1911년은 이 모델이 미국 육군의 제식 요부 휴대 무기로 승인된 해이다.), 필리핀의 모로 족 반군과 싸우는 병사들로부터 이미 지급된 비효율적인 0.38구경 리볼버 대신 무거운 0.45인치 구경을 쓰는 권총을 지급해 달라는 요청이 있었기 때문이다. 사진의 총은 1911년형 A1의 후기 모델이다.

특허 정보

연도	1909년 이후
출처	미국
무게	1.1킬로그램
총열	12.7센티미터
구경	0.45인치 ACP

탄창 멈치

개머리판에 7발 들이 탈착식 탄창이 들어 있다.

콜트 1902년형

브라우닝은 1900년형 소형 권총만이 아니라 0.38인치 ACP 구경의 군용 자동 장전 권총 시리즈를 설계했는데, 잠금 장치가 종종 문제를 일으켰다. 이 문제와 가벼운 총탄이 미군의 기준에 부합하지 못했다

연도	1902년
출처	미국
무게	1.02킬로그램
총열	15.2센티미터
구경	0.38인치 ACP

열림 고정쇠가 슬라이드를 뒤로 당겨 연 상태를 유지시킨다.

개머리판에 7발 들이 탈착식 탄창이 들어 있다.

걸이용 고리

가늠쇠와 일직선으로 배치된 가늠자

장탄/배출구

공이치기

탈착식 개머리판

발사 속도 조종쇠

20발 들이 고정 탄창

아스트라 901형

마우저 C/96을 속사총 판으로 베껴 만든 아스트라(Astra)는 에스파냐에서 생산되었다. 자동 발사 기능이 있지만, 이 형태로는 제어가 불가능하다.

연도	1920년대
출처	에스파냐
무게	2.1킬로그램
총열	16센티미터
구경	7.63밀리미터 마우저

가늠쇠

길이 10센티의 총열(제1차 세계 대전 이후 독일에 허용된 최장 총열)

열림 고정 레버

탄창 배출구

토글이 격발 슬라이드를 당기는 손잡이 기능도 한다.

휘어진 턱이 토글 이음쇠가 위로 당겨지는 것을 막아 준다.

안전 장치

총열 잠금쇠

배출구

장탄구

공이치기

탄창 멈치

슈타이어 'HAHN' 1911년형

베른들은 군용 권총 제조에 다년간 공을 기울이다가 1911년형으로 성공을 거두었다. 콜트와 유사한 개념의 모델이었으나, 총열을 기울이는 것이 아니라 회전시켜 슬라이드를 잠그는 것만 달랐다.

연도	1911년
출처	오스트리아
무게	0.98킬로그램
총열	12.7센티미터
구경	7.63밀리미터

안전 장치

개머리판에 8발 들이 고정 탄창이 들어 있다.

루거 P'08

세계에서 가장 유명한 권총으로 거의 우상의 지위를 차지하고 있는 이 권총은 1900년에 게오르크 루거가 설계했다. 루거는 7년 전 제조된 보어하르트 권총의 많은 특징을 베꼈지만, 판(板) 용수철을 채택했으며, 그것을 개머리판으로 이동해 전체적인 균형을 크게 개선했다. 루거는 탄환도 개선해 파라벨룸(Parabellum) 총탄을 생산했는데, 이것이 훗날 세계 표준이 된다.

연도	1908년
출처	독일
무게	0.88킬로그램
총열	10센티미터
구경	9밀리미터 파라벨룸

개머리판에 10발 들이 탈착식 탄창이 들어 있다.

탄창 손잡이

가늠쇠

은폐된 공이치기

웨블리 1910년형

버밍엄의 웨블리는 1904년경부터 다양한 후장식 자동 장전 권총을 생산했다. 이 권총들은 모두 휴 개벗-페어팩스와 합작으로 마스 권총을 제작한 J. H. 화이팅이 설계했는데 일부 경찰대에서 이 모델들을 채택했다.

연도	1910년
출처	영국
무게	0.96킬로그램
총열	12.7센티미터
구경	9밀리미터 쇼트

열림 고정 레버

개머리판에 7발 들이 탈착식 탄창이 들어 있다.

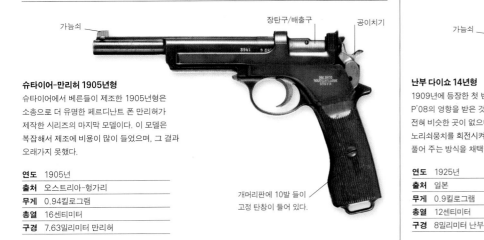

가늠쇠

장탄구/배출구

공이치기

슈타이어-만리허 1905년형

슈타이어에서 베른들이 제조한 1905년형은 소총으로 더 유명한 페르디난트 폰 만리허가 제작한 시리즈의 마지막 모델이다. 이 모델은 복잡해서 제조에 비용이 많이 들었으며, 그 결과 오래가지 못했다.

연도	1905년
출처	오스트리아-헝가리
무게	0.94킬로그램
총열	16센티미터
구경	7.63밀리미터 만리허

개머리판에 10발 들이 고정 탄창이 들어 있다.

탄창 배출구

격발 슬라이드 손잡이

가늠쇠

안전 장치

난부 다이쇼 14년형

1909년에 등장한 첫 번째 난부 권총이다. P'08의 영향을 받은 것이 분명하지만 내부는 전혀 비슷한 곳이 없으며, 총열과 연결된 노리쇠뭉치를 회전시켜 노리쇠의 잠금을 풀어 주는 방식을 채택했다.

연도	1925년
출처	일본
무게	0.9킬로그램
총열	12센티미터
구경	8밀리미터 난부

탄창 멈치

개머리판에 8발 들이 고정 탄창이 들어 있다.

자동 장전식 권총 1920~1950년

자동 장전식 권총의 안정성에 관해 남아 있던 의문점들은 대다수가 제1차 세계 대전 중에 불식되었는데, 대규모 참전국 중 4개국(오스트리아-헝가리, 독일, 터키, 미국)의 장교들이 이 무기를 사용했다. 설계가 형편없는 모델들도 여전히 생산되었지만 그중 군대에 공급된 것은 거의 없다. (일본의 94식 하나가 예외였다.) 신형 자동 장전 권총들은 루거와 콜트 1911년형 같은 걸작품의 후계자로 손색이 없음이 입증되었다.

가늠쇠

측면에 새겨진 등록 정보

열림 고정 홈

요철식 격발 슬라이드 손잡이

가늠자

공이치기

반동 용수철집

열림 고정 레버가 격발 슬라이드를 뒤로 당겨 연 상태를 유지한다.

탄창 배출 누름쇠

안전 장치

브라우닝 GP35

브라우닝의 마지막 설계인 고성능(Grand Puissance) 모델은 벨기에 군이 채택했으며, 제2차 세계 대전 중에 그 계획이 영국으로 밀수되었고, 캐나다에서 생산되었다. 기본 원리는 1911년형에 사용되었던 것과 같은 총열 뒤의 진동 링크지만, 세부적인 변화로 생산비가 저렴해지고 유지 관리가 쉬워졌다. 영국군이 공식 채택한 최초의 자동 장전식 권총으로 1954년에 채택되었다.

연도	1935년
출처	벨기에
무게	0.99킬로그램
총열	11.8센티미터
구경	9밀리미터 파라벨룸

개머리판에 13발 들이 탈착식 탄창이 들어 있다.

스타 모델 M

에이바르의 에체베리아에서 제작된 스타(Star)는 콜트 1911년형을 베낀 것 중 최고의 모델로 꼽히지만, 콜트가 1920년대 중반에 채택한 안전 장치가 없었다. 다양한 모델과 구경으로 1980년대 중반까지 생산되었다.

연도	1932년
출처	에스파냐
무게	1.07킬로그램
총열	12.5센티미터
구경	9밀리미터 라르고

가늠쇠

안전 장치

공이치기

반동 용수철집

열림 고정 레버가 격발 슬라이드를 뒤로 당겨 연 상태를 유지시킨다.

개머리판에 8발 들이 탈착식 탄창이 들어 있다.

걸이용 고리

토카레프 TT 1933년형

토카레프 TT는 적군이 일반 지급한 최초의 자동 장전식 권총이었다. 설계는 브라우닝 GP35와 비슷하며, 단일 스윙 링크 잠금 장치를 채택했다. 구조가 단순해 연모 없이도 분해가 가능했다. 안전 장치는 없지만 격발 슬라이드를 절반만 당긴 상태로 고정할 수 있다.

연도	1933년
출처	소련
무게	0.85킬로그램
총열	11.6센티미터
구경	7.62밀리미터 소비에트 오토

절반이 덮인 공이치기

개머리판에 8발 들이 탈착식 탄창이 들어 있다.

가늠쇠

폴란드의 상징인
독수리 문장

측면에 새겨진
등록 정보

격발 슬라이드를 앞으로
당기는 레버

가늠자

공이치기

안전 장치

손잡이
안전 장치

열림 고정 레버

라돔 1935년형

빌네이프치츠와 스크르지핀스키가 라돔(Radom) 공장을 위해
설계해 1930년대 초에 제작했는데, 브라우닝의 GP와 비슷한
개념의 모델이지만 더 작아졌고 안전성을 높였다. 이 총은 손잡이
안전 장치와, 공이가 떨어졌다가 다시 들어가는 장치를 달아 한
손으로도 안전하게 쏠 수 있게 했다.

연도	1935년
출처	폴란드
무게	1.05킬로그램
총열	11.5센티미터
구경	9밀리미터 파라벨룸

가늠쇠

측면에 새겨진
등록 정보

격발 슬라이드를 뒤로
당기는 손잡이

공이치기

반동
용수철집

안전 장치와
열림 고정 레버

개머리판에 탈착식 9발 들이
탄창이 들어 있다.

베레타 1934년형

피에트로 베레타 사는 세계에서 가장 오래된 무기 제조사의 하나로
4세기가 넘는 역사를 자랑하며, 대대로 이탈리아 국군에 무기를
공급해 왔다. 1934년형은 제2차 세계 대전 중 이탈리아 장교들의
공식 요부 휴대 무기가 되었다. 설계안은 20년 전에 만들어진 것을
개량한 것이다. 블로우백 작동식(blowback-operated, 격발 시
발생하는 총강 내 압력으로 노리쇠가 반동으로 후퇴하는 방식—
옮긴이)으로 아무런 잠금 장치가 없는 이 모델은 힘이 떨어지는
탄환을 사용할 수밖에 없었으며, 원래 제공된 구경은 7.65
밀리미터였다.

연도	1934년
출처	이탈리아
무게	0.65킬로그램
총열	15.2센티미터
구경	9밀리미터 쇼트

탄창 배출 누름쇠

열림 고정 레버가 격발
슬라이드가 뒤로 당겨진
상태를 유지시킨다.

안전 장치와 발사 속도
조종쇠가 결합된 장치

총구 제동 장치

스테치킨 APS

스테치킨(Stechkin)은
공안 부대용 완전 자동
권총으로 설계됐으나 성공하지 못한
모델이다. 마카로프와 마찬가지로 잠금 장치
없는 블로우백 방식이었는데, 미국의 월터 PP
모델을 토대로 삼았다. 자동 방식에서는
사실상 제어가 불가능했다.

연도	1960년대
출처	소련
무게	1.03킬로그램
총열	12.7센티미터
구경	9밀리미터 마카로프

20발 들이 2열 탄창이
들어 있는 개머리판

안전 장치

공이치기

마카로프 PM

적군의 제식 요부 휴대 무기로 대체된
토카레프 모델은 미국의 월터 PP를 베낀
것으로 더블액션 장치와 2단계 안전
장치를 채택했다. 이 모델의 탄환의
위력은 당시 블로우백 방식 권총에
안전하게 사용할 수 있던 탄환 정도
되었다.

연도	1950년대
출처	소련
무게	0.7킬로그램
총열	9.7센티미터
구경	9밀리미터 마카로프

열림 고정 레버가 격발 슬라이드가
뒤로 당겨진 상태를 유지시킨다.

개머리판에 8발 들이
탈착식 탄창이 들어 있다.

자동 장전식 권총
1950년 이후

웰링턴 공작이 일찌기 19세기에 권총이 전쟁에 쓸 만한 무기인가 의문을 제기했는데, 기계화 전쟁 시대에 들어서자마자 그 답이 나왔다. 권총은 전쟁에서 개인의 방어 이외에는 거의 쓸모가 없다. 사기 진작 정도에 영향을 줄까 말까 할 정도이다. 하지만 권총의 가치가 공안과 경찰 활동에서 입증되었으며, 차세대 권총은 이를 염두에 두고 개발되었다.

내장형 공이치기

점사 선택 장치

망원 렌즈

누름쇠형 안전 장치

개머리판에 18발 들이
탄창이 들어 있다.

헤클러-코흐 VP70 모델
VP70 모델은 플라스틱을 전체적으로 사용한 최초의 권총이다. 완전 자동 권총을 의도했는데, 3발 점사로 제한되었다. 자동 작동을 제어하는 장치는 탈착식 개머리판에 내장돼 있다. 이 개머리판을 떼어내면 일반적인 반자동 방식으로 전환된다.

섬유 강화 폴리머
어깨 개머리판

연도	1970년대
출처	독일
무게	1.55킬로그램(개머리판 포함)
총열	11.6센티미터
구경	9밀리미터 파라벨룸

교환 가능한 총열

총구 제동 장치

가늠쇠

뒤로 당기기 좋은 요철식
격발 슬라이드 손잡이

가늠자

공이치기

베레타 92FS
1980년대에 콜트 1911A1 모델의 뒤를 이어 미국 육군의 제식 요부 휴대 무기로 채택된 베레타 92는 전통적인 단(短)반동 설계로, 프레임을 알루미늄으로 주조해 무게를 줄였다. 슬라이드 상단을 비스듬히 처리해 탄창이 훼손되거나 없었졌을 경우에 총알 한 발을 수동으로 장전할 수 있게 만들었다.

격발 슬라이드에
설치한 안전 장치

두 손 잡기에 적합하도록
뒤로 휜 방아쇠울

열림 고정 레버로
슬라이드가 뒤로 당겨진
상태를 유지한다.

연도	1976년
출처	이탈리아
무게	0.98킬로그램
총열	10.9센티미터
구경	9밀리미터 파라벨룸

탄창 배출 누름쇠

개머리판에 13발 들이
탄창이 들어 있다.

글로크 17

글로크 17(Glock 17)은 프레임 전체가 플라스틱으로 되어 있으며, 4개의 강철 가로대가 금속 반동부 유도 기능을 한다. 독특한 점은 육각 선조 방식으로, 여섯 변이 작은 호(弧)로 이어져 있다. 브라우닝 권총의 단일 진동 링크를 채용했다.

반동 용수철과 레이저 표적 지시자가 들어 있다.

장갑 착용을 위해 크기를 키운 방아쇠울

연도	1982년
출처	오스트리아
무게	0.6킬로그램
총열	11.4센티미터
구경	9밀리미터 파라벨룸

개머리판에 17발 들이 탄창이 들어 있다.

USP

이 모델은 헤클러-코흐가 글로크 권총의 대항마로 내놓은 것으로, 이 모델도 대부분 플라스틱을 썼으며 이미 검증된 브라우닝의 잠금 장치를 채택했다. USP는 개조가 용이하도록 설계되어 아홉 가지 개량 모델이 있다.

방아틀에 설치한 안전 장치

크기를 키운 방아쇠울

연도	1993년
출처	독일
무게	0.75킬로그램
총열	10.7센티미터
구경	9밀리미터 파라벨룸

개머리판에 10발 들이 탄창이 들어 있다.

조준자

조절 가능한 접안 렌즈

요철 슬라이드 손잡이

공이치기

등록 정보

안전 장치

데저트 이글

최강의 탄환을 취급할 수 있는 권총에 걸맞게 데저트 이글(Desert Eagle)의 모든 것이 크고 묵직하다. 다른 자동 장전 권총들과는 달리 가스 작동식이며, 규격 부품 조립 설계를 택해 표준 프레임에 357 매그넘에서 5 AE (Action Express)까지 다양한 탄환에 맞는 부품과 다양한 길이의 총열을 채용할 수 있다.

앞으로 살짝 휜 방아쇠울은 두 손을 잡기 적합하다.

개머리판에 9발 들이 탈착식 탄창이 들어 있다.

연도	1983년
출처	이스라엘
무게	2.66킬로그램
총열	24.5센티미터
구경	0.44 매그넘

리볼버 1900~1950년

리볼버(revolver, 탄창 회전식 연발 권총) 개선 작업의 대부분은 1890년대쯤에 완료되었고, 남은 것이라곤 만듦새를 세련되게 다듬는 것뿐이었다. 단순하고 믿음직한 설계를 고치려는 시도는 거의 없었고, 생산 과정에서 경제성을 달성하는 것이 더 중요했다. 최종 수요자들에게 더 싼 가격으로 공급하는 게 사활적이었다. 시장에서는 경쟁이 치열했고, 그런 조처가 많은 경우 성공과 실패를 가름했다.

가늠쇠

실린더 고정쇠

보지(保持) 등자가 총열과 실린더를 총몸에 고정시켜 준다.

웨블리 앤드 스콧 MK VI

그 유명한 버밍검 합명 회사가 생산한 리볼버 시리즈의 최종 모델인 마크 VI는 제1차 세계 대전 초기에 선을 보였다. 이 총은 앞선 모델들의 특징을 다수 간직했고, 그 확실함으로 유명했다.

실린더에는 0.455구경 총탄 6발이 들어간다.

실린더 잠금 볼트 홈

연도	1915년
출처	영국
무게	1.05킬로그램
총열	15.2센티미터
구경	0.455 엘리

가늠쇠

가늠쇠

실린더에는 6발의 탄약이 들어간다.

실린더 보지 걸쇠

경찰용 및 군용 스미스 앤드 웨슨

경첩형 리볼버를 고수하던 스미스 앤드 웨슨도 더 강력한 탄약이 만들어지면서 군용 및 경찰용 권총으로 실린더 탈착식 고정형 구조를 채택하지 않을 수 없었다. 이 총에는 0.38구경의 특별 장탄이 장전되었다.

실린더 개폐기 사북

연도	1900년
출처	미국
무게	0.85킬로그램
총열	12.7센티미터
구경	0.38 스페셜

손잡이 고정 나사

콜트 폴리스 포지티브

1905년 콜트는 경찰에 공식 채택된 리볼버를 개조하면서 차단형 안전 장치를 갖춘 포지티브 록을 채택했다. 폴리스 포지티브(Police Positive)는 다양한 모델로 50년 이상 생산되었다.

실린더 축 겸 배출봉

실린더 보지 걸쇠

결속끈을 집어넣을 수 있는 고리

연도	1905년
출처	미국
무게	0.6킬로그램
총열	10.2센티미터
구경	0.38인치

현대

엔필드 2번 MK 1

영국 육군은 제1차 세계 대전이 끝나고 휴대용 무기로 더 가벼운 구경의 권총을 채택했다. 그들이 선택한 리볼버는 웨블리 마크 VI과 거의 다를 바가 없었다. 여기서 보는 모델은 전차 승무원들에게 지급되었고, 공이치기 돌기가 없다.

돌기가 없는 공이치기

실린더에는 0.38구경 총탄 6발이 들어간다.

연도	1938년
출처	영국
무게	0.76킬로그램
총열	12.7센티미터
구경	0.38인치

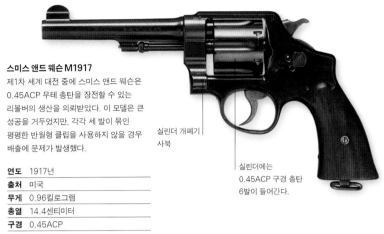

스미스 앤드 웨슨 M1917

제1차 세계 대전 중에 스미스 앤드 웨슨은 0.45ACP 무테 총탄을 장전할 수 있는 리볼버의 생산을 의뢰받았다. 이 모델은 큰 성공을 거두었지만, 각각 세 발이 묶인 평평한 반월형 클립을 사용하지 않을 경우 배출에 문제가 발생했다.

실린더 개폐기 사북

실린더에는 0.45ACP 구경 총탄 6발이 들어간다.

연도	1917년
출처	미국
무게	0.96킬로그램
총열	14.4센티미터
구경	0.45ACP

총열에 새겨진 모델 이름과 구경

상부 피대

실린더 잠금 볼트 홈

실린더 걸쇠

제조사 표시

실린더 축 겸 배출봉

실린더에는 6발이 들어간다.

실린더 개폐기 사북

콜트 뉴 서비스

콜트 뉴 서비스(Colt New Service)는 콜트가 미국 육군을 위해 생산한 최후의 표준 제식 리볼버였다. 꺾음 개방을 채택하지 않은 고정식 설계로, 실린더를 스윙아웃(swing-out) 방식으로 개폐했다. 영국 육군도 이 총을 대량으로 구매했고, 이 모델처럼 0.455 엘리(Eley) 총탄이 장전됐다.

연도	1907년
출처	미국
무게	1.15킬로그램
총열	14.4센티미터
구경	0.455 엘리

대표적인 리볼버

초기 할리우드 서부 영화에서 텔레비전의 경찰물에 이르기까지 리볼버는 법 집행의 상징이었다.

리볼버 1950년 이후

1950년대쯤에는 사용 편이성과 효율성이 훨씬 더 우수한 자동 장전식 권총이 널리 이용되면서 마침내 리볼버가 더 이상 쓰이지 않게 됐다. 그러나 비슷한 시기에 훨씬 더 위력적인 새로운 탄약(매그넘 총탄)이 생산되기 시작했다. 매그넘이 기존 총탄보다 2배 가까운 에너지를 활용한다는 게 문제였다. 자동 장전식 권총이 안전하게 다룰 수 있는 것보다 훨씬 더 많은 에너지량이었던 것이다. 이런 이유로 리볼버가 새로운 생명력을 부여받았다.

매그넘 권총
매그넘 총탄이 장전되는 권총이 경찰들 사이에서 폭넓게 사용되고 있다. 리볼버는 「매그넘 포스(Magnum Force)」(1973년) 같은 영화들을 통해 대중 문화의 아이콘 중 하나로 자리 잡았다.

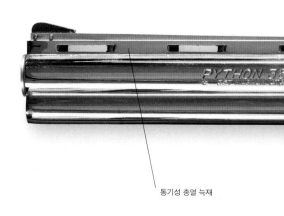

통기성 총열 늑재

가늠쇠

N자형 골격

스미스 앤드 웨슨 모델 27
스미스 앤드 웨슨은 다양한 매그넘 구경이 장전되는 여러 종의 권총을 생산했다. 0.367구경과 0.44구경은 가장 흔한 두 종류일 뿐이다. 0.357구경이 장전되는 중형의 모델 27은 큰 인기를 누렸고, 각각 10.2센티미터, 15.2센티미터, 21.3센티미터 총열로 생산되었다. 0.44구경의 모델 29는 모델 27과 거의 똑같았지만, 27센티미터 총열로 생산되었다.

연도	1938년 이후
출처	미국
무게	1.4킬로그램
총열	30센티미터
구경	0.357 매그넘

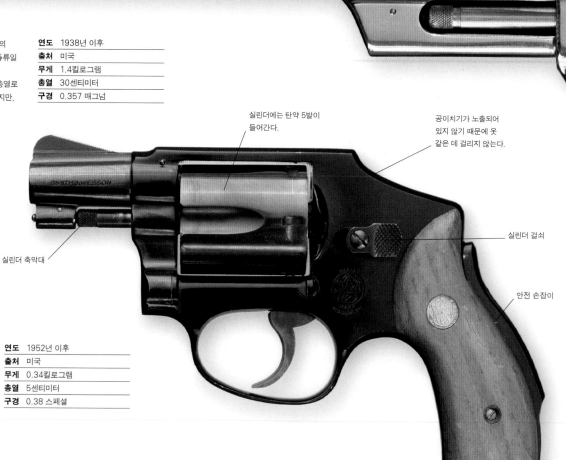

실린더에는 탄약 5발이 들어간다.

공이치기가 노출되어 있지 않기 때문에 옷 같은 데 걸리지 않는다.

실린더 걸쇠

실린더 축막대

안전 손잡이

스미스 앤드 웨슨 에어웨이트
대다수의 총기 제조사가 대형 매그넘뿐만 아니라 주머니용 리볼버도 생산했다. 이것들은 같은 탄약을 사용하는 반자동 권총보다 무게가 더 가벼웠고, 숨기기도 더 쉬웠다. 에어웨이트(Airweight)를 포함해 스미스 앤드 웨슨의 센테니얼(Centennial) 계열은 5발이 들어갔고, 공이치기가 노출되어 있지 않았다.

연도	1952년 이후
출처	미국
무게	0.34킬로그램
총열	5센티미터
구경	0.38 스페셜

콜트 파이손

콜트는 때를 놓치지 않고 매그넘 권총을 생산했다. 이것들은 시행착오를 거친 뉴 서비스와 싱글 액션 군용 모델들에 기초했다. 그러나 콜트가 완전히 새로운 설계안의 매그넘 리볼버인 파이손 (Python)을 생산하게 된 것은 1950년대였다. 뱀 이름을 가진 매그넘들(코브라, 킹 코브라, 아나콘다 등. 아나콘다는 0.44 구경이다.)이 후속작으로 나왔는데, 전부 오늘날까지 사용되고 있다. 구멍 뚫린 총열 늑재가 이 중형 리볼버들의 특징이다.

연도	1953년 이후
출처	미국
무게	1.4킬로그램
총열	20.3센티미터
구경	0.357 매그넘

조정이 가능한 가늠자

실린더는 시계 방향으로 회전한다.

실린더 축막대

약실이 6개 있는 실린더가 반시계 방향으로 돈다.

실린더 잠금 볼트 홈

실린더 걸쇠

제조사 양각 표시

6발 들이 실린더는 반시계 방향으로 회전한다.

조정 가능한 가늠자

실린더 잠금 볼트 홈

루거 GP-100

스텀. 루거 앤드 컴퍼니는 총기 제조에 비교적 늦게 뛰어든 회사로, 1949년에 사업을 시작했다. 이 회사는 처음에 전통적인 단발식 리볼버들을 생산했지만 이후로 현대의 인체 공학적 안전 장치들을 구현한 모델들을 추가 생산했다.

연도	1987년
출처	미국
무게	1.05킬로그램
총열	10.2센티미터
구경	0.357 매그넘

실린더 축막대

실린더 걸쇠

실린더에는 5발의 탄약이 들어간다.

차터 암스 언더커버

차터 암스는 1964년에 사업을 개시했고, 언더커버(Undercover)는 그 최초의 제품이다. 언더커버는 쉽게 숨길 수 있는 용도로 개발되었다. 0.38 스페셜 탄약을 사용하는 언더커버는 스토핑 파워(stopping power)가 뛰어나다.

연도	1964년
출처	미국
무게	0.45킬로그램
총열	5센티미터
구경	0.38 스페셜

5발이 장탄되는 실린더가 시계 방향으로 돈다.

차터 암스 폴리스 불도그

언더커버보다 더 육중한 뼈대로 만들어진 폴리스 불도그 가운데는 사진의 차터 암스 폴리스 불도그(Charter Arms Police Bulldog)처럼 6.5센티미터 총열에 0.357 매그넘이나 0.44스페셜 탄약이 장탄되는 모델도 있었다. 성형 고무 손잡이가 반동감을 줄여 줬다.

연도	1971년
출처	미국
무게	0.6킬로그램
총열	10.1센티미터
구경	0.357 매그넘

인체 공학적으로 설계된 성형 고무 손잡이

수동 장전식 연발 소총 1900~2006년

보어 전쟁기에 사용된 소총과 제1차 세계 대전기에 채택된 소총의 가장 커다란 차이점은 총열의 길이였다. 보병 소총의 총열은 세기가 바뀔 즈음 대략 75센티미터였다. 1914년경에는 거기서 10센티미터가량이 더 짧아졌고, 나머지 소총들도 이내 그런 추세를 따랐다. 유일한 예외는 프랑스였다. 1916년 도입된 베르티에(Berthier) 라이플의 총열이 길어졌던 것이다.

스프링필드 M1903

미군은 에스파냐-미국 전쟁에서 맞닥뜨린 마우저 라이플에 큰 충격을 받았고, 미군 병참 부서는 크래그 라이플을 대체하고자 했다. 마우저 면허 생산 계약을 맺은 결과로 나온 것이 0.30인치 소총 M1903이었다. 사진에서 볼 수 있는 모델은 25발 탄창이 적용된 시험용 소총이다.

연도	1903년
출처	미국
무게	4킬로그램
총열	61센티미터
구경	0.30-03(이후 0.30-06)

labels: 리시버 / 노리쇠 / 장전기 / 가늠자 / 아래로 젖힌 상태의 노리쇠 손잡이 / 25발 들이 시험용 탈착식 상자형 탄창 / 멜빵

패턴 1914

제1차 세계 대전 초에 신형 패턴 1913(P13) 소총의 제조 결함으로 인해 총탄의 구경이 0.276인치에서 표준 0.303인치로 바뀌었다. 그 재설계 결과가 패턴 1914(Pattern 1914, P14)이다. 패턴 1914의 0.30인치 구경 소총인 모델 1917은 나중에 미국 육군이 채택했다.

연도	1914년
출처	영국
무게	4킬로그램
총열	66센티미터
구경	7밀리미터 마우저(0.30-06)

labels: 총열테 / 가늠쇠는 보호 울에 둘러싸여 있다. / 총검 걸쇠 / 시험용 20발 들이 탈착식 상자형 탄창 / 아래쪽 멜빵 결속부

labels: 가늠자 / 리시버 / 장전기 / 아래로 젖힌 상태의 노리쇠 손잡이 / 탄창 멈치 / 10발 들이 탈착식 상자형 탄창

장전기

가늠쇠

청소 막대

아래쪽 멜빵 결속부

5발 들이 상자형
통합 탄창

베르티에 MLE 1916

르벨 총의 단점을 개선한 개량형이 1902년 프랑스 식민지
주둔군에 지급되었다. 베르티에 소총은 계속해서 노리쇠 작동
방식을 채택했고, 총열의 길이 때문에 겉보기에 구식이었다.
그러나 진짜 결함은 탄창 용량에 있었다. 3발밖에 안 들어갔다.
5발 들이 탄창이 채택된 개량형은 1916년에 지급되었다.

연도	1916년
출처	프랑스
무게	4.15킬로그램
총열	79.8센티미터
구경	8밀리미터×50R

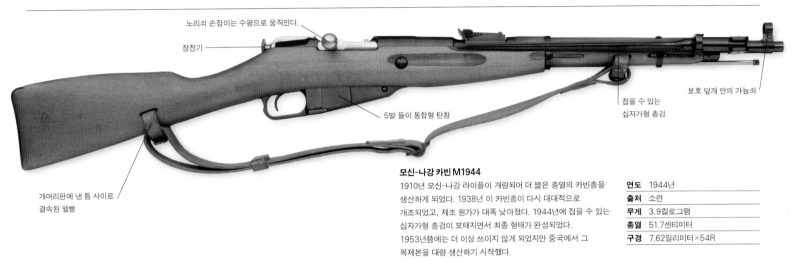

노리쇠 손잡이는 수평으로 움직인다.

장전기

보호 덮개 안의 가늠쇠

접을 수 있는
십자가형 총검

5발 들이 통합형 탄창

개머리판에 낸 틈 사이로
결속된 멜빵

모신-나강 카빈 M1944

1910년 모신-나강 라이플이 개량되어 더 짧은 총열의 카빈총을
생산하게 되었다. 1938년 이 카빈총이 다시 대대적으로
개조되었고, 제조 원가가 대폭 낮아졌다. 1944년에 접을 수 있는
십자가형 총검이 보태지면서 최종 형태가 완성되었다.
1953년쯤에는 더 이상 쓰이지 않게 되었지만 중국에서 그
복제본을 대량 생산하기 시작했다.

연도	1944년
출처	소련
무게	3.9킬로그램
총열	51.7센티미터
구경	7.62밀리미터×54R

규격화된 식별판

아래쪽 멜빵 결속부

전방 개머리 마개

5발 들이
통합형 탄창

강철이 부착된 개머리

마우저 KAR98K

카라비너(Karabiner) 98K는 마우저 게베어 98 라이플을 개선한
것이다. 마우저 KAR98K는 그렇게 제2차 세계 대전기 독일 육군의
표준 소총으로 사용되었다. 1935년과 1945년 사이에 1400만 정
이상이 생산되었다. 산악 부대, 공수 부대, 저격수 등 다양한
병사들이 사용할 시제품이 생산되었다. 전쟁 중에는 생산량을
늘리기 위해 원래 설계안이 간소화되기도 했다.

연도	1935년
출처	독일
무게	3.9킬로그램
총열	60센티미터
구경	7.92밀리미터×57

전체 모양

리-엔필드 라이플 4번 마크 1

1939년 말에 출시된 신형 리-엔필드는 구형과 크게 다르지 않았다.
노리쇠와 리시버가 개량되었고, 가늠자가 리시버 위로 장치되어
새로 설계되었으며, 전방 개머리가 짧아지면서 총구가 노출되었다.
4번 라이플은 1954년까지 사용되었다.

연도	1939년
출처	영국
무게	4.1킬로그램
총열	64센티미터
구경	0.303인치

적군 보병

**TT 토카레프
1933 권총**

독일은 1941년 6월 소련을 침공하면서 신속한 승리를 예상했다. 그러나 그것은 소련 징집병의 끈기와 복원력을 완전히 오판한 것이었다. 소련의 전쟁 수행 방식은 인명을 대규모로 희생하는 것이었다. 대규모 병력이 상황을 오판한 공세에 투입되거나, 방어전일 때에도 '후퇴 불가'를 고수했던 것이다. 그러나 적군 보병은 헌신적으로 전투에 임했다. 그들이 열성파 공산주의자였을 수도 있고, 조국 방위 전쟁에 몸을 바친 애국자였을 수도 있지만 그건 아무래도 상관없었다.

혹독한 규율

적군 보병은 장교들의 혹독한 규율에 복종해야 했다. 장교들은 정치 위원들과, 소련의 독재자 요시프 스탈린 휘하의 비밀 경찰 NKVD가 감시했다. 장교들과 병사들 모두 임의로 체포될 수 있었다. 정치적 불복종이나 비겁자로 낙인찍힌 병사들은 자살 특공대 식으로 전투 현장의 최선두에 배치되었다.

적군은 거의 4년간 지속된 전쟁에서 하루 평균 8000명의 사상자를 냈다. 러시아 제국이 제1차 세계 대전 때 입은 것보다 더 막심한 피해였다. 그러나 1941년의 초기 패배 이후로도 심각하게 사기가 흔들린 적은 단 한 차례도 없었다. 병력이 초기에 대규모로 손실을 당하면서 1941년 개전 초부터 젊은이들과, 군역을 지기에는 나이가 많은 장정들이 대규모로 합동 편제되었다. 그러나 그들은 1941~1942년의 혹독한 겨울에 모스크바 전선을 사수했고, 이후로도 엄청난 피해를 입었지만 스탈린그라드 전투의 승리를 이끌어냈다. 이로써 전세 역전의 계기를 마련했다. 전쟁의 후반기에는 장비가 보충되고, 지휘 방법도 개선되었다. 소련 적군의 보병은 기동 공격전에서 우세를 확보했고, 베를린까지 독일군을 추격하고 잔적을 섬멸했다.

전투 장비

**TT 토카레프
1933 권총**

보병 작전
대원 한 명이 박격포를 장전하는 가운데 소련 적군 보병이 진격하고 있다. 전쟁 초기에 적군 병사들은 기관총 세례나 포격이 한창인 데도 착검을 한 채 돌격하라는 명령을 자주 받았다. 이것은 자멸적인 공격 전술이었다. 1943년부터는 장비가 개선되었고, 현명한 지도부가 등장했으며, 병력 손실도 크게 줄었다.

스탈린그라드 전투

소련의 도시 스탈린그라드를 놓고 치러진 이 웅장한 전투는 제2차 세계 대전의 전환점이었다. 압도적 열세의 적군 병사들은 1942년 9월부터 독일군의 포위 공격전을 막아 냈다. 그들은 도시의 가로와 블록을 사이에 두고 일진일퇴의 공방전을 벌였다. 11월 말부터 반격이 시작되었고, 독일군이 포위되기에 이르렀다. 두 달 동안의 겨울 추위와 적군의 포위 공격으로 악전고투를 해야 했던 독일군은 마침내 1943년 1월 30일 항복하고 말았다.

스탈린그라드의 소련 병사들

> " **우리의 목표는 수백만의 목숨보다 더 중요한 것을 지키는 것이다. …… 그것은 바로 조국이다.** "

소련 병사의 일기에서, 1941년 7월

소련의 저격병

적군의 저격병이 자신의 7.62밀리미터 모신-나강 M91/30 저격 소총의 조준경으로 사선을 노려보고 있다. 이 총은 소련에 표준 제식화된 노리쇠 작동식 소총으로, 망원 조준기가 장착되었다. 적군은 제2차 세계 대전 중에 저격수를 폭넓게 활용했다. 바실리 자이체프 같은 특등 사수는 독일군 149명 이상을 사살한 공로로 인민의 영웅으로 칭송받았다.

소련의 군복

제2차 세계 대전기의 다른 모든 보병 군복처럼 적군의 복장도 위장성 때문에 칙칙한 황갈색이었다. 소련 병사들을 다른 나라 병사들과 구분해 준 유일한 표지는 작은 세부 사항들이었다. 이를테면, 소련 보병의 헬멧은 그 모양이 대체로 미군의 M1 헬멧과 유사했다.

SSch-40 강철 헬멧

적군 기장

PPSH 기관 단총

상의는 벨트로 고정해 준다.

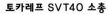

모신-나강 1891/30 소총

토카레프 SVT40 소총

자동 장전식 소총
1914~1950년

최초의 자동 장전식 소총을 개발한 것은 멕시코 인 마누엘 몬드라곤으로, 그것도 무려 1890년이었다. 1908년 멕시코 육군에서 제식 채용한 이 총은 다용도로 사용하기엔 너무 약했다. 다음 순서는 존 브라우닝의 자동 소총으로 1918년에 소개되었다. 그러나 이 총 역시 너무 무거워서 경기관총으로 사용되고 만다. 결국 1936년에야 실질적 의미의 자동 장전 소총인 M1이 미국 육군에 채택되었다. 자동 장전식 소총의 커다란 발전은 제2차 세계 대전 중에 이루어졌다. 이 가운데 최고는 슈투름게베르 G44였다. 또, 얼마 후 설계상에서 가장 중요한 측면이라 할 '중간' 크기의 총탄이 보편적으로 사용되기 시작했다.

리시버(몸통)   장전 손잡이   천공형 총열 덮개

총구 보정기

토카레프 SVT40
페도르 토카레프가 리시버의 늑판으로 잠기는 노리쇠를 채택한 자동 장전식 소총을 설계했고, 적군이 1938년 이 총을 제식화했다. 그는 2년 후 더 싼 가격에 더 빠르게 생산할 수 있는 더 튼튼한 무기를 만들었다. 사모자리아드나야 빈토프카 토카레프 40(Samozaryadnaya Vintovka Tokarev 40)은 부사관들에게 지급되었고, 일부는 저격 소총으로 사용되었다.

연도	1940년
출처	소련
무게	3.9킬로그램
총열	61센티미터
구경	7.62밀리미터×54R

10발 들이 탈착식
상자형 탄창

가늠자   장전 손잡이

바닥면 안쪽으로 8발 들이
탄창이 들어간다.

가늠자

압연 용접 리시버

발사 속도 조절기

권총 손잡이

30발 들이 탈착식
상자형 탄창

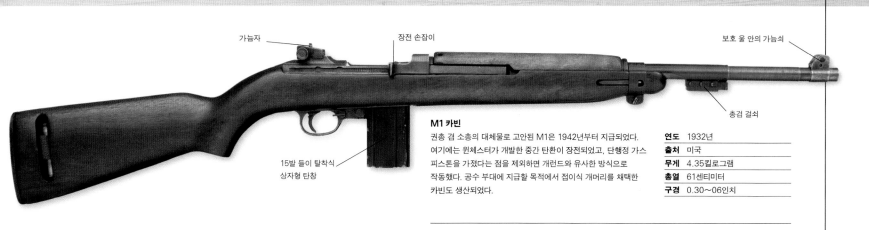

M1 카빈

권총 겸 소총의 대체물로 고안된 M1은 1942년부터 지급되었다. 여기에는 윈체스터가 개발한 중간 탄환이 장전되었고, 단행정 가스 피스톤을 가졌다는 점을 제외하면 개런드와 유사한 방식으로 작동했다. 공수 부대에 지급할 목적에서 접이식 개머리를 채택한 카빈도 생산되었다.

연도	1932년
출처	미국
무게	4.35킬로그램
총열	61센티미터
구경	0.30~06인치

게베르 43

제2차 세계 대전 발발 직후 독일 육군은 자동 장전식 소총을 요구하기 시작했다. 발터의 원래 설계안은 노리쇠를 개방해 작용 행정을 순환시키는 총구 뚜껑을 채택하는 것이었다. 1943년 개량형이 게베르 43(Gewehr 43)이란 명칭으로 도입되었다. 게베르 43은 동일한 작동 방식으로 기능했지만 총열 위에 재래식 피스톤과 가스 실린더를 그대로 가지고 있었다.

연도	1942년
출처	미국
무게	4.35킬로그램
총열	55.8센티미터
구경	0.30인치

M1 개런드 소총

존 개런드는 자신의 자동 장전식 소총에 회전 노리쇠 방식을 채택했다. 총열 아래쪽 실린더의 피스톤 뒤쪽 끝에는 나선 홈이 있는데, 여기에 노리쇠 못이 위치한다. 피스톤이 뒤로 이동하면 노리쇠가 회전하고, 스프링의 반동으로 되튀면서 다시 잠기는 것이다. 이 과정에서 왕복 운동의 경로상에 존재하는 탄창의 총탄이 새롭게 공급된다.

연도	1943년
출처	독일
무게	4.35킬로그램
총열	55.8센티미터
구경	7.92밀리미터×57

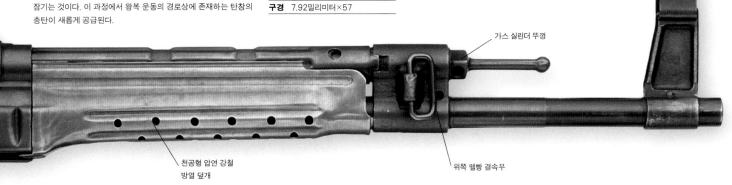

슈투름게베르 44

1940년에 중간 크기의 신형 7.92밀리미터×33 총탄을 장전하고 선택 사격을 할 수 있는 소총 개발이 시작되었다. 그 결과가 기울기 노리쇠를 채택한 가스 작용식 화기였다. 이 총은 마시넨 피스톨레 43(Maschinen Pistole 43)으로 생산되다가 나중에 슈투름게베르 44 (Sturmgewehr 44)로 개명되었다. 일부 총기에는 크룸라우프(Krummlauf)라는 확장형 총열이 설치되었는데, 이는 전차 승무원들이 보병을 상대로 사격할 수 있도록 돕기 위한 조치였다.

연도	1943년
출처	독일
무게	5.1킬로그램
총열	41.8센티미터
구경	7.92밀리미터×33

전체 모양

현대

AK47
돌격 소총

정규 교육을 거의 받지 못했던 약관의 전차장 미하일 칼라슈니코프가 설계한 이 돌격 소총은 그 거칠고 억센 단순함으로 우상의 반열에 오르게 된다. 크게 성공한 칼라슈니코프의 최초 모델 AK47은 단순했고, 조작이 편했으며, 거의 모든 조건에서 만족스럽게 작동했다. 소련 적군은 1949년에 공식 채택했다. 이후로 칼라슈니코프형 소총과 경기관총이 전 세계적으로 5000만 정에서 7000만 정가량 생산되었다.

가늠자

리시버의
강화 늑재

단발과 자동을
선택하는 변환 레버

강화 늑재

개머리는 리시버의 양쪽을
따라 접힌다.

방아쇠

개머리판

탄창 멈치

RPK LMG에도 사용할 수
있는 30발 들이 탈착식 탄창

권총 손잡이

AK47

초기의 AK47은 용접 부품, 타출 부속, 압형 금속으로 제작했다. 그러나 문제가 발생했고, 1951년부터는 단조 강편으로 만든 더 튼튼한 리시버가 채택되었다. 개량된 AKM은 원래의 AK47보다 훨씬 더 가벼웠을 뿐만 아니라 자동 발사 속도도 크게 빨라졌다. 명중률도 향상되었다. AKM은 리시버 최상단의 강화 늑재로 AK47과 구별할 수 있다.

연도	1951년
출처	소련
무게	4.3킬로그램
총열	41.5센티미터
구경	7.62밀리미터×39

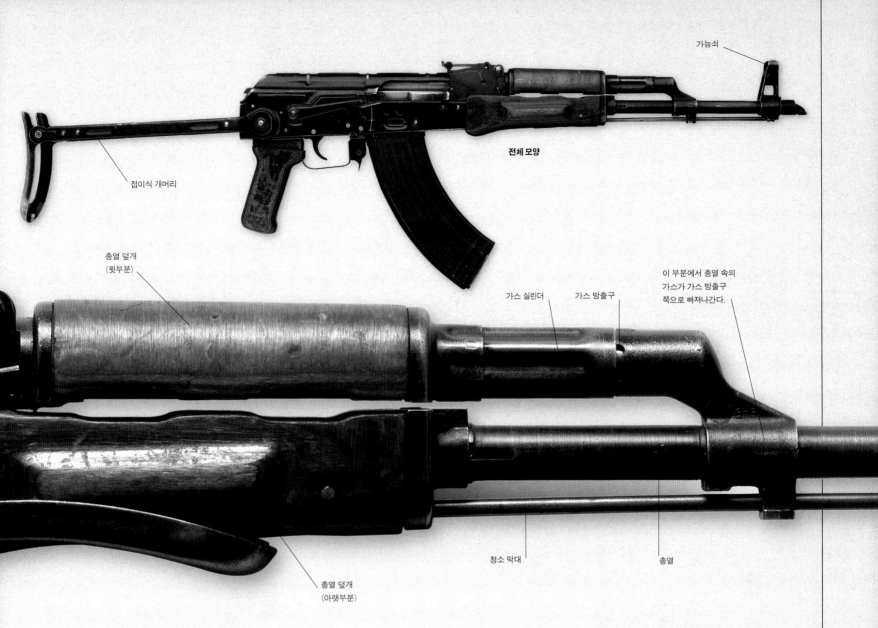

가늠쇠

접이식 개머리

전체 모양

총열 덮개
(윗부분)

가스 실린더

가스 방출구

이 부분에서 총열 속의
가스가 가스 방출구
쪽으로 빠져나간다.

청소 막대

총열

총열 덮개
(아랫부분)

탄환
7.62밀리미터×39 탄약통은 제2차 세계 대전
당시 독일군이 사용하던 MP43/MP44가
사용하던 탄약을 연구해 만든 것으로 여겨진다.
그러나 소련의 설계자들은 자체 기관 단총의
전투 효율성을 증대시키기 위해 독자적인 중간
탄약통을 만드는 문제도 고민했다. 그 결과
탄생한 것이 7.72밀리미터×39 M43이다.
구리가 도금된 강철 용기의 이 테두리 없는
잘록한 탄약통이 사실상 거의 바뀌지 않은 채
오늘날까지 전 세계적으로 사용되고 있다.

무자헤딘 전사
전 세계적으로 대량 생산된 AK47은 현재 가장 인기
있는 총으로 자리를 잡았다. 사진 속 아프가니스탄
무자헤딘 전사의 손에도 AK47이 들려 있는 것을 볼
수 있다.

현
대

자동 장전식 소총
1950~2006년

제2차 세계 대전에서 체득된 중요한 전술적 교훈 한 가지는 돌격의 최종 단계에서도 화력이 중요하다는 사실이었다. 그 결과 저격수 화기를 제외하고는 더 이상 노리쇠 장착 무기가 쓰이지 않게 됐으며, 자동 장전식 소총이 일반화되었다. 1943년 도입된 슈투름게베르 44를 필두로 해서 전후 시대의 새로운 무기들은 자동 사격 능력을 보유했다. 슈투름게베르 44에는 또 다른 중요한 발전상이 구현되어 있었다. 더 가볍고, 더 작은 '중간' 총탄이 결국 20세기 초부터 사용 중이던 총탄을 대체했다.

가늠자 · **장전 손잡이** · **가늠쇠** · **위쪽 멜빵 결속부** · **가스 조정기** · **총구 보정기** · **가스 실린더** · **총검 걸쇠** · **탄창 멈치** · **20발 들이 탈착식 탄창** · **아래쪽 멜빵 회전고리**

M14

1953년 북대서양 조약 기구(NATO) 군대는 7.62밀리미터 구경의 위력적인 새 소총 탄약통을 채택했다. 미국도 이를 수용하기 위해 완전 자동 사격 능력과 더 큰 탄창을 채택한, 개런드의 20년 된 M1을 개량해 M14를 만들었다.

연도	1957년
출처	미국
무게	3.9킬로그램
총열	55.8센티미터
구경	7.62밀리미터×51 나토

가늠자 · **배출부** · **운반 손잡이** · **20발 들이 탈착식 상자형 탄창**

L1A1

L1A1은 1954년에 도입되었고, 1988년 L85A1로 대체될 때까지 영국 육군의 표준 소총으로 쓰였다. L1A1은 벨기에의 FN FAL을 개조한 것으로, 영국에서 대량 생산하기 위해 구체적 사양에서 약간의 변화가 가미되었다.

연도	1954년
출처	영국
무게	4.3킬로그램
총열	53.3센티미터
구경	7.62밀리미터×51 나토

운반 손잡이 · **배출부** · **장전 손잡이** · **노리쇠 잠금 장치** · **고강도 플라스틱 개머리판** · **20발 들이 탈착식 상자형 탄창**

갈릴 돌격 소총

1967년 전쟁 이후 이스라엘 밀리터리 인더스트리스 (Israeli Military Industries)는 AK47과 유사한 돌격 소총을 만들어 달라는 주문을 받는다. 그들은 이스라엘 갈릴의 설계안을 채택했다. 갈릴 돌격 소총은 AK47과 유사했던 핀란드의 발멧 M62(Valmet M62)을 모방했지만 총탄은 미국의 5.56밀리미터×45를 채택했다.

장전 손잡이
가스 조정기
이각대 거치부
35발 들이 탈착식 상자형 탄창
탄창 멈치
왼쪽으로 접히는 파이프식 개머리

연도	1974년
출처	이스라엘
무게	4.35킬로그램
총열	46센티미터
구경	5.56밀리미터×45 나토

헤클러 운트 코흐 G41

헤클러 운트 코흐(Heckler und Koch) G41은 G3의 개량형으로, 롤러 지연 역류 방식을 공유했다. 5.56밀리미터 탄환 및 기타의 나토 표준 조준기나 탄창을 달기 위해 개량이 불가피했다.

총구 보정기
아래쪽 멜빵 결속부
운반 손잡이
30발 들이 탈착식 상자형 탄창
고강도 플라스틱 개머리

연도	1987년
출처	독일
무게	4킬로그램
총열	45센티미터
구경	5.56밀리미터×45 나토

목재 총열 덮개
가스 조정기
총구 보정기

스토너 M63

유진 스토너가 제작한 이 M63은 모듈형으로 설계되었기 때문에 15개의 기본 하위 부속품을 6가지 상이한 방식으로 조립해 기관 단총, 카빈총, 돌격 소총(사진), 자동 소총, 경기관총, 다용도 기관총으로 만들 수 있다.

가스 실린더
은폐형 가늠자
30발 들이 탈착식 상자형 탄창
장전 손잡이

연도	1962년
출처	미국
무게	3.52킬로그램
총열	50.8센티미터
구경	5.56밀리미터×45 나토

고강도 플라스틱 총열 덮개
가늠쇠
소염기
총검 걸쇠

전체 모양

스토너 M16A1

스토너의 아말라이트 AR-15는 1960년대 초반 미국 공군에 의해 채택되었고, 이후 M16으로 보급되었다. M16A1은 노리쇠 잠금 장치와 개량된 섬광 은폐기가 첨가되었다. 이후에 생산된 M16A2는 연사 성능이 개량되었고, M193용으로 개발된 SS109 5.56밀리미터 총탄을 장전할 수 있도록 총열도 더 무거운 것으로 바뀌었다.

연도	1982년
출처	미국
무게	3.6킬로그램
총열	50.8센티미터
구경	5.56밀리미터×45 나토

현대

보호용 고무 덮개가
부착된 접안경

SUSTAT 조준경은 4배율을
제공하며, 야간 탐지 능력도
우수하다.

장전
손잡이

L85A1

L85A1은 영국 엔필드의 로열 스몰암스
팩토리 사가 1988년 문을 닫기 전에
마지막으로 개발 생산한 무기이다. 이
소총은 개발 단계에서 여러 가지 문제가
발생했고, 1985년 채택된 이후까지도
실험을 계속해야 했다. 이 총은 처음부터
광학 조준경을 사용할 수 있도록
설계되었다. 총신과 기타 부품은 강철
재질이다. 나머지 부분품은 전부 고강도
플라스틱이다.

연도	1985년
출처	영국
무게	4.98킬로그램
총열	51.8센티미터
구경	5.56밀리미터×45 나토

고강도 플라스틱
소재의 권총 손잡이

30발 들이 탈착식 탄창은 나토
군대의 다른 무기와도 호환된다.

SA80 돌격 소총

20세기의 마지막 4반세기 동안 전 세계 군대에서 새로운 유형의 돌격 소총인 불펍(bull-pup)이 사용되기 시작했다. 불펍은 개머리에 작동 부위가 설치되었고, 탄창이 방아쇠 뒤쪽에 위치한다. 이런 방식을 통해 총열을 훨씬 더 짧은 전장(全長) 속에 수용할 수 있었다. 현재까지 세 종류의 불펍 소총이 제식 채택되었다. 프랑스 FAMAS, 오스트리아의 AUG, 영국의 L85 개인 화기(아래 사진)는 모두 SA80 계열이다. L86 경지원 화기와 L98 카데트 소총도 마찬가지로 SA80 계열이다.

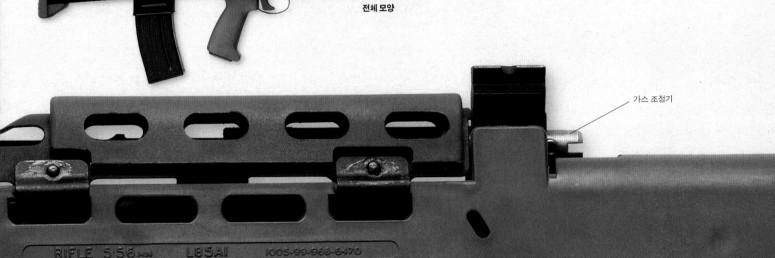

소염기

전체 모양

가스 조정기

RIFLE 5·56㎜ L85AI 1005-99-966-6470

고강도 플라스틱 소재의
총열 덮개

장갑 낀 손가락도 넣을 수
있는 방아쇠울

탄약
SA80 계열은 나토 표준인 SS109 5.56밀리미터 탄약에 준해 설계되었다. 이 탄약은 선단에 무게 4그램의 강철 발사체가 얹혔고, 총구 발사 속도는 초당 940미터이다.

총검
LA85 부속 총검은 손잡이를 총구의 소염기 위에 끼울 수 있다는 점에서 독특하다. 칼집 위의 걸쇠에 칼날의 홈을 결합하면 철조망 절단 가위로 활용할 수 있다.

총검의 손잡이를 총구의
소염기에 끼울 수 있다.

총검집의 슴베를
수용하는 홈

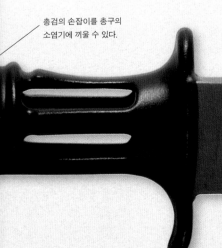

광택을 지운 검정색 날

홈이 칼날을 가볍게 해 준다.

철조망 절단용 날

329

엽총
1900~2006년

1890년대쯤에는 현대의 화기에 구현된 대부분의 기술이 이미 존재하고 있었다. 이후의 개량은 안전 문제(신형 발사 화약 때문에 더욱 강해진 탄약을 효과적으로 제어하는 문제)와 제작 및 생산의 경제성을 향상시키는 것이었다. 또, 완전히 새로운 요소를 고려하게 되었다. 19세기에는 화기의 인체 공학적 설계가 안중에도 없었지만 일부에서나마 이 문제가 다루어지기 시작했던 것이다. 엽총 생산 분야가 그런 개량을 주도했다.

노출된 공이치기는 장전 여부를 알려 준다.　가늠자　총열테　보호 덮개 안의 가늠쇠

장전구　배출부　작동 레버　10발이 들어가는 관 모양 탄창

윈체스터 모델 1894

약관의 총기 제작자 존 브라우닝이 1883년 윈체스터에서 일하기 시작했다. 그의 첫 번째 임무는 이 회사가 생산하던 하방 레버 라이플의 작동 방식을 개조해 새로운 탄약을 쓸 수 있도록 하는 것이었다. 그는 타일러 헨리의 토글 이음 노리쇠에 추가로 연직 잠금 막대를 보충했다. 1894년 모델이 이 방식을 완벽하게 구현했다.

연도	1894년
출처	미국
무게	3.18킬로그램
총열	50.8센티미터
구경	0.30-30

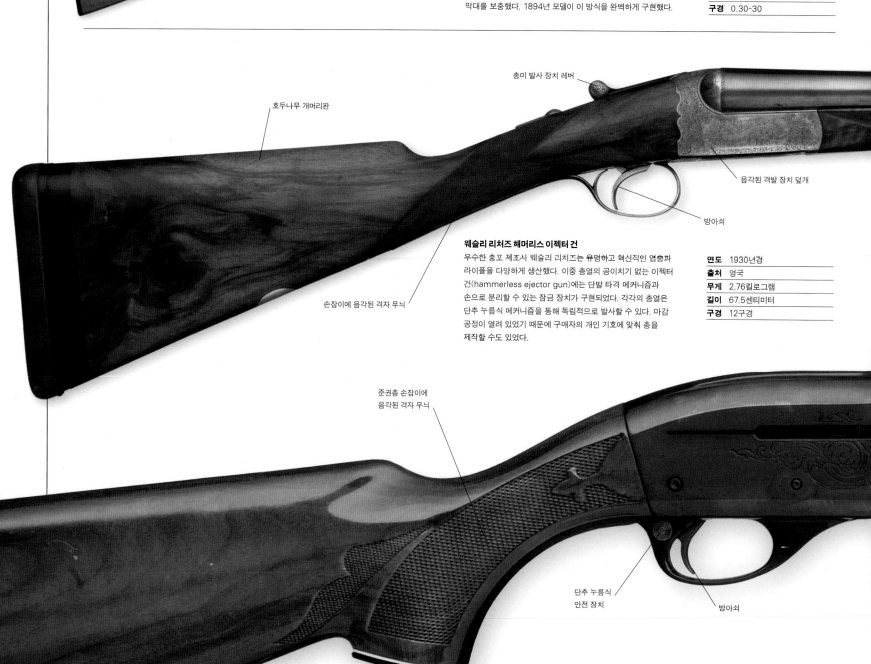

호두나무 개머리판　총미 발사 장치 레버　음각된 격발 장치 덮개　방아쇠

손잡이에 음각된 격자 무늬

웨슬리 리처즈 해머리스 이젝터 건

우수한 총포 제조사 웨슬리 리처즈는 유명하고 혁신적인 엽총과 라이플을 다양하게 생산했다. 이중 총열의 공이치기 없는 이젝터 건(hammerless ejector gun)에는 단발 타격 메커니즘과 손으로 분리할 수 있는 잠금 장치가 구현되었다. 각각의 총열은 단추 누름식 메커니즘을 통해 독립적으로 발사할 수 있다. 마감 공정이 열려 있었기 때문에 구매자의 개인 기호에 맞춰 총을 제작할 수도 있었다.

연도	1930년경
출처	영국
무게	2.76킬로그램
길이	67.5센티미터
구경	12구경

준권총 손잡이에 음각된 격자 무늬

단추 누름식 안전 장치　방아쇠

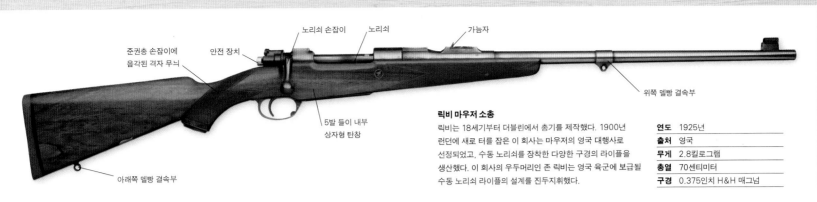

노리쇠 손잡이　노리쇠

준권총 손잡이에
음각된 격자 무늬

안전 장치

가늠자

5발 들이 내부
상자형 탄창

아래쪽 멜빵 결속부

위쪽 멜빵 결속부

릭비 마우저 소총

릭비는 18세기부터 더블린에서 총기를 제작했다. 1900년 런던에 새로 터를 잡은 이 회사는 마우저의 영국 대행사로 선정되었고, 수동 노리쇠를 장착한 다양한 구경의 라이플을 생산했다. 이 회사의 우두머리인 존 릭비는 영국 육군에 보급될 수동 노리쇠 라이플의 설계를 진두지휘했다.

연도	1925년
출처	영국
무게	2.8킬로그램
총열	70센티미터
구경	0.375인치 H&H 매그넘

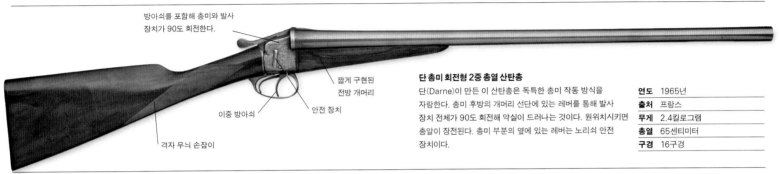

방아쇠를 포함해 총미와 발사
장치가 90도 회전한다.

짧게 구현된
전방 개머리

이중 방아쇠

안전 장치

격자 무늬 손잡이

단 총미 회전형 2중 총열 산탄총

단(Darne)이 만든 이 산탄총은 독특한 총미 작동 방식을 자랑한다. 총미 후방의 개머리 선단에 있는 레버를 통해 발사 장치 전체가 90도 회전해 약실이 드러나는 것이다. 원위치시키면 총알이 장전된다. 총미 부분의 옆에 있는 레버는 노리쇠 안전 장치이다.

연도	1965년
출처	프랑스
무게	2.4킬로그램
총열	65센티미터
구경	16구경

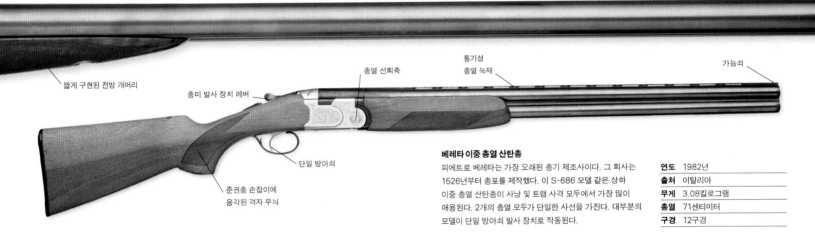

짧게 구현된 전방 개머리

총미 발사 장치 레버

총열 선회축

통기성
총열 늑재

가늠쇠

단일 방아쇠

준권총 손잡이에
음각된 격자 무늬

베레타 이중 총열 산탄총

피에트로 베레타는 가장 오래된 총기 제조사이다. 그 회사는 1526년부터 총포를 제작했다. 이 S-686 모델 같은 상하 이중 총열 산탄총이 사냥 및 트랩 사격 모두에서 가장 많이 애용된다. 2개의 총열 모두가 단일한 사선을 가진다. 대부분의 모델이 단일 방아쇠 발사 장치로 작동된다.

연도	1982년
출처	이탈리아
무게	3.08킬로그램
총열	71센티미터
구경	12구경

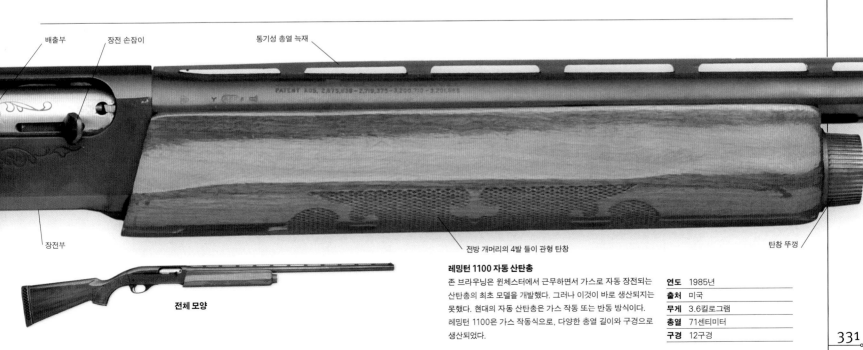

배출부　장전 손잡이

통기성 총열 늑재

장전부

전방 개머리의 4발 들이 관형 탄창

탄창 뚜껑

전체 모양

레밍턴 1100 자동 산탄총

존 브라우닝은 윈체스터에서 근무하면서 가스로 자동 장전되는 산탄총의 최초 모델을 개발했다. 그러나 이것이 바로 생산되지는 못했다. 현대의 자동 산탄총은 가스 작동 또는 반동 방식이다. 레밍턴 1100은 가스 작동식으로, 다양한 총열 길이와 구경으로 생산되었다.

연도	1985년
출처	미국
무게	3.6킬로그램
총열	71센티미터
구경	12구경

산탄총

산탄총은 효과적인 근접전 무기로, 제1차 세계 대전기의 보병들에 의해 그 진가를 인정받았다. 그들은 흔히 총열을 잘라 버린 엽총뿐만 아니라 윈체스터의 6발 들이 펌프 작동식 모델 1897처럼 특정 목적을 위해 제작된 총기를 사용했다. 윈체스터 모델 1897은 '참호 청소기'로 명성을 떨쳤다. 보다 최근에는 탄창 수용력을 키우고, 군대의 치안 활동과 민간의 보안 활동에 필요한 새로운 유형의 탄약을 사용할 수 있도록 개량이 이루어졌다.

이 부분을 접으면 어깨받침이 된다.

위쪽으로 180도 접을 수 있는 개머리

장전 손잡이 (가스 작동식)

배출부

가늠자

장전 슬라이드

가늠쇠

8발 들이 관형 탄창

안전 장치

장전부

프랑키 스파스 12
경찰과 군대가 근접전에서 사용할 무기로 개발한 스파스(SPAS, Special-Purpose Automatic Shotgun, 특수 목적 자동 산탄총)는 총열 아래의 탄창 튜브를 에워싼 고리 모양 피스톤에 의해 가스로 작동된다. 필요할 경우 펌프 작동식으로 전환할 수도 있다. 제조 단가가 비쌌지만 든직한 무기로 통했다.

연도	1978년
출처	이탈리아
무게	4.4킬로그램
총열	54.5센티미터
구경	12구경

가늠자

M16형 운반 손잡이

압형 강철 총열 덮개

USAS-12
12GA. 2¾ INCH

AUTO

조정간

배출부

20발 들이 드럼 탄창

그리너-마티니 경찰 산탄총

비장전 레버　장전부　가늠자　가늠쇠

장전/비장전 지시기

장전 레버

아래쪽 멜빵 결속부

총검 걸쇠

영국의 식민지 경찰이 제1차 세계 대전 후 사용하려고 개발한 이 총은 마티니의 블록 낙하 방식을 채택했다는 점에서 파격적이었다. 게다가 이 산탄총에는 특별한 형태의 탄약통만이 장전되었다. 훔친 총을 민간인들이 사용하지 못하도록 한 조치였다.

연도	1920년
출처	영국
무게	3.68킬로그램
총열	6.3센티미터
구경	14와 1/2구경

윈체스터 모델 1887

덮개에 싸인 공이치기

짧은 형태의 목재 전방 개머리

4발 들이 관형 탄창

방아쇠 울

작동 레버　가늠쇠

산탄총에서 볼 수 있는 또 다른 독특한 작동 방식으로 레버로 블록을 회전시키는 방식이 있다. 존 브라우닝이 설계한 윈체스터 모델 1887이 그런 작동 방식을 따랐다. 10구경과 12구경용이 생산되었는데, 레버 작동식이 산탄총 탄약통에는 적합하지 않다는 게 드러났다. 결국 펌프 작동식 산탄총이 도입되면서 단종되었다.

연도	1887년
출처	미국
무게	3.76킬로그램
총열	50센티미터
구경	12구경

USAS-12

가스 실린더 마개

미국이 설계하고, 한국의 대우에서 생산한 USAS-12는 두 가지 측면이 독특하다. 첫째, 이 화기는 단발과 자동 연사가 가능하다. 둘째, 오른손잡이용과 왼손잡이용으로의 설정 변경이 가능하다.

전체 모양

연도	1992년
출처	미국/대한민국
무게	5.5킬로그램
총열	46센티미터
구경	12구경

윈체스터 모델 1897

노출된 공이치기를 통해 장전 여부를 알 수 있다.

배출부

천공 총열 덮개

장전구

6발 들이 관형 탄창

장전 슬라이드

총검 결속부

방아쇠

준권총 개머리

브라우닝이 윈체스터 사에서 개발한 최초의 펌프 작동식 산탄총인 모델 1893은 드문 실패작이었다. 브라우닝은 작동 방식을 강화 개선했고, 그렇게 탄생한 모델 1897은 과거의 그 어떤 산탄총보다 훌륭하다는 것을 증명했다. 이 총은 무려 1950년대까지 계속 생산되었다. 사진의 군용 산탄총은 1945년까지 생산됐다.

연도	1897년
출처	미국
총열	51센티미터
구경	12구경

베트남 전쟁
오스트레일리아 군대는 베트남에서
미국 육군 및 해병대와 함께 싸웠다. CH-47
치누크 헬리콥터에서 내리고 있는 이 정찰대원들은 자동
장전식 FN FAL 소총과 미국산 M60 다용도 기관총으로
무장하고 있다.

저격용 소총 1914~1985년

미국에서 남북 전쟁이 발발했을 즈음에는 아주 먼 거리에서도 특정 개인을 확인해 사살하는 것이 가능해질 만큼 화기 기술이 크게 발전한 상태였다. 제1차 세계 대전 당시에는 저격수가 이미 전장의 핵심 요소로 부상했다. 그러나 저격수가 진정으로 성가를 높인 것은 제2차 세계 대전 때였다. (특히 적군에는 여성 저격수가 많았다.) 그때까지만 해도 저격은 '흑마술' 같은 것이었다. 그러나 기술이 진보한 최근에는 저격이 과학의 형태를 띠어 가고 있다.

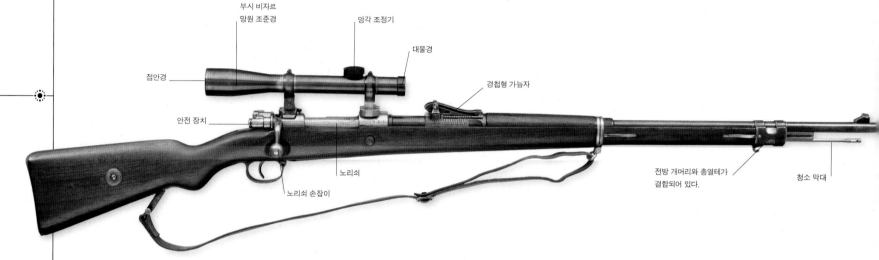

부시 비자르 망원 조준경 · 양각 조정기 · 대물경 · 접안경 · 경첩형 가늠자 · 안전 장치 · 노리쇠 · 노리쇠 손잡이 · 전방 개머리와 총열테가 결합되어 있다. · 청소 막대

마우저 게베르 98

마우저 인판테리게베르 98(Mauser Infanterigewehr 98)은 제1차 세계 대전 당시 독일 육군의 표준 소총이었다. 이 계열의 정선된 화기가 제2차 세계 대전까지 저격 소총으로 사용되었다. 에밀 부시 주식 회사가 상업용으로 생산한 2.75배율 망원 조준경 비자르(Visar)가 소총에 장착되기 시작했다. 조준기의 시계가 100미터에서 1000미터로 서서히 늘어났다.

연도	1900년 이후
출처	독일
무게	4.15킬로그램
총열	75센티미터
구경	7.92밀리미터

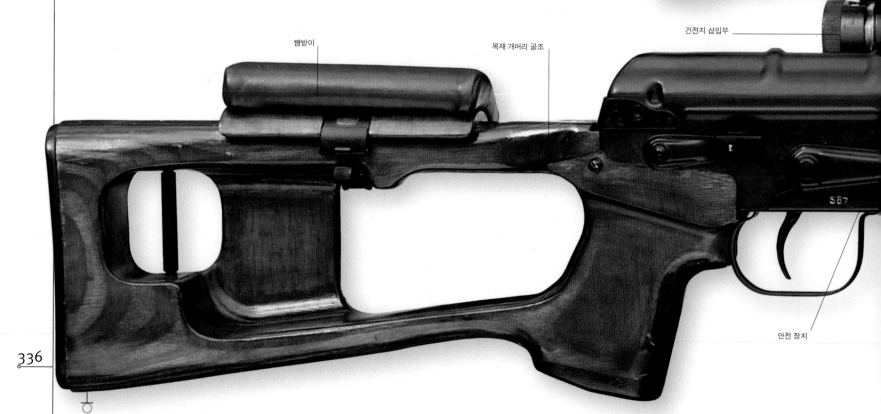

PSO-1 망원 조준기 · 건전지 삽입부 · 뺨받이 · 목재 개머리 골조 · 안전 장치

덮개에 싸인 뾰족 가늠쇠

PU형 조준기

고정 초점형 접안경

편류 조정 나사

5발 들이 통합 상자형 탄창

밀도와 나뭇결의 곧음을 기준으로 정선한 개머리

모신-나강 M1891/30PU

적군은 1930년대에 최고 기량의 저격수들에게 PE형 망원 조준기가 탑재된 모델 1891/30 모신-나강 소총을 지급하기 시작했다. 이 총의 조준기는 곧 3.5배율 PU로 대체되었다. 제2차 세계 대전 중에 약 33만 정의 M1891/30PU 저격 소총이 생산되었고, 명중률이 가장 높다는 명성과 함께 널리 사용되었다.

연도	1941년
출처	소련
무게	5.15킬로그램
총열	73센티미터
구경	7.62밀리미터×54R

헨졸트 고정 배율 망원 조준기

앙각 조정기

편류 조정기

뺨받이

폴리머 소재 전방 개머리

6조 우선의 냉연 총열이 전방 개머리 앞에 노출되어 있다.

5발 들이 탈착식 상자형 탄창

방아쇠는 당기는 힘에 따라 조정 가능하다.

권총 손잡이

끝받침은 손이 권총 손잡이 위에 자리하게 해 준다.

헤클러 운트 코흐 PSG-1

경찰용 저격 소총인 PSG-1은 독일 육군에 공급되었던 G3을 크게 개조한 것이다. 둘 다 롤러 지연 가스 역류 방식으로 작동한다. 가장 커다란 차이점은 냉연 6조 우선 총열과 헨졸트 6×42 고정 배율 조준기이다. 이 조준기는 망원경 십자선을 제공한다.

연도	1985년
출처	독일
무게	8.1킬로그램
총열	65센티미터
구경	7.62밀리미터×51 나토

앙각 조정기는 탄착점을 보정한다.

편류 조정기는 옆바람을 보정한다.

가늠자

장전 손잡이

배출부

10발 들이 탈착식 상자형 탄창

가스 실린더

가스 조정기

전체 모양

총구 보정 및 소염기

드라구노프 SVD

공산 진영의 군대는 저격용 총으로 1963년 스나이퍼스카야 빈토프카 드라구노바(Snaiperskaya Vintovka Dragunova, 1891년에 개발된 모신-나강 소총에 맞춰 만든 7.62밀리미터 총탄이 장전된다.)를 채택했다. PSO-1 망원 조준기에는 제한적이나마 적외선 탐지 기능도 구현되어 있다.

연도	1963년 이후
출처	소련
무게	4.3킬로그램
총열	61센티미터
구경	7.62밀리미터×54R

저격용 소총 1985~2006년

1980년대 중반 이후 저격용 소총은 점점 더 전문화되면서 새로운 재료와 제조 기술을 접목해 나갔다. 20세기의 제식 소총들과는 크게 달라지기 시작했다. 망원 조준경의 광학 성능과 배율이 향상되었고, 이제는 10배 가변 배율 조준경이 보편화되었다. 가장 중요한 진보는 7.62밀리미터 나토 탄을 대체하는 보다 강력한 탄약을 사용할 수 있게 되었다는 것이다.

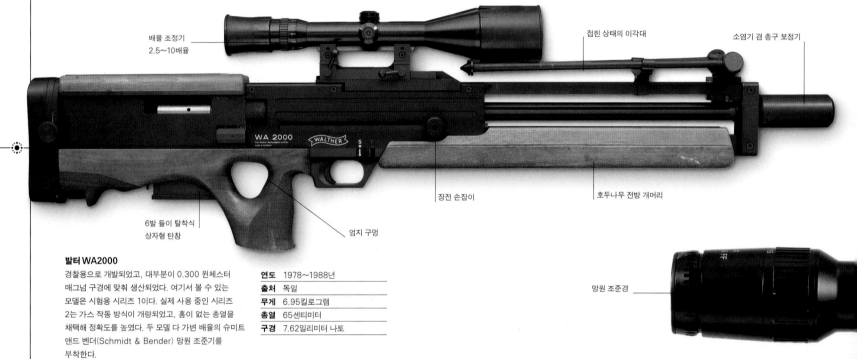

배율 조정기
2.5~10배율

접힌 상태의 이각대

소염기 겸 총구 보정기

WA 2000　WALTHER

장전 손잡이

호두나무 전방 개머리

6발 들이 탈착식
상자형 탄창

엄지 구멍

발터 WA2000

경찰용으로 개발되었고, 대부분이 0.300 원체스터 매그넘 구경에 맞춰 생산되었다. 여기서 볼 수 있는 모델은 시험용 시리즈 1이다. 실제 사용 중인 시리즈 2는 가스 작동 방식이 개량되었고, 홈이 없는 총열을 채택해 정확도를 높였다. 두 모델 다 가변 배율의 슈미트 앤드 벤더(Schmidt & Bender) 망원 조준기를 부착한다.

연도	1978~1988년
출처	독일
무게	6.95킬로그램
총열	65센티미터
구경	7.62밀리미터 나토

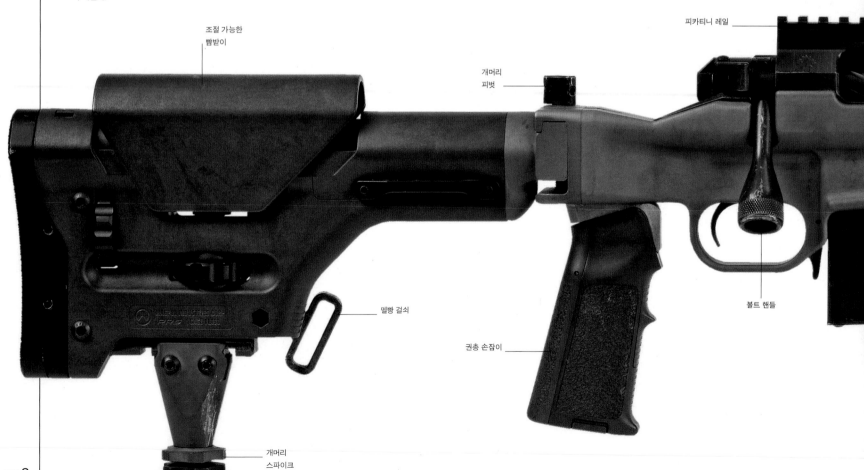

망원 조준경

피카티니 레일

조절 가능한
뺨받이

개머리
피벗

멜빵 걸쇠

볼트 핸들

권총 손잡이

개머리
스파이크

완전 유동식
스테인리스 총열

접힌 상태의 이각대

멜빵 결속부

10발 들이 탈착식
상자형 탄창

합성 수지
소재의 개머리

L96A1

영국 육군에서 1986년부터 사용된 L96A1 저격용 소총은
저격용으로만 개발된 최초의 소총이었다. 더 이른 시기의
모델들은 리-엔필드의 다양한 총기들을 바탕으로 하고
있었다. L96A1은 알루미늄 뼈대에 부품들이 결합된
형태이다. 슈미트 앤드 벤더 6배율 망원 조준기가
부착된다.

연도	1986년부터
출처	영국
무게	6.5킬로그램
총열	65.5센티미터
구경	7.62밀리미터 나토

잉각 조절 다이얼

대물경

C14 팀버울프 저격 소총

캐나다 육군을 위해 개발된 C14 팀버울프(C14
Timberwolf)는 대인 저격 소총의 최근 설계 경향에
따라 강력한 0.338인치 라푸아 매그넘(Laupua
Magnum) 탄약을 장전할 수 있게 설계되었다. 이것은
이 소총의 유효 사거리를 1200미터로 확장했다.

연도	2005년
출처	캐나다
무게	7.1킬로그램
총열	66센티미터
구경	0.338라푸아 매그넘

무기를
줄이기
위해서
총열에 판
나선형 홈

폴리머 소재의
전방 개머리

5발 들이
탈착식 탄창

접을 수 있는
이각대

피카티니 레일
마운트

전체 모습

반동식 기관총

1920년까지는 총포의 반동을 이용하는 맥심의 방법이 보편적이었다. 약간만 개조된 영국의 비커스가 유일한 신작이라 할 만했다. 그러다가 존 모제스 브라우닝이 동일한 힘을 이용하는 새로운 방법을 고안해 냈다. 그는 자신이 개발한 콜트 M1895가 맥심의 특허를 침해했다는 사실을 숨기기 위해 온갖 노력을 기울이기도 했다.

베르니에 가늠 구멍
(접힌 상태)

반동 확장기

호스 연결부

냉수통

탄띠 급송로
(급탄로)

방아쇠 지레

보조 삼각대 죔쇠테

5단 가늠자 받침

총구 마개

생스터(Sangster)
보조 삼각대

율턴 참호용 잠망경
가동 시 연결해
사용하는 확장
방아쇠 지레

삼각대 확장 사도기

수평 이동 회전반

수평 이동 회전반 죔쇠

앙각 조정 나사

앙각 조정 바퀴

접힌 상태의 비커스 MK1

비커스 MK1

영국 육군이 1912년 11월 맥심 기관총의 대안으로 채택한 비커스 MK1(Vickers MK1)은 격발 토글 이음쇠가 아래쪽이 아니라 위쪽으로 작용하며 리시버의 크기를 줄였다는 점에서 맥심과 달랐다. 비커스는 두루 강철을 사용했기 때문에 맥심보다 13.6 킬로그램이 더 가벼웠다. 발사 속도는 분당 약 450발로 일정했다. 비커스는 1968년 4월에야 비로소 육군 제식 장비에서 제외되었다.

삼각대 다리

연도	1912년
출처	영국
길이	110센티미터
구경	0.303인치

삼각대 발

소염기

통기성 총열 덮개

53.3센티미터 총열

반동 전달 막대

반동 작용에 따라 자동으로
수평 회전을 시켜 주는 장치

권총 손잡이

MG42

독일은 베르사유 조약으로 무기 개발을 금지당했다. 그러나
비밀리에 해외에서 신형 무기를 개발하기도 했다. 1934년
마시넨게베르 34(Maschinengewehr 34)가 MG08의
대체물로 공식 채택되었다. 이 기관총은 12킬로그램에 불과할
정도로 가벼웠지만 1분에 900발을 발사할 정도로 막강한 화력을
뽐냈다. 그러나 생산 가격이 비싸다는 단점이 있어 MG42로
대체되었다. MG42는 1분에 1200발의 발사 속도를 자랑하는
당대 최고의 자동 화기였다.

연도	1943년
출처	독일
길이	122센티미터
구경	7.92밀리미터 마우저

운반의 용이성을
지원하는 패드

버팀대

114센티미터 총열

리시버

탄띠

방아쇠 지레

총열 운반 손잡이

삽자루

총열 덮개

브라우닝 M2 HB

미국 육군은 브라우닝의 M1917(아래 사진)에 크게 만족했지만 그
이상의 중화기를 원했고, 브라우닝이 수랭식 M1921을 개발하기에
이른다. M1921의 냉수통은 나중에 제거되었고, 결국 M2의
모양으로 변모하게 된다. 후에 추가된 중요한 개조 사항은 총열
교체뿐이었다. 이 총은 21세기까지 사용되었고, 다른 더 정교한
무기들의 기초가 되어 주었다.

연도	1936년
출처	미국
길이	164센티미터
구경	12.7밀리미터

탄띠 보관 상자
(탄통)

가늠쇠

냉수통

탄띠 급송로

가늠자

권총 손잡이

브라우닝 M1917

존 브라우닝은 1895년 최초로 기관총 설계안을 만들었다. M1911
권총 제작을 마친 그는 다시 기관총 제작에 몰두했고, 맥심보다 더
단순한 노리쇠 잠금 방식을 고안했다. 그가 내놓은 새 총은 M1917
로 미국 육군에 의해 정식 채택되었다. M1917은 이내 냉수통이
제거되었고, 공랭식 M1919로 변신했다. 이 총은 1960년대까지
큰 개량 없이 사용되었다.

연도	1912년
출처	미국
길이	58센티미터
구경	0.30~06인치

전체 모양

가스 작동식 기관총

하이럼 맥심이 최초로 기관총을 제작했을 때에는 발사 화약의 가스를 활용해 기계의 작동을 순환시켜 보자는 생각을 도무지 할 수가 없었다. 미립자 잔여물이 너무 많았기 때문이다. 그러나 1890년대에 이르면 사정이 바뀐다. 무연 화약이 도입되었던 것이다. 1893년 오스트리아의 기병이었던 오트콜렉 폰 아우게츠르트가 파리의 호치키스 사에 그런 총의 설계도를 팔았다. 그 후로 가스 작동식 기관총이 보편화되었다.

가능쇠　　　　　　　　　　　가스 연결부　　　가스 실린더

소염기

냉각 핀　　　　　　　　탄띠 급송로

견착대

67.8센티미터 총열　　　　　　　　　　　　　권총 손잡이 겸 장전 손잡이

ZB 53 (VZ/37 또는 베사)

기관총 설계자 바츨라프 홀렉은 1930년대의 스타 가운데 한 사람이었다. 그는 브렌 총과 ZB 53 모두에 동일한 장전 방식을 채택했다. ZB 53을 체코 인들은 VZ/37, 영국인들은 베사(Besa)라고 불렀다. 영국 군대는 이 총을 그들의 전차에 탑재했다.

연도	1937년
출처	체코슬로바키아
총열	67.8센티미터
구경	7.92밀리미터 마우저

가능쇠

방아쇠 지레　　탄띠 급송로

소염기

운반 손잡이　　　가스 연결부

고류노프 SGM

적군은 맥심을 제2차 세계 대전기까지 사용했다. 그러나 1942년이 되자 값싼 대체물이 절실해졌다. 고류노프가 더 이른 시기의 실패한 설계안을 홀렉의 장전 방식을 채택해 개선했다. 그가 개발한 SG43은 계속 개량되었고, 전후에 SGM으로 거듭나게 된다.

연도	1943년
출처	소련
길이	112센티미터
구경	7.62밀리미터×54

가스 실린더　　　　　　　　　　가늠자

FN MAG (GPMG)

FN이 생산한 MAG(Mitrailleuse à Gaz)는 존 브라우닝이 자신의 자동 소총용으로 개발한 장전 방식을 개량해 채택했다. 여기에 MG42의 급송 방식도 적용되었다. 영국 육군이 이 총을 다용도 기관총으로 채택했다.

권총 손잡이

연도	1958년
출처	벨기에
길이	104센티미터
구경	7.62밀리미터 나토

탄띠

탄통

광학 조준경

냉각 핀

가늠자

탄띠 급송로

안정 유지 손잡이

앙각 기어

방아쇠

권총 손잡이

호치키스 MLE 1914

폰 아우게츠트 남작이 1893년 호치키스 사에 팔아치운 당초 설계안은 튼튼하고 단순했다. 노리쇠는 선회 플랩에 의해 잠겨 있다가 총열 중간에서 방출된 가스에 밀리면서 개방되었다. 과열 양상이 최대 약점으로 꼽혔다. 1897년부터 1914년까지 이 결함을 바로잡기 위한 개량이 지속적으로 이루어졌다. 이 과정에서 생산비가 저렴해졌고, 급송 메커니즘이 개선되었다. 24발을 금속띠로 이어붙인 탄띠를 채택했다. M1914는 제2차 세계 대전 때까지 사용되었다.

연도	1914년
출처	프랑스
길이	127센티미터
구경	8밀리미터 레벨

앙각 조정 바퀴

수평 이동 회전반

사수 좌석

탄띠 급송로

총열 덮개

56센티미터 총열

약실 덮개

화염 배제기

이각대(접힌 상태)

M60

미국 육군은 1960년대 초에 브라우닝 M1917 계열의 기관총을 가스 작용식의 신형 다용도 기관총으로 대체했다. M60은 MG42의 급송 방식과, 독일제 FG42 돌격 소총의 장전 방식을 채택했다. 처음에는 만족스럽지 못했지만 20년에 걸쳐 일련의 개량이 이루어졌고, 대부분의 결함이 시정되었다.

연도	1963년
출처	미국
길이	110센티미터
구경	7.62밀리미터 나토

MG43 기관총

MG43은 FN의 미니미 스쿼드 자동 화기에 대한 헤클러 운트 코흐(Heckler & Koch, H&K) 사의 응답이었다. MG43은 당대의 H&K 화기들에 채택되었던 회전 노리쇠 방식의 가스 작동식 경기관총이다. 미니미보다 설계가 더 단순했고, 탄띠 급송 방식만을 채택했으며, 그래서 제조비가 더 쌌다. 거의 모든 현대 화기처럼 MG43도 가능한 부위에는 강화 합성 수지 소재를 채택하고 있다. 이각대가 내장되어 있고, M2 삼각대에 거치할 수도 있다. 리시버 위에는 피카티니 레일(Picatinny rail, 미국 육군 연구 개발부 산하 조병창의 이름에서 따온 것이다.)도 장착할 수 있어서, 나토 표준의 광학 조준기와 기본적인 구멍형 가늠자를 지원할 수 있다.

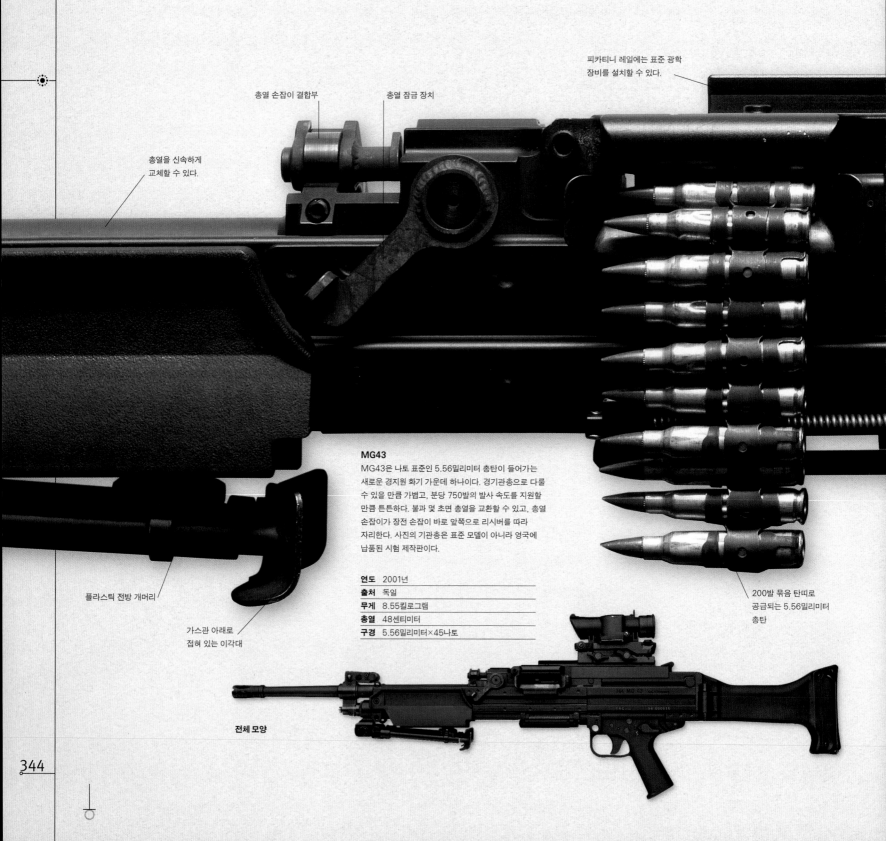

피카티니 레일에는 표준 광학
장비를 설치할 수 있다.

총열 손잡이 결합부

총열 잠금 장치

총열을 신속하게
교체할 수 있다.

MG43

MG43은 나토 표준인 5.56밀리미터 총탄이 들어가는 새로운 경지원 화기 가운데 하나이다. 경기관총으로 다룰 수 있을 만큼 가볍고, 분당 750발의 발사 속도를 지원할 만큼 튼튼하다. 불과 몇 초면 총열을 교환할 수 있고, 총열 손잡이가 장전 손잡이 바로 앞쪽으로 리시버를 따라 자리한다. 사진의 기관총은 표준 모델이 아니라 영국에 납품된 시험 제작판이다.

연도	2001년
출처	독일
무게	8.55킬로그램
총열	48센티미터
구경	5.56밀리미터×45나토

200발 묶음 탄띠로
공급되는 5.56밀리미터
총탄

플라스틱 전방 개머리

가스관 아래로
접혀 있는 이각대

전체 모양

4배율 확대와 광선 증폭
능력을 구비한 SUSAT
조준기

플라스틱 개머리가 여기서
왼쪽으로 접힌다.

MG 43

AC ☙ 96-000015

완전 자동 사격만을
지원하는 조정간

S

방아쇠

플라스틱 권총 손잡이

경기관총 1914~1945년

1세대 기관총은 크기가 너무 커 휴대하기 거추장스러워서 고정해 놓고 사용할 수밖에 없었다. 결국 일관된 사격 능력을 갖춘 가볍고, 휴대 가능한 화기의 필요성이 제기되었다. 초기의 경기관총 총열은 과열되는 경향이 있었다. 이 문제는 전투 중에도 신속하고 용이하게 교체할 수 있는 총열이 개발되면서 해결되었다.

배출부

총열

가스관

브라우닝 자동 소총

존 브라우닝이 자동 장전식 소총을 설계하는 과업에 착수했지만 그가 개발한 무기는 경지원 화기의 임무에 더 적합한 것이었다. 브라우닝 자동 소총(Browning automatic rifle)은 총열이 고정되어 있었고, 탄창 용량도 형편없었지만 1950년대 중반까지 미국 육군과 해병대에서 사용되었다.

방아쇠울과 안전 장치

견착대(아래로 접혀 있는 상태)

20발 들이 탈착식 상자형 탄창

연도	1918년
출처	미국
무게	7.3킬로그램
총열	61센티미터
구경	0.30~60

정지 지시기

냉수통에는 물 4리터가 들어간다.

MG08/15

독일이 처음으로 급조해서 생산한 경기관총인 맥심 MG08에는 개머리판, 권총 손잡이, 재래식 방아쇠가 채택되었다. 통합형 이각대와, 드럼 같은 용기에 담긴 짧은 탄띠도 장착되었다. 너무 무거웠지만 13만 정가량 생산되었고, 독일 제국 군대에서 가장 중요한 지원 화기로 사용되었다.

목재 개머리판

권총 손잡이

급탄로

소염기

이각대

연도	1917년
출처	독일
무게	22킬로그램
총열	72센티미터
구경	7.92밀리미터×57

가늠자

팬식 탄창에는 총탄 47발이 들어간다.

사수는 왼손으로 개머리의 이 부위를 붙든다.

방아쇠

배출부

냉각 핀은 총열 덮개 안쪽까지 설치되어 있다.

장전 손잡이

급탄로

총열

반동 스프링 집

적층 목재 개머리

소염기

가스관

이각대

데그티아레프 RP46

적군은 1928년 데그티아레프 DP(Degtyarev RP46)를 채택했다. 이 총은 1945년에 개량되었고, 이듬해에 더 무거운 총열이 보태져 드럼 탄창과 탄띠를 전부 사용할 수 있게 됐다. 그러나 RP46은 여전히 만족스럽지 못했고, 곧 RPD로 교체된다.

배출부

발사 속도 조절기 겸 안전 장치

연도	1946년
출처	소련
무게	13킬로그램
총열	60.5센티미터
구경	7.62밀리미터×54R

30발 들이 탈착식 상자형 탄창

운반 손잡이

가늠쇠

가늠자

총몸 잠금 핀

탄창 삽입부 덮개

왼손 그립

가스 조절기

아래쪽 멜빵 고리

장전 손잡이

가스 실린더

브렌

브르노에서 개발되어, 엔필드에서 개량된 브렌 (Bren) 총은 도입 당시부터 1970년대까지 영국 육군의 주력 경지원 화기로 사용되었다. (후기에는 7.62밀리미터 나토탄이 채택되었다.) 브렌에 결함이 있었다면 탄약 문제였지 총 자체 문제는 아니었다.

연도	1937년
출처	체코슬로바키아/영국
무게	10.15킬로그램
총열	63.5센티미터
구경	0.303인치

총열 덮개 겸 방열기

이각대 결속 죔쇠

루이스

영국 육군은 1915년 공랭식, 가스 작용식 루이스(Lewis) 기관총을 채택했고, 이 총은 브렌으로 교체될 때까지 표준 경지원 화기로 활약했다. 원래의 설계는 새뮤얼 맥린의 것이지만 미국 육군의 아이작 루이스 대령이 개량했다. 그는 이 총을 공격적으로 판촉했다. 미국 공군 항공 전대도 이 총을 항공기 탑재 무기로 채택했다.

전체 모양

연도	1912년
출처	미국
무게	11.8킬로그램
총열	66.5센티미터
구경	0.303인치

이각대

경기관총 1945년 이후

제2차 세계 대전 시기에는 교전이 과거보다 더 가까운 거리에서 벌어졌다. 그로 인해 두 가지 양상이 전개되었다. 소총과 경기관총의 총열이 더 짧아졌고, 발사되는 총탄도 위력이 약해졌고, 더 가벼워졌다. 병사 개인에게는 이런 변화가 무기의 운반과 휴대의 부담을 덜어 주었기 때문에 환영할 만한 것이었다. 최근에는 화기들이 훨씬 더 가벼워졌다. 플라스틱 소재가 목재를 대체했고 불펍 방식이 도입되었기 때문이다.

가늠자

경합금 개머리 골격

네게브

이스라엘 밀리터리 인더스트리스의 네게브(Negev)는 경기관총과 다용도 기관총의 경계를 모호하게 만든 경량의 자동 화기이다. 5.56밀리미터 구경의 SS109 나토 탄약을 사용할 수 있는 네게브는 분당 700발에서 900발의 자동 연사 능력을 자랑한다.

연도	1988년
출처	이스라엘
무게	7.2킬로그램
총열	46센티미터
구경	5.56밀리미터×45 나토

장전 손잡이

가스 실린더 아래쪽으로 접힌 이각대

운반 손잡이

가늠자

장전 손잡이

배출부

발사 속도 조절기 겸 안전 장치

탄띠 용기

전체 모양

FN 미니미

FN의 가스 작동식 공랭형 미니미(FN Minimi)는 별도의 조정 없이도 나토 스타나그 탄창과 탄띠를 모두 수용할 수 있다. 미국 육군이 이 총을 M249 분대 자동 화기로 채택했고, 영국 육군은 L108A1로 제식화했다.

연도	1975년
출처	벨기에
무게	6.83킬로그램
총열	46.5센티미터
구경	5.56밀리미터×45 나토

플라스틱 개머리   장전 손잡이   천공형 총열 덮개   가늠쇠(접힌 상태)

세트메 아멜리

롤러 지연 잠금 방식의 세트메 돌격 소총과 유사한 세트메 아멜리(Cetme Ameli)는 적용되는 노리쇠 유형에 따라 발사 속도가 결정된다. 경량 노리쇠에서는 분당 1200발, 중량 노리쇠에서는 분당 850발이 연사된다. 이 총의 경량판도 개발되었다.

연도	1982년
출처	스페인
무게	6.35킬로그램
총열	40센티미터
구경	5.56밀리미터×45 나토

가늠쇠

총열   총구 보정기

광학 조준기   안전 장치 겸 발사 속도 조정 레버   가스관   가스 조절기

접힌 이각대

RPK74

RPK74는 성공적 모델이었던 AKM 돌격 소총을 바탕으로 개발되었다. 따라서 다수의 부품이 다른 칼라슈니코프 계열 화기들의 부품과 호환된다. 1960년대 초반부터 사용된 RPK74는 소련 보병의 표준 경기관총 RPD를 대체했다. 그러나 고정 총열을 채택했기 때문에 과열을 예방하기 위해 발사 속도를 분당 75발 이하로 유지해야만 했다.

연도	1976년
출처	소련
무게	5킬로그램
총열	59센티미터
구경	5.45밀리미터×39

탄창 멈치

30발 들이 상자형 탄창

가늠쇠

총구 보정기

장전 손잡이   광학 조준기   플라스틱 전방 개머리   총열 지지대

L86A1 경지원 화기

L85A1 개인 화기가 영국군에 제식 채택되었다는 것은 동일한 구경의 탄약이 장전되는 새로운 지원 화기가 개발되어야만 함을 의미했다. 그렇게 해서 L86A1이 탄생했고, 이 총은 L484 브렌 총을 대체했다. L86A1은 L85A1보다 총열이 더 무겁고 컸으며, 일관된 연사 능력을 지원하기 위해 후방 그립을 채택했다. 이 총은 총열을 신속하게 교체하는 게 불가능하다. 따라서 과열을 막기 위해 짧은 순간 통제된 방식으로 사격해야만 한다.

연도	1986년
출처	영국
무게	5.4킬로그램
총열	64.5센티미터
구경	5.56밀리미터×45 나토

스타나그 30발 들이 탈착식 탄창

기관 단총
1920~1945년

가볍고 속사가 가능한 화기를 생산하려던 초기의 시도들은 권총에 집중되었다. 그러나 권총을 가지고 표적을 정확하게 맞히는 것은 힘든 일이었다. 아무튼 위력이 떨어지는 권총 탄을 발사하지만 카빈처럼 생긴 총이 전장에서 유효하리라는 것은 명백한 사실이었다. 개머리판이 필요 없는 기관 단총이 유용하다는 게 분명해진 것은 제2차 세계 대전 시기가 되고 나서였다.

탄창 걸쇠

탄창 삽입구

목재 개머리

상부 멜빵
결속부

총열 덮개

배출구

장전관

단발 방아쇠

연발 방아쇠

빌라르 페로사

최초의 기관 단총은 1915년에 개발된 쌍발총 빌라르 페로사(Villar Perosa)이다. 나중에 이 총은 개머리와 전통적 방아쇠를 갖춘 카빈으로 개조되었다.

연도	1920년대
출처	이탈리아
무게	3.06킬로그램
총열	28센티미터
구경	9밀리미터 글리센티

가늠쇠

장전 손잡이

MP40

1938년 독일 육군은 새로운 형태의 기관 단총을 채택했다. 그러나 여전히 생산비가 비쌌다. 2년 후 값비싼 제조 공정을 대체할 수 있는 새로운 방법이 도입되었다. 이를 통해 기관 단총의 시대가 새롭게 열렸다.

연도	1940년
출처	독일
무게	4.03킬로그램
총열	24.8센티미터
구경	9밀리미터 파라벨룸

개머리 골격
(접힌 상태)

권총 손잡이

32발 들이 탄창

장전 손잡이

탄창 삽입부

가늠쇠

탄창 멈치

전방 권총
손잡이

톰슨 M1921

미군의 존 태글리아페로 톰슨 장군이 1916년 만족스럽지 못했던 자동 장전식 소총을 개조하기 시작했고, 마침내 1919년 토미 건(Tommy Gun)이라는 별명으로 널리 알려지게 되는 최초의 총을 생산했다. M1921은 시장에 나온 최초의 기관 단총이었다. 그러나 미국 정부가 이 총을 군용 무기로 채택한 것은 1928년 이후였다. 그것도 해병대에서 소량만을 구매했다.

연도	1921년
출처	미국
무게	4.88킬로그램
총열	26.7센티미터
구경	0.45ACP

50발 들이
탄창 드럼

시계 태엽
메커니즘이 적용된
감기 장치

PPSH41

'페-페-셰'라는 별명을 가진 슈파긴 (Shpagin)의 PPSH41은 만들고, 유지 관리하기가 용이했다. 이 믿음직한 기관 단총은 독일군의 소련 진격을 저지하면서 적군의 주력 화기가 되었다. 1945년까지 최소 500만 정이 생산되었고, 적군의 보병 전술이 이 화기의 위력을 극대화하는 방향으로 변경되었다. (우리나라에서 '따발총'이라고 하는 총이 바로 이 총이다. —옮긴이)

연도	1944년
출처	소련
무게	3.5킬로그램
총열	27센티미터
구경	7.62밀리미터 소비에트

보정기가 총구 들림 현상을 줄여 준다.

총몸 잠금 핀

탄창 삽입부

발사 속도 조절기

71발 들이 드럼 탄창

베르크만 MP18/I

후고 슈마이서(Hugo Schmeisser)가 설계한 베르크만 MP18/I(Bergmann MP18/I)는 최초의 효율적인 기관 단총이라고 주장할 수 있을 것이다. 독일 육군의 돌격대원들이 참호 돌격 시 사용하던 무거운 MG08/15를 대체할 무기를 필요로 했기 때문에 개발되었다.

연도	1918년
출처	독일
무게	5.25킬로그램
총열	19.6센티미터
구경	9밀리미터 파라벨룸

탄창 삽입부

눈금이 새겨진 가늠자

천공형 총열 덮개

32발 들이 '달팽이' 모양 드럼 탄창

스텐 마크 2 (소음 제거형)

스텐(Sten) 총은 웬만한 구두 한 켤레 값보다 더 쌌다. 구매자가 스텐의 명백한 결함들을 무시한다면 경험이 일천한 전투원들에게 지급해 단거리에서 파괴적인 화력을 행사할 수 있는 효과적인 무기가 된다. 사진에서 보는 것은 소음 및 소염기가 통합된 모델로 소량만 생산되었다.

연도	1941년
출처	영국
무게	3.4킬로그램
총열	91센티미터
구경	9밀리미터 파라벨룸

소음/소염기

가늠자

단열 처리된 앞쪽 손잡이

압연 타출 강철 총몸

고정형 개머리 골조

32발 들이 탄창

강철로 만들어진 리시버

편류 및 앙각 조정 가늠자

발사 속도 조절기

THOMPSON SUBMACHINE GUN, CALIBRE 45 AUTOMATIC COLT CARTRIDGE MANUFACTURED BY COLT'S PATENT FIRE ARMS MFG. CO. HARTFORD, CONN., U.S.A.

일부 모델에서는 제거도 가능한 목재 개머리

후방 멜빵 결속부

안전 장치

갱들이 사랑한 총

미국 육군이 초기에 톰슨을 외면했다면 금주법에 저항하며 광란의 1920년대를 표효했던 암흑 세계의 폭력 집단은 톰슨을 환영했다. 톰슨은 순식간에 갱들이 가장 좋아하는 총으로 부상했다.

후방 권총 손잡이

현대

MP5 기관 단총

헤클러 운트 코흐의 MP5는 서방 세계의 경찰과 특수 부대 대다수가 선택한 기관 단총이다. 기계적 특성을 살펴보면 이 회사의 돌격 소총 계열과 아주 유사하며, 롤러 지연 역류 잠금 방식을 채택하고 있다. (대부분의 기관 단총이 장전될 때 노리쇠가 뒤로 당겨지는 데 반해) 폐쇄식 노리쇠에서 총알이 발사되기 때문에 MP5는 다른 화기에 비해 상당히 정확하고, 자동 모드에서도 통제성이 우수하다. 이 총은 분당 800발을 연사할 수 있다. 많은 경우 레이저 표적 식별기가 탑재되며, 아래 사진에서 보는 것처럼 유탄 발사기 자리에 고성능 전등이 장착되기도 한다.

탄약
MP5에는 게오르크 루거가 1908년 루거 총을 위해 개발한 9밀리미터×19 총탄이 장전된다. 1996년부터 2000년까지는 0.40S&W와 10밀리미터 구경 총탄도 공급되었다.

고리형 덮개에 싸인 가늠쇠

장전 손잡이

소음기 등 총열 탑재 액세서리 부착 걸쇠

ISTEC 40×46M 유탄 발사기

유탄 발사기 방아쇠

유탄 발사기 안전 장치

유탄
MP5에는 총열 아래로 유탄 발사기를 탑재할 수 있다. 인마 살상탄, 공포탄, 조명탄 등 40밀리미터 유탄 전 탄종을 수백 미터 사정 거리 이내에서 발사할 수 있다.

전체 모양

MP5A5

MP5에는 강화 플라스틱 개머리가 채택되기도 한다. 방아쇠 조절 방식도 HK33에서 가져왔다. (사진의 화기는 안전/단발/3발 연사/완전 자동으로 방아쇠 단계가 구분된다.) 통합형 소음기가 장착된 버전도 있고, 더 짧은 총열의 MP5도 구매 가능하다.

연도	1966년
출처	독일
무게	2.82킬로그램
총열	22.5센티미터
구경	9밀리미터 파라벨룸

집어넣은 개머리

가늠자

개머리를 끼워 넣을 수 있도록 만든 요철부

나토 표준 조준기 거치대

개머리 고정 핀

안전 장치 겸 발사 속도 조정기

플라스틱 권총 손잡이

탄창 멈치

15발 들이 탄창은 30발이 들어가는 탄창으로도 교체할 수 있다.

발사 속도 표시 아이콘. 아래에서부터 단발, 3발 연사, 자동

기관 단총 1945년 이후

제2차 세계 대전기와 그 직후에 도입된 제2세대 기관 단총들은 대량 생산을 목적으로 설계되었고, 그렇게 정교한 무기가 아니었다. 이 총들은 단거리에서 파괴적인 화력을 뿜냈고 소음이 엄청났다. 그러나 잘 안 맞기로 악명이 자자했고 제어도 어려웠다. 그 결과 군대에서의 사용 가치가 현저히 떨어지게 된다. 최근에는 보안 업체나 경찰에 판매할 목적으로 개선이 이루어졌다.

보호 덮개에 싸인 가늠쇠

장전 손잡이

압연 강철 리시버

총열 잠금 너트

교체가 가능한 총열

플라스틱 상부 손잡이

상부 멜빵 고리

DES

발사 속도 조정기

우지

우지(Uzi) 기관 단총이 가진 전설적인 안정성의 비밀은 노리쇠가 총열을 감싸고 있다는 사실에 있었다. 총의 무게 중심이 앞으로 이동하면서 자동 발사 시 총열이 솟아오르는 경향이 보정되었던 것이다. 육중한 작동 부위는 발사 속도를 통제 가능한 수준으로 제어해 주었다.

연도	1950년대
출처	이스라엘
무게	3.6킬로그램
총열	260밀리미터
구경	9밀리미터 파라벨룸

장전 손잡이가 덮개가 안전 장치로 사용된다.

장전 손잡이

총열 잠금 너트

접을 수 있는 개머리 골조

소염기

권총 손잡이

M3/M3A1

M3 기관 단총은 제조 단가가 쌌고, 분해, 청소, 유지가 간단하고 쉬웠다. M3은 콜트 자동 권총과 동일한, 무거운 총탄을 발사했다. 속칭은 '윤활유 주입기(Grease Gun)'이다.

휴대용 멜빵

30발 들이 탈착식 상자형 탄창

연도	1940년대
출처	미국
무게	3.66킬로그램
총열	203밀리미터
구경	0.45인치 ACP

32발 들이 탈착식 상자형 탄창

접을 수 있는 개머리 골조

가늠자

배출부

총열 덮개

가늠쇠 덮개

MAT 49

MAT 49의 뚜렷한 특징은 회전식 탄창집이다. 이 때문에 총을 숨기기가 더 쉽다. 뿐만 아니라 그 자체가 효과적인 안전 장치로 기능한다.

후방 권총 손잡이

회전식 탄창집은 전방 손잡이로도 활용된다.

32발 들이 탈착식 상자형 탄창

연도	1950년대
출처	프랑스
무게	3.53킬로그램
총열	288밀리미터
구경	9밀리미터

교체가 가능한
총열

장전 손잡이

보호 덮개에
싸인 가늠자

20발 들이
탈착식
상자형 탄창

권총 손잡이

안전 장치/발사 속도
조절기

접을 수 있는
개머리 골조

VZ/68 스코르피온 MOD 83

VZ/68 스코르피온 MOD 83(VZ/68 Skorpion MOD 83)은 권총집에 넣어 휴대하면서 한 손으로 사용할 수 있는 근거리 방어용 무기로 고안되었다. 개방형 역류 작용 방식과 작동 부위의 경량화로 발사 속도가 빠르다. 그러나 개머리의 균형추 메커니즘이 이를 보정해 준다.

연도	1960년대
출처	체코슬로바키아
무게	1.34킬로그램
총열	115밀리미터
구경	9밀리미터 파라벨룸

강화 목재 개머리

하부 멜빵 고리

고무 반동 패드

탈착 가능한 소음 및
소염기

장전 손잡이

집어넣고 접어서
리시버 위에 놓을 수
있는 개머리 골격

손목 고리

일체화된 권총
손잡이와 탄창집

잉그램 MAC-10

단축 노리쇠와 탄창을 권총 손잡이에 통합 구현한 잉그램 (Ingram MAC-10)은 MAC-10의 전체 크기를 자동 권총만큼으로 줄일 수 있었다. 분당 1000발 이상을 연사할 수 있는 이 총은 32발 들이 탄창을 1초가 안 되는 시간에 소진해 버린다.

연도	1970년
출처	미국
무게	3.4킬로그램
총열	146밀리미터
구경	9밀리미터 파라벨룸

광학 조준기

방아쇠

반투명 플라스틱 소재의 50발 들이
탈착식 상자형 탄창

사출 성형 플라스틱
개머리에는 리시버,
노리쇠, 잠금 장치가
들어가 있다.

FN P90

완전히 새로운 초간단 자동 화기를 만들어 내겠다는 최초의 시도인 P90은 피해 최소화를 염두에 두고 고안된 소구경 총탄을 사용한다. 기계적 작동을 하지 않는 모든 부품은 플라스틱 소재이다. 매우 특이하게도 탄약이 수평 방향으로 급송되기 때문에 이 총의 탄창은 리시버에 통합되어 있다.

연도	1990년대
출처	벨기에
무게	2.7킬로그램
총열	300밀리미터
구경	5.7밀리미터

1900년 이후의 탄약

단일한 구리 탄약통이 개발되면서 세 가지 기본 요소(뇌관, 발사 화약, 발사체)가 전부 한 덩어리로 결합되었고, 이후로는 그 세 가지 기본 요소의 성능을 개량하는 것만이 과제로 남게 되었다. 뇌관은 더 효율적으로 개선되었고, 탄환은 공기 역학적으로 개량되었다. 그러나 가장 중요한 발전은 발사 화약 분야에서 이루어졌다. 19세기의 마지막 10년에 그런 개선이 집중되었다. 먼저 무연 화약이 개발되었고, 다음으로 흔히 코르다이트(cordite)라고 하는 니트로글리세린 기반의 혼합물이 도입되었다. 이로써 흑색 화약이 완전히 대체된다.

0.30-06 스프링필드
0.30-06은 미국에서 1906년부터 1954년까지 사용되었다.
탄환 무게 9.85그램, 속도 초속 887미터, 에너지 3823줄.

7.92MM×57 마우저
SmK 탄약통(이렇게 불렸다.)에는 11.5그램의 철갑 탄환이
얹혔다. 총구 발사 속도 초속 837미터.

소총 탄약통

소총 탄환은 앞이 뾰족하고, 뒤로 갈수록 두꺼워지는데, 그로 인해 유효 사거리가 거의 2배로 늘어났고, 정확성도 향상되었다. 다음의 보기들에서 제시되는 속도와 에너지는 총구에서 측정한 값이다.

0.5/12.7MM M2
M2 기관총용으로 개발되어 소총탄으로 사용되었다. 무게
46그램, 속도 초속 853미터.

0.470 니트로 익스프레스
'니트로'는 발사 화약을, '익스프레스'는 선단이 오목한 탄환을
가리킨다. 속도 초속 655미터, 에너지 6955줄.

7.62MM×54R 러시아
1891년 개발된 이 탄약통에는 9.65그램의 탄환이 얹혔다.
총구 속도 초속 870미터.

0.458 윈체스터 매그넘
1956년에 '큰 사냥감' 용으로 개발된 총탄이다.
탄환 무게 32.4그램, 속도 초속 622미터, 에너지 6264줄.

7.7MM×56R 일본
아리사카 소총에 장전되던 이 총탄의 무게는 11.35그램, 총구
발사 속도 초속 716미터이다.

0.416 레밍턴 매그넘
1911년에 릭비에 의해 생산된 탄약통의 개량형이다.
속도 초속 732미터, 에너지 6935줄.

7.7MM×56R 이탈리아
위의 것과 거의 동일한 이탈리아 제 7.7밀리미터 탄약통에는
11.25그램의 탄환이 얹혔다. 총구 발사 속도 초속 620미터.

8MM×58 KRAG
덴마크 군대가 채택한 노르웨이 제 크라크 소총용 대체 탄약.
12.7그램의 탄환이 초속 770미터로 총구를 떠났다.

0.303 MK VII
11.66그램의 탄환이 얹힌 이 리-엔필드 탄약통의 발사 속도는
초속 750미터, 에너지 3281줄.

0.338 윈체스터 매그넘
북아메리카에서 대형 사냥감용으로 개발된 이 탄약통에는
11.34그램에서 19.44그램에 이르는 다양한 발사체가 얹혔다.

7밀리미터 레밍턴 매그넘
4.02그램의 발사 화약과 9.72그램의 스피처(spitzer) 탄환이
장착된 이 탄약통의 총구 발사 속도는 초속 945미터, 에너지는
4366줄이다.

0.257 웨더비 매그넘
5.31그램의 여우(varmint) 탄환이 얹힌 이 총탄의 총구 발사
속도는 초속 1166미터, 에너지 3832줄이다.

0.243 윈체스터 매그넘
이 짧은 탄약은 통상의 탄약통보다 더 작은 힘을 발휘한다.
6.48그램의 탄환이 초속 902미터의 속도로 총구를 떠나고,
에너지는 2637줄이다.

0.22 호넷
1920년대에 개발된 0.22 호넷은 몇 안 되는 고속 소형 탄약
가운데 하나다. 탄환 무게 2.9그램, 속도 초속 902미터.

0.30 M1 카빈
제2차 세계 대전기 미국의 구형 M1 카빈 용으로 개발된 '중간' 탄환.
끝이 뭉툭한 7.13그램의 탄환이 얹혔다. 유효 사거리 180미터.

7.92밀리미터×33 커츠
실효성을 갖춘 최초의 중간 탄약으로 소련이 더 작게 개량했다.
유효 사거리 595미터.

SS109 5.56밀리미터
나토 표준의 SS109 5.56밀리미터 탄약은 무게 4그램의 강철이 끝에
씌워진 발사체가 얹혔다. 총구 발사 속도 초속 940미터.

7.62밀리미터×51 나토
1950년대 초 나토는 새로운 소총과 기관총 탄약통을
채택하면서 0.30-06에 기반한 탄약을 선택했다.

5.45밀리미터×40 소비에트
이 총탄이 AK74 계열의 7.62밀리미터×33 탄약을
대체했다. 5.56밀리미터 나토 탄약과 위력이 거의
비슷하다.

탄환이 장약 안에
들어가 있다.

4.73MM G11
헤클러 운트 코흐 G11 돌격 소총용으로 개발된
탄약통 없는 총탄. 완전히 한 바퀴를 돌아 탄약
개발의 초기 상태로 복귀한 셈이다.

권총 탄약통

1900년 이후 권총 탄약에서 이루어진 커다란 변화는
고성능의 매그넘 장약이 도입된 것뿐이다.

0.45 마스
0.44 매그넘이 도입되기 이전까지 세계 최강의 권총
탄약으로 군림했다.

9밀리미터 마르스
탄약통의 심하게 왜곡된 병목 모양은 권총 탄약으로서는
특이하다. 아무튼 설계자는 9밀리미터 마르스 용으로
이렇게 많은 양의 발사 화약을 고집했다.

9밀리미터 슈타이어
9밀리미터 리볼버 탄약통에는 여러 변형이 존재한다.
이것은 만리허에서 개발한 것이다.

9 밀리미터 파라벨룸
9밀리미터 루거라고도 하는 이 탄약은 전 세계에서 가장
흔한 탄약통이다. 무수한 화기에 이 탄약통이 장전되었다.

0.45 ACP
또 하나의 상징적 권총 탄약통인 0.45 자동 콜트 권총
탄약은 존 브라우닝이 설계한 M1911용으로
개발되었다.

0.32 LONG
탄창 회전식 연발 권총의 인기 있는 탄약이었음에도
불구하고 최초의 0.32 탄약통은 위력이 미약했다. 더 긴
탄약통은 1896년에 생산되었다.

0.38 S&W
가장 위력이 떨어지는 0.38 탄약통이다. 탄환 무게 9.4
그램, 총구 발사 속도 초속 209미터, 에너지 230줄.

0.380 엔필드/웨블리
엔필드 Mk 1 연발 권총용으로 제작된 것이다.
12.96그램의 탄환은 대체된 0.455만큼이나
강력했다.

0.32 오토
소형 자동 장전식 권총에 널리 사용되는 0.32 탄약은
3.89그램의 탄환이 얹혔고, 169줄의 에너지를
방출한다.

8밀리미터 난부
1909년부터 제작 사용된 일본 장교용 권총들이 이
강력한 탄약을 사용한 유일한 무기였다.

0.357 매그넘
1935년에 개발된 이 탄약은 이후로 여러 종류가
생산되었다. 평균 총구 발사 속도 초속 396미터.

0.44 매그넘
이 총탄은 1954년에 개발되었다. 15.55그램 탄환의
총구 발사 속도는 초속 457미터, 에너지는 1627줄.

0.5 액션 익스프레스
데저트 이글 권총용으로 개발된 21그램 탄환의
에너지는 1918줄이다.

제1차 세계 대전기의 대포

1914년 주요 열강이 사용한 대포는 장거리에서도 많은 사상자를 발생시켰다. 산포(山砲, mountain gun)는 해체해서 기동했고, 야포(野砲, field guns)는 노천이라면 아무 데나 전개 배치되었으며, 중포(重砲, heavy siege artillery)는 고정된 위치에서 사격을 하는 방식으로 전장을 지배했다. 제1차 세계 대전 당시 영국군이 유발한 전체 전투 사상자의 약 60퍼센트가 대포로 인한 것이었다.

간접 사격용 측각기

포구 선회 손잡이

후방 지지대는
단일 막대다.

18파운드 야포(마크 2)

제1차 세계 대전기 내내 사용된 영국 군대의 표준 제식 야포다. 이 18파운드 대포의 발사체는 고폭탄, 유산탄, 독가스탄, 철갑탄 등으로 무척 다양했다. 다용도로 활용할 수 있어서, 후속 모델의 경우 제2차 세계 대전 초기까지 사용되었다.

연도	1904년
출처	영국
무게	1.28톤
길이	2.34미터
구경	3.3인치
사거리	6킬로미터

밧줄을 감은
복좌 장치

13파운드 야포

이 13파운드 야포는 영국 기병 여단에 배속돼, 1914년에 벌어진 몇몇 혹독한 교전에 참가했다. 하지만 포탄이 경량이어서, 참호전에서 쓸모없다는 게 드러났다. 1915년부터 최전선 임무에서 빠졌고, 그 대다수가 대공 화기로 재개발되었다.

연도	1904년
출처	영국
무게	1.01톤
길이	1.8미터
구경	3인치
사거리	5.4킬로미터

장갑판

두 부분으로 분리할
수 있는 포열

광학 조준경 거치대

2.75인치 산포

과거의 10파운드 산포를 개선한 것으로, 포열을 두 부분으로 분해해, 운반 기동했다. 나머지도 크게 세 부분으로 해체하면, 노새 여섯 마리로 실어나를 수 있었다.

연도	1911년
출처	영국
무게	585킬로그램
길이	1.84미터
구경	2.75인치
사거리	5.5킬로미터

포구 고리

승강
운전대

9.2인치 출입 차단 곡사포 마크 1

단언컨대, 연합국 최고의 대포병 무기였다. 전선 한참 뒤의 은폐 진지에서도 적군 포대를 작살 낼 만큼 위력적이었다. 130킬로그램짜리 포탄은 적군의 강화 진지를 무력화하는 데도 유용했다. 서부 전선에 배치된 것만도 650대 이상이었다.

연도	1904년
출처	영국
무게	12톤
길이	3.4미터
구경	9.2인치
사거리	9.2킬로미터

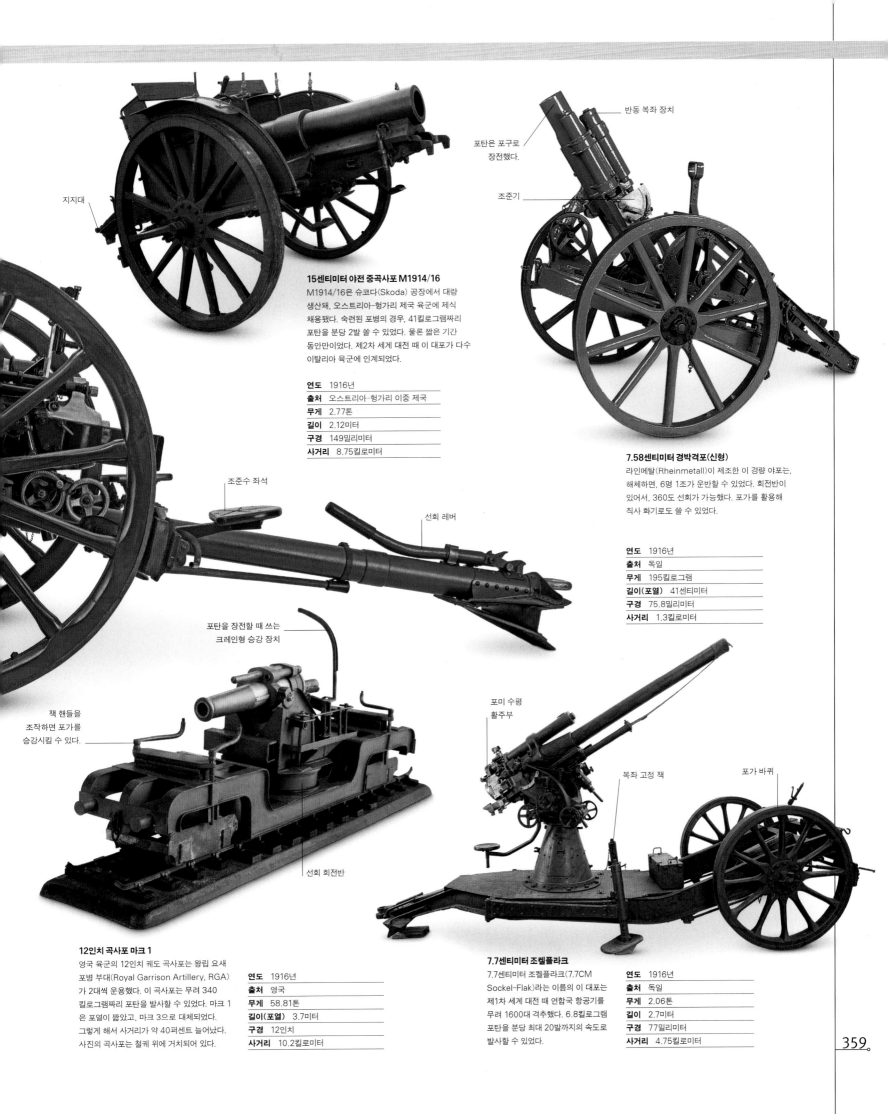

지지대

15센티미터 야전 중곡사포 M1914/16
M1914/16은 슈코다(Skoda) 공장에서 대량
생산돼, 오스트리아-헝가리 제국 육군에 제식
채용됐다. 숙련된 포병의 경우, 41킬로그램짜리
포탄을 분당 2발 쏠 수 있었다. 물론 짧은 기간
동안만이었다. 제2차 세계 대전 때 이 대포가 다수
이탈리아 육군에 인계되었다.

연도	1916년
출처	오스트리아-헝가리 이중 제국
무게	2.77톤
길이	2.12미터
구경	149밀리미터
사거리	8.75킬로미터

반동 복좌 장치

포탄은 포구로
장전했다.

조준기

7.58센티미터 경박격포(신형)
라인메탈(Rheinmetall)이 제조한 이 경량 야포는,
해체하면, 6명 1조가 운반할 수 있었다. 회전반이
있어서, 360도 선회가 가능했다. 포가를 활용해
직사 화기로도 쓸 수 있었다.

연도	1916년
출처	독일
무게	195킬로그램
길이(포열)	41센티미터
구경	75.8밀리미터
사거리	1.3킬로미터

조준수 좌석

선회 레버

포탄을 장전할 때 쓰는
크레인형 승강 장치

잭 핸들을
조작하면 포가를
승강시킬 수 있다.

포미 수평
활주부

복좌 고정 잭

포가 바퀴

선회 회전반

12인치 곡사포 마크 1
영국 육군의 12인치 궤도 곡사포는 왕립 요새
포병 부대(Royal Garrison Artillery, RGA)
가 2대씩 운용했다. 이 곡사포는 무려 340
킬로그램짜리 포탄을 발사할 수 있었다. 마크 1
은 포열이 짧았고, 마크 3으로 대체되었다.
그렇게 해서 사거리가 약 40퍼센트 늘어났다.
사진의 곡사포는 철궤 위에 거치되어 있다.

연도	1916년
출처	영국
무게	58.81톤
길이(포열)	3.7미터
구경	12인치
사거리	10.2킬로미터

7.7센티미터 조켈플라크
7.7센티미터 조켈플라크(7.7CM
Sockel-Flak)라는 이름의 이 대포는
제1차 세계 대전 때 연합국 항공기를
무려 1600대 격추했다. 6.8킬로그램
포탄을 분당 최대 20발까지의 속도로
발사할 수 있었다.

연도	1916년
출처	독일
무게	2.06톤
길이	2.7미터
구경	77밀리미터
사거리	4.75킬로미터

대전차포

제2차 세계 대전이 발발하자마자 기존의 제식 채택된 대전차포 대다수가 탱크를 무력화하는 데서 무용지물이라는 게 백일하에 드러났다. 더 강력한 대전차포가 개발되었지만, 그러자 더 묵중한 장갑차가 나와 버렸다. 이것은 더 강력한 대전차포 개발을 요구하는 군비 경쟁으로 이어졌다. 1944년쯤에는 이 대전차포들이 너무나 무거워져, 운반 기동이 불가능해질 정도였다. 해결책이 두 가지 정도 제시되었다. 하나는 장갑을 두른 차대 위에 대전차포를 탑재하는 것으로, 야크트판터가 좋은 예다. 다른 하나는 포 600(PAW 600)으로 대표되는 완전히 새로운 접근법이었다.

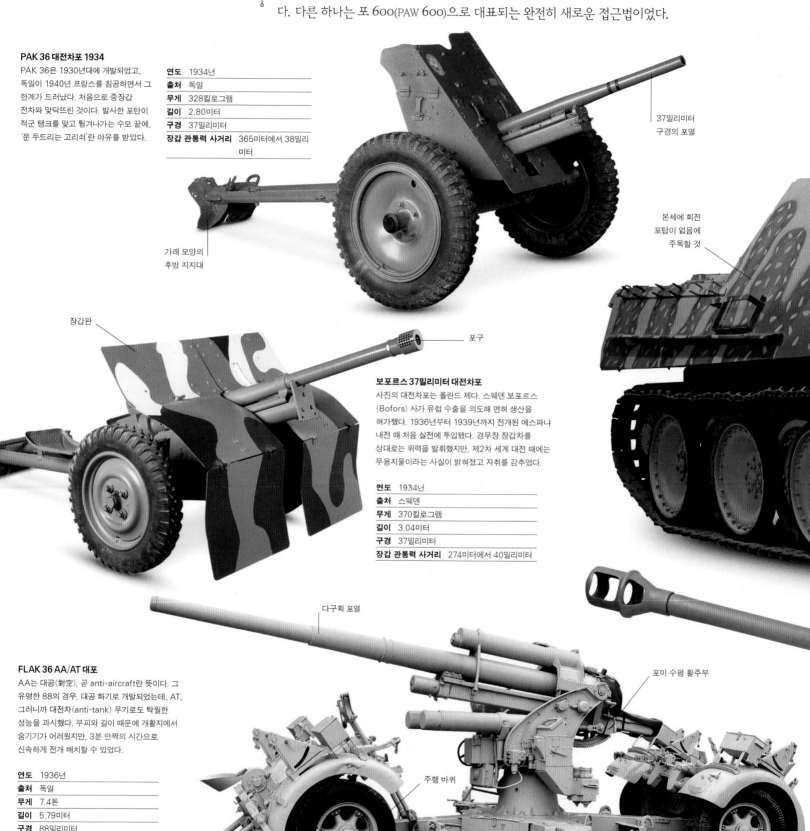

PAK 36 대전차포 1934

PAK 36은 1930년대에 개발되었고, 독일이 1940년 프랑스를 침공하면서 그 한계가 드러났다. 처음으로 중장갑 전차와 맞닥뜨린 것이다. 발사한 포탄이 적군 탱크를 맞고 튕겨나가는 수모 끝에, '문 두드리는 고리쇠'란 야유를 받았다.

연도	1934년
출처	독일
무게	328킬로그램
길이	2.80미터
구경	37밀리미터
장갑 관통력 사거리	365미터에서 38밀리미터

37밀리미터 구경의 포열

가래 모양의 후방 지지대

본체에 회전 포탑이 없음에 주목할 것

장갑판

포구

보포르스 37밀리미터 대전차포

사진의 대전차포는 폴란드 제다. 스웨덴 보포르스 (Bofors) 사가 유럽 수출을 의도해 면허 생산을 허가했다. 1936년부터 1939년까지 전개된 에스파냐 내전 때 처음 실전에 투입됐다. 경무장 장갑차를 상대로는 위력을 발휘했지만, 제2차 세계 대전 때에는 무용지물이라는 사실이 밝혀졌고 자취를 감추었다.

연도	1934년
출처	스웨덴
무게	370킬로그램
길이	3.04미터
구경	37밀리미터
장갑 관통력 사거리	274미터에서 40밀리미터

다구획 포열

FLAK 36 AA/AT 대포

AA는 대공(對空), 곧 anti-aircraft란 뜻이다. 그 유명한 88의 경우, 대공 화기로 개발되었는데, AT, 그러니까 대전차(anti-tank) 무기로도 탁월한 성능을 과시했다. 부피와 길이 때문에 개활지에서 숨기기가 어려웠지만, 3분 안쪽의 시간으로 신속하게 전개 배치할 수 있었다.

연도	1936년
출처	독일
무게	7.4톤
길이	5.79미터
구경	88밀리미터
장갑 관통력 사거리	1000미터에서 159밀리미터

포미 수평 활주부

주행 바퀴

지지대(펼친 상태)

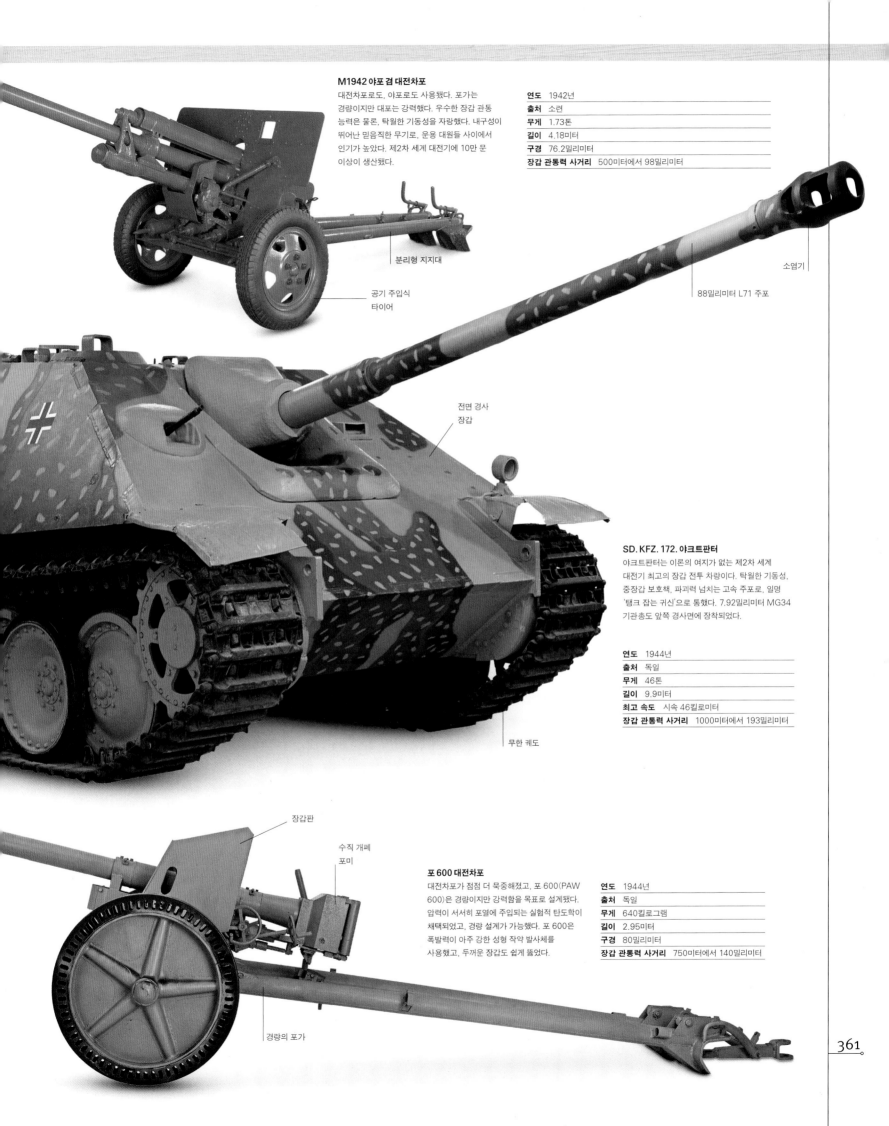

M1942 야포 겸 대전차포

대전차포로도, 야포로도 사용됐다. 포가는 경량이지만 대포는 강력했다. 우수한 장갑 관통 능력은 물론, 탁월한 기동성을 자랑했다. 내구성이 뛰어난 믿음직한 무기로, 운용 대원들 사이에서 인기가 높았다. 제2차 세계 대전기에 10만 문 이상이 생산됐다.

연도	1942년
출처	소련
무게	1.73톤
길이	4.18미터
구경	76.2밀리미터
장갑 관통력 사거리	500미터에서 98밀리미터

분리형 지지대

공기 주입식 타이어

소염기

88밀리미터 L71 주포

전면 경사 장갑

SD. KFZ. 172. 야크트판터

야크트판터는 이론의 여지가 없는 제2차 세계 대전기 최고의 장갑 전투 차량이다. 탁월한 기동성, 중장갑 보호책, 파괴력 넘치는 고속 주포로, 일명 '탱크 잡는 귀신'으로 통했다. 7.92밀리미터 MG34 기관총도 앞쪽 경사면에 장착되었다.

연도	1944년
출처	독일
무게	46톤
길이	9.9미터
최고 속도	시속 46킬로미터
장갑 관통력 사거리	1000미터에서 193밀리미터

무한 궤도

장갑판

수직 개폐 포미

포 600 대전차포

대전차포가 점점 더 묵중해졌고, 포 600(PAW 600)은 경량이지만 강력함을 목표로 설계됐다. 압력이 서서히 포열에 주입되는 실험적 탄도학이 채택되었고, 경량 설계가 가능했다. 포 600은 폭발력이 아주 강한 성형 작약 발사체를 사용했고, 두꺼운 장갑도 쉽게 뚫었다.

연도	1944년
출처	독일
무게	640킬로그램
길이	2.95미터
구경	80밀리미터
장갑 관통력 사거리	750미터에서 140밀리미터

경량의 포가

1900년~현재

제2차 세계 대전기의 대포

제2차 세계 대전기의 대포는, 제1차 세계 대전 때 사용된 무기와 기술이 한층 더 진일보한 이야기라고 요약할 수 있다. 야포의 경우, 기동성이 향상되었고 사거리가 늘어났으며 무선 교신이 추가돼 전술 유연성까지 크게 개량되었다. 대포를 끄는 데 말이 사용되었지만, 동력 설비를 갖춘 운반 수단으로 꾸준히 교체되었다. 공중 위협이 커졌고, 이에 맞서는 대공포가 방어 수단으로 더욱 중요해지기도 했다.

보포르스 대공포

제2차 세계 대전기에 활약한 것 중 단연 최고의 대공포일 것이다. 보포르스 사의 대공포는 정확도가 뛰어났고, 사거리 설정이 쓸모 있었으며, 발사체도 충분히 컸다. 전 세계로 수출돼, 추축국과 연합국 모두가 광범위하게 사용했다.

연도	1934년
출처	스웨덴
무게	2.4톤
길이	2.25미터
구경	40밀리미터
사거리	7200미터

보호용 강철판

지지대
손잡이

M1938 곡사포

M30이라고도 하는 이 튼실한 야전 곡사포는 소련 보병 사단의 핵심 대포 가운데 한 종류가 된다. 8명 1조가 운용하는 이 대포의 발사 속도는 분당 최대 6발이었다.

연도	1939년
출처	소련
무게	3.1톤
길이	5.9미터
구경	122밀리미터
사거리	11.8킬로미터

조준기

자동 탄약
급송 장치

전방 받침대

고정 받침대

소염기

25파운드 곡사포

제1차 세계 대전기의 18파운드 야포를 교체한 것이 바로 이 25파운드 야포다. 직사 화기와 곡사포를 영특하게 섞은 무기로, 북아프리카 전선에서 역량을 유감없이 발휘했다. 즉석에서 대전차포로 투입돼 명예와 신용을 얻었다.

연도	1940년
출처	영국
무게	1.8톤
길이	4.6미터
구경	88밀리미터
사거리	12.25킬로미터

상자형 후방
지지대

원형 발사대

현
대

M1A1 팩 곡사포

M1A1 팩 곡사포(M1A1 Pack howitzer)는 산악 등 거친 지형에서 사용할 목적으로 개발되어서, 경량이었다. 여러 조각으로 분해해, 짐 싣는 동물을 이용해 나를 수 있었다. 제2차 세계 대전 당시 미국 육군 최정예 공수 부대도 사용했다.

연도	1940년
출처	미국
무게	653킬로그램
길이	3.68미터
구경	75밀리미터
사거리	8.79킬로미터

네벨베르퍼 41

포열이 6개인 네벨베르퍼 41(Nebelwerfer 41)은 독가스탄과 (전장 은폐용) 연막탄을 쏘기 위해 개발되었지만, 광범위 표적을 겨냥해 고폭탄도 발사할 수 있었다. 정확성이 뛰어난 것은 아니었지만, 울부짖듯 원거리는 파열음이 커서, 적군의 사기를 꺾어 버렸다.

연도	1941년
출처	독일
무게	542킬로그램
길이(발사관)	1.3미터
구경	150밀리미터
사거리	6.9킬로미터

M1A1 포

M1A1 포는 장거리 대포의 전형적인 보기로, 미국 육군이 유럽에서 사용했다. 43킬로그램짜리 고폭탄을 발사할 수 있었고, 연막탄, 화학탄, 조명탄, 심지어 대전차 포탄도 넣고 쏠 수 있었다.

연도	1941년
출처	미국
무게	13.9톤
길이	7.36미터
구경	155밀리미터
사거리	23.22킬로미터

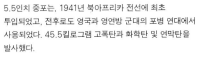

5.5인치 중포(마크 2)

5.5인치 중포는, 1941년 북아프리카 전선에 최초 투입되었고, 전후로도 영국과 영연방 군대의 포병 연대에서 사용되었다. 45.5킬로그램 고폭탄과 화학탄 및 연막탄을 발사했다.

연도	1941년
출처	영국
무게	6.19톤
길이	4.2미터
구경	140밀리미터
사거리	14.81킬로미터

폴스텐 콰드 대공포

전전에 폴란드에서 고안된 폴스텐 콰드(Polsten Quad)는, 계속해서 영국과 캐나다가 개발에 박차를 가했고, 스위스 제 외를리콘(Oerlikon) 대공포를 더 싼 가격으로, 간소하게 대체했다. 단식, 또는 3조 내지 4조 탑재 방식으로 사용했다. 트럭 위에 설치하거나, 자체 이동 수단을 마련하기도 했다.

연도	1944년
출처	폴란드/영국/캐나다
무게(단식)	57킬로그램
길이	2.1미터
구경	20밀리미터
사거리	2000미터

20세기의 수류탄

손으로 던지는 소형 폭탄이 수백 년 동안 사용되긴 했어도, 제1차 세계 대전기에 와서야 현대적 의미의 파쇄 수류탄이 최초로 개발되었다고 할 것이다. 영국에서 개발된 밀스형 수류탄(Mills bomb)이 현대식 수류탄의 작동 방식을 확립했고, 이것을 다른 수류탄들이 따라했다. 요컨대, 투척자가 안전핀을 뽑아, 신관을 작동시켜, TNT 장약을 기폭하는 방식 말이다. 고전적인 '파인애플' 수류탄은, 폭탄 외부에 홈과 금이 파여 있었는데, 결국 그 금이 내부로 들어간 설계로 대체되었다. 이것은 분열 파쇄 조각이 더 많이 생기고, 더 멀리까지 날아갈 수 있도록 한 조치다.

벨트 고정핀

마감 꼭지가
부착되는 기부

수류탄 꼭지

독일 막대 수류탄

슈틸한트그라나테(Stielhandgranate, 손잡이가 달린 수류탄)는 제1차 세계 대전 때 처음 사용되었고, 양차 세계 대전 모두에서 상징적 무기로 부상했다. 투척병은 손잡이 덕택에, 가령 밀스형 수류탄으로 무장한 병사보다 더 멀리 던질 수 있는 특혜를 누렸다.

연도	1915년
출처	독일
무게	595그램
길이	36.5센티미터

영국 75번 수류탄

흔히들 호킨스 수류탄(Hawkins grenade)이라고 하는 75번 대전차 수류탄은, 1940년 됭케르크 철수 작전 이후 영국군이 급조한 것이다. 물론 던질 수도 있긴 있었다. 하지만 통상 지뢰로 매설돼, 적 탱크의 무한 궤도를 파괴했다.

연도	1940년
출처	영국
무게	1.02킬로그램
길이	15센티미터

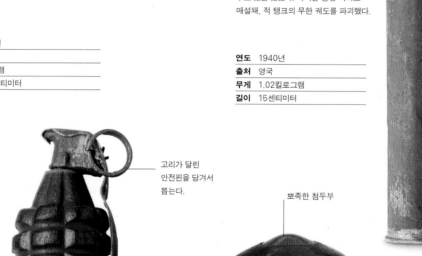

No 75
I
S.O.T.B. 흙

손으로 쥐는
레버

고리가 달린
안전핀을 당겨서
뽑는다.

뾰족한 첨두부

영국 36번 밀스형 수류탄

시한 신관이 믿음직하게 개발되면서, 수류탄도 더 효과적인 무기로 변신했다. 밀스형 수류탄은 분열 파쇄 용기 때문에 일명 '파인애플'이라고 불렸다. 안에는 TNT 기반의 장약 바라톨(Baratol)이 들어갔다. 이 방식으로는 최초의 모델이기도 해서, 다른 나라들이 많이 따라했다.

연도	1915년
출처	영국
무게	765그램
길이	9.5센티미터

미국 마크2 프래그 수류탄

이 파편 수류탄인 프래그 수류탄(Frag grenade)은 제1차 세계 대전 말기에 현역 투입되었다. 마크 2의 경우, 제2차 세계 대전 때 대량 생산돼, 미군이 사용했다. 이후의 분쟁들인 한국 전쟁과 베트남 전쟁 때도 사용됐다.

연도	1918년
출처	미국
무게	595그램
길이	11.1센티미터

이탈리아 '붉은 악마' 수류탄

모델 35 수류탄은 제2차 세계 대전 때 사용되면서, 영국군에 의해 '붉은 악마'란 별명을 얻었다. 색깔이 빨갰을 뿐만 아니라, 예측 불가한 위험성 때문이었다. 이 수류탄은, 고폭탄 말고도, 연막탄 및 소이탄 버전이 있었다.

연도	1935년
출처	이탈리아
무게	180그램
길이	8센티미터

잡아당기는
고리끈

소련 RPG-7 탄두

소련의 RPG-7은 견착식 로켓 추진 유탄 발사기이다. 탄두는 대개가 대전차 고폭탄이지만, 여러 다른 화약도 충전할 수 있었다. 열압력탄과 분열 파쇄 폭탄이 대표적이다.

연대	1961
출처	소련
무게	2.6킬로그램
길이	95센티미터

공기 역학적으로
정형되었음을 알
수 있다.

로켓 분사구

손으로 쥐는 레버
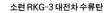

미국 M67 야구공 수류탄

M67이 구형의 마크2 '파인애플' 수류탄을 대체했다. 내부를
세열한 설계는, 고폭 장약이 터지면서 분열 파쇄 조각을 많이
만들려는 목적이었다. 폭발의 위해(危害) 반경은 15미터이다.

연도	1968년
출처	미국
무게	450그램
길이	8.9센티미터

소련 RKG-3 대전차 수류탄

RKG-3은 성형 작약을 쓰는 대전차
수류탄으로, 던지면 손잡이에서 감속용
낙하산이 펴진다. 이 낙하산으로 비행이
안정화되기 때문에, 최적의 90도 각도에서
목표물을 타격할 수 있다.

손잡이에 감속용
낙하산이 들어 있다.

연도	1950년
출처	소련
무게	1.07킬로그램
길이	36.2센티미터

신관
커버

잡아당김
고리

강철로 된
외부에 홈이
파여 있다.

소련 F1 세열 수류탄

프랑스 설계를 기반으로, 소련이 생산한 F1
세열 수류탄은 별명이 레몬이란 뜻의 러시아어
'리몬카'였다. 러시아 육군은 제식을
폐기했지만, 아직도 전 세계에서 두루
사용된다.

연도	1940년대
출처	소련
무게	600그램
길이	11.7센티미터

소련 RGD-5 수류탄

소련제 RGD-5는 내측을 파쇄형으로 설계했고,
최대 350조각까지 분열됐다. 살상 반경은 최대
25미터에 이르렀다. 0초에서 13초에 이르는 지연
신관을 달 수도 있었다.

연도	1954년
출처	소련
무게	310그램
길이	11.7센티미터

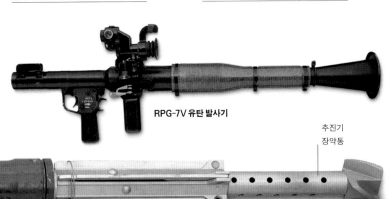

RPG-7V 유탄 발사기

추진기
장약통

휴대용 대전차 무기

제1차 세계 대전 때 전차를 상대할 수 있는 유일한 무기는 야포였다. 다음 20년 동안 대전차용 무기가 도입되었다. 그러나 보병이 사용할 수 있는 더 가벼운 화기에 대한 필요성이 대두되었고, 이를 충족하기 위해 대전차총류가 개발되었다. 이것들은 효과가 의심스러웠고, 로켓 추진탄 발사기가 도입되면서 이내 밀려났다. 로켓 추진포는 성형 폭탄이라는 신기술을 활용했다. 성형 폭탄은 소형 발염 장치를 통해 연소되었다.

패드가 반동 충격 일부를 흡수한다.

상자형 탄창에는 5발이 들어간다.

가늠쇠

노리쇠 손잡이

권총 손잡이

왼손 그립

총의 무게를 지탱해 주는 일각대

소염기

보이스 대전차 총

버밍엄 스몰 암스(Birmingham Small Arms)가 1930년대 중반 보이스 대전차 총(Boys anti-tank rifle)을 생산했다. 이것은 무거운 텅스텐강 탄환을 발사하는 노리쇠 작동식 무기였다. 총열이 개머리 속으로 반동되었지만 사수에게 미치는 영향도 끔찍할 정도로 무시무시했다. 1941년 PIAT가 도입되면서 쓸모가 없어졌고, 폐기되었다.

연도	1936년
출처	영국
무게	16.3킬로그램
총열	91.5센티미터
구경	0.55인치

발사하기 전에는 폭탄을 여기에 적재한다.

가늠쇠

성형 화약 탄두는 7.5센티미터 장갑을 관통할 수 있다.

덮개로 싸인 비행 안정핀

몸통에는 추진 화약이 들어 있다.

방아쇠를 당기려면 두 손가락으로 당겨야 한다.

일각대

보병 대전차 발사기

스텐(Sten)처럼 보병 대전차 발사기(Projector, Infantry, Anti-tank, PIAT)도 전시에 모양보다 기능을 우선해 만든 임시방편적 무기였다. PIAT는 사실상 성형 탄두 폭탄을 발사하는 박격포였다. 강력한 추진 스프링에 의해 관행 총열을 빠져나온 발사체는 비로소 추진 화약이 점화되었다.

연도	1942년
출처	영국
무게	14.5킬로그램
길이	91.4센티미터
발사체	1.36킬로그램

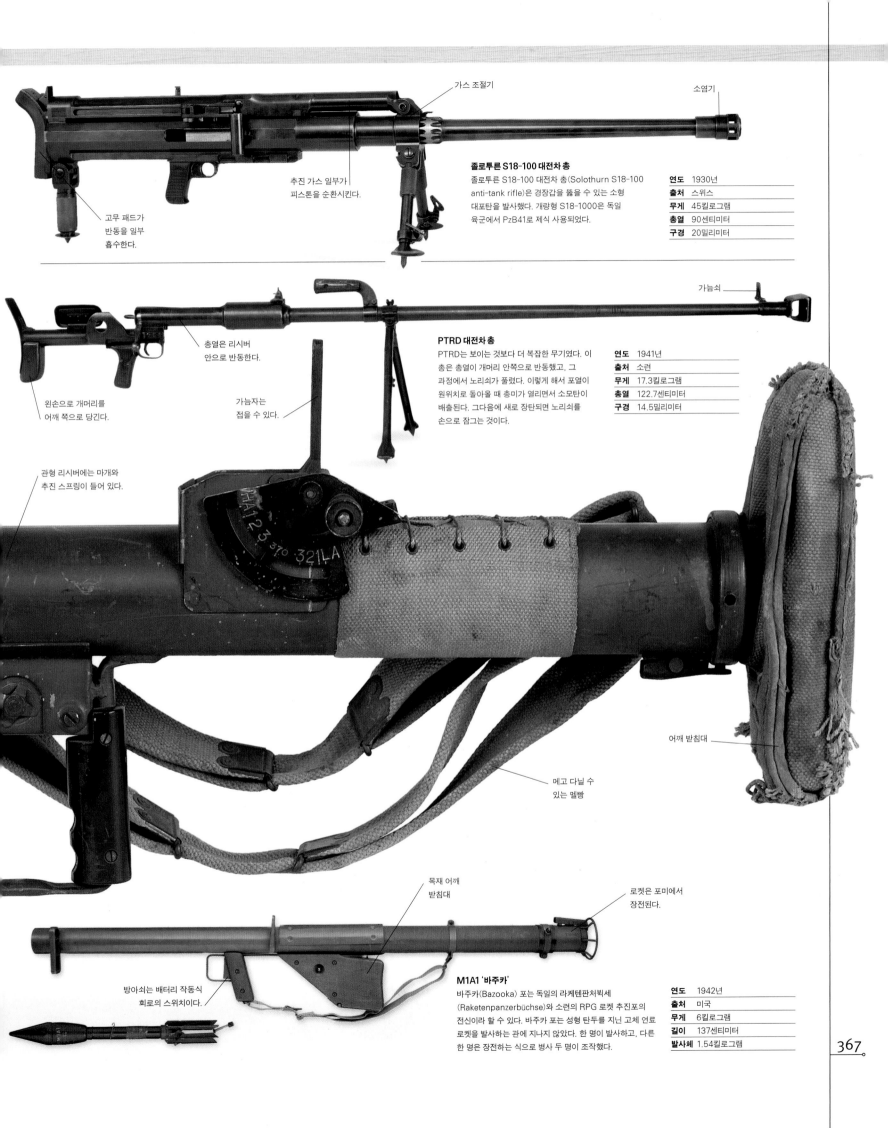

졸로투른 S18-100 대전차 총
졸로투른 S18-100 대전차 총(Solothurn S18-100 anti-tank rifle)은 경장갑을 뚫을 수 있는 소형 대포탄을 발사했다. 개량형 S18-1000은 독일 육군에서 PzB41로 제식 사용되었다.

가스 조절기

소염기

추진 가스 일부가 피스톤을 순환시킨다.

고무 패드가 반동을 일부 흡수한다.

연도	1930년
출처	스위스
무게	45킬로그램
총열	90센티미터
구경	20밀리미터

PTRD 대전차 총
PTRD는 보이는 것보다 더 복잡한 무기였다. 이 총은 총열이 개머리 안쪽으로 반동했고, 그 과정에서 노리쇠가 풀렸다. 이렇게 해서 포열이 원위치로 돌아올 때 총미가 열리면서 소모탄이 배출된다. 그다음에 새로 장탄되면 노리쇠를 손으로 잠그는 것이다.

가늠쇠

총열은 리시버 안으로 반동한다.

왼손으로 개머리를 어깨 쪽으로 당긴다.

가늠자는 접을 수 있다.

연도	1941년
출처	소련
무게	17.3킬로그램
총열	122.7센티미터
구경	14.5밀리미터

관형 리시버에는 마개와 추진 스프링이 들어 있다.

어깨 받침대

메고 다닐 수 있는 멜빵

M1A1 '바주카'
바주카(Bazooka) 포는 독일의 라케텐판처뷕세(Raketenpanzerbüchse)와 소련의 RPG 로켓 추진포의 전신이라 할 수 있다. 바주카 포는 성형 탄두를 지닌 고체 연료 로켓을 발사하는 관에 지나지 않았다. 한 명이 발사하고, 다른 한 명은 장전하는 식으로 병사 두 명이 조작했다.

목재 어깨 받침대

로켓은 포미에서 장전된다.

방아쇠는 배터리 작동식 회로의 스위치이다.

연도	1942년
출처	미국
무게	6킬로그램
길이	137센티미터
발사체	1.54킬로그램

소총 탑재 유탄 발사기

폭약을 터뜨리는 데 사용할 수 있는 뇌관이 개발되기 전까지는 수류탄에 도화선 심지가 사용되었고, 당연히 믿을 만한 무기가 못 되었다. 결국 수류탄은 19세기에 용도 폐기되고 만다. 그러나 1915년경에 윌리엄 밀스가 안전한 뇌관 수류탄을 개발했다. 바로 이어서 표준 보병 소총에서 수류탄을 발사할 수 있는 장비가 도입되었다. 제2차 세계 대전 시기에는 폭약 기술이 진보하면서 경장갑을 뚫을 수 있는 총류탄이 개발되었다.

노리쇠　리시버　가늠자　밀스 36번 총류탄　가늠쇠　퓨즈 활성화 레버를 잡아 주는 고리

SMLE와 밀스형 수류탄 발사기

밀스형 수류탄은 기부에 일종의 막대 장치를 보태서 소총에 사용 가능해졌다. 소총은 총류탄 퓨즈 활성화 레버를 잡아 주기 위해 총검 걸쇠에 고리가 삭구되었다. 총류탄(銃榴彈)을 발사하기 위해서 특수 공탄이 사용되었다.

10발 들이 탄창

총검(부러진 상태이다.)

연도	1915년
출처	영국
총류탄	대인
구경	0.303인치
사거리	150미터

총류탄 발사기 가늠쇠　안정익(安定翼)

노리쇠 손잡이

4번 소총과 AT-총류탄 발사기

영국 육군은 4번 소총과 이 총의 노출 총구를 바탕으로 새로운 방식의 관형 발사기를 개발할 수 있었다. 4번 소총은 유익탄식 대전차 총류탄을 발사했다. 소총의 개머리를 땅에 고정시키고 발사하는 방식을 취했다. 이 사진의 총기에는 후기 모델인 L1A1 연습탄이 장전되어 있다.

10발 들이 탄창

식별 캡슐

연도	1940년대
출처	영국
총류탄	대전차
구경	0.303인치
사거리	100미터

접힌 상태의 유탄 발사기 가늠자

소총 장전 손잡이

소총 방아쇠

유탄 발사기 방아쇠

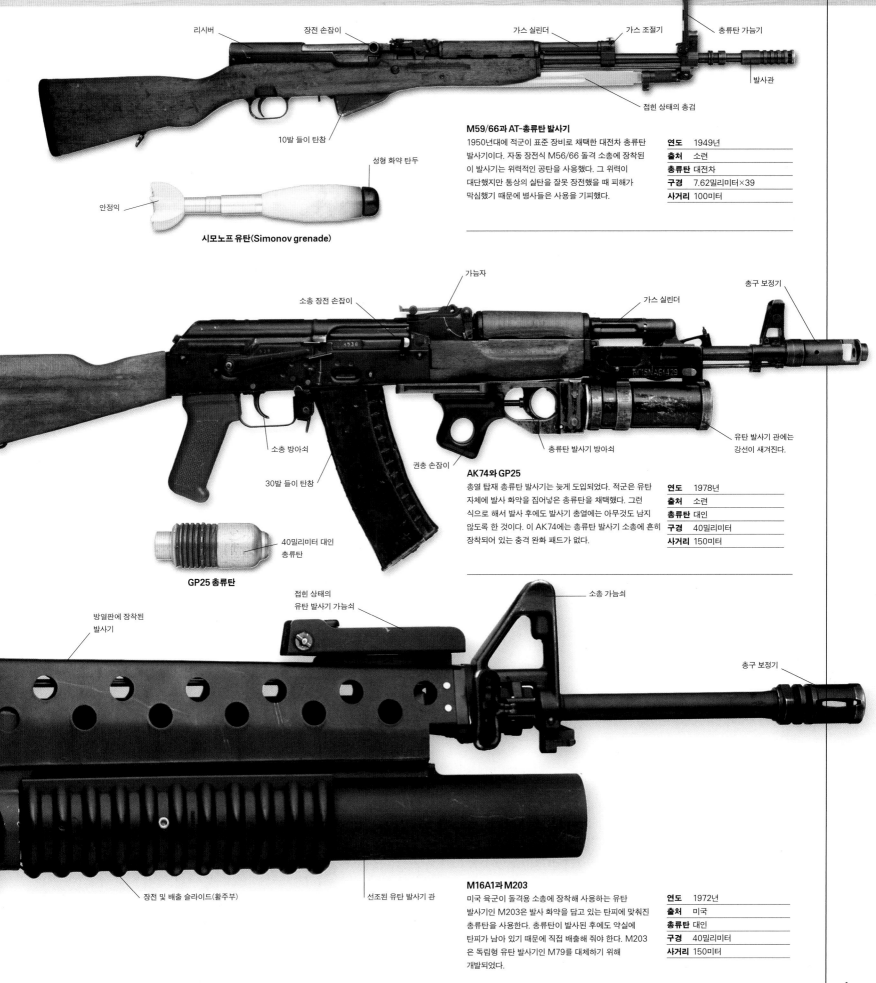

리시버

장전 손잡이

가스 실린더

가스 조절기

총류탄 가늠기

발사관

접힌 상태의 총검

10발 들이 탄창

성형 화약 탄두

안정익

시모노프 유탄(Simonov grenade)

M59/66과 AT-총류탄 발사기

1950년대에 적군이 표준 장비로 채택한 대전차 총류탄
발사기이다. 자동 장전식 M56/66 돌격 소총에 장착된
이 발사기는 위력적인 공탄을 사용했다. 그 위력이
대단했지만 통상의 실탄을 잘못 장전했을 때 피해가
막심했기 때문에 병사들은 사용을 기피했다.

연도	1949년
출처	소련
총류탄	대전차
구경	7.62밀리미터×39
사거리	100미터

가늠자

소총 장전 손잡이

가스 실린더

총구 보정기

소총 방아쇠

권총 손잡이

30발 들이 탄창

총류탄 발사기 방아쇠

유탄 발사기 관에는
강선이 새겨진다.

40밀리미터 대인
총류탄

GP25 총류탄

AK74와 GP25

총열 탑재 총류탄 발사기는 늦게 도입되었다. 적군은 유탄
자체에 발사 화약을 집어넣은 총류탄을 채택했다. 그런
식으로 해서 발사 후에도 발사기 총열에는 아무것도 남지
않도록 한 것이다. 이 AK74에는 총류탄 발사기 소총에 흔히
장착되어 있는 충격 완화 패드가 없다.

연도	1978년
출처	소련
총류탄	대인
구경	40밀리미터
사거리	150미터

방열판에 장착된
발사기

접힌 상태의
유탄 발사기 가늠쇠

소총 가늠쇠

총구 보정기

장전 및 배출 슬라이드(활주부)

선조된 유탄 발사기 관

M16A1과 M203

미국 육군이 돌격용 소총에 장착해 사용하는 유탄
발사기인 M203은 발사 화약을 담고 있는 탄피에 맞춰진
총류탄을 사용한다. 총류탄이 발사된 후에도 약실에
탄피가 남아 있기 때문에 직접 배출해 줘야 한다. M203
은 독립형 유탄 발사기인 M79를 대체하기 위해
개발되었다.

연도	1972년
출처	미국
총류탄	대인
구경	40밀리미터
사거리	150미터

독립형 유탄 발사기

유탄 발사기 소총에 달지 않고 독립적으로 사용해야 하는 시대가 도래했다. 이를테면, 비살상용 40밀리미터 총류탄으로 폭동을 진압해야 하는 경우가 생긴 것이다. 또 한편으로 전장에서는 속사가 가능한 유탄 발사기가 경박격포를 대체하기에 이르렀다. 직사 및 간접사에 모두 활용할 수 있을 뿐만 아니라 더 많은 양의 폭탄을 퍼부을 수 있기 때문이다.

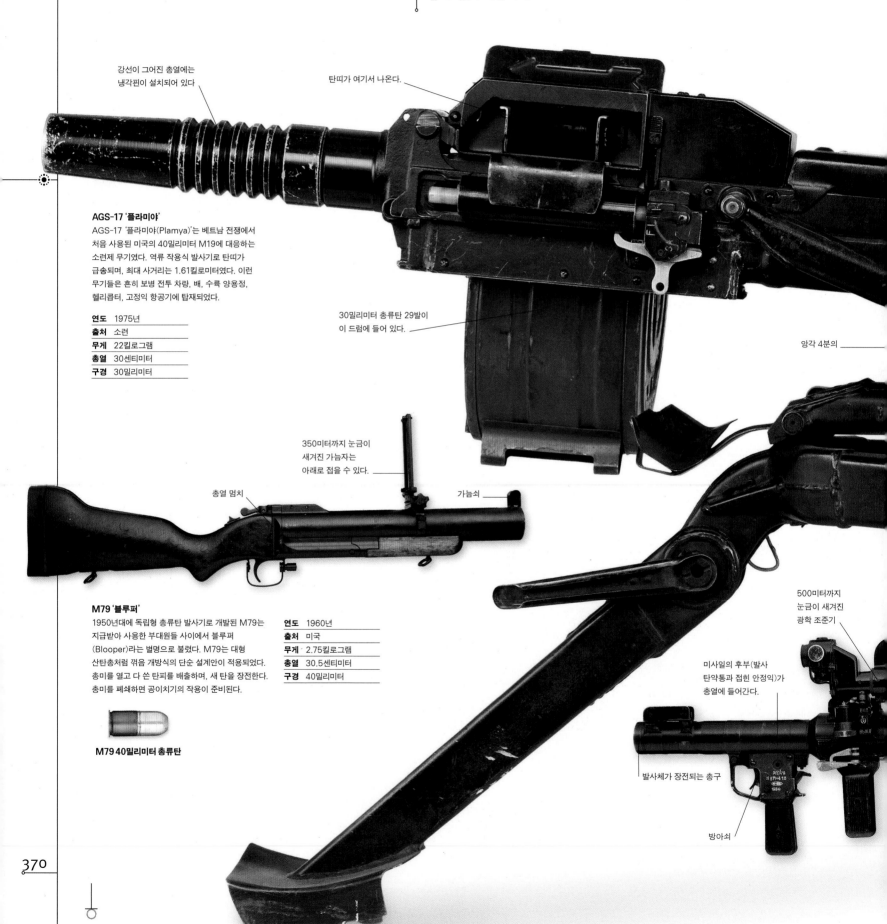

강선이 그어진 총열에는 냉각핀이 설치되어 있다

탄띠가 여기서 나온다.

AGS-17 '플라미야'

AGS-17 '플라미야(Plamya)'는 베트남 전쟁에서 처음 사용된 미국의 40밀리미터 M19에 대응하는 소련제 무기였다. 역류 작용식 발사기로 탄띠가 급송되며, 최대 사거리는 1.61킬로미터였다. 이런 무기들은 흔히 보병 전투 차량, 배, 수륙 양용정, 헬리콥터, 고정익 항공기에 탑재되었다.

연도	1975년
출처	소련
무게	22킬로그램
총열	30센티미터
구경	30밀리미터

30밀리미터 총류탄 29발이 이 드럼에 들어 있다.

앙각 4분의

350미터까지 눈금이 새겨진 가늠자는 아래로 접을 수 있다.

총열 멈치

가늠쇠

500미터까지 눈금이 새겨진 광학 조준기

미사일의 후부(발사 탄약통과 접한 안정익)가 총열에 들어간다.

M79 '블루퍼'

1950년대에 독립형 총류탄 발사기로 개발된 M79는 지급받아 사용한 부대원들 사이에서 블루퍼(Blooper)라는 별명으로 불렸다. M79는 대형 산탄총처럼 꺾음 개방식의 단순 설계안이 적용되었다. 총미를 열고 다 쓴 탄피를 배출하며, 새 탄을 장전한다. 총미를 폐쇄하면 공이치기의 작용이 준비된다.

연도	1960년
출처	미국
무게	2.75킬로그램
총열	30.5센티미터
구경	40밀리미터

M79 40밀리미터 총류탄

발사체가 장전되는 총구

방아쇠

레이저 지시기

상부 손잡이는 총열 주위를 회전할 수 있도록 느슨하게 설치되어 있다.

개머리 골조는 전방으로 접을 수 있다.

1.7킬로미터까지 눈금이 새겨진 광학 조준기

장전 손잡이에는 토글이 달려 있다.

실린더에는 40밀리미터 총류탄 6발이 들어간다.

리시버 양편으로 있는 수평 손잡이

전체 모습

메켐/밀코르 MGL MK1

비슷한 모양의 산탄총을 확대한 모델인 메켐/밀코르 (Mechem/Milkor) MGL MK1은 6발이 장전되는 탄창 회전식 총류탄 발사기이다. 최대 사거리는 350 미터이다.

연도	1990년
출처	남아프리카공화국
무게	5.6킬로그램
총열	30.5센티미터
구경	40밀리미터

앙각 조절 나사

삼각대 다리 찜쇠

사수의 어깨를 발사열로부터 보호해 주는 목재 견착부

배기 가스 포집 발산기

RPG-7V

견착식(肩着式) 발사형 RPG-7은 RPG-2를 대폭 개량한 모델이다. 발사체에는 2단계(발사 및 지속 비행 화약) 장약이 들어 있고, 최대 사거리는 500미터이다. 대인, 기화 폭약, 대전차 고폭 발사체 등 다양한 탄종을 발사할 수 있다.

연도	1962년
출처	소련
무게	6.3킬로그램
총열	95센티미터
구경	40밀리미터

네이비 실

1962년 창설된 미국 해군의 네이비 실(Navy Seal, Navy Sea-Air-Land)은 미국을 대표하는 특수전 부대로 명성을 쌓아 왔다. 네이비 실의 훈련은 그 어떤 부대의 훈련보다 혹독한 것으로 정평이 나 있다. 육체적·정신적 능력을 대단히 강조하는데, 여기에는 일주일 동안 4시간 미만의 수면을 강요하는 훈련 과정도 포함되어 있다. 네이비 실 대원들은 스쿠버 다이빙과 낙하산 강하에서 백병전과 폭파 공작에 이르는 다양한 임무를 숙달해야 한다.

**M16 소총과
유탄 발사기**

특수 부대

네이비 실은 미군을 게릴라전의 위협에 대응할 수 있도록 준비시켜야 한다는 존 F. 케네디 대통령의 정책에 따라 창설되었다. 그들은 1966년 베트남전에 처음 투입되었다. 주로 강변 작전을 전담했다. 네이비 실은 1987년부터 미국 특수전 사령부 산하에서 다른 특수 부대들과 합동 편제되었다.

미국이 2001년 아프가니스탄을 침략, 점령하는 과정에서 네이비 실이 기타 특수 부대들과 다른 역할과 임무를 수행할 수 없었던 데에는 아프가니스탄이 육지에 둘러싸인 국가라는 점이 한몫했다. 2003년 이라크 침공은 네이비 실에게 수상 작전 역량을 과시할 기회를 주었다. 이를테면, 그들은 연안의 원유 터미널을 장악하는 작전에 투입되었다. 그러나 그때 역시 그들의 '공중-육지' 작전 능력만이 과시되었다. 네이비 실은 신속하게 이동하는 전투에서 두각을 나타냈고, 이라크 군대를 궤멸시켰다. 미국의 재래식 병력은 대개 그들을 지원하기 위해 투입되었다. 그 역이 아니었음을 상기할 필요가 있다.

미국 국방부는 2006년 미래 전쟁 계획안을 발표했다. 그들은 여기서 테러리스트들의 전 세계적 네트워크에 대응하는 방편으로 특수전 부대가 담당해야 할 역할을 강조했다. 그 문서에서 테러리스트들은 "새로운, 잡기 힘든 적"으로 묘사된다. 펜타곤(미국 국방부)은 특히 특수전 부대의 공중 강습 작전으로 테러 세력을 "색출, 고립, 섬멸할" 수 있을 것으로 전망했다. 이 계획안이 실행된다면 네이비 실의 미래는 보장된 듯하다.

일당백
2450명의 네이비 실 대원들에게 잠재적으로 할당된 과제들을 보자. 적지에 떨어진 항공기 승무원 회수, 인질 구출, 파괴 공작, 정찰 활동, 대테러 작전, 마약범 검거. 이렇게 광범위한 임무와 작전을 수행하려면 다양한 복장과 무기와 장비가 필요하다.

무장 정찰 활동
특수선 부대(Special Boat Units, SBUs)도 네이비 실처럼 해군 특수전 사령부 소속이다. 그들은 강과 해상을 무대로 소규모 수상선에 탑승해 특수 작전을 수행하고, 비밀리에 특공대를 침투시키기도 한다. 네이비 실의 해상 및 강안 작전은 특수전 전투-수송 대원(Special Warfare Combat-Craft Crewmen, SWCC)의 지원을 받는다.

> ## "앞장설 준비가 되었는가, 기꺼이 따를 준비가 되었는가, 절대로 포기하지 마라."
>
> 네이비 실의 구호

아프가니스탄 전투

2001년 10월 미국은 탈레반 정권을 전복하고, 알카에다의 테러 기지를 분쇄하기 위해 아프가니스탄을 침공했다. 네이비 실 대원들도 합동 특수 작전 부대의 일원으로 전투에 참가했다. 적대 지역에 헬리콥터로 공수된 그들은 적군이 활용하고 있다고 여겨지는 동굴과 가옥을 수색했고, 적군과 교전을 벌이면서 정확한 좌표를 바탕으로 항공 지원을 요청했으며, 알카에다 지도자들을 생포하거나 살해했다.

아프가니스탄에서 작전 중인 네이비 실 특공대원

전투 장비

네이비 실 보호 장구
작전 중인 실 대원들은 일반적으로 개인 방탄복을 착용한다. 개인 방탄복은 특수 작전의 생존을 보장해 주는 필수 장구이다. 그들은 많은 경우 시장에서 구할 수 있는 탁월한 성능의 특수 장비를 구입해 표준 지급 장비를 보충한다.

M16 자동 소총과 M203 유탄 발사기

보호 안경

교신용 헤드셋

방탄복

가슴과 허벅지에 붙여 맬 수 있는 잡낭

H&K MP7 기관 단총

H&K MP5K 기관 단총

현대

미니 건

미니 건(Minigun)은, 19세기의 개틀링 기관총에서 착안해, 제너럴 일렉트릭 사가 개발했다. 전기로 구동되는 이 현대식 기관총이 미니 건으로 불린 이유는, 제트 전투기에 장착된 20밀리미터 회전식 벌컨포를 줄여 만들었기 때문이다. 미니 건은, 미국이 베트남에 개입하면서 제작되었고, 저고도로 비행하는 헬리콥터에 탑재되었다. 요컨대, 재래식 기관총보다 더 많은 양의 막강한 화력을 뿜낼 수 있었다. 미국 육군에 의해 M134 미니 건으로 명명된 이 총이 전 세계로 수출되었다.

뒷가늠자

전기
구동부

미니 건 총가

권총 방아쇠형
손잡이 2개 1조

독립형 급송
장치

M134 미니 건

미니 건은 전기로 동작하고, 공랭식이며, 총열 6개가 회전하는 기관총이다. 이렇게 총열이 복수이기 때문에, 과열을 막을 수 있을 뿐만 아니라, 분당 발사 속도가 최대 6000발까지 늘어났다. 하지만 실제 사격을 해 보면, 분당 3000~4000발 정도가 최적 발사 속도이다.

연도	1963년
출처	미국
무게	39킬로그램
총열	55.9센티미터
구경	7.62밀리미터×51나토탄

6총열 총구

탄피 배출구

탄약 급송대

앞에서 본 모습

탄약통 또는 탄피

탄약

M134는 표준형의 7.62밀리미터 나토탄을 사용한다. 10그램 탄환이 발사되는데, 총구 속도가 초속 853미터이다. 탄약은 독립형 개별 송탄대로 공급된다. 탄띠는 500발에서 5000 발까지 길이가 다양하다.

총열

총열 죔쇠

소염기

전체 모습

현대

저격 중(重)소총

시설을 공격하는 중형 저격 중소총(heavy sniper rifle)은 특대형의 강력한 탄약을 사용한다. 0.50인치 BMG와 러시아제 14.5×114밀리미터 탄환이 대표적이다. BMG는 브라우닝 머신 건(Browning Machine Gun)의 두문자어이고, 그러니까 12.7×99밀리미터 나토탄을 쓴다는 이야기다. 저격 중소총은, 경장갑 차량, 미사일 발사대, 소형 함정, 통신 설비 따위의 시설을 공격하는 데 주로 쓴다. 물론 먼 거리의 인간 표적에도 사용한다.

접안경

대물경

바렛 M82
저격 중소총으로 첫 세대라고 할 수 있는 바렛 M82(Barrett M82)는 반동을 이용하는 반자동 화기로, 미국 육군이 1984년 제식 채용했다. 사용되는 0.50인치 BMG 탄약은 무려 1800미터 사거리에서도 그 성능을 입증했다.

연도	1982년
출처	미국
무게	14킬로그램
총열	73.7센티미터
구경	0.50인치 BMG

골격 노출형 개머리

묵중한 총열

에카트 2
프랑스 육군에서 사용 중인 에카트 2(Hecate II)는 금속 골조, 전방 이각대 및 후방 일각대, 고성능 소염기가 단연 돋보인다. 소염기의 성능이 대단히 탁월해, 표준형 7.62밀리미터 탄환을 쓰는 소총과 반동이 동일한 수준이다.

연도	1993년
출처	프랑스
무게	13.8킬로그램
총열	70센티미터
구경	0.50인치 BMG

접힌 상태의 이각대

권총 손잡이

조절 가능한 뺨받침

조절 가능한 뺨받침

높낮이 조정이 가능한 후방 일각대

5발 들이 탈착식 탄창

접은 상태의
이각대

바렛 모델 90
바렛 모델 90은 M82 저격용 소총(왼쪽)의
대체물로 개발되었다. 더 가볍고, 간소한 불펍
설계가 채택되었고, 반자동을 버리고 노리쇠
작동식으로 만들었다. 불펍 설계란 탄창을
방아쇠부 뒤에 배치하는 설계를 말한다.

연도	1995년
출처	미국
무게	10.7킬로그램
총열	73.7센티미터
구경	0.50인치 BMG

복실식 소염기

승강 조절 다이얼

총열은 부분적으로
홈이 새겨져 있다.

5발 들이 탄창

슈타이어 HS50-M1
노리쇠 작동식으로 운용되는 장총열
소총인 슈타이어 HS50-M1(Steyr
HS50-M1)의 더 두드러지는 특징 중
하나는, 5발 들이 탄창이 사격자의
왼쪽으로 장착 결합된다는 사실이다. 뺨
닿는 부분을 조절할 수 있고, 개머리에
일각대가 수합돼 있다는 특징도 있다.

연도	2004년
출처	오스트리아
무게	14.5킬로그램
총열	90센티미터
구경	0.50인치 BMG

권총
손잡이

전방 장착대
(설치 걸이)

고도의 정확성을
자랑하는 유동식 총열

삼실식
소염기

애큐러시 인터내셔널 AX50
영국의 총기 제조 회사인 애큐러시 인터내셔널
(Accuracy International, AI) 사 저격 소총의
중량화 버전인 AX50은 고도로 가혹한 전장
상황을 견디면서 동시에 최고의 정확성을
달성하려는 목표로 제작되었다. 그래서 노리쇠
작동식이다. 5발 들이 탄창을 사용하며, 총열은
유동식이다.

연도	2010년
출처	영국
무게	12.5킬로그램
총열	69센티미터
구경	0.50인치 BMG

접은 상태의
이각대

현대의 소화기

다수의 현대 소화기는 모듈형 설계 방식을 채택한다. 그래서 화기를 신속하게 용도 변경해, 다양한 방식으로 쓸 수 있다. 가령 FN 스카(FN SCAR)는 정밀 사격 소총으로 지정돼 있지만, 돌격 소총으로도 사용되고, 또 개인 방어 카빈이 되기도 한다. 현대 소화기의 다른 혁신 사례로는 코너 숏(Corner Shot)과, 권총과 경자동 소총으로 전환 가능한 로니(RONI) 키트가 있다. 코너 숏을 운용하는 병사는, 본인은 엄폐 하에, 모퉁이 너머를 관측하며 사격을 할 수 있다.

조절이 가능한 개머리

전방으로 접힌 이각대

광학 조준기

LMT 정밀 사격 소총

LMT 사가 개발한 이 돌격 소총을 영국 육군이 L129A1이란 명칭으로 제식했다. 구경은 표준형의 7.62밀리미터 나토탄이지만, 향상된 품질의 저격수용 탄약도 사용할 수 있다. 일반 보병 대원도 이 탄환을 사용할 경우, 정밀 조준 사격 능력을 발휘할 수 있다.

연도	2010년
출처	미국
무게	4.4킬로그램
총열	41센티미터
구경	7.6밀리미터×51 나토

지크 SP2022

지크자우어 프로(SIG-Sauer Pro) 권총 시리즈의 하나인 SP2022를 사용하는 곳은 프랑스 경찰을 위시해 여러 정부의 무장 기관이다. 15발 들이 탄창을 끼운다. 총열 아래 악세서리를 장착하는 용도로, 자체 개발한 피카티니 레일(Picatinny rail)을 탑재하기도 한다.

연도	2002년
출처	스위스
무게	0.72킬로그램
총열	9.91센티미터
구경	9밀리미터 파라벨룸

손잡이 부분이 폴리머 소재다.

헤클러 운트 코흐 416 돌격 소총

이 단총열의 H&K 416 A5는, 고전격인 AR15(M16) 돌격 소총의 주요 요소를 채택했고, 단행정 피스톤을 사용한다. 특수 부대원들이 애용한다. 미국 해군 특전사 네이비 실이 2011년 오사마 빈 라덴을 살해하는 데도 이 총이 쓰였다.

연도	2013년
출처	독일
무게	3.12킬로그램
총열	27.9센티미터
구경	5.56밀리미터×45 나토

30발 들이 탄창

M16 코너 숏

도시 게릴라 소탕 작전용으로 개발된 코너 숏(Corner Shot)은, 경첩이 달린 화기(권총 또는 M16)를 최대 90도까지 회전할 수 있다. 전지향 카메라가 LCD 스크린에 관측되는 풍경을 보여 주고, 운용병은 엄폐 하에 표적을 사격한다.

연도	2003년
출처	이스라엘
무게	3.86킬로그램
길이	82센티미터
구경	5.56밀리미터×45 나토

광학 조준기

코너 숏에 부착된 M16

굴절부

전지향 카메라

전체 모습

FN 스카-L CQC 돌격 소총

스카(SCAR)는 특전 부대 전투 돌격 소총
(Special operations forces Combat
Assault Rifle)의 머리글자로, 모듈 시스템을
채택한 것 중 가장 다재다능한 소총이다. 사진의
모델은 40밀리미터 유탄 발사기가 달려 있다. 이
유탄 발사기로는, 고폭탄, 연막탄, 최루탄을 쏠
수 있다.

연도	2009년
출처	벨기에
무게	3.04킬로그램
총열	25.4센티미터
구경	5.56밀리미터×45 나토

유탄 발사기를 떼낸 FN 스카

발사 속도
선택기

날렵한 디자인의 이 개머리를
넣었다 뺐다 할 수 있다.

스미스 앤드 웨슨 M&P9 권총

M&P는 Military and Police, 곧 '군대 및 경찰'
이란 의미다. 스미스 앤드 웨슨 M&P 계열의
하나인 이 공이치기식 권총은 법 집행 기관을 위해
개발되었다. 소재는 플라스틱과 금속이며, 17발
들이 탄창을 쓰고, 양손으로 능히 다 쏠 수 있다.

탄창 방출 멈치

연도	2005년
출처	미국
무게	0.68킬로그램
총열	10.8센티미터
구경	9밀리미터

총열
연장부

광학 조준기
설치 보호구

P226의
권총 손잡이

접이식
손잡이

고강도 폴리머 소재의
전방 개머리

로니 SIG P226

로니(RONI) 사의 권총-카빈(pistol-carbine)은,
알루미늄과 폴리머 소재의 틀 안에다 표준형 권총을
집어넣을 수 있는, 일종의 변신 키트다. (사진의
모델에는 SIG P226이 들어가 있다.) 이렇게 하면, 그
즉시로 권총이 전자동식 경기관총으로 탈바꿈한다.
개머리와 뺨받침도 조절이 가능하다.

연도	2010년
출처	미국
무게	1.41킬로그램
길이	22센티미터
구경	9밀리미터

벡터 CR21

이 시제품 돌격 소총은 최신 기술의 폴리머 소재를
사용한다. 노출된 금속 부품이 거의 없을 지경이다.
불펍 설계로, 탄환의 총구 속도(초속)를 희생하지
않고서도, 표준 경자동 소총 카빈만큼 길이를
줄였다. 유탄 발사기를 장착할 때에는 앞쪽
손잡이를 제거하면 된다.

연도	1997년
출처	남아프리카공화국
무게	3.72킬로그램
총열	46센티미터
구경	5.56밀리미터×45 나토

급조 총 1950~1980년

탄약이 수중에 들어오면 가끔씩 발사 무기를 만들어 보고 싶은 유혹이 생기기도 한다. 가장 단순하고 조악한 형태도 괜찮다면 적당한 지름의 관, 공이치기 역할을 할 수 있는 못, 탄약통 내부의 뇌관을 발화시킬 수 있을 만큼 충분한 힘을 만들 수 있는 장치만 있으면 총을 만들 수 있다. 이런 급조 화기를 사용하는 일은 총을 겨눈 희생자만큼이나 그 무기를 사용하는 사람에게도 위험할 가능성이 높다.

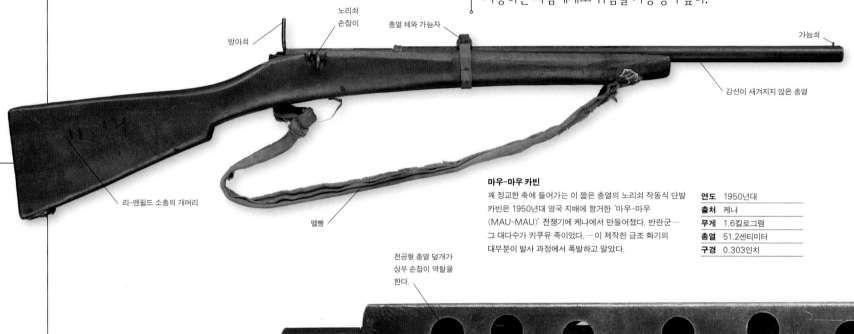

노리쇠
손잡이

방아쇠

총열 테와 가늠자

가늠쇠

강선이 새겨지지 않은 총열

리-엔필드 소총의 개머리

멜빵

마우-마우 카빈

꽤 정교한 축에 들어가는 이 짧은 총열의 노리쇠 작동식 단발 카빈은 1950년대 영국 지배에 항거한 '마우-마우 (MAU-MAU)' 전쟁기에 케냐에서 만들어졌다. 반란군 — 그 대다수가 키쿠유 족이었다. — 이 제작한 급조 화기의 대부분이 발사 과정에서 폭발하고 말았다.

연도	1950년대
출처	케냐
무게	1.6킬로그램
총열	51.2센티미터
구경	0.303인치

천공형 총열 덮개가 상부 손잡이 역할을 한다.

20밀리미터 탄피를 총열로 사용했다.

장약 점화에 사용되던 구멍

대충 깎은 목재 손잡이

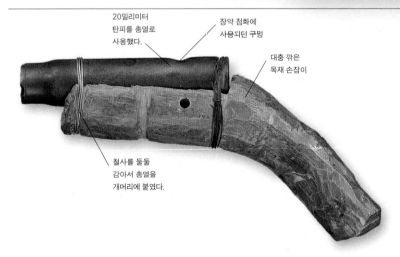

철사를 둘둘 감아서 총열을 개머리에 붙였다.

에오카 권총

이 에오카(Eoka) '총'은 너무나 조잡해서 이름에 걸맞은 활약을 전혀 보여 주지 못한다. 20밀리미터 구경의 탄피를 총열로 삼아 대충 깎은 목재 뼈대에 철사로 묶었다. 이 총이 조금이라도 위력을 발휘하려면 발사하기 전에 '총구'를 희생자의 몸에 붙여야만 했다.

연도	1950년대
출처	키프로스
무게	0.23킬로그램
총열	11센티미터

총열 고정 테

공이치기

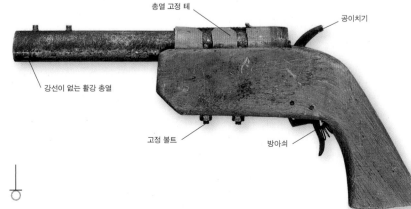

강선이 없는 활강 총열

고정 볼트

방아쇠

남아프리카 권총

남아프리카공화국에서 만들어진 이 수제 권총은 언뜻 보기보다 정교하다. 간단한 단발식 격발 연계 방아쇠와 공이치기를 볼 수 있는데, 아마도 이것들은 아이들이 갖고 노는 장난감 권총에서 떼어다 붙인 것으로 추정된다. 이 권총은 한 손으로 사용할 수 있었지만 명중률은 매우 낮았다.

연도	1980년대
출처	남아프리카공화국
무게	1킬로그램
총열	22센티미터

가늠쇠

가늠자

방아쇠

가스관으로
만든 총열

꺾음 개방형 경첩

장전 손잡이

에오카 산탄총

에오카(Ethnik Organosis Kyprion Agoniston,
키프로스 민족 투쟁 기구)는 1955년부터 1959년까지
지중해의 섬 키프로스에서 영국 식민 지배에 맞서 게릴라
전쟁을 벌였다. 그때 조잡한 총포류가 소량 제작되었다.
전부가 금속 재질인 이 총은 단순한 꺾음 개방 방식을
채택했고, 스프링이 달린 공이쇠로 산탄을 발사했다.

권총 손잡이

연도	1950년대
출처	키프로스
무게	1.25킬로그램
총열	11센티미터
구경	12구경

탄창 삽입구

탄창 멈치

단면이 사각형인 리시버

스털링 기관 단총에서
가져온 34발 들이 상자형
탄창

안전 장치

방아쇠

권총 손잡이

전체 모양

왕당파 기관 단총

제2차 세계 대전 시기의 스텐 총을 모방한 이 수제 기관
단총은 북아일랜드의 왕당파 준군사 조직에서 만들었다.
총열 덮개와 리시버는 사각형 관으로 제작되었고, 탄창은 L2
스털링 기관 단총의 것으로 보인다. 당시 북아일랜드에 진주
중이던 영국군에게 L2 스털링 기관 단총이 지급되었다.

연도	1970년대
출처	영국
무게	2.6킬로그램
총열	20센티미터
구경	9밀리미터

현대

1900년 이후의 헬멧

유럽의 여러 군대가 1680년대에 대체로 폐기했던 금속제 헬멧이 제1차 세계 대전의 대학살이 자행되면서 빠르게 부활했다. 전투원들은 천으로 만든 모자를 착용할 것인지, 가죽 모자를 쓸 것인지로 옥신각신했지만 1915년에 접어들면서 사상자를 줄이기 위해 철모를 쓰기 시작했다. 특히 파편에 의한 머리 부상으로 많은 사상자가 발생했기 때문이다. 대체로 보아 제1차 세계 대전 시기에 개발된 헬멧이 약간의 변형이 더해지면서 1980년대까지 사용되었다. 이후로는 경량의 강철 대체물인 합성 케블라 소재가 도입되면서 각종 방호 장비가 크게 바뀌었다.

가죽으로 만든 헬멧

가죽 조각은 리벳으로 결합되었다.

가죽 끈으로 앞 장갑의 판금과 헬멧을 결속한다.

'석탄통' 모양이 목을 보호해 준다.

마스크가 금속 파편을 막아 준다.

실틈이 좁아서 시야가 제한되었다.

제1차 세계 대전기 전차 승무원 헬멧

영국은 1916년 전장에 전차를 투입한 직후 이 전차의 장갑이 탑승한 승무원을 적절하게 보호해 주지 못함을 이내 깨달았다. 장갑이 찢기면서 금속 파편이 내부로 튀었던 것이다. 사상자가 발생하자 전차 승무원들에게 머리와 얼굴을 보호해 주는 헬멧과 마스크가 지급되었다.

연도	1916년경
출처	영국
무게	마스크 0.29킬로그램

사슬을 늘어뜨려 입을 보호했다.

영국의 브로디 헬멧

존 L. 브로디(John L. Brodie)가 설계한 이 철모가 영국 육군에서 처음 사용된 것은 1915년 9월이었다. 망간철로 만든 이 철모는 제조 원가가 쌌지만 목과 머리 아랫부분을 제대로 보호해 주지 못했다. 브로디형 헬멧은 제2차 세계 대전 때까지 영국군과 영연방 군대에서 계속 사용되었다.

연도	1939년
출처	영국
무게	1.6킬로그램

미국의 항공기 승무원 헬멧

제2차 세계 대전기에 독일을 상대로 주간 공습에 나섰던 항공기 승무원들의 피해가 막심해지자 승무원들에게 철제 방탄 헬멧이 지급되었다. 1944년형 M3은 너무 커서 폭격기의 포좌에서 착용하기가 불가능했다. 맬컴 그로(Malcolm C. Grow) 대령이 이 M4 헬멧을 개발했다. 그는 '방탄복'이라고 불리는 경량의 인체 장갑도 개발했다.

연도	1944년경
출처	미국
무게	4.28킬로그램

US M1 헬멧

미국 육군의 M1 헬멧이 처음 사용된 것은 1942년이었다. 외피는 철제였고, 내부에는 얇은 깔판을 댔다. 철제 외피는 깔판과 분리해 삽에서 변기까지 다용도로 사용했다. 개량형 M1들이 1980년대까지 미국 육군에서 사용되었다.

연도	1940년대
출처	미국
무게	0.99킬로그램

앞 장갑이 달린 독일 헬멧

끝이 뾰족한 가죽 소재의 피켈하우베(Pickelhaube)를 착용하고 제1차 세계 대전에 뛰어든 독일 육군도 1916년에 철모 슈탈헬름(Stahlhelm)을 채택했다. 기관총 사수처럼 특히 위험하다고 여겨진 군인들은 슈티른판처(Stirnpanzer)도 지급받았다. 4밀리미터 두께의 이 철제 앞 장갑은 머리의 전면부를 보호해 줄 용도로 개발되었다. 무게가 다 합해서 약 4킬로그램이나 나갔다. 따라서 오래 쓰고 있기에는 힘들었다.

연도	1916년
출처	독일
무게	1.95킬로그램

소말리아 모가디슈의 UN 평화 유지군

유엔 평화 유지군이 흔히 '파란 헬멧'으로 불리는 이유는, 그들이 착용하는 방탄 헬멧의 색깔 때문이다. 이 방탄 헬멧은 병사 개개인을 보호해 줄 뿐만 아니라 평화 유지군이라는 신원을 분명하게 각인시키는 이중의 기능을 담당한다.

북베트남군의 헬멧

베트남 전쟁 기간에 북베트남 육군 병사들은 이런 종류의 햇볕 가리기용 헬멧(헬멧 모자)을 포함해 다양한 종류의 모자를 착용했다. 이런 헬멧은 압축한 종이나, 드물지만 플라스틱 소재로 만들어진다. 이것들이 미국과 남베트남 군대의 막강한 화력에 대해 보호 장비로 기능하지 못했다는 것은 놀라운 일이 아니다.

연도	1970년경
출처	북베트남
무게	0.5킬로그램

영국의 케블라 헬멧

1980년대까지 영국 육군 병사들은 양차 세계 대전에서 썼던 철모들과 유사한 브로디형 헬멧을 착용했다. 그러나 케블라(Kevlar)라고 하는 인공 합성 소재로 만든 헬멧이 브로디형 철모를 마침내 대체했다. 케블라 헬멧은 중량 대비로 볼 때 철보다 더 튼튼했고, 내열성도 우수했다. 신형 헬멧은 그 모양을 바탕으로 머리의 더 많은 부분을 보호해 주었다. 헬멧은 많은 경우 위장포로 덮인다.

연도	1990년
출처	영국
무게	1.36킬로그램

군중 제압
볼리비아의 폭동 진압 경찰관들이 2004년
라파스 중심가의 파업 시위대를 향해 고무 총탄을
발사하고 있다. 군중을 통제하기 위해 고무 총탄이 자주
사용된다. 사람 피부를 뚫고 박힐 수 있음에도 단거리에서 발사하지
않으면 항구적 손상을 야기하지는 않기 때문이다.

찾아보기

도판 저작권

The publisher would like to thank the following for their kind permission to reproduce their photographs.

ABBREVIATIONS KEY:
Key: a = above, b = below, c = centre, l=-left, r=-right, t=-top, f=-far, s =-sidebar

1 DK Images: By kind permission of the Trustees of the Wallace Collection (c). **2-3** Alamy Images: Danita Delimont. **8** DK Images: The Museum of London (tr); By kind permission of the Trustees of the Wallace Collection (tl). **10** DK Images: Museum of the Order of St John, London (b). **11** DK Images: Pitt Rivers Museum, University of Oxford (tr); By kind permission of the Trustees of the Wallace Collection (tc). **12** DK Images: By kind permission of the Trustees of the Wallace Collection (b). **13** DK Images: By kind permission of the Trustees of the Wallace Collection (cl) (b). **14** DK Images: By kind permission of the Trustees of the Wallace Collection (br). **16** DK Images: Courtesy of the Gettysburg National Military Park, PA (cla). **22** DK Images: Fort Nelson (ca, br); Royal Artillery, Woolwich (tl); DK Images: private collection (cl, crb). **22-23** DK Images: Fort Nelson (tc). **23** DK Images: Courtesy of the Royal Artillery Historical Trust (br), Imperial War Museum, London (cra); DK Images: private collection (clb). **24** Ancient Art & Architecture Collection: (r). DK Images: Courtesy of David Edge (b). **25** DK Images: Universitets Oldsaksamling, Oslo (tl). **26-27** The Art Archive: Museo della Civiltà Romana, Rome / Dagli Orti . **28** Corbis: Pierre Colombel. **29** akg-images: Erich Lessing. **30** akg-images: Rabatti - Domingie (c). DK Images: British Museum (b). **31** Corbis: Keren Su (r). **34** akg-images: Iraq Museum (r). Ancient Art & Architecture Collection: (l). **35** The Art Archive: British Museum / Dagli Orti (bl). DK Images: British Museum (tl). **36** The Trustees of the British Museum: (l). DK Images: British Museum (cr). **37** Corbis: Sandro Vannini (r) (cb). DK Images: British Museum (tl) (cl) (b). **38** DK Images: British Museum (tl) (b). **38-39** DK Images: British Museum (ca). **39** DK Images: British Museum (u). **40-41** The Art Archive: Egyptian Museum Cairo / Dagli Orti. **42** DK Images: British Museum (cr). Shefton Museum of Antiquities, University of Newcastle: (cl). **43** DK Images: British Museum (cr) (br) (bl). **44** akg-images: Nimatalla (bl). DK Images: British Museum (tl) (c) (cra) (crb). **44-45** Bridgeman Art Library: Louvre, Paris / Peter Willi (c). **45** The Art Archive: Archaeological Museum, Naples / Dagli Orti . Shefton Museum of Antiquities, University of Newcastle: (cla). **46** DK Images: British Museum (bc); Courtesy of the Ermine Street Guard (cla); Judith Miller / Cooper Owen (cr); University Museum of Newcastle (bl). **47** akg-images: Electa (br). DK Images: British Museum (c); Courtesy of the Ermine Street Guard (fclb/lancea and pilum); Courtesy of the Ermine Street Guard (tr); University Museum of Newcastle (cr). **48** The Art Archive: National Museum Bucharest/ Dagli Orti (A) (tr). Corbis: Patrick Ward (cb). DK Images: Courtesy of the Ermine Street Guard (cr); Judith Miller / Cooper Owen (tl); University Museum of Newcastle (crb). **49** Archivi Alinari: Museo della Civiltà Romana, Rome (b). DK Images: British Museum (tl); Courtesy of the Ermine Street Guard (tr/short sword and scabbard) (cla). **50** DK Images: British Museum (cr); The Museum of London (cl). **51** DK Images: British Museum (tl) (r) (crb) (t); The Museum of London (cl); The Museum of London (clb) (tc). **52** DK Images: The Museum of London (clb/short and long spears); The Museum of London (b). **53** Ancient Art & Architecture Collection: (br). **54** DK Images: Danish National Museum (crb/ engraved iron axehead). **55** Ancient Art & Architecture Collection: (tl). DK Images: The Museum of London (bl); Universitets Oldsaksamling, Oslo (tr). **56** DK Images: Danish National Museum (c/double-edged swords). **56-57** DK Images: The Museum of London (ca). **58-59** The Art Archive: British Library. **60** Bridgeman Art Library: Musée de la Tapisserie, Bayeux, France, with special authorisation of the city of Bayeux. **61** Bridgeman Art Library: Bibliothèque Nationale, Paris. **62** The Art Archive: British Library (tl). Bridgeman Art Library: Courtesy of the Warden and Scholars of New College, Oxford (c). **63** Bridgeman Art Library: National Gallery, London. **65** DK Images: By kind permission of the Trustees of the Wallace Collection (t). **66-67** DK Images: By kind permission of the Trustees of the Wallace Collection (b). **67** DK Images: By kind permission of the Trustees of the Wallace Collection (double-edged sword). **74** DK Images: By kind permission of the Trustees of the Wallace Collection (tl/poleaxe) (clb/German halberd). **75** DK Images: British Museum (bl) (bc) (tr); Museum of London (br); By kind permission of the Trustees of the Wallace Collection (cl/ war hammer). **76** DK Images: By kind permission of the Trustees of the Wallace Collection (clb). **78** The Art Archive: British Library (l). Bridgeman Art Library: National Palace Museum, Taipei, Taiwan (b). DK Images: British Museum (tl). **79** Bridgeman Art Library: Bibliothèque Nationale, Paris. DK Images: British Museum (cra/ Mongolian dagger and sheath). **80** DK Images: By kind permission of the Trustees of the Wallace Collection (br). **80-81** DK Images: By kind permission of the Trustees of the Wallace Collection (hunting crossbow and arrows). **81** The Art Archive: British Library (tr). DK Images: Robin Wigington, Arbour Antiques, Ltd., Stratford-upon-Avon (cr). **84** DK Images: INAH (cl) (cla) (tl) (cr). **84-85** DK Images: INAH (b). **85** DK Images: British Museum (tl); INAH (cr) (c) (bl). **86-87** Corbis: Charles & Josette Lenars. **88** DK Images: Courtesy of Warwick Castle, Warwick (tc). **89** DK Images: By kind permission of the Trustees of the Wallace Collection (c/hunskull basinet). **91** DK Images: By kind permission of the Trustees of the Wallace Collection (tl) (tr) (crb). **92** akg-images: VISIOARS (b). **92-93** The Art Archive: University Library Heidelberg / Dagli Orti (A) (c). **93** akg-images: British Library (c). **94** DK Images: Courtesy of Warwick Castle, Warwick (crb). **95** akg-images: British Library (tl). DK Images: By kind permission of the Trustees of the Wallace Collection (clb). **96** DK Images: Courtesy of Warwick Castle, Warwick (bl). **96-97** DK Images: Courtesy of Warwick Castle, Warwick (gorget) (breastplate). **97** DK Images: Courtesy of Warwick Castle, Warwick (tc) (cl) (cr) (tr) (clb) (crb) (bl) (br). **98-99** Werner Forman Archive: Boston Museum of Fine Arts. **100** The Art Archive: Museo di Capodimonte, Naples / Dagli Orti. **101** akg-images: Rabatti - Domingie. **102** The Art Archive: Private Collection / Marc Charmet (r). **103** Tokugawa Reimeikai: (r). **105** The Art Archive: University Library Geneva / Dagli Ort (tc). **108** Bridgeman Art Library: Royal Library, Stockholm, Sweden (tr). **109** DK Images: By kind permission of the Trustees of the Wallace Collection (b); Judith Miller / Wallis and Wallis (crb). **110** akg-images: (bl) (br). **110-111** The Art Archive: Château de Blois / Dagli Orti (c). **111** akg-images: (tr). **116-117** The Art Archive: Basilique Saint Denis, Paris / Dagli Orti. **118** DK Images: By kind permission of the Trustees of the Wallace Collection (l). **119** DK Images: Courtesy of Warwick Castle, Warwick (b). **122** Corbis: Asian Art & Archaeology, Inc (bl). **122-123** DK Images: Board of Trustees of the Royal Armouries (t). **124-125** DK Images: Pitt Rivers Museum, University of Oxford (t); By kind permission of the Trustees of the Wallace Collection (c). **128** Bridgeman Art Library: School of Oriental & African Studies Library, Uni. of London (bl). **128-129** Bridgeman Art Library: Private Collection (c). **129** akg-images: (r). Ancient Art & Architecture Collection: (tl). DK Images: Board of Trustees of the Royal Armouries (fcrb); By kind permission of the Trustees of the Wallace Collection (clb). **130** DK Images: Pitt Rivers Museum, University of Oxford (cr). **134** DK Images: By kind permission of the Trustees of the Wallace Collection (r) (l). **135** DK Images: By kind permission of the Trustees of the Wallace Collection (t) (cb) (b). **138-139** **DK** Images: By kind permission of the Trustees of the Wallace Collection. **139** **DK** Images: By kind permission of the Trustees of the Wallace Collection (t). **140-141** The Art Archive: Museo di Capodimonte, Naples / Dagli Orti . **143** DK Images: History Museum, Moscow (cr); By kind permission of the Trustees of the Wallace Collection (r). **144-145** DK Images: By kind permission of the Trustees of the Wallace Collection. **162** DK Images: Royal Museum of the Armed Forces ands of Military History, Brussels, Belgium (cra). **162-163** DK Images: private collection (c). **163** DK Images: Army Museum, Stockholm, Sweden (br); Royal Artillery, Woolwich (tr, crb). **164** DK Images: Fort Nelson (tr, cla, clb, br, c). **164-165** DK Images: Fort Nelson (c). **165** DK Images: Fort Nelson (tc, cla, crb, bl). **168** DK Images: Courtesy of Ross Simms and the Winchcombe Folk and Police Museum (tl); Courtesy of Warwick Castle, Warwick (br). **169** DK Images: Judith Miller / Wallis and Wallis (br). **170-171** akg-images: Nimatallah. **172** DK Images: By kind permission of the Trustees of the Wallace Collection. **173** DK Images: By kind permission of the Trustees of the Wallace Collection (tr) (cr); Courtesy of Warwick Castle, Warwick (br). **174** DK Images: By kind permission of the Trustees of the Wallace Collection. **175** Corbis: Leonard de Selva (bl). DK Images: By kind permission of the Trustees of the Wallace Collection (tr) (cra) (cr) (crb) (br). **176** DK Images: Pitt Rivers Museum, University of Oxford (tl). **177** DK Images: Pitt Rivers Museum, University of Oxford (br). **178** DK Images: Board of Trustees of the Royal Armouries (l) (cb) (br) (tr). **179** DK Images: Board of Trustees of the Royal Armouries (bc) (tc) (r). **180-181** Corbis: Minnesota Historical Society. **182** Corbis: Bettmann. **183** akg-images. **184** The Art Archive: National Archives Washington DC (tl). **185** The Art Archive: Museo del Risorgimento Brescia / Dagli Orti (t). Corbis: Hulton-Deutsch Collection (b). **190** DK Images: Courtesy of the Gettysburg National Military Park, PA (c) (r); US Army Military History Institute (l) (br). **191** DK Images: Confederate Memorial Hall, New Orleans (ca) (cra) (bc) (br) (tc) (tr); US Army Military History Institute (cb) (crb). **192-193** DK Images: By kind permission of the Trustees of the Wallace Collection. **200** akg-images: (br). **202** DK Images: Pitt Rivers Museum, University of Oxford (ca). **204** The Art Archive: Biblioteca Nazionale Marciana Venice / Dagli Orti (tl). **206** Mary Evans Picture Library: (bl) (bc). **206-207** Bridgeman Art Library: Stapleton Collection (c). **207** Bridgeman Art Library: Courtesy of the Council, National Army Museum, London (tr). **211** DK Images: The American Museum of Natural History (tl) (br) (bl). **212-213** Corbis: Stapleton Collection. **214** DK Images: The American Museum of Natural History (cla) (r). **215** American Museum Of Natural History: Division of Anthropology (bl). Corbis: Geoffrey Clements (tl). DK Images: The American Museum of Natural History (r). **216** Getty Images: Hulton Archive (tl). **225** DK Images: Courtesy of the Gettysburg National Military Park, PA (bl) (br). **226** Bridgeman Art Library: of the New-York Historical Society, USA (bl). DK Images: Courtesy of the Gettysburg National Military Park, PA (tl). **226-227** Corbis: Medford Historical Society Collection (c). **227** Bridgeman Art Library: Massachusetts Historical Society, Boston, MA (tr). DK Images: Courtesy of the C. Paul Loane Collection (br); Civil War Library and Museum, Philadelphia (cl); Civil War Library and Museum, Philadelphia (cr); Courtesy of the Gettysburg National Military Park, PA (crb); US Army Military History Institute (bl). **231** DK Images: Courtesy of the Gettysburg National Military Park, PA (tr). **234** The Kobal Collection: COLUMBIA (br). **236-237** Corbis: Fine Art Photographic Library. **238** DK Images: Fort Nelson (cl, cra); HMS Victory, Portsmouth Historic Dockyard / National Museum of the Royal Navy (bl). **238-239** DK Images: private collection (cb). **239** DK Images: Fort Nelson (cr); DK Images: private collection (tl). **240** DK Images: Fort Nelson (cra, cl, bl). **241** DK Images: Fort Nelson (tl, tr). **242** DK Images: By kind permission of The Trustees of the Imperial War Museum, London (br); Fort Nelson (cla, bl). **242-243** DK Images: Royal Artillery, Woolwich (c). **243** DK Images: Fort Nelson (tr, cr, b). **253** Bridgeman Art Library: Private Collection / Peter Newark American Pictures (br). **254** akg-images: Victoria and Albert Museum (l). **254-255** Bridgeman Art Library: Delaware Art Museum, Wilmington, USA, Howard Pyle Collection (c). **255** The Art Archive: Laurie Platt Winfrey (br). Bridgeman Art Library: Private Collection (bc). **258-259** DK Images: By kind permission of the Trustees of the Wallace Collection. **261** akg-images: (t). **265** Corbis: Bettmann (br). **266** DK Images: private collection (fcla, cla, ca, cb). **267** DK Images: private collection (c). **268-269** The Art Archive. **282** DK Images: HMS Victory, Portsmouth Historic Dockyard / National Museum of the Royal Navy (crb). **283** DK Images: Courtesy of the Royal Artillery Historical Trust (tl); The US Army Heritage and Education Center - Military History Institute (c). **284-285** DK Images: private collection (cl). **285** DK Images: private collection (ca). **287** Sunita Gahir: (cl). **288** DK Images: Powell-Cotton Museum, Kent (l) (c). **289** DK Images: Exeter City Museums and Art Gallery, Royal Albert Memorial Museum (tl); Powell-Cotton Museum, Kent (bl). **290** DK Images: Judith Miller / Kevin Conru (c); Judith Miller/Kevin Conru (r); Judith Miller / JYP Tribal Art (l). **291** DK Images: Judith Miller / JYP Tribal Art (l) (clb) (cr) (r). **292-293** Corbis: The Military Picture Library. **294** akg-images. **296** Getty Images: Hulton Archive (tl). **297** Getty Images: Rabih Moghrabi / AFP (b); Scott Peterson (t). **300** DK Images: Pitt Rivers Museum, University of Oxford (tl); Pitt Rivers Museum, University of Oxford (ca); Pitt Rivers Museum, University of Oxford (c); By kind permission of the Trustees of the Wallace Collection (b). **301** Corbis: Bettmann (tr). DK Images: Pitt Rivers Museum, University of Oxford (cr). **302** DK Images: RAF Museum, Hendon (br). **303** DK Images: Imperial War Museum, London (b). **304-305** popperfoto.com. **306** akg-images: Jean-Pierre Verney (br). The Art Archive: Musée des deux Guerres Mondiales, Paris / Dagli Orti (tr). Corbis: Adam Woolfitt (bl). **307** Corbis: Hulton-Deutsch Collection (b). **315** Corbis: Seattle Post-Intelligencer Collection; Museum of History and Industry (bl). **316** The Kobal Collection: COLUMBIA / WARNER (tl). **320** akg-images: (bl). **320-321** Getty Images: Picture Post / Stringer (c). **321** Getty Images: Sergei Guneyev / Time Life Pictures (br); Georgi Zelma (tl). **325** Rex Features: Sipa Press (bc). **334-335** The Art Archive. **337** DK Images: Imperial War Museum, London (t); Courtesy of the Ministry of Defence Pattern Room, Nottingham (ca). **338** DK Images: © The Board of Trustees of the Armouries (ca). **338-339** DK Images: Small Arms School, Warminster (cb). **339** DK Images: © The Board of Trustees of the Armouries (t); Small Arms School, Warminster (bl). **351** Corbis: John Springer Collection (br). **358** DK Images: Courtesy of the Royal Artillery Historical Trust (clb); Imperial War Museum, London (br); Royal Artillery, Woolwich (tl). **358-359** DK Images: private collection (c). **359** DK Images: Courtesy of the Royal Artillery Historical Trust (tr); Royal Museum of the Armed Forces and of Military History , Brussels, Belgium (tl, br); Fort Nelson (clb). **360** DK Images: Courtesy of the Royal Artillery Historical Trust (cra, br); By kind permission of The Trustees of the Imperial War Museum, London (cl). **360-361** DK Images: The Tank Museum (c). **361** DK Images: Courtesy of the Royal Artillery Historical Trust (tl); DK Images: private collection (bc). **362** DK Images: Fort Nelson (cla, b); **362-363** Royal Artillery, Woolwich (c). **363** DK Images: Courtesy of the Royal Artillery Historical Trust (tl, cr); By kind permission of The Trustees of the Imperial War Museum, London (tr); © The Board of Trustees of the Armouries (br); Fort Nelson (bl). **364** DK Images: Imperial War Museum, London (cl); Jean-Pierre Verney (cla); The Wardrobe Museum, Salisbury (crb); DK Images: private collection (tr). **364-365** DK Images: private collection (cb). **365** Dorling Kindersley: © The Board of Trustees of the Armouries (clb); Vietnam Rolling Thunder (cl, c); Stuart Beeny (r). **372** Corbis: Leif Skoogfors (bl). **372-373** Getty Images: Greg Mathieson / Mai / Time Life (c). **373** Getty Images: Greg Mathieson / Mai (bc); U.S. Navy (tr). **375** DK Images: © The Board of Trustees of the Armouries (cra). **376** DK Images: Small Arms School, Warminster (cl); DK Images: private collection (cla). **376-377** DK Images: private collection (bl). **377** DK Images: © The Board of Trustees of the Armouries (t); DK Images: private collection (cr). **378** DK Images: private collection (ca, fcl, bl). **378-379** DK Images: private collection (c). **379** DK Images: private collection (ca, fcra, cr, crb). **382** DK Images: Imperial War Museum, London. **383** Corbis: Chris Rainier. DK Images: Courtesy of Andrew L Chernack (crb). **384-385** Corbis: David Mercado/ Reuters.

All other images © Dorling Kindersley. For further information see: www.dkimages.com

Dorling Kindersley would like to thank Philip Abbott at the Royal Armouries for all his hard work and advice; Stuart Ivinson at the Royal Armouries; the Pitt Rivers Museum; David Edge at the Wallace Collection; Simon Forty for additional text; Angus Konstam; Victoria Heyworth-Dunne for editorial work; Steve Knowlden, Ted Kinsey, and John Thompson for design work; Alex Turner and Sean Dwyer for design support; Myriam Megharbi for picture research support; Arpita Dasgupta, Anna Fischel, Margaret McCormack, Stuart Nielson, Shramana Purkayastha, and Kate Taylor for editorial assistance; Tony Watts and team.